SEO – Strategie, Taktik und Technik

Andre Alpar • Markus Koczy • Maik Metzen

SEO – Strategie, Taktik und Technik

Online-Marketing mittels effektiver Suchmaschinenoptimierung

 Springer Gabler

Andre Alpar
AKM3 GmbH
Berlin
Deutschland

Maik Metzen
AKM3 GmbH
Berlin
Deutschland

Markus Koczy
AKM3 GmbH
Berlin
Deutschland

ISBN 978-3-658-02234-1
DOI 10.1007/978-3-658-02235-8

ISBN 978-3-658-02235-8 (eBook)

Die Deutsche Nationalbibliothek verzeichnet diese Publikation in der Deutschen Nationalbibliografie; detaillierte bibliografische Daten sind im Internet über http://dnb.d-nb.de abrufbar.

Springer Gabler
© Springer Fachmedien Wiesbaden 2015

Lektorat: Barbara Roscher, Jutta Hinrichsen

Gedruckt auf säurefreiem und chlorfrei gebleichtem Papier

Springer Fachmedien Wiesbaden ist Teil der Fachverlagsgruppe Springer Science+Business Media
(www.springer.com)

Vorwort

Die Autoren des Buches blicken zusammen auf über 30 Jahre SEO-Erfahrung zurück und sind zum Teil seit 15 Jahren in dem Bereich tätig. Das gesamte Themenfeld der Suchmaschinen besteht praktisch kaum länger. Seit es SEO gibt wächst der Bereich zum einen in seiner thematischen Breite und zum anderen hinsichtlich der Menge der Firmen, für die dieser Marketingkanal relevant ist.

Das vorliegende Buch soll einen Beitrag zur Professionalisierung eines Berufsfelds sein, welches sich in der Transition von „Szene" zu „Branche" befindet. Es soll Zugang zu strategischen und systematischen Vorgehensweisen bieten, die in bisheriger Literatur zu kurz kommen, aber für SEO im professionellen Unternehmensbereich unabdingbar sind. Das Ziel ist zum einen Marketingverantwortlichen, die in das Thema einsteigen, einen guten Top-down Einstieg in das Thema zu erlauben; zum anderen aber auch Fachleuten, die jahrelang in Bereich des Suchmarketing arbeiten, zu helfen, ihr Tun durch mehr Struktur effektiver, effizienter und besser kommunizierbar zu machen.

Wichtig war den Autoren ein Buch zu verfassen, das Bestand hat und nicht durch permanente Verjährung angesichts der Dynamik in der Entwicklung von SEO, Suchmaschinen und Online Marketing gefährdet ist. Für die sehr aktuellen und sich ständig ändernden Sachverhalte bietet das Internet genügend Quellen, die besser taugen um die volatilen Phänomene zu beschreiben. Das vorliegende Werk versucht aus dem Thema Suchmaschinenoptimierung das heraus zu destillieren, „was übrig bleibt" und im hektischen Alltag in vielen Unternehmen zu kurz kommt, aber notwendig ist, um das nächste Level in einem sich stetigfortentwickelnden Spiel zu erreichen.

Wir wünschen viel Spaß bei der Lektüre und freuen uns über Feedback in Form von Rezensionen in On- und Offline-Publikationen, Bewertungen bei Online-Buchhändlern oder auf der offiziellen Website zu diesem Buch.

http://www.seobu.ch/

Ein Buch wie das vorliegende ist für die Autoren ein Kraftakt und eine harte Übung im Durchhalten. Insbesondere, wenn man sich vornimmt einen neuen und eigenen Weg zu gehen und ein stringent durchdachtes Werk auf hohem Niveau verfassen will. Das Buchprojekt hat in der Summe mehr als doppelt so lange gedauert, als es initial angedacht war, obwohl alle drei Autoren einiges an Publikationserfahrung mitbringen. Das ist nur durch die Unterstützung eines großartigen Teams in der Firma möglich gewesen, das in den

Abb. 1 Unser Team bei AKM3

vielen Tagen und Stunden den Autoren den Rücken von der Alltagsarbeit frei gehalten hat. Die Agentur der Autoren ist „nur" 5 Jahre alt und die letzten zwei dieser 5 Jahre wurde an dem hier vorliegenden Werk geschrieben. In dieser Zeit hat dank des tollen Agenturteams die Entwicklung und das Wachstum des Unternehmens keine Abstriche machen müssen und ist mit 120 Mitarbeitern zu einer der größten Search- und Content-Marketing-Agenturen Europas angewachsen (Abb. 1).

Die Autoren möchten darüber hinaus insbesondere Dank aussprechen an drei Kollegen, die jeweils zu einem der Buchkapitel einen sehr großen Beitrag geleistet haben: Jennifer Bölitz, Magdalena Mues und Stephan Cifka.

Andre Alpar möchte sich bei seiner Frau Ivana, seiner Tochter, seinem Sohn und seiner Familie in Frankfurt für das Verständnis bedanken, dass an manchen Tagen am Wochenenden die Wohnung von allen Familienmitgliedern für mehrere Stunden verlassen werden musste, damit es beim Buch voran geht.

Markus Koczy möchte sich bei seiner Familie und Freunden im wunderschönen Essen an der Ruhr bedanken, die immer wieder ein angenehmer Ausgleich zu Buchprojekt und Arbeit waren und sind.

Maik Metzen möchte sich bei seiner Frau und seinen Kindern bedanken, die es ihm erst ermöglicht und den Rücken freigehalten haben, das Buchprojekt zu realisieren.

Andre Alpar
Markus Koczy
Maik Metzen

Inhaltsverzeichnis

Über die Autoren

Andre Alpar Die unternehmerische Tätigkeit von Andre Alpar im Online-Marketing-Bereich begann vor 15 Jahren während seines Wirtschaftsinformatik-Studiums an der TU Darmstadt. Nach dem Aufbau mehrere Unternehmen war er 3 Jahre lang strategischer Online-Marketing-Berater in leitender Funktion bei Rocket Internet. Parallel zu seiner beruflichen Karriere engagiert er sich als Business Angel bei Internet Start-Ups. Insgesamt verfügt er über 30 Beteiligungen in seinem Portfolio. Als Veranstalter rief er die Online-Marketing-Konferenz OMCap und PPC Masters ins Leben.

Markus Koczy Während seines BWL-Studiums in Bochum und Dortmund leitete Markus Koczy bis 2009 den SEO-Bereich des Kölner Start-Ups Hitmeister, welches einen der größten deutschen Online-Marktplätze betreibt. Vor der Gründung der AKM3 war Markus bei der Rocket Internet GmbH für namhafte Unternehmen wie Zalando, Groupon und eDarling im Online-Marketing insbesondere SEO tätig. Bei der AKM3 leitet Markus unter anderem die Teams SEO-Consulting und Redaktion mit zusammen über 60 Mitarbeitern.

Maik Metzen Maik Metzen begann seine Online-Marketing-Karriere 2005 während seines BWL-Studiums in Köln. Er sammelte einige praktische Erfahrungen beim Search Marketing von Spreadshirt in Boston, USA. Vor der Gründung der AKM3 war Maik Metzen über 2 Jahre lang für den SEM- und SEO-Bereich von Hitmeister verantwortlich. Bei der AKM3 leitet Maik unter anderem die Teams Content- und Offpage Marketing sowie Search Engine Advertising mit zusammen über 50 Mitarbeitern.

Über AKM3

Die drei Autoren sind gemeinsam die Gründer und Geschäftsführer der Online-Marketing-Agentur AKM3 GmbH (www.akm3.de/www.akm3.com). Schwerpunktmäßig ist die AKM3 im internationalen Search und Content Marketing tätig, wobei sie vor allem für Beratung und Dienstleistungen auf hohem Niveau in allen Facetten der Suchmaschinenoptimierung anerkannt ist. Im Berliner Büro arbeiten 120 Mitarbeiter aus über 15 Nationen daran, die Reichweite der nationalen und internationalen Kunden effizient und effektiv zu erhöhen.

Was ist Suchmaschinenoptimierung?

1

Zusammenfassung

Suchmaschinenoptimierung (zu Englisch: Search Engine Optimization – abgekürzt SEO) ist eine Marketing-Fachdisziplin, die alles Wissen, alle Fähigkeiten und Techniken umfasst, mit denen das zu optimierende Ziel in den organischen Ergebnissen von Suchmaschinen durch höhere Platzierungen bei unterschiedlichen Suchbegriffen besser auffindbar gemacht wird. Die prominentesten Internetsuchmaschinen sind Google, Bing und Yandex – allerdings umfasst SEO auch das Optimieren innerhalb anderer Suchumfelder als Webseiten. Dieses Buch fokussiert sich auf das Optimieren von Webseiten bei Google. Denn dies stellt zum einen angesichts der marktbeherrschenden Position dieses Unternehmens für die meisten Menschen die relevanteste Form von SEO dar, zum anderen läuft sehr vieles in den anderen SEO-Ausprägungen analog.

1.1 Einführung in das Online-Marketing

Der Begriff **Marketing** bezeichnet die Unternehmensfunktionen und -abteilungen, welche die Produkte und Dienstleistungen so zum Verkauf anbieten, dass potenzielle Kunden und wirkliche Käufer das Angebot attraktiv finden. **Online-Marketing** überträgt ebendiese Aufgabe in den Internetbereich. Synonyme von Online-Marketing **sind Internet-Marketing, Webmarketing oder Digital-Marketing**. Während im Marketing häufig Gedanken eines Markenaufbaus/Brandings vorherrschen, versteht sich Online-Marketing eher als vertriebliches Marketing, welches auf Abverkäufe zielt.

Online-Marketing ist mittlerweile als Disziplin und Branche etwa 15 Jahre alt. In dieser Zeit hat es sich entsprechend ausdifferenziert und in verschiedenen „orthogonalen" Subdisziplinen spezialisiert. Wir unterscheiden hier zum einen Kundenakquisitionskanäle und zum anderen dazu orthogonale Bereiche, die gleichzeitig alle Kundenakquisitionskanäle

© Springer Fachmedien Wiesbaden 2015

A. Alpar et al., *SEO – Strategie, Taktik und Technik*, DOI 10.1007/978-3-658-02235-8_1

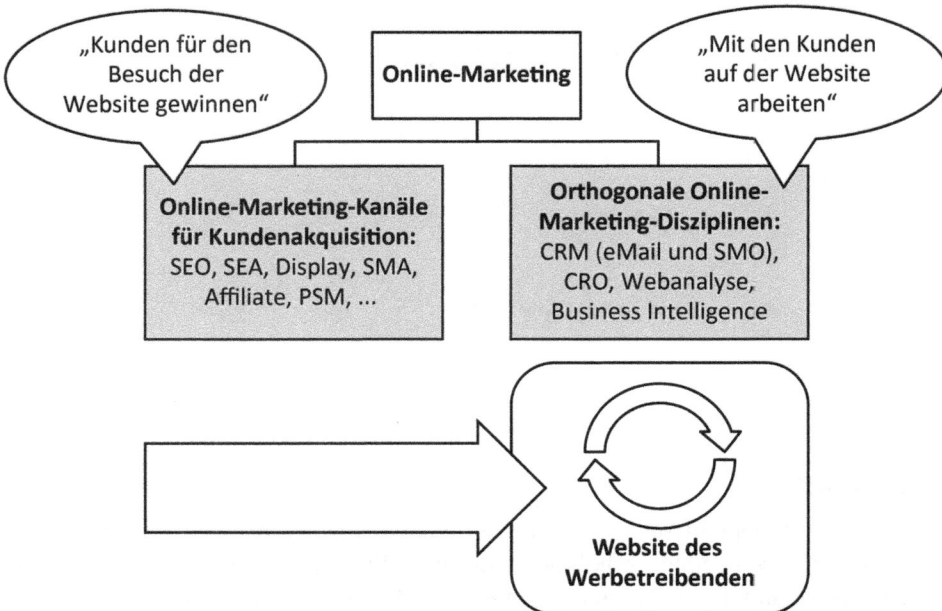

Abb. 1.1 Online-Marketing

betreffen. Abbildung 1.1. erfasst die für die meisten Unternehmen wichtigsten Kanäle zur Kundengewinnung sowie einige orthogonale Online-Marketing-Disziplinen.

In diesem Kapitel sollen alle anderen Online-Marketing-Kanäle zur Kundenakquise und die orthogonalen Online-Marketing-Disziplinen vorgestellt werden, um den Grundstein für gutes Wissen und Können im Bereich Suchmaschinenoptimierung zu legen. Durch fundierten Wissensaufbau im SEO-Bereich soll ein T-förmiges Fähigkeitsportfolio erzielt werden; dazu zählen zum einen eine disziplinübergreifende Kompetenz und zum anderen eine tiefe Fachexpertise im SEO selbst, vgl. Abb. 1.2.

1.1.1   Überblick über Online-Marketing-Kanäle für Kundenakquise

Durch Kundenakquisitionskanäle können Kunden auf verschiedene Weise angesprochen und im Idealfall für einen Besuch auf der Website des werbetreibenden Unternehmens gewonnen werden. Die Kanäle unterscheiden sich bezüglich unterschiedlichster Kriterien. Einige Kanäle eignen sich eher, um einen Bedarf beim Kunden initial zu *wecken*. Andere greifen das geäußerte Bedürfnis des Kunden auf und können diesen Bedarf direkt *decken*. Ein weiterer großer Unterschied besteht in der Art der Vergütung der Werbetreibenden an die Werbefläche – hierbei ist die Differenzierung vor allem dafür entscheidend, wer das „Risiko" des Werbens trägt. In manchen Kanälen trägt der Werbetreibende allein das Risiko, in anderen wiederum ist die Werbung absolut erfolgsorientiert und das „Risiko" liegt

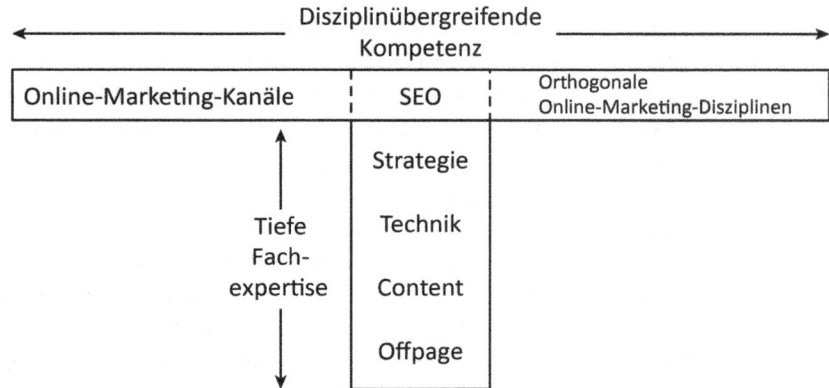

Abb. 1.2 Online-Marketing-Kompetenzen (in Anlehnung an http://moz.com/rand/the-t-shaped-web-marketer/)

allein bei der Werbefläche. Ein weiteres Unterscheidungskriterium ist auch die Breite der wirtschaftlich sinnreichen Anwendbarkeit eines bestimmten Online-Marketing-Kanals für ein bestimmtes Geschäftsmodell. Nicht jeder Kanal ist für jedes Geschäftsmodell wirtschaftlich effektiv nutzbar. In diesem Kapitel wird jeder einzelne Online-Marketing-Kanal vorgestellt, um im darauffolgenden Kapitel einen vergleichenden Überblick aus verschiedenen Perspektiven zu ermöglichen.

SEO und SEA zusammen stellen das **Marketing in Suchmaschinen** dar, das in einem späteren Kapitel noch sehr viel ausführlicher und differenzierter erläutert wird. Im Folgenden werden demnach alle anderen wichtigen Online-Marketing-Kanäle zur Kundenakquise sowie die wichtigsten ergänzenden Disziplinen vorgestellt.

1.1.2   Branding-orientiertes Display-Marketing

Display-Marketing (Display Advertising/Bannerwerbung) versucht über unterschiedliche große grafische Werbemittel auf Webseiten, die als Werbefläche zur Verfügung stehen, Aufmerksamkeit für ein Unternehmen oder Produkt zu wecken und dadurch im Idealfall auch Besucher und sogar zahlende Kunden für ebenjenes Unternehmen zu gewinnen. Display-Marketing korrespondiert von den in dieser Branche existierenden Prozessen sowie den genutzten Begrifflichkeiten und Kennzahlen am ehesten mit klassischem Offline-Marketing, welches zum Beispiel Werbung im TV, in Zeitungen, Zeitschriften, auf Postern oder im Radio schaltet. In der Regel wird Bannerwerbung auf **TKP**-Basis **(Tausender Kontakt Preis)** gebucht, das heißt, der Werbetreibende zahlt der Werbefläche pro 1000 Einblendungen des eigenen Werbemittels einen bestimmten Preis. Als grober Orientierungsrahmen sei angeführt, dass ein TKP bei besonderen Fachzeitschriften auch schon einmal bei über 100 € liegen kann, während im Bereich der Restplatzvermarktung (nicht hochpreisig verkaufte oder weniger wertvolle Werbeflächen) auch TKPs von unter einem

Euro gezahlt werden. Die Bandbreite ist sehr groß, wie dieses Beispiel des TKP-Preises zeigt. Tiefe und Komplexität von Display Advertising werden noch deutlicher, wenn man sich vor Augen führt, auf wie vielen verschiedenen Websites man werben könnte, zu verschiedenen Zeiten, an verschiedenen Platzierungen innerhalb dieser Website mit verschiedenen Werbeformaten und -motiven etc. Wenn der Werbetreibende über TKP-Werbung bucht, trägt er allein das „Risiko", ob mit seiner Werbemaßnahme seine Werbeziele erreicht werden oder nicht. Bei Bannerwerbung stellt sich die Situation immer so dar, dass ein Kunde sich eigentlich auf einer anderen Website befindet und die Banner versuchen, die Aufmerksamkeit von dem ursprünglich betrachteten Inhalt wegzulenken. Der Kunde ist also eben nicht auf der Suche nach den Produkten oder Dienstleistungen des werbetreibenden Unternehmens, sondern wird von der Werbung zu einem gewissen Maße bei seiner vorherigen lesenden oder betrachtenden Tätigkeit gestört. In der Regel werden budgetmäßig große Display-Kampagnen durch **Mediaagenturen** orchestriert, die auch die Offline-Marketingaktivitäten der Werbetreibeden planen. Bannerwerbung ist das Mittel der Wahl wenn es darum geht, einen **Bedarf zu *wecken*,** der beim potenziellen Kunden gegebenenfalls noch gar nicht in der Form besteht. Eine weitere wichtige Eigenschaft von Bannerwerbung ist, dass man in der Regel sogenannte **Streuverluste** in Kauf nehmen und einberechnen muss. Wirbt man für ein spezifisches Produkt, zum Beispiel einen Mittelklassewagen, auf der Startseite mit großflächigen Bannern einer überregionalen Zeitung, so wird diese Werbung für viele, die sie sehen, nicht relevant sein. Beispielsweise wird sie von Personen gesehen, die sich nur einen sehr günstigen Wagen leisten können, oder sehr wohlhabenden Personen, die sich nur teure Wagen aus Prestigegründen zulegen. Diese Streuverluste sind bei Display Advertising üblicherweise am größten im Vergleich zu anderen Online-Marketing-Kanälen. Auch wenn dies im ersten Moment abschreckend klingen mag, so gibt es doch viele Produkte, für die keine anderen Online-Marketing-Kanäle sinnvoll in Frage kommen – man stelle sich zum Beispiel Tiefkühlkost oder Speiseeis vor.

Betrachtet man Display Advertising aus Perspektive der Websites, die als Werbefläche zur Verfügung stehen, so kommt es besonders bei sehr hochwertigen und reichweitenstarken Websites wie beispielsweise denen von Zeitungen, TV-Sendern oder Zeitschriften vor. Diese hochwertigen Portale arbeiten ihrerseits mit sogenannten „**Online-Vermarktern**" zusammen, die versuchen, die dort zur Verfügung stehenden Bannerplätze möglichst hochpreisig an Werbetreibende zu bringen.

1.1.3   Performance-orientiertes Display-Marketing

Im vorherigen Abschnitt wurde deutlich, dass Display Advertising weder günstig noch einfach einsetzbar ist und sich daher nicht für jeden Werbetreibenden eignet. Die Reichweite im Display ist jedoch so groß, dass man zu Recht versucht, hier effizientere Nischen zu finden. Seit einigen Jahren spaltet sich vom klassischen Display Advertising eine Unterart ab, welche unter dem Gattungsbegriff **Display Performance** bekannt ist. Unter diesem Terminus findet sich aktuell noch ein großes Sammelsurium an Sonderformen eines sehr auf Werbeleistungsfähigkeit orientierten Werbens mit Bannern. Dieser Bereich geht mit einer noch höheren Menge an Begrifflichkeiten einher, was daher rührt, dass sich diese junge Branche innerhalb des Online-Marketings gerade noch voll in turbulenter Entwicklung befindet und sich begriffliche Standards dementsprechend noch nicht etablieren konnten. Eine Gemeinsamkeit aller Ansätze in diesem Bereich ist – anders als in der klassischen Bannerwerbung –, dass der Einkauf der Werbeleistung automatisiert/ algorithmisch geschieht; aus diesem Grund ist ein anderer Dachbegriff hier auch „**Programmatic Buying**". Im Folgenden sollen die beiden Techniken und Begrifflichkeiten beschrieben werden, die als erste Blockbuster im Bereich Display Performance identifizierbar scheinen.

Die am meisten verbreitete und etablierte Form des effizienzorientierten Werbens über Banner ist das **Retargeting** (auch Remarketing genannt). Jeder Internetnutzer wird schon einmal die Website eines Online-Händlers oder -Dienstes besucht haben, ohne dort eine Interaktion oder Transaktion getätigt zu haben, um danach von den Bannern dieses Werbetreibenden „verfolgt" zu werden – genau diese Marketingform ist hier gemeint. Man erkennt darin auch schon eine Besonderheit des Retargetings im Vergleich zu anderen Online-Marketing-Kanälen: Der Kunde muss erst über einen anderen Kanal gewonnen werden, bevor Retargeting möglich ist. Es ist also ein Hybrid zwischen Neukundengewinnung und Bestandskundenmarketing. Neben einem Produkt von Google, welches diese Art Displaywerbung ermöglicht, stammen die beiden international bedeutendsten Unternehmen in diesem Segment aus Europa: Criteo aus Frankreich und Sociomantic aus Deutschland.

Das zweite große Thema im Bereich Performance Display ist **Real Time Bidding/ Real Time Advertising (RTB/RTA)**. Anders als bei Retargeting geht es im Fall von RTB um wirkliche Neukundenakquise. Die Grundidee ist, dass Werbetreibende basierend auf Daten algorithmisch und in Echtzeit entscheiden, ob sie auf einer bestimmten Werbefläche auf einer bestimmten Website einem bestimmten Nutzer ein Banner ausspielen möchten oder nicht. Bei vielen Werbeflächen, zum Beispiel Websites von Zeitungen, gibt es ohnehin in gewissem Ausmaß Möglichkeiten zu gezielter Zielgruppenansprache (Targeting), durch die die eigenen Banner nur im Wirtschafts- oder Kulturteil der Website geschaltet werden. Diese Targeting-Möglichkeiten können die Streuverluste vom klassischen Display Advertising senken, führen aber auch zu erhöhten TKPs. Durch die höheren Preise erlauben sie also auch kein effizienzorientiertes Werben mit Bannern. Im Bereich von RTB wird meist mit anderen Daten gearbeitet – wir nehmen hier Wetterinformationen, um ein greifbares und vorstellbares Beispiel zu kreieren. Hat ein Werbetreibender, zum Beispiel aus dem Modebereich, ein breites Sortiment anzubieten, so kann er Kunden, die sich in einer Region befinden, in der das Wetter gerade gut ist, Produkte vorstellen, die genau auf diese lokalen Gegebenheiten abgestimmt sind. Im RTB-Bereich werden nicht selten außerdem Daten von dedizierten Anbietern genutzt, die beispielsweise Wahrscheinlichkeiten dafür liefern können, ob ein bestimmter Besucher ein bestimmtes Geschlecht hat, was für viele Dienste unterschiedliche Werbemittel und unterschiedlichen Kundenwert bedeutet. Werden die Daten von diesen Anbietern genutzt, so bekommt diese Informationen weder der Werbetreibende noch die Werbefläche, denn das wäre aus Datenschutzgründen nicht erlaubt. Diese Daten werden nur innerhalb der technischen Plattform genutzt, welche entscheidet, ob und wo Banner ausgespielt werden. Im RTB-Bereich ist aktuell sowohl auf Produkt- als auch auf Unternehmensseite so viel Bewegung wie in keinem anderen Bereich des Online-Marketings.

1.1.4 Affiliate Marketing

Affiliate Marketing ist eine kleine, aber faszinierende Marketing-Spielart, die sich ausschließlich im Internet entwickelt hat. Während bei klassischem Display Advertising das „Risiko" des Werbens ausschließlich beim Werbetreibenden liegt, ist es beim Affiliate Marketing komplett umgekehrt. Wenn eine Werbefläche über Affiliate Marketing Banner oder andere Werbemittel eines Werbetreibenden zeigt, wird sie hierfür nicht vergütet. Selbst für einen Klick auf das Werbemittel und damit einen Besuch der Website des Werbetreibenden wird nichts bezahlt. Erst wenn der potenzielle Kunde effektiv bestimmte, vorher vom Werbetreibenden definierte Aktionen oder Transaktionen tätigt, wird die Werbefläche vergütet. Ein Beispiel für eine vergütungswürdige Transaktion wäre der Kauf einer Ware in einem Online-Shop, bei der die Zahlung tadellos funktioniert hat und der Kunde die Ware nicht innerhalb legitimer Rücksendephasen wegen Nichtgefallen zurückgeschickt hat. Damit ist Affiliate Marketing vollständig erfolgsabhängig. Entsprechend ist die Vergütung auch häufig nicht absolut, sondern relativ, etwa im eCommerce-Bereich, bezüglich des Werts der gekauften Ware. Um es sich konkret vorzustellen, bekommt beispielsweise im Modebereich eine Website, die einen Käufer über Affiliate Marketing vermittelt, etwa 5 % des getätigten Kundenumsatzes als Werbeerlös vergütet. Wenn ein Kunde also für 500 € einkauft, bekommt die Werbefläche hierfür 25 € vergütet, und zwar unabhängig davon, wie viele Klicks oder Einblendungen des Werbemittels notwendig waren, um diesen einen Käufer zu vermitteln. Wenn man die Webseiten versucht zu erfassen, die bereit sind, auf Basis von Affiliate Marketing für Produkte oder Dienstleistungen von Werbetreibenden zu werben, wird man hier mehrheitlich in Bezug auf Besucherzahlen eher kleinere und gegebenenfalls auch mittlere Websites finden. Für die Werbeflächen lohnt sich das Vermarkten der Werbeplätze über Affiliate Marketing weniger als im Fall von Display-Marketing – allerdings ist den Werbeflächen, die auf Affiliate Marketing zurückgreifen, das Vermarkten auf TKP-Basis leider auch nicht zugänglich, da Online-Vermarkter fast immer Mindestgrößen verlangen. Dadurch ist die Reichweite, die ein Werbetreibender mit Affiliate Marketing gewinnen kann, limitiert, wenn auch in vielen Fällen wirtschaftlich spannend. Eine weitere erwähnenswerte Herausforderung bei Affiliate Marketing ist die technische Komplexität der Disziplin sowie das „Buhlen" um gute Affiliates. Positiv für Affiliate Marketing ist, dass in den meisten Fällen die Streuverluste relativ niedrig sein werden, da die Werbefläche selbst entscheidet, welche Werbung wo angezeigt wird; und es wird sicher versucht werden, dies möglichst thematisch passend zu gestalten, da in dem Fall der Verdienst am größten ist.

In der Praxis ist es außerdem so, dass nur sehr große Werbetreibende über ein eigenes Affiliate-Marketing-Programm direkt ihre Affiliates steuern und managen. Die meisten Affiliate-Programme sind gebündelt bei **Affiliate-Marketing-Netzwerken** – die bekanntesten weltweit sind Zanox, Affilinet, Tradedoubler und Commission Junction. Die Netzwerke fungieren als Intermediär, der zum einen die technische Basis zur Verfügung stellt, zum anderen aber auch Affiliates die Zusammenarbeit mit vielen Anbietern von Affiliate-Programmen erleichtert.

1.1.5   Social Media Advertising

Social Media Advertising (SMA) ist ein relativ junger, aber durchaus für viele Geschäftsmodelle zukünftig potenziell relevanter Kundenakquisitionskanal – Gegenstand ist dementsprechend das Werben innerhalb von Social-Media-Netzwerken oder ein Werben, das auf den Daten aus solchen Netzwerken basiert. Das mit großem Abstand bekannteste Unternehmen, über welches SMA betrieben werden kann, ist Facebook; aber es gibt auch andere spannende Plattformen wie zum Beispiel LinkedIn oder Twitter, auf denen Werbung auf Basis sozio-, demo- und psychografischer Daten geschaltet werden kann. Das Innovative an den Werbemöglichkeiten via Facebook sind die vielen dort vorhandenen Datenmengen zu Interessen, Präferenzen und Vorlieben der Nutzer des Netzwerks. So kann beispielsweise dediziert Kunden Werbung ausgespielt werden – ob sie in New York waren, Krimis eines bestimmten Autors mögen, sich in einer bestimmten Stadt aufhalten, bestimmte Spiele auf Facebook gerne nutzen oder einen bestimmten Fußballclub mögen. Die Möglichkeiten des Targetings (also der Festlegung der Zielgruppe, der die eigenen Werbemittel ausgespielt werden) sind wirklich sehr groß. Werbung in Social Networks eignet sich dabei weniger zur Deckung eines konkreten aktuellen Bedarfs; denn wenn jemand gerade in New York war, so kann man schlecht eine nächste Reise nach New York verkaufen. Werbung in diesem Kanal ist aber sicher sehr gut geeignet, um einen Bedarf zu wecken, ohne dass dabei große Streuverluste entstehen.

1.1.6   Preissuchmaschinen-Marketing

Marketing in und über **Preissuchmaschinen** (kurz PSM – andere Bezeichnungen: Preisvergleiche/Produktvergleiche/Produktdatenmarketing) ist vor allem für den eCommerce, also Online-Händler, ein sehr relevanter Kanal zur Kundengewinnung. Die im deutschsprachigen Raum bekanntesten thematisch breit aufgestellten Produkt- und Preissuchmaschinen sind idealo.de, billiger.de, ladenzeile.de und guenstiger.de. Daneben gibt es auch noch auf bestimmte Branchen spezialisierte Anbieter, wie beispielsweise swoodoo.com oder skyscanner.de für Flüge, trivago.de für Hotels oder toptarif.de und check24.de für Stromtarife. Gemeinsamer Nenner aller Preissuchmaschinen ist, dass man die Produkte, um die es dort geht, nicht direkt auf der Website kaufen kann, sondern zu dem Händler weitergeleitet wird. Damit die Produkte oder Dienstleistungen eines Händlers bei einer Preissuchmaschine gelistet werden, muss der Händler der Preissuchmaschine die eigenen Produktdaten zur Verfügung stellen. Dies geschieht meist über einen XML-Feed, der in strukturierter Form Informationen über die angebotenen Produkte (aktuellen Preis der Ware und Stammdaten etc.) enthält. Die Vergütung für das Marketing in Preissuchmaschinen findet im Wesentlichen auf CPC-Basis (Kosten pro Klick) statt. Häufig zahlt ein eCommerce-Händler einen fixen Klickpreis zwischen 15 und 35 Cent, wenn eine Preissuchmaschine ihm einen Besucher vermittelt. Die Klickpreise müssen jedoch nicht fix sein. Bei einigen Preisvergleichen kann man die produkt- oder kategorienabhängige Zahlungsbereitschaft des Händlers ebenfalls im Produktdaten-Feed mit übermitteln. Darüber hinaus haben die verschiedenen Preisvergleiche unterschiedliche Arten und Qualitäten von Besuchern und teilweise auch unterschiedliche technischen Anforderungen an die Formatierung der Produktdaten. So ist es nicht selten, dass Händler für das Preissuchmaschinen-Marketing eine (Feedmanagement-)Software nutzen, die auf das Verwalten und Übermitteln der Produktdaten zu unterschiedlichen Preissuchmaschinen spezialisiert ist, zum Beispiel von den Unternehmen channeladvisor.de oder soquero.de. Ein Spezialfall unter den Preissuchmaschinen, der bei fast jedem Händler auch gesondert ausgesteuert wird, ist **Google Shopping** – die Preissuchmaschine von Google selbst. Lange Jahre bekamen Händler Besucher kostenfrei über Google Shopping und die Menge der Besucher war nur davon abhängig, wie gut die Produktdaten gemäß den Spezifikationen von Google waren. Mittlerweile ist dieser Dienst ebenfalls kostenpflichtig auf CPC-Basis, wenn man als Werbetreibender Besucher und damit Kunden darüber gewinnen möchte. Die Datenqualität des Produktdatenfeeds spielt aber immer noch eine sehr große Rolle. Damit hat Google Shopping bei vielen Online-Händlern eine Zwitterrolle zwischen SEA und SEO inne. Auf Google Shopping wird im Rahmen dieses Buches in Kap. 13 noch genauer eingegangen.

1.1.7   Whitelabel Marketing

Whitelabel-Kooperationen/Marketing findet häufig zwischen größeren und stärkeren Partnern statt. Eine Seite der Kooperation besteht meistens aus einem sehr reichweitenstarken Portal, das eine eigene starke Marke im Internet darstellt. Die andere Seite sind häufig Werbetreibende, bei denen der Besucher sehr viel wert ist. In Tab. 1.1 finden sich einige konkrete, um sich Whitelabel-Kooperationen besser vorstellen zu können.

Das Besondere und Entscheidende bei Whitelabels ist, dass das Design des Kooperationsbereichs sowie das Nutzererlebnis der restlichen Optik des Reichweitenpartners angepasst wird. Wer also die Immobilienbörse bei der Zeit oder das Jobportal bei der Welt betrachtet, hat auch weiterhin das Gefühl, auf der jeweiligen Zeitungswebsite zu sein. Die Inhalte und die Funktionalität im Kooperationsbereich kommen dabei vom Werbetreibenden. Man sieht also, dass die Werbefläche hier ihre starke Reichweite nutzt, um jenseits von anderer Monetarisierung durch Werbung noch mehr lohnenswertes Angebot auf der Website zu schaffen. Die Vergütung bei Whitelabels ist meist sehr stark erfolgsabhängig.

Tab. 1.1 Whitelabel Marketing

Reichweitenpartner/ Werbefläche	Inhaltanbieter/ Werbetreibender	Inhalt der Kooperation	URL
Zeit.de	Mobile.de	Gebrauchtwagenbörse	automarkt.zeit.de
Zeit.de	Immowelt.de	Immobilienbörse	zeit.immowelt.de
Welt.de	Stepstone.de	Jobportal	stepstone.welt.de
RTL.de	Elitepartner.de	Dating-Plattform	partnersuche.rtl.de

Beispielsweise kann es sein, dass sich Werbefläche und Werbetreibender die Einnahmen aus dem Kooperationsbereich zu einer bestimmten Quote teilen.

1.1.8   E-Mail Marketing

Mit **E-Mail Marketing** verbindet man häufiger ein Bestandskundenmarketing und CRM (Customer Relationship Management – also das Versenden von Newslettern an bestehende Kunden) als die Gewinnung von Neukunden, aber auch letzteres ist anhand von E-Mails gut möglich. Die Gewinnung von Neukunden auf diesem Weg ähnelt in vielen Fällen dem Displaymarketing. Um zu verdeutlichen, wie dies in der Praxis funktioniert, kann man gedanklich von thematisch fokussierten Portalen starten, die an ihre Kunden und Nutzer regelmäßig Inhalte per E-Mail verschicken. Oft ist es dann möglich, in diesen Newslettern mit Bildmaterial, Text und Links zu werben oder auch einen „Stand-alone"-Newsletter zu verschicken, der dann ausschließlich aus Inhalten des Werbetreibenden besteht. Wichtig ist zu verstehen, dass nicht der Werbetreibende die Newsletter verschickt, sondern derjenige, bei dem die Nutzer angemeldet sind und der sie dementsprechend auch anmailen darf. Der Werbetreibende erfährt nicht, an welche E-Mail-Adressen die Werbungsnachricht verschickt wurde. Er vergütet denjenigen, der den Newsletter an seine Nutzer verschickt hat, meistens auf TKP-Basis. Oftmals sind TKPs im Bereich des E-Mail Marketing sehr hoch, da E-Mails eine sehr große Aufmerksamkeit genießen und entsprechend gute Interaktionswerte auf Werbung wie Öffnungs- oder Klickraten bieten, sodass die Werbeleistung ebenfalls hoch ist.

Eine häufig zu beobachtende Nischenspielart des E-Mail Marketing zur Neukundengewinnung sind Gewinnspiele. Hier ist die ökonomische Funktionsweise etwas anders. Meist gibt es einen Veranstalter, der einen Preis stellt und dafür sorgt, dass das Gewinnspiel von vielen Leuten gesehen wird, um dann auch Teilnehmer zu generieren. Sowohl mit der Organisation als auch mit dem Preis und der Reichweite sind Kosten verbunden. Diese werden von den Sponsoren des Gewinnspiels getragen, die eben Werbetreibende sind. Sie bekommen im Gegenzug für das Sponsoring häufig die E-Mail-Adressen sowie das Recht, diese mit ihren Werbenachrichten zu beschicken.

Wie gerade diese Spielart sofort erahnen lässt, ist die rechtliche Seite von E-Mail Marketing nicht trivial. Eine andere Herausforderung im E-Mail Marketing ist die Zustellbarkeit von E-Mails; denn es gibt viele Mechanismen im Internet, um unerwünschte Werbemails zu blockieren, und man muss sicherstellen, dass legitimes E-Mail Marketing nicht zufällig von den Mechanismen erfasst wird, die gegen Spam schützen sollen. Eine weitere Schwierigkeit liegt in der Darstellung und Dynamisierung im Kontext von mobilen End-geräten, die einen starken Einfluss auf die Effizienz der Neukundengewinnung über E-Mails haben kann.

1.2 Suchmaschinenmarketing

Suchmaschinen stellen neben der Nutzung von E-Mails die dominanteste Anwendung im Internet dar. In den meisten Ländern wird der Suchmaschinenmarkt heutzutage von ei-nem Unternehmen bestimmt. In seltenen Fällen gibt es noch eine zweite Suchmaschine, die relevante Anteile des Suchmarktes in dem jeweiligen Land auf sich vereinen kann. Einige der wenigen Märkte, die nicht mit weitem Abstand von Google dominiert wer-den, sind beispielsweise Russland, wo Yandex die größte Suchmaschine ist, oder China, wo Baidoo vorherrscht. In den meisten Ländern, in denen Google die reichweitenstärkste Suchmaschine ist, pendeln sich Marktanteile von weit über 90 % ein, was Google eine klare Monopolstellung einbringt. Einer der größten Märkte, in denen Google nicht extrem dominant ist, sind die USA, in denen (je nach Datenbasis) die Suchmaschine Bing von Microsoft zehn bis 30 % Marktanteil hat. Dieses Buch wird dementsprechend in den meis-ten Fällen auf Suchen und Marketing bei Google fokussieren und Eigenheiten der anderen Suchmaschinen (die im Wesentlichen analog funktionieren) nur hervorheben, wenn sich hieraus eine weitere, für den Leser wertvolle Perspektive oder Einsicht ableiten lässt.

Suchmaschinen haben erstmals systematisch und breit eine andere Art von Marketing möglich gemacht. Alle anderen zuvor beschriebenen Online-Marketing-Kanäle können – wie Offline-Werbung – mit „Push" beschrieben werden. Das heißt, ein Werbetreibender hat einen werbenden kommunikativen Inhalt, über den er potenzielle Kunden informieren möchte, und dazu nutzt er eine Werbefläche, auf der sich der potenzielle Kunde aus einem anderen Grund als der Aufnahme von Werbebotschaften befindet. Dem Kunden wird die Werbebotschaft also – etwas übertrieben gesagt – „reingedrückt", da er an der Stelle die Werbebotschaft eigentlich gar nicht will (aus dieser Grundeinstellung ergibt sich auch die breite Existenz und Beliebtheit von Werbeblocker-Software mit allen Folgeproblemen für die digitale Werbewirtschaft).

Marketing in Suchmaschinen ist genau an dieser Stelle komplett anders. Am einfachs-ten ist es, sich das Suchen mit einer Suchmaschine als ein „Fragen" seitens des Suchenden vorzustellen. Der User tippt Keywords ein, die eingrenzen sollen, was gesucht wird, und die Suchmaschine liefert etwa zehn mögliche Antworten in kurz zusammengefasster Form auf der Suchergebnisseite (zu Englisch „Search Engine Result Pages" – in der SEO-Bran-che sehr häufig auch mit SERPs abgekürzt). Aus dieser Übersicht wählt der Nutzer dann das Ergebnis, das am vielversprechendsten scheint, um die gestellte „Frage" zu beantwor-ten. Selbstverständlich kann es auch vorkommen, dass aus verschiedenen Gründen meh-rere Suchmaschinenergebnisse besucht und damit mehrere verschiedene Antworten zu der gleichen „Frage" eingeholt werden. Bei einem großen Teil der Suchen, aufgrund derer Suchmaschinen von Kunden bemüht werden, ist es dem Suchenden zum Zeitpunkt der Suche „egal", von welcher Website die Frage beantwortet wird. Diese Suchen, bei denen der Kunde noch nicht festgelegt wird, werden als „generische Suchen" bezeichnet. In der *alten Marketingwelt* liegt genau an dieser Stelle eines der größten Missverständnisse: Es wird von sehr vielen Marketingverantwortlichen unterschätzt, welche Volumina an generischen Suchen für ihre Branche und ihren Markt existieren. Tatsächlich sind mit Abstand die meisten Suchen bei Suchmaschinen generischer Natur. Aus eben diesen generischen Suchen ergibt sich der komplett diametrale Marketingansatz eines „Pull"-Marketings in Suchmaschinen. Gibt ein Suchender bei Google oder einer anderen Suchmaschine Begriffe wie „Waschmaschine kaufen" oder „Bügeleisen bestellen" ein, so drückt er genau das aus, was er möchte, nämlich eine Transaktion tätigen. Diese wäre Werbetreibenden sehr viel wert, aber in dem Beispiel ist man weder darauf festgelegt, von welchem Hersteller das Produkt sein soll, noch, bei welchem Händler es gekauft wird. Die Kunden, die in anderen Kanälen Werbung „reingedrückt" bekommen, „verlangen" in Suchmaschinen regelmäßig nach genau solcher – weswegen es Sinn macht, dies als ein „Pull" zu beschreiben. Eine der Besonderheiten bei dieser Art des Marketings stellen die extrem niedrigen Streuverluste dar. Wenn der Suchende eine „Waschmaschine kaufen" will und der Werbetreibende genau das anzubieten hat, dann passt das perfekt zusammen. Ein Nachteil aus Sicht des Werbetreibenden ist sicherlich, dass die Suchmaschine bei generischen Suchen nie nur ein Ergebnis anzeigen wird. Die Regel ist gerade bei kommerziell relevanten generischen Suchen, dass etwa 20 verschiedene Ergebnisse angezeigt werden. Als kommerziell relevant würde man diejenigen Suchen beschreiben, bei denen der Werbetreibende vermutet, dass es durch diesen Suchenden möglich sein wird, direkt Geld zu verdienen. Genau in solchen Fällen lassen sich dann auch die beiden verschiedenen Online-Marketing-Kanäle innerhalb des **Suchmaschinenmarketings** (häufig verkürzt auch Suchmarketing genannt – zu Englisch: Search Engine Marketing oder Search Marketing, mit **SEM** abgekürzt) deutlich unterscheiden: Suchmaschinenwerbung und Suchmaschinenoptimierung, vgl. Abb. 1.3

1.2.1 Suchmaschinenwerbung – SEA

Suchmaschinenwerbung (zu Englisch: Search Engine Advertising, mit SEA abgekürzt) umfasst die Anzeigen und damit bezahlten Ergebnisse, die in der rechten schmalen Spalte, häufig aber auch in der zentralen linken breiten Spalte auf den oberen drei Plätzen zu finden sind (leider gibt es im SEA-Bereich historisch bedingt auch Synonyme mit Missverständnis-Potenzial, die sich durchaus etabliert haben: Zum einen wird der SEA-Bereich auch SEM genannt (siehe oben), was genau genommen auch den Bereich der Suchmaschinenoptimierung umfasst. Zum anderen ist gerade im angelsächsischen Raum der Begriff **PPC (Pay Per Click)** recht etabliert, der dann wiederum mehr als nur Suchmaschinenwerbung erfassen kann. Ebenfalls stark eingebürgert hat sich der entsprechende Produktbegriff von Google, „**AdWords**", welches der Markenname der Suchmaschinenwerbung

Abb. 1.3 SEO und SEA

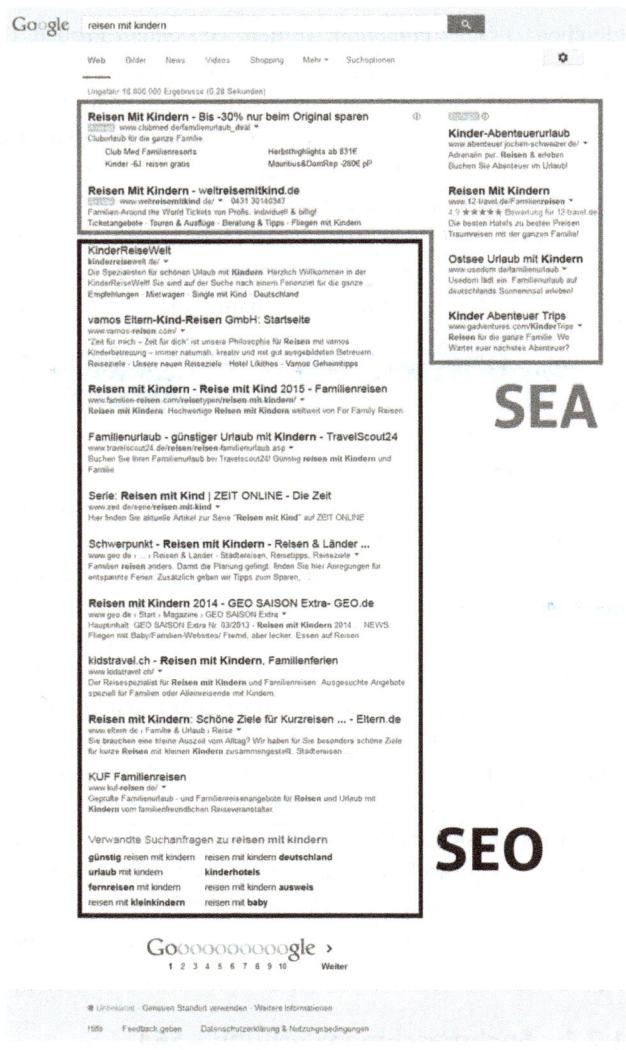

beim Suchriesen ist. Wir empfehlen aus Gründen der Deutlichkeit in der Kommunikation, an SEA festzuhalten; allerdings sind die Begriffe SEM, PPC und AdWords für Suchmaschinenwerbung aus den Gewohnheiten des Marktes nicht mehr wegzudenken – daher muss man sich dieser Zweideutigkeiten bewusst sein). Mit den Anzeigen in diesem Bereich generiert das Unternehmen Google mehr als 95 % seiner Umsätze und Gewinne. Es ist wichtig, sich dieser Tatsache immer wieder bewusst zu sein, wenn man das regelmäßige Produktinnovations- und PR-Feuerwerk von Google vorgeführt bekommt. Ursprünglich war die Kennzeichnung der Werbung bei Google durchaus sehr viel deutlicher. In den vergangenen Jahren gab es hinsichtlich dieses Aspekts nur eine klare Entwicklungsrichtung hin zu mehr „Dezenz" bei der Kennzeichnung. Google möchte klar die Grenzen zwischen den Werbeanzeigen und den anderen Ergebnissen verschwimmen lassen. Die Reihenfolge (das Ranking) innerhalb der Ergebnisse der Suchmaschinenwerbung wird durch zwei Faktoren für jede Suche neu bestimmt: zum einen die Zahlungsbereitschaft des Werbetreibenden, also wie viel genau er bereit ist, für einen Klick auf seine Anzeige auszugeben. Dieser Faktor des Rankings – der **Auktionsmechanismus** – der Anzeigen ist der dominierende und transparente. Zum anderen wird die Reihenfolge der Werbeanzeigen bei Google durch den sogenannten **Qualityscore** bestimmt. Google wird nicht müde, in der externen Kommunikation zu betonen, man wolle die besten Suchergebnisse für den Kunden und nicht das Betriebsergebnis maximieren, was auch für den Bereich der Suchanzeigen gelte. Der Qualityscore bezieht sich immer auf ein bestimmtes Keyword, zu dem eine bestimmte Anzeige von einem bestimmten Werbetreibenden geschaltet wurde, der die Besucher dann auf eine spezifische Unterseite seiner Website (zu Englisch: Landing Page – also die Stelle, an der der Suchende „landet", wenn er von Google kommt. Gerade beim Begriff Landing Page hat es sich eingebürgert, ihn mehr in englischer Sprache zu nutzen) lotst. Ein Werbetreibender hat demnach nicht einen pauschalen Qualityscore, sondern sehr viele, und diese können sich ändern, je nachdem, wie man die oben genannten Faktoren verändert. Ändert man beispielsweise für ein Keyword den Anzeigentext, sodass hierdurch mehr Kunden auf die Anzeige klicken, so verbessern sich der Qualityscore für das Keyword sowie diese Anzeige und die korrespondierende Landing Page. Durch sehr gute Qualityscores ist es sogar möglich, mehr Besucher zu bekommen, und zwar zu günstigeren Preisen pro Klick über Suchmaschinenwerbung bei Google, obwohl man gegebenenfalls weniger zahlungsbereit ist als ein anderer Werbetreibender mit sehr schlechtem Qualityscore.

Seit dem dritten Quartal 2013 gibt es laut Google einen dritten Faktor, der die Position der geschalteten Anzeigen beeinflusst: die Nutzung von **Anzeigenerweiterungen**. Google bietet hier mittlerweile ein breites Bouquet, das je nach Branche, Geschäftsmodell und Keyword unterschiedlich stark Sinn macht. Diese Anzeigenerweiterungen sollen auch in Zukunft mehr ausgebaut werden. Aufgrund der bisherigen Kommunikation von Google ist zu vermuten, dass dieser Faktor allerdings bisher und auf weiteres die geringste Bedeutung hat und haben wird.

1.2.2 Suchmaschinenoptimierung – SEO

1.2.2.1 SEO-Aufgabenbereiche

Wenn man sich dem Thema SEO nähert, unterscheidet man zunächst zwei verschiedene Bereiche von Aktivitäten, nämlich Onpage und Offpage. **Onpage-SEO** umfasst alle Maßnahmen *auf* der eigenen Website, **Offpage-SEO** alle Maßnahmen *jenseits* der eigenen Website, die der Suchmaschinenoptimierung dienen, vgl. Abb. 1.4.

Innerhalb des Onpage-SEO wird zwischen **strategischen SEO-Aufgaben** und der Optimierung von Content unterschieden. Insbesondere das Erarbeiten von Lösungen für strategische SEO-Fragestellungen ist im Wesentlichen **projektorientiert**. Strategische

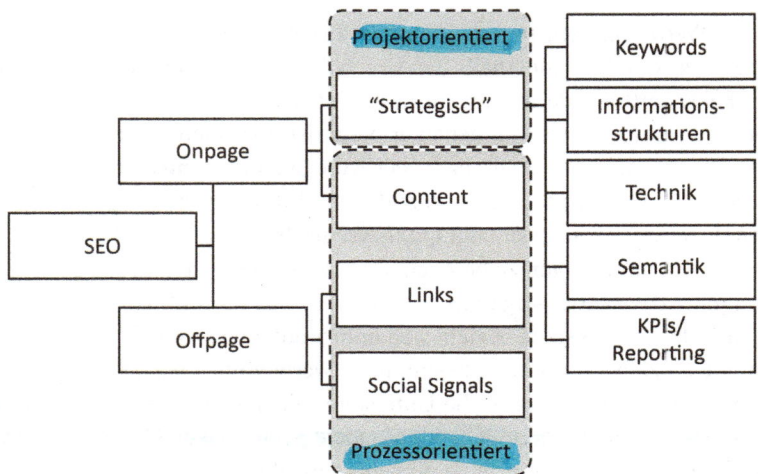

Abb. 1.4 Aufgabenbereiche im SEO

SEO-Aufgaben stellen sich eher initial und einmalig. Sie kommen aber auch häufig vor, wenn der Relaunch einer Website, eine Produkterweiterung oder -veränderung oder eine Internationalisierung ansteht. Hinter dem Sammelbegriff der Strategie verbirgt sich im SEO ein ganzes Aufgabenspektrum, für dessen Bearbeitung es sehr unterschiedlicher Fähigkeiten bedarf:

- Erarbeitung von Keyword-Strategien auf Basis von Keyword-Recherchen.
- Planung und Umsetzung von Informationsstrukturen, die sowohl den Anforderungen von Nutzern als auch dem Produkt- oder Kommunikationsmanagement des Unternehmens und SEO entsprechen.
- Planung und Spezifikation von technischen SEO-Anforderungen, bei denen Kosten und Nutzen in vorteilhafter Relation zueinander stehen.
- Entscheidungen treffen, welche semantischen Kennzeichnungen vorgenommen werden sollen, und abschätzen, welcher kurzfristige Nutzen daraus entsteht. Dies abwägen gegen eine Gefährdung, die mittel- oder langfristig für das eigene Geschäftsmodell entstehen kann.
- Festlegen, anhand welcher Kennzahlen (KPI – Key Performance Indicators) und Werte die Entwicklung und der Erfolg der SEO-Bemühungen erfasst und eingeschätzt werden sollen und welche der involvierten Personen in welchem Turnus welche dieser Kennzahlen berichtet bekommt.

Der zweite Aufgabenbereich neben den strategischen Fragestellungen im Onpage-SEO ist die **Optimierung von Content**. Content im Sinne des SEO (in den letzten 15 Jahren) ist schwerpunktmäßig Text, der für den Nutzer und die Suchmaschine lesbar ist. Suchmaschinen versuchen zwar, die Inhalte anderer Content-Arten wie Bilder oder Videos mehr und mehr zu durchdringen, jedoch wird diese Entwicklung noch viel Zeit brauchen.

Während die strategischen und technischen SEO-Fragen und der Content den Onpage-Bereich darstellen, ist der dritte wichtige Aufgabenbereich von SEO im Offpage-Bereich zu verorten: die **Links** (auch Backlinks, externe Links oder eingehende Links genannt). Bei Links ist es immer wichtig, den Kontext im Auge zu behalten. Links gibt es nämlich auch im Onpage-Bereich, insbesondere dann, wenn es um Fragen der Informationsstrukturen und der Technik geht; das sind sogenannte interne Links, also Links einer Website von einer eigenen Unterseite zu einer anderen. Diese haben auch eine sehr wichtige Funktion, sind aber selbstverständlich keine knappe Ressource und man kann sie selbst komplett kontrollieren. Im Offpage-Kontext sind aber Links von anderen Webseiten zu der Website gemeint, die das Ziel der Optimierung ist. Man hat hier in den meisten Fällen also keine Kontrolle, vielmehr muss sich ein anderer Webseiteninhaber in der Regel aus freien Stücken dazu entscheiden, diesen Link von dessen Website zu der Zielwebsite zu setzen. Suchmaschinen werten solche Links als Empfehlung. Sie sind eines der essenziellsten Rankingkriterien – je mehr eine Website von vielen anderen empfohlen wird, so der dahinterliegende Gedanke, desto eher ist sie für viele Leute ein gutes Suchergebnis und sollte entsprechend prominent dargestellt werden. Im Unterschied zu internen Links sind externe viel schwerer zu bekommen und es liegt im Wesentlichen nur in geringem Maße im Wirkungsbereich des Optimierers, wie genau diese aussehen werden.

Als weiteres Element der Offpage-Strategie ist aus vorrausschauender Perspektive bereits das Thema **Social Signals** in die obige Grafik aufgenommen worden. Aktuell wird der Offpage-Bereich zweifelsfrei vom Thema Links dominiert, jedoch sind Suchmaschinenbetreiber ständig auf der Suche nach anderen Formen, um die Empfehlungen von Menschen für bestimmte Webseiten maschinenlesbar zu erfassen. Links können letztendlich auch nur von einer begrenzten Menge von Menschen gemacht werden, nämlich nur von denjenigen, die Webseiten haben. Es wäre also aus Sicht der Suchmaschinenbetreiber von Vorteil, auch hier zu einem Proxy für „Empfehlungen" zu kommen, der auf mehr verschiedenen Personen basiert als nur denjenigen, die Links setzen können. Hierzu gibt es verschiedene Ansätze, von denen einer oder mehrere sicherlich in den kommenden Jahren einen Einfluss auf die Suchmaschinenergebnisse haben werden:

- **Traffic-Ströme**: das Auswerten von Nutzerverhalten, was Google beispielsweise durch den hauseigenen Browser Chrome möglich ist, der in vielen Ländern einen Marktanteil von über 30 % hat.
- **Empfehlungen aus sozialen Netzwerken:** Das „Like" (Gefällt mir) bei Facebook ist mittlerweile im Mainstream der Gesellschaft angekommen und wird breit genutzt. Facebook entwickelt sich immer mehr zur Suchmaschine und dort werden diese Daten sicherlich einen sehr großen Effekt haben. In die gleiche Richtung entwickelt sich Google mit seiner „sozialen Datenschicht" Google+ und dem „+1" als Pendant zum Like von Facebook.
- **Nutzerverhalten in den Suchergebnissen:** Google kann sehr gut messen, welche Suchergebnisse bei welchen Keywords angeklickt werden und wie lange es beispielsweise dauert, bis nach dem Besuch eines bestimmten Ergebnisses zu einem Keyword

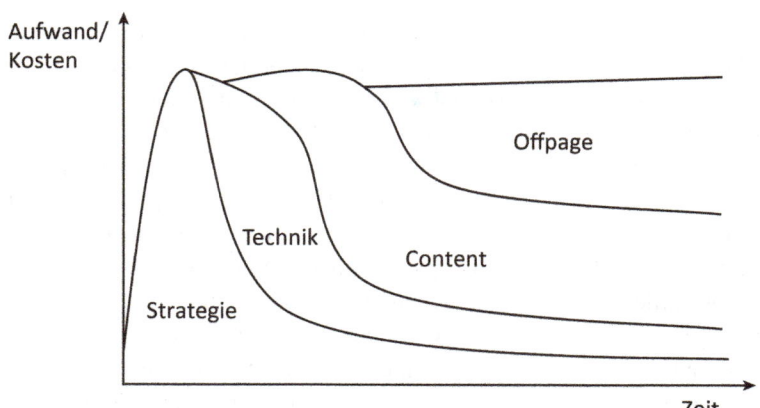

Abb. 1.5 SEO Verlaufskurve

der Nutzer im Durchschnitt weitersucht. Dauert dies im Durchschnitt lange, so darf vermutet werden, dass der Suchende fündig geworden ist. Dies wäre somit eine implizite Empfehlung für eine bestimmte Website zu einem bestimmten Thema.

Gerade anhand der Thematik Social Signals wird schnell deutlich, dass sich SEO in Zukunft weg von einer Spezialdisziplin, hin zu einer engen Kooperation mit dem Marketing entwickeln muss.

In der Praxis zeigt sich häufig, dass die verschiedenen Bereiche der Suchmaschinenoptimierung im Zeitverlauf eine unterschiedliche Bedeutung haben. Abbildung 1.5 zeigt einen prototypischen Verlauf, wie er oft vorkommt.

Zu Beginn des SEO-Projekts fällt der meiste Aufwand bei strategischen Fragestellungen an, gefolgt von der Technik. Hier sieht man auch, dass die Themen Strategie und Technik eher „projektartig" sind und es einen deutlichen Aufwandspeak gibt, der dann später absinkt und nur einen kleinen Teil des Aufwands ausmacht. Als Nächstes erfordert meistens der Content-Bereich Aufmerksamkeit und diese wird auch durchgehend gebraucht. Komplettiert wird das Spektrum der SEO-Aktivitäten durch den Offpage-Bereich, der genau wie der Content-Bereich hier seinen „prozessartigen" und damit auch fortlaufenden Charakter zeigt. Wie der Grafik zu entnehmen ist, kommt es nicht selten vor, dass der Aufwand, also auch die Kosten, die im SEO-Bereich entstehen, konstant sind, solange sich der thematische Fokus nicht sonderlich verändert. Eine faszinierende und aus betriebswirtschaftlicher Sicht positive Eigenschaft von guter Suchmaschinenoptimierung ist, dass die optimierende Website mit diesem konstanten Arbeitsaufwand immer mehr Besucher gewinnt, also die Kosten pro gewonnenen Besucher im Laufe der Zeit im Durchschnitt sinken.

1.2.2.2 SEO-Grundstrategien

Wenn man im Bereich Suchmaschinenoptimierung arbeitet, ist es wichtig zu verstehen, dass Suchmaschinenbetreiber in ihrer Relevanzbestimmung unterschiedlicher Sucherergebnisse nicht manipuliert werden möchten. Algorithmen werden entsprechend geheim gehalten und trotz aller strukturierter und logischer Herangehensweise „weiß" niemand wirklich hundertprozentig, wie SEO funktioniert – mit Ausnahme einiger weniger Mitarbeiter der Suchmaschinen. Wissensgewinn im SEO ist dementsprechend durch Beobachten, Analysieren und Experimentieren geprägt. Zusätzlich ist es wichtig zu wissen, dass Suchmaschinen eigene **„Verhaltensregeln" für Webseiteninhaber (Google Webmaster Guidelines)** definieren, die innerhalb ihrer Suche/Suchergebnisse gelten. Diese Regeln jedoch sind nicht mit Gesetzen zu verwechseln. Es gibt also Vorgehensweisen und Maßnahmen im SEO, die gesetzlich völlig legitim sind, die Regeln der Suchmaschinenbetreiber jedoch zumindest touchieren. Die Herausforderung liegt darin, dass ein Befolgen aller mustergültigen Verhaltensregeln in wettbewerbsintensiven Bereichen des SEO selten deterministisch zu einem Erfolg führen. Eine Analogie, die man hier heranziehen kann, ist das Doping beim Sport. Grundsätzlich ist dies im sportlichen Wettkampf verboten. Es gibt dennoch Sportarten, in denen viele Sportler Doping als Leistungsförderung nutzen und hoffen, nicht erwischt zu werden. Dabei versuchen sie, die Mittel möglichst wenig oder geschickt einzusetzen, um bei der nächsten Dopingkontrolle nicht aufzufallen. Andere wiederum dopen offensichtlich und streichen mit hoher Wahrscheinlichkeit kurzfristig Erfolge ein; langfristig jedoch ist die Wahrscheinlichkeit, erwischt zu werden, sehr hoch. Ebenfalls analog zum Sport gibt es bei Google das Pendant zu Dopingkontrollen (manuelle oder algorithmische Abstrafungen) und wer erwischt wird, wird unterschiedlich hart bestraft und eine Erholung nach einem Vergehen hängt mit dessen Schweregrad zusammen. Insofern bedarf es in wettbewerbsintensiven Branchen einer Grundpositionierung in den eigenen SEO-Bemühungen auf einem Kontinuum zwischen den Polen Effizienz und Sicherheit, vgl. Abb. 1.6.

SEO-Erfolge sind schnell und günstig nicht ohne hohes Risiko möglich. Entsprechend ist sicheres und damit langfristiges und nachhaltig wirkendes SEO nicht zu geringen Kosten und mit geringem Aufwand umzusetzen. Für die weitere Lektüre des Buches ist es wichtig zu verstehen, dass die Autoren eine Grundeinstellung zur Suchmaschinenoptimierung haben, die stark auf Sicherheit beruht, da dies die einzig richtige Wahl für SEO im professionellen Unternehmensumfeld darstellt. Entsprechend sind Tricks und Abkürzungen nicht Gegenstand dieses Buches – sie sind für Unternehmen fast nie eine gute Option. In diesem Kontext werden in der SEO-Branche auch die **Begriffe „White Hat", „Black Hat" und „Grey Hat"** genutzt. White Hat SEO steht für eine Strategie, die sich an alle

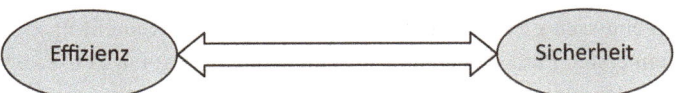

Abb. 1.6 SEO Grundstrategien

Abb. 1.7 Das SEO-
Positionierungsdilemma

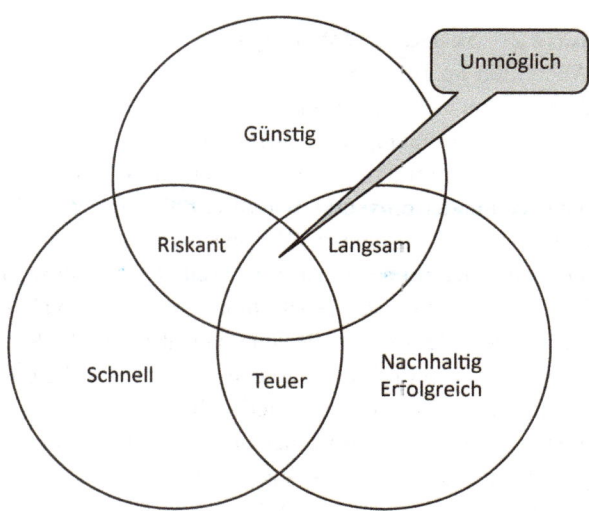

Verhaltensregeln der Suchmaschinen hält. Black Hat bezeichnet eine SEO-Strategie, die breit und offensichtlich gegen Verhaltensregeln der Suchmaschinen verstößt. Wie in den meisten Bereichen des Lebens gilt auch im SEO, dass fast nichts rein schwarz oder weiß ist, sondern irgendwo dazwischen liegt – dies beschreibt der Begriff Grey Hat SEO.

Eine interessante und sinnvolle Erweiterung dieses Grundgedankens wurde im Frühjahr 2014 in einem Vortrag von Erik Siekmann von der Firma Digital Forward gesichtet, die so gut ist, dass auf eine kurze Vorstellung hier nicht verzichtet werden kann. Das Positionierungsdilemma bezüglich einer SEO-Strategie wurde hier mit drei Polen erklärt: günstig, schnell und nachhaltig erfolgreich, wie in Abb. 1.7 dargestellt.

Das Wichtigste ist die Einsicht, dass es keine Strategie gibt, die alle drei Ziele gut erfüllen kann. Die Schnittmenge ist also unmöglich. Wählt man eine Strategie, die günstig und schnell ist, so ist diese riskant. Wählt man eine Strategie, die günstig und nachhaltig erfolgreich ist, so wir diese langsam sein. Wählt man eine Strategie, die schnell und nachhaltig erfolgreich ist, so wird diese teuer sein.

1.2.2.3   SEO-Wirkungsdreieck

Das Ergebnis der eigenen SEO-Bemühungen ist jedoch nicht nur davon abhängig, dass das Richtige auf die richtige Art und Weise getan wird. Es gibt darüber hinaus zwei weitere sehr große Einflussfaktoren: die Entwicklung der Suchmaschinen und die SEO-Bemühungen der Wettbewerber. Abbildung 1.8 verdeutlicht dieses Wirkungsdreieck der Suchmaschinenoptimierung.

Der Einfluss der SEO-Aktivitäten von Wettbewerbern ist recht einfach zu verstehen. Bei den Suchergebnissen gibt es zu jedem Keyword nur eine Reihenfolge. Nur eine Website kann auf dem ersten Platz stehen und nur eine auf dem zweiten Platzetc. Wie weit man entsprechend mit den eigenen Bemühungen kommt, hängt auch davon ab, auf welche Art und wie intensiv der Wettbewerb SEO verfolgt. Der sportliche Charakter des Marketing-

Abb. 1.8 SEO-
Wirkungsdreieck

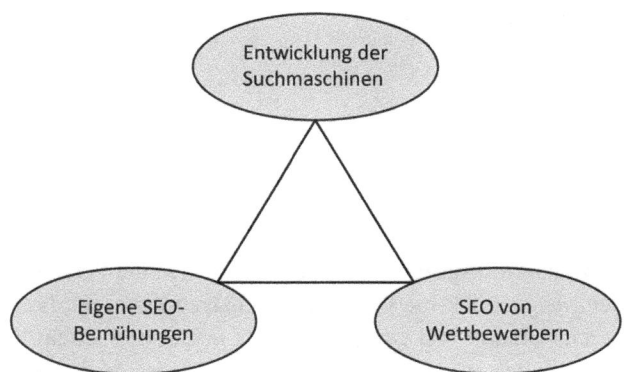

Kanals SEO wird hier sehr deutlich. Es gibt jedoch noch einen weiteren unberechenbaren Faktor, der den SEO-Erfolg beeinflusst: die Entwicklung der Suchmaschinen. Zwei offensichtliche Beispiele seien hierzu angeführt: Die zuvor erwähnten „Verhaltensregeln" der Suchmaschinenbetreiber für die bei ihnen gelisteten Suchergebnisse werden regelmäßig angepasst. Was zu einem Zeitpunkt eine legitime Taktik gewesen sein kann, kann später eine Erblast werden. Einen weiteren sehr deutlichen Fall stellen die Produkterweiterungen bei Suchmaschinen dar, denen es längst nicht mehr ausreicht, nur die Suche in Webseiten zu ermöglichen. Wenn man hypothetisch eine Website betreibt, die das Vergleichen von Preisen für Flugreisebuchungen ermöglicht, und damit im Vergleich zu Wettbewerbern im SEO sehr gut positioniert ist, so hat man vom einen Tag auf den nächsten dennoch viel weniger Besucher, wenn die Suchmaschine selbst entscheidet, einen Suchdienst speziell für Flugpreise anzubieten; denn dieser wird in den Suchergebnissen selbstverständlich bevorzugt präsentiert, da er ein eigener Dienst des Suchmaschinenanbieters ist. Es zeigt sich auch hier einmal mehr, dass gerade der strategische Teil des SEO sehr wichtig ist, um zukunftsorientiert planen, Entscheidungen besser fällen und so auch externe Einflussfaktoren auf den eigenen SEO-Erfolg besser mit berücksichtigen zu können.

1.2.2.4   SEO als volkswirtschaftliches Gut – Implikationen für Kommunikationsbedarf

SEO hat eine nicht sehr offensichtliche Eigenschaft, deren Erkennen aber einen wichtigen Einfluss auf den Kommunikationsbedarf in diesem Bereich hat; aus diesem Grund soll diese Eigenschaft hier herausgearbeitet werden. In der Volkswirtschaftslehre (genau genommen der Haushaltstheorie) werden Güter (also Dienstleistungen und Produkte) in drei Arten unterschieden: Informationsgüter, Erfahrungsgüter und Vertrauensgüter.

Informationsgüter sind solche, bei denen sich die Person, die sich dafür interessiert, schon vor dem Kauf anhand von Informationen gute Kenntnisse über die Qualität des Gutes aneignen kann. Ein einfaches Beispiel ist ein neuer Fernseher, über den man Testberichte lesen oder den man im Elektronikfachmarkt anschauen, testen und vergleichen kann.

Abb. 1.9 Arten von Gütern

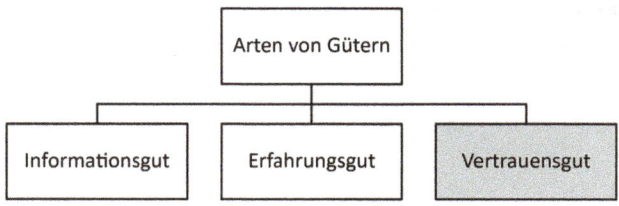

Erfahrungsgüter sind solche, bei denen die Person, die sich dafür interessiert, erst in dem Augenblick die Qualität einschätzen kann, da das Produkt oder die Dienstleistung bereits gekauft und genutzt wurde. Ein Beispiel ist ein Besuch eines neuen Frisörs. Man kann vielleicht vorab sehen, dass dieser einen Meisterbrief hat, und erfragen, wie dessen Leistungen bei Bekannten waren, aber wie die Leistung am eigenen Haarschopf aussehen wird, wird erst dann wirklich klar, wenn man sich die Haare hat frisieren lassen.

Vertrauensgüter sind solche Güter, bei denen der Beziehende selbst nach Kauf und Nutzung nicht hundertprozentig die Qualität feststellen kann. Viele einfach nachzuvollziehende Beispiele für Vertrauensgüter sind Medikamente oder Therapien.

Abbildung 1.9 stellt alle drei Güterarten in der Übersicht dar:

Wir führen diese Thematik hier ein, da SEO ein Vertrauensgut ist – und das unabhängig davon, ob es in einem Unternehmen im Hause durch eigene Mitarbeiter oder extern unter Zuhilfenahme einer Agentur umgesetzt wird. Die Folge davon, dass man sich in einem Bereich bewegt, in dem es um Vertrauensgüter geht, ist nach Meinung der Autoren ein erhöhter Kommunikationsbedarf. Es gibt also nicht nur die zuvor in diesem Kapitel eingeführten Onpage- und Offpage-Aktivitäten im SEO; vielmehr spielt auch die Kommunikation im Unternehmen oder zwischen Unternehmen und Dienstleister eine mindestens genauso große Rolle für den Erfolg einerseits und die korrekte Wahrnehmung des Erfolgs andererseits.

1.2.2.5   SEO im deutschsprachigen Raum im internationalen Vergleich

Im deutschsprachigen Raum gelten für den Neueinsteiger im Bereich SEO besondere Bedingungen. In einer Analyse wurden 250.000 repräsentativ ausgewählte Keywords aus acht verschiedenen Ländern (Mitte des Jahres 2012) untersucht. Es wurde herausgearbeitet, wie viele verschiedene Domains/Webseiten sich in dem jeweiligen Land erfolgreich darum bemühen, in den Top-10-Ergebnissen der Suchmaschinen gefunden zu werden – also dort, wo die Platzierung in der Suchmaschine auch wirklich Erfolge im Sinne von Besuchern bringt. Abbildung 1.10 illustriert das Ergebnis:

Je mehr verschiedene Domains also in einem Land um die Top 10 ringen, desto wettbewerbsintensiver ist der Markt. Wenn weniger Domains um die gleiche Menge Suchbegriffe und Positionen konkurrieren, bekommt jeder Marktteilnehmer mehr und der Wettbewerb ist niedriger. Die Zahlen zeigen deutlich, dass mit den 1,5 Mio. verschiedenen Domains, die in Deutschland bei den untersuchten Keywords um die Top-10-Platzierungen konkurrieren, dieser Markt der weltweit wettbewerbsintensivste ist. Es folgen Eng-

Abb. 1.10 Domains in den
deutschen Suchergebnissen

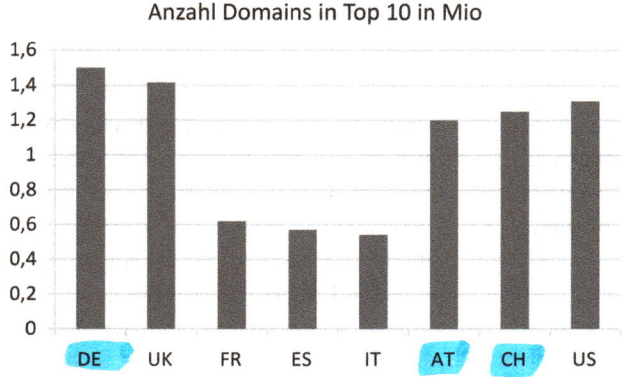

land und die Vereinigten Staaten und ebenfalls mit nur wenig Abstand die beiden anderen deutschsprachigen Länder. Man kann also mit Selbstvertrauen objektiv feststellen, dass der deutschsprachige Raum eine sehr gute geografische Position ist, um SEO-Wissen, -Können, -Prozesse und -Tools aufzubauen und zu verfeinern. Was sich in einem Markt mit hoher Wettbewerbsintensität als robuste und verlässliche Vorgehensweise erweist, funktioniert auch in anderen Märkten sehr zuverlässig, gerade weil dort der Wettbewerb nicht so intensiv ist.

1.2.2.6   Chancen und Herausforderungen von SEO als Marketing-Kanal

Wie schon in diesem einleitenden Kapitel deutlich wird, ist SEO ein sehr eigener Marketing-Kanal. Entsprechend kennzeichnet Suchmaschinenoptimierung eine ganz eigene Kombination von Eigenschaften, von denen zunächst die wichtigsten **sechs Herausforderungen** erklärt werden sollen.

Das ursächlich komplexitätssteigernde an systematischem SEO ist, dass der **Google-Algorithmus**, der die Suchresultate und damit die Menge kostenfreier Besucher bestimmt, **unbekannt** ist und sich dazu noch regelmäßig in unterschiedlich großen evolutionären Schritten **verändert**. Google schafft es, das Geheimnis um seinen Algorithmus erfolgreich zu hüten (auch vor eigenen Mitarbeitern). Es gibt entsprechend niemanden, der legitim behaupten kann, genau zu wissen, wie SEO erfolgreich und deterministisch entwickelbar funktioniert. Dies bringt Unternehmen, die SEO betreiben möchten, in eine sicherlich ungewohnt vage Situation, die man aus anderen Online-Marketing-Bereichen nicht in diesem grundlegenden Ausmaß kennt. Alles Wissen und Können, das am Markt und in den Köpfen von Tätigen in der Branche verfügbar ist, entstammt jahrelanger Beobachtung, Messungen und Experimenten. Man kann es also wie ein „Reverese Engineering" beschreiben, wo geneigte Ingenieure und Analytiker von einem sehr komplexen und fertigen Produkt auf dessen Bestandteile und Herstellungsweise zu schließen versuchen.

Im Abschnitt über die SEO-Grundstrategien wurden die von Google festgelegten „Webmaster-Richtlinien" (Guidelines) erwähnt, welche der Suchmaschinenriese für das

„Benehmen" innerhalb der eigenen Suchergebnisse definiert hat. In der Realität stellt sich die Praxis im SEO in wettbewerbsintensiven Branchen so dar, dass es kaum eine Möglichkeit gibt, erfolgreich und deterministisch SEO zu betreiben, ohne an der einen oder anderen Stelle die **Richtlinien** wenigstens etwas **flexibel auszulegen** oder manchmal sogar zu touchieren. Auch das ist für viele professionell arbeitende Unternehmen sicherlich eine ungewöhnliche Situation, denn dies ist in anderen Marketing-Kanälen sicher sehr selten notwendig.

Gerade mit Planungsprozessen im Marketing, aber auch der Planung künftiger Geschäftsentwicklung ist die **Latenz** und **Wirkungsintransparenz** des Kanals SEO schwer zu ertragen. Ursache und Wirkung bei SEO liegen zeitlich fast immer Tage, bisweilen aber auch Monate auseinander. Man vermutet in der Branche recht breit, dass Google an einigen Stellen bewusst zufällige „Wartezeiten" integriert hat, bevor bestimmte neu entdeckte Eigenschaften einer Website eine Wirkung entfalten können, um eben die Analysierbarkeit des eigenen Algorithmus erheblich zu erschweren. Veteranen der Branche haben immer Beispiele parat, als Maßnahme und Wirkung noch deutlich zeitlich näher beieinander lagen und man so einfacher lernen und verstehen konnte, was in welchem Umfang die Suchergebnisse beeinflusst. Hinzu kommt, dass SEO in der Praxis oft aus sehr vielen kleineren Maßnahmen besteht. Um in einem vertretbaren Zeitraum systematischen Fortschritt zu sichern, kann man es sich nicht erlauben, die Wirkung jeder einzelnen kleinen Maßnahme abwarten zu wollen, sondern setzt häufig parallel sehr viele Hebel in Bewegung, was die Schwere der Wirkungsintransparenz nur noch vermehrt.

Das Know-how, um SEO für eine Website überschaubaren Umfangs oder häufig vorkommende Geschäftsmodelle im Internet wie zum Beispiel eCommerce (Online-Handel) zu betreiben, ist im Markt relativ breit vorhanden. Üblicherweise sind hier auch „Vorbilder" bekannt, deren bewährte Herangehensweisen („best practices") von vielen in dem Rahmen imitiert werden, in dem sie von den Nachahmern durchdrungen werden können. Wenn allerdings Webseiten sehr groß sind, also zum Beispiel mehrere Millionen Artikel oder Produkte umfassen, dann ist Wissen und Können für SEO in diesen Dimensionen noch immer nicht einfach im Markt verfügbar. Bei solchen Webseiten spielen Themen wie das Management von Crawling und Indexierung (vgl. Kap. 6) plötzlich eine sehr große Rolle. Und auch für das Erfassen des Erfolgs und Fortschritts werden ganz andere Messmethoden und Erfolgskennzahlen benötigt. Man umschreibt diese Art von Aufgaben oft auch mit „**Longtail Websites**" und die Menge der Personen, die diese sehr technischen und komplexen Themen nachweislich und mehrfach erfolgreich gemeistert haben, umfasst im deutschsprachigen Raum wahrscheinlich nur einige Dutzend.

Für Unternehmen, die ihre SEO-Bemühungen **internationalisieren** möchten, ist die zuvor eingeführte Unterscheidung der SEO-Aufgabenbereiche sehr wichtig. Während die projektorientierten, strategischen Aufgaben in der internationalen Umsetzung einfach sind, fallen vielen Unternehmen die prozessorientierten Aufgaben sehr schwer. In vielen Ländern gibt es Eigenheiten, was die lokale Ausprägung und Nutzung von Internet und Websites angeht. Diese gilt es zum einen zu beachten. Zum anderen unterscheiden sich viele Länder auch stark in der Interpretation der Umsetzung der Aufgaben im SEO. In den letzten Jahren setzen sich die Vorgehensweisen durch, SEO mit sehr intensiver Schulung lokal oder für viele Länder von einem Ort aus umzusetzen, an dem viele für das jeweilige Land oder die jeweilige Sprache zuständige Personen sich der Aufgaben annehmen. Wie man leicht erahnen kann, sind beide möglichen Wege nicht gerade günstig und einfach aufzusetzen, geschweige denn für jedes Unternehmen effizient umsetzbar.

Je größer ein Unternehmen ist, desto eher spiegelt die Organisationsstruktur eine starke Aufgabenteilung und Professionalisierung wider. Wenn man die schon eingeführten Aufgabenbereiche von SEO in einem Organisationschart eines mittelständischen oder großen Unternehmens zu verorten versucht, so wird man schnell feststellen, dass hier die Mitarbeit von Personen notwendig ist, die zum Teil in komplett unterschiedlichen Hierarchiezweigen aufgehängt sind. Für normale Aufgaben des Unternehmens ist diese Spezialisierung richtig und wichtig, aber SEO ist **sehr integrativ** und unterscheidet sich damit stark. Für erfolgreiches SEO müssen neben der Geschäftsführung und dem Marketing auch Technikverantwortliche, Kommunikationsabteilungen und Produktmanager eingebunden werden. Und die jeweiligen Ankerpunkte in den verschiedenen Abteilungen müssen es wirklich schaffen, systematisch und koordiniert abteilungsübergreifend „an einem Strang" zu ziehen, damit SEO erfolgreich betrieben werden kann. Das sind mittelständische Unternehmen bisweilen nicht in dem Maße gewohnt, wie es für SEO notwendig ist.

Betrachtet man die Menge und Schwere der Herausforderungen, die SEO mit sich bringen kann, so könnte man zu dem falschen Schluss kommen, diese Herausforderungen seien zu groß, als dass sie sich lohnen könnten. Demgegenüber stehen jedoch **drei Chancen** beziehungsweise Eigenschaften von SEO, welche diese Herausforderungen bei weitem überwiegen.

SEO ist für diejenigen Unternehmen, denen die Erschließung dieses Marketing-Kanals gelingt, immer der **günstigste Weg, um Neukunden zu gewinnen**. Genau genommen ist die Menge an Kunden, die gewonnen werden können, in einigen Fällen so umfangreich, dass SEO andere Marketing-Kanäle quersubventionieren kann. Es gibt auch einige Geschäftsmodelle im Internet, wie zum Beispiel viele Bereiche des Verlagswesens, wo SEO einer der wenigen Online-Marketing-Kanäle ist, den das Geschäftsmodell aufgrund der Kostenstruktur überhaupt erlaubt.

Suchmaschinenoptimierung ist – bei richtiger Umsetzung und Gestaltung – der bei weitem **nachhaltigste Marketing-Kanal**. Nachhaltigkeit im Kontext von SEO bezieht sich auf die Relation der Investitionen zu dem daraus generierten Wert für das Unternehmen. Das ökonomisch Einzigartige und Spannende an SEO ist die Möglichkeit, mit konstanten Investments im Laufe der Zeit immer mehr Besucher zu gewinnen. Alternativ kann man, wenn man glaubt, die strategischen Potenziale der Website ausgeschöpft zu haben, die Investitionen relevant senken, ohne einen Einbruch des Besucherstroms zu erfahren. Gutes SEO kann mit erfolgreicher Markenbildung verglichen werden. Ist die Marke erst einmal etabliert, reicht deutlich weniger Aufwand aus, um die erarbeitete Position zu stabilisieren.

Die dritte und von der Bedeutung her etwas kleinere positive Eigenschaft von SEO ist das **Differenzierungspotenzial**. Es gibt immer noch eine sehr große Menge an werbetreibenden Unternehmen, die Suchmaschinenoptimierung noch nicht für sich erschlossen haben. Diese bietet entweder Neueinsteigern in die jeweiligen Märkte Chancen oder kann zum Wettbewerbsvorteil für das Unternehmen werden, welches als erstes in seiner Branche mit professionellem SEO beginnt.

Die Herausforderungen im SEO sind also vielfältig und nicht einfach zu erklären. Chancen und positive Eigenschaften gibt es hingegen in geringer Anzahl und sie sind weniger offensichtlich. Den Autoren ist in ihrer teilweise fünfzehnjährigen Berufserfahrung noch kein Fall untergekommen, in dem sich systematisches SEO für ein Unternehmen im Nachhinein nicht als eine der besten Entscheidungen herausgestellt hätte.

1.3 Online-Marketing-Kanäle im Vergleich zueinander

Die Autoren dieses Buches hatten das Glück, in ihrem Berufsleben das Wirken aller Online-Marketing-Kanäle schon mit vielen verschiedenen Geschäftsmodellen in vielen verschiedenen Ländern beobachten und beeinflussen zu können. Aus dieser Praxis heraus sind nicht nur die zahlreichen deutlichen Aussagen in den vorherigen Beschreibungen der einzelnen Kanäle entstanden, sondern auch einige Konstrukte und Kriterien, die dabei helfen können, in der Vielfalt der Kanäle den Überblick über Gemeinsamkeiten und Unterschiede zu behalten. Im Folgenden sollen fünf solcher Entscheidungsmerkmale sprachlich und bildlich erläutert werden:

- Anwendbarkeit in unterschiedlichen Geschäftsmodellen
- Risikoverteilung bei der Werbung und Streuverluste
- Relation von Bedarf zu Marketing-Kanal
- Umfang von Marketinginvestitionen
- Gegenüberstellung wichtiger Eigenschaften

Anwendbarkeit in unterschiedlichen Geschäftsmodellen

Einschränkungen in der **Anwendbarkeit in unterschiedlichen Geschäftsmodellen** von verschiedenen Online-Marketing-Kanälen wurden beispielhaft schon bei den jeweiligen Kanalbeschreibungen aufgezeigt. Abbildung 1.11 veranschaulicht, welche der vorgestellten Kanäle für welche Menge an Geschäftsmodellen gemäß der Erfahrung der Autoren relevant sind. Wie man sieht, wird das Kontinuum voll genutzt.

Hier wird auch wieder eine Besonderheit von SEO deutlich, und das ist die sehr breite Anwendbarkeit über sehr viele Internetgeschäftsmodelle hinweg. Das ist zum einen dadurch möglich, dass sehr unterschiedliche Keyword-Strategien gewählt werden können, und zum anderen, dass es fast immer der Kanal ist, über den man am günstigsten Neukunden gewinnen kann.

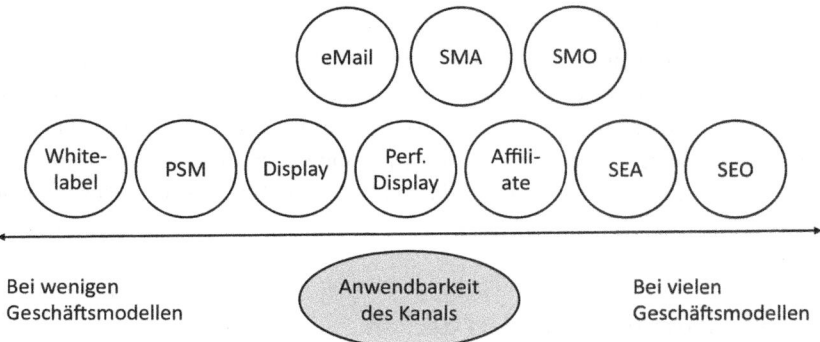

Abb. 1.11 Anwendbarkeit von Geschäftsmodellen

1.3.1   Anwendbarkeit in unterschiedlichen Geschäftsmodellen

Bei der Betrachtung der **Risikoverteilung der Werbung** macht es großen Sinn, diese integriert mit der Bewertung der Streuverluste vorzunehmen, vgl. Abb. 1.12

Sicherlich fällt sofort auf, dass der Kanal Suchmaschinenoptimierung fehlt, obwohl dieser der eigentliche Inhalt des Buches ist. Er lässt sich jedoch leider nicht sinnvoll in diesen beiden Achsen verorten. Zum einen entzieht er sich der Logik des Zusammenspiels

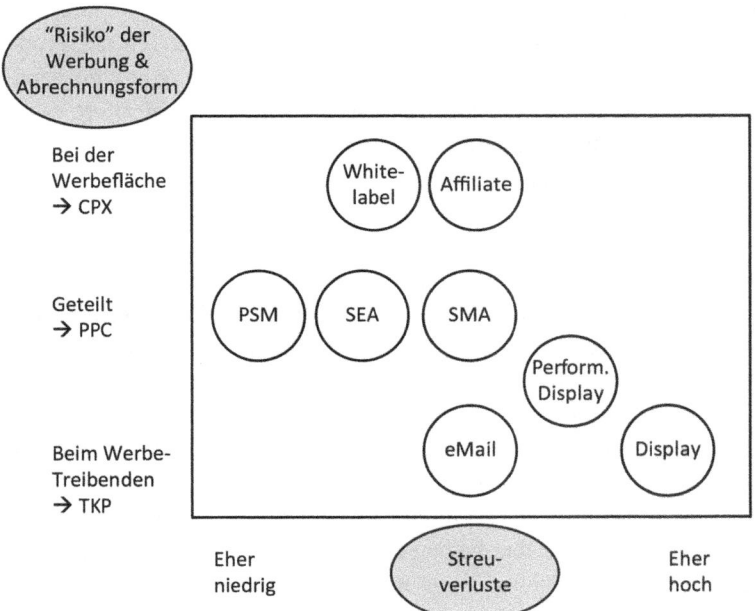

Abb. 1.12 Risikoverteilung der Werbung

von Werbetreibendem und Werbefläche, da für SEO Traffic niemand per se direkt vergütet wird. Sicherlich gibt es auch bei SEO Risiken, die von der gewählten Taktik abhängen, aber diese lassen sich eben nicht wie bei den anderen Werbe-/Marketingformen einordnen. Ähnlich verhält es sich mit den Streuverlusten. Man kann Ziele im SEO sehr breit und dennoch effizient setzen. In der Regel fokussiert man sich anfangs auf streuverlustarme Bereiche, aber später können auch Bereiche mit größerem Streuverlust effizient bearbeitet werden.

1.3.2   Bedarf wecken vs. Bedarf decken

Ein in der Marketingwissenschaft sehr breit etabliertes Modell nutzt das Akronym AIDA und versucht die Werbewirkung einfach erfassbar zu machen. Die vier Buchstaben stehen hierbei für die vier Phasen

1. Attention (**Aufmerksamkeit**)
2. Interest (**Interesse**)
3. Desire (**Begehren) und**
4. Action (**Kauf/Transaktion**).

Häufig wird dieses Modell auch als Trichter dargestellt, um zu symbolisieren, dass eine breit gestreute Werbemaßnahme viele Menschen erreicht und bei diesen Aufmerksamkeit erweckt. Nur ein Teil dieser Grundmenge wird letztendlich an der Dienstleistung oder dem Produkt interessiert sein. Davon wiederum wird nur ein Teil das Produkt oder die Dienstleistung begehren. Und noch ein kleinerer Teil der Gruppe wird dann wirklich in Aktion treten und das Beworbene in Anspruch nehmen. Man sieht sofort, dass diese Denkweise aus der Offline-Welt stammt, wo man mit sehr breit angelegten Werbungen arbeitet und hohe Streuverluste akzeptiert.

Das Interessante an Online-Marketing-Kanälen ist, dass sie chirurgischer wirken können. Unserer Erfahrung und Beobachtung nach haben sie in unterschiedlichen Phasen des Online-Kaufprozesses ihren Schwerpunkt. Gerne genutzt ist hier auch die Einordnung über den Bedarf: Während die einen Kanäle ihre Stärke im **„Wecken" eines Bedarfs** haben, setzen die anderen ihren Schwerpunkt auf das **„Decken" des Bedarfs**. Sicherlich enthält jede Marketingmaßnahme immer Elemente von beiden Polen des Kontinuums.

Ein weiterer Aspekt, der gut am Model dieses abstrakten Kaufprozesses entlang verortet werden kann, sind die unterschiedlichen Ziele des werbetreibenden Unternehmens. Dieses Thema lässt sich am einfachsten vom Kauf/von der Transaktion her aus aufrollen, da dies sicherlich das ultimative Ziel jeder Maßnahme ist. Marketingmaßnahmen, welche hauptsächlich in den letzten beiden Phasen zum Zuge kommen, richten ihren Fokus sicherlich rein auf **Conversions**. Wenn man sich für Maßnahmen entscheidet, die schon in der Phase des Interesses schwerpunktmäßig ansetzen, lauten die zentralen Ziele häufig **Traffic und Impressions,** also Gewinn von Reichweite. Setzt man ganz am Anfang des

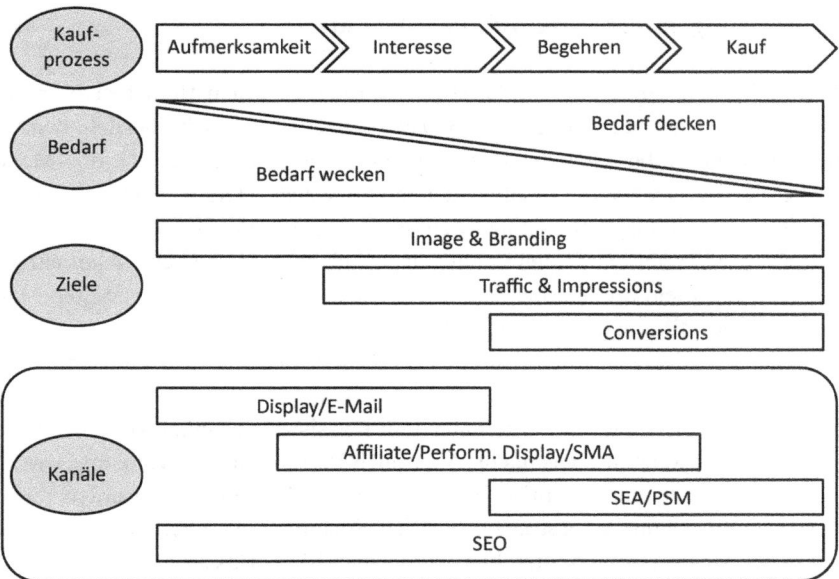

Abb. 1.13 Marketing-Prozess-Kanäle

Trichters an, um bestimmte Produkte/Dienstleistungen des eigenen Unternehmens zu erklären, so sind die primären Ziele häufig das positive Beeinflussen des eigenen **Unterneh-
mensimage und das Branding** von Marken und Produktnamen, vgl. Abb. 1.13.

Entlang dieses Modells lassen sich die Schwerpunkte der unterschiedlichen Online-
Marketing-Kanäle sehr gut erkennen. Beispielsweise soll Displaywerbung typischerweise Aufmerksamkeit erregen, um Bedarf zu wecken und eine Brandingwirkung für das
Unternehmen zu erzielen. Ein anderes Beispiel: SEM ist häufig so hochpreisig, dass man
sich die Klicks nur dann leistet, wenn bereits klar ist, dass das Begehren absehbar ist
und das Unternehmen die Erfahrung gemacht hat, dass der Bedarf, der sich in Form der
Keywords/Suchen äußert, gedeckt werden kann, um nach dem Klick eine Conversion zu
erzielen. Auch anhand dieser Übersicht kann eine Besonderheit des SEO-Kanals gezeigt
werden. Sicherlich wird man sich zu Beginn der eigenen SEO-Aktivitäten auf die Keywords fokussieren, die nah an der Conversion sind, und möglichst früh einen ROI der
Marketingaktivität versprechen. Aber dadurch, dass der Traffic und die durchschnittlichen
Kundenakquisitionskosten so niedrig sind, kann man es sich über die Zeit leisten, sich
auch deutlich aufwärts im Trichter zu bewegen und Keywords zu targeten, die in früheren
Phasen des Kaufprozesses verortet sind. Insbesondere bei innovativen und neuen Produkten, die in ihrer Form noch gar nicht gesucht werden, sondern erst erklärt werden müssen,
bieten sich auf diese Weise sehr spannende Möglichkeiten. Ebenfalls hier findet sich auch
der Ansatzpunkt des Content Marketing (vgl. Kap. 10), das hervorragend diese Brücke
bauen kann.

1.3.3   Umfang von Marketinginvestitionen

Der Online Vermarkter Kreis (OVK) ist ein Teil des zentralen Branchenverbands Bundesverband der deutschen Wirtschaft (BVDW). Der OVK versucht jährlich, den Umfang der Investitionen werbetreibender Unternehmen in unterschiedliche Online-Marketing-Kanäle zu erfassen. Über die Qualität der methodischen Herangehensweise zur Erfassung dieser Daten gibt es regelmäßige Meinungsverschiedenheiten. Die OVK-Daten sind nichtsdestotrotz die am häufigsten genutzten – auch mangels besserer Alternativen. Der OVK erfasst vor allem drei Online-Marketing-Kanäle und die darin getätigten Marketinginvestitionen in Millionen Euro, wie Abb. 1.14 zeigt.

Die recht grobkörnige Nomenklatur des OVK ist etwa wie folgt zu interpretieren:

- Klassische Online-Werbung – hierunter fällt klassisches Display Advertising, was sicherlich den Löwenanteil ausmacht. Aber auch Performance Advertising, was als Kanal jünger ist, sich aber dynamischer entwickelt, wird hierunter subsumiert.
- Suchwortvermarktung erfasst ausschließlich Suchmaschinenwerbung, also SEA. Oft wird fälschlicherweise vermutet, hier würde auch SEO erfasst.
- Es ist zu vermuten, dass unter den Affiliate-Netzwerken nur Affiliate Marketing erfasst wird. Es könnte aber auch sein, dass ein Teil der Umsätze aus sehr erfolgsabhängigen Marketing-Kanälen wie Preissuchmaschinen und Whitelabel-Kooperationen mit hierunter fällt.

Die Datenlage ist also unvollkommen und relevante Teile des Online-Marketing, wie E-Mail Marketing, SMO oder SMA, werden gar nicht, andere Bereiche nur teilweise erfasst. Sicherlich heißt das für die meisten nicht erfassten Bereiche, dass ihr Volumen noch klein ist. Für SEO gilt dies nach Meinung der Autoren des Buches in jedem Fall nicht, sondern der Bereich wird bezüglich seines Umfangs ähnlich wie Affiliate Marketing eingeschätzt. Aus der Logik von Werbetreibenden und Werbeflächen heraus gedacht ist es eben sehr schwer, die „Ausgaben" im Bereich SEO zu verorten. Wahrscheinlich ist aus diesem Grund der Kanal SEO in der Übersicht des OVK nicht adäquat erfasst.

Abb. 1.14 OVK Investments

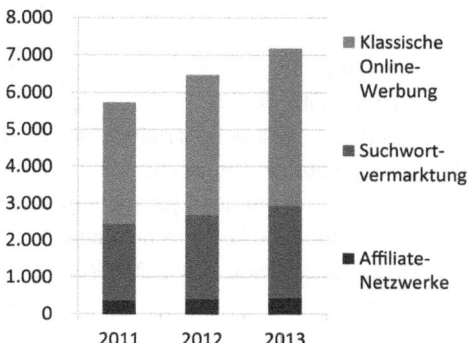

1.3.4   Gegenüberstellung wichtiger Eigenschaften

Nach den vorangegangenen Abschnitten, die überblicksartig alle Online-Marketing-Kanäle verglichen und SEO hierin eingeordnet haben, sollen in diesem Kapitel nochmals die wichtigsten Unterschiede zwischen anderen Online-Marketing-Kanälen und SEO hervorgehoben werden. Es ist wichtig, sich dieser Unterschiede bewusst zu sein und dieses Wissen bei allen ins SEO involvierten Personen zu etablieren, um Erwartungen zu managen; denn in Unternehmen werden die Online-Marketing-Kanäle immer sehr stark miteinander verglichen.

Abbildung 1.15 zeigt hinsichtlich fünf ausgewählter Eigenschaften, inwiefern sie andere Online-Marketing-Kanäle und SEO gut erfüllen.

Die **Wirkungstransparenz** ist eine der wichtigsten Eigenschaften, die Marketer mit Online-Marketing verbinden. Diese kennzeichnet auch – gerade gegenüber Offline-Marketing zum Beispiel im TV, bei Print- oder Posterwerbung – alle Online-Marketing-Kanäle außer SEO. Bei SEA kann man beispielsweise genau sehen, für welches Keyword man mit welchen Anzeigen auf welcher Position zu finden war und wie viele Klicks und Verkäufe man damit gewinnen konnte. Im Vergleich zu dieser maximal möglichen Werbewirkungstransparenz, die man mit Online-Marketing-Kanälen assoziiert, wird man bei SEO zwangsweise enttäuscht. Es ist vor allem deswegen nicht möglich, SEO deterministisch zu steuern, da die Rankingalgorithmen der Suchmaschinen unbekannt sind und sich noch dazu sehr regelmäßig in evolutionären Schritten verändern.

Bei der **Nachhaltigkeit getätigter Marketinginvestitionen** hat SEO gegenüber anderen Online-Marketing-Kanälen einen deutlich besseren Stand. Wenn man zum Beispiel den Vergleich zu Bannerkampagnen zieht, ist sicher klar, dass der Strom an Neukunden

Abb. 1.15 Die Wirkung von
Online Marketing

Online-Marketing-Kanäle ▶ Eigenschaft ▼	Andere Online-Marketing-Kanäle	SEO
Wirkungstransparenz	●	◑
Nachhaltig getätigte Marketing Investments	◔	●
Traffic-Anteil in Relation zur Unternehmensgröße	◕	◕
Zeitliche Nähe von Maßnahmen & Wirkung	●	◑
Kosten/Nutzen (=Traffic) Entwicklung	◑	●

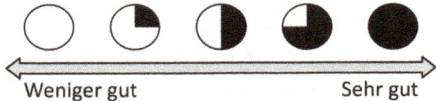

Weniger gut   Sehr gut

zu fließen aufhört, sobald das Budget aufgebraucht ist. Gutes SEO hat hingegen selbstver-stärkende Effekte. Hat eine Suchmaschine eine Website erst einmal für einen bestimmten Begriff als sehr gutes Ergebnis eingestuft, erodiert diese Position nicht mehr so leicht. In dieser Hinsicht kann SEO in gewissem Sinne mit klassischer Markenbildung verglichen werden. Hat eine Marke in der Zielgruppe erst einmal ein Image und einen guten Stand, muss nur ab und zu daran erinnert werden, welches zum Beispiel die Qualitäten der Marke sind. Es dauert zwar lange, sich im SEO gute Positionen zu erarbeiten, aber wenn diese sich eingestellt haben und die Website auch von den Nutzern als gut empfunden wird, dann werden diese guten Positionen zu einem verlässlichen Kontinuum.

Bei anderen Online-Marketing-Kanälen spiegelt sich die Marketingaktivität und -in-tensität aus dem Offline-Marketing wider, das heißt, große Werbetreibende aus dem TV fahren in der Regel auf diesen Online-Marketing-Kanälen ebenfalls große Marketing-kampagnen. SEO ist der einzige Kanal, bei dem man systematisch Abweichungen fin-den kann zwischen dem **Reichweiten-/Traffic-Anteil, den Werbetreibende in Relation zur Unternehmensgröße** zu gewinnen schaffen. Es gibt immer wieder Fälle, bei denen es großen Unternehmen/Werbetreibenden nicht gelingt, im SEO-Bereich ebenfalls viele Besucher zu gewinnen beziehungsweise Kunden mit Werbebotschaften zu erreichen. Ge-nauso oft findet man sehr viele kleinere Unternehmen, die jenseits von SEO eher gerin-ge Werbebudgets haben, es jedoch schaffen, durch SEO überproportional große Mengen Besucher beziehungsweise Kunden zu gewinnen. Es lassen sich daher sofort die großen Potenziale erkennen, die sich SEO in den kommenden Jahren bieten werden: Zum einen gibt es viele etablierte Unternehmen mit Nachholbedarf in diesem Bereich und zum an-deren stellt der Kanal einen potenziellen Wettbewerbsvorteil für Neueinsteiger in einen Markt dar, sofern die etablierten Marktteilnehmer diesen Kanal nicht gut erschließen.

Eine der wichtigsten Assoziationen mit Online-Marketing ist die **zeitliche Nähe von Maßnahme und Wirkung**. Sobald eine Suchwortanzeige oder ein Banner geschaltet ist, beginnt ein Besucherstrom zum Werbetreibenden zu fließen. Für Personen, die aus dem klassischen Marketing kommen und neu in den Bereich Online-Marketing einsteigen, ist dies oft eine sehr erstaunliche Eigenschaft. SEO enttäuscht hinsichtlich dieses Aspektes im Vergleich zu den anderen Kanälen. Bei strategischen, technischen, inhaltlichen und am meisten bei Offpage-Maßnahmen kann es bis zur vollen Entfaltung der Wirkung mitunter mehrere Monate dauern. Diese Latenz und Wirkungsintransparenz des Kanals SEO wurde schon zuvor als Eigenheit des Kanals beschrieben.

Bei der **Kosten-/Nutzen-Entwicklung** der Marketingmaßnahmen sieht es hingegen genau antagonistisch aus. Sobald das Budget für SEA oder Display aufgebraucht ist, kann hier kein Besucher mehr über den Kanal gewonnen werden. Sicherlich hatten die Marke-tingmaßnahmen auch eine „markenbildende Wirkung“. Das wird dazu führen, dass selbst dann, wenn die Suchwortanzeigen oder Banner nicht mehr geschaltet sind, eine gewisse kleine Anzahl an Kunden direkt über Eingabe der URL zur Website des Werbetreibenden gelangen wird. Allerdings sind dies keine Neukunden, sondern Bestandskunden. Bei SEO ist dies komplett anders gelagert. Ist der Kanal einmal gut erschlossen, bringt er auch bei komplettem Stop aller Investitionen in den Kanal immer noch Neukunden, ohne natürlich auf die oben erwähnte markenbildende Wirkung verzichten zu müssen. Die Erfahrung zeigt, dass SEO eine ganz besondere ökonomische Eigenschaft haben kann, wenn es gut betrieben wird: Es ist möglich, mit konstanten Investitionen in dem Bereich einen immer größer werdenden Neukundenstrom zu erhalten; dies führt bei Berechnung der Kosten pro Neukunde dazu, dass jeder weitere gewonnene Kunde günstiger wird, ohne jedoch weniger wert zu sein. Das ist für wirtschaftlich orientierte Unternehmen selbstverständlich eine großartige Situation, die sicherlich jede Firma zu erreichen versuchen wird.

1.4   Orthogonale Online-Marketing-Disziplinen

Wenn der potenzielle Kunde dann endlich über einen der Online-Marketing-Kanäle auf die Website des Unternehmens gelangt, werden die orthogonalen Online-Marketing-Disziplinen wichtig.

1.4.1   Business Intelligence

Das **Business Intelligence** (kurz BI oder in manchen Fällen auch „Marketing Intelligence" genannt) erfasst zunächst über **Webanalyse**-Systeme grundlegende Verhaltensdaten der Besucher, also beispielsweise, aus welchem Kanal sie auf welche spezifische Unterseite des Werbetreibenden gelangen und wie sie sich von dort auf der Website weiter bewegen. Das sicherlich bekannteste Webanalyse-Tool ist Google Analytics, welches eine kostenlose Version bereitstellt, die sehr gut und umfangreich ist. Es gibt allerdings auch andere populäre und gute kostenlose Webanalyse-Tools wie Piwik und daneben sehr viele kostenpflichtige professionelle Webanalyse-Produkte wie Webtrekk, AT Internet, eTracker oder Adobe Omniture. Außer der Erhebung der Daten leistet das BI auch das Auswerten der Daten. Es versucht, die sogenannte **Customer Journey** verständlich zu machen. Häufig ist es so, dass ein Kunde vor einer wirklichen Transaktion beim Werbetreibenden dessen Webseite mehrmals und auch häufig über unterschiedliche Kanäle in unterschiedlicher Reihenfolge besucht. Diese Reise über unterschiedliche Kanäle und die Website des Kunden ist eben das, was als Customer Journey bezeichnet wird. Wird dieses verstanden, so muss bestimmt werden, welcher Kanal im Falle von welcher Transaktion welchen Wertbeitrag geleistet hat. Das wiederum ist die Basis dafür, dass ein gutes **Online Marketing Controlling** stattfinden kann, welches dann den Zirkelschluss zu den Kanälen bildet; denn die hier erhobenen Informationen erlauben das bessere Aussteuern der Aktivitäten in den unterschiedlichen Online-Marketing-Kanälen. Ein gutes Online Marketing Controlling liefert unter anderem zwei sehr wichtige Kennzahlen: die **Kundenakquisitionskosten** und den **Kundenwert**. Bei den Kundenakquisitionskosten wird berechnet, wie viel es ein Unternehmen gekostet hat, einen Neukunden zu gewinnen. Beim Kundenwert wird ermittelt, wie viel ein Unternehmen insgesamt über den gesamten Lebenszyklus an einem Kunden verdient. Das heißt, dass hier zum Beispiel im Falle eines Abonnement-orientierten

Geschäftsmodells nicht nur betrachtet wird, was man im ersten Monat nach Beginn der Kundenbeziehung, sondern über die gesamte durchschnittliche Abonnementdauer des Kunden verdient. Im eCommerce-Kontext werden die Kundenakquisitionskosten nicht nur dem Verdienst durch den direkten ersten Kauf gegenübergestellt, sondern auch den zukünftigen Käufen dieses Kunden. Selbstverständlich stehen solche Kennzahlen pro Kanal und oft auch pro Kampagne zur Verfügung.

1.4.2   Conversion-Rate-Optimierung

Bei der **CRO – Conversion-Rate-Optimierung** – geht es um die Steigerung der Marketingeffizienz der eigenen Website. Die Conversion ist dabei die Wandlung eines Besuchers einer Website von einem Zustand in einen nächsten und wertvolleren. Die am einfachsten zu begreifende Conversion ist die Wandlung eines neuen Besuchers zu einem Käufer in einem Shop oder die Anmeldung bei einem Online-Dienst. Die Conversion Rate sagt etwas über die Quote der Besucher aus, die in den entsprechenden Zielzustand gewandelt wird. Wenn von 100 Besuchern eines Online-Shops drei Besucher einen Kauf tätigen, entspricht das einer Conversion Rate von 3 %. CRO ist also entsprechend die Disziplin, die die Conversion Rate zu erhöhen versucht.

Häufig ist der Einstieg in die Conversion-Rate-Optimierung die **Landing-Page-Optimierung** (LPO). Bei breit genutzten und kostenpflichtigen Online-Marketing-Kanälen wie zum Beispiel SEA oder Display kostet jeder Besucher sehr viel Geld. Entsprechend werden für diese Besucher eigene Landing Pages kreiert, auf denen sie bei ihrem Erstbesuch „landen". Diese Seiten unterscheiden sich nicht selten signifikant von zum Beispiel der Startseite, die sich sicherlich eher an wiederkehrende Kunden richten wird. Es gibt sowohl Situationen, in denen Landing Pages signifikant reduziert werden, um den Kunden nicht von der Conversion „abzulenken", als auch Situationen, wo die Conversion Rate erhöht wird, indem die Landing Page mit sehr vielen Inhalten ausgestattet wird, um dem großen Informationsbedürfnis des Besuchers Rechnung zu tragen.

Zum Portfolio der Tools der Conversion-Rate-Optimierung zählen sowohl qualitative Vorgehensweisen wie **Nutzerbefragungen, Usability-Evaluationen und User Tests** als auch quantitative Vorgehensweisen wie **A/B-Tests und multivariate Testverfahren**. Vereinfachend gesagt werden die qualitativen Methoden genutzt, um sehr unterschiedliche Ansätze für CRO zu finden, während die quantitativen Methoden zum Einsatz kommen, um das Optimum innerhalb eines Ansatzes zu finden. Beispielhaft sollen nun je eine qualitative und eine quantitative Vorgehensweise erklärt werden. Bei User Tests werden potenzielle Neukunden mit einer konkreten Fragestellung/Aufgabe an einen Computer gesetzt und dabei beobachtet. Das kann von einfachen Videoaufnahmen bis hin zur Erfassung der Blicke (Eye Tracking) oder dem Aufnehmen der Mauszeigerbewegungen gehen. Bei A/B-Tests wird für gewöhnlich ein konkretes einzelnes Element innerhalb einer Seite getestet, beispielsweise die Farbe oder der Text eines Bedienelements („Anmelden" vs. „Jetzt anmelden").

So einfach es ist, CRO in groben Zügen zu erklären, so breit und tief ist dieser Bereich des Online-Marketings, wenn man ihn genauer betrachtet und sich detaillierter damit beschäftigt. Neben Landing Pages können selbstverständlich alle Arten von Seiten einer Website optimiert werden. Beispielsweise wird im eCommerce-Kontext häufig die Conversion vom Legen eines Produkts in den **Warenkorb über viele Conversion-Stufen** hin zum effektiven Zahlen für das Produkt optimiert. Da es bei bestimmten Geschäftsmodellen nicht unbedingt immer eine finanzielle Transaktion gibt, auf die man hinarbeitet, wie zum Beispiel im Verlagsumfeld, ist die Wahl der Conversion-Ziele in diesem Bereich komplexer. So gilt es etwa festzulegen, zu welcher Quote man es schafft, jemanden, der über einen Kanal auf die Verlagsseite kommt und einen konkreten Artikel liest, dazu zu bringen, weitere Artikel zu lesen. Wenn die Conversions nur relativ kleine „Wandlungen" darstellen, werden diese auch als **Micro-Conversions** bezeichnet. Fortgeschrittene Conversion-Rate-Optimierung unterscheidet nicht nur zwischen dem Traffic aus unterschiedlichen Online-Marketing-Kanälen, sondern kann auch innerhalb von Kanälen für unterschiedliche Kampagnen unterschiedliche CRO-Ansätze verfolgen. Auch kann differenziert werden, ob man über einen Cookie den Besucher als jemanden identifiziert, der wirklich noch nie auf der Seite war, als jemanden, der die Seite bereits besucht hat, ohne dass eine Conversion stattfand, oder als jemanden, der ein wiederkehrender Besucher war und bei dem auch schon eine Conversion erfolgte. Natürlich kann man auch unterschiedliches CRO betreiben, abhängig von Tageszeit, Region und anderen Daten – je nachdem, welche Informationen zur Verfügung stehen und ob eine Verbesserung in der Conversion Rate zu erwarten ist, wenn die unterscheidbaren Gruppen auch unterschiedlich angesprochen werden.

1.4.3   Customer Relationship Management

Beim **Customer Relationship Management (CRM)** geht es um **Bestandskundenmarketing**. Dies findet zum einen parallel über alle Online-Marketing-Kanäle für Neukundenakquise statt, hat aber auch ganz eigene Ansatzpunkte. Ziel des CRM ist es nicht, Neukunden zu gewinnen, sondern mehr Geld mit den Kunden zu verdienen, die das Unternehmen bereits hat. In der Regel ist es viel einfacher, Bestandskunden für eine erneute Transaktion, etwa einen Kauf, zu gewinnen als einen Neukunden. Daher hat das CRM für die Gesamtmarketingeffizienz des Unternehmens eine sehr hohe Bedeutung. In vielen kompetitiven Märkten im Internet pendelt sich der Kundenwert über die gesamte Lebenszeit des Kunden nur dann auf dem notwendigen Niveau ein, wenn das Unternehmen ein sehr gutes CRM beherrscht. Die Höhe des Kundenwerts, den ein Unternehmen zu generieren schafft, bestimmt und begrenzt die Kundenakquisitionskosten, die man bereit ist, in anderen Kanälen zu investieren. Ist dieser Kundenwert im Vergleich zum Wettbewerb nicht hoch, hat das Unternehmen hier automatisch enge Wachstumsgrenzen. So wird schnell die vitale Bedeutung von CRM für das Online-Marketing wichtig. Nicht zu unterschätzen ist auch die Abhängigkeit vieler Unternehmen vom Suchmaschinenmarketing.

Und auch hier ist die Antwort, die zu mehr Unabhängigkeit und Diversifikation führt, zum Teil ein sehr gutes Bestandskundenmarketing.

Newsletter via E-Mail sind sicherlich das CRM-Werkzeug, das am meisten verbreitet, anerkannt und effizient sowie einfach in der Handhabung, Planung und Umsetzung ist. Anders als beim zuvor beschriebenen E-Mail Marketing werden hier nicht die Kunden/ Nutzer einer anderen Website per E-Mail angeworben, sondern die eigenen Kunden, mit denen das werbetreibende Unternehmen mit hoher Wahrscheinlichkeit schon Geld verdient hat. Beispielsweise wird jemand, der einmal in einem Shop eingekauft hat und ein gutes Einkaufserlebnis hatte, sicher zu einem erneuten Kauf bereit sein, sofern die Impulse hierfür stimmen. Ein einfacher Ansatz für Newsletter kann es sein, zu einem Zeitpunkt allen Kunden den gleichen Newsletter zu schicken. Dieser Ansatz hat sicherlich keine so hohen Erfolgskennzahlen im Vergleich zu einem anderen Ansatz, der vielleicht das vorherige Kaufverhalten in die individualisierten Angebote, die dem Bestandskunden unterbreitet werden, miteinbezieht. Herausforderungen beim Newsletter-Marketing bestehen beispielsweise in der Bereitschaft von Kunden, Newsletter zu erhalten (diese muss über das sogenannte Double-Opt-In-Verfahren eingeholt werden), in der fehlerfreien Zustellung von Newslettern (sie laufen Gefahr, fälschlicherweise in Spamfiltern aufgefangen zu werden) oder in der korrekten und inhaltlich attraktiven Darstellung der Newsletter je nach Gerät, mit welchem die E-Mail gelesen wird (zum Beispiel Desktop PC vs. Tablet vs. Smartphone).

Bei **Social Media Optimization** geht es um Kommunikation und Marketing an Kunden, die innerhalb eines sozialen Netzwerks ihr Interesse für ein Unternehmen oder dessen Produkte kundgetan haben. Bei Facebook geschieht dies durch ein „Like"/„Gefällt mir" der Unternehmensseite innerhalb von Facebook. Bei Google+ und Twitter kann man Unternehmens-Accounts genauso folgen wie einzelnen Personen. Auch bei den Business-Netzwerken Xing und LinkedIn gibt es Pendants. Selbstverständlich handelt es sich hier um eine andere Bestandskundengruppe als im Newsletter-Marketing. Viele der Kunden, die bei einem Unternehmen schon einmal gekauft haben, tun die Affinität zu diesem nicht unbedingt in sozialen Netzwerken kund, etwa weil man einfach gar keine sozialen Netzwerke nutzt. Andererseits können viele Menschen auch ein Unternehmen gut finden, ohne dessen Produkte oder Dienstleistungen in Anspruch zu nehmen – man denke zum Beispiel an Luxusmarken. Durch die Vernetzung hat das Unternehmen fortan die Möglichkeit, mit diesen Kunden – im Social-Media-Umfeld auch gerne Fans genannt – zu kommunizieren und ihnen unter anderem Nachrichten mit werbendem Inhalt zukommen zu lassen. Während man bei Social Media Advertising – wie zuvor bei den Online-Marketing-Kanälen beschrieben – zum Beispiel bei Facebook oder LinkedIn auf Klickbasis für jeden Besucher zahlt, sind Website-Besucher, die über Social Media Optimization gewonnen werden, im Wesentlichen kostenlos. Die einzigen anfallenden Ausgaben sind Personal- oder Agenturkosten, um den Unternehmens-Account im jeweiligen sozialen Netzwerk mit attraktiven Inhalten zu füllen. Hier zeigt sich auch auf finanzieller Seite eine starke Analogie zum SEO.

Suchmaschinen verstehen

2

Zusammenfassung

Dieses Kapitel widmet sich dem Kern sämtlicher Optimierungsmaßnahmen – den Suchmaschinen. Um Webseiten für Suchmaschinen zu optimieren, muss zunächst grundsätzlich verstanden werden, wie diese die Reihenfolge der Suchergebnisse bestimmen. Daher werden die algorithmischen Schritte Crawling, Indexierung und Ranking sowie die dahinterstehenden Theorien vorgestellt. Außerdem wird auf die Historie der Suchmaschinen eingegangen. Nur wer diese kennt, kann verstehen, in welch rasantem Tempo sich Google und andere Suchmaschinen derzeit weiterentwickeln.

Suchmaschinen bieten eine Vielzahl von Operatoren, um die Abfragen möglichst genau durchführen zu können, um also dem Nutzer die Möglichkeit zu bieten, die für ihn besten Ergebnisse angezeigt zu bekommen. Diese Suchoperatoren werden im folgenden Kapitel vorgestellt und es wird erklärt, wann welcher Operator bei der Suche zum Einsatz kommen kann. Auch die Vielzahl von Algorithmus-Updates, die Google durchgeführt hat, sind Kern des Kapitels „Suchmaschinen verstehen". Anhand der Updates lässt sich die Entwicklungsrichtung seitens Google deutlich erkennen – Spam soll Einhalt geboten werden, so dass die qualitativ hochwertigsten Seiten möglichst weit oben in den Suchergebnissen ausgegeben werden. Der Fokus liegt aufgrund eines Marktanteils von inklusive von Suchmaschinen wie die von T-Online die die Google-Ergebnisse ausgeben bei über 95 % auf Google, wobei die hier vorgestellten Optimierungsmaßnahmen bei allen marktrelevanten Suchmaschinen positive Ergebnisse erbringen.

2.1   Evolution der Suchmaschinen – von den Anfängen bis heute

Die Anfänge der modernen Suchtechnologie gehen auf Gerad Salton zurück, der mit seinem Team das SMART System an der Cornell University entwickelte. Die ersten Webseiten wurden im Jahr 1993 erstellt und meist von Universitäten betrieben. Mit dem Wachstum des World Wide Web wurde es immer wichtiger, dieses nach bestimmten Inhalten
durchsuchen zu können. Daher wurden nach der Publizierung erster Web-Inhalte relativ
zeitnah erste Bots und Suchmaschinen entwickelt, die die Webseiten nach zuvor definierten Inhalten durchsuchten.

2.1.1   Gerard Salton – SMART Information Retrieval System

Gerard Salton († 28. August 1995) war der Vater der modernen Suchtechnologie. Er und
sein Team entwickelten das SMART (System for the Mechanical Analysis and Retrieval of Text) Information Retrieval System an der Cornell Universität. Salton war Autor des Buches „A Theory of Indexing", welches das Fundament für die Konzepte legte,
auf denen Suchmaschinen noch heute weitestgehend basieren. Grob gesagt unterscheidet
das Modell die Komponenten automatische Indexierung von Inhalten, Berechnung von
Dokument-Clustern, automatische Query-Analyse und Relevance-Feedback-Komponente
sowie die Dynamisierung des Dokumentenraumes. Um Dokumente automatisch zu indexieren, werden

- die Wörter aus den Texten der Dokumente isoliert,
- daraufhin Stoppwörter entfernt,
- um dann die verbliebenden Wörter auf ihre Stammformen zu reduzieren,
- gleiche Stämme zusammenzufassen
- und die daraus gewonnenen Terme zu gewichten beziehungsweise zu ersetzen.

Besonders interessant an der Arbeit von Salton und seinem Team ist, dass bei der Gewichtung der Dokumente die Term- und Dokumentenhäufigkeit einbezogen werden. Das ist
einer der Grundsteine auch der heutigen Suchtechnologien.

2.1.2   Archie und Tim Berners-Lee

Die ersten Webseiten wurden im Jahr 1993 gestaltet und zumeist von Universitäten betrieben. Doch noch bevor viele dieser Seiten erstellt wurden, gab es die erste Suchmaschine –
Archie. Archie wurde 1990 von Alan Emtage, Student an der McGill University in Mont-
real, unter dem Namen „archives" entwickelt, dann aber zu „Archie" abgekürzt. Zu Zeiten
von Archie musste der Nutzer noch genau wissen, nach welchem Dokument er suchte, da
die Suchmaschine nicht den Inhalt von Dokumenten, sondern ausschließlich den Dateinamen indexierte. In diesem Kontext sei erwähnt, dass es damals noch kein World Wide Web

im eigentlichen Sinne gab – Dateien wurden über das File Transfer Protocol (FTP) geteilt. Anders als in der heutigen Zeit mussten Dateien, die man mit anderen Nutzern teilen wollte, auf einen FTP-Server geladen werden. Andere Nutzer hatten dann die Möglichkeit, auf die Dateien zuzugreifen und sie auf ihren Rechnern zu speichern.

Eine bahnbrechende Entwicklung fand im Jahr 1991 ihren Abschluss, als am 6. August die erste Webseite unter der URL http://info.cern.ch/ erreichbar war. Der Inhalt der Seite bezog sich auf die Beantwortung der Frage, was das World Wide Web überhaupt sei und wie Nutzer mit Browsern interagieren könnten. Vorausgegangen war die Entwicklung des ersten Web Browsers durch Tim Berners-Lee, der im Jahr 1994 das noch heute sehr bekannte World Wide Web Consortium (W3C) gründete. Des Weiteren realisierte Tim Berners-Lee mit „The Virtual Library" (www.vlib.org) den ältesten Katalog des Internets.

2.1.3 Entwicklung der ersten Bots und Suchmaschinen

Bots (von engl. Robot = Roboter) sind solche Computerprogramme, die sich häufig wiederholende Aufgaben automatisch abarbeiten, ohne dabei auf die Interaktion mit einem menschlichen Nutzer angewiesen zu sein. In späteren Teilen des Buches wird noch genauer auf die Webcrawler-/Bot-Thematik eingegangen. In diesem Zusammenhang genügt es zu wissen, dass – vereinfacht ausgedrückt – Bots Seiten im Web aufrufen, deren Inhalte crawlen, den ausgehenden Links einer Seite folgen und somit wiederum neue Seiten finden, die sie crawlen können. Schon kurz nach der Erstellung der ersten Webseiten folgte der erste Bot/Webcrawler – der „World Wide Web Wanderer", entwickelt von Matthew Gray im Juni 1993. Ziel des Bots war es, die Anzahl aktiver Webserver und URLs zu erfassen. Aufgrund technischer Mängel – oft wurde ein und dieselbe Seite hunderte Male an nur einem Tag aufgerufen – stellte sich schnell die Frage nach dem Sinn und dem Nutzen von Bots.

Eine Weiterentwicklung von World Wide Web Wanderer war ALIWEB, im Oktober 1993 von Martijn Koster unter dem Namen „Archie-Like Indexing of the Web" erstellt. ALIWEB war in der Lage, von Webseiteninhabern bereitgestellte Meta-Informationen zu crawlen. Nutzer hatten die Möglichkeit, Seiten für den Index von ALIWEB vorzuschlagen und dabei eine eigene Beschreibung einzureichen. Der Nachteil war, dass viele Menschen nicht wussten, wie sie überhaupt ihre Seiten bei ALIWEB eintragen konnten.

Im Jahr 1994 gründete Berners-Lee das World Wide Web Consortium (W3C) am Massachusetts Institute of Technology. Im selben Jahr wurde Yahoo von den Stanford-Studenten Jerry Wang und David Filo gegründet. Zunächst war Yahoo nur ein Verzeichnis, in dem interessante Webseiten gelistet wurden. Erst durch die steigende Anzahl an Seitenaufrufen entschieden sich die Gründer, das Verzeichnis durchsuchbar zu gestalten. In diesen Anfangszeiten der Suchmaschinen wurde jede Seite noch manuell beschrieben, für informationale Seiten war der Eintrag kostenlos. Im Juli 1994 folgte kurz nach der Gründung von Yahoo die Suchmaschine Lycos, die mit einem Katalog von über 54.000 Seiten launchte. Innerhalb von zwei Jahren konnte Lycos auf über 60 Mio. indexierte Seiten wachsen und wurde somit zur größten Suchmaschine. Lycos zeichnete sich durch die Einbeziehung der Relevanz einer Webseite aus.

1996 begannen Larry Page und Sergey Brin mit der Arbeit an BackRub, einer Suchmaschine, welche Verlinkungen und nicht nur Meta-Angaben und Texte auf der Seite in die Berechnung der Suchergebnisse einbeziehen sollte. Die Verlinkungen sollten als Empfehlungen für die verlinkte Seite gewertet werden. Eine Seite wurde umso besser in den Suchergebnissen gewertet, je mehr Seiten auf sie verlinkten und je stärker diese Seiten selbst verlinkt waren. Etwa zwei Jahre nach Beginn der Arbeit an BackRub wurde das Unternehmen in Google umbenannt. Am 4. September 1998 wurde das Unternehmen „Google Inc." offiziell gegründet.

Da der Historie Googles ein eigener Abschnitt gewidmet werden soll, wird die Entwicklung der heute führenden Suchmaschine an dieser Stelle nicht näher ausgeführt. Ein weiterer Meilenstein in der Historie von Suchmaschinen soll jedoch nicht unerwähnt bleiben – im Juni 2009 ersetzte Bing die 1998 gegründeten „MSN/live Search". Bing setzte sich das Ziel, Marktanteile vom Suchmaschinengiganten Google zurückzugewinnen. Doch auch im Jahr 2014 deutet bei einem Marktanteil von unter 3 % in Deutschland nichts auf eine Wachablösung hin.

2.2 Google

Google ist mit einem Marktanteil von etwa 95 % (Stand April 2013, http://de.statista. com/statistik/daten/studie/222849/umfrage/marktanteile-der-suchmaschinen-weltweit/) in Deutschland unangefochtene Nummer eins im Bereich der Suchmaschinen. Es ist also nicht verwunderlich, dass der Begriff „googeln" sogar schon Eingang in den Duden gefunden hat und im alltäglichen Sprachgebrauch für die Recherche im Internet steht. Wirft man einen Blick nicht nur auf Deutschland, sondern auf die weltweiten Suchanfragen im Internet, so dominiert Google auch hier und verzeichnet einen Anteil von 80 % aller Suchanfragen. Bei Google handelt es sich zweifelsohne um eine der bekanntesten und wertvollsten Marken weltweit. So sieht das Marktforschungsinstitut Interbrand, das seit 1988 Listen der erfolgreichsten Marken herausgibt, die Brand „Google" mit einem Marktwert von US$ 69 Mrd. auf Rang 4 der weltweit wertvollsten Marken. Das Institut Millward Brown errechnete sogar einen Markenwert von US$ 108 Mrd., womit Google dritt-wertvollste Marke weltweit hinter Apple und IBM ist – und somit traditionsreiche Konzerne wie McDonald's, Microsoft oder Coca-Cola hinter sich lässt. Kein Wunder also, dass die Erfolgsgeschichte von Google nicht nur Online-Marketer anzieht und bereits viele Bücher über den Geschäftserfolg von Google erschienen sind. Doch was unterscheidet Google von der Konkurrenz? Woher rührt dieser Erfolg und was sollten SEOs über Google wissen? Im Folgenden soll auf die Philosophie und Denkweise von Google eingegangen werden. Ferner sollen das Unternehmen sowie einige ausgewählte Dienstleistungen, die nicht direkt die Suche bei Google betreffen, in aller Kürze vorgestellt werden. Wenn man schon um die begehrten Suchergebnisse bei Google kämpft, so sollte man ein gewisses Hintergrundwissen über die Geschichte und Philosophie des Unternehmens haben.

2.2.1 Die (Erfolgs-)Geschichte von Google

Google Inc. wurde von Larry Page und Sergey Brin im August 1998 gegründet, nachdem der Investor und Co-Gründer von Sun, Andy Bechtolsheim, mit einer Summe von US$ 100.000 in das junge Unternehmen investierte. Allerdings geht die Erfolgsstory bereits auf das Jahr 1995 zurück, als sich Page und Brin an der Stanford University kennenlernten. Bevor das Unternehmen in „Google" umbenannt wurde, hatten die beiden Gründer die Suchmaschine unter dem Namen „BackRub" entwickelt. 1996 war BackRub länger als ein Jahr auf den Servern der Stanford University gelaufen, bis die Größe der Suchmaschine die Serverkraft der Universität überstieg.

Im Jahr 1997 entschieden sich Page und Bring, BackRub in „Google" umzubenennen. „Google" ist ein Wortspiel mit dem mathematischen Begriff „googol". Googol beschreibt eine 1, gefolgt von 100 Nullen. Zugunsten der Lesbarkeit wird an dieser Stelle darauf verzichtet, die Zahl ausgeschrieben darzustellen, allerdings deutet diese Namenswahl auf die Mission hin, die sich die beiden Gründer zum Ziel gesetzt haben – nämlich eine unvorstellbar große Menge an Informationen des Web zu erfassen, die von Nutzern beziehungsweise Webseitenbetreibern bereitgestellt werden.

In den Jahren bis zum Börsengang akquirierte Google zahlreiche Unternehmen, beispielsweise das Usenet-Archiv von Deja News, woraus die eigene Usenet-Suche *Google Groups* hervorging, oder die Blogging-Plattform Blogger.com. Am 21. September 1999 endete offiziell Googles Testphase, sodass der „beta"-Hinweis von der Seite entfernt werden konnte. Zu Gründungszeiten des Unternehmens lag das Ziel der Suchmaschine genau wie heute darin, dem Nutzer die für ihn relevantesten Ergebnisse anzuzeigen. Dementsprechend lautete das Missions-Statement von Google: „to organize the world's information and make it universally accessible and useful."

Wie diese Dienstleistung monetarisiert werden konnte, war zu diesem Zeitpunkt noch nicht sicher. Die Konkurrenz verwendete damals meist blinkende Banner, Google hingegen startete das bis heute aktive AdWords-Programm im Oktober 2000 mit 350 Kunden in den USA. Im Herbst 2002 wurde das erfolgreiche Programm auch in Deutschland, Frankreich, England und Japan eingeführt. Im Juni 2003 startete Google das Adsense-Programm, mit dessen Hilfe auf den teilnehmenden Webseiten themenrelevante Werbeanzeigen eingeblendet werden konnten. Bereits Mitte 2000 war Google Marktführer im Bereich Suchmaschinen und hatte mehr als eine Milliarde Seiten im Index. Mit dem Börsengang im Jahr 2004 sollten sich das Wachstum und vor allem dessen Geschwindigkeit nochmals vervielfachen.

So akquirierte Google im Jahr 2004 das Unternehmen Where2 LLC, aus dem sich später Google Maps entwickelte, sowie Keyhole Corp., das den Grundstein für Google Earth bildete. Außerdem wurde 2004 der kostenlose Email-Service Gmail gelauncht, der sich auch heute noch sehr großer Beliebtheit erfreut.

Eine sehr wichtige Akquisition Googles im Jahr 2005 war die von Urchin Software Corp. Dies legte den Grundstein für das Produkt Google Analytics, anhand dessen Webseitenbetreiber die Zugriffe auf ihre Webseite messen und auswerten können. Außerdem wurde Google von einer Jury des US-amerikanischen Online-Branchenmagazins Brand-channel zur einflussreichsten Marke 2005 gewählt, (vgl. http://www.heise.de/newsticker/meldung/Google-zur-einflussreichsten-Marke-2005-gewaehlt-167912.html).

Ebenfalls 2005 wurde das im Jahr 2003 von Andy Rubin gegründete Unternehmen Android aufgekauft. Zunächst war die Technologie von Android nur zur Steuerung von Digitalkameras ausgelegt, doch 2007 gab Google bekannt, ein Betriebssystem namens Android zu entwickeln. Dieses ist seit Oktober 2008 verfügbar und hatte als Smartphone-Betriebssystem im zweiten Quartal 2013 einen Marktanteil von etwa 80%.

Im Jahr 2006 akquirierte Google das weltweit bekannte Videoportal YouTube und setz-te somit die Strategie fort, auch bei vertikalen Suchanfragen die Marktführerschaft aus-zubauen.

Das Jahr 2007 stand für Google ganz im Zeichen der Übernahme des Werbenetzwerks DoubleClick. Mit US$ 3,1 Mrd. konnte Google die Mitbieter Microsoft und Yahoo über-trumpfen. Der strategische Einkauf des Werbenetzwerks verhalf Google dazu, mit einem Marktanteil von 80% Weltmarktführer in der Onlinewerbung zu werden. Außerdem ge-lang es Google 2007, zur wertvollsten Marke der Welt aufzusteigen und somit nur drei Jahre nach dem Börsengang viele traditionsreiche Unternehmen hinter sich zu lassen.

Im Jahr 2008 stieg Google in die Browser-Entwicklung ein und stellte mit Google Chrome einen eigenen Browser vor.

Ein Firmenkauf im Jahr 2011 ging besonders stark durch die Presse – Google kündigte an, für US$ 12,5 Mrd. die Mobilfunksparte von Motorola zu übernehmen. Die größte In-novation im Jahr 2011 seitens Google war jedoch die Einführung von Google+, welches den Nutzern ähnlich wie Facebook die Möglichkeit bietet, interessante Inhalte zu teilen.

Im Juni 2012 stellte Google zum ersten Mal die neueste Entwicklung mit „Google Glass" vor. Dabei handelt es sich um einen Miniaturcomputer, der wie eine Brille getragen wird.

Wie dieser sehr knappen Zusammenfassung der Firmengeschichte mit einigen der un-serer Meinung nach wichtigsten Meilensteinen von Google entnommen werden kann, ist Google immer wieder auf spannende Zukäufe aus. Selbstverständlich wurden nicht alle Unternehmensakquisitionen seit Firmengründung in der Übersicht aufgeführt – vielmehr wurde hier nur ein Bruchteil dokumentiert. Außerdem entwickelt sich Google stetig fort, bleibt nie auf einem Stand stehen, ist nie selbstzufrieden. Doch weshalb versucht die füh-rende Suchmaschine, immer wieder neue Geschäftsfelder zu erschließen und trotz der Marktdominanz immer wieder für Innovationen zu sorgen? Diese Fragen lassen sich nur dann beantworten, wenn man die Firmenphilosophie des Suchmaschinengiganten kennt.

2.2.2 Googles Firmenphilosophie

Die Firmenphilosophie eines Unternehmens stellt dessen Leitbilder dar und ist auf Lang-fristigkeit ausgelegt, also nicht auf das Tagesgeschäft, sondern auf die strategische Pla-nung. Google hat sein Leitbild bereits wenige Jahre nach der Gründung festgelegt und hält weiterhin an den Werten des Unternehmens fest (vgl. http://www.google.de/about/company/philosophy/):

1. Der Nutzer steht an erster Stelle, alles Weitere folgt von selbst.
2. Es ist am besten, eine Sache so richtig gut zu machen.
3. Schnell ist besser als langsam.
4. Demokratie im Internet funktioniert.
5. Man sitzt nicht immer am Schreibtisch, wenn man eine Antwort benötigt.
6. Geld verdienen, ohne jemandem damit zu schaden.
7. Irgendwo gibt es immer noch mehr Informationen.
8. Informationen werden über alle Grenzen hinweg benötigt.
9. Seriös sein, ohne einen Anzug zu tragen.
10. Gut ist nicht gut genug.

Ohne bei jedem einzelnen Leitsatz ins Detail gehen zu wollen, lässt sich erkennen, welchen Ideen und Gedankengängen Google folgt bzw. propagiert. Natürlich möchte das Unternehmen wachsen und mehr Umsätze generieren, und dafür ist es notwendig, die „beste Suchmaschine" zu sein, dem Suchenden die besten Antworten auf dessen Suchanfragen zu liefern.

Neben der Fokussierung auf den Nutzer der Google-Produkte ist der Suchmaschinenbetreiber stark auf seine Mitarbeiter fokussiert, insbesondere auf die technische Abteilung. Die Techniker dürfen einen Teil ihrer Arbeitszeit auf Projekte verwenden, die sie persönlich voranbringen möchten und die abseits der alltäglichen Routine entwickelt werden. Dies setzt ein großes Vertrauen seitens des Unternehmens in die Mitarbeiter voraus, welches denn auch durch viele Innovationen, die während der frei planbaren Arbeitszeit entwickelt wurden, belohnt wurde. So sind beispielsweise Google Mail oder der Google News Reader Ergebnisse aus der frei planbaren Arbeitszeit.

Selbstverständlich wird nicht jedes Projekt, das die Mitarbeiter von Google entwickeln, erfolgreich. Viele Projekte werden gar nicht erst umgesetzt, doch laut einem Google-Sprecher ist dies Bestandteil der Arbeitskultur. „Scheitern" ist also aus Sicht von Google nichts Negatives, sondern gehört zur Planung und Umsetzung von Ideen dazu.

Ein weiterer Grundpfeiler des Handelns von Google sind der Erwerb und die Anmeldung von Patenten. Waren Anfang 2011 noch knapp 1000 Patente in der Datenbank der USPTO (United States Patent and Trademark Office) für Google registriert, waren es Ende 2012 bereits mehr als 20.000. So sicherte sich Google insgesamt über 2000 Patente allein von IBM und erwarb durch den Kauf des Mobilfunkanbieters Motorola im Jahr 2011 noch weitere dazu. Einerseits dienen die Patente dazu, Googles Vormachtstellung im Medien- beziehungsweise Internetsektor zu sichern. Andererseits kann man stets mit neuen Produktinnovationen seitens Google rechnen, beispielsweise „Google Glass", ein einer Brille ähnlicher Miniaturcomputer, der im Sichtfeld Informationen einblendet.

2.3 Bing

Obwohl Bing mit einem Marktanteil von unter 4 % in Deutschland und nur gut 5 % weltweit deutlich hinter dem Marktführer Google zurückliegt, soll die in Deutschland zweitgrößte Suchmaschine im Folgenden kurz vorgestellt werden.

Bing ist der Nachfolger von Live Search und die Suchmaschine von Microsoft. Bereits 2009 wurde Bing im Beta-Status in Betrieb genommen, verließ diesen jedoch erst Anfang 2012. Ähnlich wie Google können bei Bing Suchanfragen in bestimmten Kategorien – Bilder, Videos, Karten und News – angezeigt werden. Bing zeichnet sich durch die enge Kooperation mit sozialen Netzwerken aus, sodass separat bei entsprechenden Suchanfragen in den USA die Daten von Twitter, Facebook, Quora, LinkedIn und Foursquare ausgegeben werden.

Teilweise ist also Bing bei der Suche an sich als Suchmaschine in einigen Bereichen innovativer als Google, so z. B. bei den Designs in der Bildersuche oder bei der Integration anderer Dienste.

2.4 Weitere Suchmaschinen – Yandex und Baidu

Neben Google und Bing existieren noch einige weitere Suchmaschinen. Aufgrund der Relevanz von Yandex und Baidu sollen diese beiden Suchmaschinen im Folgenden vorgestellt werden.

Yandex wurde 1997 gegründet und ist mit 64 % Marktanteil die mit Abstand größte Suchmaschine in Russland. Außerdem hat Yandex in weiteren osteuropäischen Ländern signifikante Marktanteile. Hinter Google, Baidu und Yahoo ist Yandex die weltweit viertgrößte Suchmaschine und hat 2013 erstmals Microsofts Suchseiten überholt, darunter Bing. Dies ist auf das rasante Wachstum des russischen Marktes zurückzuführen, in dem die Anzahl der Internetnutzer laut einer Studie von EMarketer (emarketer.com) innerhalb eines Jahres von 44,7 auf 63,8 % gestiegen ist. Erst seit Mai 2010 ist Yandex auch global in englischer Sprache verfügbar. Yandex geriet insbesondere auch außerhalb Russlands in den Fokus von Suchmaschinenoptimierern, nachdem das Unternehmen ankündigte, bei kommerziellen, in Moskau regionalen Suchanfragen auf Links als Bewertungskriterium für die Suchergebnisse komplett zu verzichten. Hierbei handelt es sich allerdings „nur" um 10 % der bei Yandex getätigten Suchanfragen.

Baidu ist mit etwa 63 % Marktanteil der Marktführer bei den Suchmaschinen in China. Das Unternehmen wurde im Jahr 2000 von Robin Li und Eric Xu gegründet. Neben der Websuche bietet Baidu noch über 50 weitere Services an, darunter eine eigene Enzyklopädie ähnlich wie Wikipedia (Baidu Baike) sowie eine eigene Suchmaschine für MP3s. Baidu zeichnet sich durch eine enge Zusammenarbeit mit den chinesischen Behörden aus, weshalb dem Unternehmen schon des Öfteren vorgeworfen wurde, sich an der Internetzensur der chinesischen Regierung zu beteiligen.

2.5   Aufbau von Suchergebnissen

Die Suchergebnisseiten, die der Nutzer bei einer Suchanfrage von Suchmaschinen ausgegeben bekommt, werden auch als SERPs (=Search Engine Result Pages) bezeichnet. Je nachdem, welche Suchmaschine genutzt wird, unterscheiden sich die Suchergebnisse immer mehr
oder weniger stark voneinander. Im Folgenden wird der Fokus auf die SERPs von Google
gelegt. Abbildung 2.1 zeigt die SERPs vom 24.10.2014 für die Suchanfrage „DVDs kaufen".

Die Suchergebnisse lassen sich in organische (1) und bezahlte (2) und (3) Anzeigen
unterteilen. Bezahlte Anzeigen können sowohl oberhalb der organischen Suchergebnisse
als auch rechts neben den organischen Suchergebnissen und unterhalb der Suchergebnisse
platziert sein. Ohne tiefer in die Materie der Suchmaschinenwerbung einsteigen zu wollen, wobei es sich um die bezahlten Anzeigen bei Google handelt, entscheiden der Klickpreis sowie die CTR und somit der Qualitätsfaktor einer Anzeige maßgeblich darüber, wo
eine Anzeige platziert wird.

Wie zu erkennen ist, nehmen die bezahlten Suchergebnisse über den organischen Suchergebnissen einen großen Teil der Seite ein. Für den Nutzer ist erst an vierter Position das

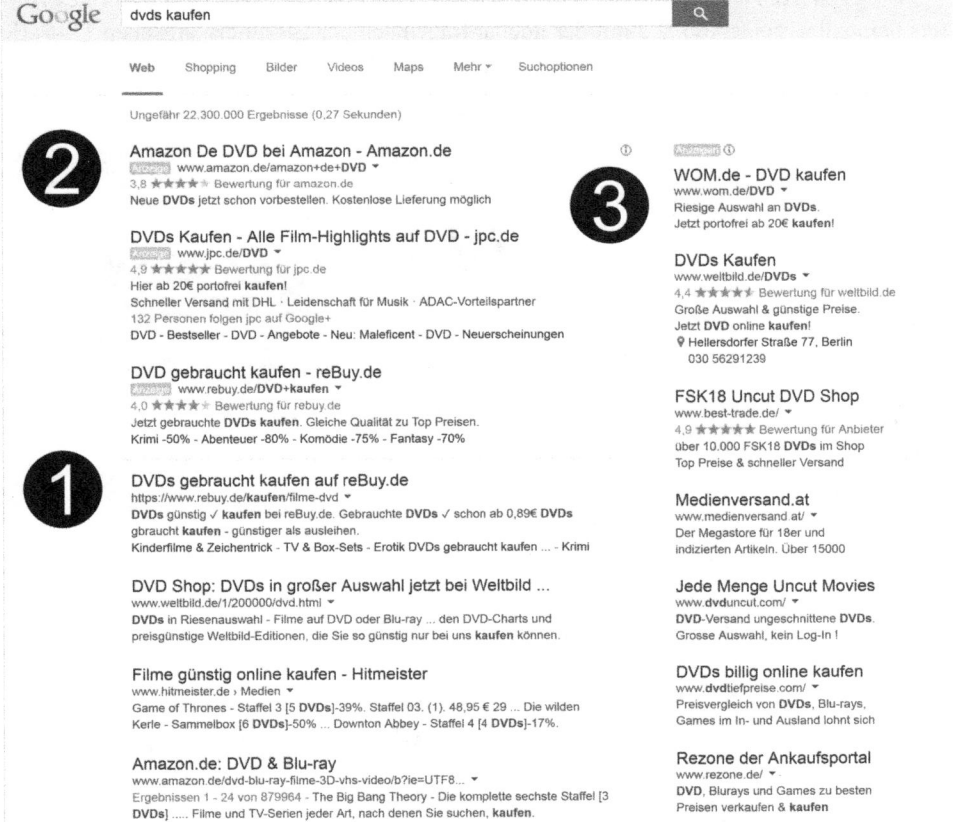

Abb. 2.1 Aufbau der Google Ergebnissseite

erste organische Ergebnis auffindbar. Insbesondere solche Nutzer, die nur selten Suchmaschinen verwenden, werden organische und bezahlte Suchergebnisse nur schwer voneinander unterscheiden können. Dennoch erkennt man sehr gut, dass der organische Teil
der Suchergebnisse weiterhin den größten Teil der gesamten Fläche einnimmt.

Neben den organischen und bezahlten Suchergebnissen erhält der Suchende weitere
Informationen zu der von ihm gestellten Suchanfrage, und zwar die Anzahl an Ergebnissen, die Google zu der Suchphrase gefunden hat, sowie die Zeit, die Google für die
Durchführung der Suchanfrage benötigt hat (3). Außerdem können die Nutzer zwischen
den „vertikalen" Suchergebnissen (beispielsweise Bilder, Shopping etc.) navigieren (4).
Hierbei handelt es sich um Spezialsuchmaschinen wie beispielsweise die Bildersuche,
in die nur grafische Elemente einer Seite einbezogen werden, oder die News-Suche, die
aktuelle redaktionelle Inhalte einbezieht. (5) zeigt an, ob der Nutzer im eingeloggten oder
ausgeloggten Zustand sucht. Ist der Nutzer bei Google angemeldet, so erhält er zum Teil
personalisierte Suchergebnisse. Webseiten, die der Suchende häufig besucht hat, werden
priorisiert ausgegeben. Außerdem werden dem Suchenden verwandte Suchanfragen zu
seiner Anfrage vorgeschlagen, die die Suchanfrage eventuell noch verbessern beziehungsweise verfeinern und somit zu noch genaueren Ergebnissen führen können (6).

Im Gegensatz zu der Anfrage „DVDs kaufen", die eine Transaktionsabsicht des Nutzers beinhaltet, zeigt Abb. 2.2 mit der Suchanfrage nach der US-amerikanischen TV-Serie
„The Big Bang Theory" eine Suche des Nutzers nach Informationen zu der Serie.

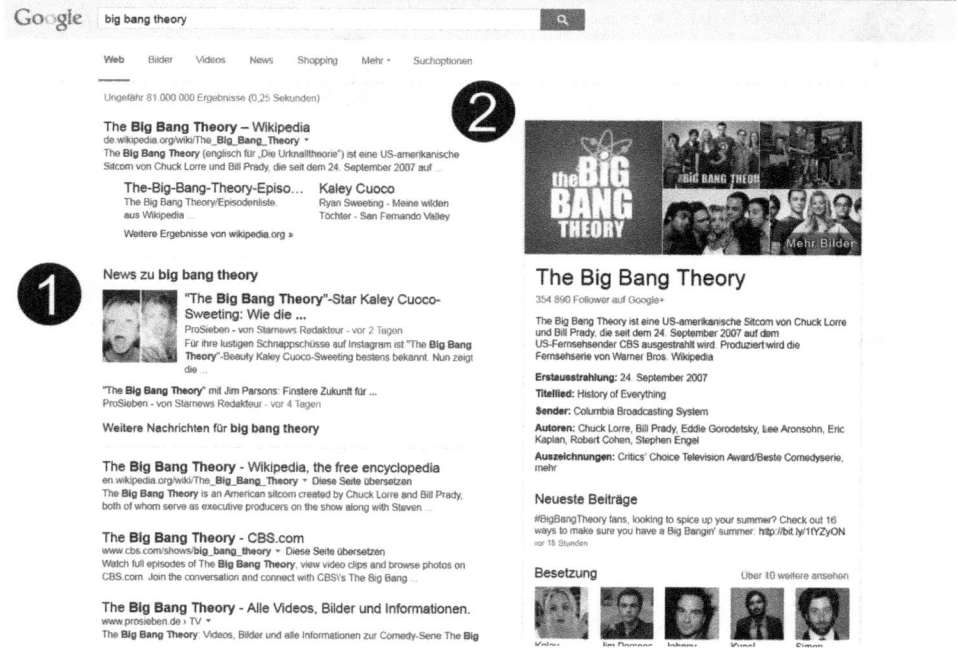

Abb. 2.2 The Big Bang Theory-Ergebnissseite

Im Gegensatz zu voriger Suchanfrage lässt sich an den SERPs für „Big Bang Theory"
die Einblendung vertikaler Suchergebnisse (1) sowie des Knowledge Graph (2) erklären. Spezial- Suchergebnisse, beispielsweise Shopping, News oder Bilder, die man auch
als vertikale Suchergebnisse bezeichnet, werden von Google immer dann eingebunden,
wenn diese dem Nutzer bei der Suchanfrage einen Mehrwert verschaffen. In diesem Fall
möchte sich der Nutzer wahrscheinlich über die Sitcom informieren, sonst hätte er nach
DVDs/Blu-Rays oder Ähnlichem gesucht, nicht nur nach dem Namen der Serie. Daher
bindet Google „News-Ergebnisse", also Nachrichten, ein. Diese werden jedoch im vorliegenden Beispiel nicht sehr prominent in den SERPs dargestellt; bei Suchanfragen, die
noch spezifischer auf Informationen beziehungsweise Nachrichten zielen (zum Beispiel
„Fußball Nachrichten"), werden die vertikalen „News-Ergebnisse" deutlich prominenter
eingebunden. Da Google das Ziel verfolgt, die Suchanfrage des Nutzers bestmöglich zu
beantworten, werden zu verschiedenen Suchanfragen häufig Spezial-Suchergebnisse bei-
gemischt und untersucht, inwiefern diese vom Nutzer angenommen werden. Im Rahmen
dieses Trial&Error-Verfahrens werden die Suchergebnisse sukzessiv optimiert. Das Kapitel „Universal Search" widmet sich ausführlich den vertikalen Suchergebnissen.

Der sogenannte Knowledge Graph wurde im Dezember 2012 eingeführt und bietet bei
bestimmten Suchbegriffen eine Detailansicht mit vertikalen Ergebnissen und weiteren die
Suchanfrage betreffenden Daten, die Google bereitstellen kann. Außerdem werden ähnliche Suchanfragen ausgegeben. Im vorliegenden Fall werden im Knowledge Graph relevante Bilder zur Sitcom angezeigt, die aus der vertikalen Bildersuche stammen. Daraufhin
wird ein Absatz der Beschreibung auf Wikipedia zu „The Big Bang Theory" ausgegeben.
Weitere Informationen zur Serie folgen, so beispielsweise das Titellied, der Sender, aber
auch Autoren. Durch die Verlinkung auf die Autoren fällt es dem Suchenden leicht, direkt
weitere Informationen zu diesen zu recherchieren. Gleiches gilt für die Schauspieler und
ähnliche Serien, die oft gesucht wurden. Mit nur einem Klick können die Nutzer Fehlin-
formationen melden – somit wird der Knowledge Graph nach und nach optimiert. Außerdem wird im Knowledge Graph auf das Google+ -Profil von Big Bang Theory verwiesen,
sodass der Suchende direkt die neuesten News zur Serie erhalten kann.

Neben Serien findet der Knowledge Graph mittlerweile bei vielen informationalen
Suchanfragen Verwendung, also solchen mit der Intention, Informationen zu einem gesuchten Themenbereich zu erhalten. Beispiele hierfür sind Sehenswürdigkeiten (zum
Beispiel „Brandenburger Tor"), Filme (zum Beispiel „Hangover 3") oder Unternehmen
(zum Beispiel „BMW AG"). Für die Zukunft ist es sehr wahrscheinlich, dass die Anzahl
der Knowledge Graph-Einbindungen weiter zunimmt. Wie bereits oben beschrieben, ist
Google daran gelegen, dem Nutzer die für ihn relevantesten Ergebnisse anzuzeigen. Dies
geschieht unter anderem durch die zusammengefassten Informationen, die der Knowledge
Graph bietet.

Nachdem die SERPs betrachtet worden sind, soll nun noch genauer auf die Elemente
eines einzelnen Suchergebnisses eingegangen werden. In Abb. 2.3 ist ein Suchergebnis
dargestellt.

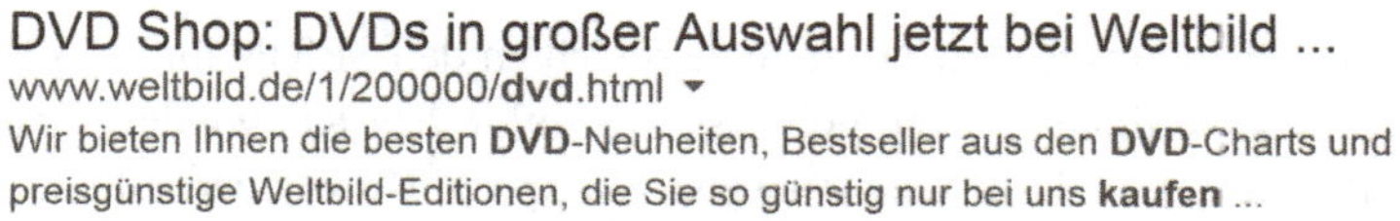

DVD Shop: DVDs in großer Auswahl jetzt bei Weltbild ...
www.weltbild.de/1/200000/**dvd**.html ▾
Wir bieten Ihnen die besten **DVD**-Neuheiten, Bestseller aus den **DVD**-Charts und
preisgünstige Weltbild-Editionen, die Sie so günstig nur bei uns **kaufen** ...

Abb. 2.3 Google Suchergebnis

Besonders prominent ist der Titel des Suchergebnisses eingeblendet. Diesen kann der
Webseitenbetreiber mit dem <title> -Attribut auf seiner Webseite definieren. Der Titel
der Seite ist eines der wichtigen Onpage-Rankingkriterien, wie in einem späteren Kapitel
dieses Buches noch zu erläutern sein wird. Um die Klickrate auf ein Suchergebnis zu optimieren, sollte der Titel aussagekräftig sein und den Suchenden zum Klicken animieren.

Unter dem Titel wird die Ziel-URL der Seite angezeigt. Auch die URL kann schon
einen ersten Eindruck darüber vermitteln, ob das Suchergebnis für die vom Nutzer gestellte Anfrage relevant ist. Auf die URL folgt die Beschreibung, die der Webseitenbetreiber
über die sogenannte Meta-Description definiert. Bei der Beschreibung hat der Seitenbetreiber die Möglichkeit, den Inhalt der Seite nochmals detaillierter zu beschreiben. Dies
bietet ihm die Möglichkeit, mithilfe der Seitenbeschreibung nochmals die Relevanz des
Suchergebnisses zu verdeutlichen. Die entsprechende Umsetzung wird in Kap. 6 (Onpage-Optimierung) ausführlich erklärt.

2.6 Funktionsweise von Suchmaschinen

Grundsätzlich kann man sich eine Suchmaschine wie eine riesige Bibliothek vorstellen – Milliarden von Informationen werden zusammengetragen und gesammelt. So wie
wissenschaftliche Artikel durch Zitate sind Webseiten durch Verlinkungen miteinander
verknüpft. Durch das Stöbern über die vielen Seiten und deren Links, die wiederum auf
andere Seiten verweisen, können Suchmaschinen immer mehr Seiten in den eigenen Index
aufnehmen. Die Dokumente werden also indexiert, um sie später wiederfinden zu können.
Des Weiteren haben Suchmaschinen natürlich die Aufgabe, Nutzern, die Informationen
zu einem bestimmten Thema suchen, diese in den Suchergebnissen anzubieten. Auch dies
lässt sich auf das Bild einer Bibliothek übertragen, bei der ein Katalog durchforstet wird,
um wichtige Quellen zu finden. Je besser Dokumente verknüpft sind, je häufiger sie Erwähnung finden, aber auch je höher die Relevanz eines Dokuments auf die Suchanfrage
eines Besuchers ist, desto häufiger wird es in den Katalogen der Bibliothek gefunden.
In der wissenschaftlichen Literatur setzen Autoren Fußnoten, um auf andere Artikel zu
verweisen. So wie diese Fußnoten kann ein Link verstanden werden. Es ist eine Empfehlung, um zu einem Themenbereich weiterführende Informationen zu erhalten. Im Kapitel
„Linkmarketing" gehen wir nochmal ausführlicher auf die Erklärung von Links ein.

Wie Abb. 2.4 zu entnehmen ist, haben Suchmaschinen also grundsätzlich die Aufgaben, neue und veränderte Daten zu erfassen (Crawling), die erfassten Daten aufzubereiten,
zugänglich zu machen und zu bewerten (Indexierung) sowie zu Suchanfragen passende
Ergebnisse aus der Datenbank zu liefern (Rankings).

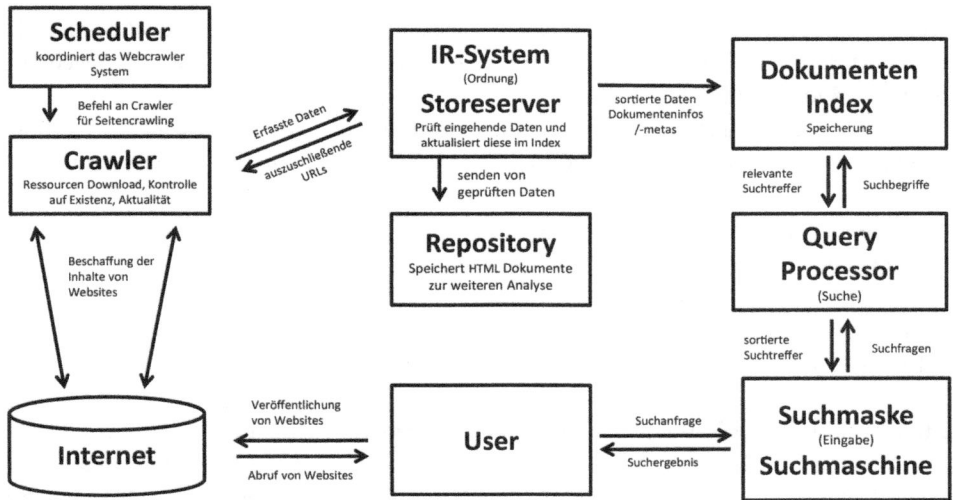

Abb. 2.4 Das Crawling-System (in Anlehnung an http://www.seo-web-agentur.de/tl_files/Content/
Grafiken/SEO_Grafiken/Suchmaschinen_Architektur.png)

Im Folgenden werden die für Crawling, Indexierung und Ermittlung der Rankings relevanten Theorien und Vorgehensweisen so dargestellt, dass ein grundsätzliches Verständnis
für die Funktionsweise von Suchmaschinen geschaffen wird. Auf detaillierte technische
und höchst theoretische Betrachtungsweisen wird in diesem Zusammenhang verzichtet.

2.6.1   Erfassung von Daten – Crawling

Suchmaschinen nutzen Crawler, die man auch als Robots, Bots, Web-Crawler, oder Spider
bezeichnet. Um Daten und Dokumente auszuwerten, ist es zunächst notwendig, diese in
ihrer Gesamtheit zu erfassen. Dazu durchsuchen die Crawler Dokumente im Netz, vorrangig HTML-Dokumente. Allerdings können die Robots der Suchmaschinen auch beispielsweise PDF-Dateien oder PPT-Dateien auslesen.

Um Dokumente ausfindig zu machen, die der Suchmaschine bislang noch unbekannt
sind, folgen die Robots den Verlinkungen eines Dokuments. Es ist also nicht notwendig,
seine Webseite bei Suchmaschinen einzutragen – die führenden Suchmaschinen folgen
Links im Netz, gelangen so früher oder später auf die Projekte beziehungsweise Seiten
und nehmen diese in den Index auf.

Neben der Aufgabe, neue Dokumente zu finden und in den eigenen Bestand aufzunehmen, verfolgen Crawler auch das Ziel, die vorhandenen Daten auf einem möglichst
aktuellen Stand zu halten. Ist eine Seite für einen Suchbegriff besonders relevant, muss
das natürlich nicht ewig der Fall sein – so könnte der Betreiber die Seite aus dem Netz
nehmen oder deren Inhalt komplett austauschen. Je öfter eine Seite im Netz verlinkt ist,
desto relevanter ist sie und desto häufiger wird sie von den Robots besucht. Schließlich

liegt der Verdacht nahe, dass auch Nutzer die entsprechende Seite oft besuchen – die Aktualität der Daten ist in diesem Fall also viel wichtiger als bei Seiten, die wenig Beachtung im World Wide Web finden.

Wie in Abb. 2.4 zu erkennen ist, sind die Crawler nur ein Teil des gesamten Crawling-Systems. Das System setzt sich mindestens aus folgenden Komponenten zusammen:

- Dokumentenindex
- Scheduler
- Crawler
- Storeserver
- Repository

2.6.1.1 Datenspeicherungsmodul – Dokumentenindex und Repository

Das Datenspeicherungsmodul setzt sich aus Dokumentenindex und Repository zusammen. Jedem Dokument, das aufgefunden und im Datenspeicher abgelegt wird, wird zunächst eine einzigartige ID zugeordnet. Außerdem enthält der Dokumentenindex weiterführende Informationen zu den in der Datenbank gespeicherten Dokumenten, so beispielsweise:

- Dokumententyp
- Titel der Seite
- Hostname und IP-Adresse
- Dokumentenlänge
- Erstellungsdatum und Änderungszeitpunkte sowie -häufigkeit des Dokuments

Die Suchmaschinen haben durch den Dokumentenindex also ausführliche Informationen zu jedem indexierten beziehungsweise gefundenen Dokument vorliegen. Allein die Erfassung und Speicherung der Daten bringt jedoch noch lange keinen Mehrwert – schließlich müssen Milliarden von Dokumenten gesichtet und gespeichert werden, sodass Suchmaschinen mit den vorhandenen Ressourcen möglichst effizient handeln müssen.

Zu diesem Zweck wird für jedes Dokument beziehungsweise jede URL eine sogenannte Checksumme gebildet. Dabei handelt es sich um eine aus Buchstaben und Ziffern bestehende Buchstabenfolge, die mithilfe von durch die Suchmaschinenbetreiber zuvor festgelegten Algorithmen berechnet werden. Die Checksumme dient vorrangig dem Abgleich zweier Dokumente – sind die beiden Dokumente identisch, so ist auch die Checksumme identisch. Doppelte Inhalte (die von Suchmaschinen nicht indexiert werden, wie im weiteren Verlauf des Buches noch erklärt wird) können somit also schon vor Speicherung in das Repository, welches ebenfalls zum Datenspeichermodul gehört, aussortiert werden. Dies spart Suchmaschinen Speicherplatz ein und steigert somit die Effizienz.

Der Dokumentenindex bildet den Einstiegspunkt in das Crawling-System. Er leitet Informationen an den Scheduler weiter und sichert die Dokumente. Demgegenüber stellt das Repository das Ende der Datengewinnung dar – in ihm werden die Dokumente, zumeist HTML-Dokumente, abgelegt und gespeichert, sofern sie die Prüfung durch sämtliche andere Komponenten des Crawlers überstanden haben. Dabei greift das Repository auf sämtliche im Dokumentenindex gespeicherten Daten zurück und ordnet und speichert die Daten nach einer Dokumenten-Kennnummer, die ebenfalls bereits bei der Dokumentenindexierung vergeben wurde.

2.6.1.2 Verwaltungssystem – Scheduler

Bevor überhaupt Daten im Repository gespeichert werden können, leitet der Dokumentenindex zunächst die gesammelten Informationen an den sogenannten Scheduler weiter. Dieser ist sowohl für die Erweiterung als auch die Pflege der Daten verantwortlich, die im Index aufgenommen beziehungsweise gespeichert werden. Somit kommt dem Scheduler eine Verwaltungsaufgabe zu.

Zunächst definiert der Suchmaschinenbetreiber die Grundregeln, die der Scheduler bei der Bewältigung der Verwaltung zu befolgen hat. So kann für einige Suchmaschinenbetreiber die Pflege des aktuellen Datenbestands höchste Priorität haben, während andere Suchmaschinenbetreiber die Priorität auf die Erweiterung des Datenbestands legen. Aus diesen beiden Regeln setzt sich die Mischung der Auftragsarten zusammen, die der Scheduler an die ihm unterstellten Crawler weiterleitet.

Doch was genau leisten die Crawler? Diese sind als einzige Komponente auch außerhalb des Crawlers tätig und unterliegen wie oben beschrieben den Anweisungen der Scheduler. Suchmaschinenoptimierer sollten die Funktions- und Arbeitsweise der Crawler kennen, denn die Webseite muss ideale Bedingungen bereitstellen, damit der Crawler diese entsprechend erfassen kann.

2.6.1.3 Erfassung und Pflege des Datenbestands – Crawler

Die Crawler werden vom Scheduler mittels eines Auftrags auf eine Seite geleitet. Dabei kann der Auftrag entweder die Erfassung einer URL oder die Pflege beziehungsweise Prüfung der Erreichbarkeit einer bereits erfassten URL darstellen. Crawler können Inhalte nicht wie menschliche Nutzer interpretieren. Vielmehr ist es Aufgabe des Webseitenbetreibers, die eigene Seite so gut auf die Bedürfnisse der Crawler auszurichten, dass die relevanten Inhalte vom Crawler verstanden und als relevant an den Storeserver weitergeleitet werden. Meldet ein Crawler dem Scheduler, Kapazitäten für einen Crawl-Vorgang zu haben, so wird ihm aus dem Dokumentenindex eine URL zugeteilt. Im nächsten Schritt stellt der Crawler eine Anfrage an die IP-Adresse der zu besuchenden Seite. Serverseitig wird die Seite per GET-Methode zum Übertragen des Dokuments aufgefordert.

Ob ein Crawler eine entsprechende Seite aufgerufen hat, kann man anhand der Logfiles erkennen. Die Logfiles sind eine Protokolldatei, die sämtliche Serverzugriffe aufzeichnet und die sich jederzeit vom Webseitenbetreiber auswerten lässt. Abbildung 2.5 zeigt beispielhaft eine Logfile-Datei.

Der Googlebot kann anhand folgender User-Agents in den Logfiles identifiziert werden:

```
Mozilla/5.0 (compatible; Googlebot/2.1;+http://www.google.com/bot.html)
```

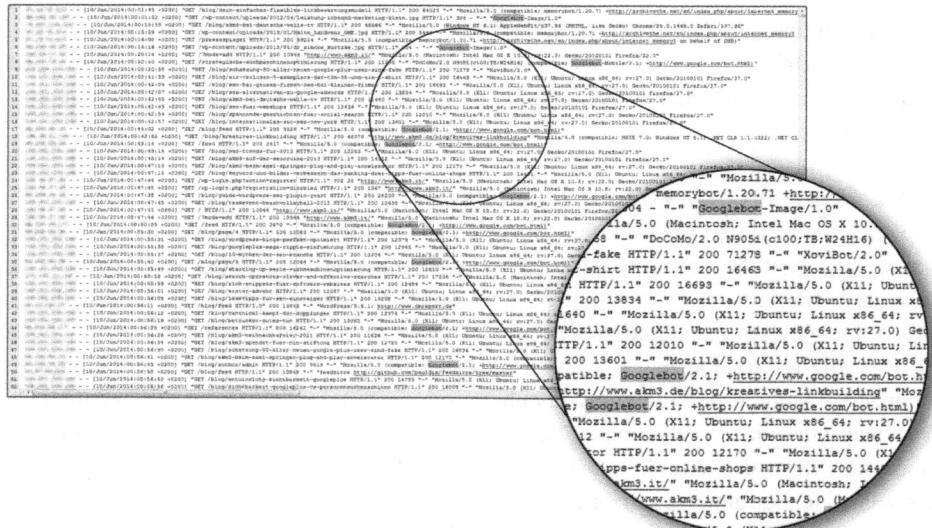

Abb. 2.5 Websiten-Logfile

oder

```
Googlebot/2.1 (+http://www.google.com/bot.html)
```

Eine typische Abfrage des Googlebots kann in den Logfiles also folgendermaßen aussehen:

```
GET / HTTP/1.1
Host: www.ihredomain.de
Connection: Keep-alive
Accept: */*
From: googlebot(at)googlebot.com
User-Agent: Mozilla/5.0 (compatible; Googlebot/2.1;
+http://www.google.com/bot.html)
Accept-Encoding: gzip,deflate
```

Der Googlebot erhält auf die Anfrage eine Antwort vom Server der Webseite. Die Daten – also die vom Crawler auslesbaren Inhalte sowie Header- und Meta-Informationen – werden vom Crawler direkt an den Server gemeldet. Dieser Vorgang zeigt auch, warum eine hohe Ausfallsicherheit für Webseiten aus SEO-Sicht höchste Relevanz hat – erhält der Crawler keine Antwort vom Server, so meldet er dies ebenfalls dem Server.

2.6.1.4 Sicherung der Daten – Storeserver

Wie der Name bereits sagt, ist die Aufgabe des Storeservers die Sicherung der von den Crawlern erhaltenen Daten. Dabei lassen sich die Aufgaben des Storeservers folgendermaßen untergliedern:

1. Auswertung der HTTP-Response Header der Crawler-Anfragen
2. Aktualisierung des Dokumentenindex
3. Aufnahmeprüfung für erfolgreich übermittelte Funktionen

Sind HTML-Dokumente fehlerhaft, wird dem Storeserver ein Statuscode übermittelt. Näher wird auf die Statuscodes im Rahmen der technischen Suchmaschinenoptimierung eingegangen. Um den Dokumentenindex aktuell und somit effizient zu managen, werden nicht mehr vorhandene Seiten aus dem Index entfernt – das bedeutet, dass auch Seiten, die über einen längeren Zeitraum nicht aufrufbar sind, mit hoher Wahrscheinlichkeit aus dem Dokumentenindex verschwinden. Von den Crawlern neu gefundene Seiten werden hingegen dem Dokumentenindex zugefügt.

Aus SEO-Sicht ist besonders das Verständnis der Aufnahmeprüfung durch den Storeserver relevant. Im weiteren Verlauf des Buches werden häufig Empfehlungen zur Optimierung der eigenen Webseite gegeben – auch wenn es nicht direkt erwähnt wird, dienen einige dazu, den Filterregeln des Storeservers gerecht zu werden.

Suchmaschinen sind selbstverständlich nicht daran interessiert, ein und dasselbe Dokument mehrmals im Index zu speichern – dies ginge zulasten der Effizienz und böte keinen Mehrwert für den Suchenden. Daher vergleicht der Storeserver Inhalte auf doppelten Content, um diesen im für den Webseitenbetreiber schlimmsten Fall nicht in den Index aufzunehmen.

2.6.1.5 Welche Inhalte können Suchmaschinen-Crawler auslesen?

Die Crawler sind darauf angewiesen, dass Inhalte einer Seite für sie in Textinhalte übersetzt werden. Anders als ein menschlicher Nutzer kann ein Crawler natürlich nicht erkennen, was auf einer Grafik oder einem Video zu erkennen ist beziehungsweise worüber Audiodateien berichten. Während der menschliche Besucher mit einem Bild, welches ein Haus darstellt, oft die „Homepage", also die Startseite, assoziieren kann, ist dies für Crawler nicht selbstverständlich.

Außerdem gilt es zu beachten, dass Suchmaschinen nur frei zugängliche Inhalte crawlen können – der Crawler kann nicht auf passwortgeschützte Dateien zugreifen.

Der Crawler liest beim Besuch einer Seite den HTML-Code des Dokuments aus. Dieser lässt sich beispielsweise im Browser Firefox durch einen Klick auf die rechte Maustaste und die Auswahl von „Seitenquelltext anzeigen" ausgeben. Der Crawler ignoriert Teile des Codes, die nichts mit dem Inhalt der Seite zu tun haben. Insbesondere registriert der Crawler (einzigartigen) Content, so beispielsweise den Titel der Seite, die Beschreibung, aber auch sämtliche Textinhalte. Dies erklärt, warum eine Seite, die für bestimmte

Begriffe bei Google gefunden werden soll, über ausreichend Content verfügen muss (worauf im Abschnitt „redaktionelle Suchmaschinenoptimierung" noch weiter eingegangen wird). Der Crawler kann ausschließlich durch den Text auf einer Seite deren Relevanz für bestimmte Suchbegriffe festlegen. Neben Textbestandteilen kann der Crawler ebenfalls Alternativtexte von Bildern auslesen. Daher sollte jedes Bild auf einer Seite ausreichend beschrieben werden, sodass der Crawler zumindest über den Alternativtext den Inhalt der Bilder auslesen kann.

2.6.2 Googles Datenbank – Indexierung

Der Googlebot überträgt den Inhalt der Seiten an den Indexer. Selbstverständlich kann bei einem Suchvorgang nicht jedes Mal der gesamte Datenbestand durchsucht werden, da Suchmaschinen ansonsten nicht in der gegebenen Geschwindigkeit die Suchergebnisse errechnen könnten. In diesem Zusammenhang wird das IR-System (Information Retrieval System) von Suchmaschinen eingesetzt. Bei Information Retrieval handelt es sich um die computergestützte Suche nach komplexen Inhalten in einer Datenbank. Während also im Crawling-Vorgang neue Inhalte im Netz aufgespürt sowie die Daten gepflegt wurden, geht es bei der Indexierung von Inhalten darum, durch Strukturen innerhalb der vorhandenen Informationen den relevanten Teil möglichst schnell und effizient auffindbar zu machen. Das Information Retrieval System erhält die benötigten Daten aus dem Repository, der – wie oben beschrieben – Speicherplatz für die laut Suchmaschine relevanten Dokumente ist.

Um Daten verwerten zu können, müssen diese zunächst strukturiert zusammengefasst werden. Dazu werden sie in einem ersten Schritt normalisiert und analysiert, bevor sie im Index abgespeichert werden können. Damit die Daten im Index nutzbar sind, müssen sie zu einem durchsuchbaren und homogenen Datensatz geformt werden. Innerhalb des Index wird für jedes Wort ein Eintrag mit der genauen Position innerhalb des Datenbestands erstellt. Bei der Bearbeitung der Daten wird auf verschiedene Filterverfahren gesetzt, wie beispielsweise die Wortidentifikation, also die Konvertierung der Begriffe in lexikalisch sinnvolle Worte, die Bestimmung der Sprache oder auch das Wordstemming, also die Bildung eines Wortstamms. Abschließend werden die Dokumente mit einer vom Suchmaschinenbetreiber manuell geführten Blacklist abgeglichen, um rechtlich problematische beziehungsweise unzulässige Begriffe auszuschließen.

Um für eine Suchanfrage relevante Dokumente im Datensatz möglichst schnell zu finden, müssen die Dokumente gemäß ihren Inhalten strukturiert werden. So wird für jedes Wort ein Eintrag im Index vorgenommen, welcher die genaue Position im Datenbestand enthält (= invertierte Datei). Durch dieses invertierte Dateisystem kann der Index schnell auf die relevanten Informationen durchsucht werden.

Bei einer Suchanfrage prüft die Suchmaschine, auf welchen Internetseiten der Suchbegriff enthalten ist. Im darauffolgenden Schritt zieht sich die Suchmaschine Informationen zu jeder relevanten Seite aus dem Repository zur Errechnung der Suchergebnisse.

2.6.3 Relevanz von Seiten für Suchbegriffe – Ranking

Nachdem wie oben beschrieben Seiten in den Index von Google aufgenommen wurden, folgt der dritte Schritt von Suchmaschinen – das Ranking der Seiten, also die Bestimmung von deren Relevanz für einen bestimmten vom Suchenden eingegebenen Begriff. Zunächst wird es bezüglich der Bearbeitung von Suchanfragen, dem sogenannten Query Processing, nochmals etwas technisch. Daraufhin werden verschiedene Theorien und Algorithmen vorgestellt, die Suchmaschinen zur Bestimmung der Relevanz von Webseiten zurate ziehen.

Zunächst muss erwähnt werden, dass der Algorithmus von Google eines der am besten gehüteten Firmengeheimnisse ist und viele – man spricht von über 200 – Faktoren in die Bestimmung der Reihenfolge der Suchergebnisse einfließen. Des Weiteren arbeiten Suchmaschinen mit Hochdruck daran, die Suchergebnisse zu personalisieren. So werden dem Suchenden im bei Google angemeldeten Zustand andere Suchergebnisse angezeigt, als wenn er nicht angemeldet ist. Google kennt die Suchhistorie eines jeden Nutzers und greift auf Vergangenheitsdaten zurück, um dem Suchenden die für ihn bestmöglichen Ergebnisse zu präsentieren.

Ein weiteres Beispiel für die fortschreitende Personalisierung von Suchanfragen ist die Ausgabe lokaler Suchergebnisse bei Suchanfragen, die typischerweise lokalen Charakter aufweisen. Sucht man beispielsweise in Berlin nach einem Frisör, so werden im Rahmen der vertikalen Suchergebnisse Frisöre in Berlin angezeigt (vgl. Abb. 2.6).

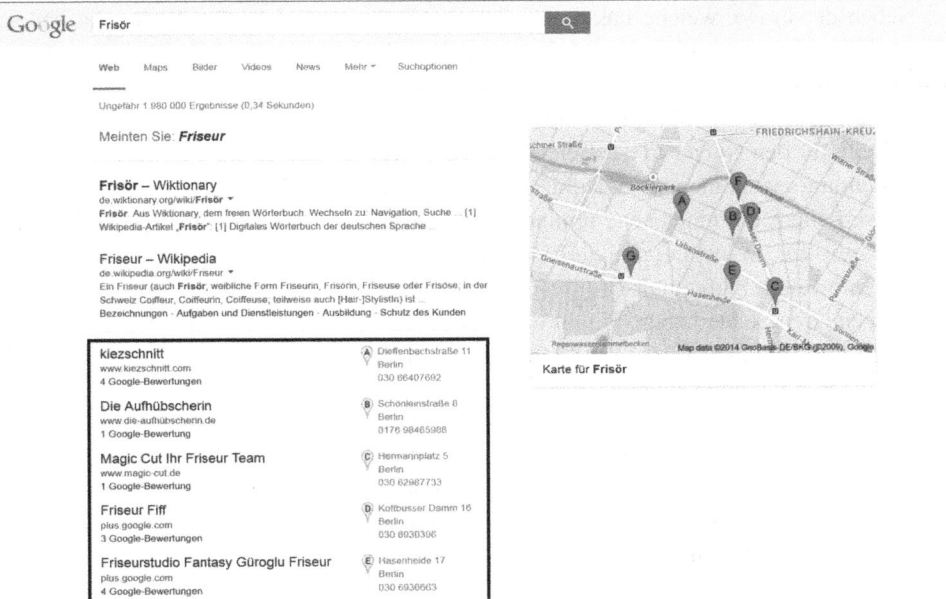

Abb. 2.6 Suchergebnis Friseur

Das Ranking wird anhand des oben erwähnten Algorithmus berechnet. Auch wenn dieser nicht bekannt ist, konnten SEOs mit der Zeit den Großteil der Kriterien, die für die Optimierung der Seiten relevant sind, entschlüsseln. Allerdings werden Suchmaschinenoptimierer niemals entschlüsseln können, wie die einzelnen Faktoren von Google gewichtet werden. Dazu ist der Algorithmus viel zu komplex. Aus diesem Grund lässt sich zwar empfehlen, welche Optimierungen auf einer Seite vorgenommen werden sollten – konkrete Ergebnisse, beispielsweise die Anzahl der Positionen, um die sich eine Webseite durch genau eine Maßnahme im Ranking verbessert, lassen sich hingegen nicht vorhersagen.

Unbestritten ist, dass sich Faktoren sowohl positiv als auch negativ auf die Auffindbarkeit einer Seite auswirken können, also die SEO-Effizienz unterschiedlich beeinflussen. Die Faktoren lassen sich jeweils auf Domain- sowie auf Seiten-/URL-Ebene bewerten. Das bedeutet, dass eine extrem stark optimierte Seite auf einer ansonsten schwachen Domain ohne Vertrauen seitens Google ebenso wenige Chancen für langfristige Top-Rankings aufweist wie eine schwach optimierte Seite auf einer grundsätzlich starken Domain. Umfragen unter SEOs zufolge lassen sich vor allen Dingen Verlinkungen auf Unterseitenebene als besonders relevanter Rankingfaktor erachten. Auch die Autorität einer Webseite, die sich durch themenrelevante Verlinkungen sowie Metriken, die eine Webseite als Marke beschreiben, definieren lässt, erhält eine hohe Beachtung aus Sicht der SEOs. Interessanterweise werden zwar Social Signals und Nutzer-Metriken als relevante Faktoren in der Suchmaschinenoptimierung genannt, jedoch haben diese laut Umfrageergebnissen noch wenig Bedeutung. Dies wird sich aber zukünftig der Ansicht der Autoren nach ändern. In den Kapiteln „Zukunft des SEO" und „Offpage jenseits von Linkmarketing" gehen wir ausführlich auf diese aktuellen Entwicklungen ein.

Neben der Frage, welche Faktoren zukünftig in den Google-Algorithmus einfließen, wurden die SEOs auch über ihre Meinung zur Entwicklung der Rankingfaktoren befragt. Das Ergebnis zeigt Abb. 2.7.

Mit überwältigender Mehrheit sind sich die SEOs einig, dass der wahrscheinliche Wert einer Seite für den Nutzer in der Berechnung des Algorithmus eine stetig größer werdende Bedeutung einnehmen wird. Dafür spricht auch die Vermutung, dass der Einfluss des Nutzerverhaltens auf einer Seite immer mehr an Relevanz hinzugewinnen wird. So kann Google, wie wir im Kapitel „Zukunft des SEO" noch ausführlich erklären werden, genau auswerten, welche Aufenthaltszeit Besucher einer Seite im Wettbewerbsvergleich komparativ zu anderen Seiten haben, die für einen Suchbegriff relevant sein könnten. Außerdem wird den Social Signals sowohl auf Seiten- als auch auf Domainebene ein steigender Einfluss auf das Ranking nachgesagt.

Ebenfalls einig sind sich die SEOs darüber, dass leicht zu beeinflussende Faktoren stetig an Relevanz für die Rankingberechnung verlieren werden. Dazu gehören neben der Wahl einer Domain, die exakt aus dem zu optimierenden Keyword besteht, auch nichtthemenrelevante Verlinkungen sowie der Ankertext, mit dem auf die Seite verwiesen wird. Vielmehr wird in Zukunft wichtig sein, die eigene Seite als Marke darzustellen, zu belegen, dass es sich bei der Seite um eine Autorität im entsprechenden Themenbereich handelt und sie dem Suchenden Informationen mit echtem Mehrwert bereitstellt. Wir gehen in Kap. 16 ausführlich auf die Zukunft der Suchmaschinenoptimierung ein.

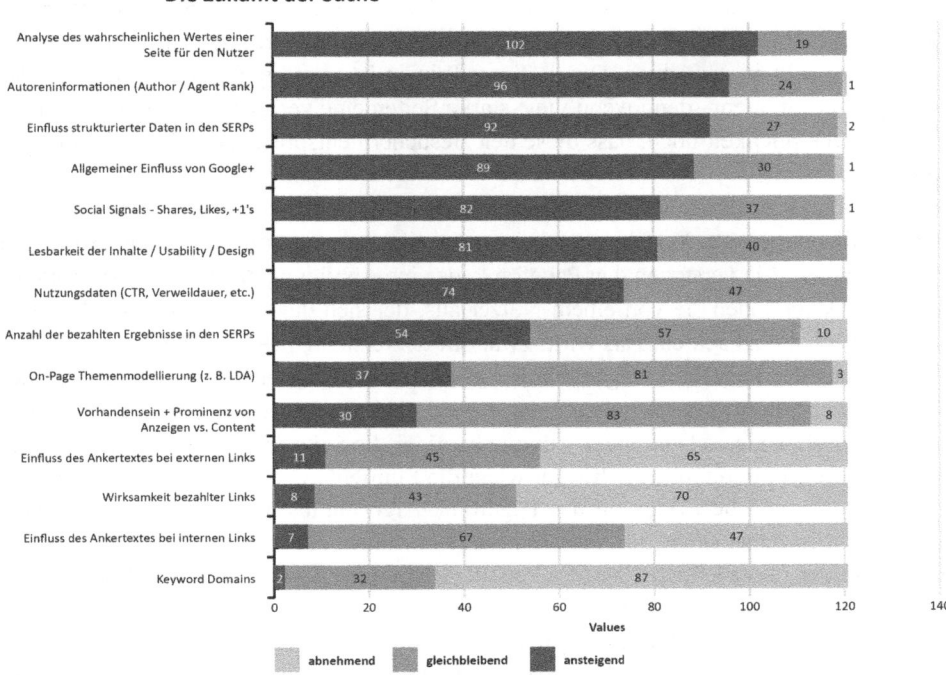

Abb. 2.7 Google Ranking-Faktoren (in Anlehnung an http://moz.com/article/search-ranking-factors#predictions)

2.6.4   Der PageRank-Algorithmus

Auch wenn der PageRank-Algorithmus mittlerweile – wenn überhaupt – nur noch marginal auf die Rankings einwirkt, soll diesem doch ein Absatz gewidmet werden. Immerhin stützte das PageRank-Verfahren jahrelang das Wachstum Googles zur weltweit größten Suchmaschine und setzte sich als erster Algorithmus von der reinen Betrachtung von Onpage-Faktoren bei der Berechnung von Rankings ab.

Der PageRank-Algorithmus ist nach Google-Gründer Larry Page benannt und ein Verfahren, welches eine Menge von verlinkten Dokumenten anhand ihrer Struktur bewertet und gewichtet. Der PageRank wird dabei jedem einzelnen Dokument zugeteilt und ist der gewichtende Faktor. Das Grundprinzip des Algorithmus lässt sich relativ leicht in Worte fassen:

- Je mehr Links auf eine Seite verweisen, desto höher das Gewicht der Seite.
- Je höher das Gewicht der verweisenden Seiten, desto größer der Effekt auf die verlinkte Seite.

Mithilfe des PageRanks lassen sich also sämtliche Dokumente des World Wide Web anhand der Anzahl von Links, die als Empfehlungen anderer Webseitenbetreiber verstanden werden sollten, gewichten. Durch dieses Prinzip ist es möglich, die Reihenfolge der SERPs zu bestimmen – denn wenn viele starke Seiten eine verlinkte Seite empfehlen, ist die Wahrscheinlichkeit hoch, dass diese den Besuchern entsprechenden Mehrwert bieten kann.

Die Erfinder des PageRank-Verfahrens, Larry Page und Sergey Brin, haben in ihren Veröffentlichungen das Verfahren auf eine sehr einprägsame und verständliche Art und Weise erläutert. Sie verstehen den PageRank als eine Abbildung des Benutzer-Verhaltens im Netz. Dabei gehen sie von einem Nutzer aus, der sich durch die Seiten klickt, ohne auf deren Inhalte zu achten. Das wirkt zwar auf den ersten Blick sehr theoretisch, belegt jedoch, dass der PageRank-Algorithmus die Wahrscheinlichkeit abbildet, nach der der Nutzer auf eine bestimmte Seite stößt. Page und Brin verstehen eine Verlinkung als Empfehlung für ein anderes Dokument – und je häufiger die Seite empfohlen wurde, die eine weitere Seite empfiehlt, desto schwerer wiegt die Empfehlung.

Die mathematische Erklärung des PageRank-Algorithmus erweist sich als sehr aufwendig und ist daher nicht Bestandteil dieses Abschnitts. Aus diesem Abschnitt mitnehmen sollte der Leser jedoch, dass der PageRank auf einer Skala von 1 bis 10 abgebildet wird, wobei 10 den höchsten Wert darstellt, den eine Seite erreichen kann. In der Google Toolbar wurde der PageRank stets in ganzen Werten ausgegeben, bei der internen Berechnung von Google handelt es sich jedoch um Werte mit mehreren Kommastellen, die den PageRank genauer beschreiben. Bei dem PageRank-Algorithmus handelt es sich um eine exponentielle Funktion, der PageRank steigt also nicht linear an – vereinfacht gesagt ist ein Sprung von PageRank 2 auf PageRank 3 mit deutlich weniger starken Links/Empfehlungen zu erreichen als ein Sprung von PageRank 7 auf PageRank 8.

Auf den ersten Blick wirkt das Verfahren, Webseiten anhand der Anzahl und Autorität ihrer Empfehlungen (Links) zu bewerten, nachvollziehbar und sinnvoll. Allerdings wurde das PageRank-System durch Spamming in Gästebüchern, Linkfarmen etc. jahrelang von SEOs unterlaufen. Aus diesem Grund wurde von Google im Jahr 2005 das Nofollow-Attribut implementiert, womit Webseitenbetreiber Links, die nicht als Empfehlung der verlinkten Seite zu sehen sind, entwerten konnten. So konnten Webseitenbetreiber beispielsweise alle ausgehenden Links aus ihrem Gästebuch für Google entwerten.

Dennoch gibt es weiterhin einige Nachteile, die die Nutzung eines PageRank-Algorithmus zur Ermittlung der Rankings mit sich bringt. So entscheidet nicht der Nutzer, sondern andere Webseitenbetreiber über die Relevanz von Seiten und deren Inhalten. Durch die Einbeziehung von Nutzer-Metriken und Social Signals kann diesem Problem von Google entgegengewirkt werden. Soziale Medien haben eine viel niedrigere Eintrittsbarriere als der Betrieb einer eigenen Webseite. Somit haben auch viel mehr Nutzer von sozialen Medien die Möglichkeit, andere Seiten zu empfehlen. Als einen weiteren Nachteil kann man bei der Berechnung des PageRanks die Manipulationsfähigkeit sehen. Qualitativ hochwertige Webseiten können von Seiten aus den Top-Ergebnissen verdrängt werden, wenn diese nur genug Finanzkraft aufweisen, um ausreichend Verlinkungen zu kaufen.

Der Linkkauf und -tausch war zu Zeiten, in denen nahezu ausschließlich der PageRank als wichtiges Offpage-Kriterium zur Berechnung der Rankings Verwendung fand, inflationär. Webseitenbetreiber fürchteten keine Folgen, wenn sie thematisch vollkommen unpassende Links kauften, um das Ranking zu manipulieren. Wichtig war nur die Stärke der linkgebenden Seite. Dies konnte dazu führen, dass hochwertige Inhalte aus Sicht der Seitenbetreiber irrelevant wurden – überspitzt gesagt zählte nur der PageRank einer Seite. Durch die Berechnung des PageRanks ließ sich die wahre Qualität einer Seite nur schwer abbilden.

Diese Nachteile versuchte Google in den letzten Jahren zu beheben, indem von der reinen Rankingberechnung über den PageRank abgesehen wird und stattdessen viele Rankingfaktoren verwendet werden, die die Seitenqualität für den Nutzer in die Rankingerstellung einbezieht.

2.6.5   TrustRank

Aufbauend auf der Kritik an dem PageRank-Verfahren, dass dieses nicht die Qualität von Webseiten bewerten könne und insbesondere Spammer durch die leicht nachvollziehbare und manipulierbare Berechnung hohe Werte erreichten, entwickelten Zoltan Gyögyi und Hector Garcia-Molina 2004 den TrustRank-Algorithmus. Google ließ sich diesen Algorithmus im Jahr 2005 patentieren.

Das dem TrustRank zugrunde liegende Verfahren ist relativ leicht nachvollziehbar, hat aber im Gegensatz zum PageRank eine manuelle und somit auch qualitative Komponente. Im ersten Schritt werden einige Domains per Hand ausgewählt. Diese haben das höchste Vertrauen, sind also absolute Autoritäten. Die Inhalte sind einzigartig und bieten dem Nutzer viele Vorteile, es gibt keinen Spam auf den Seiten. Somit bilden diese Webseiten die oberste Ebene einer TrustRank-Pyramide.

Im nächsten Schritt werden die ausgehenden Links von diesen sehr vertrauenswürdigen Seiten von der Suchmaschine automatisiert erfasst. Diese verlinkten Seiten haben ebenfalls ein sehr hohes Vertrauen seitens der Suchmaschine, sodass sie nur eine Ebene von den manuell ausgewählten Seiten entfernt liegen. Wenn eine sehr vertrauenswürdige Seite auf eine andere Seite verweist, geht der Algorithmus davon aus, dass die verlinkte Seite ebenfalls vertrauenswürdig ist. Daraufhin errechnet die Suchmaschine wiederum sämtliche Verlinkungen der Seiten auf zweiter Ebene und teilt diesen einen TrustRank entsprechend ihrer Ebene in der TrustRank-Pyramide zu. Je weiter eine Webseite von der obersten Ebene entfernt gelistet wird, desto weniger Vertrauen genießt sie von der Suchmaschine.

Inwiefern dieses Prinzip von Suchmaschinen jeweils angewandt wurde, ist nicht bekannt. Zwar hatte sich Google den TrustRank patentieren lassen, doch sollte das Prinzip für SEOs nur als Denkanstoß gelten – je vertrauenswürdiger die Seiten sind, die auf eine Seite verlinken, desto vertrauenswürdiger ist diese.

2.6.6   Der Hilltop-Algorithmus

Ein weiterer interessanter Algorithmus, der Denkanstöße liefert, ist der Hilltop-Algorithmus, an dem sich Google im Jahr 2003 das Patent gesichert hat. Der Hilltop-Algorithmus war im selben Jahr von Krishna Bharat und George A. Mihaila 2003 erarbeitet worden und basiert auf Linkseiten, auch Hubs genannt.

Die Berechnung des Algorithmus besteht aus zwei Phasen:

1. Automatisiert werden „Experten-Seiten" zu einem bestimmten Keyword ermittelt. Diese zeichnen sich dadurch aus, dass sie auf eine Vielzahl voneinander unabhängiger, hochwertiger Dokumente zu dem Thema verweisen. Dabei wird „unabhängig" dadurch definiert, dass die verlinkten Seiten auf unterschiedlichen IP-Adressen aus unterschiedlichen Class-C-Netzen stammen, nicht den gleichen Domainnamen haben und kein Linknetzwerk untereinander aufweisen.
2. In der zweiten Phase werden Autoritätsseiten bestimmt. Diese zeichnen sich durch eine hohe Anzahl eingehender Links von den Experten-Seiten sowie deren Relevanz für den Themenbereich aus.

Bei dem Hilltop-Prinzip handelt es sich nur um einen Denkanstoß, der zusätzlich zu anderen Algorithmen genutzt werden kann. In diesem Rahmen sollte er jedoch nicht unerwähnt bleiben, verdeutlicht er doch, dass Google bereits 2003 die Idee verfolgt hat, Webseiten anhand ihrer Autorität zu bewerten und somit Autoritätsseiten bei der Berechnung der Rankings Vorzüge zu gewähren.Zusammenfassend lässt sich festhalten, dass viele verschiedene Faktoren auf den Algorithmus von Google einwirken, der die Reihenfolge der Suchergebnisse bestimmt. Somit lässt sich nicht ein Algorithmus wie der PageRank oder der TrustRank als „relevantestr Algorithmen" bezeichnen – vielmehr müssen Suchmaschinenoptimierer die Ansätze sämtlicher Modelle verstehen und aus diesen entsprechende Schlussfolgerungen ziehen.

2.7   Suchoperatoren und Filter

Bei der gigantischen Anzahl von indexierten Webseiten bei Suchmaschinen ist es notwendig, dass die Nutzer möglichst genau die Suchanfrage stellen können, die mit höchster Wahrscheinlichkeit das gewünschte Ergebnis liefert. Aus diesem Grund ist die Eingrenzung möglicher Ergebnisse von großer Bedeutung. Suchmaschinen ermöglichen dies durch Suchoperatoren und Filter, also erweiterten Suchen. Durch Kreativität und Kombination lassen sich mit den Suchoperatoren sehr nützliche Abfragen gestalten, die für Suchende bessere Ergebnisse ermöglichen und SEOs bei der Recherche von Linkquellen und Kooperationspartnern unterstützen. Neben Suchoperatoren und Filtern sollen auch Anwendungsbeispiele für das effiziente Nutzen der Operatoren vorgestellt werden.

2.7.1 Google-Suchoperatoren

Google stellt neben der Suche eine Vielzahl weiterer Dienste zur Verfügung, um das Sucherlebnis der Nutzer zu verbessern. Allerdings liegt das Hauptaugenmerk auf der Suche, weshalb Google dem Nutzer viele Suchoperatoren zur Verfügung stellt, um Suchanfragen zu erweitern und einzugrenzen.

2.7.1.1 Basis-Suchoperatoren

„Exakter Suchbegriff": Suche nach der exakten Suchphrase

Beispiel: „*Vodafone Mobilfunkvertrag kündigen*" – Bei der Suche nach einem exakten Begriff beziehungsweise einer exakten Begriffskombination liefert Google nur solche Ergebnisse, die die komplette Suchphrase beinhalten. So werden bei dem oben genannten Beispiel keine Seiten ausgegeben, die nur die Phrasen „Vodafone kündigen" oder „Mobilfunkvertrag kündigen" enthalten.

-Suchbegriff: Um Suchbegriffe bei einer Anfrage auszuschließen, kann die Kombination „-" verwendet werden. Logischerweise lässt sich der Suchoperator „-" nur mit weiteren Suchbegriffen oder anderen Suchoperatoren kombinieren. Statt eines „-" kann auch der Ausdruck „NOT" verwendet werden.

Beispiel: *Automagazin – Motorrad* beziehungsweise *Automagazin NOT Motorrad* – Google liefert nur solche Ergebnisse aus, die das Wort „Automagazin", nicht aber das Wort „Motorrad" enthalten.

~Suchbegriff: Möchte man neben dem eigentlichen Suchbegriff auch dessen Synonyme in der Suchanfrage beachten, so ist das~? in Verbindung mit dem Suchbegriff zu verwenden.

Beispiel: *~Smartphone* – Google liefert Ergebnisse, die den Suchbegriff „Smartphone" und/oder Synonyme wie beispielsweise „Handy" enthalten.

*Suchbegriff: Das Sternchen wird bei Google als Wildcard beziehungsweise Lückenfüller genutzt.

Beispiel: *Auto * kaufen* – Durch die Suchanfrage werden alle Ergebnisse ausgegeben, die die Phrase *Auto [Begriff] kaufen* enthalten. Dazu zählen Suchanfragen wie *Auto günstig kaufen, Auto gebraucht kaufen* etc.

Suchbegriff 1 ODER Suchbegriff 2: Durch die Verwendung des logischen „ODER" lassen sich die Suchergebnisse ausgeben, die einen der Suchbegriffe enthalten. Das ODER ist allerdings kein exklusives ODER – das heißt, dass auch solche Ergebnisse ausgegeben werden, die beide Begriffe enthalten.

Beispiel: *Fußball WM 2014 ODER Fußball WM 2015* – Google liefert Ergebnisse, die zur Männer-WM 2014, zur Frauen-WM 2015 oder zu beiden Weltmeisterschaften relevante Ergebnisse enthalten. An diesem Beispiel kann man auch erkennen, dass sich die Suchoperatoren gut miteinander kombinieren lassen – es werden exakte Suchbegriffe mit dem ODER-Operator verknüpft.

2.7.1.2 Erweiterte Suchoperatoren

allinanchor: Der Suchoperator „allinanchor:" gibt nur solche Ergebnisse aus, auf deren Seiten die verweisenden Links alle gewünschten Suchbegriffe im Anchortext enthalten.

Beispiel: *allinanchor:günstige Urlaubsangebote* – Bei dieser Suchanfrage werden nur Seiten ausgegeben, die mit den beiden Suchbegriffen „günstige" und „Urlaubsangebote" im Anchortext verlinkt werden.

allintext: Mithilfe des „allintext:"-Operators können solche Seiten angezeigt werden, die alle Suchbegriffe im Text enthalten.

Beispiel: *allintext:Schulferien Berlin* – Google liefert Ergebnisse, die *Schulferien* und *Berlin* im Text enthalten.

allintitle: Es werden nur solche Seiten ausgegeben, die die gewünschten Suchbegriffe im Titel enthalten.

Beispiel: *allintitle:Fußball Blog Bundesliga* – Es werden solche Seiten ausgegeben, die die Suchbegriffe „Fußball", „Blog" und „Bundesliga" im Titel der Seite enthalten.

allinurl: Soll die Zielseite einen Suchbegriff in der URL enthalten, so ist der Suchoperator „allinurl:" zu verwenden.

Beispiel: *allinurl:Fashiontrends-2013* – Es werden all die Suchergebnisse ausgegeben, bei denen in der URL der Begriff „Fashiontrends-2013" enthalten ist.

cache: Um sich die Google-Cache-Version einer Webseite anzeigen zu lassen, ist der Suchoperator „cache:" zu nutzen. Durch das Hinzufügen weiterer Suchbegriffe werden diese im Text hervorgehoben. Seitenbetreiber sollten im Auge behalten, wann ihre Seite zuletzt gecrawlt wurde und wie diese im Google-Index aufgenommen wurde – das ist mithilfe dieser Abfrage möglich.

Beispiel: *cache:de.wikipedia.org* – Die Suchanfrage gibt die Cache-Version der deutschen Startseite von Wikipedia aus. Außerdem wird angegeben, wann die Seite von den Crawlern zuletzt besucht wurde, von wann also die Cache-Version gespeichert ist.

define: Möchte man sich Definitionen von Begriffen inklusive deren Quelle anzeigen lassen, so lässt sich der Operator „define:" einsetzen.

Beispiel: *define:Suchmaschinenoptimierung* – Google gibt verschiedene Definitionen von „Suchmaschinenoptimierung" aus.

filetype: Mit dem Operator „filetype:" lassen sich Suchanfragen auf bestimmte Dateiendungen beschränken.

Beispiel: *Mietvertrag filetype:pdf OR filetype:doc* – Der gesuchte Mietvertrag wird im Dateiformat PDF oder DOC gesucht. Somit ist gewährleistet, dass man mit einer höheren Wahrscheinlichkeit eine Vorlage zum Ausdrucken erhält und keine Informationen über Mietverträge.

info:/id: Der Operator „info:" oder „id:" liefert Informationen über die Webseite-Abfragen.

Beispiel: *info:amazon.de* – Google liefert Informationen zu Amazon.de

inanchor: Mittels des „inanchor:"-Suchoperators lassen sich all solche Seiten ausgeben, die mit dem Suchbegriff im Anchortext verlinkt werden.

Beispiel: *Mietvertrag inanchor:Download* – Google liefert Ergebnisse, die „Mietvertrag" enthalten und mit „Download" im Anchortext verlinkt sind. Somit kann der Suchende sicherstellen, dass andere Seitenbetreiber die für „Mietvertrag" rankende Seite mit dem Begriff „Download" assoziieren.

intext: Möchte man Seiten ausgeben lassen, die den Suchbegriff im Fließtext verwenden, so kann der Suchoperator „intext:" verwendet werden.

Beispiel: *intext:„günstige Krawatten online"* – Google zeigt nur die Ergebnisse an, die die Suchphrase „günstige Krawatten online" im Fließtext enthalten.

intitle: Während beim Operator „intext:" der Fließtext einer Seite auf den Suchbegriff untersucht wird, bezieht sich der Operator „intitle:" auf den Titel einer Seite.

Beispiel: *intitle:„günstige Krawatten online"* – Google zeigt nur die Ergebnisse an, die die Suchphrase „günstige Krawatten online" im Titel der Seite enthalten.

inurl: Der „inurl:"-Suchoperator bewirkt, dass nur Ergebnisse ausgeliefert werden, bei denen der Suchbegriff in der URL enthalten ist. Dabei ist irrelevant, wo der Suchbegriff zu finden ist, ob er also in der Root-Domain oder als Teil der URL steht.

Beispiel: *inurl:seo-blog* – Es werden alle Suchergebnisse ausgeliefert, die den Suchbegriff „seo-blog" in der URL enthalten.

link: Mittels „link:" lassen sich einige der Seiten in den Suchergebnissen anzeigen, die auf die angegebene Domain verweisen. Entsprechende Tools liefern diesbezüglich deutlich bessere Ergebnisse, dennoch soll der „link:"-Operator in dieser Übersicht nicht übergangen werden.

Beispiel: *link:wikipedia.org* – In den Suchergebnissen sind einige der Seiten gelistet, die auf wikipedia.org verweisen.

site: Mittels des „site:"-Operators lassen sich alle indexierten Seiten einer Domain ausgeben. Außerdem lassen sich durch den Suchoperator die Suchen auf eine bestimmte Seite beschränken. Aus SEO-Sicht hat der „site:"-Operator eine hohe Relevanz, um Fehler im Indexierungsmanagement finden zu können.

Beispiel: *site:wikipedia.org seo* – Die Suchanfrage ermittelt alle Seiten der Domain wikipedia.org, die für den Begriff „SEO" relevant sind.

2.7.2 Bing-Suchoperatoren

Nachdem sämtliche gebräuchlichen Operatoren der Google-Suche vorgestellt wurden, sowohl die Basis-Operatoren als auch weitergehende, soll im Folgenden auf die wichtigsten Operatoren der Suchmaschine Bing eingegangen werden.

Wie auch bei Google können die Operatoren AND, OR und NOT genutzt werden, um Suchbegriffe zu vereinen (AND, allerdings handelt es sich hierbei um die Standardkombination, das heißt, „AND" muss normalerweise nicht manuell eingetragen werden), um Suchen auszuführen, die einen oder mehrere der eingegebenen Suchbegriffe enthalten (OR) oder um Suchbegriffe auszuschließen (NOT). Da die Operatoren bereits oben ausführlich

vorgestellt wurden, soll hier nicht länger auf die Nutzung der drei Suchoperatoren eingegangen werden.

Contains: Mit dem Suchoperator „contains:" werden nur Ergebnisse ausgeliefert, die
einen Link zum gewünschten Dateityp enthalten.

Beispiel: *Mietvertrag contains:pdf* – Die Anzeige beschränkt sich auf Suchergebnisse,
die das Wort „Mietvertrag" beinhalten und in denen auf eine PDF-Datei verlinkt wird.

Ext:/ filetype: Mithilfe von „ext:" oder „filetype:" kann die Suchanfrage auf Dateiendungen beschränkt werden.

Beispiel: *Mietvertrag ext:pdf* – Bing liefert nur PDF-Dokumente, die für den Suchbegriff „Mietvertrag" relevant sind.

Feed: Möchte man sich RSS und Atom Feeds ausgeben lassen, die einen bestimmten
Suchbegriff enthalten, kann der „feed:"-Suchoperator verwendet werden.

Beispiel: *feed:Berlin* – Es werden nur Feeds ausgegeben, die den Begriff „Berlin" im
Feed enthalten.

Die Suchoperatoren „inanchor:" sowie „intitle:" können analog zu den Abfragen bei
Google verwendet werden.

Inbody: Mittels des „inbody:"-Suchoperators werden nur Seiten ausgegeben, die den
Begriff entweder in den Meta-Informationen oder im HTML-Body enthalten.

Beispiel: *inbody:„iPhone Erfahrungsberichte"* – Die gelisteten Ergebnisse enthalten
den Suchbegriff „iPhone Erfahrungsberichte" in den Meta-Informationen oder im HTML-
Body.

Ip: Mit dem Suchoperator „ip:" werden alle Domains ausgegeben, die auf der angegebenen IP gehostet sind.

Beispiel: *ip:85.13.131.32* – Es werden alle Seiten ausgegeben, die auf der IP
85.13.131.32 gehostet sind.

Language: Mithilfe des Bing-Suchoperators „language:" lassen sich Ergebnisse in
einer bestimmten Sprache ausgeben.

Beispiel: *seo language:de* – Es werden nur deutschsprachige Ergebnisse ausgegeben,
die den Suchbegriff „SEO" enthalten.

Linkfromdomain: Mit dem Suchoperator „linkfromdomain:" lassen sich alle ausgehenden Links einer Domain ausliefern. Allerdings wird nicht die Information hinzugefügt,
wo der Link zu finden ist.

Beispiel: *linkfromdomain:akm3.de* – Bing gibt alle Seiten aus, die von akm3.de aus
verlinkt werden.

Loc:/ location: Der Suchoperator „loc:" beziehungsweise „location:" begrenzt die
Suchergebnisse auf ein bestimmtes Land beziehungsweise eine bestimmte Region. Im
Vergleich zum „language:"-Operator ist der Inhalt der Seite bei der Location-Zuordnung
irrelevant.

Beispiel: *voiture loc:fr* – Bing gibt nur Seiten aus Frankreich aus, die den Suchbegriff
„voiture" enthalten.

Site: Die Site-Abfrage gibt die Unterseiten einer Domain aus, die im Bing-Index vertreten sind.

url: Durch den Suchoperator „url:" lässt sich prüfen, ob eine bestimmte URL im Bing-Index vertreten ist.

Beispiel: *url:akm3.de* – Es wird die AKM3-Startseite in den Suchergebnissen ausgegeben, was zeigt, dass sich diese Seite im Index befindet. Wäre dies nicht der Fall, würde stattdessen ausgegeben, dass sich die gesuchte Seite nicht im Bing-Index befindet.

2.8   Google-Updates

Google führt in unregelmäßigen Abständen Algorithmus-Updates durch. Zwar sind die Updates in den letzten Jahren seltener geworden, doch sind die Veränderungen zumeist so deutlich spürbar, dass sich Webseitenbetreiber mit den Änderungen des Algorithmus von Google auseinandersetzen sollten.

Im Folgenden sollen die bekannten und mehr oder weniger relevanten Updates benannt werden, die Google bislang durchgeführt hat, und einige Hintergrundinformationen zu diesen geliefert werden. Oft hört man heutzutage vom Penguin- und vom Panda-Update. Allerdings waren diesen beiden großen Updates bereits viele Algorithmus-Änderungen vorausgegangen, auf die im Folgenden kurz eingegangen wird. Die Namen der Updates wurden übrigens relativ frei gewählt. Teilweise beruhen sie auf Nutzern des Webmaster-world-Forums, beispielsweise „Boston" oder „Cassandra". Andere Updates wiederum hat Google selbst benannt, zum Beispiel „Vince" oder „Panda". Ab und zu bestätigt Google die Durchführung eines Updates, häufig bemerken aber auch aufmerksame Suchmaschinenoptimierer durch starke Rankingveränderungen eine Algorithmus-Änderung, wobei das Update auch seitens Google unbestätigt bleiben kann. Daher lässt sich nicht jedes der im Folgenden genannten Updates zweifelsfrei nachweisen. Dennoch soll die Auflistung zeigen, wie schnell sich der Google-Algorithmus verändert und dass Webseitenbetreiber schnell auf solche Änderungen reagieren sowie die aktuellen Entwicklungen stets verfolgen müssen (vgl. Abb. 2.8).

September 2002 – Erstes dokumentiertes Update
Im September 2002 wurde von Google die erste dokumentierte Algorithmus-Änderung vorgenommen. Während zuvor die Suchergebnisse eher marginal schwankten – über alle Suchergebnisse hinweg gesehen – konnten im September 2002 zum ersten Mal massive Umstellungen beobachtet werden. Allerdings gab es keine offizielle Stellungnahme von Google, die die Vermutungen eines großen Updates bestätigt hätte.

2003 – Boston-Update, Cassandra-Update, Dominic-Update, Esmeralda-Update, Fritz-Update
Im Jahr 2003 wurde das erste Google-Update durchgeführt, welches benannt wurde – das Boston-Update verdankt seinen Namen der Konferenz „SES Boston", auf der die Algorithmus-Änderung angekündigt wurde. Der Google-Index wurde tiefgreifend aktualisiert, seit dem Boston-Update folgten monatliche Aktualisierungen des Index. Diese

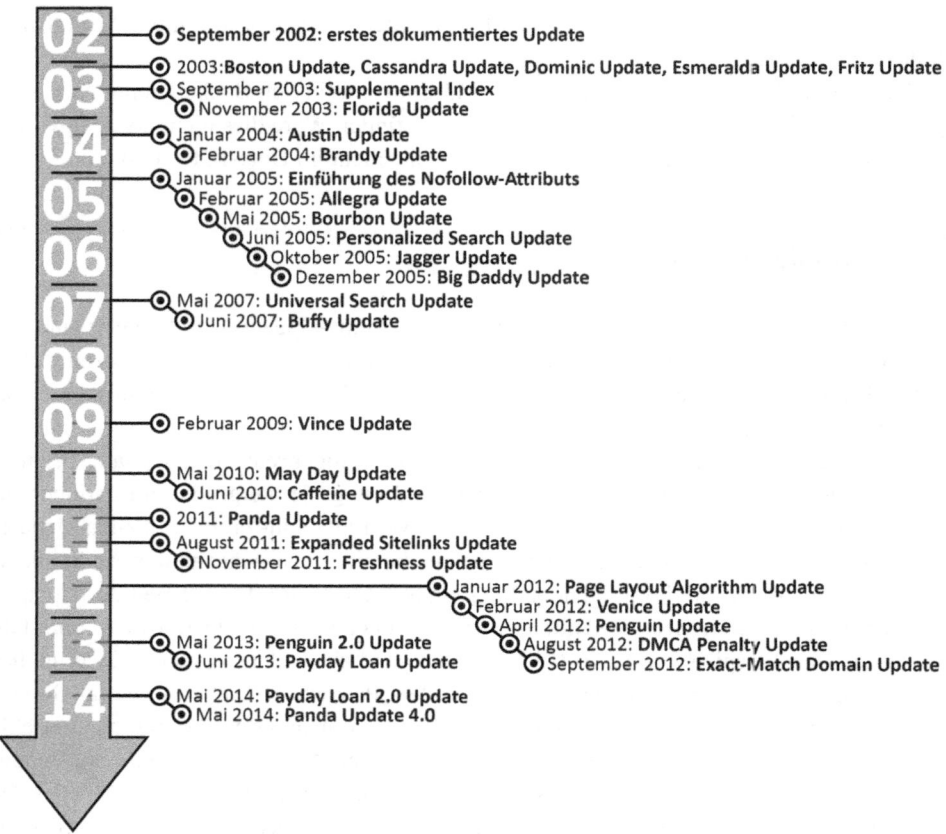

Abb. 2.8 Google Update-Historie

Entwicklung wurde als sogenannter „Google Dance" bezeichnet. Die auf das Boston-Update folgenden Updates bestraften Webseiten mit verstecktem Content beziehungsweise versteckten Links, die übertriebene Verlinkung von Seiten aus einem eigenen Netzwerk (Cassandra) sowie die Zählweise von eingehenden Links, zum Beispiel aus Gästebüchern („Dominic"). Durch das Esmeralda-Update sowie das Fritz-Update im Juni wurde der Google Dance gestoppt. Stattdessen begann ein kontinuierlicher, stetiger Update-Verlauf. Statt den Index einmal monatlich zu aktualisieren, geschah dies von nun an täglich.

September 2003 – Supplemental Index
Der Supplemental Index (engl. supplemental = ergänzend), den Google im Jahr 2003 einführte, unterstützte das Ziel, mehr Dokumente als zuvor zu indexieren, ohne jedoch Performance-Einbrüche zur Folge zu haben. Googles Mitarbeiter Nate Tyler beschrieb den Supplemental Index als eines von vielen Experimenten von Google, um die Qualität der Suchergebnisse zu verbessern. Bereits Inktomi hatte im Jahr 2000 einen Supplemental

Index genutzt, den Experten jedoch als ein eher schwaches System beschrieben. Laut Matt
Cutts (Pubcon, 2013) existiert bei Google noch immer ein Supplemental Index.

November 2003 – Florida-Update

Während die zuvor genannten Updates und Algorithmus-Änderungen eher klein waren,
handelt es sich beim sogenannten Florida-Update um eines der bedeutendsten Algorithmus-Updates in Googles Geschichte. In den 1990er Jahren nutzten viele Webseitenbetreiber noch relativ minderwertige Methoden, um die Sichtbarkeit der eigenen Seite in
den Suchergebnissen für bestimmte Keywords zu verbessern. Dazu gehörte das Keyword-
Stuffing, also das übertrieben häufige Verwenden des zu optimierenden Begriffs auf der
Webseite. Die Suchmaschinenoptimierung veränderte sich seit dem Florida-Update rapide
– Seiten ohne Mehrwert hatten weniger Chancen, gute Rankings zu erzielen. Stattdessen
mussten sich Webseitenbetreiber über für damalige Zeiten nachhaltige SEO-Strategien
Gedanken machen. Vorwürfe wurden laut, Google würde Webseiten abstrafen, um diese
zum Kauf von bezahlten Anzeigen zu nötigen. Da jedoch auch sehr viele Webseiten nicht
vom Update betroffen waren, obwohl sie zuvor keine bezahlten Anzeigen gebucht hatten,
kann diese Behauptung als Legende betrachtet werden.

Januar 2004 – Austin-Update

Das Austin-Update bereinigte einige Spam-Taktiken, die vom Florida-Update unberührt
geblieben waren. So wurden Seiten, bei denen Teile des Textes für den Nutzer nicht lesbar waren, genauso abgestraft wie solche, die die Meta-Daten zum Keyword-Spamming
nutzten. Ein weiterer Meilenstein des Austin-Updates war die Abwendung von der reinen
PageRank-Betrachtung, um die Relevanz eines eingehenden Links zu bewerten. Stattdessen wurde seit dem Austin-Update die Themenrelevanz der linkgebenden Seite in die Bewertung einer Verlinkung mit einbezogen. Zwar war die Abwägung zwischen Stärke der
linkgebenden Seite und Themenrelevanz noch nicht perfekt ausbalanciert, doch wies das
Austin-Update in die Richtung, dass Qualität – also themenrelevante Links – vor reiner
Quantität beim Linkmarketing zu behandeln ist.

Februar 2004 – Brandy-Update

Nur einen Monat nach dem Roll Out des Austin-Updates wurden durch das Brandy-Update Seiten re-indexiert, die durch das Florida-Update unberechtigterweise abgestraft worden waren. Eine weitere richtungsweisende Neuerung, die das Brandy-Update mit sich
brachte, war die steigende Relevanz von Anchortexten. So ist nach dem Brandy-Update
neben der Stärke einer linkgebenden Seite sowie deren Themenrelevanz auch der Anchortext, mit dem verlinkt wird, relevant. Zwar gab es noch viele Lücken, die das Ausnutzen
der Anchortext-Relevanz durch den Aufbau von Links mit genau dem Keyword als Anchortext begünstigten. In späteren Updates reagierte Google jedoch auf die Beeinflussung
der SERPs durch den (ausschließlichen) Aufbau von Links mit exaktem Anchortext.

   Außerdem ermöglichte das Brandy-Update zum ersten Mal die latent semantische Indizierung (latent semantic indexing, LSI). Zuvor war es zwingend erforderlich, genau ein

Keyword beziehungsweise eine Keyword-Kombination im Text zu verwenden, um für diese Kombination zu ranken. Latent semantische Indizierung hingegen bedeutet, dass Suchmaschinen den Sinn beziehungsweise die Bedeutung der Textinhalte verstehen, also beispielsweise auswerten, welche Begriffe häufig in Kombination mit anderen Begriffen Verwendung finden. Ergebnis ist, dass nicht nur die Nutzung von Keywords im Content, sondern auch die Themenrelevanz des gesamten Textes, also das Umfeld des Keywords, in die Ermittlung der Suchergebnisse einbezogen werden kann.

Januar 2005 – Einführung des Nofollow-Attributs
Bis Januar 2005 zählte jede Verlinkung aus Sicht der Suchmaschinen als Empfehlung für die verlinkte Seite. Dies hatte viel Spam in Katalogen, Gästebüchern etc. zur Folge. Webseitenbetreiber waren nicht in der Lage, Verlinkungen als für Suchmaschinen nicht relevant zu kennzeichnen. Dies änderte sich durch die Einführung des Nofollow-Attributs, welches die Suchmaschinenbetreiber Google, Microsoft und Yahoo gemeinsam zur Bekämpfung des Spams einführten.

Februar 2005 – Allegra-Update
Das Allegra-Update wurde bis heute nicht offiziell bestätigt, zielte aber auf die Abstrafung „verdächtiger" (Spam-)Links ab.

Mai 2005 – Bourbon-Update
Das Bourbon-Update veränderte den Algorithmus dahingehend, wie Google doppelte Inhalte und nicht-kanonische URLs (also die www- vs. Nicht-www-Version einer Seite) betrachtet.

Juni 2005 – Personalized Search Update
Seit Juni 2005 erhalten Nutzer von Google personalisierte Suchergebnisse ausgegeben. Die Suchergebnisse wurden auf Basis der Suchhistorie des Nutzers personalisiert. Mittlerweile reicht die personalisierte Suche so weit, dass neben der reinen Suchhistorie auch weitere Informationen wie der Standort u. v. m. in die personalisierten SERPs einbezogen werden.

Oktober 2005 – Jagger-Update
Das Jagger-Update zog sich über mehrere Monate hin und bestand aus mehreren kleinen Algorithmus-Änderungen. Insbesondere zielte das Jagger-Update auf reziproke Verlinkungen, also offensichtlichen Linktausch, qualitativ minderwertige Links sowie Linkfarmen ab. Durch das Update wurde ein natürlicher Linkaufbau wichtiger, während der einfache reziproke Tausch zwischen zwei Webseitenbetreibern ausschließlich zur Linkgewinnung an Relevanz verlor.

Dezember 2005 – Big Daddy Update
Bei dem Big Daddy Update handelte es sich um ein Infrastruktur-Update, also eine Software-Verbesserung von Googles Indexierungs- und Crawling-System. So wurden

beispielsweise die Nutzung von Redirects, kanonische URLs und weitere technische Fragestellungen durch das Update beeinflusst.

Mai 2007 – Universal Search Update
Im Mai 2007 wurden vertikale Suchergebnisse (zum Beispiel Bilder, Videos, News, Maps) in die Suchergebnisse von Google integriert. Diese Veränderung beeinflusste die SERPs stark. Zuvor wurden die zehn relevantesten Suchergebnisse auf der ersten Suchergebnisseite gelistet. Seit der Einführung der Universal Search Integration variieren die SERPs von Keyword zu Keyword stark.

Juni 2007 – Buffy-Update
Unter dem Namen Buffy-Update wurden zu Ehren von Vanessa Fox, die Google im Jahr 2007 verließ, kleinere Algorithmus-Änderungen umgesetzt.

Februar 2009 – Vince-Update
Das Vince-Update, welches im Februar 2009 in den USA und im Dezember in Deutschland ausgespielt wurde, ist auch als „Brand-Update" bekannt. Nach der Algorithmus-Änderung erzielten bekannte Marken bei trafficstarken Keywords bessere Rankings. Somit wurden die Domains von Marken aufgewertet – ungeachtet der Umsetzung von technischen Suchmaschinenoptimierungsmaßnahmen. Viele der aufgewerteten Markenseiten waren aus SEO-Sicht in keiner Weise optimiert.

Durch das Vince-Update wurde also die Markenbekanntheit als weiteres Rankingkriterium herangezogen. Dies macht durchaus Sinn, möchte man den Suchenden die optimalen Ergebnisse ausliefern und nicht „nur" die Ergebnisse, die aus SEO-Sicht optimal sind.

Mai 2010 – May Day Update
Mit dem Ziel, die „Qualität der Suchergebnisse zu erhöhen", führte Google im Mai 2010 das May Day Update durch. Von der Algorithmus-Änderung waren hauptsächlich Longtail Keywords betroffen, also solche Keywords, die aus mehreren Worten bestehen und jeweils für sich ein eher niedriges Suchvolumen haben. Allerdings besitzen die Longtail Keywords meist die höchste Konversionsrate und gehören somit zu den profitabelsten Keywords. Es lässt sich vermuten, dass solche Seiten im Longtail an Rankings verloren haben, die für die Keywords nicht relevant genug waren und somit beispielsweise eine außergewöhnlich hohe Absprungrate aufwiesen.

Juni 2010 – Caffeine-Update
Im Rahmen des Caffeine-Updates wurde von Google ein neues Indexierungssystem eingeführt. Der durch diese Veränderungen neu entstandene Suchindex wird als „Caffeine" bezeichnet. Der Caffeine-Index nutzt einen inkrementellen Prozess beim Crawling sowie bei der Indexierung von Inhalten. Dadurch können Dokumente schneller gefunden und somit indexiert werden, als es bei dem „alten" Index der Fall war. Die Suchergebnisse wurden mit Einführung des Caffeine-Index also aktueller und somit hochwertiger.

Februar 2011 – Panda-Update

Das Panda-Update ist eine Algorithmus-Änderung, die laut Aussage von Google etwa 12 % der englischsprachigen und sechs bis 9 % der Suchanfragen in anderen Sprachen betraf. Diese Werte lassen die Tragweite des Panda-Updates erahnen. Ziel des Panda-Updates war es wieder einmal, die Qualität der Suchergebnisse zu verbessern. Insbesondere qualitativ weniger wertvolle Webseiten waren vom Panda-Update betroffen. Damit Webseitenbetreiber ein besseres Verständnis dafür erlangen, was Google unter hoch- und minderwertigen Webseiten versteht, entwickelte die Firma entsprechende Guidelines, die sich in inhaltliche/gestalterische sowie technische Richtlinien unterteilen. Diese Richtlinien sollen im Folgenden stichpunktartig vorgestellt werden:

Design- und inhaltliche Richtlinien

- Klare Struktur, Nutzung von Textlinks
- Nutzung einer XML-Sitemap
- Begrenzung der auf einer Seite enthaltenen Links
- Klare, deutliche Beschreibung der Inhalte auf einer informativen Webseite
- Nutzung von Suchbegriffen auf der Webseite
- Bei der Verwendung von Bilder-Links Nutzung des ALT-Attributs, Vorzug für Textlinks
- Nutzung aussagekräftiger TITLE-Tags und ALT-Attribute
- Korrekte Verwendung der HTML-Syntax
- Möglichst beschränkte Nutzung von Parametern

Technische Richtlinien

- Überprüfung der Webseiten mit einem Textbrowser (beispielsweise Lynx), um zu sehen, wie Crawler die Webseiten lesen
- Webseiten ohne Sitzungs-IDs oder Parameter crawlbar gestalten
- Unterstützung des HTTP-Headers „If-Modified-Since" seitens des Webservers
- Nutzung der „robots.txt", um dem Crawler mitzuteilen, welche Verzeichnisse durchsucht werden dürfen beziehungsweise gesperrt sind
- Ausschließlich solche Seiten crawlen lassen, die einen Mehrwert für den Nutzer bieten
- Browser-Kompatibilität der Webseite prüfen und optimieren
- Optimierung von Ladezeiten

Grundsätzlich empfiehlt Google, die Seiten in erster Linie für den Nutzer und nicht für Suchmaschinen zu erstellen. Ziel sollte es also immer sein, für Nutzer und Suchmaschinen relevante Inhalte so darzustellen, dass beide die Relevanz des Contents erkennen können.

August 2011 – Expanded Sitelinks Update

Seit August 2011 gibt Google insbesondere bei Brands Sitelinks, wodurch Nutzer von den Suchergebnissen aus direkt auf Unterseiten der Webseite navigieren können. Abbildung 2.9 zeigt die Sitelinks anhand eines Beispiels. Durch die Einführung der Sitelinks wird das

Amazon.de: Günstige Preise für Elektronik & Foto, Filme ...
www.**amazon**.de/ ▾

Entdecken, shoppen und einkaufen bei **Amazon**.de: Günstige Preise für Elektronik & Foto, Filme, Musik, Bücher, Games, Spielzeug, Sportartikel, Drogerie ...

Bücher
Für Sonderangebote, Schnäppchen und Deals auf ...

Mein Konto
Mein Konto ... Mein Amazon.de. Community & persönlicher ...

Kindle eBooks
Im Kindle eBook-Shop von Amazon warten ... Kindle ...

Angebote
Angebote: Jeden Tag neue Deals – stark reduziert. Entdecken Sie ...

Elektronik & Foto
Online-Einkauf mit großartigem Angebot im Elektronik & Foto ...

Prime
Genießen Sie Amazon Prime. +. Genießen Sie Amazon Prime. + ...

Weitere Ergebnisse von amazon.de »

Abb. 2.9   Sitelinks Amazon

erste Suchergebnis aufgewertet, also normalerweise die Brand, nach der gesucht wurde. Dies ergibt durchaus Sinn – sucht ein Nutzer nach „Amazon", so möchte er mit hoher Wahrscheinlichkeit Amazon beziehungsweise dessen Unterseiten und nicht solche Seiten besuchen, die über Amazon berichten.

November 2011 – Freshness-Update
Etwa 6 bis 10 % aller Suchanfragen waren durch das im November 2011 durchgeführte Freshness-Update betroffen. Die Algorithmus-Änderung wirkt solcherart, dass bei bestimmten Suchanfragen Aktualität als wichtiges Rankingkriterium hinzugezogen wird und somit aktuellere Ergebnisse bessere Suchergebnisse erhalten. Dies kann bei aktuellen Nachrichten sehr sinnvoll sein, würde jedoch bei zeitlosen Themen nicht unbedingt zu besseren Suchergebnissen führen. Daher war nur ein Teil der Suchanfragen betroffen.

Januar 2012 – Page Layout Algorithm Update
Webseiten, die durch einen hohen Werbeanteil im oberen Bereich („Above the Fold") der Webseite auffielen, wurden durch das im Januar 2012 durchgeführte Page Layout Algorithm Update abgewertet. Google reagierte durch die Algorithmus-Änderung auf die immer stärker ansteigende Zahl von Webseiten, die einzig und allein das Ziel der Weiterleitung von Besuchern über Werbeanzeigen verfolgten und dem Nutzer keinen oder nur geringfügigen Mehrwert gegenüber der eigentlichen Destinationsseite brachten.

Februar 2012 – Venice-Update
Google wertet lokale Suchergebnisse auf, indem seit dem Venice-Update mehr Integrationen des Verticals „Google Places" eingebunden werden.

April 2012 – Penguin-Update

Bei dem Penguin-Update handelt es sich um ein Webspam Update, das darauf abzielt, Spam in den SERPs weiter zu minimieren. Etwa 3 % aller Suchanfragen waren durch das Algorithmus-Update betroffen. Unter Spam versteht Google solche Verlinkungstechniken, die dem Nutzer keinerlei Mehrwert bieten (also nicht beispielsweise auf weiterführende Informationen verweisen), sondern ausschließlich dazu dienen, die Sichtbarkeit einer Seite in den Suchergebnissen zu verbessern.

Das Penguin-Update führte zu radikalen Veränderungen in den Suchergebnissen – so verloren einige Seiten nicht nur ihre Top-Platzierungen, sondern wurden darüber hinaus teilweise nahezu komplett von den Positionen verbannt, die Traffic auf eine Seite bringen. Einige Webseiten, die vor dem Update gut in den organischen Ergebnissen platziert waren, konnten nach dem Update nahezu keine Rankings in den Top 20 mehr aufweisen.

Viele Webseitenbetreiber fühlten sich durch das Penguin-Update ungerecht behandelt, da auch solcher Webspam mit in die Algorithmus-Änderung einfloss, den der Webseitenbetreiber nicht selbst zu verantworten hatte. Unter anderem aus diesem Grund haben Webseitenbetreiber die Möglichkeit, „schlechte" Links durch ein Disavow Tool bei Google zu entwerten.

August 2012 – DMCA Penalty Update

Im August 2012 änderte Google seinen Algorithmus dahingehend, dass Webseiten abgestraft werden, die im Verdacht (wiederholter) Urheberrechtsverletzungen stehen.

September 2012 – Exact-Match Domain Update

Das Exact-Match Algorithmus-Update im September 2012 führte zur Abstrafung von Domains, die als Domainnamen exakt das entsprechende Keyword gewählt hatten, deren Content jedoch von minderwertiger Qualität war.

Mai 2013 – Penguin 2.0-Update

Das Update „Penguin 2.0" führte abermals zu Änderungen, die auf die Reduzierung von Webspam abzielten. Google selbst gab bekannt, dass Penguin 2.0 tiefer in die Seiten einsteigt, als dies bei dem ersten Penguin-Update der Fall war, und somit mehr Webseitenbetreiber durch das Update betroffen waren. Im Gegensatz zum ersten Penguin-Update, bei dem eher ganze Seiten negativ von den Änderungen betroffen waren, wirkt das Penguin 2.0-Update eher auf Seiten- und nicht auf ganzer Domainebene.

Juni 2013 – Payday-Loan-Update

Das Payday Loan Update konzentrierte sich auf solche Suchanfragen, die als sehr „spamanfällig" einzustufen sind, wie bspw. Glücksspiel, verschreibungspflichtige Medikament oder der Kreditsektor. Insbesondere verschiedene Black Hat Methoden wurden durch das Payday Loan Update abgestraft.

Mai 2014 – Panda Update 4.0

Im Mai 2014 wurde das Panda Update 4.0 weltweit durchgeführt. Es ist eine weitere Verbesserung des bereits 2011 erstmalig durchgeführten Panda Updates, welches sich auf wenig relevante, minderwertige, „schwache" Inhalte konzentriert. Das Panda Update 4.0 betraf etwa 7,5 % aller englischsprachigen Suchanfragen (Quelle: Sistrix) und setzte sich zum Ziel, einerseits behutsamer mit betroffenen Seiten umzugehen, andererseits den Grundstein für weitere Panda Updates zu legen.

2.9   Veränderung von Kriterien im SEO

Die Kriterien, die für gute Suchmaschinenoptimierung relevant sind, werden ausführlich im Buch erläutert. An dieser Stelle möchten wir auf einige ausgewählte Kriterien eingehen, die zeigen sollen, dass die Relevanz von SEO Kriterien sich über den Zeitverlauf ändert. Manche Kriterien fallen im Zeitverlauf komplett aus der Bewertung einer Webseite heraus, wohingegen neue Bewertungskriterien hinzukommen. Einige Kriterien sind über nahezu die gesamte Historie der Suchmaschinenoptimierung zu beachten, allerdings schwankt oft die Relevanz dieser Kriterien in der Wahrnehmung, wie hoch sie in der Suchmaschinenoptimierung priorisiert sind.

Zu Anfangszeiten von Suchmaschinen war es noch notwendig die Webseiten in Suchmaschinen einzutragen, also anzumelden. Das ist heute natürlich nicht mehr notwendig und somit ein Beispiel für Kriterien, die im Zeitverlauf weg fallen. Ein weiteres gutes Beispiel für Kriterien, die in der Vergangenheit mal wichtig für gute Rankings waren, mittlerweile jedoch überhaupt keinen Einfluss mehr ausüben, sind die Meta Keywords, die der Webseitenbetreiber für jede seiner Seiten im HTML-Code anlegen kann um zu übermitteln, für welche Suchbegriffe eine Seite ranken soll.

Ein Beispiel für ein Kriterium, das in der Suchmaschinenoptimierung schon immer relevant war, ist die Onpage-Optimierung im Allgemeinen. Zu Anfangszeiten der Suchmaschinenoptimierung noch vor Google waren Onpage-Faktoren besonders wichtig, da Links noch nichtmals in die Bewertung von Seiten eingeflossen sind. Durch den Einfluss von Links ging die Relevanz der Onpage-Kriterien ein wenig zurück, allerdings gewinnen Faktoren auf der Seite, wie bspw. hochwertiger, ausführlicher Content, in den letzten Jahren wieder an Bedeutung.

Wie bereits erwähnt, stoßen des öfteren neue Kriterien bei der Suchmaschinenoptimierung hinzu, die die Qualität einer Webseite und somit deren Rankingerfolge bestimmen. Hier ist aktuell bspw. das Thema Nutzersignale zu nennen, die wie bereits oben beschrieben Einfluss auf die Rankings haben. Der Meinung der Autoren zufolge wird die Relevanz von Nutzersignalen noch weiter zu nehmen, da diese deutlich schwieriger zu manipulieren sind als das bei Kriterien der Fall ist, die der Webseitenbetreiber bestimmt wie verschiedene Onpage-Faktoren.

Nutzer verstehen 3

Zusammenfassung

Eine professionelle Optimierung von Webseiten lässt sich nur dann bewerkstelligen, wenn neben den Techniken und Methoden der Suchmaschinenoptimierung auch der Nutzer nicht außer Acht gelassen wird. Denn schließlich entscheidet dieser, ob ein Webangebot ansprechend ist, ob es sich lohnt, dieses weiterzuempfehlen und häufiger zu nutzen. Wie soll ein SEO die Seite für Suchmaschinen und Nutzer optimieren, wenn er nicht über die Bedürfnisse der potenziellen Besucher Bescheid weiß? Daher widmet sich dieses Kapitel dem Nutzer, dessen Erwartungen an Suchmaschinen und seinem Suchverhalten im Web. Außerdem werden die Klassifizierung von Suchanfragen in transaktionale, navigationale und informationale Anfragen sowie die Mischformen der Typen vorgestellt. Des Weiteren ist es notwendig, den Unterschied zwischen Short-head- und Longtail-Anfragen zu verstehen. Diese Typisierung bildet die Grundlage, um über Keywords in der Suchmaschinenoptimierung zu sprechen.

3.1 Nutzer: Ziele und Erwartungen an Suchanfragen

Die Suchmaschinenoptimierung ist kein Selbstzweck. Zu häufig rühmen sich Online Marketer damit, auf einem bestimmten, „hart umkämpften" Keyword Top-Positionen erzielt zu haben. Doch das Ranking selbst ist nur einer von vielen Faktoren, der den Erfolg von Online-Marketing-Kampagnen, speziell SEO-Kampagnen, beschreibt. Daher muss jeder SEO Folgendes verinnerlichen: Suchmaschinen sind Werkzeuge, mit deren Hilfe Nutzer – potenzielle Kunden – die für ihre Intention wichtigste Webseite finden möchten. Dieser Tatsache ist sich auch Google bewusst; aus diesem Grund ist die Suchmaschine ständig bemüht, die Suchergebnisse dahingehend zu optimieren, dass Besucher den stärksten Mehrwert aus der Suche ziehen können. Es ist also naheliegend, dass bereits jetzt und mit wachsender Relevanz Nutzermetriken, die das Verhalten der Suchenden auf der Destinationsseite widerspiegeln, in das Ranking von Suchmaschinen einfließen. Unter einer Destinationsseite versteht man eine solche Seite, die der Suchende in den Suchergebnissen aufruft – also die Seite, die Ziel seiner Suchanfrage ist.

3.1.1 Nutzermetriken als Kennzahl für Nutzerverhalten

Die Wichtigkeit, Ziele und Erwartungen von Nutzern zu verstehen und somit deren Intention bei Suchanfragen nachvollziehen zu können, setzt ein Grundlagenwissen im Bereich Nutzermetriken voraus. Häufig wird darüber diskutiert, inwiefern Kennzahlen des Nutzerverhaltens in die Suchergebnisse bei Google einfließen. Fest steht: Da ein großer Teil der Nutzer bei Google angemeldet ist und im angemeldeten Zustand „surft", Googles Browser Chrome immer populärer wird, nahezu jede Seite Google Analytics eingebunden hat usw., ist es für Google ein Leichtes, das Nutzerverhalten in die Auswertung der Relevanz von Suchergebnissen einzubeziehen (siehe Kapitel „Offpage jenseits von Links").

Mit einem Blick in Google Analytics lässt sich die Absprungrate sowie die Zeit, die ein Nutzer auf der Seite verbringt, erkennen. Auch die Anzahl der Seiten, die ein Nutzer pro Aufenthalt durchschnittlich auf der Webseite besucht hat, wird ausgegeben. Letztlich deutet eine hohe Absprungrate auf einer Seite darauf hin, dass der Nutzer auf der Destinationsseite nicht die gewünschten Informationen finden konnte. Selbstverständlich kann die Absprungrate sowohl seitenspezifisch als auch keywordbezogen ausgewertet werden. Das heißt, eine Seite, die für den Begriff „Krawatten online kaufen" ein für die Besucher gutes Suchergebnis ist (was sich dadurch zeigt, dass die Nutzer selten abspringen und lange auf der Seite verweilen), kann für die Anfrage „wie binde ich eine Krawatte" schlechte Nutzermetriken aufweisen. Dies liegt darin begründet, dass beispielsweise bei einem Shop der Nutzer Krawatten kaufen kann und er somit auf der ersten Suchanfrage das Ergebnis findet, das er sucht. Bei der zweiten Suchanfrage möchte sich der Nutzer zunächst nur informieren und verfolgt keine Kaufabsicht – landet er auf einer Seite, die Krawatten zum Kauf anbietet und keinerlei Informationen über das Binden von Krawatten beinhaltet, so ist die Wahrscheinlichkeit durchaus hoch, dass er diese Seite umgehend verlässt und somit die Absprungrate in die Höhe treibt. In Abschn. 3.2 werden wir im Rahmen der Klassifizierung von Suchanfragen dieses Beispiel nochmals aufgreifen. Optimale Werte für die Nutzermetriken Absprungrate, Anzahl aufgerufener Seiten und Zeit auf der Seite lassen sich allgemein über alle Themenbereiche hinweg nicht benennen. Zu unterschiedlich sind die durchschnittlichen Metriken bei verschiedenen Typen von Suchanfragen. Letztlich sollte die Destinationsseite immer die Nutzerbedürfnisse, sprich die Intention, die der Nutzer bei der Eingabe der Suchanfrage hatte, befriedigen.

Neben der Verweildauer auf einer Seite, die sich aus den oben genannten Metriken zusammensetzt, stellt die Click Through Rate (CTR) eines Suchergebnisses eine wichtige Kennzahl dar, die Google bei der Auswahl der für den Nutzer optimalen Suchergebnisse auswerten kann. Die CTR ist eine Kennzahl, welche die Anzahl der Klicks (in diesem Fall auf ein Suchergebnis) im Verhältnis zu der gesamten Anzahl der Impressionen darstellt.

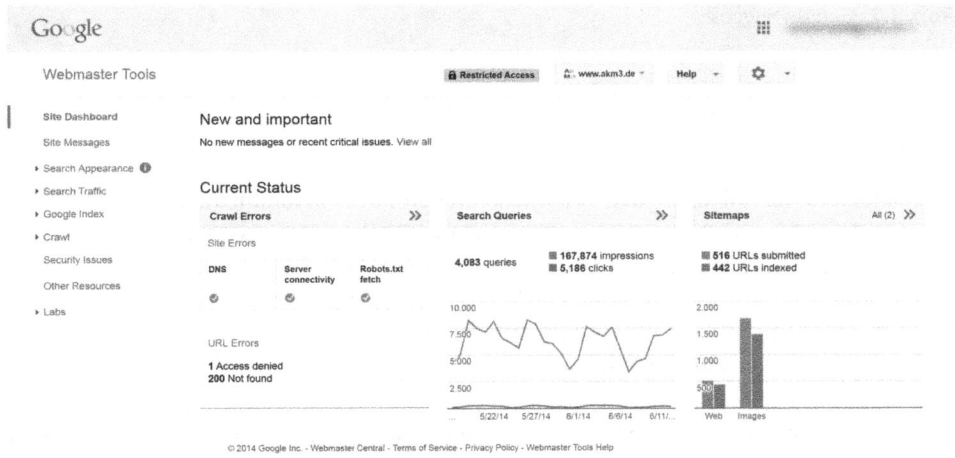

Abb. 3.1 Google Webmaster-Tools

Wird also die Suchanfrage „Krawatten kaufen" im Monat 1000 Mal eingegeben und klicken 20 Nutzer auf ein bestimmtes Suchergebnis, so liegt die CTR dieses Suchergebnisses bei 2%. Die CTR ist einer der wichtigsten Faktoren bei der Berechnung des „Quality Scores", der die Reihenfolge der Ausgabe von bezahlten Suchanzeigen maßgeblich mitbestimmt. Es stellt sich also die Frage, warum Google die CTR von organischen Ergebnissen nicht ebenfalls in die Bestimmung von deren Reihenfolge einbeziehen sollte. In den Google Webmaster Tools lässt sich die CTR für die Suchbegriffe, auf denen man gefunden wurde, ansehen und vergleichen (vgl. Abb. 3.1).

3.1.2   Suchverhalten der Nutzer von Suchmaschinen

Das Suchverhalten der Nutzer von Suchmaschinen ist sehr dynamisch. Die Dynamik des Suchverhaltens lässt sich sowohl nutzer- als auch anbieterseitig erklären. Aus Nutzersicht nimmt dessen Erfahrung von Suchanfrage zu Suchanfrage zu. Dies hat zur Folge, dass das Suchverhalten immer spezifischer wird – dachte der Nutzer bei der ersten Suchanfrage möglicherweise noch, dass er mit der Anfrage „Waschmaschine" einen detaillierten Vergleich sämtlicher für ihn relevanter Waschmaschinenmodelle finden kann, so lernt er nach und nach dazu, wie die Suchanfrage zu modifizieren ist, damit er genau die für ihn optimalen Suchergebnisse erhält. Aus Anbietersicht hingegen wird das Suchverhalten durch die vorgenommenen Algorithmus-Updates aktiv beeinflusst. Einerseits kann Google anhand von Nutzermetriken, also dem Klickverhalten, ziemlich genau erkennen, inwiefern die Suchenden das, was sie gesucht haben, gefunden haben. Andererseits beeinflussen auch Produktmodifikationen wie die automatisierte Vervollständigung von Suchanfragen, Google Suggest, das Suchverhalten von Nutzern. Auf Google Suggest soll in detaillierter Form noch an anderer Stelle eingegangen werden, hier soll es nur als Beispiel dafür dienen, inwiefern Innovationen seitens des Anbieters das Suchverhalten steuern. Durch die

Abb. 3.2 Google Suggest

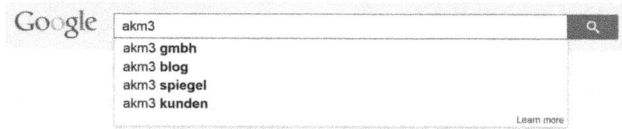

automatisierte Vervollständigung von Suchanfragen werden Kombinationen von Suchanfragen gefördert – der Nutzer muss diese nicht mehr komplett ausschreiben, stattdessen werden sie ihm bei der Suche direkt eingeblendet (vgl. Abb. 3.2).

3.1.2.1 Der Suchprozess aus Nutzerperspektive

Ein Suchprozess impliziert immer die Fragestellung des Nutzers bezüglich der Lösung eines spezifischen Problems, also der Beantwortung einer Frage beziehungsweise der Erledigung einer Aufgabe. Jeder Suchanfrage, die bei Google gestellt wird, geht ein Problem beziehungsweise eine Fragestellung eines Individuums voraus; so trivial das klingen mag – es ist notwendig, dass sich Marketer dieser Tatsache bewusst sind. Schließlich sollte es das Ziel einer Webseite sein, die spezifischen Anfragen, Probleme oder Fragestellungen der Nutzer beziehungsweise potenziellen Kunden auf der eigenen Seite lösen zu können. Nur so lassen sich aus Besuchern auch Kunden generieren. Um die Fragestellungen beantworten zu können, ist es jedoch dringend erforderlich, das Suchverhalten und den Suchprozess eines Nutzers nachvollziehen zu können.

Abbildung 3.3 verdeutlicht den typischen Suchprozess nach Informationen eines Internetnutzers.

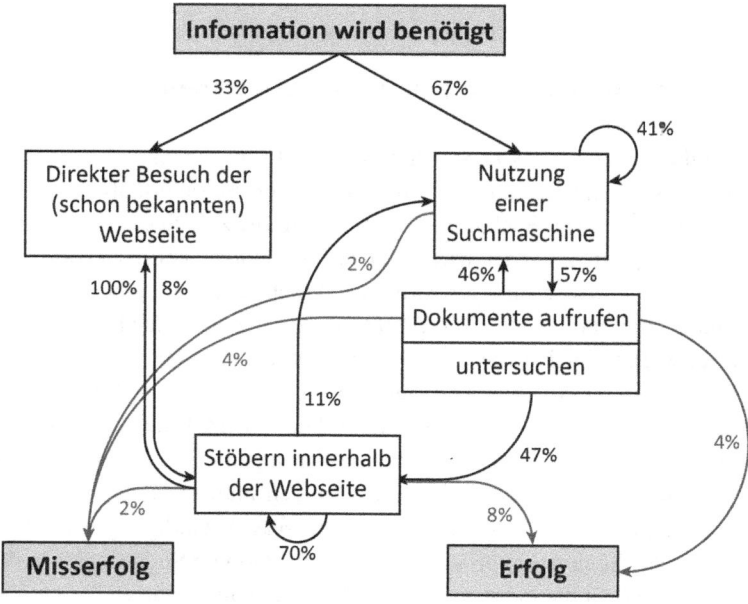

Abb. 3.3 Der Suchprozess des Nutzers (in Anlehnung an http://www9.org/w9cdrom/81/Fig1.gif)

Zunächst wird sich der Informationssuchende seines Bedürfnisses nach einer bestimmten Information bewusst. Hierfür steht ihm die Möglichkeit des Direktaufrufs einer ihm bekannten Webseite oder die Interaktion mit einer Suchmaschine zur Verfügung. Einer Studie von Hölscher/Strube (vgl. http://www9.org/w9cdrom/81/81.html) zufolge nutzen 81 % der Suchenden die Suchmaschinen zum Informationsgewinn, wohingegen 19 % den Direktaufruf einer Webseite bevorzugen. Allerdings sei hier angemerkt, dass die Wahl zwischen Direktaufruf und Interaktion mit einer Suchmaschine sehr stark mit dem jeweiligen Thema korrelieren sollte.

Beziehen wir uns im Folgenden ausschließlich auf die Nutzer, die mit einer Suchmaschine interagieren, so ruft der Nutzer im nächsten Schritt, der auf die Eingabe der Suchanfrage folgt, eine Zielseite auf. Hat der Nutzer das gefunden, was er gesucht hat, so war seine Suche entsprechend erfolgreich. Sofern er nicht die gewünschten Informationen auf der Zielseite finden konnte, hat der Suchende nun die Möglichkeit, auf der Webseite zu verbleiben und innerhalb dieser nach weitergehenden Informationen zu suchen. Alternativ kann der Informationssuchende jedoch auch zur Suchmaschine zurückkehren und die Suchanfrage verfeinern, um weitere Zielseiten angezeigt zu bekommen, die mit einer höheren Wahrscheinlichkeit die von ihm gewünschten Informationen bereitstellen.

Abbildung 3.3 zeigt neben dem typischen Suchprozess auch an, mit welcher Wahrscheinlichkeit die Testpersonen bestimmte Aktionen durchgeführt haben. Besonders interessant ist in diesem Zusammenhang die häufige Verbesserung der Suchanfragen – dies deutet darauf hin, dass die meisten Nutzer mehrere Anläufe bei Google benötigen, um die gewünschten Informationen zu finden. Bei nur wenigen Suchanfragen ist die erste Zielseite, die der Nutzer aufruft, direkt die Seite, die zum Sucherfolg führt.

Interessante Hinweise auf den Suchprozess aus Nutzerperspektive bietet auch eine von Machill et al. durchgeführte Studie, die sich auf die Strategien der Weitersuche von Nutzern konzentriert. Geht man davon aus, dass der Nutzer bei der ersten Suchanfrage nicht fündig geworden ist, so wiederholt er – wie Abb. 3.4 zeigt – die Suche und ersetzt den Suchbegriff durch einen anderen, eventuell passenderen Ausdruck. Außerdem tendieren Suchende dazu, der Anfrage weitere Suchbegriffe hinzuzufügen. Suchoperatoren werden hauptsächlich von eher erfahrenen Internetnutzern verwendet. Auffällig ist, dass die Suchenden mit einer verhältnismäßig geringen Wahrscheinlichkeit die Ergebnisliste genauer untersuchen – eher tendieren sie dazu, die Suchanfrage zu verfeinern. Das Verlassen der Suchmaschine beziehungsweise der Wechsel zu einer anderen Suchmaschine kommt hingegen nur für wenige Nutzer infrage.

Auch eine Analyse von comScore untermauert die Ergebnisse dieser Studie. Das Institut untersuchte in Bezug auf verschiedene Branchen, etwa Finanzdienstleister, Technologie, Automobile und Handel, wie viele Suchanfragen einer Onlinebestellung vorausgehen. Im Handel, am Beispiel Kleidung aufgezeigt, waren dies im Durchschnitt zwölf Suchanfragen, im Finanzsektor, untersucht am Beispiel Kreditkarten, lagen vor der Generierung eines Leads immerhin sieben Suchanfragen. Nur 15 % der Probanden konnten beim Beispiel Kleidungssektor bereits bei der ersten Suchanfrage das gewünschte Produkt finden und wurden zum Käufer. Demgegenüber stehen ca. 10 % der Suchenden, die sogar über

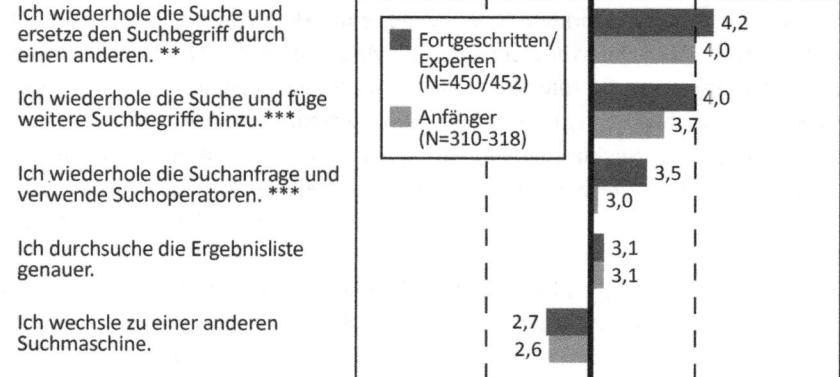

Ich wiederhole die Suche und ersetze den Suchbegriff durch einen anderen. **

Ich wiederhole die Suche und füge weitere Suchbegriffe hinzu.***

Ich wiederhole die Suchanfrage und verwende Suchoperatoren. ***

Ich durchsuche die Ergebnisliste genauer.

Ich wechsle zu einer anderen Suchmaschine.

Ich verlasse die Suchmaschine und beende die Suche. ***

Mittelwerte auf einer Skala von 1 = nie bis 5 = sehr oft.
Gruppenunterschiede (t=Tests): ***p<0,001; p<0,01

Abb. 3.4 Der Suchprozess aus Nutzerperspektive

30 Suchanfragen vor dem Kauf tätigten. Vor dem Kauf informieren sich Nutzer sehr ausführlich; so riefen knapp 60 % der Probanden vor der Bestellung mehr als zehn Seiten auf, die sich mit dem Thema Kleidung beschäftigen. Eine weitere spannende Erkenntnis liegt darin, dass bei über 60 % der Suchanfragen Keywords aus den seltensten 20 % aller Suchbegriffe enthalten waren, man also von sehr spezifischen Suchanfragen sprechen kann.

Aus SEO-Sicht bedeutet diese Erkenntnis, dass einerseits die Optimierung der Zielseiten immer wichtiger wird, man sich also Folgendes fragen sollte: Welche Information möchte der Nutzer auf meiner Webseite finden, wenn er einen bestimmten Suchbegriff eingibt? Auf der anderen Seite ist die Optimierung auf detailliertere Keywords mit niedrigerem Suchvolumen (den man als Longtail bezeichnet, mehr dazu im Kapitel „Keyword-Recherche") gegenüber der Optimierung auf suchvolumenstarke Keywords (= Shorthead) nicht zu unterschätzen. Dies zeigt auch die Entwicklung der Länge von Suchanfragen.

3.1.2.2 Länge von Suchanfragen

Google selbst hat in einer Studie, die das Suchverhalten in Deutschland beschreibt (http://www.full-value-of-search.de/), ausgewertet, wie viele Begriffe die Nutzer pro Suchanfrage verwenden (vgl. Abb. 3.5).

Wie der Statistik zu entnehmen ist, werden bei mehr als 30 % aller Suchanfragen zwei Keywords eingegeben, um die gesuchte Information zu finden. 40 % der Suchanfragen bestehen sogar aus drei oder mehr Begriffen – ein Indiz dafür, dass spezifischere Suchanfragen mehr und mehr an Gewicht gewinnen. Während zu früheren Zeiten eher nur ein bis zwei Keywords in der Suchanfrage übermittelt wurden, steigt die Anzahl der Wörter pro Suchanfrage – durchschnittlich werden 2,2 Keywords pro Suchanfrage verwendet. Diese

Anzahl Keywords pro Suchanfrage

- -
- Bei mehr als 30% aller Suchanfragen werden 2 Keywords eingegeben

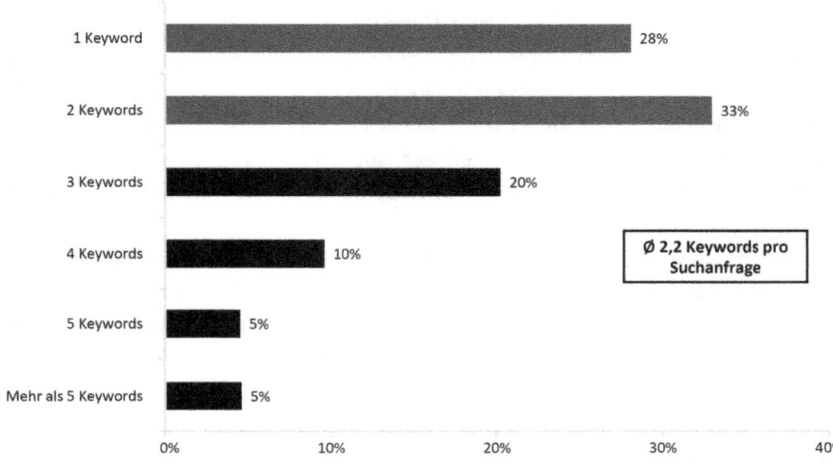

Abb. 3.5 Länge von Suchanfragen nach Google

Tendenz bestätigt auch eine von ComScore in den USA durchgeführte Studie aus dem Jahr 2009, die in Abb. 3.6 wiedergegeben wird.

Doch lässt sich aus dieser Tendenz wirklich ohne Zweifel herauslesen, dass Webseitenbetreiber ihre Webseiten eher auf spezifische Suchanfragen als auf allgemeine, generische Begriffe optimieren sollten?

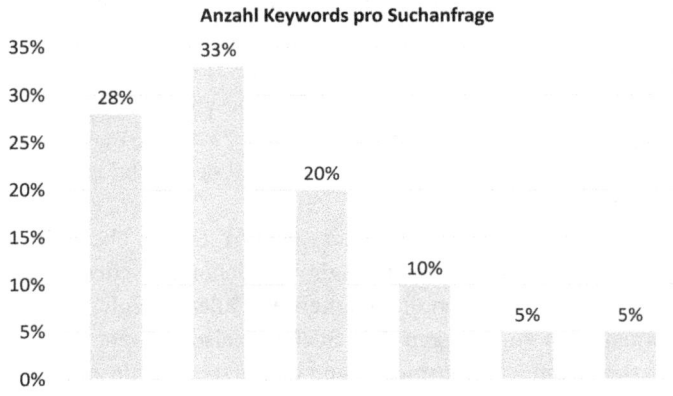

Abb. 3.6 Länge der Suchanfragen nach ComScore

Wie so häufig muss diese Frage differenziert betrachtet werden. Je nach Themengebiet und potenziellen Nutzern kann die Anzahl der Begriffe, die bei einer Suchanfrage
durchschnittlich verwendet werden, deutlich variieren. So verglich beispielsweise Sid-
darth Shah (vgl. http://searchengineland.com/caution-reported-trends-in-search-query-
length-may-be-misleading-41641) die Anzahl der Begriffe in den Suchanfragen in den
Bereichen Einzelhandel und Business-Dienstleistungen (also typische B2B-Anbieter). Im
B2B-Sektor lag die Anzahl durchschnittlicher Begriffe pro Suchanfrage unter zwei Begriffen pro Suche, wohingegen im Einzelhandel die Suchanfragen zwischen 2,3 und 2,5
Wörtern beinhalteten. Besonders interessant ist auch das Resultat, dass Suchanfragen mit
mehr als fünf Wörtern weniger als ein Prozent des gesamten Suchvolumens ausmachten.
Während im Einzelhandelsbereich die Anzahl der Suchen mit fünf oder mehr Wörtern
pro Suchanfrage deutlich anstieg, stiegen im B2B-Sektor eher die Suchanfragen mit nur
einem oder zwei Wörtern an.

Fazit: Die Studien gewähren einen interessanten ersten Einblick in das Suchverhalten
von Internetnutzern. Doch sei an dieser Stelle erwähnt, dass das Suchverhalten oft sehr
zielgruppenabhängig ist, sodass die Daten zwar einen groben Eindruck vom Suchverhalten der Nutzer gewähren, aber dennoch differenziert zu betrachten sind.

3.1.3 Nutzer von Suchmaschinen

Nachdem wir uns nun eingehend mit der Frage beschäftigt haben, mit welchen Metriken
sich das Nutzerverhalten messen und wie sich das Suchverhalten der Internetnutzer beschreiben lässt, möchten wir im Folgenden einen Überblick über die Nutzer von Suchmaschinen geben.

Dass die Nutzung von Suchmaschinen bei der Informationsbeschaffung und Recherche zur Selbstverständlichkeit geworden ist, muss fast nicht mehr erwähnt werden. Der
Begriff „googeln" ist für die Suche nach Informationen mittels Suchmaschinen bereits in
den alltäglichen Sprachgebrauch übergegangen. So ist es auch nicht verwunderlich, dass
schon vor einigen Jahren mehr als 90 % der Internetnutzer zumindest gelegentlich Informationen über Suchmaschinen suchten (vgl. Machill, S. 135).

Interessanterweise hängt die Nutzung von Suchmaschinen nur wenig mit dem Ge-
schlecht oder den kognitiven Fähigkeiten der Nutzer zusammen (vgl. Machill, S. 141).
In Abb. 3.7 ist grafisch dargestellt, wie hoch der Anteil der Suchmaschinennutzung nach
Bildungsniveau ist.

Letztlich belegen diese Informationen, dass nahezu jeder – über alle Bevölkerungs-
schichten hinweg und vollkommen unabhängig von demografischen Daten – mehr oder
weniger regelmäßig Suchmaschinen, in den meisten Fällen Google, nutzt, um an die gewünschten Informationen zu gelangen. Die Suche ist also ein sehr guter und relevanter
Kanal, um potenzielle Kunden zu erreichen und Umsatzpotenziale zu erschließen – dabei
ist es nahezu egal, in welchem Sektor sich das Unternehmen befindet. Dessen müssen
sich Online Marketer, im Speziellen SEOs, bewusst sein. Allerdings stellt sich die Frage,

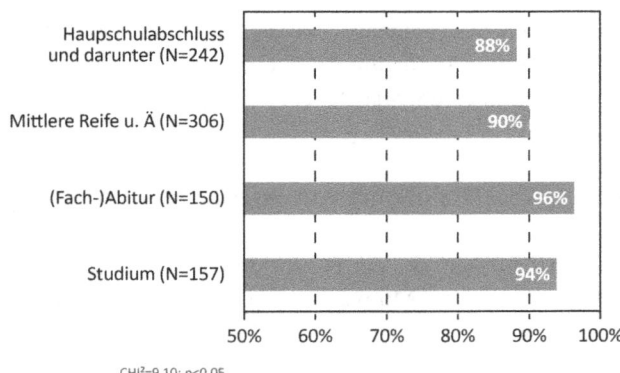

Abb. 3.7 Bildungsniveau von Suchmaschinennutzern

wie die Nutzer die Suchergebnisse aufnehmen, also welche Informationen sie bei der Entscheidung, ob auf ein Suchergebnis geklickt wird oder nicht, verwerten.

3.1.4 Wahrnehmung von Suchergebnissen

Abbildung 3.8 gibt eine Übersicht darüber, was die Probanden der von Machill et al. durchgeführten Studie bei Suchergebnislisten zuallererst beachten.

Die höchste Relevanz bei der Entscheidung, ob ein Suchender ein Ergebnis wahrnimmt, also anklickt, oder nicht, kommt offensichtlich dem Titel des Ergebnisses sowie dem Beschreibungstext zu. Dies ist wenig verwunderlich, schließlich sind Titel und Beschreibungstext in den Suchergebnissen sehr stark präsent. Äußerst interessant ist, dass der Reihenfolge der Treffer laut Aussage der Probanden weniger Bedeutung beigemessen wird, als es das Klickverhalten, zu dem wir im Folgenden noch kommen werden, erwarten ließe.

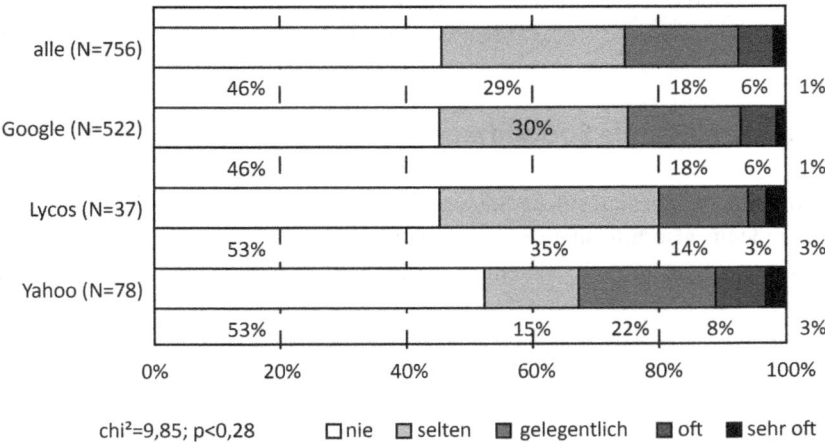

Abb. 3.8 Wahrnehmung von Suchergebnissen

Es kann davon ausgegangen werden, dass die **Reihenfolge der Treffer eher als implizites Entscheidungskriterium** der Suchenden genutzt wird und diese sich aus Gewohnheit keinerlei Gedanken über das Klicken der ersten Ergebnisse in den Suchergebnissen machen.

3.2   Klassifizierung von Suchanfragen

Die Suchanfrage, die ein Nutzer durchführt, impliziert seine Frage, die wiederum Aufschluss über seine Motivation und seine Erwartungen an die Suchergebnisse gibt. Wie bereits in obigem Beispiel erklärt, kann eine Seite für eine Suchanfrage, die das Kaufinteresse eines Suchenden impliziert, die perfekte Destinationsseite sein. Für den Suchenden, der Informationen sucht – im obigen Beispiel die Information, wie sich eine Krawatte binden lässt –, kann diese Zielseite hingegen eine nicht-optimale Destination sein.

Um also zu verstehen, wie Nutzer die Suchmaschinen verwenden, welche Intention sie haben können und somit, wie die „optimale" Destinationsseite für den Suchenden aussieht, um gute Nutzermetriken zu erzielen, müssen zunächst die verschiedenen Arten von Suchanfragen klassifiziert werden. Man unterscheidet zwischen informationalen, transaktionalen und navigationalen Suchanfragen (vgl. Abb. 3.9).

Informationale Suchanfragen verfolgen das Ziel, Informationen zu einem bestimmten Thema zu erhalten – weitere Interaktionen, bis auf das Lesen der Informationen, sind zunächst nicht zu erwarten. Transaktionale Suchanfragen zielen hingegen auf weitere Interaktionen, beispielsweise den Kauf eines Produktes oder die Registrierung auf der Zielseite, ab. Bei navigationalen Suchanfragen hat der Nutzer die Intention, eine bestimmte Webseite zu besuchen.

Zunächst ist es wichtig zu verstehen, dass sämtliche Typen von Suchanfragen ihren Sinn und Zweck verfolgen und somit kein Anfragetyp „besser" oder „schlechter" ist als der andere. Besonders wichtig ist es, bei jeder relevanten Suchanfrage dem Nutzer das für ihn optimale Ergebnis anzubieten und somit das Nutzererlebnis auf der Webseite zu verbessern, wodurch wiederum die Nutzermetriken positiv beeinflusst werden.

Im Folgenden werden die drei Typen von Suchanfragen ausführlich vorgestellt.

3.2.1   Informationale Suchanfragen

Informationale Suchen sind solche Suchanfragen, bei denen der Nutzer Fragen beantwortet haben möchte, also Informationen finden und Wissen erwerben möchte. Die informationalen Suchanfragen implizieren keine direkte Absicht des Nutzers, Waren zu kaufen oder

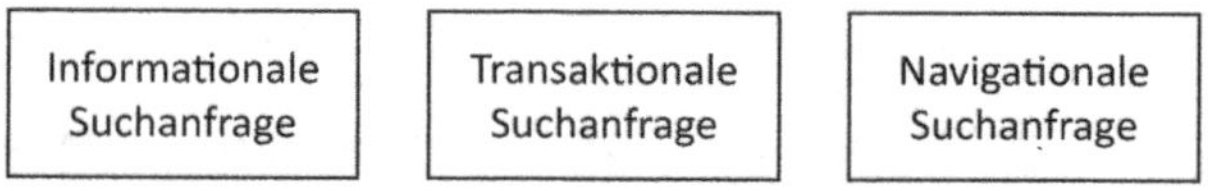

Abb. 3.9 Klassifizierung von Suchanfragen

Informationale Suchanfrage	Transaktionale Suchanfrage	Navigationale Suchanfrage

eine Dienstleistung in Anspruch zu nehmen. Publikationen von Verlagen, Einsteigerseiten und weitere contentlastige Webseiten sind typische Destinationsseiten von informationalen Suchanfragen. Die Seiten informieren also mit Texten, Listen, Tabellen sowie grafischen und multimedialen Inhalten. Informationale Suchanfragen zeichnen sich beispielsweise durch folgende typische Bestandteile in den Suchtermen aus:

- Anleitungen, Hilfen und Ratschläge wie: *Wie funktioniert „Keyword", how to „keyword", step by step „keyword", Hilfe zu „Keyword"*
- Definitionen wie: *Was ist „Keyword"*
- Ideen, Vorschläge: *Ideen zu „Keyword", wohin ausgehen in „Stadt"*
- Aktuelle Nachrichten und Informationen: *News, Nachrichten, Wetter in „Stadt"*
- Fragen: *wohin, was, wieso*

Ein häufiges Resultat informativer Suchen ist Wikipedia. Auch Google reagiert mit seiner Einbindung des „Knowledge Graph", „Wetter in" und „Definition von" auf informationale Suchen und bietet damit bereits vor dem Aufruf einer der angebotenen Ergebnisseiten erste Informationen. Abbildung 3.10 stellt exemplarisch die Integration des Knowledge Graph am Beispiel der informationalen Suchanfrage „Brandenburger Tor" dar. Neben Bildern, einer Stadtkarte und weiteren Informationen werden noch ähnliche Suchen, im vorliegenden Fall andere Sehenswürdigkeiten aus Berlin, empfohlen.

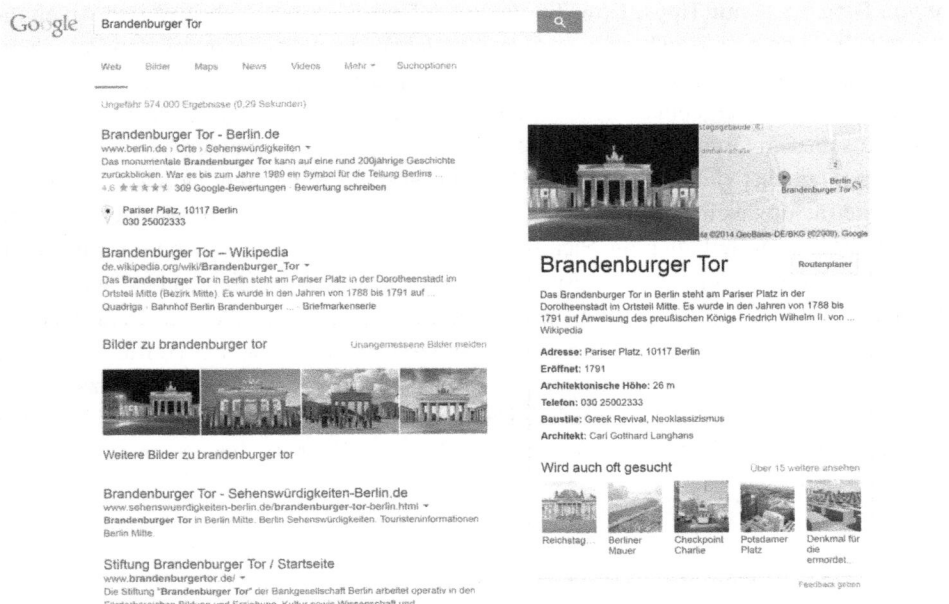

Abb. 3.10 Knowledge Graph

Für werbefinanzierte Webseiten sind informationale Suchanfragen besonders relevant. Schließlich liegt ihr Kerngeschäft darin, Besuchern interessante Inhalte anzubieten und Werbeerlöse zu generieren. Für Webseitenbetreiber, die von Verkäufen, Downloads oder Leads abhängig sind, wirkt es hingegen auf den ersten Blick kompliziert, informationale Suchanfragen zu monetarisieren. Allerdings bietet die Optimierung auf informationale Suchanfragen auch für diese Webseitenbetreiber die Möglichkeit, sich als Autorität in ihrem Themenbereich zu beweisen und somit ihre Markenwahrnehmung durch erfolgreiches Beantworten informationaler Suchen zu verbessern. Mithilfe guter Rankings bei informationalen Suchanfragen kann also jedes Unternehmen als Wissensträger auftreten und somit seine Markenbildung als vertrauensvolles und autoritäres Medium auf- und ausbauen. Dies legt den Grundstein für zukünftige Transaktionen.

Greifen wir auf das obige Beispiel der Suchanfrage „wie binde ich eine Krawatte" zurück. Ohne Frage handelt es sich bei diesem Suchterm um eine informationale Suche – der Suchende möchte etwas zum Thema Krawatte binden lesen, eventuell eine grafische Anleitung erhalten oder sogar ein Video schauen. Findet der Suchende genau die benötigten Informationen auf einer Webseite und helfen ihm diese wirklich bei der Beantwortung seiner Frage weiter, so ist die Wahrscheinlichkeit hoch, dass er beim nächsten Krawattenkauf wieder auf die Seite zurückgreift, die ihm die nützlichen Informationen und Problemlösungen bereitgestellt hat.

Doch wie sollte eine Seite optimiert sein, die das Ziel verfolgt, auf informationale Suchanfragen gute Rankings zu erzielen? Webseitenbetreiber sollten passenden Content schaffen, der wirklich hilfreiche Informationen vermittelt. So können ansprechende Inhalte von Blog-Posts mit Tipps, How-To-Videos, Infografiken oder schrittweisen Anleitungen mit Grafiken bis hin zu kreativem Content reichen, der neben interessierten Besuchern auch Empfehlungen in Form von Verlinkungen generiert.

Organische Suchergebnisse haben bei informationalen Suchanfragen eine starke Dominanz. Aus diesem Grund ist für Marketer vor allem die Suchmaschinenoptimierung relevant, um möglichst viel Traffic über die Suchanfragen zu generieren. Durch die positiven Nutzermetriken wie eine längere Verweildauer und als Empfehlungen gesetzte natürliche Verlinkungen profitiert auch die Sichtbarkeit der Webseite langfristig von informativem, gut recherchiertem Content. In diesem Zusammenhang lohnt es sich, auch Themen und Nischen auszumachen, zu denen es noch keine adäquaten Antworten gibt. Dadurch kann sich das Unternehmen langfristig profilieren, um das Branding und den Traffic zu stärken.

Die informationalen Suchanfragen lassen sich sehr gut daran erkennen, dass kaum AdWords-Anzeigen geschaltet werden. Das liegt daran, dass durch diese Suchanfragen oft keine Leads generiert werden können und diese für Werbetreibende somit selten von Relevanz sind.

3.2.2 Transaktionale Suchanfragen

Anders als bei informationalen Suchen erwartet der Nutzer bei transaktionalen Suchbegriffen, auf der Destinationsseite eine Transaktion – beispielsweise eine Bestellung, eine

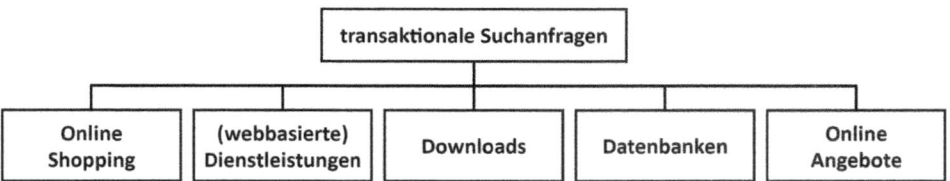

Abb. 3.11 Kategorien der transaktionalen Suche

Registrierung etc. – tätigen zu können. Der Nutzer weiß normalerweise, was er möchte, sodass die Suche näher an der Konversion liegt, als dies bei informationalen Suchanfragen der Fall ist. Häufig sucht der Nutzer nach einem Händler, der das von ihm gesuchte Produkt führt, oder nach speziellen Angeboten. Doch nicht nur auf Produkte können sich transaktionale Suchanfragen beziehen.

Die Hauptkategorien transaktionaler Suchanfragen umfassen beispielsweise Online-Shopping, also den Kauf von Produkten im Internet, sowie (webbasierte) Dienstleistungen, Angebote von Downloads verschiedener Dateiformate wie Bilder, Musiktitel und Videos, Abfrage von Datenbanken (zum Beispiel Telefonbuch, Gelbe Seiten) sowie Online-Angebote wie Browsergames etc. (vgl Abb. 3.11).

Typische Bestandteile von transaktionalen Suchanfragen sind:

- Action Words wie: *kaufen, mieten, buchen, bestellen, download*
- Produktbezeichnungen
- Fachbegriffe der Branche
- Suche nach Preisen oder Preisnachlässen wie: *„Keyword" Rabatt, „Keyword" günstig, „Keyword" billig*
- Vergleiche oder die Suche nach Alternativen wie: *„Keyword" Vergleich, „Keyword" Alternativen*
- Spezifikation generischer Anfragen wie: *T-Shirt Größe L*
- Anfragen nach Services wie: *„Keyword" Umtausch, „Keyword" versandkostenfrei*

Nutzer verwenden bei der transaktionalen Suchanfrage auch häufig generische Begriffe wie zum Beispiel „Krawatte" oder „Schuhe", auch wenn in der Search Query nicht explizit der Begriff „kaufen" oder Ähnliches erwähnt wird. Außerdem lassen sich solche lokalen Suchen oft den transaktionalen Suchanfragen zuordnen, die zeitliche Dringlichkeit implizieren oder einen Dienstleistungs- und Shopping-Bezug aufweisen. Beispiele für diesen Typ von Suchanfragen sind „Sanitär Notdienst Berlin" oder „Bioladen Berlin". Diese Suchanfragen enthalten zwar keine Signalwörter, die auf eine transaktionale Suche hinweisen, doch lässt sich mit hoher Wahrscheinlichkeit davon ausgehen, dass Nutzer, die einen Bioladen in Berlin suchen, diesen auch besuchen möchten. Bei vertikalen Suchen handelt es sich um eine Unterform der transaktionalen Suchanfragen, sofern diese auf eine Transaktion innerhalb einer bestimmten Branche zielen (zum Beispiel Flüge, Reisen, Restaurants). Allerdings hat nicht jede vertikale Suchanfrage transaktionalen Charakter.

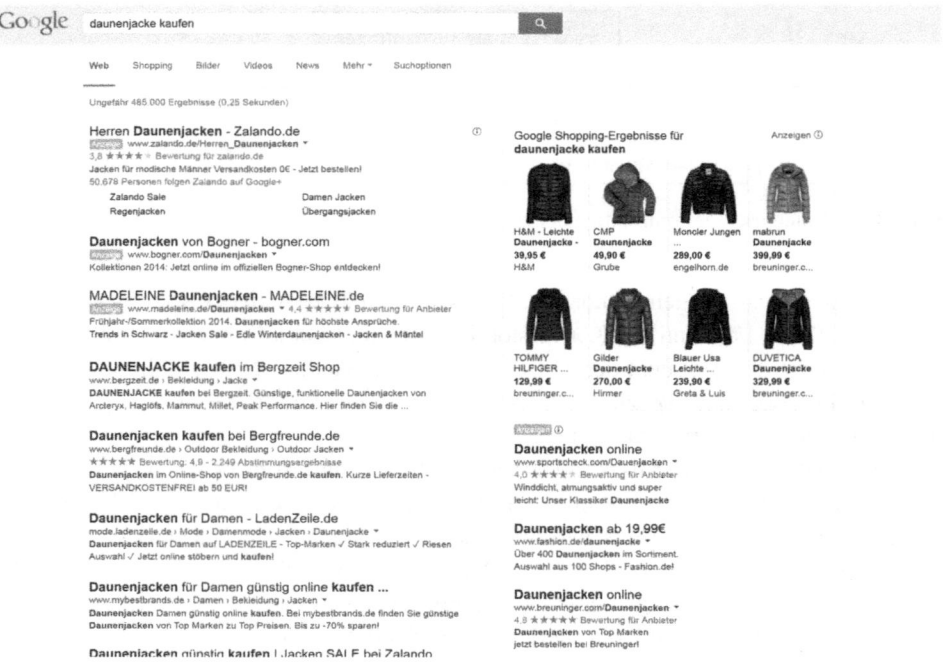

Abb. 3.12 Transaktionale Suche

Das für den Nutzer relevante Suchergebnis stellen solche Seiten dar, die die von ihm gewünschte Transaktion ermöglichen. Für transaktionale Suchanfragen ist typisch, dass der obere Bereich der Suchergebnisse zumeist von bezahlten Anzeigen dominiert wird (vgl. Abb. 3.12). Außerdem bietet Google eigene vertikale transaktionale Suchen nach Flügen oder Kinos an. Auch produktbezogene, bezahlte Anzeigen sind für die transaktionalen Suchen passende Ergebnisse, da die Suchenden eine Transaktionsabsicht wie den Kauf eines Produkts verfolgen.

Die transaktionalen Suchen sind besonders für transaktions- und abonnementbasierte Geschäftsmodelle von Bedeutung, da der generierte Traffic mit einer höheren Wahrscheinlichkeit als bei informationalen Suchanfragen zu einer Conversion führt. Je spezifischer die Suchanfrage ist, desto spezifischere Produkte können Unternehmen anbieten. Somit kann je nach Produktangebot der Destinationsseite der Longtail, den wir im Folgenden noch näher erläutern werden, ausgeschöpft werden.

3.2.3 Navigationale Suchanfragen

Mit navigationalen Suchanfragen möchte der Nutzer direkt auf eine bestimmte Webseite oder Unterseite gelangen, von der er weiß oder annimmt, dass diese existiert. Der Nutzer muss also Anhaltspunkte zum erwarteten Webangebot haben, um eine navigationale

Suche durchführen zu können. Beispiele hierfür sind Namen und Markennamen von Personen, Unternehmen oder Orten sowie spezielle Typen von Unterseiten. Durch folgende Merkmale ist eine navigationale Suche auf Ebene der Webseite häufig gekennzeichnet:

- Marken oder logisch angenommenen Namen wie: *Siemens, Staatsbibliothek Berlin*
- Domain-Suffixe wie die Top-Level-Domains mit und ohne Punkt: *de,.com oder org*
- Präfixe wie: *www, http, https*
- Die Eingabe der kompletten Domain, zum Beispiel http://www.siemens.de

Spezifische Unterseiten, die der Nutzer anzusteuern vermag, wären zum Beispiel Kontaktdaten, Öffnungszeiten, Anfahrt, Jobs, AGBs oder Kategorienseiten. Abbildung 3.13 zeigt das Beispiel eines Ergebnisses von navigationalen Suchanfragen.

Wie Abb. 3.12 zeigt, listet Google in den Suchergebnissen direkt die relevanten Unterseiten der Brand, wodurch die Gesamtanzahl der Suchergebnisse zugunsten des gesuchten Navigationsziels auf sieben reduziert wird. Hintergrund ist das Verhalten der Nutzer – diese möchten sich zumeist nicht über die Marke informieren, sondern erwarten passende Seiten der Marke auf der ersten Ergebnisseite. Tabelle 3.1 zeigt am Beispiel eBay, dass navigationale Suchanfragen einen wichtigen Stellenwert einnehmen und sehr häufig von Nutzern durchgeführt werden.

Navigationale Suchanfragen erkennt man häufig an den Sitelinks, in denen über die Suchergebnisse direkt einige aus Sicht von Google relevante Unterseiten der Marke angesteuert werden können.

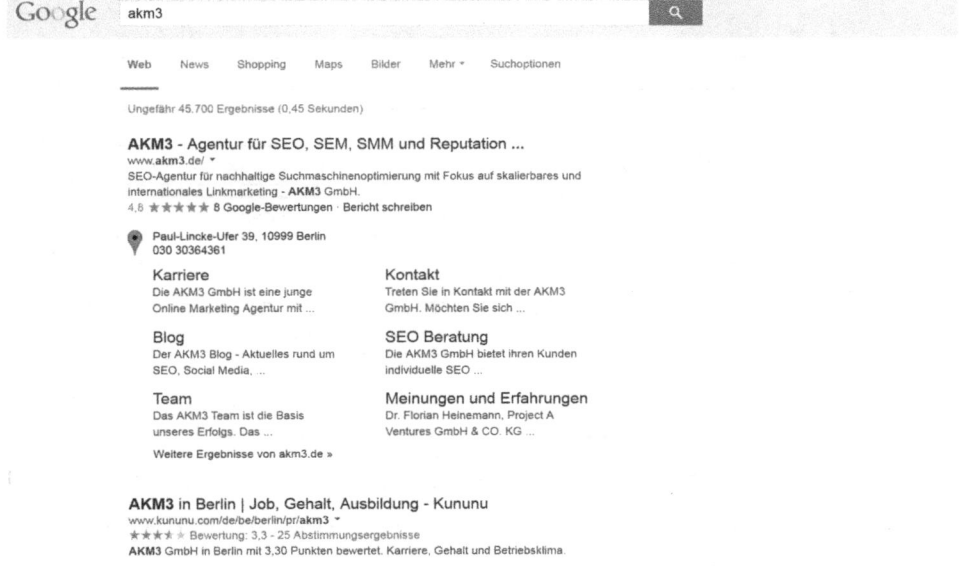

Abb. 3.13 Navigationale Suche

Tab. 3.1 Beispiel für navigationale Suchanfragen

Keyword	Anfragen pro Monat
ebay	304.000.000
ebay.de	1.830.000
www.ebay.de	550.000
e bay	201.000

3.2.4 Zuweisung der Klassen zu Kaufprozess und Marketing-Ziele

Die Klassifizierung von Suchanfragen kann sowohl in der Abbildung des Kaufprozesses
eines potenziellen Kunden sowie bezüglich der Planung und Umsetzung von unterschiedlichen Online-Marketing-Zielen eingesetzt werden, wie Abb. 3.14 zeigt.

Nicht jede vom Nutzer eingegebene Suchphrase lässt sich deutlich einer Intention zuordnen. Dennoch ist es hilfreich, sich die drei Typen von Suchanfragen zu vergegenwär-
tigen, um die Angebote für die Fragen des Nutzers zu optimieren. Der ideale Mix besteht
darin, für alle drei Typen von Suchen den passenden Content, der dem Suchenden mit
hoher Wahrscheinlichkeit einen Mehrwert bietet, bereitzustellen.

3.2.4.1 Der Kaufprozess

Um den Kaufprozess potenzieller Kunden darzustellen, bedient sich die Betriebswirtschaftslehre häufig des AIDA-Modells. Dabei ist AIDA ein Akronym, welches sich aus
den Begriffen **A**ttention (Aufmerksamkeit), **I**nterest (Interesse), **D**esire (Wunsch) und
Action (Aktion) zusammensetzt. Abbildung 3.15 verdeutlicht das AIDA-Modell grafisch.

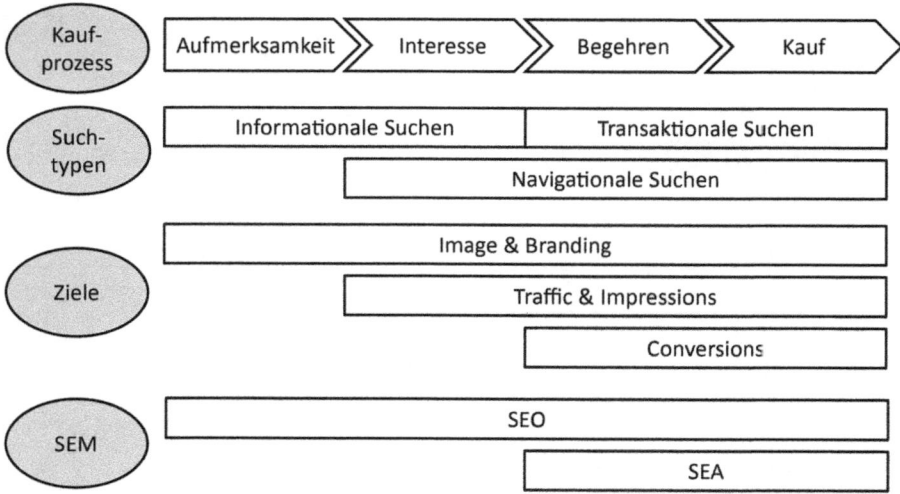

Abb. 3.14 Klassifizierung der Suchanfragen

Abb. 3.15 AIDA-Modell
(in Anlehnung an http://
www.onlinemarketing-pra-
xis.de/uploads/schaubilder/
aida-modell.jpg)

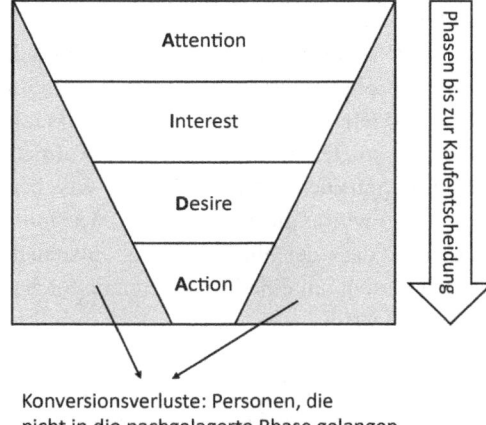

Konversionsverluste: Personen, die
nicht in die nachgelagerte Phase gelangen

Wie Abb. 3.15 zu entnehmen ist, durchläuft der Kunde im AIDA-Modell die einzelnen
Schritte des Kaufprozesses. In dem Trichtermodell nimmt die Anzahl der potenziellen
Kunden von Stufe zu Stufe ab, wohingegen die Konversionsverluste, also die Anzahl der
Personen, die nicht in die nachgelagerte Phase übergehen, zunehmen.

Im AIDA-Modell wird die Wirkungsabsicht von Werbung, in diesem speziellen Fall
der Online-Werbung, abgebildet. Somit wird das Modell zur Darstellung der Wirkung
von Werbung genutzt. Obwohl die Formel bereits 1898 von E. St. Elmo Lewis mit dem
Ziel, Verkaufsgespräche zu gliedern, entwickelt wurde, lässt sie sich auch bei heutigen
Fragestellungen des Marketings sehr gut anwenden. Kritisch anzumerken ist allerdings,
dass der Kaufprozess nie so linear wie im AIDA-Modell verläuft, sondern in Wirklichkeit
viel komplexer ist. Dennoch möchten wir das Modell nutzen, um die Klassifizierung von
Suchanfragen und deren Anwendung im Marketing zu beschreiben.

3.2.4.2   Attention

Das Ziel von Werbemaßnahmen jeglicher Form ist es, Aufmerksamkeit bei der potenziellen Zielgruppe zu erregen. Dazu dienen vor allen Dingen Ergebnisse von informationalen
Suchanfragen. Diese sind zumeist mit viel Content, multimedialen Elementen, Bildern etc.
ausgestattet. Im ersten Schritt des Kaufprozesses hegt der Nutzer im Modell kein Interesse
und folglich auch noch keinen Wunsch, ein Produkt zu kaufen oder eine Dienstleistung in
Anspruch zu nehmen. Es muss also zunächst seine Aufmerksamkeit auf das Angebot des
Werbenden gerichtet werden. Bei unserem Beispiel der Krawatten-Wirtschaft könnte die
Destinationsseite für die Anfrage „wie binde ich eine Krawatte" so ansprechend gestaltet
sein, dass sie dem Besucher einerseits die Informationen bereitstellt, die er zum Binden
seiner Krawatte benötigt, und andererseits Elemente enthält, die das Interesse des Nutzers
auslösen.

3.2.4.3   Interest

Wurde die Aufmerksamkeit an einem Produkt beziehungsweise einem Unternehmen allein durch eine informationale Suchanfrage ausgelöst, so folgt die Phase „Interest" im AIDA-Modell. Interesse an einem Produkt, einer Dienstleistung oder einem Unternehmen wird nicht so „leicht" erzeugt wie die Aufmerksamkeit. Allerdings können informationale Suchanfragen auch darauf hinweisen, dass bereits Interesse an einem bestimmten Angebot besteht. So würde die Suchanfrage „was muss ich beim Krawattenkauf beachten" darauf hindeuten, dass der Nutzer bereits entschieden hat, eine Krawatte zu kaufen. Dennoch handelt es sich um eine informationale Suchanfrage, wobei das Interesse am Kauf bereits vorhanden ist.

Auch navigationale Suchanfragen setzen im Kaufprozess des AIDA-Modells bei dem Interesse an einem Angebot an. So könnte die informationale Suchanfrage „wie binde ich eine Krawatte" dazu führen, dass der Suchende im ersten Schritt den Markennamen des Anbieters kennenlernt und sich merkt. Zu einem späteren Zeitpunkt sucht der Nutzer bei Google nach dem Unternehmen/„Brandnamen", bei dem er zuvor die hilfreichen Informationen zu seiner Suchanfrage erhalten hat. Letztlich kann der Suchende dann sein Interesse auf der Seite des Anbieters befriedigen und mehr über dessen Angebot erfahren.

3.2.4.4   Desire

Der Wunsch, ein Produkt zu besitzen oder eine Dienstleistung in Anspruch zu nehmen, tritt nicht allein durch das Interesse an dem Unternehmen auf. Vielmehr ist es notwendig, dass der Nutzer das Angebot unbedingt in Anspruch nehmen möchte. Informationale Suchanfragen sind in diesem Stadium des Kaufprozesses eher die Ausnahme als die Regel. Über die Informationsgewinnung ist der potenzielle Kunde schon längst hinaus, sodass er entweder navigationale Suchanfragen durchführt, so zum Beispiel die Domain des Anbieters eingibt, für welchen er bereits Interesse hat, oder mithilfe von transaktionalen Suchanfragen Angebote, Schnäppchen, Kaufmöglichkeiten etc. für das Angebot, für das er einen Besitzwunsch hegt, sucht. Der Besitzwunsch allein reicht jedoch für einen Abschluss der Transaktion nicht aus – zu viele offene Fragen sind für den potenziellen Kunden noch zu klären, seien es Preis, Leistung oder Zusatzinformationen.

3.2.4.5   Action

Am Ende eines Kaufprozesses steht für den Anbieter idealerweise die „Action", also der Kauf des Produktes, die Inanspruchnahme einer Dienstleistung, die Registrierung usw. Hier sprechen wir über solche Suchanfragen, die ganz klar eine Kaufabsicht bei einem bestimmten Anbieter enthalten. Das können navigationale Suchanfragen sein, die Zusatzinformationen beinhalten, wie zum Beispiel den Brandnamen in Verbindung mit „Versandkosten" oder anderen informativen Begriffen, die nah an der Kaufentscheidung liegen. Auch bei sehr detaillierten transaktionalen Suchen befindet sich der Nutzer sehr weit im Kaufprozess. Ein sehr gutes Ranking bei Suchbegriffen, die sich im Action-Bereich der AIDA-Formel wiederfinden, führt zu entsprechend vielen Conversions und sollte deshalb dringend mit höchster Priorität angestrebt werden.

Die Ausführungen zeigen, dass sich die Klassifizierung der Suchanfragen grundsätzlich auf den Kaufprozess im AIDA-Modell anwenden lässt. Allerdings sollte nicht krampfhaft versucht werden, jedes Keyword genau einer Stufe des Kaufprozesses zuzuordnen. Das Modell sollte primär als ein solches verstanden werden und nicht eins zu eins auf die Praxis übertragen werden.

3.2.4.6 Marketing-Ziele

Bei der Zuordnung der Klassen von Suchanfragen beziehen wir uns auf die Online-Marketing-Ziele

- Image & Branding
- Traffic & Impressions
- Conversions

Selbstverständlich werden in dieser einfachen, theoretischen Form nicht sämtliche möglichen Marketing-Ziele abgebildet.

Das Ziel, Conversions zu erreichen, lässt sich selbstverständlich solchen Suchanfragen deutlich zuordnen, die im AIDA-Modell zum Prozess der Aktion gezählt werden. Hierbei sprechen wir von sehr conversionnahen Keywords wie *„brand* Krawatten online kaufen". Grundsätzlich sollten Unternehmen das Ziel verfolgen, bei dieser Art von Suchanfragen Top-Rankings zu erreichen. Die Destinationsseite sollte genau die Bedürfnisse des Nutzers befriedigen, also im vorliegenden Beispiel die Möglichkeit bieten, die Krawatten der gesuchten Marke online zu kaufen.

Traffic und Impressions einer für das Unternehmen relevanten Zielgruppe werden vor allen Dingen im Rahmen der Prozessschritte „Desire" und „Action" generiert. Bei transaktionalen Suchanfragen wie „Krawatten kaufen" sollte der Nutzer eine solche Destinationsseite auffinden, die ihm möglichst viele verschiedene Krawatten anzeigt. Die große Auswahl verleitet den Suchenden dazu, Traffic durch den Aufruf vieler Unterseiten, also in diesem Fall der einzelnen Produkte, zu generieren. Bei der transaktionalen, aber wenig spezifischen Suche „Krawatten kaufen" ist davon auszugehen, dass der Suchende noch nicht weiß, welche Krawatte er denn genau haben möchte – Entscheidungen zu Farbe, Marke, Preis etc. sind noch nicht getroffen, sodass der Suchende möglichst viele Angebote erhalten möchte, aus denen er wählen kann.

Das Image und Branding eines Unternehmens beginnt bereits in der Phase „Attention", in der die erste Aufmerksamkeit beim Nutzer, also beim potenziellen Kunden, geweckt wird. Wie bereits oben erläutert, dienen informationale Suchanfragen dem Aufbau einer positiven Markenwahrnehmung. Aus Image- und Branding-Gründen ist es zu empfehlen, eine Autorität im jeweiligen Themenbereich aufzubauen. Das bedeutet, dass der Nutzer sämtliche relevanten Informationen rund um das angebotene Produkt auf der Destinationsseite finden kann. Fühlt sich der Nutzer beim Anbieter mit seinen Fragen gut aufgehoben, so empfiehlt er diesen im Freundes- und Bekanntenkreis sowie im Web weiter und wird seine Angebote früher oder später selbst in Anspruch nehmen.

3.2.4.7 Exkurs: Grundlage der Nachhaltigkeit für Affiliates: Neuorientierung im AIDA-Funnel

Das vorliegende Buch richtet sich neben Marketing-Managern, Geschäftsführern und weiteren Entscheidern im Unternehmen selbstverständlich auch an die Suchmaschinenoptimierer, die ihr Einkommen (selbstständig) als Affiliates verdienen. Daher möchten wir im Folgenden anhand des AIDA-Funnels erläutern, wie sich Affiliates im AIDA-Funnel neu orientieren müssen. Dazu stellen wir zwei Trends vor, die Abb. 3.16 grafisch veranschaulicht.

In der Vergangenheit konzentrierten sich Affiliates deutlich auf transaktionale Suchanfragen. Begriffe wie „Spülmaschine kaufen" oder „Partnersuche online" versprachen hohe Conversion Rates und somit entsprechende Einnahmen durch vermittelte Leads und Sales. Einst erfolgreiche Affiliate-Strategien sind allerdings durch einige Änderungen im Google-Algorithmus wirkungslos geworden oder führen sogar zu negativen Effekten, sodass sich Webseitenbetreiber neuer Strategien bedienen müssen, um weiterhin erfolgreich zu sein.

Google verfolgt ständig das Ziel, dem Suchenden das für ihn relevanteste Ergebnis anzuzeigen. Insbesondere bei transaktionalen Begriffen ist das in den meisten Fällen der Hersteller beziehungsweise Händler eines Produkts oder einer Dienstleistung. Sucht der Nutzer nach „Spülmaschine kaufen", so möchte er zu einem Händler gelangen. Typische Affiliate-Webseiten fungieren als weiterleitende Seiten, bieten dem Nutzer also meist keinen nennenswerten Mehrwert. Die Folge ist, dass Affiliate-Webseiten von den attraktiven Positionen in den Suchergebnissen verdrängt werden.

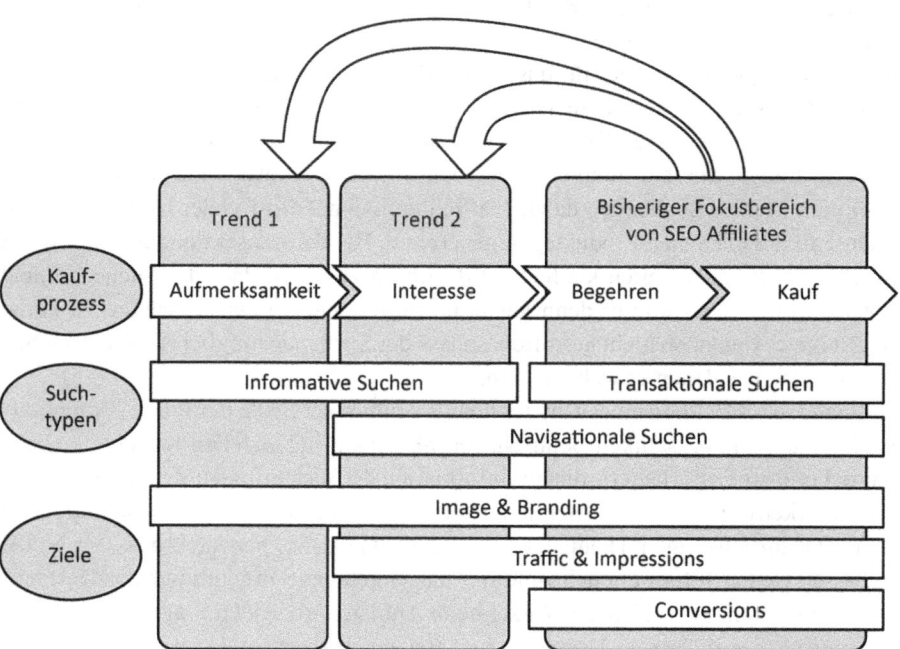

Abb. 3.16 Affilliate Trends

Was bleibt Affiliates also anderes übrig, als sich den neuen Gegebenheiten anzupassen und „rückwärts" zu denken? Daher beschreiben die folgenden beiden Trends erfolgversprechende Möglichkeiten für Affiliates, im AIDA-Funnel nicht erst bei „Desire" und „Action"-Keywords, sondern bereits bei der Aufmerksamkeitserregung sowie dem Interesse die Nutzer auf die Webseite zu leiten.

Erster Trend: Testberichte, Bewertungen und Beratung anbieten
Ziel von Affiliate-Projekten sollte es zukünftig sein, auf strategische Nachhaltigkeit zu setzen. Daher werden anstelle von ausschließlich sehr transaktionalen Keywords eher Suchfragen optimiert, die informationaler und „transaktionsnaher" Natur sind. Beispiele solcher Keywords sind „iPhone Samsung Galaxy Vergleich" oder „Bosch Waschmaschinen Testberichte". Dabei lässt sich der informationale Ansatz in Bezug auf Traffic-Akquise und (Traffic-)Monetarisierung mit der klassischen, auf transaktionale Suchen konzentrierten Affiliate-Strategie vergleichen.

Betrachtet man den Aspekt der Traffic-Akquise, so ist bei eher informationalen Suchanfragen, die Vergleiche, Testberichte oder Ähnliches als Ergebnisse auflisten, ein geringerer Wettbewerb zwischen den organischen Ergebnissen zu verzeichnen als bei transaktionalen Keywords. Wie oben bereits erwähnt, werden bei informationalen Suchanfragen weniger AdWords-Anzeigen geschaltet als bei transaktionalen Suchen, sodass ein größerer Anteil der Suchenden auch wirklich auf den ersten organischen Ergebnissen landet und diese nicht so häufig durch AdWords-Anzeigen above the fold verdrängt werden. Außerdem fordern zusätzlich zu den AdWords-Einblendungen neuerdings im eCommerce- und Shopping-Bereich auffällige PLAs (= Product Listing Ads) die Aufmerksamkeit des Suchenden. Somit kann folgendes Fazit gezogen werden: Die Trendwende des Fokus von transaktionalen hin zu informationalen Suchanfragen bedeutet für Affiliates deutlich weniger Konkurrenz!

Ein weiterer Vorteil dieser Strategie bezieht sich sowohl auf die Affiliates als auch auf die Nutzer. Waren die Besucher zuvor eventuell von dem Suchergebnis enttäuscht, wenn sie eine Transaktion durchführen sollten und auf eine durchleitende Seite stießen, suchen sie bei informationalen Suchanfragen genau nach den Informationen, die die (informationale) Seite des Affiliates bereithält. Das Umschwenken des Affiliates auf informationale Suchen impliziert also die Frage: Was erwartet der Nutzer bei seiner Suche? Die Antwort auf diese Fragestellung muss die Affiliate-Webseite bieten – in häufigen Fällen ist dies Content mit informativem Mehrwert zum Thema. Bietet die Affiliate-Webseite den erwarteten Mehrwert, so braucht sich der Webseitenbetreiber auch vor zukünftigen Google-Updates nicht zu fürchten, da er langfristig und nachhaltig für die Anforderungen der Suchmaschine gewappnet ist.

Während die Traffic-Akquise bei der Konzentration auf informationale Suchanfragen viele Vorteile bietet, können im Bereich der Monetarisierung der Webseite beziehungsweise des Traffics Probleme auf den Affiliate zukommen. Die Konversionsraten informationaler Keywords sind natürlich zumeist geringer als bei transaktionalen Suchbegriffen. Allerdings müssen sich Affiliates mit diesem Dilemma abfinden, da transaktionale Keywords langfristig keine erfolgreiche Option für informative Webseiteninhalte darstellen.

Aus SEO-Sicht wird es immer schwieriger, stark konvertierenden Traffic über organische Suchergebnisse zu gewinnen.

Zweiter Trend: Eine Marke schaffen
Der zweite Trend ist für erfolgreiche Affiliates weniger neu. Er bezieht sich nicht nur auf das Aufbauen von Projekten und deren Monetarisierung, sondern auch auf die Bildung einer Marke, was zwangsläufig zulasten vieler Conversions und Impressions sowie großer Traffic-Mengen erfolgt. Die Markenbildung erstreckt sich über den gesamten Kaufprozess des Nutzers, wobei diese Strategie entsprechend viele Ressourcen für die Ziele in den ersten beiden Phasen des Kaufprozesses bindet.

Eine Marke zeichnet sich unter anderem durch ein relativ hohes Suchvolumen auf den Markennamen aus. Allerdings ist beim Markenaufbau Geduld gefragt, da er sich über einen langen Zeitraum hinziehen kann. Erst nach vielen Monaten oder gar Jahren kann man von etablierten Marktteilnehmern sprechen, deren Marken beispielsweise in einer Nische zu Autoritäten geworden sind. Die Strategie liefert Inspirationen für den Aufbau spezialisierter Themen-Portale – sofern die Informationen auf der Seite den Nutzer über-zeugen, wird er mit der Zeit die Suche weniger auf entsprechende Keywords als vielmehr auf die Affiliate-„Marke" richten. Ein langes Durchhaltevermögen ist bei der Umsetzung dieser Strategie jedoch unumgänglich.

3.2.5 Mischformen der Klassen von Suchanfragen

Die Aufteilung in informationale, transaktionale und navigationale Suchanfragen ist sehr vereinfachend. Abbildung 3.17 verdeutlicht, dass neben den reinen Klassifizierungen von Suchanfragen auch Schnittmengen existieren, die sich aus unterschiedlichen Typen von Suchanfragen zusammensetzen.

Anhand von verschiedenen Beispielen möchten wir die Schnittmengen, also Misch-formen der Klassen von Suchanfragen, verdeutlichen.

Transaktional-informationale Suchanfragen
Die Suche „wo in Berlin Schuhe kaufen" ist eine Kombination aus transaktionaler und informationaler Suche. Ihren transaktionalen Charakter erhält die Suche dadurch, dass der Suchende eine transaktionsorientierte Intention verfolgt – schließlich möchte er „Schuhe kaufen". Allerdings möchte sich der Suchende gleichfalls darüber informieren, wo dies in Berlin möglich ist. Eine optimale Destinationsseite wäre also die Aufzählung sämtlicher Schuhgeschäfte in Berlin. Offensichtlich möchte der Suchende nicht online, sondern vor Ort in Berlin kaufen, wodurch er mit der Anfrage ganz klar den stationären Handel bevor-zugt. Selbstverständlich kann er durch einen Online-Anbieter noch davon überzeugt wer-den, das Online-Angebot in Anspruch zu nehmen, doch liegt die Suchanfrage nicht so nah an einer Conversion, wie das bei einer Suchanfrage „Schuhe online kaufen" der Fall wäre.

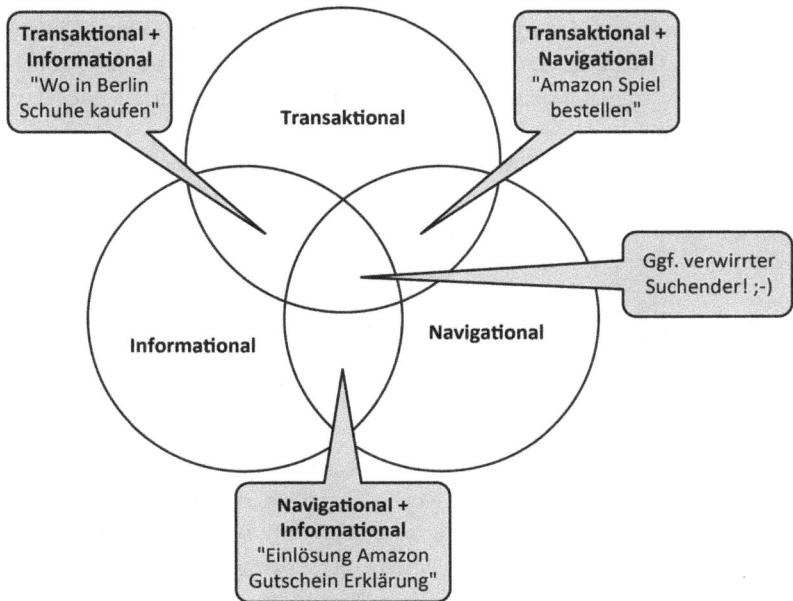

Abb. 3.17 Mischformen von Suchanfragen

Transaktional-navigationale Suchanfragen
Die Suchanfrage „PS3-Spiele bei Amazon bestellen" lässt sich als transaktional-navigationale Suchanfrage bezeichnen. Einerseits sucht der Nutzer nach einer Möglichkeit, Spiele für
die PlayStation 3 zu erwerben – dies entspricht dem Charakter einer transaktionalen Suchanfrage. Der Nutzer ist allerdings andererseits in seinem Kaufprozess schon so weit fortgeschritten, dass er navigational explizit nach PS3-Spielen beim Anbieter Amazon sucht.

Die optimale Destinationsseite ist in diesem Fall eine Unterseite von Amazon, die
sämtliche Spiele für die PlayStation 3 auflistet, welche beim Anbieter bestellt werden können. Auf weiteren Suchergebnissen wären solche Ergebnisse passend, die Informationen
über das Bestellen von Produkten – explizit PS3-Spielen – bei Amazon bereitstellen. Dies
könnten Informationen zum Bestell- und Lieferprozess, aber auch Erfahrungen anderer
Nutzer sein, die diese in Foren, Blogs und auf ihrer Webseite zur Verfügung stellen.

Transaktional-navigationale Suchanfragen werden besonders häufig dann von Nutzern
durchgeführt, wenn die Suchfunktion auf der Zielseite selbst unzureichend umgesetzt ist.
Nutzer finden auf der Seite nicht die gewünschten Produkte oder Informationen und versuchen demnach, durch die Nutzung von Suchmaschinen die Informationen zu finden.

Informational-navigationale Suchanfragen
Die Suchanfrage „Einlösung Amazon Gutschein Erklärung" ist ein typischer Vertreter
informational-navigationaler Suchanfragen. Einerseits ist die Suche navigational, da der
Nutzer explizit nach einem Gutschein von Amazon sucht. Er ist also im Kaufprozess weit

vorangeschritten und sucht jetzt Informationen, wie er Rabatt auf seinen Einkauf erhält. Der informationale Charakter der Suchanfrage entsteht dadurch, dass der Suchende nicht nur einen Gutschein finden möchte, sondern gleichzeitig die Erklärung sucht, wie dieser eingelöst werden kann.

Auf der Destinationsseite sollte mithilfe einer Anleitung, multimedialer Elemente wie einem Video oder mehreren Screenshots/Grafiken der Prozess, wie ein Gutschein bei Amazon einzulösen ist, beschrieben werden.

3.3   Klickverhalten in den Suchergebnissen

Um nachvollziehen zu können, warum Top-Rankings in Suchmaschinen so relevant sind und es nicht ausreicht, einfach nur auf Seite 1 in den Ergebnissen gefunden zu werden, muss das Klickverhalten der Nutzer in den Suchergebnissen analysiert und verstanden werden.

Der Frage, wie Nutzer sich bei der Suche innerhalb der Suchergebnisse verhalten, stellten sich beispielsweise Laura Granka et al. (vgl. http://www.cs.cornell.edu/People/tj/ publications/granka_etal_04a.pdf) im Rahmen einer Eyetracking-Studie. Hierbei wurden die Probanden gebeten, zehn Suchanfragen durchzuführen, die sowohl webseitenbezogene als auch informationale Suchanfragen enthielten – also Suchanfragen unterschiedlicher Schwierigkeit. Im Durchschnitt benötigten die Probanden 7,78 s, um sich für eines der Ergebnisse zu entscheiden. Je nach Schwierigkeit der Suchanfrage variierte dieser Wert jedoch zwischen 5 und 11 s. Dies verdeutlicht, dass Nutzer relativ schnell eine Entscheidung darüber treffen, welches Dokument sie bei einer durchgeführten Suchanfrage als relevant erachten und daher öffnen möchten. Die eigentliche Frage, die sich stellt, ist jedoch, inwiefern das Ranking einer Seite die Aufmerksamkeit, die ein Suchergebnisses erhält, beeinflusst. Abbildung 3.18 veranschaulicht sowohl die Anzahl der Seitenaufrufe

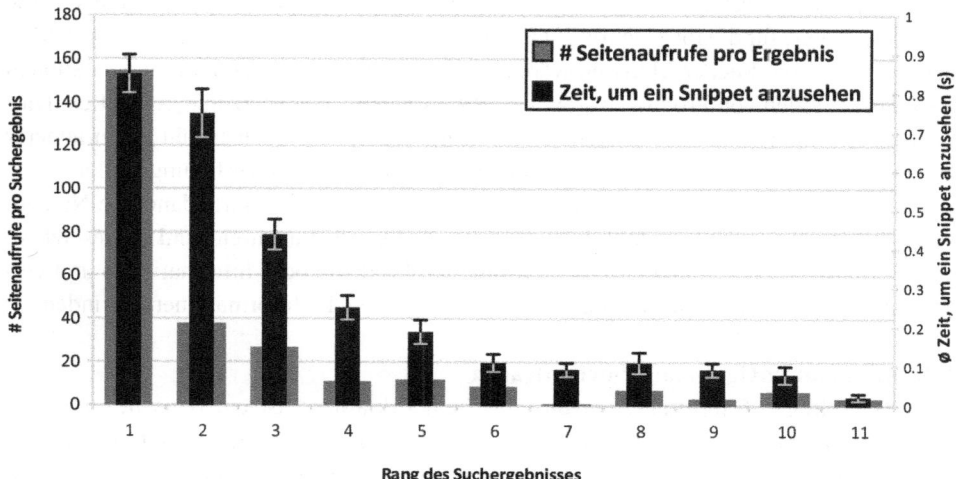

Abb. 3.18 Klickverhalten in den Suchergebnissen (in Anlehnung an http://www.cs.cornell.edu/ People/tj/publications/granka_etal_04a.pdf)

pro Ergebnis als auch die Zeit, die der Nutzer aufgewendet hat, um sich ein Snippet eines Suchergebnisses anzusehen.

Wie zu erkennen, wird das erste und zweite Suchergebnis ungefähr gleich lange vom Nutzer angesehen. Allerdings klickt der Nutzer deutlich häufiger auf das erste als auf das zweite Suchergebnis. Anhand der Verteilung wird deutlich, dass die Dauer, während der ein Suchergebnis die Aufmerksamkeit des Suchenden erregt, von Rang zwei bis fünf abnimmt, bei Suchergebnis sechs und den folgenden allerdings eher konstant ist beziehungsweise wieder etwas zunimmt. Dieser Sprung lässt sich dadurch begründen, dass die Positionen eins bis fünf oft noch im sichtbaren Bereich einer Seite angezeigt werden, der Nutzer für tiefere Ergebnisse scrollen muss und – wenn er in den Suchergebnissen scrollt – die weiteren Ergebnisse seine Aufmerksamkeit erregen. Zwar gibt die Studie schon erste Anhaltspunkte, wie wichtig ein Top-Ranking ist – allerdings muss in diesem Zusammenhang erwähnt werden, dass in der Studie bezahlte Suchanzeigen ebenso wenig berücksichtigt wurden wie vertikale Ergebniseinblendungen in der Suche wie Maps, Bilder oder Videos.

Abbildung 3.19 und 3.20 stellen eine typische Heatmap dar, wie Suchende die Suchergebnisse ohne vertikale Einblendungen wahrnehmen.

Abb. 3.19 Heatmap 1 (in Anlehnung an http://searchengineland.com/images/justbehave-sep22-1.jpg)

Abb. 3.20 Heatmap 2
(in Anlehnung an http://
searchengineland.com/images/
justbehave-sep22-1.jpg)

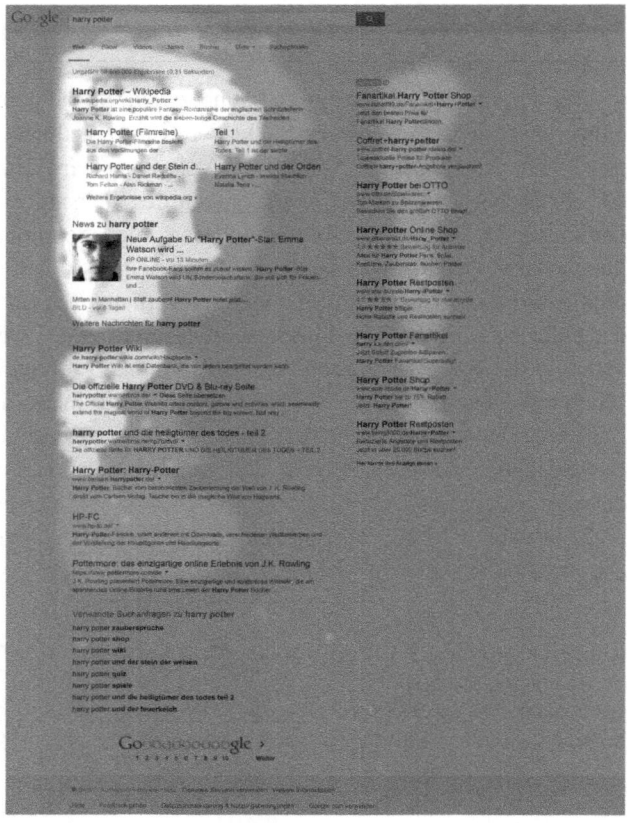

In einer von Enquiro durchgeführten Studie wurden die vertikalen Einbindungen von Google ebenso wie die personalisierten Suchergebnisse in den Versuchsablauf einbezogen (vgl. http://searchengineland.com/eye-tracking-on-universal-and-personalized-search-12233). Wie die Abbildungen zeigen, verschiebt sich der Fokus der Betrachter bei Einbindung von Video-Suchergebnissen deutlich. Waren die Suchenden zuvor hauptsächlich auf das erste Suchergebnis fokussiert, so verschiebt sich die Aufmerksamkeit hin zu der Videoeinblendung. Besonders interessant und überraschend ist jedoch, dass das Ergebnis, welches direkt unter der Videoeinblendung zu finden ist, eine erhöhte Aufmerksamkeit erzielt.

Dieses Phänomen dürfte darauf beruhen, dass sich der Suchende zunächst auf das eingeblendete Element, im vorliegenden Fall das Video, konzentriert. Während man sich sonst auf den Beginn der Seite, also das erste Ergebnis, konzentrieren würde, beobachtet man bei vertikalen Einblendungen die Ergebnisse oberhalb und unterhalb der Einblendung. All das geschieht natürlich unterbewusst – dennoch ist es für Suchmaschinenoptimierer wichtig zu wissen, dass die Einblendungen vertikaler Elemente nicht nur weitere organische Ergebnisse in der Sichtbarkeit nach unten schieben, sondern auch Aufmerksamkeit für weitere Suchtreffer wecken.

Neben diesen Studien soll auch noch auf eine Analyse der Agentur Bluerank eingegangen werden (vgl. http://www.seomoz.org/ugc/click-through-rates-in-google-serps-for-different-types-of-queries). Aus 14.507 Suchanfragen wurde eine Datenbank entwickelt, die die Click Through Rates sowie die durchschnittliche Position der Zielseiten umfasst. Um eine möglichst breite Datenbasis zu gewährleisten, wurden unterschiedliche Typen von Webseiten (E-Commerce-Seiten, Institutionen, Unternehmenswebseiten und Werbewebseiten) in die Analyse einbezogen. Die Suchanfragen wurden klassifiziert und den Typen Produkt-Suchanfragen, Brand-Suchanfragen sowie generellen Suchanfragen – also solchen, die weder Produkt- noch Brand-Suchanfragen sind – zugeordnet. Abbildung 3.21 zeigt die Click Through Rate gegenübergestellt für alle Suchanfragen sowie Brand-, Produkt- und generelle Suchanfragen.

Besonders deutlich wird die Dominanz der Top-Rankings anhand der Auswertung einer Studie von Slingshot (vgl. http://omaxis.de/blog/studie-zur-click-through-rate-ctr-bei-google-und-bing/). Der Abb. 3.22 ist die durchschnittliche prozentuale Klickrate von Zielseiten zu entnehmen, die in den Top 10 ranken.

Zunächst wird durch die Auswertung der Ergebnisse deutlich, dass – sofern bezahlte Anzeigen oberhalb der organischen Ergebnisse eingeblendet werden – die CTR viel niedriger liegt, als dies die oben aufgeführten Studien erwarten ließen. Mit 18,20 % klickt gerade einmal jeder fünfte Suchende auf das erste organische Ergebnis. Insgesamt 52,32 % der Nutzer klicken auf eines der ersten zehn Ergebnisse.

Abbildung 3.23 stellt die Ergebnisse der drei verwandten Studien von Slingshot, Optify und Enquiro gegenüber.

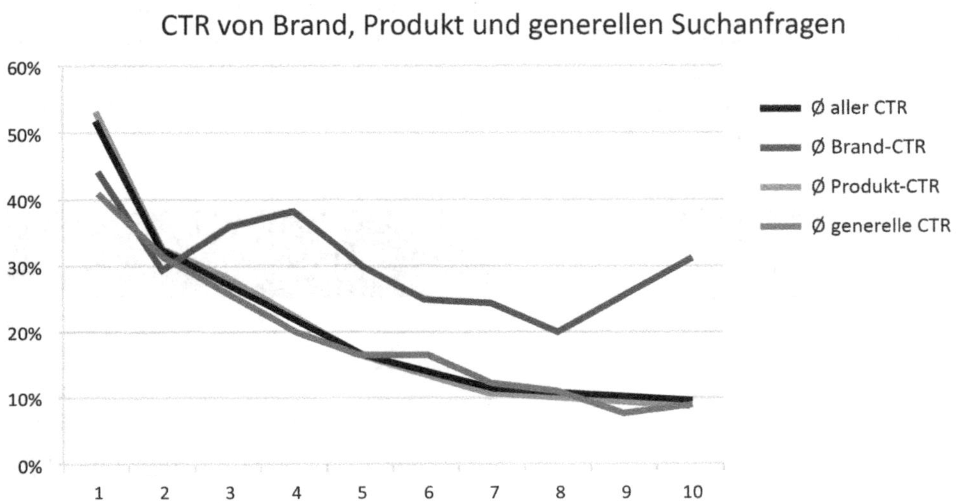

Abb. 3.21 CTR von Brand-, Produkt-, und generellen Suchanfragen (in Anlehnung an http://cdnext.seomoz.org/1341615598_0da2e0d9e02e7dbc796e016eb2d0e125.jpg)

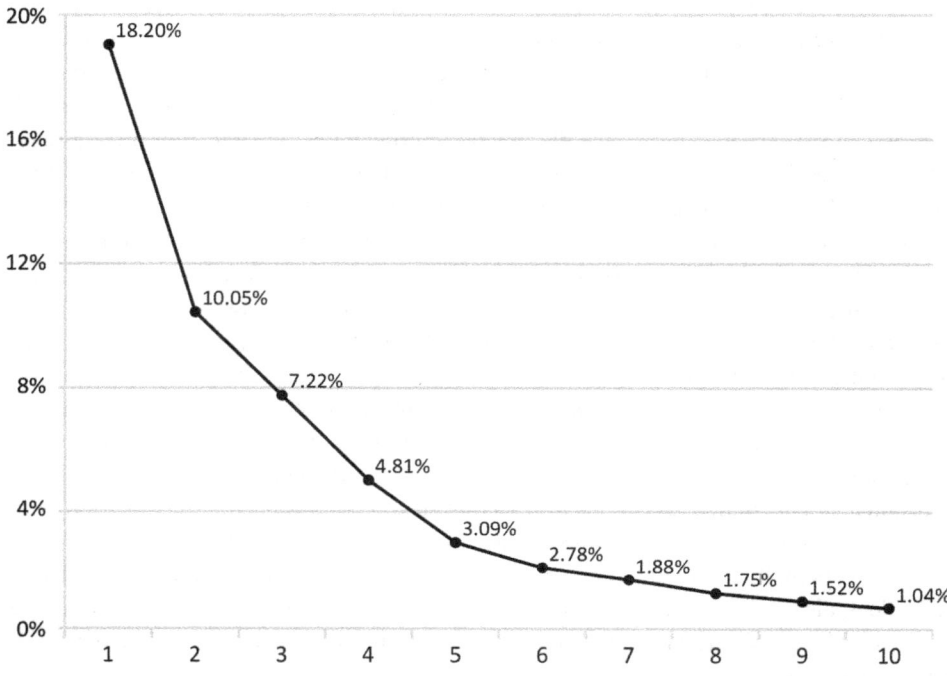

Abb. 3.22 CTR und SERP Position (in Anlehnung an http://omaxis.de/wp-content/uploads/google-click-through-rate-ctr.jpg)

Die Ergebnisse der drei Studien können insofern nur bedingt miteinander verglichen werden, als mit Ausnahme von Slingshot keine Studie die Möglichkeit von Klicks auf bezahlte Anzeigen, Bilder etc. berücksichtigt. Dennoch belegen alle drei Studien, dass ein Großteil des Traffics nur auf den ersten drei Platzierungen in den Suchergebnissen generiert werden kann.

Abb. 3.23 Studien zur CTR (in Anlehnung an http://omaxis.de/blog/studie-zur-click-through-rate-ctr-bei-google-und-bing/)

Google SERP-Position	Slingshot SEO	Optify	Enquiro
1	18,2%	36,4%	27,1%
2	10,0%	12,5%	11,7%
3	7,2%	9,5%	8,7%
4	4,8%	7,9%	5,1%
5	3,1%	6,1%	4,0%
6	2,8%	4,1%	4,1%
7	1,9%	3,8%	4,1%
8	1,7%	3,5%	3,2%

SEOs verstehen

4

Zusammenfassung

Im Kapitel „SEOs verstehen" möchten wir einen Überblick über die SEO-Industrie geben. Um Suchmaschinenoptimierung verstehen und anwenden zu können, ist es notwendig, auch die Branche an sich sowie deren Akteure zu verstehen.

Zunächst wird das Panoptikum der SEO-Branche vorgestellt. Auf dieses Gedankenmodell wird auch im weiteren Verlauf des Buches des Öfteren zurückgegriffen, um Zusammenhänge zu erläutern. Nachdem die verschiedenen Ausprägungen der Suchmaschinenoptimierung gezeigt wurden, werden mögliche Arbeitsgebiete von Suchmaschinenoptimierern vorgestellt und Vorteile eines Inhouse SEOs den Vorteilen der Zusammenarbeit mit einer Agentur gegenübergestellt.

Unternehmen, die noch wenig Erfahrung im Bereich der Suchmaschinenoptimierung haben, fragen sich häufig, welche Eigenschaften ein „guter" SEO mitbringen sollte. Auch wenn sich diese Frage nicht vollständig klären lässt und sehr stark vom jeweiligen Individuum abhängig ist, sollen dennoch einige Fähigkeiten, die einen SEO auszeichnen, vorgestellt werden.

Da die Suchmaschinenoptimierung ein sehr integrativer Kanal ist und sehr viele Unternehmensbereiche beeinflusst, widmen wir diesem Themengebiet ebenfalls Platz im folgenden Kapitel. Sowohl interne als auch externe Anspruchsgruppen werden vorgestellt und die Überschneidung mit der Suchmaschinenoptimierung skizziert. Außerdem werden Ansatzpunkte aufgezeigt, wie sich eine SEO-Strategie erfolgreich im Unternehmen implementieren lässt.

© Springer Fachmedien Wiesbaden 2015   101
A. Alpar et al., *SEO – Strategie, Taktik und Technik*, DOI 10.1007/978-3-658-02235-8_4

4.1   Professionalisierung der Suchmaschinenoptimierung

Im Rückblick auf die vergangenen Jahre lässt sich in Bezug auf Suchmaschinenoptimierung ein deutlicher Wandel von einer Szene hin zu einer Branche erkennen.

Eine Szene definiert sich als ein soziales Netzwerk, das durch gemeinsame Interessen, Überzeugungen, Vorlieben oder Geschmäcker von Menschen verdichtet ist. Bevor die Suchmaschinenoptimierung als relevanter Online-Marketing-Kanal in Unternehmen jeder Größenordnung Einzug hielt, war die SEO-Szene noch deutlich überschaubarer und kleiner als heute.

Während zu Anfangszeiten der Suchmaschinenoptimierung, die ein sehr junges Betätigungsfeld ist, noch relativ wenige Einzelpersonen oder kleine Unternehmen ihre eigenen Webseiten optimiert haben, hat sich SEO mittlerweile zu einem sehr relevanten Bereich des Online-Marketings entwickelt. Dies lässt sich nicht nur anhand der steigenden Anzahl von SEO-relevanten Stellenausschreibungen erkennen – auch die Anzahl an Informationsquellen, Weiterbildungsmöglichkeiten etc. wächst konsequent. Die Suchmaschinenoptimierung ist zu einem wichtigen Bestandteil im Online-Marketing-Mix geworden, was zur Professionalisierung des Kanals beiträgt. Inhouse SEOs im Unternehmen finden immer mehr Gehör und Zuspruch seitens der Geschäftsführung beziehungsweise des Vorstands. Suchmaschinenoptimierung, die lange Zeit als Black Box galt, ist also zukünftig immer weiter zu entmystifizieren, um noch mehr Akzeptanz für diese schnell wachsende Branche zu erlangen.

Das relativ schnelle Wachstum der SEO-Branche und die damit einhergehende Professionalisierung hat zur Folge, dass in der einst übersichtlichen Branche mittlerweile ständig neue Dienstleister und Dienstleistungen entwickelt werden, um den Bedarf an Suchmaschinenoptimierung zu decken. In diesem Zusammenhang stellt sich die Frage, inwiefern sich der Markt selbst regulieren kann beziehungsweise welche Mechanismen notwendig sind, um „schwarze Schafe" auszusortieren, die es zweifellos wie in jeder Branche auch beim SEO gibt.

4.2   Das Panoptikum der SEO-Branche

Die Szene beziehungsweise Branche der Suchmaschinenoptimierung hat sich schon immer kontinuierlich mit sehr hoher Geschwindigkeit verändert, wie Suchmaschinen ihre Algorithmen ändern. In den vergangenen Jahren hat diese Entwicklung sogar nochmals an Geschwindigkeit zugelegt.

Das Modell des Panoptikums der SEO-Branche dient dazu, den Markt noch besser zu verstehen und Marktteilnehmer einordnen zu können. Im weiteren Verlauf des Buches werden wir des Öfteren auf das Modell zurückgreifen, um die Struktur des SEO-Marktes aufzunehmen und verschiedene Gesichtspunkte erläutern zu können. Der Erfahrung nach bringt eine bessere Strukturierung von Sachverhalten große Effizienzgewinne in der Kommunikation. Aufgrund dieser Erkenntnis wurde das Modell erstellt.

4.2.1 Treiber der Positionierung

Der Struktur des Erklärungsmodells, welches wir als „Panoptikum" der SEO-Branche bezeichnen, liegen zwei Treiber der Positionierung zugrunde (vgl. Abb. 4.1). Dies sind zum einen die Ziele der Optimierung und zum anderen die Größe des optimierenden Teams.

Bei der Unterscheidung des Ziels der Optimierung differenzieren wir zwischen drei Ausprägungen:

- Eigene Webseiten
- Webseiten des Arbeitgebers
- Webseiten von Auftraggebern

Domains, die im eigenen Besitz sind, werden in der Regel vom Webseitenbetreiber durch Leadgenerierungsmodelle, Affiliate-Einbindungen, Direktvermarktung und weitere Kanäle monetarisiert. Suchmaschinenoptimierer, die Webseiten des Arbeitgebers betreuen, werden auch als Inhouse SEOs bezeichnet. Betreut ein Suchmaschinenoptimierer die Webseiten von Auftraggebern, so arbeitet er zumeist in einer **SEO-Agentur** oder berät freiberuflich seine Kunden. Sicherlich ist in den seltensten Fällen eine Reinform vorzufinden. Viele Inhouse SEOs haben nebenher eigene Projekte beziehungsweise beraten Webseitenbetreiber, die ihre Projekte optimieren und monetarisieren, und betreuen nebenberuflich Kunden bei deren Webseiten-Optimierung. In den meisten Fällen dominiert jedoch eine Tätigkeit.

Das zweite Unterscheidungskriterium, die Größe des optimierenden Teams, wird in die Ausprägungen „kleines Team" sowie „mittleres bis großes Team" untergliedert. Quantitativ ist es über alle Unternehmen hinweg schwierig, „kleine" von „mittleren" Teams zu trennen. Auf genaue Zahlen kann hier also nicht verwiesen werden, allerdings sollten die

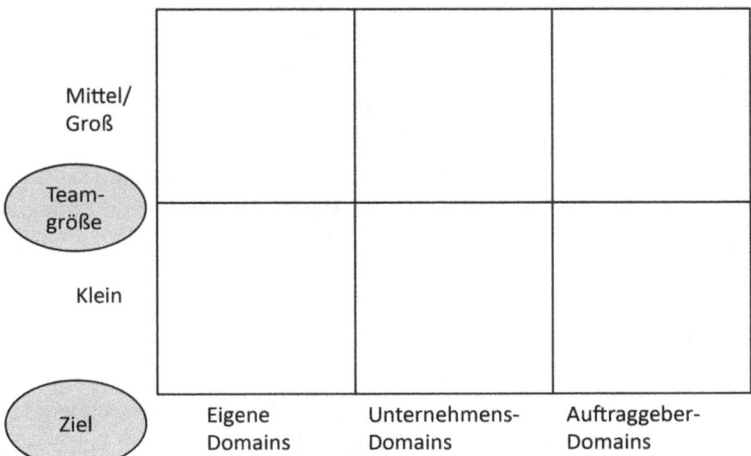

Abb. 4.1 Struktur der SEO-Branche

Abb. 4.2 Panoptikum der SEO-Branche

Marktteilnehmer ein Gefühl dafür haben, wann man eher von einem kleinen beziehungsweise von einem mittelgroßen Team sprechen kann.

In Anlehnung an die Portfolio-Matrizen der Boston Consulting Group wurden in
Abb. 4.2 die Archetypen der SEO-Szene beziehungsweise -Branche benannt, die im Folgenden beschrieben werden.

4.2.2   Einsamer Wolf

Ohne Bedarf eines nennenswerten Teams arbeitet der „einsame Wolf" an seinen eigenen
Projekten und organisiert sich gegebenenfalls mit Freelancern. Vertreter dieses Archetypen zeichnen sich gewöhnlich durch Know-how in der Suchmaschinenoptimierung, aber
auch in anderen Marketing-Disziplinen wie Affiliate Marketing und Adsense Optimierung
aus. Schließlich ist es für den „einsamen Wolf" von besonderer Relevanz, seine Projekte
eigenständig monetarisieren zu können. Durch die Möglichkeit, sehr kurzfristig zu handeln, kann dieser Archetyp opportunistisch sich bietende Chancen nutzen.

Oft arbeiten „einsame Wölfe" neben ihrem Beruf an den eigenen Projekten. Werbetreibende bekommen über Affiliate Marketing oft von „einsamen Wölfen" ihren Traffic.

4.2.3   Rudel

Während der „einsame Wolf" allein an seinen eigenen Projekten arbeitet, werden diese bei
einem „Rudel" in einem größeren Team umgesetzt. Hier sprechen wir keineswegs von der
fortschrittlichen Variante des „einsamen Wolfs" – jeder Archetyp hat seine Berechtigung

in der SEO-Branche, ein „Rudel" muss nicht immer erfolgreicher sein als „einsame Wöl-fe". Im Gegensatz zum „einsamen Wolf" fallen beim „Rudel" neben Gehaltskosten auch Overhead-Kosten an. Anders als beim „einsamen Wolf" muss die Geschäftsführung eines „Rudels" viel Zeit in die Teamführung investieren. Soziale Kompetenz ist also bei einem „Rudel" ebenso wichtig wie Know-how in den Bereichen Monetarisierung und SEO. Oft entwickelt sich dieser Archetyp aus „einsamen Wölfen" heraus, wenn deren Projekte so erfolgreich laufen, dass das Projektmanagement von wenigen Personen nicht mehr zu stemmen ist.

Das „Rudel" ist der am seltensten vorkommende Archetyp in der SEO-Branche.

4.2.4 Multi-Instrumentalist

Beim Inhouse SEO arbeitet der Multi-Instrumentalist allein oder in einem kleinen Team bei einem Unternehmen, seinem Arbeitgeber. Dieser Archetyp muss sich mit allen Ins-trumenten, das heißt Handwerkszeugen und Tools, im SEO-Bereich auskennen. Nicht nur die rein technische Suchmaschinenoptimierung, sondern auch weitere Bereiche wie das Linkmarketing, Monitoring, Controlling oder die Steuerung der Zusammenarbeit mit externen Dienstleistern fallen in den Aufgabenbereich des Multi-Instrumentalisten. Der Multi-Instrumentalist muss seine Standpunkte im Unternehmen gegenüber sämtlichen an-grenzenden Unternehmensfeldern vertreten. Eine seiner wichtigsten Aufgaben besteht da-rin, durch Kommunikation die Integration des SEO-Kanals in das Unternehmen zu schaf-fen und voranzutreiben. Im Gegensatz zum „einsamen Wolf" oder zum „Rudel" ist für den Multi-Instrumentalisten ein grundlegendes Wissen in anderen Marketing-Disziplinen ausreichend, da diese in der Regel von anderen Mitarbeitern geführt werden.

4.2.5 Big Band

Insbesondere in international tätigen Unternehmen, die einen hohen Anteil des Marketing-budgets in Online-Marketing-Maßnahmen investieren, arbeitet ein großes Inhouse-SEO-Team. Vertreter dieses Archetyps werden als „Big Band" bezeichnet. Anders als beim Multi-Instrumentalisten, dem sämtliche SEO-relevanten Aufgaben übertragen werden, sind die Aufgabenstellungen in der Big Band deutlich strukturiert. So kann sich der eine Mitarbeiter um die technische Optimierung der Webseite kümmern, während ein anderer die Aufgabe des Kooperationsmanagements innehat. In der Big Band ist eine Führungs-kraft vonnöten, die die Mitarbeiter optimal auf die einzelnen Aufgabenstellungen verteilt und deren Stärken und Schwächen optimal bewerten kann. Die Führungskraft sollte in der Lage sein, die Mitarbeiter zu motivieren, und in allen SEO-Bereichen über ein hohes Maß an Wissen verfügen. Da die Teamführung der Big Band die Interessen des SEO-Teams bei anderen Abteilungen im Unternehmen vertreten muss, benötigt sie Durchsetzungs-stärke und sollte sich auch in weiteren Marketing-Disziplinen grundsätzlich auskennen.

Suchmaschinenoptimierer, die in einer Big Band arbeiten, müssen über ein hohes Maß an Teamfähigkeit verfügen.

4.2.6   Zehnkämpfer

Zehnkämpfer definieren wir als solche Suchmaschinenoptimierer, die für Domains von Auftraggebern arbeiten und keinem mittleren bis großen Team zuzuordnen sind. Zehnkämpfer arbeiten alleine oder mit wenigen Partnern für ihre Auftraggeber. Insbesondere im SEO-Markt sind kleine Agenturen eher die Regel als die Ausnahme, da die Einstiegsbarrieren, eine kleine Agentur zu gründen oder freiberuflich für Kunden zu arbeiten, sehr gering sind. Aufgrund der kleinen Teamgröße sind die Ressourcen der Zehnkämpfer normalerweise immer so begrenzt, dass sie nur eine gewisse Anzahl an Kundenaufträgen gleichzeitig bearbeiten können. Bei internationalen Projekten beziehungsweise Großkunden können sie aus Ressourcensicht an ihre Grenze stoßen, wenn es um die operative Umsetzung von Maßnahmen beispielsweise im Linkmarketing geht. Besonders hervorzuheben ist die Vielseitigkeit der Zehnkämpfer. Sie sollten sich in sämtlichen für die Suchmaschinenoptimierung relevanten Teilbereichen gut auskennen.

4.2.7   Mannschaft

Im Vergleich zu den Zehnkämpfern handelt es sich bei der Mannschaft um große Agenturen mit mehreren Mitarbeitern. Bei Mannschaften sind solche Mitarbeiter gut aufgehoben, die sich durch Teamplaying auszeichnen – dies ist also vergleichbar mit der Big Band. Von der technischen und inhaltlichen Optimierung über Universal Search Optimierung bis hin zur Ausarbeitung von Linkmarketing-Kampagnen sind die Mitarbeiter einer Mannschaft auf bestimmte Teilbereiche der Suchmaschinenoptimierung spezialisiert. Die Projektleiter in einer Mannschaft haben die Aufgabe, Stärken und Wissen der Mitarbeiter so einzuschätzen, dass ein für Kunden optimales Projektteam zusammengestellt werden kann. Der Erfahrungsschatz und das Wissen der Mitarbeiter, die in einer Mannschaft tätig sind, sollten aufeinander abgestimmt sein und zueinander passen.

4.2.8   Panoptikum in der praktischen Anwendung

Im Zusammenhang mit der Definition von Archetypen im Panoptikum der SEO-Szene/-Branche muss festgestellt werden, dass **kein Feld besser oder schlechter zu bewerten ist** als ein anderes. Bei den Feldern handelt es sich vielmehr um unterschiedliche Ausprägungen, die unterschiedliche Fähigkeiten der Akteure erfordern. Allerdings wird jeder Archetyp im Gesamtkonstrukt der SEO-Branche benötigt, weshalb sich diese Archetypen mit der Zeit herausgebildet haben. Die **Felder unterscheiden sich grundsätzlich in Hinblick**

auf alltägliche Fragestellungen und Aufgaben des Suchmaschinenoptimierers. Doch wie kann das Panoptikum denn nun angewandt werden?

4.2.8.1   Karrierepfade beschreiben

Einerseits ist das Gedankenmodell dazu geeignet, SEO-Karrieren von Akteuren im Markt grafisch darzustellen. Wendet man das Modell auf einige Suchmaschinenoptimierer an, so ist leicht erkennbar, dass SEO-Karrieren nie linear nach einem bestimmten Schema verlaufen, sondern sehr divers betrachtet werden können. Oft lernen Akteure verschiedene Betätigungsfelder des Panoptikums innerhalb ihrer Karriere kennen, was jedoch nicht heißen soll, dass andere SEOs nur auf einem Pfad des Panoptikums Karriere machen. Wir haben in einem Blogbeitrag einige ausgewählte Karrierepfade von Akteuren der SEO-Branche vorgestellt. Diese sind bei Interesse unter http://www.akm3.de/blog/panoptikum-der-seo-szene-branche einzusehen.

4.2.8.2   Unterschiede zwischen SEO und anderen Online-Marketing-Kanälen

Ebenfalls lässt sich der Unterschied zwischen SEO und anderen Online-Marketing-Kanälen mithilfe des Panoptikums erklären. Durch eine hohe Eventanzahl, hohe Social-Media-Präsenz und Publikationsvielfalt könnte es für Außenstehende so wirken, als sei die Suchmaschinenoptimierung der wichtigste Kanal im Online-Marketing-Mix – doch ist dies selten der Fall. Häufig wird ein Großteil des Budgets in SEA oder Display Advertising investiert, wohingegen SEO nur einen kleinen Anteil des Marketingbudgets vereinnahmt.

Bei nahezu allen Online-Marketing-Disziplinen wie SEA oder Display Advertising ist die Ausprägung „Eigene Webseiten" innerhalb der Optimierungsziele hinfällig. Die eigene Website ist in diesen Kanälen eher die absolute Ausnahme.

Auch innerhalb der Agenturwelt lassen sich Unterschiede zwischen SEO und anderen Online-Marketing-Kanälen verdeutlichen. In der SEA-, Display- und Affiliate-Agenturlandschaft herrschen Mannschaften vor, während bei der Suchmaschinenoptimierung die Agenturwelt durch Zehnkämpfer, also eher sehr kleine Agenturen, geprägt ist.

4.2.8.3   Repräsentation von SEO in Industrieverbänden

Wie oben bereits erwähnt, sind derzeit nur sehr wenige Industrieverbände vorhanden, die für Suchmaschinenoptimierer nennenswerten Mehrwert bieten können. Zwei Industrieverbände möchten wir aber dennoch vorstellen – SEMPO und BVDW.

SEMPO beschreibt sich selbst als „the largest nonprofit trade organization in the world serving the search and digital marketing industry and marketing professionals engaged in it" (www.sempo.org). Die Aktivitäten von SEMPO konzentrieren sich auf Weiterbildung, Networking und Recherche für die Mitglieder. So bietet die Webseite des Verbands ein ausführliches Learning Center in Form einer Bibliothek, welche sowohl nützliche Tools als auch ein SEM-Glossar und weiterführende Informationen enthält. Außerdem werden den Mitgliedern in regelmäßigen Abständen Webinare zu unterschiedlichsten Themen im Suchmaschinenmarketing angeboten. Dementsprechend richtet sich SEMPO auch an

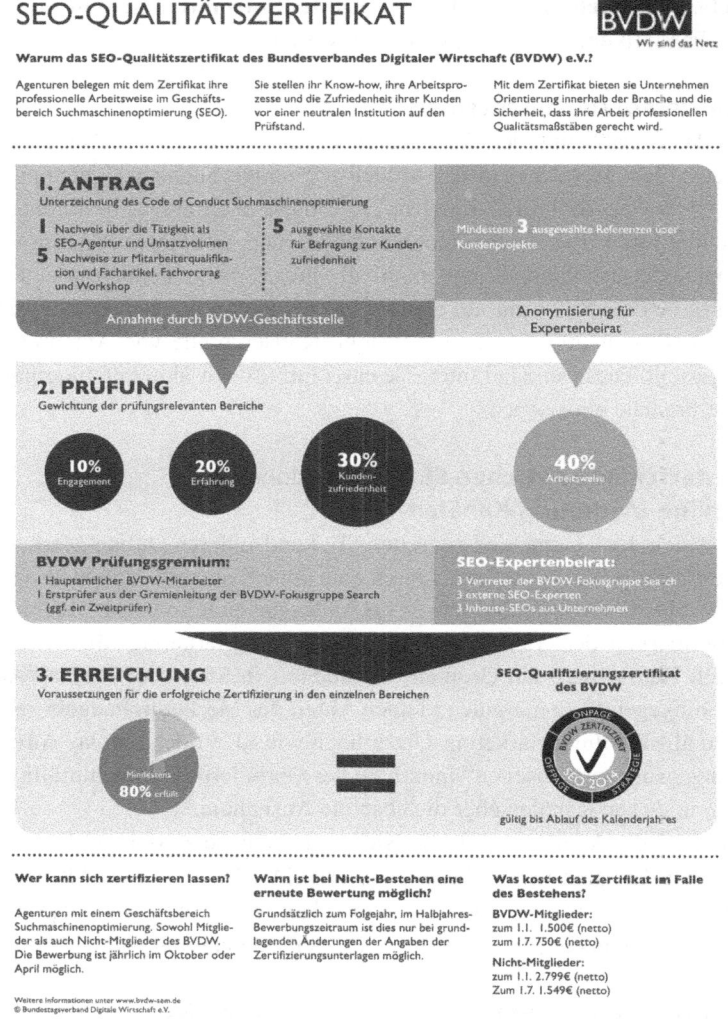

Abb. 4.3 BVDW Qualitätszertifikat. (Quelle: http://www.bvdw.org/fileadmin/downloads/bvdw-sem/2014/bvdw_zertifikate_seo_infografik_2014.pdf)

sämtliche Ausprägungen von Archetypen im SEO-Panoptikum. SEMPO hat in den USA einen recht hohen Stellenwert für SEOs.

Demgegenüber wendet sich der Bundesverband Digitale Wirtschaft e. V., kurz BVDW, hauptsächlich an größere Agenturen, also Mannschaften, und teilweise auch an Big Bands. Der BVDW hat es sich zum Ziel gesetzt, die Interessen für Unternehmen in den Bereichen interaktives Marketing, digitale Inhalte und interaktive Wertschöpfung zu vertreten. Der BVDW ist in mehrere Fachgruppen unterteilt, die wiederum die Branchensegmente der Digitalwirtschaft abbilden.

Wie bereits weiter oben erwähnt, professionalisiert sich die SEO-Branche langsam, aber stetig. Dazu trägt auch das Qualitätszertifikat des BVDW bei, das eine höhere Markttransparenz ermöglichen soll und potenzielle Kunden bei der Wahl eines geeigneten Dienstleisters unterstützt. Die klaren Qualitätsrichtlinien, die erfüllt werden müssen, um das SEO-Zertifikat zu erhalten, zeigen sich darin, dass derzeit nur gut 20 Agenturen deutschlandweit über ein solches verfügen. Qualitätsstandards, zu denen sich diese Agenturen verpflichten und an denen sie gemessen werden, sind die Erfahrung des Unternehmens, die Arbeitsweise, die Kundenzufriedenheit sowie das Engagement am Markt.

Insbesondere durch das Zertifikat – aber auch durch die strukturelle Arbeitsweise vom BVDW – ist der Verband wie bereits erwähnt eher für große Agenturen interessant. Unternehmen, insbesondere die, bei denen SEO eine große Rolle spielt, also Big Bands, können sich anhand der vergebenen SEO-Zertifikate orientieren, wie vertrauenswürdig eine Agentur ist. Hierbei sollte jedoch bedacht werden, dass die Vergabe des Zertifikats nur eines von vielen Kriterien bei der Auswahl einer Agentur sein kann (vgl. Abb. 4.3).

4.3 Ausprägungen der Suchmaschinenoptimierung

Techniken der Suchmaschinenoptimierung lassen sich in die Ausprägungen White-Hat- und Black-Hat-Maßnahmen untergliedern. Unter **White Hat SEO** versteht man sämtliche Maßnahmen, die mit den Guidelines von Suchmaschinen, in den allermeisten Fällen Google, vollkommen konform gehen. Die Techniken führen sowohl für den Besucher einer Webseite als auch für Suchmaschinen zu einer verbesserten Nutzbarkeit der Webseite. Ziel von White Hat SEO ist es, die Rankings in Suchmaschinen ohne jegliches Risiko positiv zu beeinflussen zu versuchen.

Black-Hat-Optimierung hingegen bezeichnet Maßnahmen, die gegen die Guidelines der Suchmaschinen verstoßen. Sie verfolgen das Ziel, (kurzfristig) die Rankings einer Webseite zu manipulieren, und zwar unabhängig davon, ob die Maßnahmen mit den auferlegten Regeln von Suchmaschinen konform gehen oder nicht. Betonen möchten wir jedoch, dass es sich bei Black-Hat-Maßnahmen nicht um „illegale Maßnahmen" handelt – man verstößt „nur" gegen die von Suchmaschinen auferlegten Regeln. Hierbei muss jeder Suchmaschinenoptimierer die Chancen-Risiken-Relation abwägen und herausfinden, auf welche Techniken er setzen möchte.

Unternehmen sollten grundsätzlich abwägen, welche Risiken sie bei der Suchmaschinenoptimierung eingehen möchten. Eine Optimierung komplett nach den von Google auferlegten Regeln mag wünschenswert klingen, allerdings müssen Unternehmen den Kanal SEO auf ähnliche Weise messen und optimieren können, wie dies in anderen Bereichen der Fall ist. Demnach gibt es Anwendungsfälle, in denen komplett der White-Hat-Weg gangbar ist – ebenso gibt es aber auch Fälle, in denen es für Unternehmen Sinn ergibt, Chancen und Risiken abzuwägen und bewusst Methoden der Suchmaschinenoptimierung zu wählen, bei denen vage Formulierungen für sich vorteilhaft interpretiert werden. Wie so häufig liegt auch hier die Wahrheit in der Optimierung zwischen den Extremen. Bei einer reinen Ausrichtung auf Techniken des White Hat SEO besteht oft das Risiko, viel in SEO zu investieren und dennoch nicht in die Top 3 der organischen Suchergebnisse zu gelangen.

Illegale Methoden bezeichnet man als **Crap Hat**, auf die hier allerdings nicht näher eingegangen werden soll; dennoch ist es gut, einmal davon gehört zu haben. Unter die Crap-Hat-Methoden fallen beispielsweise illegale „Optimierungen" wie etwa Hacking zur Erlangung von Backlinks. Im Verlauf dieses Buches werden wir uns ausschließlich auf legale Methoden der Suchmaschinenoptimierung konzentrieren.

4.3.1   White Hat SEO

Bei White Hat SEO handelt es sich um die sicherste Herangehensweise, um die Sichtbarkeit einer Webseite in den Suchergebnissen zu verbessern – zumindest verhindert man durch reine White-Hat-Maßnahmen das Risiko von Abstrafungen seitens der Suchmaschinen. Ohne tiefer in die Teilbereiche der Suchmaschinenoptimierung einsteigen zu wollen, mit denen sich der Großteil des vorliegenden Buches beschäftigt, sollen ein paar Beispiele beziehungsweise Gedanken zur „sauberen" Optimierung einer Webseite vorgestellt werden.

Methoden der White-Hat-Optimierung konzentrieren sich ausschließlich auf die Benutzer einer Webseite, die optimiert wird. Dies gelingt beispielsweise durch

- gut strukturierten Content
- Content, der dem Besucher einen Mehrwert bietet, also ihn genau über das informiert, was er sucht
- Generierung natürlicher Verlinkungen, die auf dem mehrwertbietenden Content begründet sind
- Nutzung von korrekten HTML-Auszeichnungen
- Nutzung von validem Code
- Aufbau relevanter Verlinkungen von Branchenverzeichnissen, Branchenführern etc.
- Zurverfügungstellung eines nachhaltig neuen, themenrelevanten Contents.

Ohne genauer auf die einzelnen Elemente dieser Auflistung einzugehen, lässt sich feststellen, dass die White-Hat-Techniken nicht nur der Suchmaschine, sondern auch dem Nutzererlebnis auf der Webseite zuträglich sind. Ein valider Code führt zu einer kürzeren Seitenladezeit; neuer, themenrelevanter Content ist das, was Besucher lesen möchten. Und wenn der Content sogar so interessant ist, dass andere Marktteilnehmer diesen verlinken möchten, bietet die Webseite wirklichen Mehrwert.

So viel zur reinen Theorie der White-Hat-Techniken. Im weiteren Verlauf werden wir verschiedene Möglichkeiten aufzeigen, wie sich Optimierungsmaßnahmen nachhaltig umsetzen lassen, um weder eine Abstrafung zu riskieren noch abgeschlagen hinter der Konkurrenz zu ranken.

4.3.2   Black Hat SEO

Der Aufbau einer „sauberen" Webseite bedeutet viel Arbeit, Content schreibt sich nicht von selbst und der Aufbau von nachhaltigen Verlinkungen nimmt oft mehr Ressourcen in Anspruch als zunächst angenommen. Viele Webseitenbetreiber suchen nach Abkürzungen und Tricks, einige greifen zu Methoden der Black-Hat-Optimierung, um die langfristige nachhaltige Optimierung zu beschleunigen. Doch bevor man zu nicht-konformen Methoden greift, sollte man nicht nur die Chancen eines kurzfristigen, schnellen Rankinggewinns ins Auge fassen. Denn mit dieser Methode gehen Risiken einher, die von Abstrafungen auf relevanten Keywords bis hin zur Deindexierung der gesamten Webseite führen können. Viele SEOs sind fasziniert von den Möglichkeiten, die Black Hat bietet, hören sie doch auf vielen Konferenzen von den Tools und deren Wirkung. Dennoch kann nicht oft genug davor gewarnt werden, extrem riskante Methoden auf Unternehmenswebseiten, bei Shops und Projekten einzusetzen, die langfristig Erträge erwirtschaften, von denen auch Arbeitsplätze abhängig sind. Black Hat Tools werden hauptsächlich von „einsamen Wölfen" genutzt, die normalerweise nur einen Teil der eigenen Webprojekte durch Black-Hat-Maßnahmen optimieren und Profi genug sind, um die damit einhergehenden Risiken einschätzen zu können.

Einige Beispiele von relativ leicht nachvollziehbaren Methoden der „schwarzen Manipulation" sind

- **Doorway Pages:** Bei Doorway Pages handelt es sich um solche Seiten, die nicht für den Benutzer, sondern allein für Suchmaschinen erstellt wurden. Sie verfolgen das Ziel, für ein zuvor definiertes Keyword ein möglichst starkes Ranking in den Suchergebnissen zu erzielen. Durch Optimierungsmaßnahmen wird den Crawlern der Suchmaschine vorgespielt, es handele sich um eine extrem relevante Seite zu dem Suchbegriff. Der Inhalt spielt für den Besucher keinerlei Rolle, einen optischen Anspruch lassen Doorway Pages normalerweise ebenfalls vermissen. Im „Optimalfall" werden die Besucher einer Doorway Page nicht nur durch einen Link, sondern direkt durch ein Laden der Seite auf das eigentliche Projekt umgeleitet. Ein gutes Beispiel für die Wirkung von Doorway Pages ist die Deindexierung der Startseite von BMW durch Google im Jahr 2006. Die Optimierungsmethoden reichten so weit, dass die Doorway Page mit unsichtbarem Text unterlegt war, mehrfach Top-Keywords erwähnte und somit ausschließlich dazu diente, Besucher über Suchmaschinen abzuholen. Im Jahr 2013 ist ein solches Vorgehen natürlich undenkbar, viel zu weit entwickelt sind mittlerweile die Crawler der Suchmaschinen, um durch solche sehr einfachen Tricks „überlistet" zu werden.
- **(Automatisierter) Link-Spam:** Jeder Webseitenbetreiber, der ein Blog führt, kennt sie – die vielen Spam-Kommentare, die täglich auf den Blog einprasseln und neben mehr oder weniger guten Spam-Kommentaren wie „Great tips, thanks" oder „Good site, see you" einen Link im Autorenfeld zu einer üblicherweise wenig themenrelevanten, eher spammigen Webseite hinterlassen. Einige Black Hat Tools können eingesetzt werden,

um derlei Links in Masse zu generieren. Von Nachhaltigkeit kann bei dieser Form des Linkspams natürlich keine Rede sein.

4.4   Inhouse SEO vs. Agentur

Häufig stehen Unternehmen im Bereich der Suchmaschinenoptimierung vor folgenden Entscheidungen: Sollte man einen Inhouse SEO einstellen? Sollte man mit einer Agentur zusammenarbeiten? Oder bringt etwa ein Inhouse SEO mit Unterstützung einer Agentur die besten Ergebnisse? Letztlich lässt sich die Frage, ob man mit einer SEO-Agentur oder mit einem Inhouse SEO arbeiten sollte, nicht pauschal für alle Unternehmen gleich beantworten. Vielmehr müssen Argumente sowie Vor- und Nachteile einer jeden denkbaren Herangehensweise abgewogen werden, um die für das eigene Unternehmen optimale Entscheidung treffen zu können.

Bei dieser Entscheidung handelt es sich um eine klassische Make-or-Buy-Entscheidung, wie sie häufig in Unternehmen zu treffen ist. Bei solchen Entscheidungen sollten sich die Verantwortlichen zunächst die Frage stellen, ob bedeutsame Überschneidungen mit anderen betrieblichen Funktionen bestehen. Dann macht häufig die Entscheidung Sinn, die Aufgaben nicht auszulagern. Des Weiteren spielt der strategische Kontext der auszulagernden Leistung bei der Entscheidungsfindung eine tragende Rolle. Verfolgt das Unternehmen beispielsweise das Ziel, langfristig in mehreren Ländern am Markt zu bestehen, so macht es Sinn, einen international erfahrenen Inhouse SEO zu heuern und/oder mit einer Agentur zusammenzuarbeiten, die internationale Erfahrungen mitbringt.

Grundsätzlich sollte man sich bei der Make-or-Buy-Entscheidung die Frage stellen, **ob und welche Teile der Suchmaschinenoptimierung zu den Kernkompetenzen des Unternehmens gehören oder zukünftig in diese Richtung ausgebaut werden sollen.** Außerdem müssen die Schlüsselprozesse, die sich mit der Suchmaschinenoptimierung überschneiden, im Unternehmen erfasst werden. Nur so können Überlegungen, ob eine interne oder eine externe Lösung zu bevorzugen ist, sinnvoll angestellt werden.

Kernkompetenzen sind solche Schlüsselprozesse von Unternehmen, die dieses auf sehr hohem Niveau beherrscht beziehungsweise beherrschen muss, um erfolgreich am Markt agieren zu können. Sie bilden eine Kombination aus sich gegenseitig ergänzenden Fähigkeiten und Wissensbeständen im Unternehmen. Neben beispielsweise Management-, Technologie- oder Steuerungskompetenzen kann ein Unternehmen über personelle Kompetenzen verfügen. Diese beschreiben die Fähigkeiten und Fertigkeiten der angestellten Mitarbeiter. Die Frage, die man sich nun stellen muss, ist, inwiefern personelle Kompetenzen im Unternehmen im Bereich Suchmaschinenoptimierung einen Mehrwert in Bezug auf eine erfolgreiche Marktpositionierung beziehungsweise Generierung von (Neu-) Kunden bringen.

Der Abb. 4.4 lassen sich die Vorteile eines Inhouse SEOs und die Vorteile bei der Zusammenarbeit mit einer Agentur entnehmen.

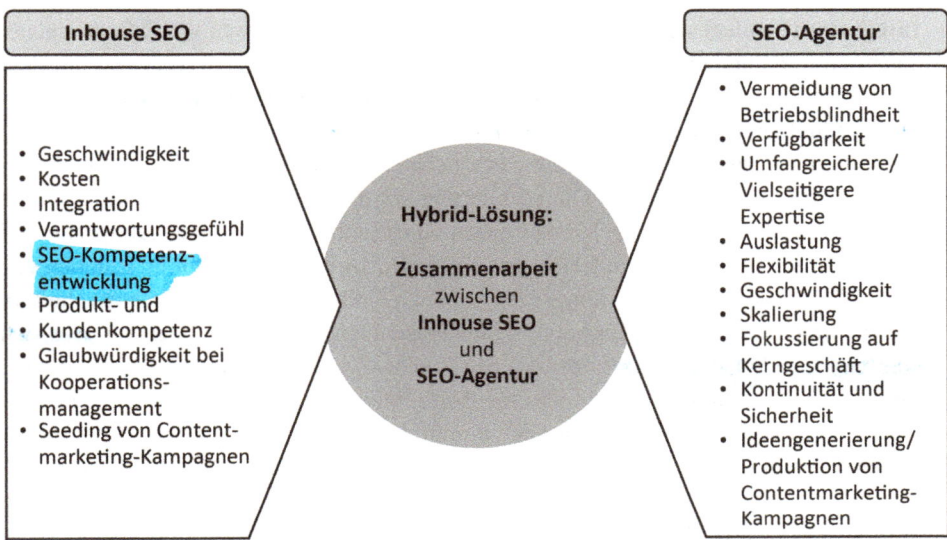

Abb. 4.4 Inhouse SEO vs. SEO Agentur

4.4.1 Vorteile eines Inhouse SEO

Die Anstellung eines Suchmaschinenoptimierers, der fest für ein Unternehmen arbeitet und somit täglich in die Unternehmensprozesse integriert ist, bringt einige Vorteile mit sich, die wir im Folgenden erläutern möchten.

1. **Geschwindigkeit**: Die Motivation eines fest angestellten Inhouse SEO, Projekte relativ schnell zu priorisieren und umzusetzen, ist relativ hoch. Schließlich möchte der SEO den Kanal der Suchmaschinenoptimierung im Unternehmen voranbringen und benötigt Erfolge, um die Wirksamkeit „seiner" SEO-Maßnahmen rechtfertigen zu können. Manche Abteilungen können nur durch die positiven Ergebnisse überzeugt werden, sodass dem Inhouse SEO eine schnelle Umsetzungsgeschwindigkeit entgegenkommt. Agenturen werden demgegenüber in der Regel pro Zeiteinheit bezahlt. Dementsprechend besteht die Gefahr, dass die Agentur Dauer und Umfang von Projekten künstlich ausdehnt. Im Kennenlernprozess des Auswahlverfahrens für eine Agentur sollte diese Sorge offen angesprochen werden, da sich nur dadurch das Risiko eingrenzen lässt.
2. **Kosten**: Auf die Stunde heruntergerechnet, ist die Arbeitszeit eines Inhouse SEO in der Regel günstiger als die eines Agenturmitarbeiters. Die Agentur muss das Unternehmen und dessen Produkte beziehungsweise Dienstleistungen selbstverständlich zunächst kennenlernen, was zu Kommunikations- und Koordinationskosten führt. Da der Inhouse-Mitarbeiter das Produkt kennt, entfallen auch diese Koordinationskosten bei der Entscheidung, ausschließlich einen Inhouse SEO zu beschäftigen.

3. **Integration**: Anders als andere Onlinemarketing-Kanäle, bei denen Webseitenbesucher „nur" auf Landingpages geschickt werden, ist SEO ein sehr integrativer Marketing-Kanal. Gutes SEO ist nur dann möglich, wenn es mit angrenzenden Bereichen wie Technik, Produktmanagement und Redaktion interagiert. Logischerweise kann der Inhouse SEO einfacher und schneller Bindungen zu seinen Kollegen aufbauen, als dies Agenturmitarbeitern möglich wäre. Die Etablierung von Bewusstsein und Aufmerksamkeit für SEO-Themen ist eine der Kernaufgaben eines Inhouse SEOs. Das gelingt ihm bei kurzen Pausen oder bei einem Kaffee häufig besser, als es eine Agentur im Rahmen von Fortbildungen und Workshops umsetzen könnte. Durch seine ständige Anwesenheit im Unternehmen weiß der fest angestellte Suchmaschinenoptimierer umgehend, was sich wann an der Webseite ändert, um aus SEO-Sicht direkt darauf reagieren zu können. Spezifikationen können somit noch vor Roll-Out-Terminen erstellt werden, was die Gefahr von Fehlentwicklungen deutlich minimiert.

4. **Verantwortungsgefühl**: SEO kann in Unternehmen, für die die Suchmaschinenoptimierung ein wichtiger Kanal der Neukundengewinnung ist, nur funktionieren, wenn sich jemand für die Optimierungsmaßnahmen verantwortlich fühlt. Ein Inhouse SEO, der durch seine Festanstellung eng mit dem Unternehmen verbunden ist, sollte sich für den Fortschritt der SEO-Bemühungen verantwortungsvoller zeigen als eine externe Agentur. Damit soll allerdings nicht gesagt sein, dass es Agenturen an Verantwortungsgefühl mangelt. Vielmehr bezieht sich dieser Vorteil eines Inhouse SEOs auf dessen ständigen Kontakt mit seinen Mitarbeitern und die kontinuierliche Beschäftigung mit dem Produkt beziehungsweise der Dienstleistung.

5. **SEO-Kompetenzentwicklung**: Durch die Anwesenheit eines fest angestellten Suchmaschinenoptimierers kann das SEO-Wissen im gesamten Unternehmen mit der Zeit ausgebaut werden. Ein Inhouse SEO kann seine Kenntnisse permanent vor Ort an seine Kollegen weitergeben, wohingegen die Agenturen nur im Rahmen von Workshops oder durch Umsetzungsberatung vor Ort beim Kunden möglich ist. Durch ein gehobenes SEO-Wissen in den Unternehmensbereichen Geschäftsführung, Technik, Marketing oder Redaktion lassen sich stetig neue Potenziale und Ideen entwickeln, da jeder Kompetenzbereich sein Know-how auf die Suchmaschinenoptimierung übertragen kann und in ständigem Austausch mit dem Suchmaschinenoptimierer steht. Viele dieser Potenziale könnte selbst der Inhouse SEO allein nicht aufdecken. So hat beispielsweise der Vertrieb Kontakte zu Partnerunternehmen oder Kunden, die wiederum eine Empfehlung und somit wertvolle Links für das Unternehmen liefern können.

6. **Produkt- und Kundenkompetenz:** Aufgrund seiner Tätigkeit für das Unternehmen und der vollen Konzentration auf dessen Produkt- beziehungsweise Dienstleistungsportfolio versteht der fest angestellte Inhouse SEO das Angebot des Unternehmens besser als Agenturmitarbeiter. Aufgaben wie die Keyword-Generierung im Rahmen von Keyword-Recherchen oder Potenzialanalysen fallen dem Inhouse SEO somit manchmal leichter.

7. **Glaubwürdigkeit bei Kooperationsmanagement:** Einige Ansätze im Linkmarketing lassen sich nur schwer an Agenturen auslagern. Insbesondere Verlinkungen von Partnern, Kunden und Herstellern lassen sich häufig nur durch einen Inhouse SEO, teilweise sogar nur durch die Geschäftsführung, gewinnen.

8. **Seeding von Content-Marketing-Kampagnen:** Bei der Verbreitung von Content-Marketing-Kampagnen ist ebenfalls der fest angestellte SEO oft besser aufgestellt als die betreuende Agentur. Das Unternehmen sollte beim Seeding von Content-Marketing-Kampagnen beispielsweise Kunden sowie Fans auf Social-Media-Portalen nutzen, um den hochwertigen Content zu verbreiten. Aufgrund seiner Kontakte zu angrenzenden Marketing-Abteilungen sowie seines Know-hows bezüglich der Firmenprozesse dürfte es dem Inhouse SEO leichterfallen, andere Abteilungen für die Mitarbeit zu gewinnen.

4.4.2 Vorteile einer SEO-Agentur

Auch die Zusammenarbeit mit einer SEO-Agentur bietet Vorteile, die wir im Folgenden vorstellen möchten.

1. **Vermeidung von Betriebsblindheit:** Der Inhouse SEO optimiert im Normalfall nur die Webseite des einen Unternehmens, bei dem er angestellt ist. Daher fällt es ihm mit der Zeit schwer, Betriebsblindheit komplett zu vermeiden. Das Hinzuziehen einer SEO-Agentur kann in regelmäßigen Zeitabständen helfen, Problemfelder auf der Webseite sowie Chancen beim Ausbau und bei der Optimierung zu erkennen. Aus der Routine heraus fällt es SEOs, die sich Vollzeit um eine Webseite kümmern, oft schwer, diese Form der Optimierungsmöglichkeiten wahrzunehmen.

2. **Umfangreichere/vielseitigere Expertise:** Tendenziell beobachtet der Inhouse SEO hauptsächlich die Webseite des Unternehmens sowie dessen direkte Wettbewerber im Markt. Demgegenüber arbeiten Mitarbeiter von SEO-Agenturen oft in unterschiedlichen Märkten an vielseitigen Themen in vielen Ländern. Die SEO-Agentur kann somit häufig Transferleistungen erbringen, die der Inhouse SEO aufgrund seiner Fokussierung auf den Kernmarkt nicht erbringen kann.

3. **Verfügbarkeit:** Wie bereits erwähnt, ist der Arbeitsmarkt der Suchmaschinenoptimierung seit Jahren von einem Nachfrageüberhang gekennzeichnet. Für Unternehmen ist es häufig schwierig, einen wirklich guten Inhouse SEO zu finden und einzustellen. Nicht nur die Suche, auch die Bewertung der Qualifikation eines potenziellen Mitarbeiters fällt vielen Unternehmen schwer. Auch bei der Akquise neuer Mitarbeiter können SEO-Agenturen aufgrund ihres Branchen-Know-hows des Öfteren aushelfen. Die Agentur ist meist besser verfügbar als der Inhouse SEO.

4. **Auslastung:** Fest angestellte Inhouse SEOs, die auf Vollzeit-Basis arbeiten, rentieren sich gar nicht für alle Unternehmen. Bei einigen Unternehmen hat die Suchmaschinenoptimierung eine so geringe Bedeutung, dass der Inhouse SEO gar nicht ausgelastet wäre. Da man SEO nicht nebenbei erlernen kann, sollte ein solches Unternehmen eher einer externen Agentur vertrauen, anstatt einem Mitarbeiter die Aufgabe Suchmaschinenoptimierung zusätzlich zu übertragen.

5. **Flexibilität:** Bei der Zusammenarbeit mit einer SEO-Agentur können in für das Unternehmen schweren Zeiten die monatlichen Investments relativ zeitnah stark gesenkt und – sobald es dem Unternehmen besser geht – wieder aufgenommen werden. Grundvoraussetzung ist dabei, dass die SEO-Agentur nachhaltig handelt, also nicht nur am eigenen Profit, sondern an einer langfristigen Optimierung der Kundenseite interessiert ist, von der sowohl Unternehmen als auch Agentur profitieren können. Bei fest angestellten Inhouse SEOs ist das natürlich nicht der Fall, eine kurzfristige Kündigung ist schon allein arbeitsrechtlich oftmals nicht möglich.

6. **Geschwindigkeit:** SEO-Agenturen, die im Panoptikum den Mannschaften zuzuordnen sind (also mittlere bis große Mitarbeiteranzahl), können kurzfristig viele und unterschiedliche Ressourcen nutzen, um die Suchmaschinenoptimierung des Unternehmens voranzubringen.

7. **Skalierung:** Eine gute SEO-Agentur kann „nahtlos" skalieren. Aufgrund des ausgebauten Kontaktnetzwerks einer erfolgreichen SEO-Agentur fällt es dieser leichter als einem Inhouse SEO, über einen zuvor definierten Zeitraum hinweg das SEO-Budget zu erhöhen und dennoch sinnvoll zu investieren.

8. **Fokussierung auf Kerngeschäft:** Wie in jedem Buch, das sich mit Betriebswirtschaftslehre auseinandersetzt, nachzulesen ist, sollten sich erfolgreiche Unternehmen auf das Kerngeschäft konzentrieren. Sofern die Generierung von SEO-Traffic nicht zum Kerngeschäft des Unternehmens gehört beziehungsweise keine nennenswerten Anteile des Marketingbudgets vereinnahmt, kann dieser Kanal getrost an eine SEO-Agentur ausgelagert werden.

9. **Kontinuität und Sicherheit:** In vielen Unternehmen ist sämtliches SEO-Know-how beim Inhouse SEO gebündelt vorhanden. Wechselt dieser nun seinen Arbeitgeber, so kann dies das Unternehmen empfindlich treffen. Demgegenüber bietet eine Agentur mit gesunder Größe und gewachsener Mitarbeiterstruktur deutlich mehr Sicherheit und Kontinuität.

10. **Ideengenerierung und Produktion von Content-Marketing-Kampagnen**: Während das Seeding einer Content-Marketing-Kampagne dem Inhouse SEO leichterfallen sollte, liegen die Stärken einer SEO-Agentur bei der Ideengenerierung und Produktion von Content-Marketing-Kampagnen. Die Mitarbeiter einer SEO-Agentur entsprechender Größe sind auf die Entwicklung von gezielten Content-Marketing-Kampagnen spezialisiert und kennen sich gut damit aus, welche Form von Kampagne bei der entsprechenden Zielgruppe besonders gut ankommt. Dank des durch zahlreiche Projekte gesammelten Know-hows fällt es der Agentur oft leichter, Ideen für eine Content-Marketing-Kampagne zu sammeln. Auch bei der Produktion helfen der Erfahrungsschatz beziehungsweise das breite Partnernetzwerk einer Agentur.

4.4.3 Zusammenarbeit zwischen Inhouse SEO und Agentur

Selbstverständlich wiegt nicht jedes Argument, das für eine interne beziehungsweise für eine externe Lösung spricht, gleich stark. Daher muss jedes Unternehmen aus eigener Perspektive abwägen, ob die Wahl auf einen Inhouse SEO oder eine Agentur fallen soll. In diese Entscheidung fließen einige Faktoren mit ein, von denen einige wichtige in Abb. 4.5 dargestellt sind. Sie sind in unternehmensbezogene Kriterien, die die Firma, für die SEO gemacht wird, betreffen, und in SEO-bezogene, also sehr fachliche Kriterien, unterteilt.

So spielt beispielsweise die Unternehmensgröße in die Make-or-Buy-Entscheidung mit hinein. Des Weiteren sollte die Stellung der Suchmaschinenoptimierung im gesamten Marketing-Mix zur Auswahl der optimalen Lösung einbezogen werden. Ist die Suchmaschinenoptimierung ein sehr relevanter Kanal, so sollte zumindest ein Mitarbeiter intern die Steuerung der Agentur(en) übernehmen. Der Lebenszyklus spielt ebenfalls eine Rolle – während bei sehr jungen Unternehmen die Optimierungsmaßnahmen eher ausgelagert werden sollten, kann es bei gestandenen Unternehmen mit entsprechend hohen Marketingbudgets Sinn machen, einen Teil der Optimierungsmaßnahmen intern durchzuführen. Selbstverständlich darf man bei der Entscheidungsfindung auch die grundsätzliche interne Ausrichtung nicht vergessen. Während einige Unternehmen versuchen, sich ausschließlich auf ihr Kerngeschäft zu konzentrieren, und alle anderen Aktivitäten grundsätzlich auslagern, versuchen andere Unternehmen, so viel wie irgend möglich mit eigenen Mitarbeitern abzubilden. Auch sollte die grundsätzliche Online-Marketing-Relevanz im Unternehmen nicht vernachlässigt werden. Während insbesondere E-Commerce-Unternehmen oder Online-Publisher den Großteil ihres Umsatzes aus Online-Kanälen generieren und somit zumindest Grundlagen der Suchmaschinenoptimierung intern verstehen sollten, haben andere Unternehmen, deren Webpräsenz als weniger relevant in der strategischen Ausrichtung betrachtet werden kann, weniger das Bedürfnis, SEO tiefgreifend zu verstehen und anzuwenden.

Abb. 4.5 Zusammenarbeit
Inhouse SEO und SEO
Agentur

Neben den unternehmensspezifischen Betrachtungsweisen spielen aber auch die SEO-bezogenen Bereiche eine Rolle, wenn es um die Entscheidung „Inhouse SEO und/oder Agentur" geht. Hierbei sollten insbesondere die Bereiche Onpage- und Offpage-Optimierung von der Unternehmensführung getrennt betrachtet werden. Technische kontinuierliche Maßnahmen, also Onpage-Themen, die im weiteren Verlauf des Buches noch erläutert werden, können eher durch einen internen, fest angestellten Suchmaschinenoptimierer unternehmensintern vorangebracht werden, initiale Onpage-Optimierung ist jedoch oft bei einer Agentur besser aufgehoben. Auch kann der Inhouse SEO die Suchmaschinenoptimierung als Prozess im Gesamtunternehmen verankern. Dagegen lassen sich Offpage-Maßnahmen häufig besser von Agenturen als von Mitarbeitern des Unternehmens abbilden, wenn man nicht von solchen Maßnahmen spricht, bei denen ein hoher Management-Impact gefordert ist.

Die Erfahrung der Autoren aus vielen SEO-Projekten zeigt, dass die Kombination aus Inhouse SEO und Agentur zu den besten Ergebnissen führt, sofern das Unternehmen sich die Mischung aus interner und externer Lösung leisten kann. Nur so lassen sich sämtliche Vorteile der beiden Möglichkeiten ausnutzen und Synergieeffekte erzielen.

Von einer optimalen Lösung kann man also weder dann sprechen, wenn man ausschließlich auf einen Inhouse SEO zurückgreift, noch dann, wenn man den gesamten SEO-Prozess an eine Agentur auslagert. Die Entscheidung ist sehr unternehmensspezifisch und sollte gut durchdacht beziehungsweise mit Experten durchgesprochen sein.

4.5 SEO im Unternehmen

Grundsätzlich könnte man meinen, SEO sei gleich SEO: Ob der Suchmaschinenoptimierer nun eigene Projekte umsetzt oder im Unternehmen die Webseite des Arbeitgebers optimiert – letztlich geht es ja immer darum, gute Rankings auf zuvor definierten Keywords zu erzielen. Doch wie schon das Panoptikum der SEO-Branche zeigt, ist dem nicht so. Zwischen der Optimierung und Monetarisierung eigener Projekte und der Arbeit eines SEOs in einem Unternehmen – ob Start Up oder Großkonzern – liegen Welten.

Deutliche Unterschiede bestehen vor allen Dingen in Implementierungsbarrieren, Abhängigkeiten und Verantwortlichkeiten des SEOs (vgl. Tab. 4.1).

Der SEO, der für eigene Projekte arbeitet, hat deutlich mehr Freiheiten als ein Inhouse SEO. Allerdings trägt er nicht nur sämtliche Chancen seiner Projekte, sondern selbstverständlich auch alle Risiken. Ein Inhouse SEO muss sich mit den verschiedensten Abteilungen und Akteuren in einem Unternehmen auseinandersetzen, um eine SEO-Strategie erfolgreich zu implementieren. Aufgabe des Inhouse SEO ist also nicht nur die Optimierung der Webseite – vielmehr muss er Projektmanagement-Fähigkeiten mitbringen, um den Anforderungen der internen und externen Anspruchsgruppen gerecht zu werden und eine für das Unternehmen optimale Strategie auszuarbeiten.

Tab. 4.1 SEO Unterschiede

	SEO für eigene Projekte	SEO im Unternehmen
Implementierungs-barrieren	Barrieren bestehen nur da, wo der SEO sie aufgrund von Ressourcenmangel zulässt	Barrieren können durch Unternehmensabteilungen, Firmenpolitik und Ressourcenmangel begründet sein
Abhängigkeiten	Der SEO ist frei in der Auswahl seiner Projekte	Der SEO ist abhängig von firmenpolitischen Gegebenheiten
Verantwortlichkeiten	Der SEO ist verantwortlich für Planung, Umsetzung und Monetarisierung eigener Projekte	Der SEO ist für den ihm zugeteilten Themenbereich verantwortlich und muss bei anderen Bereichen anderen Teams vertrauen

4.5.1 Implementierung einer SEO-Strategie im Unternehmen

Eine Hauptaufgabe des SEOs im Unternehmen besteht also darin, überhaupt erst einmal eine SEO-freundliche Kultur im Unternehmen zu schaffen. Die Suchmaschinenoptimierung ist ein sehr integrativer Kanal, er beeinflusst also viele weitere Stellen eines Unternehmens – seien es andere Marketing-Departments oder auch Technik, Redaktion, Vertrieb und Geschäftsführung. Um erfolgreich SEO betreiben zu können, müssen also alle Anspruchsgruppen ins Boot geholt werden. Grundsätzlich sollten vor allen Dingen folgende Abteilungen im Unternehmen in die Planung und Implementierung einer SEO-Strategie einbezogen werden, vgl. Abb. 4.6.

Geschäftsführung

Die Geschäftsführung hat die Aufgabe, den SEO strategisch bei der Umsetzung der geplanten Strategien zu unterstützen. Insbesondere muss die Geschäftsführung dafür Sorge tragen, dass die vom Suchmaschinenoptimierer priorisierten Aufgaben von den Fachabteilungen umgesetzt werden. Außerdem ist es teilweise notwendig, dass die Geschäftsführung

Abb. 4.6 Implementierung einer SEO-Strategie im Unternehmen

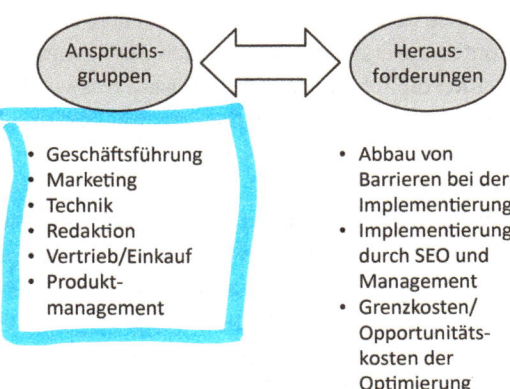

durch die aufgebauten Kontakte Verlinkungen generiert, zu denen auch der beste Inhouse SEO oder die betreuende Agentur nicht in der Lage wäre.

Marketing

Die verschiedenen Abteilungen des Marketings können zur Planung und Umsetzung einer SEO-Strategie entscheidend beitragen. So helfen Daten bezüglich Keywords und Conversions aus der Suchmaschinenwerbung dem SEO, eine priorisierte Keyword-Analyse zu erstellen und somit auf genau die Begriffe zu optimieren, die dem Unternehmen den größten Mehrwert bieten. Das Social-Media-Team hingegen kann und sollte bei Linkbaits, also Kampagnen, die der Generierung von Verlinkungen dienen, unterstützend wirken und die Kampagne auch über die Social-Media-Kanäle promoten. Da SEO ein Teil des Marketings ist, ist eine enge Zusammenarbeit zwischen der Suchmaschinenoptimierung und den weiteren Kanälen dringend anzuraten.

Technik

Um Änderungen auf der Webseite umsetzen zu können, ist der Einsatz der Technik-Abteilung häufig notwendig. Zwar sollte der SEO in der Lage sein, einfache Änderungen wie die Anpassung von Titles oder das Setzen von Redirets selbst durchzuführen. Allerdings müssen oft auch komplexe Eingriffe in die Informationsarchitektur und Seitenstruktur erfolgen, was ohne die Unterstützung der Technik nur schwer möglich ist. Außerdem kann der SEO natürlich gerade bei großen Webseiten nicht nebenbei auf der Seite eingreifen, sondern muss sich mit dem Technik-Team bezüglich Terminabstimmungen, etwa wann Verbesserungen an der Webseite hochgeladen werden, absprechen.

Redaktion

Ein großer und immer weiter zunehmender Anteil der Suchmaschinenoptimierung betrifft hochwertige Content-Erstellung, also das Schreiben von Texten, die sowohl den Crawlern das Thema der Seite vermitteln als auch Nutzern einen Mehrwert bieten. Im Optimalfall werden durch hochwertigen Content sogar natürliche Verlinkungen von themenrelevanten Webseiten generiert. Wichtig ist, der Redaktion die journalistische Freiheit nicht zu nehmen, aber dennoch zu verdeutlichen, worauf es ankommt, aus gutem Content so guten Content zu erstellen, dass es auch der Suchmaschinenoptimierung nützt. Als Folge dessen werden die Inhalte häufiger gelesen, was wiederum den Redakteur erfreuen sollte, dessen Ziel es ist, dass seine Inhalte eine möglichst große Leserschaft erreichen.

Vertrieb/Einkauf

Der Vertrieb oder Einkauf hat Kontakte zu Partnern, Kunden, Lieferanten etc. Daher ist es nur logisch, dass man diese Kontakte im Rahmen von Linkmarketing-Kampagnen nutzt, um Empfehlungen im Netz zu generieren. Dazu muss der SEO jedoch mit dem Vertrieb an einem Strang ziehen, da die Generierung von Verlinkungen selbstverständlich nicht zum alltäglichen Handwerk eines Vertriebsteams gehört und somit als zusätzliche Arbeit ohne direkt ersichtlichen Mehrwert verstanden werden könnte.

Produktmanagement

Nicht zuletzt sollte der Suchmaschinenoptimierer die SEO-Strategie mit dem Produktmanagement absprechen. Zwar hat das Webseitendesign keinen direkten Einfluss auf die
Sichtbarkeit einer Seite, aber trotzdem müssen die Freiheiten und Möglichkeiten des SEOs
in Bezug auf beispielsweise die Implementierung von Content-Bestandteilen und multimedialen Elementen auf den Seiten des Unternehmens von Beginn an abgesteckt werden.
SEO und Produktmanagement müssen die Möglichkeit finden, professionelle Suchmaschinenoptimierung umzusetzen, ohne dem Nutzererlebnis der Webseitenbesucher nachhaltig zu schaden, sondern dieses im Idealfall sogar deutlich zu verbessern.

4.5.1.1   Problemstellungen von SEO im Unternehmen

Hauptproblem vieler SEOs, die über eine große Wissensbasis verfügen, aber erst wenig
Erfahrungen in Unternehmen sammeln konnten, ist zunächst die Übermittlung des Fach-
wissens in adäquater Form an die Anspruchsgruppen. Fachsprache mag in der Technik
angemessen sein, die Geschäftsführung hingegen bevorzugt eher kurze, knappe Berichte
über Erfolge, Chancen und Risiken in der Suchmaschinenoptimierung. Die Prozesse eines
jeden Unternehmens laufen individuell verschieden, weshalb es nicht möglich ist, für jede
Anspruchsgruppe die perfekte Strategie zu übermitteln. Letztlich muss der Inhouse SEO
mit den Abteilungen die Zusammenarbeit optimieren. Dennoch ist eines in jedem Unternehmen gleich – als Inhouse SEO reicht nicht das Fachwissen der Suchmaschinenoptimierung, man muss auch Teams steuern, sich an externe und interne Anspruchsgruppen
anpassen und sich gegenüber anderen Abteilungen behaupten können, um Verbesserungsvorschläge umsetzen zu können.

4.5.1.2   Abbau von Barrieren bei der Implementierung einer SEO-Strategie

Oft starten Inhouse SEOs voller Innovationsdrang bei Konzernen, erkennen umgehend
erste Schwächen und haben eine Liste mit Verbesserungsvorschlägen vorliegen, die möglichst schnell umgesetzt werden sollten, um das Ranking für Top-Keywords zu verbessern. Anders als bei eigenen Projekten, bei denen das Hauptaugenmerk auf SEO gelegt
und dieser Kanal als Kernkompetenz erkannt wird, muss der Inhouse SEO in mittleren
und großen Unternehmen, die nicht nur auf SEO setzen, jedoch sehr schnell einsehen,
dass vor der Realisierung seiner Maßnahmen zunächst eine langfristige Durchsetzungs-
und Planungsphase einzukalkulieren ist. Die Anspruchsgruppen müssen die Verbesserungsvorschläge akzeptieren, Barrieren bei der Implementierung müssen abgebaut und
ein Verständnis dafür geschaffen werden, dass sich die Sichtbarkeit bei Google nur im
Team optimieren lässt. Insbesondere bei alteingesessenen Unternehmen mit einer großen Marketingabteilung, bei der der SEO-Bereich bisher wenig Beachtung fand, können
schnell mentale Barrieren entstehen. Die wenigsten Menschen möchten nach Jahren, in
denen schließlich „alles gut" gelaufen ist, umdenken und sich mit neuen Bereichen wie
der Suchmaschinenoptimierung anfreunden. Auch hier ist die Feinfühligkeit des SEOs
gefragt, um den Mitarbeitern die Wichtigkeit der Maßnahmen zu erklären, ohne über ihre
Köpfe hinweg zu entscheiden.

4.5.1.3 Grenz- und Opportunitätskosten bei der Optimierung einer Webseite

Nicht nur Know-how und Kommunikationsfähigkeiten sind notwendig, um SEO im Unternehmen zu implementieren. Der Suchmaschinenoptimierer muss auch in der Lage sein, Aufgaben und Verbesserungsvorschläge ganz klar und deutlich zu priorisieren und solche Verbesserungen, die höhere Grenzkosten als Grenznutzen generieren, nicht umzusetzen.

Abbildung 4.7 verdeutlicht grafisch das Konzept der Grenzkosten, die man in der Betriebswirtschaftslehre allgemein als den Kostenzuwachs für eine zusätzliche Produktionseinheit definiert. Auf die Suchmaschinenoptimierung übertragen definieren sich die Grenzkosten als der Kostenzuwachs für einen weiteren Optimierungsschritt, davon ausgehend, dass im Unternehmen zunächst die wichtigsten und erst zum Schluss die weniger wichtigen, aber ressourcenintensiven Optimierungsmaßnahmen umgesetzt werden. Der Grenznutzen beschreibt die Entwicklung des Nutzens jeder weiteren Optimierung, die durchgeführt wird. Man kann davon ausgehen, dass der SEO zunächst die Entwicklung mit dem höchsten Grenznutzen vornimmt, die allerdings oft auch sehr kostenintensiv ist. Spätere Optimierungsschritte sind weniger kostenintensiv, der Grenznutzen nimmt aber auch stetig ab. Dies zeigt die kurvenförmige Entwicklung der Grenzkosten. Ab einem bestimmten Grad ist jede weitere Optimierung ineffizient – Grenznutzen sind ständig geringer als Grenzkosten.

Neben den Grenzkosten und dem Grenznutzen müssen auch die Opportunitätskosten bei sämtlichen Optimierungsmaßnahmen beachtet werden. Unter Opportunitätskosten versteht man, dass bei der Umsetzung von Maßnahmen in der Suchmaschinenoptimierung andere Maßnahmen im Unternehmen stattdessen nicht erbracht werden können, da das Unternehmen natürlich nur über begrenzte Ressourcen verfügt.

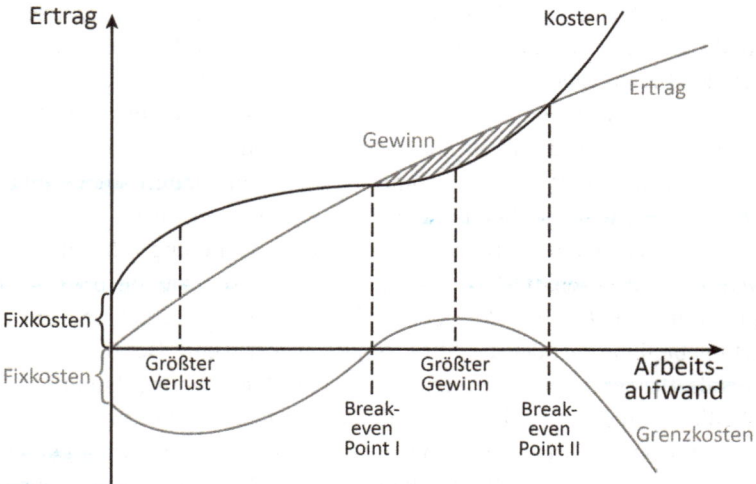

Abb. 4.7 Konzept der Grenzkosten

Selbstverständlich handelt es sich hierbei nur um eine theoretische, stark vereinfachende Darstellungsform – weitere Optimierungsschritte werden immer einen gewissen Grenznutzen bringen und die Suchmaschinenoptimierung muss kontinuierlich umgesetzt werden. Allerdings sprechen wir in diesem Zusammenhang eher von sehr ressourcenintensiven Veränderungen wie der Erstellung großer Content-Mengen oder der Überarbeitung der Webseite. Ab einem bestimmten Grad sollte der SEO hinterfragen, welchen Mehrwert eine allzu kleine Verbesserung der Seite bringen mag, und nicht zu detailverliebt, sondern eher wirtschaftlich denken.

4.6   Notwendige Fähigkeiten eines Inhouse und Agentur-SEOs

Wie viele Unternehmen sicherlich schon schmerzhaft erfahren mussten, handelt es sich bei der Suche nach „guten" Suchmaschinenoptimierern, Inhouse SEOs sowie Agentur-SEOs, um eine nicht zu unterschätzende, schwierige Aufgabe. SEO muss trotz oder gerade wegen steigender Professionalisierung als Bewerbermarkt angesehen werden. Suchmaschinenoptimierern, die einerseits das notwendige Wissen mitbringen und sich andererseits durch Soft Skills auszeichnen, um auch in Agenturen oder Unternehmen und nicht „nur" bei der Planung, Umsetzung und Monetarisierung eigener Projekte erfolgreich zu sein, bieten sich ein deutlicher Nachfrageüberhang und Karrieremöglichkeiten.

Aufbauend auf den Erfahrungen der Autoren im Bereich der Inhouse-Suchmaschinenoptimierung, der Agenturwelt, aber auch bei der Umsetzung eigener Projekte sollen im Folgenden notwendige Fähigkeiten eines Inhouse beziehungsweise Agentur-SEOs sowie unserer Meinung nach relevante Soft Skills aufgeführt werden, vgl. Abb. 4.8. Sicherlich

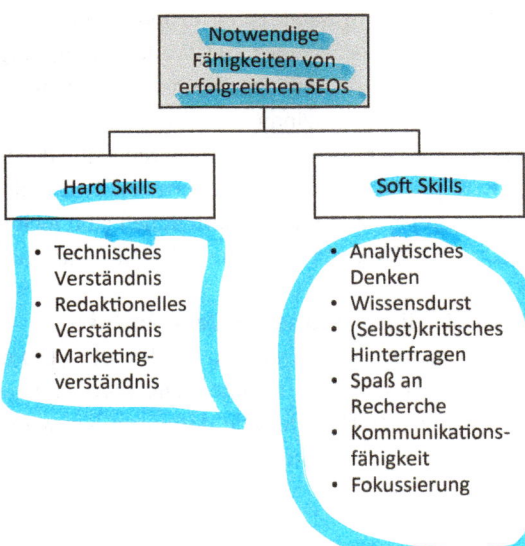

Abb. 4.8 Fähigkeiten eines SEOs

lässt sich die Liste an Fähigkeiten beliebig erweitern und jede Fähigkeit ist nicht in jedem Unternehmen gleich relevant.

Erfolgreiche Suchmaschinenoptimierer müssen sich nicht durch einen bestimmten akademischen Grad auszeichnen. Der Meinung und Erfahrung der Autoren nach kommt es vielmehr auf das individuelle Skill-Set als auf irgendwelche Abschlüsse an, die beim Jobeinstieg zwar hilfreich sein können, in den allermeisten Fällen aber nicht das Wissen vermitteln, das für erfolgreiches SEO notwendig ist.

4.6.1   Hard Skills

Unabdingbar für erfolgreiche Suchmaschinenoptimierer sind mehr oder weniger ausgereifte Fähigkeiten in den Bereichen Webprogrammierung/Webseitenerstellung/Technik, redaktionelle Fähigkeiten sowie grundlegende Kenntnisse im Marketing. Sicherlich muss ein SEO weder komplexe Webanwendungen programmieren noch druckreife Texte stilsicher verfassen können; allerdings sind Grundlagen in den genannten Bereichen dringend erforderlich, um erfolgreiche Suchmaschinenoptimierung betreiben zu können.

4.6.1.1   Technisches Verständnis

Die technische Suchmaschinenoptimierung trägt zu einem großen und weiter wachsenden Teil zum Erfolg eines Webprojekts bei. Als SEO sollte man also wissen, was es mit Session-IDs auf sich hat, wie die Crawler der Suchmaschinen über die Robots.txt gesteuert werden können, was man unter Redirects versteht und wie man diese einsetzen kann und vieles mehr. Selbstverständlich kann man davon ausgehen, dass die Technik derlei Aufgabenstellungen problemlos lösen kann. Allerdings muss der SEO dieser zunächst erklären, was überhaupt umzusetzen ist. Welche Unterseite soll wohin weitergeleitet werden? Warum sollten Session-IDs, die andere Abteilungen im Online-Marketing für ihr Tracking als so hilfreich empfinden, nicht im Index landen? Und wieso sollten Unterseiten überhaupt mit einer 301- statt einer 302-Weiterleitung umgeleitet werden? All diese Fragen sollte der SEO dem Technikteam beantworten können; andernfalls kann die Zusammenarbeit schnell zu Missverständnissen führen und sowohl für das Technik-Team als auch für den SEO deprimierend sein. Des Weiteren sollte der SEO in der Lage sein, sehr leichte technische Anpassungen wie das Ändern von Titles oder Meta Descriptions eigenständig umzusetzen. In nahezu jedem Unternehmen sind technische Ressourcen Mangelware. Weniger komplexe Aufgaben sollte die SEO-Abteilung also nicht auslagern müssen.

4.6.1.2   Redaktionelles Verständnis

Neben technischem Know-how sollte der SEO auch grundlegende Kenntnisse in redaktionellen Bereichen mitbringen. Die Tage, in denen es ausreicht, kurze Texte auf die eigene Seite zu stellen, die eine definierte Keyword-Dichte enthalten und ansonsten wenig

spektakulär erscheinen, sind schon lange gezählt. So sollte der SEO ein Gespür dafür entwickeln, wie ein Thema interessant zu beschreiben ist, was es mit Synonymen auf sich hat,
welche Inhalte eventuell für eine Empfehlung von anderen Webseitenbetreibern geeignet
sind usw. Wir sprechen hier keineswegs von einer journalistischen Ausbildung – vielmehr
sollte der SEO die „Sprache des Internets" sprechen. Inhalte sind die einzige Möglichkeit,
um Crawlern zu verdeutlichen, worum es auf einer Seite überhaupt geht. Während der
Besucher bei einer Grafik, die die Funktionsweise einer ERP-Software beschreibt, sofort
versteht, worum es geht, können Suchmaschinen hauptsächlich Textinhalte auswerten.
Der SEO sollte also in der Lage sein, die Grafik so in Worte zu fassen, dass die Crawler
das Angebot „ERP-Software" verstehen. Durch interessante Inhalte, die an diesem Beispiel die Vorzüge der Software verdeutlichen und Experten interagieren lassen, lassen sich
selbstverständlich Verlinkungen, also Empfehlungen anderer Webseitenbetreiber, generieren. Entsprechende Techniken sowie die Relevanz von Verlinkungen werden im Laufe des
Buches noch näher erläutert.

4.6.1.3 Marketingverständnis

Auch grundlegende Kenntnisse im Marketing sind für Suchmaschinenoptimierer im Unternehmen nicht nur nützlich, sondern notwendig. Bei der Suchmaschinenoptimierung
handelt es sich um einen Online-Marketing-Kanal, doch ist es keineswegs selbstverständlich, dass der SEO über Wissen im Bereich Marketing verfügt. Die Kern-Prioritäten eines
Unternehmens liegen selbstverständlich nicht darin, bessere Suchergebnisse zu erzielen
und die Sichtbarkeit der Webseite im Netz zu verbessern, sondern vielmehr darin, mehr
Verkäufe zu erzielen und entsprechenden Umsatz zu generieren.

Außerdem sollte der SEO die Stärken und Vorzüge neuer Produkte und Dienstleistungen verinnerlicht haben und verstehen, warum potenzielle Kunden beim Unternehmen einkaufen sollten. Andernfalls ist die erfolgreiche Umsetzung von SEO-Kampagnen
schwierig bis unmöglich. Letztlich muss der Suchmaschinenoptimierer die Marketing-
ziele des Unternehmens verinnerlicht haben. Ein hochpreisiger Anbieter von Anzügen,
der sich im Luxussegment beweisen möchte, wird nicht sehr erfreut darüber sein, in den
Suchergebnissen Titles wie „Günstige Anzüge kaufen" oder „Billige Anzüge – Schnäppchen bestellen" in Verbindung mit dem eigenen Unternehmen wiederzufinden. Umgekehrt
werden eher günstige Anbieter wenige potenzielle Kunden bei einem Title „Exklusive
Anzüge online bestellen" generieren, wenn diese auf das Suchergebnis klicken und die
eher günstige Einheitsware präsentiert bekommen. Dabei handelt es sich nur um eines von
vielen denkbaren Beispielen, bei denen das Marketingverständnis des SEOs gefragt ist.
Allerdings ist SEO eng mit anderen Marketingabteilungen verbunden – so können Social-
Media-Kampagnen dazu dienen, Empfehlungen und somit Verlinkungen zu generieren.
Der Suchmaschinenoptimierer sollte also auf Augenhöhe mit anderen Marketingabteilungen über Chancen und Risiken bestimmter Kampagnen diskutieren können und niemals
das Unternehmens- und Marketingziel als Ganzes aus den Augen verlieren.

4.6.2   Soft Skills

Neben den vorgestellten „harten" Faktoren, die zum Handwerkszeug eines SEOs unbedingt dazugehören, sollte ein guter Inhouse oder Agentur-SEO auch über einige weitere Fähigkeiten verfügen, die weniger deutlich greifbar sind.

4.6.2.1   Analytisches Denken
Unter analytischem Denken versteht man die Fähigkeit, Probleme zu erkennen und zu lösen. Sachverhalte werden logisch durchleuchtet. Der Prozess des analytischen Denkens umfasst die Schritte grundsätzliche Problemerfassung, Erfassen der einzelnen Teil- und Unteraspekte sowie Entwicklung von Strategien zum Lösen des Problems. Es handelt sich also keineswegs darum, komplizierte mathematische Formeln berechnen und lösen zu können, wie sie in Einstellungstests häufig angewandt werden, um das analytische Verständnis eines Bewerbers identifizieren zu können. Stattdessen ist es sinnvoller, den Bewerber anhand konkreter Probleme beweisen zu lassen, dass er in der Lage ist, komplexe Probleme strukturiert zu lösen. Doch warum ist das analytische Denken für SEOs so relevant? Schließlich gibt es viele Tools, die das Denken erleichtern und dem Suchmaschinenoptimierer unter die Arme greifen, wenn er eine Webseite analysiert. In diesem Zusammenhang ist es wichtig zu verstehen, dass Tools ausschließlich den Status Quo einer Webseite oder eines Problems erfassen und auswerten können. Sicherlich – und darauf gehen wir im Verlauf des Buches noch genauer ein – bieten einige Tools bereits Lösungsvorschläge und Herangehensweisen an, um SEO-Probleme lösen zu können. Doch ist diese Form der künstlichen Intelligenz natürlich sehr beschränkt und häufig ist mehr als eine Herangehensweise zur Problemlösung denkbar. Aufgabe des SEOs muss es sein, durch die mithilfe von Tools gewonnenen Erkenntnisse Chancen und Risiken sowie Vor- und Nachteile einer jeden Herangehensweise an die Lösung eines Problems analysieren und abwägen zu können. Allein die Auswertung einer Software wird nur bei äußerst trivialen Problemstellungen zu adäquaten Ergebnissen führen. Bei komplexeren Problemen schaffen die Daten nur eine Basis, auf der sich aufbauen lässt, aus der man im Idealfall sogar neue Ideen generieren kann.

4.6.2.2   Wissensdurst
Wie in fast jedem komplexen Arbeitsgebiet sollten Suchmaschinenoptimierer von einem Wissensdurst geleitet werden. Die Suchmaschinenoptimierung ist ein extrem komplexer und sich stetig mit hoher Geschwindigkeit verändernder Kanal. Heute aktuelles Wissen kann morgen schon überholt sein und die Entwicklungsgeschwindigkeit von Google, die Häufigkeit der Updates des Suchmaschinenalgorithmus, nimmt eher zu als ab. Dementsprechend sollten gute SEOs immer auf dem aktuellen Stand der Entwicklung sein, sich die Zeit nehmen, Foren und Blogs zu lesen und eventuell interessante Erkenntnisse zu testen. Auch wenn die Idee, das Hobby zum Beruf zu machen, sehr abgedroschen klingen mag – in der Suchmaschinenoptimierung ist es wichtig, einen gewissen Enthusiasmus für

seine Arbeit zu empfinden und sich nicht zurückzulehnen und mit dem Erreichten zufrieden zu sein. In diesem Zusammenhang sei auch erwähnt, dass Selbstzufriedenheit fehl am Platze ist und Suchmaschinenoptimierer in der Lage sein müssen, flexibel zu handeln. In der Suchmaschinenoptimierung ist es falsch, an alten Ideen festzuhalten, sofern diese überholt sind. Der SEO muss also über ein gewisses Maß an selbstkritischem Verhalten verfügen, um erfolgreich das eigene Know-how zu hinterfragen und Rückschlüsse zu ziehen, die dem Erfolg des Projekts dienlich sind.

4.6.2.3   (Selbst)kritisches Hinterfragen

In diesem Zusammenhang darf nicht unerwähnt bleiben, dass SEOs zwar ständig an der Erweiterung ihres Wissens arbeiten sollten – allerdings nicht jeder Quelle vertrauen dürfen. Ständiges Hinterfragen, kritisches Denken und Selbstkritik gehören also ebenfalls zu den notwendigen Eigenschaften eines guten SEOs. Insbesondere bei Blogs und Forenbeiträgen sollte man nicht stets alles glauben, was übermittelt wird. Vielmehr sollte zunächst reflektiert werden,

a. in welchem Zusammenhang ein Foren- oder Blogbeitrag erschienen ist,
b. ob sich die Techniken, die der Autor anpreist, auch im eigenen Unternehmen in dieser Form umsetzen lassen,
c. wie vertrauenswürdig der Autor ist und
d. welche Ziele der Autor mit seinem Beitrag verfolgt.

Kein Webseitenbetreiber wird beispielsweise „10 Geheimtricks zu erfolgreichem SEO" veröffentlichen. Erstens sind es seit diesem Blogpost keine geheimen Tricks mehr, zweitens sollte sich der Lesende Gedanken darüber machen, ob das Ziel des Blogposts in diesem Fall nicht eher das Erreichen von Aufmerksamkeit und Verlinkungen sein könnte, anstatt ernsthaft professionelle SEO-Tipps zu geben. Nur wer in angemessener Zeit die Spreu vom Weizen trennen kann, wird beim Lesen von Foren, Blogs etc. einen Mehrwert haben können.

4.6.2.4   Spaß an Recherche

Ein guter SEO sollte Spaß an Recherche haben. Ein Großteil der Arbeit besteht darin, die für das Unternehmen beziehungsweise das Projekt relevanten Informationen zu recherchieren und zu bewerten. Wie bereits erwähnt, können stets neue Informationen, die den Suchmaschinenalgorithmus betreffen, im Internet recherchiert werden. Doch auch die alltägliche Arbeit besteht aus Rechercheaufgaben: Auf welchen Keywords sollte die Webseite ranken? Welche SEO-Maßnahmen führt die Konkurrenz durch? Mit welchen Keywords erzielt das Unternehmen Umsätze, wo könnte man optimieren? Diese und viele weitere Fragen setzen voraus, dass der SEO in der Lage ist, korrekt und erfolgreich zu recherchieren.

4.6.2.5   Kommunikationsfähigkeiten

Auch wenn SEO teilweise als sehr technisch verschrien ist – SEOs sollten über Kommu-
nikations- und Networking-Fähigkeiten verfügen. Insbesondere im Rahmen der Partner-
akquise beziehungsweise des Linkmarketings ist ein gewisses Skill-Set an Kommunikationsfähigkeiten vonnöten. Schließlich muss der SEO potenzielle Partner vom eigenen
Produkt beziehungsweise von der Dienstleistung überzeugen. Er muss Webseitenbetreibern verständlich machen, warum gerade er einen Gastbeitrag in ihrem Blog veröffentlichen sollte. Außerdem sollte der Suchmaschinenoptimierer in der Lage sein, mit Partnern
oder Kunden zu verhandeln. Die SEO-Branche ist stark vernetzt, sodass es für den SEO
notwendig ist, sich mit Suchmaschinenoptimierern anderer Unternehmen auszutauschen,
um Ideen zu generieren, die dem eigenen Unternehmen helfen werden. Schließlich sollte
dem SEO bewusst sein – er verfügt ja über eine gesunde Portion an Wissensdurst –, dass
er stetig von anderen Menschen lernen kann. Dazu muss er jedoch in der Lage sein, entsprechende Kontakte zu knüpfen.

4.6.2.6   Fokussierung

Besonders im Rahmen der technischen Suchmaschinenoptimierung sollte ein guter SEO
in der Lage sein, Verbesserungsvorschläge zu priorisieren. Dazu benötigt er ein entsprechendes Organisationstalent. Nicht jede Verbesserung, die auf der Webseite realisiert werden muss, hat die gleiche Priorität wie eine andere, und normalerweise sind die technischen Ressourcen rar. Dessen muss sich der Suchmaschinenoptimierer bewusst sein und
die Aufgaben, die SEO betreffen, entsprechend priorisieren. Ein gewisses Durchsetzungs-
vermögen ist notwendig, um die wirklich wichtigen Aufgaben entsprechend hoch zu priorisieren. Durch die Fähigkeit, realistische Prioritäten zu setzen, kann der SEO Vertrauen
bei Management und Technik-Abteilung gewinnen.

Zusammenfassend lässt sich sagen, dass bei Suchmaschinenoptimierern natürlich
nicht alle Fähigkeiten gleich stark ausgebildet sein können. Während Fähigkeiten in der
Technik oder im Marketing durch Weiterbildungen gewonnen werden können, lassen sich
die Soft Skills wie analytisches Denken oder Wissensdurst nur schwerlich durch externe
Schulungen verbessern. Bei der Einstellung eines Suchmaschinenoptimierers sollte das
Unternehmen also insbesondere darauf achten, ob der potenzielle Mitarbeiter die notwendigen Voraussetzungen bei den Soft Skills mitbringt, um erfolgreich zu sein.

4.7   SEO-Konferenzen

Es ist ratsam, durch den Besuch von Konferenzen Kontakte in der SEO-Branche zu knüpfen und sich durch das Lesen von Blogs ständig weiterzubilden. Die SEO-Community ist
sehr offen, sodass „Neue" jederzeit auf Konferenzen als Gesprächspartner herzlich willkommen sind und man sich nicht starr auf einige wenige Blogs konzentriert, sondern auch
neuen Informationsquellen gern die Chance gibt, sich zu beweisen und einen Mehrwert
zu bieten.

Diese niedrigen Einstiegsbarrieren führen aber natürlich auch dazu, dass „jeder" – ob er SEO-Wissen hat oder nicht – einen SEO-Blog veröffentlichen kann. Vorsicht ist bei der Sammlung von News und Informationen also immer geboten, Ideen, die auf den ersten Blick sinnvoll erscheinen, sollten getestet werden, bevor man sie auf der eigenen Unternehmenswebseite anwendet.

Unzählige Konferenzen beschäftigen sich mit der Suchmaschinenoptimierung. Speaker vermitteln aktuelles Wissen rund um SEO und verwandte Themenbereiche. Einige Konferenzen beziehen sich ausschließlich auf die Suchmaschinenoptimierung, während andere ein breiteres Spektrum des Online-Marketings abbilden. Im Folgenden sollen einige bekannte Konferenzen exemplarisch vorgestellt werden.

4.7.1   OMCap

Die von Andre Alpar ausgerichtete Online-Marketing-Konferenz OMCap geht 2013 in die vierte Runde. 2010 als Stammtisch für die Berliner Online-Marketing-Szene begonnen, entwickelte sich die OMCap rasend schnell zu einer großen, professionell durchgeführten Konferenz mit als absolute Branchenexperten anerkannten Speakern. Mit ihrer hohen Dichte an hochwertigen Sessions und Fachdiskussionen dient die OMCap dazu, neue Erkenntnisse zu gewinnen und vorhandenes Wissen zu hinterfragen. Die OMCap gliedert sich in eine Konferenz mit gemischten Themen zum Online-Marketing wie Affiliate Marketing, SEO, SEA, Online Reputation Management und mehr sowie in Seminarblöcke, in denen Experten den Teilnehmern in kleiner Runde relevantes Wissen zu den Online-Marketing-Kanälen vermitteln.

4.7.2   SEO Campixx

Als sogenannte „Unkonferenz" ist die SEO Campixx in der gesamten SEO-Szene sehr beliebt. Die Idee der Campixx basiert in Teilen auf der Idee von Barcamps, wobei sich die Veranstalter der SEO Campixx zum Ziel gesetzt haben, Suchmaschinenoptimierung jenseits der großen Konferenzen für „normale Webmaster", wie sie es auf ihrer Webseite selbst bezeichnen, zugänglich zu machen. Außerdem sollen professionelle SEOs ihr Wissen mit neuen Ideen erweitern.

Anders als bei vielen großen Konferenzen kommt es bei der Campixx weniger darauf an, dass die Referenten im Vortragen besonders erfahren sind – es wird also weniger Wert auf Perfektion gelegt als vielmehr darauf, dass die Teilnehmer sich durch Vorträge und Workshops aktiv in das Programm einbringen. Die Campixx wird bereits seit 2010 einmal jährlich veranstaltet, die Tickets, die in den freien Verkauf wandern, sind innerhalb weniger Minuten vergriffen – ein weiterer Beleg für die Beliebtheit der Veranstaltung.

4.7.3 SMX München

Die Search Marketing Expo – kurz SMX – München ist eine Konferenz für SEO und SEA. Die Konferenz erstreckt sich über zwei Tage, an denen Sessions zu Themen der Bereiche Suchmaschinenoptimierung und Suchmaschinenmarketing angeboten werden.

Keyword-Strategie und -Recherche

5

Zusammenfassung

Ausgangspunkt einer jeden Optimierung auf einer Webseite ist die Festlegung einer Keyword-Strategie sowie die dafür notwendige Recherche nach den zum eigenen Angebot passenden Keywords. Bei einem Keyword (auch Suchbegriff genannt) handelt es sich um eine **Texteinheit aus einem oder mehreren Wörtern**, Zahlen oder Zeichen. Letztlich sind Keywords diejenigen Wörter, auf die eine Seite einer Internetseite entsprechend gute Rankings erzielen sollte. Es sind also die Suchwörter, nach denen potenzielle Kunden suchen, wenn sie auf eine Internetseite gelangen sollen.

Ohne die Definition von Begriffen, für die eine bestimmte Unterseite gute Suchergebnisse erzielen soll, ist die Optimierung der Seiten genau darauf logischerweise auch nicht möglich. Im Kapitel Keyword-Strategie und -Recherche werden zunächst die Grundlagen der Keyword-Recherche mit besonderem Fokus auf Conquer- und Defend-Strategien sowie unterschiedliche Typen von Suchanfragen und Diversifikationen von Keywords vermittelt.

Nachdem die Grundlagen vorgestellt wurden, folgt der erste Schritt einer jeden Keyword-Strategie – die Definition des Status Quo, solange es sich nicht um ein komplett neues Projekt handelt. In dieser Phase sollte festgestellt werden, auf welchen Keywords die Seite bereits gute Rankings erzielt.

Nach Definition des Status Quo folgt die Keyword-Recherche im engeren Sinne – also die Gewinnung von möglichst vielen thematisch sinnvollen Begriffen, auf denen die Webseite potenziell ranken sollte.

Es reicht nicht aus, nur zu definieren, auf welchen Keywords die Webseite ranken sollte – vielmehr folgt aufbauend auf der Erstellung einer Keyword-Liste die Bewertung der Suchbegriffe. Basierend auf der Bewertung der Keywords werden diese priorisiert und es wird definiert, welche Seite für welchen Begriff optimiert werden soll. Das Ergebnis dieses Prozesses ist die Keyword-Strategie.

© Springer Fachmedien Wiesbaden 2015   131
A. Alpar et al., *SEO – Strategie, Taktik und Technik*, DOI 10.1007/978-3-658-02235-8_5

5.1   Grundlagen der Keyword-Strategie

Wie im Verlauf der folgenden Kapitel noch deutlich werden wird, werden Keywords bei nahezu allen Optimierungsmaßnahmen in der Suchmaschinenoptimierung – sowohl in der On- als auch in der Offpage-Optimierung – genutzt. Somit ist es nicht verwunderlich, dass die Entwicklung der Keyword-Strategie zu einem großen Teil die Startphase eines Projekts bestimmt. Bevor man die Seiten optimiert, muss man zunächst durch ausführliche Recherchen die Ziel-Keywords definieren, auf die optimiert werden soll. Auch bei laufenden Projekten ist es jederzeit sinnvoll, Keyword-Recherchen kontinuierlich durchzuführen. Somit erhält man stetig einen guten Überblick über das Suchverhalten eigener und potenzieller Kunden. Außerdem kommt es vor, dass sich Keyword-Prioritäten mit der Zeit beispielsweise aufgrund von Produktinnovationen verschieben. Ziel muss es also sein, die eigene Webseite optimal im Wettbewerbsumfeld zu positionieren.

Bei der Keyword-Strategie muss beachtet werden, dass auf solche Suchbegriffe optimiert wird, bei denen das Unternehmen realistische Chancen hat, erfolgreich zu sein und sehr gute Positionen zu erreichen. Ein kurzer Exkurs zur Olympiade könnte dies veranschaulichen: Hier spezialisieren sich die Sportler auf diejenige Disziplin, von der sie sich die größten Erfolgschancen versprechen, um auf den ersten drei Plätzen zu landen. Anders als bei Olympia gilt in den Suchergebnissen aber natürlich nicht das Motto: „Dabei sein ist alles!". So sollte im Rahmen der Strategieentwicklung ein besonderer Fokus auf die Auswahl realistischer Ziele gelegt werden.

Außerdem sollte jedes zu optimierende Keyword mit genug „Druck" bedacht werden können, sei es durch Onpage- oder Offpage-Maßnahmen. Es sollten also nicht zu viele Suchbegriffe gleichzeitig hoch priorisiert werden, da durch die Streuung der Marketingmaßnahmen jedes einzelne Keyword zu wenig Aufmerksamkeit erhalten würde.

Doch bevor wir uns der eigentlichen Keyword-Recherche, also der Suche nach den Begrifflichkeiten, widmen, soll zunächst grundlegend darauf eingegangen werden, anhand welcher Merkmale Keywords diversifiziert werden können und welche Eigenschaften diese verbinden beziehungsweise teilen.

5.1.1   Einflussfaktoren auf die Keyword-Auswahl

In Kap. 3 haben wir bereits ausführlich das Verhalten von Suchmaschinennutzern beschrieben. Insbesondere wurde deutlich, dass das Suchverhalten heterogen ist, es nicht den „typischen" Suchenden gibt, sondern dieser sehr gezielt durch die Eingabe von Suchanfragen mit einem und mehreren Wörtern sucht.

Viel zu oft sind sich Unternehmen sehr sicher, alles über ihre potenziellen Kunden zu wissen, und empfinden eine ausführliche Keyword-Recherche als Zeitverschwendung; denn es wird davon ausgegangen, dass ohnehin keine weiteren Informationen über potenzielle Kunden gewonnen werden können. Schließlich investieren Unternehmen oft schon seit Jahrzehnten viel Geld, um die eigenen Kunden und deren Verhalten zu verstehen.

Doch dass die Suchmaschinennutzer eventuell anders handeln (und damit auch anders suchen) könnten als Kunden, die offline auf Werbeaktivitäten reagieren, müssen viele Unternehmen erst noch begreifen. Besonders wichtig ist es, die Keyword-Recherche nicht als kurzfristige Maßnahme und Aktivität zu erkennen, um die eine oder andere Seite aufzubauen. Vielmehr sollte die Keyword-Strategie auf die Zieldefinition des Unternehmens ausgerichtet sein und somit langfristige Regeln festlegen, in welche Richtung eine Webseite zu optimieren ist.

Die Herausforderung bei der Keyword-Recherche besteht nicht darin, möglichst viele Keywords zu finden, auf die man eventuell optimieren könnte. Vielmehr ist die Aufgabe herausfordernd, **die richtigen Prioritäten zu setzen** und aufgrund steigender Opportunitätskosten nicht zu ausführliche Recherchen zu betreiben; stattdessen gilt es, in den richtigen Themenbereichen tiefgreifend zu analysieren, mit welchen Keywords nicht nur Besucher, sondern auch potenzielle Kunden, also die Zielgruppe, die Webseite finden und aufrufen.

Um Verständnis für die Komplexität der Keyword-Recherche zu schaffen, werden im Folgenden die Einflussfaktoren auf die zu wählenden Keywords kurz beschrieben. Dabei gliedert man einerseits in wettbewerbsbezogene Einflussfaktoren und andererseits in anbieter- und zielgruppenseitige Einflussfaktoren. Diese lassen sich jeweils einander gegenüberstellen.

Abbildung 5.1 verdeutlicht die anbieter- und zielgruppenseitigen Einflussfaktoren auf die Keyword-Auswahl. Ein häufig unterschätztes Problem in diesem Zusammenhang ist

Abb. 5.1 Keywordauswahl

der **unterschiedliche Sprachgebrauch** von Anbietern und Zielgruppe. Anders als beispielsweise bei SEA, wo auf zuvor definierte Keywords gebucht werden und die Zielseite nicht einmal zwingend das gebuchte Keyword enthalten muss, lassen sich gute Suchmaschinenrankings nur durch die Nutzung des zu optimierenden Keywords auf der Landing Page generieren. Stellen wir uns einen Modehändler vor, der eine eher junge Zielgruppe anspricht und beispielsweise Schuhe als „Footwear" bezeichnet. Dies mag in der Unternehmenssprache ein fest verankerter Begriff für die Sparte Schuhe sein. Eventuell führten in diesem Fall ausführliche Marktanalysen zu der Erkenntnis, dass junge Kunden den Begriff „Footwear" als frischer, jugendlicher empfinden als das deutsche Wort „Schuhe". In diesem Zusammenhang sei nochmals an das bereits beschriebene Push- und Pull-Marketing erinnert. Im klassischen Marketing erzeugen Unternehmen Werbedruck und erzwingen Nachfrage nach ihren Produkten und Dienstleistungen, wohingegen im Pull-Marketing des Suchmarketings die Nutzer entscheiden, wonach sie suchen.

Die Wahrscheinlichkeit, dass potenzielle Kunden nach „Schuhe" und nicht nach „Footwear" suchen, ist jedoch immens größer. Das verdeutlicht auch die Anzahl der durchschnittlichen Suchanfragen pro Monat. Während das Suchvolumen nach „Footwear" monatlich 390 Anfragen aufweist, werden monatlich 165.000 Suchanfragen zu „Schuhe" bei Google durchgeführt. Wie man diese Zahlen erhält, erklären wir im weiteren Verlauf des Kapitels. Das Unternehmen hat die Wahl, entweder auf große Traffic-Potenziale zu verzichten, indem es an der Sprachwahl, der Unternehmenssprache, festhält. Zu empfehlen wäre aus SEO-Sicht allerdings, sich der Sprache der potenziellen Kunden anzupassen, ohne jedoch das eigene Image zu verlieren. Somit könnte beispielsweise eine weitere Landing Page für das Keyword „Schuhe" erstellt werden, um potenzielle Käufer auf die Anbieterseite zu verweisen. Somit ließe sich die Unternehmenssprache, mit der Artikel bezeichnet werden, optimal mit den Bedürfnissen der Suchmaschinenoptimierung vereinen.

Ein weiteres gutes Beispiel für diesen Sachverhalt beziehungsweise diese Problemstellung liefert die Webseite von Adidas. In der Navigation ist die Kategorie, die Laufschuhe enthält, mit dem Begriff „Running" verlinkt. Der Titel dieser Seite lautet „Männer – Running – Schuhe" und ist somit nicht wirklich Keyword-optimiert. Sucht der Nutzer nun bei Google nach „Adidas Laufschuhe", so gelangt er auf eine Zielseite, die den Begriff „Adidas Laufschuhe" enthält, jedoch ebenfalls nicht auf das Top-Keyword „Laufschuhe" optimiert ist. Der Nutzer muss also nach einem transaktional-navigationalen Keyword suchen, um auf die Schuhe des Herstellers aufmerksam zu werden. Das rein transaktionale Keyword „Laufschuhe" liefert hingegen für Adidas keine Top-Resultate. Selbstverständlich kann anhand eines Beispiels nicht ausgemacht werden, wie gut oder schlecht eine Webseite optimiert ist – es soll lediglich exemplarisch erläutert werden, wie Fehler im Bereich der Zielgruppenansprache erkannt und eventuell vermieden werden können.

Ein weiterer anbieterseitiger Einflussfaktor auf die Auswahl der Keywords sind **die aktuellen Rankings** einer Seite. Selbst Webseiten, die noch nicht aus SEO-Sicht optimiert wurden, haben ab und an einige sehr gute Rankings. Insbesondere Seiten bekannter Marken können aufgrund ihres Alters beziehungsweise ihres Vertrauens seitens der Suchmaschinen teilweise Top-Rankings aufweisen, auf die bei der Suchmaschinenoptimierung aufgebaut werden kann. Bei der Auswahl der Keywords sollte man also definitiv einen Blick auf die bereits erreichten Suchmaschinenrankings haben, um daraus entstandene Potenziale zu nutzen. So sollten beispielsweise solche Keywords ermittelt werden, die potenziell bei einer leichten Verbesserung des Ranking nennenswerten Traffic generieren, beziehungsweise sogenannte „**Schwellen-Keywords**", die kurz vor dem Sprung auf Seite 1 in den Suchergebnissen stehen. Wie diese Keywords genau identifiziert und bewertet werden, wird im Folgenden noch ausführlich erläutert.

Zu beachten gilt es natürlich auch, zu welchen Themenbereichen auf der Seite bereits Inhalte bestehen. Je nachdem, wie aufwendig die **Content-Erstellung** im Unternehmen ist, wie groß die Redaktion ist, kann die Content-Erstellung eine entsprechende Zeit in Anspruch nehmen. Daher gilt es, auch hier schon auf vorhandene Potenziale aufzubauen und diese zu nutzen. Auch auf diesen Themenkomplex werden wir in Abschn. 5.2.1, bei der Definition des Status Quo, genauer eingehen.

Neben dem Sprachgebrauch der Zielgruppe ist vor allen Dingen zu beachten, in **welcher Phase des Kaufprozesses** sich der Suchende beim Aufruf der Seite durch das Keyword befindet. Wie bereits in Kap. 3 erläutert, kann der Kaufprozess mithilfe des AIDA-Modells beschrieben werden. Je nach Strategie des Unternehmens lässt sich die Optimierung auf jede Phase des Kaufprozesses begründen. In diesem Zusammenhang kann direkt bei der Auswahl der Keywords zwischen navigationalen, informationalen und transaktionalen Suchbegriffen diversifiziert werden. In diesem Zusammenhang ist es wichtig zu erwähnen, dass vor allem eine Strategie für Unternehmen nachhaltig zum Erfolg führt, die sämtliche Keyword-Arten beinhaltet und sich nicht beispielsweise nur auf transaktionale Suchbegriffe konzentriert, nur weil diese schneller Umsatz bringen werden.

Außerdem müssen das **Budget und der Zeithorizont** der geplanten SEO-Maßnahmen in die Auswahl der zu optimierenden Suchbegriffe einfließen. Hart umkämpfte Suchbegriffe lassen sich nur mit entsprechendem Ressourceneinsatz auf sehr gute Positionen optimieren, und selbst bei hohen Budgets muss das Unternehmen genügend Geduld haben, um nachhaltig Top-Positionen zu erreichen und zu festigen. Verfügt das Unternehmen über vergleichsweise wenig Budget oder möchte erste Ergebnisse in einem relativ kurzen Zeitrahmen sehen, so muss bei der Keyword-Auswahl sichergestellt werden, dass die zu optimierenden Keywords nicht in einem vergleichsweise zu starken Wettbewerbsumfeld liegen. In diesem Fall würde man sich eher auf Nischen beziehungsweise Keyword-Kombinationen mit niedrigerem Suchvolumen oder informationale Suchbegriffe konzentrieren.

Des Weiteren ist das Verhalten der Suchenden bezüglich ihrer Kaufentscheidung beziehungsweise ihrer Bereitschaft, Dienstleistungen in Anspruch zu nehmen, bei der Auswahl der Keywords zu beachten. Während die Hemmschwelle, ein neues Paar Schuhe über das Internet zu kaufen, noch recht gering ist, sind andere Themenbereiche wie die Immobiliensuche, die Urlaubsplanung oder der Abschluss eines Kredits mit deutlich größeren Unsicherheitsfaktoren verbunden. Dessen sollte sich der Anbieter bei der Auswahl der Keywords bewusst sein und die Ziele beziehungsweise Landing Pages entsprechend unterschiedlich strukturieren.

Neben den beschriebenen anbieter- und zielgruppenspezifischen Erfolgsfaktoren bei der Auswahl der Keywords sind auch die wettbewerbsbezogenen Faktoren nicht zu vernachlässigen.

Die wettbewerbsbezogenen Einflussfaktoren gliedern sich in den Wettbewerb mit Konkurrenzseiten sowie den Wettbewerb mit Google-Ergebnissen. In Bezug auf den Wettbewerb mit Google-Ergebnissen seien insbesondere die Anzahl und somit auch die Platzierung der AdWords-Anzeigen, Ergebnisse des Knowledge Graph sowie Universal-Search-Ergebnisse erwähnt.

Die Platzierung der **AdWords-Anzeigen** oberhalb der organischen Suchergebnisse führt zu deutlich geringeren Klickraten für die bestplatzierten organischen Ergebnisse, als dies der Fall wäre, wenn keine Anzeigen oberhalb der organischen Ergebnisse platziert wären. Allerdings werden nahezu bei jedem transaktionalen Keyword drei bezahlte Ergebnisse oberhalb der Suchergebnisse eingeblendet, sodass Webseitenbetreiber nur noch auf einigen informationalen und auch navigationalen Keywords mit Top-Positionen den Großteil des Suchtraffics für sich gewinnen können. Ändern kann dies natürlich kein Seitenbetreiber, doch sollte man in die Priorisierung von Suchbegriffen einbeziehen, dass bei traffic- und conversionstarken Keywords sicherlich Werbeanzeigen über den Top-Ergebnissen platziert sind.

Eine relativ neue Entwicklung von Google ist der **Knowledge Graph**, der insbesondere informationale Keywords betrifft. So werden bei der Suchanfrage „Sehenswürdigkeiten Berlin" oberhalb der eigentlichen Suchergebnisse interessante Orte von Google selbst prominent beworben. Außerdem erhält der Suchende weitere Informationen zu der Stadt, in der er Sehenswürdigkeiten sucht. Auch bei der Suchanfrage „Wetter Berlin" bekommt der Suchende umgehend von Google die Antwort, wie sich das Wetter in den nächsten Tagen entwickeln wird. Sollte der Suchende nicht noch weitere Informationen zu dem Thema suchen, so hat er durch die Einbindung der Informationen von Google bereits die Antwort auf seine Suchanfrage erhalten, was wiederum die Wahrscheinlichkeit verringert, dass er eine oder mehrere Zielseiten in den organischen SERPs aufruft. Webseitenbetreiber sollten also bei der Auswahl der Keywords genau analysieren, inwiefern Google Ergebnisse des Knowdledge Graph einblendet beziehungsweise wie hoch die Wahrscheinlichkeit ist, dass sich Top-Rankings im entsprechenden Themenbereich langfristig und nachhaltig rentieren.

Auch die Einbindung von Ergebnissen der **Universal Search**, also von vertikalen Suchergebnissen, sollte von Webseitenbetreibern bei der Keyword-Auswahl berücksichtigt werden. Bei transaktionalen Keywords, bei denen sich der Suchende in einer späten Phase der Kaufentscheidung befindet (zum Beispiel die Suchanfrage „Holzspielzeug kaufen"), werden oft sehr prominent Ergebnisse aus der vertikalen Shopping-Suche eingeblendet. Sollte der Suchende hierbei schon das von ihm gesuchte Produkt ausfindig machen, so werden die organischen Top-Rankings eine entsprechend niedrigere Klickrate aufweisen können. Auch bei eher regionalen Suchergebnissen sind die vertikalen Maps-Einblendungen zu beachten. Bei der Suchanfrage „Zahnarzt Berlin" werden beispielsweise prominent Zahnärzte in Berlin, die ein gutes Google-Maps-Ranking aufweisen, ausgegeben.

Dementsprechend sollte der Webseitenbetreiber seine Keyword-Strategie optimieren und anpassen – eventuell macht es für einige Suchanfragen eher Sinn, zunächst vertikale Suchergebnisse zu optimieren und erst danach über die Optimierung der organischen Suchergebnisse nachzudenken.

Bei den **wettbewerbsbezogenen Einflussfaktoren** in Bezug auf Konkurrenten sollte die Wahrscheinlichkeit, Top-Rankings zu erzielen, abgeschätzt werden. So sollte man sich etwa die Frage stellen, ob sich Konkurrenten im Markt befinden, die einen deutlichen zeitlichen Vorsprung und damit Ranking-Resultate aufweisen, die nur sehr langfristig von der eigenen Seite übertroffen werden können. Eventuell bietet sich in diesem Fall die Konzentration auf andere Keywords an, die weniger hart umkämpft sind. Letztlich müssen bei den Faktoren bezüglich der Konkurrenzsituation in den SERPs vor allen Dingen die voraussichtlichen Marketing-Budgets der Konkurrenten betrachtet werden. Zwar lässt sich mit Geld kein Top-Ranking kaufen, doch kostet die professionelle Erstellung von einzigartigem Content, der Mehrwert bietet, entsprechend viele Ressourcen und auch im Rahmen des Linkmarketings lassen sich Aktionen, die zur Generierung von Backlinks führen, mit einem entsprechenden Marketing-Budget deutlich leichter umsetzen.

Außerdem sollte der Webseitenbetreiber überprüfen, inwiefern die Konkurrenz bereits Inhalte zu einem Themenbereich erstellt hat und wie stark diese themenrelevant verlinkt sind. Möglicherweise ist der direkte Konkurrent die unangefochtene **Autorität im jeweiligen Themenbereich**. Dieses Wissen sollte in die Auswahl der Keywords einbezogen werden, sodass Rankingerfolge auch mittelfristig und nicht nur sehr langfristig zu erreichen sind. Letztlich ist hier auf eine gesunde Mischung bei der Auswahl der Keywords in Bezug auf die Konkurrenz zu setzen – der Webseitenbetreiber muss im Einzelfall entscheiden, inwiefern er den Kampf um die Top-Positionen in den Suchergebnissen mit seinen Mitbewerbern aufnehmen möchte. Dazu muss sich der Webseitenbetreiber der Strategie, auf welche Suchbegriffe sich die Konkurrenz konzentriert, bewusst sein.

5.1.2   Defend- und Conquer-Strategien

Bei Defend-Keywords handelt es sich um solche Suchbegriffe, die die Marke beziehungsweise Produkte der Marke enthalten oder primär mit dem Anbieter assoziiert werden. Das können beispielsweise folgende Suchbegriff-Typen sein:

- Markennamen, zum Beispiel Mercedes
- Produkte oder Kombinationsbegriffe, zum Beispiel „Mercedes A Klasse", „Linguatronic", „Saturn Alexanderplatz Berlin"
- Werbeslogans aus TV, Radio, Print, zum Beispiel „Freude am Fahren", „Schrei vor Glück"

Sucht ein Nutzer nach dem Markennamen, so ist es sehr wahrscheinlich, dass er die Seite des Anbieters besuchen möchte. Es ist also selbstverständlich, dass die Marke bei dem

Abb. 5.2 Mercedes-Benz-Webseite (Quelle: http://www.mercedes-benz.de)

Suchbegriff das Top-Ranking in den SERPs innehaben sollte – meist ist dies auch der Fall. Anders verhält es sich jedoch bei den Produkten einer Marke. Häufig ranken nicht die Anbieter selbst, sondern Partner oder Händler mit dem Produktnamen. Unternehmen sollten demnach bei der Keyword-Strategie festlegen, wie Top-Rankings für die Produktnamen sichergestellt werden können.

Auch bei Suchanfragen nach Werbeslogans ist die Vermutung sehr naheliegend, dass die Suchenden die Seite des Anbieters aufrufen möchten. Die Nutzer haben eventuell die Werbung im Radio gehört oder im TV gesehen, können sich jedoch nicht mehr an die Marke erinnern, die beworben wurde. Durch die Suche nach dem einprägsamen Werbeslogan erhoffen sich die Nutzer, auf die Webseite des Anbieters zu gelangen.

Abbildung 5.2 zeigt beispielhaft an der Webseite von Mercedes-Benz, wie wertvolle Inhalte, im vorliegenden Fall technische Erläuterungen von Systemen von Mercedes, aufgrund einer nicht ausgesteuerten Defend-Keyword-Strategie vor Suchmaschinen unabsichtlich durch Fehler in der technischen Umsetzung der Seite versteckt werden.

Google „übersetzt" die Seite folgendermaßen – wie zu erkennen ist, kann Google die Inhalte, die der menschliche Besucher sieht, nicht lesen (Abb. 5.3):

Sucht man beispielsweise nach „Linguatronic", so erhält man vor allen Dingen die Informationen zu dem System von Mercedes durch Informationen aus Web-Magazinen. Aus Sicht des Anbieters – aber auch des Nutzers – wäre es optimal, wenn Interessenten die Informationen direkt aus erster Hand, also von Anbieterseite aus, geliefert bekämen. Dabei ist zu erwähnen, dass Mercedes für die Entwicklung des Systems „Linguatronic" mehrere Millionen investiert hat und ebenfalls mehrere Millionen in das Marketing des Systems geflossen sind. Allerdings wurde der Pull-Kanal bei den Marketingaktivitäten außer Acht gelassen. Die Relevanz des Systems lässt sich mit etwa 1500 monatlichen

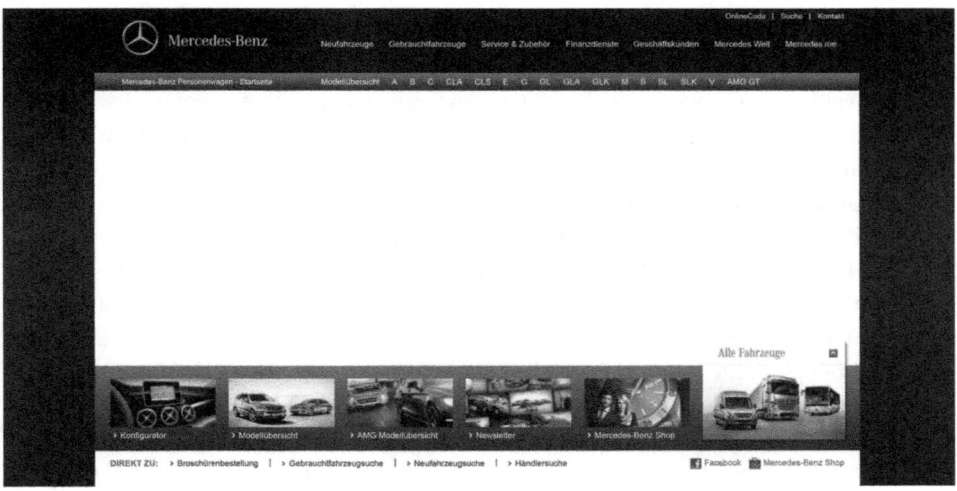

Abb. 5.3 Mercedes Benz aus Sicht von Google (in Anlehnung an http://www.mercedes-benz.de)

Suchanfragen verdeutlichen. All diese Suchenden möchten sich über das System von Mercedes informieren.

Die Abbildung zeigt ebenfalls, welche Informationen Google aus dem aufwendigen Design, in dem die technischen Grundlagen der Systeme erläutert werden, herauslesen kann. Wie dieses Problem behoben werden kann, wird im weiteren Verlauf des Buchs im Rahmen der Onpage-Optimierung deutlich. Zunächst ist nur wichtig zu verstehen, dass Defend-Keywords eine wichtige Funktion in der Keyword-Strategie haben. Dabei sind bereits mit relativ wenig Aufwand sehr gute Rankings bei Defend-Keywords für den Anbieter möglich.

Bei Conquer-Keywords handelt es sich um generische Suchbegriffe, bei denen der Kunde nicht auf einen speziellen Anbieter festgelegt ist. Sie enthalten keinen Markennamen, sondern bestehen aus einem Begriff oder einer Wortkombination **wie „Spülmaschine"**, **„Baufinanzierung" oder „Holzspielzeug kaufen"**. Im Gegensatz zu Defend-Keywords werden Conquer-Keywords mit einer größeren Wahrscheinlichkeit von **Neukunden** verwendet, die zwar wissen, welchen Produkttypen sie kaufen beziehungsweise welche Dienstleistung sie in Anspruch nehmen möchten, sich jedoch (noch) nicht für die Marke entschieden haben. Dementsprechend versprechen Conquer-Keywords die Generierung von relativ vielen Neukunden, sofern das Unternehmen Top-Rankings in den Suchergebnissen erzielt. Allerdings ist die Optimierung bei Conquer-Strategien deutlich komplexer, zeit- und ressourcenintensiver, als dies bei Defend-Keywords der Fall ist.

Anhand einiger Beispiele bezogen auf Procter & Gamble möchten wir verdeutlichen, welch ein Potenzial in generischen Suchbegriffen stecken kann:

- Der Begriff „Weichspüler" wird monatlich etwa 2500 Mal gesucht. Suchende, die sich über Weichspüler informieren, möchten einerseits Informationen erhalten, inwiefern Weichspüler eingesetzt werden sollten, andererseits mit einer entsprechend hohen Wahrscheinlichkeit einen Weichspüler kaufen. Da sich der Nutzer wahrscheinlich noch nicht auf eine Marke festgelegt hat, könnte ein Anbieter von Weichspülern potenziellen Kunden ausführliche Informationen und Nutzungshinweise bereitstellen und als Autorität in der Nische, die die besten Informationen liefert, den Kunden gewinnen. Statt „Lenor", der führenden Weichspüler-Marke von P&G, sind Wikipedia sowie Informationsportale gelistet. So erhalten Suchende die negative Information, dass giftige Chemikalien in verschiedenen Weichspülern gefunden wurden. Durch eine gute Conquer-Strategie sollte Lenor sicherstellen, dass Suchende „Weichspüler" positiv mit dem Anbieter Lenor assoziieren.
- Nach „Nassrasierer" suchen monatlich etwa 2000 Nutzer. Die Marke „Gillette" hat jedoch keine Top-Rankings, wird ausschließlich über Suchmaschinen-Marketing beworben. Die organischen Suchergebnisse setzen sich aus Marktplätzen wie Amazon oder Preisvergleichen wie Idealo zusammen. In den Ergebnissen von Google Shopping werden Nassrasierer von Gillette beworben, die bei unterschiedlichen Anbietern zu erwerben sind. Allerdings sucht der Nutzer vergebens nach ausführlichen Informationen zu den verschiedenen Angeboten seitens des Herstellers. Gillette sollte sämtliche Nassrasierer aus dem Angebot zusammenfassen und ausführlich vorstellen, um Suchenden, die den Begriff „Nassrasierer" eingeben, die gewünschten Informationen bieten zu können.

Anhand der Beispiele wird ersichtlich, dass die Auswahl der relevanten Keywords bei einer Conquer-Strategie für jedes Unternehmen relevant ist und sich nicht nur auf Unternehmen konzentriert, die im Internet Produkte oder Dienstleistungen (direkt) verkaufen. Beispielsweise ist es für Banken ebenfalls wichtig, für Begriffe wie „Baufinanzierung" oder „Konto anlegen" gefunden zu werden, auch wenn die Nutzer die Entscheidung online, den Vertragsabschluss oft hingegen offline in einer der Filialen vollziehen.

Anders als im klassischen Marketing ist das **Suchmarketing** – sofern gut umgesetzt – **nahezu streuverlustfrei.** Die Suchenden möchten genau das Produkt beziehungsweise die Dienstleistung finden, nach dem beziehungsweise der sie suchen.

Neben den beschriebenen reinen Formen von Defend- und Conquer-Keywords lassen sich auch Mischformen der beiden Keyword-Typen identifizieren. So kombinieren Nutzer oft den Produkttypen mit einer Marke, suchen also beispielsweise nach „Gillette Rasierer" oder „HP Drucker". Für Marken ist es wichtig, diese Keyword-Kombinationen zu identifizieren und gute Rankings auf den Suchbegriffen zu generieren. Oft sind bereits Seiten auf der Präsenz der Marke angelegt, auf denen sämtliche Produkte eines Typs vorgestellt sind. Häufig sind diese Seiten jedoch nicht optimiert, sondern bestehen hauptsächlich aus Bildern oder Animationen, die das Produkt beschreiben. Durch entsprechendes Keyword-Targeting sollte es Marken, die bereits über eine stark verlinkte Webseite verfügen, leichtfallen, sehr gute Positionen auf Mischformen von Defend- und Conquer-Keywords zu generieren.

5.1.3 Shorthead und Longtail

Selbstverständlich sollte es stets das Ziel eines SEOs sein, sofern ausreichend Ressourcen vorhanden sind, auf trafficstarken Top-Suchbegriffen zu ranken. So möchte jeder Händler von Waschmaschinen natürlich gerne auch auf dem Suchbegriff „Waschmaschine" oder „Waschmaschinen" sehr gute Ergebnisse erzielen, da dieser von etwa 50.000 (Waschmaschine) beziehungsweise über 18.000 (Waschmaschinen) Nutzern monatlich bei Google gesucht wird. Da allerdings jeder Waschmaschinen-Anbieter auf diesem Suchbegriff zu finden sein möchte, kann von einer sehr großen Konkurrenzsituation ausgegangen werden. Insbesondere neue Anbieter beziehungsweise Betreiber von Webseiten, die sich erst seit kurzer Zeit mit der Suchmaschinenoptimierung beschäftigen, werden Probleme haben, überhaupt zeitnah auf den ersten Suchergebnisseiten für das suchvolumenstarke Keyword zu erscheinen. Auch wenn man es auf Seite 2 der SERPs schafft, wird dies nur eine relativ geringe Besucherzahl generieren, selbst bei einem Top-Keyword wie dem oben genannten. Letztlich zählt bei der Suchmaschinenoptimierung zwar die Entwicklung, am Ende kommt es aber nur auf die Top-Rankings an, da nur dort entsprechend viele Besucher gewonnen werden können.

Doch was soll ein neuer Anbieter beziehungsweise ein Anbieter mit im Vergleich zum Wettbewerb beschränkten Ressourcen ausrichten, wenn er trotz starker Konkurrenzsituationen in den Markt der Suchmaschinenoptimierung einsteigen möchte?

Keywords wie „Waschmaschine", die ein sehr hohes Suchvolumen und somit auch viel Konkurrenz aufweisen, bezeichnet man als „Shorthead"-Keywords. Shorthead-Keywords sind also solche Suchanfragen, die in der jeweiligen Branche sehr häufig sind. Das Suchvolumen auf Keyword-Basis ist also vergleichsweise sehr hoch. Demgegenüber haben sogenannte „Longtail"-Keywords ein vergleichsweise niedriges Suchvolumen auf Einzel-Keyword-Basis. Sie sind normalerweise deutlich enger ausgerichtet als Shorthead-Keywords, und der Wettbewerb, um auf einem einzelnen Longtail-Keyword zu ranken, ist deutlich niedriger als bei den häufiger gesuchten Shorthead-Keywords. Abbildung 5.4 verdeutlicht grafisch, wie das Suchvolumen je Keyword und die Anzahl der Keywords oft zusammen betrachtet werden können.

Abb. 5.4 Zusammenhang von Keyword-Suchvolumen und -Länge

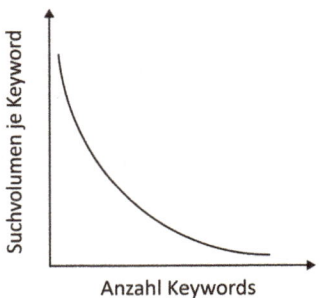

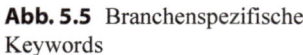 **Abb. 5.5** Branchenspezifische
Keywords

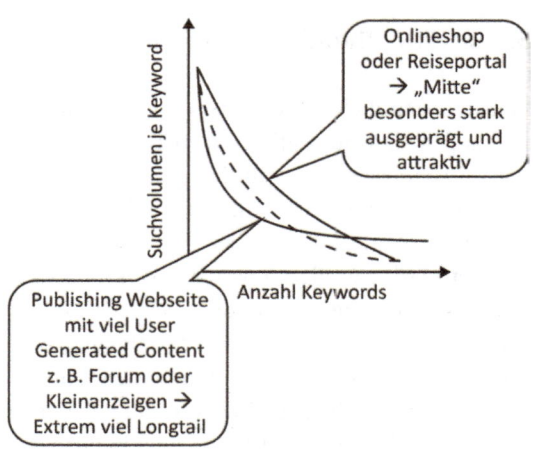

Der Übergang zwischen Shorthead und Longtail wird auch als „Midtail" bezeichnet.
Das sind die Keywords, die ein moderates Suchvolumen aufweisen, auf die sich aber die
Optimierung auf Keyword-Basis noch lohnt, da das Suchvolumen im Vergleich zu den
einzelnen Longtail-Keywords ein noch moderates Niveau erreicht. Wie zu erkennen ist,
ist der Übergang zwischen Shorthead und Longtail sehr fließend und muss von Branche zu
Branche unterschiedlich betrachtet werden. Abbildung 5.5 verdeutlicht die unterschiedlichen Ausprägungen des Verhältnisses von Shorthead und Longtail anhand eines Online-
shops beziehungsweise Reiseportals sowie einer Publishing-Webseite mit viel durch Nutzer generierten Content wie etwa Foren oder Kleinanzeigen.

Gewöhnlich haben Onlineshops und Reiseportale eine gegenüber den Publishing-Webseiten stärker ausgeprägten Shorthead. Dafür ist bei Kleinanzeigen-Märkten und Foren
der Longtail deutlich ausgeprägter.

Dank einer guten Strategie, bei der nicht nur der Shorthead, sondern auch der Longtail
optimiert wird, haben auch Betreiber von relativ neuen Seiten beziehungsweise mit begrenzten Budgets gute Möglichkeiten, durch gezielte Suchmaschinenoptimierung Kunden
zu gewinnen und somit Umsätze zu erzielen. Am Ende kommt es auf die Ausrichtung und
auf die Wahl der richtigen Keywords an – die Methoden, mit deren Hilfe man an diese
Keywords gelangt, werden im vorliegenden Kapitel erläutert. Erwähnenswert ist ebenfalls, dass die Wahrscheinlichkeit, einen zahlenden Kunden als Besucher auf der Seite zu
gewinnen, bei Longtail-Keywords nach Erfahrung der Autoren höher ist als im Shorthead.
Suchende, die mehrere Begriffe, also Wortkombinationen, bei ihrer Suche eingeben, sind
im Entscheidungsprozess meist weiter vorangeschritten als solche, die eher nach breiten
Informationsspektren recherchieren. So ist ein Nutzer, der nach „Waschmaschine" sucht,
viel weiter von der Entscheidung entfernt als ein solcher, der nach „Miele Waschmaschine
w 5873 günstig" recherchiert.

Tabelle 5.1 stellt Shorthead- und Longtail-Keywords einander gegenüber und verdeutlicht die grundlegenden Unterschiede der beiden Keyword-Typen.

Tab. 5.1 Gegenüberstellung von Shorthead und Longtail

	Shorthead	Longtail
Wettbewerb	Hoch	Niedrig
Informationsspektrum	Breit	Eng
Suchvolumen auf Keyword-Basis	Hoch	Niedrig
Konversionswahrscheinlichkeit	Niedriger	Höher

Das Verständnis von Shorthead und Longtail ist in der Suchmaschinenoptimierung und speziell bei der Planung einer Keyword-Strategie und der Durchführung einer Keyword-Recherche essenzielles Grundlagenwissen. Selbstverständlich soll nicht auf jede noch so lange Kombination optimiert werden, die – wenn überhaupt – nur geringfügige Suchvolumina aufweist. Bei einem Onlineshop bietet sich allein aufgrund der Produktseiten bereits die indirekte Optimierung durch Maßnahmen auf der Webseite für Longtail-Keywords, in diesem Fall Produktnamen und deren Kombinationen, an. Diese Form der Longtail-Optimierung ist sehr datenbankgetrieben. Demnach sollte der Webseitenbetreiber im ersten Schritt recherchieren, über welche Daten zu den Produkten/Angeboten er in strukturierter Form verfügt beziehungsweise über welche er verfügen muss, um die Strategie zur Optimierung des Longtails umzusetzen. Im zweiten Schritt müssen diese Daten dann so ausgewertet und ausgegeben werden, dass auf jeder Seite die „richtigen" Daten eingepflegt sind. So ist es beispielsweise naheliegend, den Titel der Seite nach dem Produkt zu benennen und weitere Suchbegriffe anzugehen, wie die Kombination aus dem Produktnamen und dem Begriff „kaufen", sofern man das Produkt auf der Seite wirklich kaufen kann. Handelt es sich um eine Testplattform, so mag die Kombination des Produktnamens mit „Test" oder „Testberichte" wiederum naheliegender sein. Neben der Longtail-Strategie sollte der Webseitenbetreiber aber auch die Optimierung der suchvolumenstarken Keywords, also des Shortheads, nicht außer Acht lassen. Eine einseitige Konzentration **nur** auf Shorthead oder **nur** auf Longtail führt nach den Erfahrungen der Autoren nur in den seltensten Fällen zu dem gewünschten Erfolg – wie so oft in der Suchmaschinenoptimierung liegt die „Wahrheit" also irgendwo in der Mitte.

Das Wissen über relevante, conversionstarke Longtail-Keywords ist jedoch auch dann relevant, wenn für diese Suchbegriffe keine eigenen Seiten angelegt werden sollen. Diese lassen sich nämlich oft sehr gut im Content einer Seite, die für ein stärkeres Keyword optimiert ist, verarbeiten. Legt man eine Seite zu „Miele Waschmaschine" (mit einem Suchvolumen von über 20.000 pro Monat) an, so lassen sich Kombinationen wie „Miele Waschmaschine billig" oder „Miele Waschmaschine kaufen" wunderbar auf genau dieser Seite im Content verarbeiten.

Auch wenn die Relevanz und die Chancen, die eine longtailigere Strategie mit sich bringt, eingehend erläutert wurden, sollten Webseitenbetreiber nicht dem Irrglauben unterliegen, dass eine ausschließliche Konzentration auf Longtail-Keywords – insbesondere bei der Optimierung von Unternehmenswebseiten – zielführend sein muss. Vielmehr **sollte eine Strategie gewählt werden, die sowohl Longtail-Keywords abbildet, bei denen** eventuell (relativ) schnelle Erfolge zu erwarten sind, als auch Shorthead-Keywords mit hohen Suchvolumina, die langfristig sehr gute Rankings erzielen können. Schon allein aus Markenbildungsgründen sind gute Rankings für Marken beziehungsweise Unternehmen im Shorthead relevant.

5.1.4   Diversifikation und Sucheigenschaften von Keywords

Suchbegriffe lassen sich anhand verschiedener Eigenschaften, wie beispielsweise der Schreibweise oder des Numerus, unterscheiden. Außerdem wirken auf die Suchhäufigkeit bestimmter Begriffe externe Größen wie saisonale oder regional bedingte Einflüsse. Auf diese Unterscheidungsmerkmale soll im Folgenden eingegangen und erläutert werden, auf welche Unterschiede man bei der Keyword-Auswahl achten sollte und welche mittlerweile eher irrelevant sind, wie beispielsweise Fehlschreibweisen von Suchbegriffen.

5.1.4.1   Schreibweisen der Keywords

Beginnt man mit einer Keyword-Recherche, so könnte man sich folgende Fragen stellen: Sollten die Keywords groß- oder kleingeschrieben werden? Wie ist mit Sonderzeichen umzugehen? Inwiefern sollte auch auf Fehlschreibweisen optimiert werden? Sollten Wortkombinationen eher getrennt oder zusammengeschrieben optimiert werden? Um den Arbeitsaufwand und die Komplexität einer Keyword-Recherche möglichst gering zu halten, sollte man in diesem Zusammenhang verstehen, wie Google Dokumente und Suchanfragen auswertet.

Die Groß- und Kleinschreibung von Begriffen ist im Rahmen der Keyword-Recherche absolut irrelevant. Suchmaschinen speichern Datensätze durchgängig in Kleinschreibweise, sodass der Suchende – egal, in welcher Schreibweise er nach Begriffen sucht – stets dieselben Suchergebnisse ausgeliefert bekommt. Allein schon aus Sicht des Nutzers würde man auf eine Optimierung auf Groß- und Kleinschreibung verzichten müssen. Auf der Webseite jedoch sollte schließlich die korrekte Schreibweise verwendet werden, auch wenn viele Suchende eher Kleinbuchstaben bei ihrer Recherche bevorzugen.

Sonderzeichen können einen geringfügigen Einfluss auf die Platzierung der Suchergebnisse haben. Dies lässt sich beispielsweise bei dem Textileinzelhandelsunternehmen Hennes & Mauritz bei den Suchanfragen „h&m", „h und m" beziehungsweise „h m" erkennen. Bei all diesen Suchanfragen wird die Marken-Webseite hm.com auf dem ersten Rang gelistet, gefolgt von regionalen Suchergebnissen (vgl. Abb. 5.6).

Während bei der Suchanfrage „h m", bei der nur ein Leerzeichen verwendet wurde, auf die Marke die Hochschule für angewandte Wissenschaften in München (hm.edu) folgt, wird bei der Suchanfrage „h&m" eine Seite unterhalb der Brand gelistet, die genau diese Kombination des Firmennamens im Titel sowie im Content der Seite verwendet (vgl. Abb. 5.7).

Abb. 5.6 Suche nach H&M

Bei der Suchanfrage „h und m" hingegen wird ein Gutscheinportal gelistet, welches neben „H&M" auch die Kombination „H und M" auf der Seite verwendet. Dieses Listing macht insofern Sinn, als jemand, der nach „h&m" sucht, sicherlich kein Interesse an der Hochschule zeigt, sondern die Marke sucht. Bei ähnlichen Suchanfragen, die sich nur durch ihre Sonderzeichen unterscheiden, werden die Top-Positionen allerdings in etwa gleich vergeben. Kleinere Abweichungen sind wie oben beschrieben möglich, allerdings sind meist dieselben Top-Seiten auf den ersten Suchergebnisseiten zu finden. Zu den Sonderzeichen zählen übrigens auch Umlaute, wobei hier ebenso gilt, dass die SERPs sich nur marginal verschieben. Auf eine gesonderte Optimierung von Begriffen mit und ohne Umlaute(n) sollte verzichtet werden, da die Schreibweise auf der eigenen Seite ohne Umlaute (die für eine Optimierung auf die Version ohne Umlaute notwendig wäre) für den Nutzer eher ungewöhnlich ist und dieser sich somit mit dem Lesen des Textes für gewöhnlich schwerer tut als bei orthografisch korrekter Schreibweise.

Abb. 5.7 Such nach h m

Mode und Qualität zum besten Preis | H&M DE
www.**hm**.com/de/ ▾
Willkommen bei **H&M**, dem besten Shop für Online-Mode. Holen Sie sich aktuelle
Trends und entdecken Sie hochwertige Bekleidung zum besten Preis.

Damen
Kleider - Tops - Neuheiten - Hemden
& Blusen - Bademode

Herren
Hosen - Hemden - Shorts - Sakkos &
Anzüge - Alles zeigen - Jeans

Kinder
Mädchen Gr. 92–140 - Mädchen Gr.
134–170 - Jungen Gr. 92–140

H&M Home
Wohnzimmer - Schlafzimmer -
Kissen - Zeigen - Damen - Sale

Sale
DAMEN - KINDER - HERREN -
Zeigen - Mädchen Gr. 92–140

Schwangerschaftsmode
MAMA Beschichteter Parka 34,99
69,99 Gilt nur bis zum 02.11 …

Weitere Ergebnisse von hm.com »

H&M
www.**hm**.com
4 Google-Bewertungen

Ⓐ Grunerstraße 20
   Berlin
   030 24781869

H&M
www.**hm**.com
4,0 ★★★★☆ 5 Google-Bewertungen

Ⓑ Frankfurter Allee 111
   Berlin
   030 41721700

H&M Müllerstraße
www.**hm**.com
2 Google-Bewertungen

Ⓒ Müllerstraße 36
   Berlin
   030 45020875

Ergebnisse für h m auf einer Karte

News zu h m

Kollektion & Interview: Alexander Wang für H&M
Vogue - vor 6 Tagen
Zum ersten Mal designt ein amerikanischer Designer für die schwedische Modekette. Im
Interview mit VOGUE erzählt der Designer, weshalb …

Weitere Nachrichten für h m

Hochschule München - Hochschule für angewandte …
www.**hm**.edu/ ▾
Hochschule München für Technik, Wirtschaft, Soziales und Design mit Informationen
zu Studiengängen, Weiterbildungen, Duales Studium, Forschung und …

Moodle Hochschule München
https://moodle.**hm**.edu/ ▾
Im Rahmen des Oskar-Karl-Forster Bücherstipendiums können sich Studierende der
Hochschule München bis zu 400 Euro für Fachbücher und sonstige …

Hochschule München - Studierende
www.**hm**.edu/studierende/index.de.html ▾
Die Mastermacher. Infos aus erster Hand Erfahren Sie mehr über das Masterstudium an
der **HM**. weiter. Career Center. Für Sie und Ihre Karriere Nutzen Sie die …

Fehlschreibweisen wurden in früheren Zeiten von Webseitenbetreibern häufig verwendet, um Vertipper beziehungsweise Rechtschreibfehler von Suchenden auszunutzen und die Besucher auf die eigene Seite zu leiten. Das Potenzial wäre theoretisch vorhanden – so weist beispielsweise die Fehlschreibweise „Amason" ein monatliches Suchvolumen von knapp 10.000 Anfragen auf.

Nachhaltig ist die Strategie, auf Fehlschreibweisen und Vertipper zu optimieren, jedoch sicherlich nicht. Zwar ist es durch die Nutzung von falschen Schreibweisen sowie „Buchstabendrehern" durchaus möglich, mit relativ wenig Einsatz sehr gute Rankings auf die entsprechenden Suchbegriffe zu erzielen, doch ist die Optimierung auf Tippfehler durchaus mit zwei starken Nachteilen verbunden. Erstens müsste man die Fehlschreibweise auch auf der eigenen Webseite verwenden, um Suchmaschinen die Relevanz für diese Schreibweise zu verdeutlichen. Dass falsche Schreibweisen bei Besuchern eher für Misstrauen sorgen, muss in diesem Zusammenhang nicht erwähnt werden. Zweitens versteht Google mittlerweile sehr gut, wonach die Nutzer wirklich suchen. Führt man beispielsweise die Suche nach „Amason" aus, so erhält man – wie Abb. 5.8 zu entnehmen ist – die Ergebnisse, die bei der Suche nach „Amazon" ausgegeben würden.

Außerdem werden dem Suchenden über die automatische Vervollständigung der Suchanfrage oft schon die Suchanfragen vorweggenommen, sodass dieser gar keine Möglichkeit mehr hat, sich zu verschreiben beziehungsweise den Fehler nicht zu bemerken. Somit würde sich die Optimierung auf Schreibfehler nur noch für solche Suchanfragen lohnen, die sehr selten sind. Normalerweise spricht in diesem Fall jedoch der Kosten-Nutzen-Vergleich für den Verzicht auf die Optimierungsmaßnahmen.

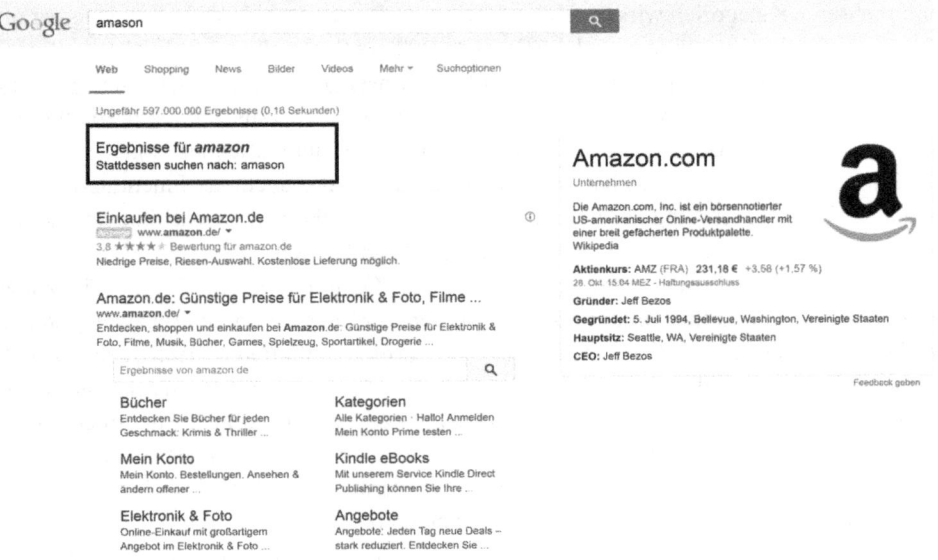

Abb. 5.8 Such nach „amason"

In Bezug auf Tippfehler ist Unternehmen anzuraten, sicherzustellen, dass man auf sämtliche Fehlschreibweisen des eigenen Markenbegriffs auf Position 1 gefunden wird. Nichts ist ärgerlicher, als potenzielle Besucher an andere Webseiten zu verlieren, nur weil man nicht auf Suchbegriffen gefunden wird, bei denen sich der Nutzer verschrieben hat. Dies gilt natürlich ebenfalls für die Produkte einer Marke und andere Defend-Begriffe.

Bei der Frage der Schreibweise von Wortkombinationen hat der Webseitenbetreiber die Möglichkeit, diese entweder getrennt oder zusammenzuschreiben, oder aber einen Bindestrich als Trennzeichen zu verwenden. Der Bindestrich wirkt in diesem Zusammenhang ähnlich wie ein Leerzeichen. Bei einigen Begriffskombinationen kann es vorkommen, dass das Suchvolumen für die getrennte Schreibweise signifikant hoch ist, dies jedoch orthografisch falsch ist und somit für Misstrauen beim Besucher, dem Lesenden, führt. Ein Beispiel einer solchen Wortkombination ist die „Suchmaschinenoptimierung". Schreibt man diesen Begriff in zwei Wörtern, also „Suchmaschinen Optimierung", wirkt dies falsch. Mit dem Trennzeichen „Suchmaschinen-Optimierung" hingegen ist die Kombination korrekt.

Für welche Variante sich der Webseitenbetreiber entscheidet, muss im Einzelfall entschieden werden. Abzuraten ist davon, die beiden möglichen Kombinationen auf zwei verschiedenen Seiten zu optimieren, also eine Seite für „Suchmaschinenoptimierung" und eine andere Seite für „Suchmaschinen Optimierung" zu optimieren. Die Inhalte würden sich nicht ausreichend unterscheiden und somit keinen Mehrwert für den Nutzer bieten.

5.1.4.2 Numerus

Oft ist der Numerus, auf den ein Keyword einer Seite optimiert ist, bereits durch die Struktur beziehungsweise den Aufbau der Seite implizit vorgegeben. Bei einem Projekt mit mehreren Kategorien wirkt es eher unseriös, wenn man ständig zwischen Singular und Plural wechselt – je nachdem, welche Form das höhere Suchvolumen aufweist. Außerdem wird in Kategorie-Übersichten häufig der Plural verwendet – möchte man eine Kategorie, in der Schuhe angeboten werden, intern aus der Navigation heraus verlinken, so wird man dies kaum mit dem Begriff „Schuh", sondern immer im Plural „Schuhe" tun.

Der verwendete Numerus hat durchaus Einfluss auf die Suchmaschinenrankings, obwohl Suchmaschinen Singular und Plural eines Begriffs durchaus identifizieren und auswerten können, dass es sich um ein und dasselbe Wort handelt.

Letztlich sollte die Seitenstruktur nicht unter der Optimierung auf die eine oder andere Form leiden. Auch sollte darauf verzichtet werden, für Singular und Plural zwei gesonderte Seiten anzulegen und diese jeweils auf eine Form zu optimieren, denn auch hier gäbe es keinerlei Content, der einen Mehrwert gegenüber der anderen Version schaffen würde.

Um dennoch gute Rankings auf beide Varianten zu erzielen, sollte bei der internen Verlinkung aus den Inhalten heraus, also beispielsweise im Beschreibungstext, die Zielseite sowohl im Singular als auch im Plural verlinkt werden. Somit wird sichergestellt, dass Google die Relevanz der Seite für beide Varianten erkennt.

Beispiele zeigen bei den Suchanfragen in Singular und in Plural, dass der Singular bei vielen Beispielen häufiger gesucht wird als der Plural, anhand des Nutzerverhaltens jedoch ersichtlich wird, dass der Suchende eigentlich eine Auswahl an Produkten sucht. Das erkennt man etwa am Beispiel „Bank" (Suchvolumen von 18.100) gegenüber „Banken" (Suchvolumen von 6600) oder auch „Autoversicherung" (Suchvolumen von 74.000) gegenüber „Autoversicherungen" (Suchvolumen von 4400). Suchende nach „Bank" oder „Autoversicherung" suchen mit hoher Wahrscheinlichkeit nach verschiedenen Anbietern, aus denen sie nach persönlichen Kriterien und Vorlieben wählen können.

5.1.4.3 Saisonale und regionale Einflüsse auf die Keyword-Auswahl

Bei der Planung einer Keyword-Strategie muss in Betracht gezogen werden, dass die Suchvolumina saisonal und regional im Zeitverlauf stark schwanken. So werden Winterreifen natürlich hauptsächlich in den Herbst- und den ersten Wintermonaten gesucht, während die Fußball-WM alle 4 Jahre zu Zeiten der Weltmeisterschaft besonders stark nachgefragt wird (vgl. Abb. 5.9).

Das Beispiel Winterreifen zeigt, dass Webseitenbetreiber das stark schwankende Suchvolumen im Zeitverlauf kennen und in ihre Keyword-Strategie entsprechend einplanen sollten. Das Suchvolumen erreicht im Oktober die Spitze, doch auch in den Monaten September bis Dezember können signifikante Besucherzahlen über den Suchbegriff generiert werden. Somit sollten Webseitenbetreiber sicherstellen, dass die SEO-Strategie auf eine besonders starke Optimierung für „Winterreifen" ausgerichtet ist, um spätestens ab September Top-Positionen zu erzielen. Da anders als bei SEA die Suchmaschinenoptimierung nicht kurzfristig umgesetzt werden kann und direkt zu Erfolgen führt, sollten Webseiten-

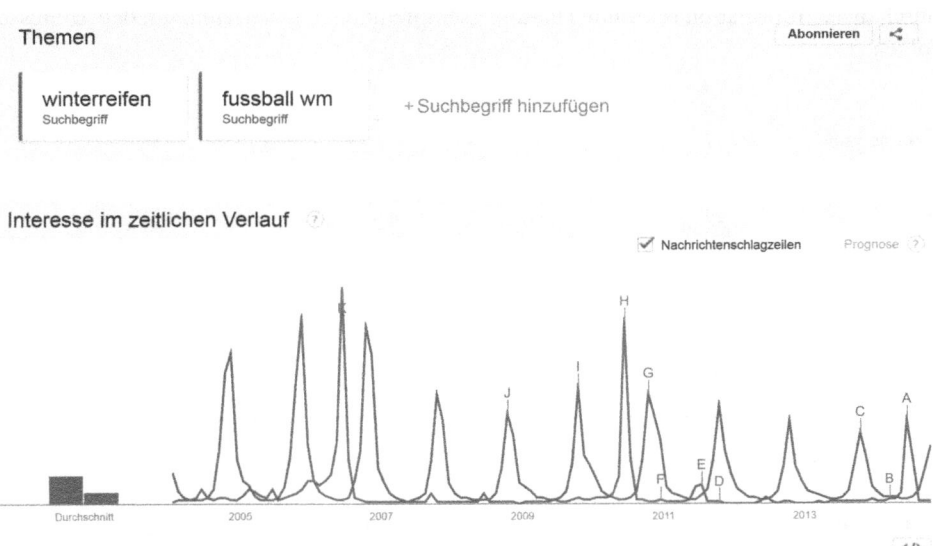

Abb. 5.9 Saisonale Unterschiede in den Suchvolumina (Quelle: https://www.google.de/trends/explore#q=winterreifen%2C%20fussball%20wm)

betreiber bereits im Vorhinein Maßnahmen festlegen, um einige Monate vor der Saison auf sehr gute Rankings hinzuarbeiten. Der SEO sollte sich also frühzeitig mit den Trends in seinem Segment beschäftigen, um auf das Saisongeschäft vorbereitet zu sein.

Nicht nur saisonal, auch regional kann das Suchverhalten in bestimmten Themenbereichen stark divergieren. Abbildung 5.10 zeigt die Verteilung der Suche nach „Altbier", welches vornehmlich im Rheingebiet, speziell in Düsseldorf, konsumiert wird.

Aus der Abbildung geht hervor, dass in Nordrhein-Westfalen das größte Suchvolumen für Altbier vorherrscht, wohingegen in östlichen Gebieten von Deutschland nur ein geringes Interesse an Altbier besteht. Diese Informationen könnten beispielsweise Webseitenbetreiber, die auf regionale Suchergebnisse optimieren, in ihre Strategie einbeziehen.

Um für die eigenen ausgewählten Keywords herauszufinden, inwiefern diese von saisonalem oder regionalem Suchverhalten beeinflusst werden, bietet sich die Nutzung von „Google Trends" an. Bei Google Trends können Suchbegriffe im zeitlichen Verlauf betrachtet und miteinander verglichen werden. Die Suchanfragen werden in Relation zum gesamten Suchaufkommen gesetzt, wobei der Indexwert 100 das höchste Suchinteresse repräsentiert. Neben der reinen Abfrage des Suchverlaufs von einem oder mehreren Keywords lassen sich die Statistiken auch anpassen. So kann das Suchvolumen auf verschiedene Universal Searches wie Bilder oder News heruntergebrochen, das Zielland beziehungsweise sogar die Zielregion ausgewählt und das Suchverhalten in Kategorien unterteilt werden. Außerdem lassen sich Daten auf Jahresbasis ausgeben, sodass besonders alte Daten aus der Untersuchung ausgeklammert werden können.

Neben der Analyse von Suchtrends informiert Google Trends den Benutzer auf Tagesbasis über die meistgesuchten Begriffe. Insbesondere für redaktionelle Portale lassen sich durch diese Information relevante Handlungsempfehlungen generieren, um den Trends zu folgen.

Abb. 5.10 Regionaler Einfluss auf das Suchverhalten (Quelle: https://www.google.de/trends/explore#q=altbier)

5.2   Prozess der Erstellung einer Keyword-Strategie

In Abb. 5.11 ist der Prozess zur Erstellung einer Keyword-Strategie grafisch dargestellt. Er setzt sich aus der Status-Quo-Analyse, der Keyword-Recherche, der Datenerhebung, der Priorisierung der Keywords sowie dem Keyword Mapping zusammen. Ergebnis dieses Prozesses ist dann die Keyword-Strategie.

Im Rahmen der Status-Quo-Analyse wird ermittelt, auf welchen Suchbegriffen eine Webseite bereits Rankings erzielt. Diese Information ist wichtig, um bei der Keyword-Strategie bereits vorhandene Potenziale ausschöpfen zu können. In der darauffolgenden Keyword-Recherche werden weitere Suchbegriffe identifiziert, mit denen potenzielle Besucher auf die Webseite gelangen sollen. Wir stellen unterschiedliche Methoden vor, mit deren Hilfe bei der Keyword-Recherche weitere Ideen generiert werden können. Die auf die Keyword-Recherche folgende Datenerhebung ist notwendig, um im darauffolgenden Schritt die Keywords gemäß ihrer Relevanz zu priorisieren. Sind die Keyword-Prioritäten festgelegt, werden die Keywords beim Keyword Mapping bereits vorhandenen Unterseiten zugeordnet oder neu anzulegende Unterseiten definiert, um auf diesen für die Suchbegriffe gute Positionen in den Suchergebnissen zu erzielen.

5.2.1   Bestimmung des Ist-Zustands – die Status-Quo-Analyse

Bevor mit der Keyword-Recherche im engeren Sinne begonnen wird, sollte der Status Quo der Webseite ermittelt werden. In diesem Zusammenhang muss der SEO einen Überblick über die aktuellen Rankings gewinnen. Dies ist insbesondere bei größeren Webseiten natürlich nur mit Tools möglich. Im Folgenden möchten wir am Beispiel der SISTRIX Tools erklären, wie man Daten zu den aktuellen Keywords einer Webseite gewinnt und nach welchen Kriterien diese ausgewertet werden sollten.

Die Funktionen der SISTRIX Toolbox werden im Kap. 11 noch ausführlich vorgestellt. Hier soll nur auf die Funktionen eingegangen werden, die bei der Ermittlung der derzeitigen Rankings sowie im Rahmen der Keyword-Recherche relevant sind.

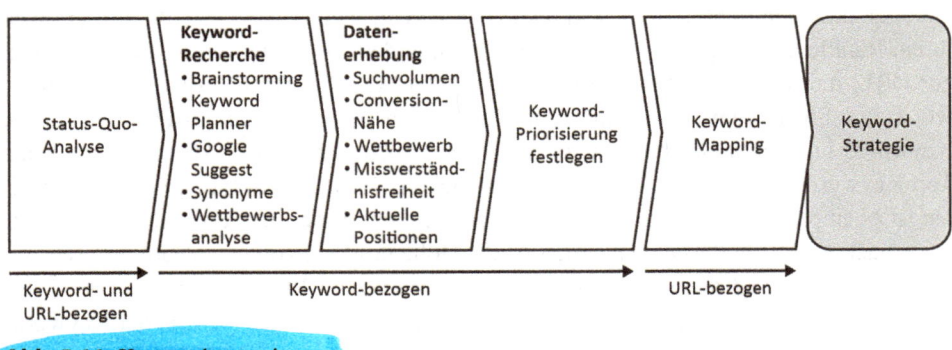

Abb. 5.11 Keywordstrategie

Abb. 5.12 Keyword-Historie (Quelle: https://next.sistrix.de/seo/keyword_overview/domain/com-merzbank.de)

Nach Aufruf der Webseite und Auswahl des Keyword-Überblicks wird dem Nutzer auf dem Screen (vgl. Abb. 5.12) die zeitliche Entwicklung der Anzahl gefundener Keywords angezeigt. Hierbei muss bedacht werden, dass die SISTRIX Toolbox nicht das gesamte Web, sondern nur ausgewählte Keywords in die Betrachtung einbezieht. Da es sich jedoch um Millionen von Suchbegriffen handelt, sind die Daten für den Nutzer als Ausgangsbasis hinreichend aussagekräftig. Durch den Überblick der zeitlichen Entwicklung gefundener Keywords erhält man einen ersten Eindruck, in welche Richtung sich die SEO-Bemü-hungen entwickeln. Im Optimalfall entwickelt sich die Anzahl gefundener Keywords im Zeitverlauf konstant aufwärts. Es werden nur solche Keywords abgebildet, bei denen die jeweilige Webseite in den ersten 100 Suchergebnissen bei Google erscheint.

Der Nutzer erhält auch Informationen zu den Verzeichnissen und URLs seiner Web-seite, auf denen die meisten Keywords ermittelt wurden. Durch diese Übersicht kann der Webseitenbetreiber also abschätzen, welche Inhalte der Domain aktuell die größte Sicht-barkeit in den SERPs erzielen. Im Rahmen der Wettbewerbsanalyse sollten korrespondie-rende Daten von der Konkurrenz genutzt werden, um mögliche erfolgreiche Herangehens-weisen zu adaptieren.

Unter dem Reiter „Keywords" gelangen wir zum wichtigsten Bereich, um den Status Quo der aktuellen Rankings zu ermitteln. Hier werden sämtliche Keywords, sortiert nach ihrem Ranking, ausgegeben (vgl. Abb. 5.13). Außerdem erhält der Nutzer Informationen zur URL, die für den Suchbegriff rankt, sowie zur Wettbewerbsintensität auf dem Key-word, zum Suchvolumen und zum Verlauf der Suchhäufigkeit. Auch lassen sich einzelne Keywords im Zeitverlauf betrachten, sodass der Nutzer überprüfen kann, ob sich seine Top-Keywords eher positiv oder negativ entwickeln. Insbesondere bei größeren Websei-ten ist es empfehlenswert, die Daten zu extrahieren, um diese dann auswerten zu können.

Je nach Nische und Themenbereich ist die Höhe des Suchvolumens natürlich sehr in-dividuell, sodass in diesem Zusammenhang keine universale Empfehlung abgegeben wer-den kann, was unter einem „niedrigen Suchvolumen" zu verstehen ist. Ziel der Keyword-Anzeige sollte es sein, dass der Webseitenbetreiber eine Übersicht über die relevanten

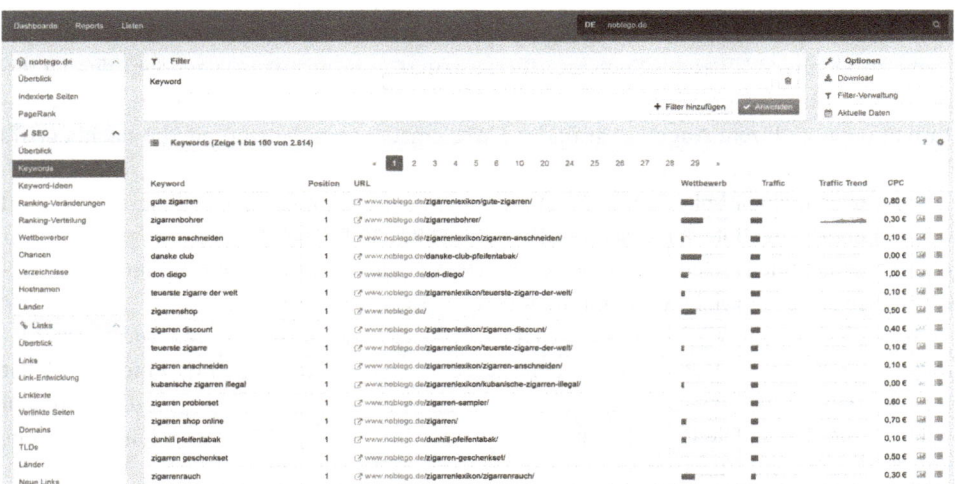

Abb. 5.13 Betrachtung von Keywords in Sistrix (Quelle: https://next.sistrix.de/seo/keywords/domain/noblego.de)

Rankings hat und erkennen kann, auf welchen Keywords beziehungsweise mit welchen URLs er bereits gute Rankings erzielt. Anhand dieser Übersicht lassen sich Potenziale ablesen, beispielsweise Keywords mit hohem Suchvolumen, die an der Schwelle zu einem Listing auf der ersten Ergebnisseite stehen, also zum Beispiel auf Platz 11 bis 14 ranken. Auch können Top-Keywords identifiziert werden, die auf dem Sprung in die Top 3 der Suchergebnisse beziehungsweise sogar auf den ersten Rang sind und somit eine wichtige Rolle in der Keyword-Strategie spielen.

Um noch einen weiteren Indikator für die Relevanz der rankenden Keywords in die Tabelle einzubeziehen, können Daten aus den Google Webmaster Tools, die einen Überblick über Impressionen und Klicks auf bestimmte Suchergebnisse einer Webseite liefern, extrahiert und mit der Tabelle verknüpft werden. Somit hat der Webseitenbetreiber nicht nur einen Überblick über das potenzielle Suchvolumen, sondern kann Potenziale auch direkt bereits anhand tatsächlicher Traffic-Daten evaluieren.

Die Tabelle, die Ergebnis dieser Keyword-Analyse sein sollte, kann als Ausgangspunkt für sämtliche weitere Analysen genutzt werden. Sie beschreibt den Ist-Zustand. Im weiteren Verlauf des Kapitels werden wir erläutern, wie neben der Analyse des Ist-Zustands der Soll-Zustand geplant werden kann.

5.3   Keyword-Recherche

Ziel der Keyword-Recherche ist die Identifikation von Suchbegriffen, mit denen potenzielle Besucher zu der Webseite gelangen sollen. Somit müssen diese Keywords einerseits entsprechend oft gesucht werden, andererseits muss der Webseitenbetreiber relevante Informationen beziehungsweise Angebote auf der Zielseite bereitstellen. Zunächst sollte man sich einige einführende Fragen stellen: Was würde ein Nutzer suchen, um auf die Seite zu gelangen? Welche Suchbegriffe assoziiert man mit den Angeboten des Unternehmens? Was würden Sie bei Google eingeben, um Produkte, Dienstleistungen oder Informationen zu Ihrem Angebot zu finden? Wie umschreiben Nutzer, die die Fachbegriffe Ihrer Branche nicht kennen, Ihr Angebot?

Um diese und ähnliche Fragen beantworten zu können, muss man sich ausführlich mit dem eigenen Angebot, der gesamten Branche sowie den Kunden beschäftigen. Je mehr man über das Suchverhalten seiner potenziellen Kunden in Erfahrung bringt, desto ausführlicher und zielgerichteter kann die Keyword-Recherche erfolgen.

Im Folgenden beschreiben wir verschiedene Herangehensweisen und Tools, um Ideen bei der Keyword-Recherche zu generieren und somit **als Ergebnis eine möglichst ausführliche Keyword-Liste** zu erhalten. Erst wenn ausreichend Keywords gefunden wurden, die potenzielle Besucher auf das eigene Angebot leiten könnten, befassen wir uns mit der qualitativen Bewertung und Priorisierung der Keywords.

5.3.1 Brainstorming

Bevor technische Hilfsmittel und Datenbanken Verwendung finden, gilt es, das eigene Produktverständnis anzuwenden und sich in die Zielgruppe hineinzuversetzen. Für Unternehmen erscheint es sinnvoll, verschiedene Brainstorming-Techniken zur Ideengenerierung einzusetzen. Zunächst sollte die Navigation der Webseite in einer Liste beziehungsweise zu Gruppen zusammengefasst abgebildet werden – schließlich sind die angebotenen Produktkategorien ein erster Anhaltspunkt für mögliche Keywords. In diesem ersten Schritt sollten alle Marken, die im Shop geführt werden, sowie sämtliche Produktkategorien aufgeführt und miteinander kombiniert werden. Ein Onlineshop für Küchenbedarf würde also einerseits die Kategorien – Backzubehör, Küchenhelfer, Besteck – und andererseits die Marken – WMF oder Leifheit – auflisten und in einem weiteren Schritt Produkte und Marken kombinieren, beispielsweise „WMF Besteck".

Der Prozess des Brainstormings ist in zwei Phasen unterteilt. In der ersten Phase besteht das einzige Ziel in der Ideenfindung. Die Teilnehmer des Brainstormings, die möglichst aus unterschiedlichen Ebenen oder Bereichen des Unternehmens stammen sollten, nennen spontan Begriffe, die sie mit den ersten Keywords, also den Marken und Kategorien, assoziieren. Um beim obigen Beispiel zu bleiben, könnten für eine Kategorie namens „Grill" Assoziationen wie „Tischgrill", „Barbecue-Grill" oder „Standgrill" genannt werden. Im Verlauf der ersten Phase des Brainstorming-Prozesses inspirieren sich die Teilnehmer zumeist gegenseitig und lassen die Ideen anderer Teilnehmer in ihre eigene Kreativität einfließen. Daraufhin werden die Ergebnisse sortiert und die gewonnenen Keywords systematisch geordnet.

Beim Brainstorming sollte beachtet werden, dass verschiedene Typen von Keywords existieren, die aus unterschiedlichen Intentionen des Suchenden heraus genutzt werden. Beispielsweise suchen Nutzer nach Problemen, die behoben werden sollen (zum Beispiel

„Paket nicht angekommen"). Man sollte sich also bei der Keyword-Recherche Gedanken darüber machen, vor welchen Problemen ein potenzieller Kunde stehen könnte, und diese Fragestellungen aufnehmen.

Außerdem sollten die Eigenschaften der Produkte und Dienstleistungen in die Keyword-Recherche einbezogen werden. Man sollte also hinterfragen, welche Eigenschaften das eigene Angebot aufweist (beispielsweise „günstige Baufinanzierung", „rote edle Schuhe").

Ebenfalls sollten die Teilnehmer des Brainstormings hinterfragen, welchen Nutzen beziehungsweise Vorteil der Besucher aus den Produkten oder Dienstleistungen des Unternehmens ziehen kann (beispielsweise „großes Familienauto"). Es gilt also zu analysieren, welche Vorteile ein Produkt oder eine Dienstleistung einzigartig machen oder zumindest auszeichnen.

Ergebnis des Brainstorming-Prozesses sollte eine Liste mit Suchbegriffen sein, die thematisch den Kategorien der Unternehmensseite beziehungsweise des Onlineshops zugeordnet sind. Diese Liste bietet erste Anhaltspunkte, um die Analyse mittels entsprechender Tools zu unterstützen.

5.3.2 Google AdWords Keyword Planer

Der Google AdWords Keyword Planer ist ein Tool, welches sich hervorragend zu Keyword-Recherchen einsetzen lässt. Eigentlich handelt es sich bei dem Keyword Planer um ein SEA-Tool, welches Google entwickelt hat, um AdWords-Kunden bei der Erstellung von SEA-Kampagnen zu unterstützen.

Das Werkzeug liefert Ideen für neue Keywords bei der Eingabe eines Begriffs, das erwartete Suchvolumen sowie weitere Informationen zu den abgefragten Keywords, die bei der Generierung einer Keyword-Liste sowie bei der späteren Bewertung und Priorisierung der Keywords behilflich sind. In Abb. 5.14 folgen wir dem obigen Beispiel und möchten mit dem Google AdWords Keyword Planer weitere Ideen für das im Brainstorming generierte Keyword „Tischgrill" erhalten.

Der Nutzer des Keyword Planers hat die Möglichkeit, nach „Ideen für neue Keywords und Anzeigengruppen" zu suchen. Bei der Nutzung des Tools muss man bedenken, dass dieses hauptsächlich für Google-Kunden, die AdWords-Anzeigen buchen, erstellt wurde. Demnach ist Google daran gelegen, demjenigen, der Werbeanzeigen für einen Suchbegriff, in unserem Fall „Tischgrill", buchen möchte, Empfehlungen zu geben, für welche Begriffe er noch Anzeigen buchen sollte. Dies machen wir uns zunutze, um Keyword-Ideen zu generieren.

Neben der Suche nach Ideen für neue Suchbegriffe lassen sich über den Keyword Planer auch Suchvolumina für Keyword-Listen abrufen und Traffic-Schätzungen bei der Schaltung von AdWords-Anzeigen ermitteln. Für die Keyword-Recherche benötigen wir jedoch zunächst nur die Funktion der Suche nach Ideen für neue Keywords.

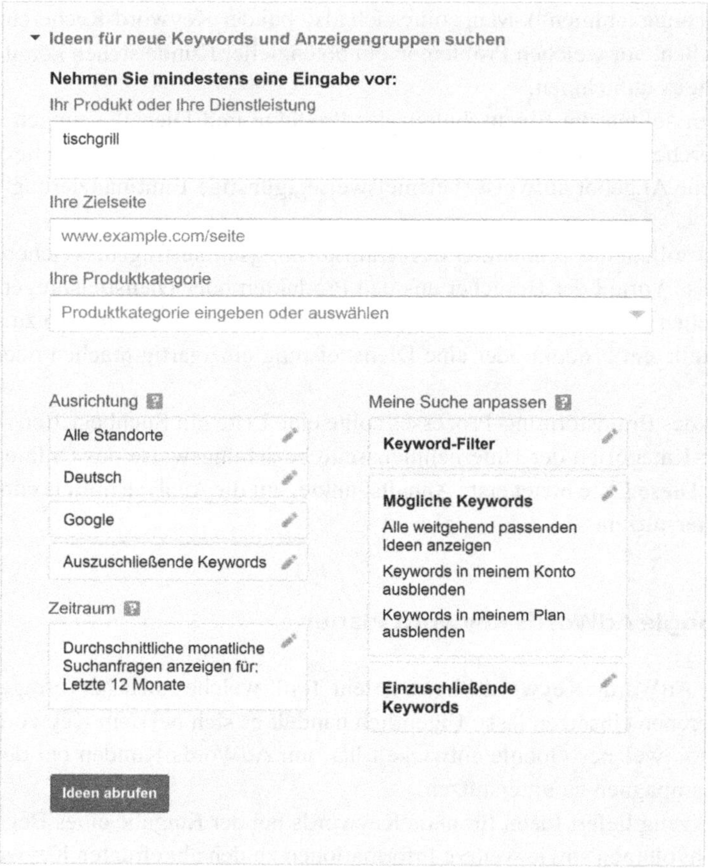

Abb. 5.14 Google Adwords Keyword Planer

Zunächst geben wir, wie der Abbildung entnommen werden kann, den Suchbegriff ein, für den wir weitere Keyword-Ideen finden möchten. Außerdem ließe sich eine Zielseite, etwa die Webseite eines Konkurrenten, eingeben, um von ihr mögliche relevante Keywords zu generieren beziehungsweise nach Produktkategorien zu filtern. Zu beachten ist, dass bei der „Ausrichtung" das jeweils relevante Land sowie die relevante Sprache ausgewählt wurden.

In der folgenden Ansicht muss sichergestellt werden, dass man sich im Menüpunkt „Keyword-Ideen" und nicht bei den „Anzeigengruppen-Ideen" befindet, um die aus SEO-Sicht relevanten Ideen für weitere Suchbegriffe abzurufen, wie sie in Abb. 5.15 dargestellt sind.

Wie zu erkennen ist, werden zum Suchbegriff „Tischgrill" ähnliche Suchanfragen ausgegeben wie beispielsweise zu „Elektro Tischgrill", „Tischgriller" und weiteren, die dem Suchbegriff nahestehen. Außerdem erhält der Nutzer umgehend die wichtige Information, wie oft im Monat nach den Begriffen durchschnittlich gesucht wurde.

Anzeigengruppen-Ideen	Keyword-Ideen					Herunterladen	Alle hinzufügen (457)

Suchbegriffe		Durchschnittl. Suchanfragen pro Monat ?	Wettbewerb ?	Vorgeschlagenes Gebot ?	Anteil an mögl. Anz.impr. ?	Zu Plan hinzufügen
tischgrill	⊯	8.100	Hoch	0,78 €	0 %	»

1 - 1 von 1 Keywords ▾   ‹ ›

Keyword (nach Relevanz)		Durchschnittl. Suchanfragen pro Monat ?	Wettbewerb ?	Vorgeschlagenes Gebot ?	Anteil an mögl. Anz.impr. ?	Zu Plan hinzufügen
elektro tischgrill	⊯	1.000	Hoch	0,63 €	0 %	»
tischgrill elektrisch	⊯	390	Hoch	0,52 €	0 %	»
tischgrill test	⊯	320	Mittel	0,18 €	0 %	»
tischgrill holzkohle	⊯	590	Hoch	0,83 €	0 %	»
elektrischer tischgrill	⊯	320	Hoch	0,33 €	0 %	»
tischgriller	⊯	320	Hoch	0,43 €	0 %	»
elektrogrill	⊯	18.100	Hoch	0,47 €	0 %	»
thüros tischgrill	⊯	390	Hoch	0,44 €	0 %	»
holzkohle tischgrill	⊯	260	Hoch	0,73 €	0 %	»
grill	⊯	165.000	Mittel	0,42 €	0 %	»
tischgrill gas	⊯	320	Hoch	0,80 €	0 %	»
gas tischgrill	⊯	390	Hoch	0,48 €	0 %	»
severin tischgrill	⊯	390	Hoch	0,48 €	0 %	»
elektrogrill test	⊯	4.400	Hoch	0,18 €	0 %	»

Abb. 5.15 Google Adword Keyword Ideen

Für alle Bereiche der Webseite, sprich für alle bislang ermittelten Keywords (in Shops beispielsweise Kategorien, bei Publishing-Seiten Themenbereiche oder bei Dienstleistungen die Dienstleistungsangebote), sollten die Keyword-Ideen vom Google AdWords Keyword Planer abgefragt und analysiert werden. Ohne nochmalige Kontrolle sollten die Daten jedoch nicht in die Keyword-Liste des SEOs übernommen werden. Jedes vorgeschlagene Keyword sollte geprüft und dahingehend analysiert werden, inwiefern es wirklich das Angebot des Anbieters beschreibt. Bei der Keyword-Recherche, unterstützt durch den Google Keyword Planer, empfehlen wir, iterativ vorzugehen, also die Keyword-Liste stetig zu erweitern. Konnte ein weiteres interessantes Keyword über den Keyword Planer gefunden werden, sollte man für dieses wiederum die Keyword-Ideen des Tools abfragen.

5.3.3 Keyword-Empfehlungen mit Google Suggest und verwandten Suchanfragen

Unter Google Suggest versteht man die automatische Vervollständigung von Suchanfragen bei Google, bei der bereits während des Tippens eines Suchbegriffs mögliche Vervollständigungen der Anfrage ausgegeben werden. Seit April 2009 ist die Suggest-Funktion in der deutschen Version verfügbar (vgl. Abb. 5.16).

Abb. 5.16 Google Suggest

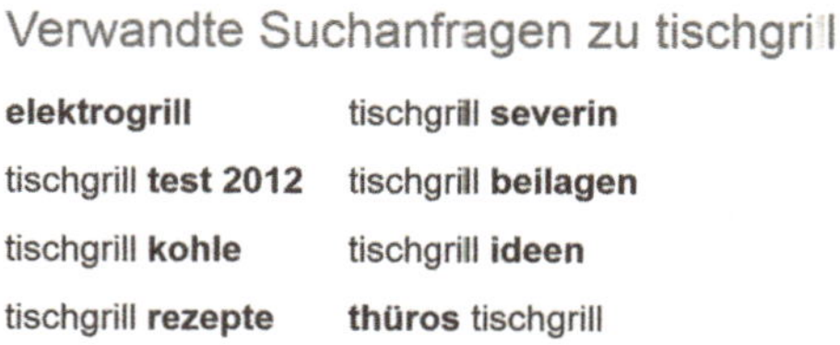

```
tischgrill|
tischgrill
tischgrill kohle
tischgrill severin
tischgrill elektro
tischgrill gas
tischgrill philips
tischgrill lotus
tischgrill weber
tischgrill amazon
tischgrill zwilling
                                         Weitere Informationen
```

Abb. 5.17 Option Verwandte Suchanfragen

Verwandte Suchanfragen zu tischgrill

elektrogrill	tischgrill severin
tischgrill test 2012	tischgrill beilagen
tischgrill kohle	tischgrill ideen
tischgrill rezepte	thüros tischgrill

Google Suggest ist von den „verwandten Suchanfragen" zu trennen (vgl. Abb. 5.17). Die verwandten Suchanfragen werden durch einen Algorithmus bestimmt, bei dem die Suchmuster aller Nutzer von Google einfließen. Der Algorithmus ist nicht offengelegt, allerdings lässt sich vermuten, dass Google auswertet, welche ähnlichen Anfragen ein Nutzer gestellt hat, nachdem oder bevor er die jeweilige Suchanfrage gestellt hat. Dementsprechend lassen sich über viele Nutzer hinweg Gemeinsamkeiten finden, sodass verwandte Suchanfragen ermittelt werden können. Aus Sicht der Keyword-Recherche ist es natürlich sehr sinnvoll, bei relevanten Suchbegriffen auch die ähnlichen Suchbegriffe in die Keyword-Liste mit aufzunehmen.

Die Auswahl der Vervollständigungs-Empfehlungen bei Google Suggest unterliegt mehreren Kriterien, wobei die Anzahl der Suchanfragen eine tragende Rolle spielt. Außerdem werden aktuelle Suchanfragen stärker bewertet als länger zurückliegende, sodass auch Aktualität bei Google Suggest eine Rolle spielt. Da die Empfehlungen definitiv bereits von Nutzern als Suchphrase verwendet wurden, sollten diese in die Keyword-Liste übernommen werden. Schließlich handelt es sich um solche Suchanfragen, die von den Usern tatsächlich genutzt werden und somit gar nicht überbewertet werden können. Glücklicherweise müssen die Anfragen nicht manuell eingegeben werden, sondern es können entsprechende Tools verwendet werden, die für ein Ausgangs-Keyword die Auto-Vervollständigungen auslesen und ausgeben. Eines dieser Tools ist „Übersuggest" (www.ubersuggest.org), welches wir kurz vorstellen möchten (vgl. Abb. 5.18).

Die Nutzung des Tools gestaltet sich relativ einfach. Zunächst muss das Ausgangs-Keyword in die Suchleiste eingetragen werden. Daraufhin wählt man die Sprache, in der man die Empfehlungen für das Ausgangs-Keyword auslesen möchte.

Abb. 5.18 Ubersuggest
(Quelle: http://ubersuggest.
org/)

⇑ baufinanzierung

- baufinanzierung
  - baufinanzierung ohne eigenkapital
    - baufinanzierung ohne eigenkapital sparkasse
    - baufinanzierung ohne eigenkapital welche bank
    - baufinanzierung ohne eigenkapital sparda bank
    - baufinanzierung ohne eigenkapital 2014
    - baufinanzierung ohne eigenkapital 130
    - baufinanzierung ohne eigenkapital zinssatz
    - baufinanzierung ohne eigenkapital tipps
    - baufinanzierung ohne eigenkapital deutsche bank
    - baufinanzierung ohne eigenkapital und laufendem kredit
    - baufinanzierung ohne eigenkapital rechner
  - baufinanzierung vergleich
  - baufinanzierungsrechner
  - baufinanzierung sparkasse
  - baufinanzierung commerzbank
  - baufinanzierung test
  - baufinanzierung konditionen
  - baufinanzierung zinsen vergleich
  - baufinanzierung postbank
  - baufinanzierung allianz
- baufinanzierungsrechner
- baufinanzierung zinsen
- baufinanzierung sparkasse
- baufinanzierung deutsche bank
- baufinanzierung test
- baufinanzierung commerzbank
- baufinanzierungen
- baufinanzierung tipps
- baufinanzierungsrechner kfw

⇑ baufinanzierung +

- baufinanzierungsrechner
- baufinanzierung zinsen
- baufinanzierung sparkasse
- baufinanzierung vergleich
- baufinanzierung deutsche bank
- baufinanzierung test
- baufinanzierung commerzbank
- baufinanzierung tipps
- baufinanzierung postbank
- baufinanzierung sparda

Das Tool Übersuggest wertet mögliche automatische Vervollständigungen sehr detailliert aus, wie das Beispiel zeigt. Allein durch das Ausgangs-Keyword „Tischgrill" konnte Übersuggest über 350 Keyword-Empfehlungen extrahieren. Dabei wertet Übersuggest nicht nur aus, welche Empfehlungen für das Keyword an sich von Google ausgegeben werden, sondern auch solche, die dem Nutzer angezeigt werden, sofern er hinter den Suchterm ein weiteres Wort schreiben möchte. Im Beispiel wird also ausgewertet, wie sich die Autovervollständigung anpasst, wenn der Nutzer zunächst nach dem Keyword „Tischgrill" ein Leerzeichen setzt. Daraufhin werden Kombinationen mit Buchstaben und Zahlen ausgegeben, es werden im Beispiel also die Keywords abgebildet, die der Nutzer bei Eingabe der Suchanfrage „Tischgrill a" etc. erhält. Durch die Auswahl einer der Empfehlungen lassen sich die Keyword-Empfehlungen sogar noch erweitern. Klickt man beispielsweise auf die Empfehlung „Tischgrill elektrisch", so werden alle Autovervollständigungen für diese Suchanfrage ausgegeben.

Bei Übersuggest handelt es sich um ein leicht zu bedienendes Tool, welches dem SEO jedoch komplexe und ausführliche Daten für die Erstellung der Keyword-Liste bietet. Die Menge an Informationen verleitet jedoch dazu, sich in der Informationsflut zu verlieren und die Analyse dadurch zu detailliert, geradezu ineffizient, zu gestalten. Daher ist es ratsam, zunächst die Suchempfehlungen zu extrahieren und sich selbst ein Mindest-Suchvolumen zu setzen, welches man mit dem Keyword Planer prüfen kann. Unterschreiten Keywords dieses Suchvolumen, werden sie (vorläufig) aus der Liste entfernt. Im zweiten Schritt sollten die verbliebenen Keywords auf thematische Nähe hin untersucht werden. Es sollte also der Frage nachgegangen werden, inwiefern die Empfehlungen der automatischen Vervollständigung wirklich relevant für den Anbieter sind.

Beachtet werden sollte ebenfalls, dass nicht jedes Keyword, welches durch Brainstorming und Keyword Tool in die Keyword-Liste aufgenommen wurde, auf dessen Empfehlungen hin untersucht werden muss – hier sollte die Konzentration auf den wichtigsten Keywords liegen. Ein zu detailliertes Vorgehen kann zu Unübersichtlichkeit innerhalb der Keyword-Liste führen und wirkt sich somit eher negativ als positiv auf das zu erwartende Ergebnis aus.

5.3.4   Recherche nach Synonymen

Synonyme spielen bei der Keyword-Recherche eine wichtige Rolle. Nicht jeder Suchende verwendet denselben Begriff, um ein und dieselbe Information zu recherchieren. Dem Anbieter sollten sämtliche Synonyme bekannt sein, die Nutzer statt des eigentlichen Keywords verwenden könnten. Beispielsweise suchen Nutzer, die einen Schneebesen kaufen möchten, auch nach Schaumschläger. Welcher dieser beiden Begriffe als Haupt-Keyword in der Navigationsstruktur der Webseite abgebildet wird, kann nicht allgemeingültig bestimmt werden. Insbesondere spielen in vielen Fällen unternehmenspolitische Entscheidungen eine große Rolle, wie ein Produkt beziehungsweise eine Kategorie benannt wird.

Dennoch sollten Synonyme von relevanten Suchbegriffen auf der Webseite des Anbieters optimiert werden, um kein wertvolles Besucherpotenzial zu verschenken. Neben Thesaurus, einem Tool, welches beispielsweise in Microsoft Word integriert ist, helfen Webseiten wie die Synonymsuche von Woxikon (synonyme.woxikon.de) bei der Recherche.

5.3.5 Wettbewerbsanalyse

Bei der Erarbeitung einer Keyword-Strategie und der Durchführung einer Keyword-Recherche sollten Webseitenbetreiber ausführlich die Konkurrenz analysieren. Insbesondere Konkurrenten, die schon über einen längeren Zeitraum Maßnahmen zur Suchmaschinenoptimierung vornehmen, dürften gute Hinweise auf relevante Suchbegriffe liefern.

In der ersten Phase muss sich das Unternehmen über die Wettbewerbssituation Gedanken machen. Sicherlich kennt das Unternehmen den eigenen Markt beziehungsweise die Branche sehr gut, sodass relevante Wettbewerber bekannt sind. Dennoch konkurrieren Webseiten in den SERPs nicht nur mit den bekannten Konkurrenten der Offline-Welt, sodass auch weitere Wettbewerber wie Affiliate-Webseiten, Onlineshops, informationale Webseiten und viele mehr in die Wettbewerbsanalyse einbezogen werden müssen. Um relevante Wettbewerber zu recherchieren, sollten die Suchergebnisse der bislang recherchierten wichtigsten Keywords analysiert werden. Bei der Recherche nach Konkurrenten sollte sich der Webseitenbetreiber auf relativ spezialisierte Webseiten konzentrieren statt auf solche Seiten, die ein sehr großes Produktportfolio anbieten beziehungsweise bewerten (beispielsweise Amazon, Idealo) oder Inhalte zu einem großen Themenspektrum abbilden (beispielsweise Wikipedia). Diese Herangehensweise ist sinnvoll, um die Komplexität in gesunder Relation zu halten und sich auf wirkliche, spezifische Wettbewerber zu konzentrieren.

Sollte die Webseite bereits erste Rankings erzielen, so bietet sich die Nutzung der Konkurrenzanalyse der SISTRIX Tools an. Im Rahmen der Konkurrenzanalyse vergleicht das Tool die Keywords der analysierten Seite mit den Keyword-Portfolios anderer Webseiten und errechnet somit einen Übereinstimmungsfaktor (vgl. Abb. 5.19).

In der Abbildung wurde die Webseite einer Bank analysiert. Die Ausgabe listet die bezüglich des Keyword-Profils relevanten Konkurrenten sortiert nach deren Übereinstimmung auf. Der Webseitenbetreiber sollte sich bewusst darüber sein, dass diese Analyse nur einen ersten Eindruck von der Konkurrenzsituation vermitteln kann. Schließlich ist der Übereinstimmungsfaktor geprägt von den eigenen Erfolgen in der Suchmaschinenoptimierung sowie der eigenen Auswahl der zu optimierenden Suchbegriffe. Daher ist es empfehlenswert, neben der Konkurrenz der eigenen Webseite auch die Konkurrenz von bereits bekannten Konkurrenten abzufragen und die Ergebnisse zu vergleichen.

Um die Keyword-Schnittmenge der Konkurrenten auswerten zu können, bietet die Toolbox eine Schnittmengenanalyse an. Mithilfe dieser Schnittmengenanalyse sollten potenzielle Konkurrenten detailliert analysiert werden, um zu erkennen, wie stark sich die Keyword-Profile des Wettbewerbs unterscheiden.

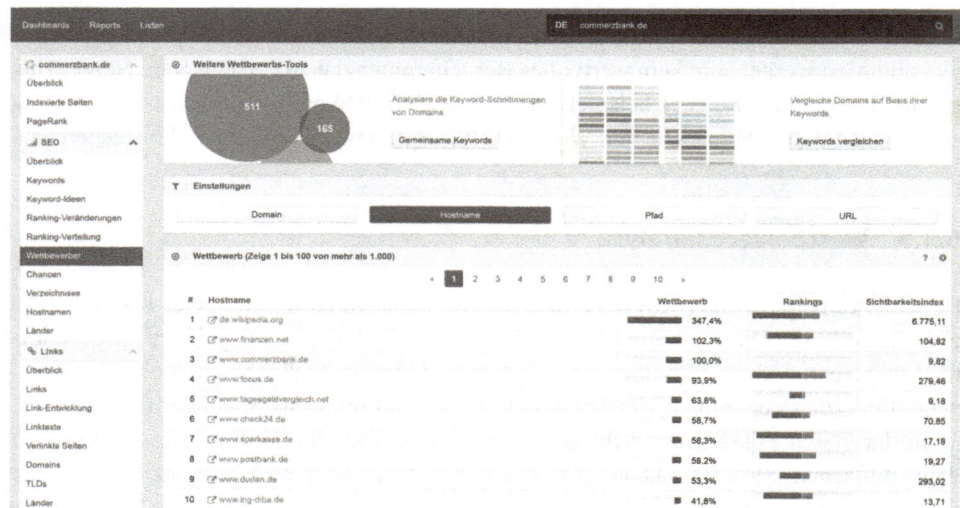

Abb. 5.19 SISTRIX Konkurrenzanalyse (Quelle: https://next.sistrix.de/seo/competition/domain/commerzbank.de)

Des Weiteren hat der Nutzer die Möglichkeit, Keywords tabellarisch bezüglich ihrer Rankings zu vergleichen.

Nach der Extrahierung sollten die gewonnenen Suchbegriffe zunächst mit dem oben beschriebenen Keyword Tool von Google auf ihre Suchvolumina getestet und um solche Keywords bereinigt werden, die über kein oder nur über ein sehr geringes Suchvolumen verfügen. In einem zweiten Schritt müssen die Keywords abschließend manuell auf ihre Relevanz überprüft werden, um daraufhin die gewonnenen Suchbegriffe in die Keyword-Liste aufzunehmen.

Wie zu erkennen ist, handelt es sich bei der Keyword-Recherche um einen iterativen Prozess. Die durch die Konkurrenzanalyse gewonnenen Keywords könnten nun theoretisch wieder auf Keyword-Ideen im Keyword Planer etc. analysiert werden. Daher sollten Suchmaschinenoptimierer nicht nur über analytische Fähigkeiten verfügen, sondern sich vor allem auch auf eine effiziente Arbeitsweise fokussieren. Ein zu detailliertes Recherchieren kann schnell zu Ineffizienzen führen, sodass sich der SEO strikte Regeln auferlegen sollte, wie detailliert er die Keyword-Recherche angehen möchte.

5.3.6 Kombination von Suchbegriffen

Mithilfe von Tools, sogenannten Keyword-Wrappern, lassen sich relativ einfach einzelne Wortlisten kombinieren. Das erleichtert die Arbeit, um mögliche Keywords im Longtail-Bereich zu generieren und anhand des Keyword Planers deren Suchvolumen zu prüfen. Abbildung 5.20 zeigt das Online-Tool http://mergewords.com.

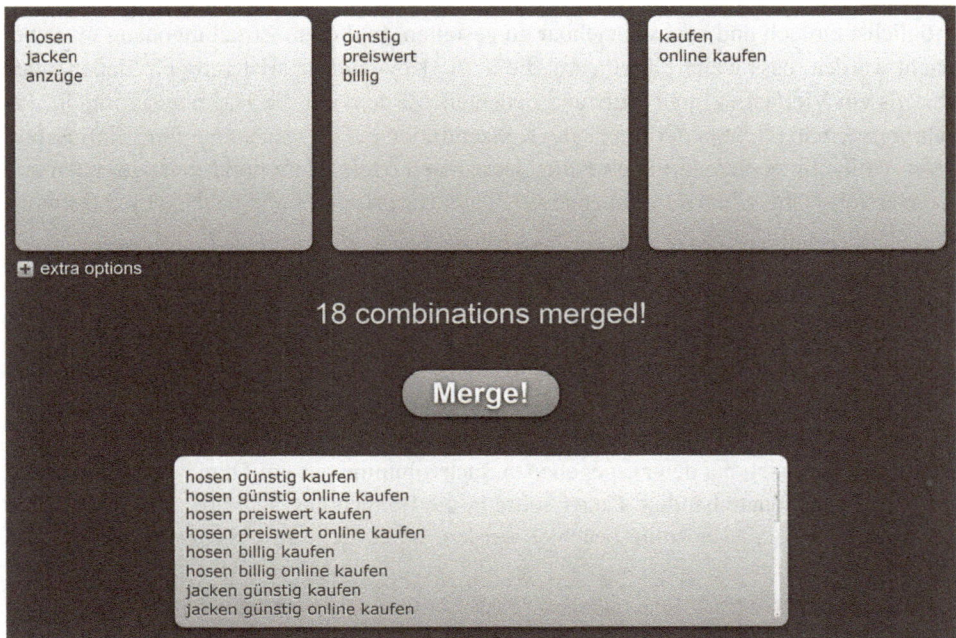

Abb. 5.20 Mergewords.com

Das Tool ist sehr leicht zu bedienen. Zunächst werden die zu verknüpfenden Begriffe in die dafür vorgesehenen Felder eingetragen. Daraufhin ermittelt Mergewords mögliche Kombinationen aus den Begriffen und gibt diese dem Nutzer aus. Bei der Nutzung von Tools zur Kombination von Suchbegriffen muss eine ausführliche Keyword-Recherche vorangestellt werden. Andernfalls läuft man Gefahr, wesentliche Begriffe nicht zu berücksichtigen, da diese kein Teil der Kombinationsliste sind.

5.4   Datenerhebung

Nachdem wir nun eine Liste generiert haben, die auf rein quantitativen Maßstäben basiert und eine gewisse Menge mehr oder weniger relevanter Suchbegriffe umfasst, auf denen das Unternehmen eventuell gefunden werden möchte, müssen Daten zu den einzelnen Keywords erhoben werden, die im folgenden Schritt die Priorisierung der Suchbegriffe erlauben. Bei den zu ermittelnden Daten handelt es sich um das Suchvolumen, die Conversion-Nähe, den Wettbewerb, die Missverständnisfreiheit eines Keywords sowie dessen aktuelle Position, die sich aus der Status-Quo-Analyse ergibt.

Im Folgenden werden die Elemente, deren Daten erhoben werden sollten, vorgestellt. Sicherlich ließen sich noch weitere Elemente benennen, die möglicherweise Einfluss auf die Keyword-Priorität haben könnten. Allerdings ist es unser Ziel, die Festlegung einer Keyword-Strategie trotz der hohen Relevanz und Komplexität dieses Themenbereichs möglichst einfach und nachvollziehbar zu gestalten. In diesem Zusammenhang muss bedacht werden, dass weitere Elemente, die in die Keyword-Priorisierung einfließen, auch jeweils ein Vielfaches mehr Aufwand bedeuten würden, um die Daten zu ermitteln. Erfahrungsgemäß reicht in der Praxis die Konzentration auf die genannten fünf Einflussfaktoren vollkommen aus. In vielen Fällen lassen sich sogar allein durch Suchvolumen und Conversion-Nähe schon ausreichende Aussagen zur Priorität von Suchbegriffen treffen.

5.4.1 Suchvolumen

Ein Element zur Priorisierung von Keywords ist das monatliche Suchvolumen. Wie das Suchvolumen mithilfe des Google AdWords Keyword Planers ausgewertet wird, wurde bereits weiter oben beschrieben. In diesem Zusammenhang sei nochmals darauf hingewiesen, dass es sich bei den ausgegebenen Suchvolumina nur um Durchschnittswerte der letzten zwölf Monate handelt. Daher sollte in die Betrachtung auch der Trend der Suche einfließen, das heißt, es sollte beachtet werden, ob es sich um ein saisonales Keyword handelt.

Das Vorgehen, das für saisonale Keywords gewählt wird, kann nicht einheitlich vorgegeben werden und ist sehr themen- und branchenspezifisch. Daher lassen wir die Thematik der saisonalen Keywords hier im Rahmen der Priorisierung von Suchbegriffen außen vor – wie wichtig das Saisongeschäft ist, sollte das Unternehmen aufgrund eigener Recherchen bereits wissen.

Bei der Erstellung der Keyword-Liste sollte für jedes Keyword das exakte Suchvolumen ermittelt und in der Tabelle eingetragen werden. Der Keyword Planer bietet die Möglichkeit, mehrere Keywords gleichzeitig in die Abfrage einzubeziehen und die Daten direkt in dem gewünschten Format zu extrahieren. Somit ist die Recherche nach den erfassten Suchvolumina mit relativ wenig Arbeitsaufwand verbunden.

Beim Suchvolumen sind weniger die konkreten Werte als die Relationen der Suchvolumina untereinander relevant. Insbesondere in Nischen kann es durchaus vorkommen, dass nur sehr wenige suchvolumenstarke Keywords in der Keyword-Recherche enthalten sind.

5.4.2 Conversion-Nähe

Anders als das Suchvolumen lässt sich die Conversion-Nähe eines Keywords nicht durch Tools ermitteln, sondern muss vom SEO selbst angepasst werden. Die Nähe eines Keywords zur Conversion lässt sich beispielsweise am bereits oben beschriebenen AIDA-Modell des Kaufverhaltens erläutern. Suchbegriffe, die eher informationalen Charakter haben, verfügen über eine relativ niedrige Conversion-Nähe. So würde ein Anbieter von Ferienwohnungen in Schweden zwar Suchbegriffe zu Städten, Sehenswürdigkeiten etc. in Schweden in die Keyword-Liste aufnehmen, diesen allerdings nur eine sehr niedrige Conversion-Nähe zuschreiben. Diese informationalen Suchbegriffe sollten trotz ihrer Entfernung zur Kaufentscheidung des Besuchers nicht vernachlässigt werden, da die Optimierung auf informationale Suchbegriffe zu wertvollem Content auf der Webseite führen kann. Sucht ein Nutzer explizit nach Ferienwohnungen in Schweden, so ist es naheliegend, dass dieser auch weiterführende Informationen, etwa zu Freizeitaktivitäten und schwedischen Städten, wünscht. Diese Informationen unterstützen den Nutzer bei seiner Entscheidungsfindung.

Suchbegriffe, bei denen der Besucher gemäß dem AIDA-Modell bereits Interesse an einem Produkt oder einer Dienstleistung hat, verfügen über eine mittelmäßige Conversion-Nähe. Sucht ein Nutzer nach „Urlaub in Schweden", so ist noch relativ offen, ob er an Ferienwohnungen interessiert sein könnte oder ob er beispielsweise ein Hotel in Schweden suchen möchte. Dennoch hat sich der Nutzer bereits für das Urlaubsland entschieden, sodass immerhin die Möglichkeit besteht, diesen mit hochwertigen Inhalten von den Ferienwohnungen zu überzeugen.

Sucht der Nutzer hingegen nach „Ferienwohnungen in Schweden", so liegt eine hohe Conversion-Nähe vor. In diesem Fall ist es allein am Webseitenbetreiber, den potenziellen Kunden durch hochwertige Inhalte, ein breites Angebot und einen guten Webauftritt zu überzeugen, sofern die Webseite unter solchen sehr conversionnahen Suchbegriffen gefunden wird. Noch conversionrelevanter wären solche Keywords, die genaue Destinationen in der Suche enthalten beziehungsweise Eigenschaften der gesuchten Ferienwohnung (Größe, Ausstattung etc.) bereits in der Suche benennen. In diesem Fall befindet sich der Nutzer sehr kurz vor der Kaufentscheidung, er muss nur das für ihn richtige Angebot ausgeliefert bekommen.

Im Rahmen der Bewertung der Conversion-Nähe sollte auch berücksichtigt werden, wie stark das eigene Angebot genau auf diesen Suchbegriff ausgerichtet ist. Ein Unternehmen, das Luxusuhren verkauft, wird trotz bester Rankings über das Keyword „günstige Uhren" sicherlich keine Conversions erzielen können. Außerdem wäre ein gutes Ranking aufgrund des Einflusses von Nutzermetriken auf die Festlegung der Suchmaschinenergebnisse wahrscheinlich von kurzer Dauer. In diesem Zusammenhang sollte der Webseitenbetreiber verstehen, dass jedes Keyword mehrere mögliche Fragen repräsentiert. Inwiefern die eigene Internetseite für das Keyword eine hohe oder niedrige Relevanz hat, lässt sich daran erkennen, wie viele dieser möglichen Fragen man mit seiner Seite sehr gut beantworten kann. Bei der Suche nach „Baufinanzierung" könnte der Suchende beispielsweise einen Baufinanzierungsrechner suchen. Er könnte sich jedoch auch darüber informieren wollen, was beim Abschluss einer Baufinanzierung zu beachten ist oder wie sich die Zinsen der Baufinanzierung in den letzten Jahren entwickelt haben. Eine Seite, die möglichst viele dieser potenziellen Fragen beantworten kann, hat höhere Chancen, auf diesen Suchterm zu ranken, als eine Seite, die nur wenige denkbare Fragen beantwortet.

Sofern für die Webseite bereits AdWords-Maßnahmen vorgenommen wurden, vereinfacht dies die Festlegung der Conversion-Nähe für einige Keywords. Anhand der AdWords-Daten lassen sich die Conversion Rates auf bestimmte Suchbegriffe ermitteln, sodass die Festlegung der Conversion-Nähe weniger vom Gefühl beziehungsweise Wissen des SEOs, sondern vielmehr von wirklichen Datensätzen abhängt. Sofern möglich ist es

empfehlenswert, vor der Optimierung die als conversionstark definierten, also sehr transaktionalen, Suchbegriffe mittels AdWords zu schalten, um zu testen, ob die Annahmen
korrekt sind oder überarbeitet werden müssen.

5.4.3 Wettbewerb

Ob der Wettbewerb in die Keyword-Recherche einbezogen wird, wird nicht zuletzt durch
die Ausrichtung des Unternehmens bestimmt. So hängt die Relevanz der Wettbewerbsstär-
ke stark mit den Ressourcen zusammen, die das eigene Unternehmen in die Suchmaschinenoptimierung investieren möchte. Sind entsprechend hohe SEO-Budgets veranschlagt,
so sollte der Wettbewerb keine übergeordnete Rolle in der Keyword-Priorisierung spielen.

   Das Google AdWords Keyword Tool selbst gibt den Wettbewerb auf Suchbegriffe relativ detailliert aus. Insbesondere bei den zukünftigen Top-Keywords ist es empfehlenswert,
neben den Daten, die das Keyword Tool ausgibt, auch selbst einmal nach den Keywords
zu suchen und zu prüfen, wie stark der Wettbewerb hier ist. Insbesondere sollte man themenrelevante Webseiten als starke Konkurrenten betrachten, die schon langjährig in der
Branche aktiv sind. Besonders hart umkämpft sind Suchbegriffe dann, wenn die starken
Konkurrenten mit ihrer Startseite auf dem Keyword Top-Rankings aufweisen. Mit entsprechendem Ressourceneinsatz sind auch bei diesen Suchbegriffen sehr gute Ergebnisse
zu erzielen, doch sollte man sich bewusst sein, dass kurzfristig nur wenig Traffic über sehr
hart umkämpfte Suchbegriffe generiert wird.

5.4.4 Missverständnisfreiheit eines Keywords

Die Missverständnisfreiheit trägt – anders als Suchvolumen, Conversion-Nähe und Wettbewerb – nicht dazu bei, dass ein Keyword an Priorität in der Suchmaschinenoptimierung
gewinnt. Allerdings kann eine erhöhte Wahrscheinlichkeit eines Suchbegriffs für Missverständnisse dafür sorgen, dass das Keyword deutlich an Priorität verliert.

   Als Beispiel für die Missverständnisfreiheit lässt sich der Suchbegriff „Puma" nennen.
Wie Abb. 5.21 zeigt, werden in den SERPs hauptsächlich Ergebnisse ausgegeben, die die
Marke Puma betreffen.

   Zugegebenermaßen ist Suchmaschinenoptimierung für eine Seite, die sich mit der Kat-
zenart Puma beschäftigt, eher unwahrscheinlich. Dennoch könnte der Webseitenbetreiber
einer solchen Webseite von dem exakten Suchvolumen nach dem Begriff „Puma" von
monatlich 60.500 Anfragen beeindruckt sein, sofern er nicht die Missverständniswahr-
scheinlichkeit einfließen lässt, dass der Großteil dieser Anfragen navigationale Marken-
Suchanfragen sind.

   Bevor der Webseitenbetreiber sich für ein Keyword entscheidet, sollte er dieses also
auf die Suchergebnisse überprüfen, die dafür bei Google ausgegeben werden. Durch die

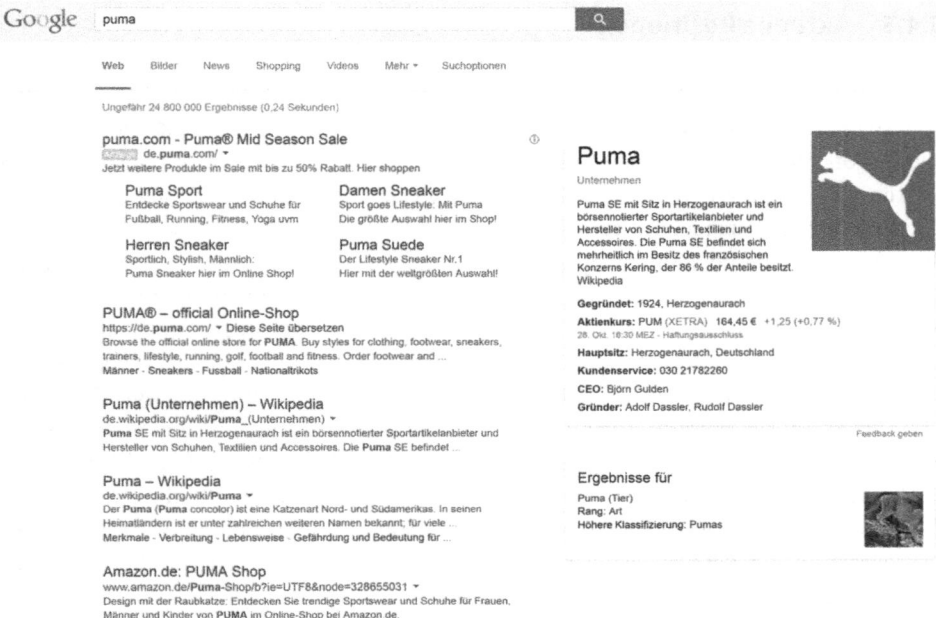

Abb. 5.21 Suche Puma

Auswertung von Nutzerdaten weiß die Suchmaschine recht eindeutig, welche Suchergebnisse von den meisten Suchenden erwartet werden. Ist es wahrscheinlich, dass ein Großteil der Suchenden sich für die Alternative interessiert, so sollte von einer Optimierung auf das entsprechende Keyword abgesehen werden. Dies deckt eine Schwäche von Suchmaschinen auf. Die Suchmaschine versteht den Kontext sowie das Bedürfnis des Suchenden nicht. Mittels personalisierter Suchergebnisse sowie der Analyse des Suchverlaufs ist Google dabei, an dieser Schwäche zu arbeiten.

Selbstverständlich bietet es sich jedoch an, Missverständnisse durch die Nutzung von Keyword-Kombinationen zu verhindern. So könnte im obigen Beispiel auf Kombinationen wie „Puma Lebensraum" oder „Puma Tier" optimiert werden.

Auch im B2B-Bereich tritt das Problem der Missverständnisse bei Suchanfragen häufig auf, da sich viele Suchbegriffe mit B2C-Keywords überlappen. Ein Beispiel ist der Suchbegriff „Bildbearbeitung". Der Nutzer könnte eine professionelle Software, deren Anschaffung mehrere Tausend Euro kostet, kaufen oder aber auf Freeware oder „günstige" Programme setzen wollen. Selbstverständlich ist es wahrscheinlicher, dass der Nutzer, der nach „Bildbearbeitung" sucht, ein günstiges Programm verwenden möchte und keine Profi-Software kaufen wird. Daher ist die Definition von Suchbegriffen im B2B-Bereich oft eine Herausforderung, bei der bei jedem Suchbegriff die Missverständnisfreiheit ausführlich geprüft werden sollte.

5.4.5   Aktuelle Positionen

Im Rahmen der Status-Quo-Analyse wurde bereits erläutert, wie die aktuellen Positionen von Keywords toolbasiert ermittelt werden können. Bei Suchbegriffen, die bereits ranken, kann es oft Sinn ergeben, die aktuellen Rankings in die Priorisierung mit einzubeziehen. So können Schwellen-Keywords, die beispielsweise kurz vor dem Sprung auf die erste Suchergebnisseite stehen, mit einer höheren Priorität belegt werden als solche Keywords, die eher schwache Positionierungen aufweisen. Auch bei Keywords, die bereits auf der ersten Seite zu finden sind, kann die aktuelle Position einen Einfluss auf die Priorisierung nehmen. Ein Keyword, welches auf Position 2 oder 3 steht und bei dem der Wettbewerber auf der ersten Platzierung besonders relevant und stark ist, könnte je nach vorhandenen Ressourcen des Unternehmens niedriger priorisiert werden als ein Suchbegriff, der kurz vor dem Sprung in die Top 3 und somit kurz davor steht, für einen signifikanten Besucheranstieg zu sorgen (vgl. das Klickverhalten der Nutzer – insbesondere die ersten drei Suchergebnisse verfügen über signifikante Klickraten). So trivial es klingen mag: Die Einbeziehung der aktuellen Positionen hilft auch dabei, auf die unnötige Verwendung von Ressourcen zu verzichten, da Suchbegriffe identifiziert werden können, bei denen das Unternehmen bereits auf der ersten Position rankt.

5.5   Keyword-Priorisierung

Nachdem die Elemente, die zur Priorisierung der Keywords herangezogen werden können, vorgestellt wurden, sollen diese im Folgenden genutzt werden, um eine Hierarchie unter den Suchbegriffen, eine Priorisierung, vornehmen zu können.

In der Praxis hat es sich als sinnvoll erwiesen, die Priorisierung der Suchbegriffe zwar ausführlich abzubilden, jedoch einen Kompromiss zwischen Details und Handhabbarkeit zu finden. Daher ist es empfehlenswert, die Priorität der Suchbegriffe auf einer Skala von 1 bis 3 abzubilden, wobei 1 für eine sehr hohe Priorität und 3 für eine eher niedrige Priorität – bezogen auf das betrachtete Kriterium – steht. Die SEO-Priorität von Keywords wird in der Onpage-Optimierung sowie im Linkmarketing relevant.

Abbildung 5.22 veranschaulicht den Prozess der Festlegung einer Keyword-Priorität. Die Suchvolumen-Priorität sowie die Conversion-Nähe eines Keywords ergeben eine „vereinfachte" Keyword-Priorität, die in vielen Fällen auch ohne die Anwendung der op-

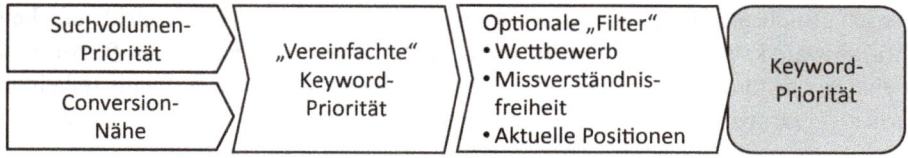

Abb. 5.22 Keywordpriorisierung

tionalen Filter zu guten Ergebnissen bei der Keyword-Strategie führt. In bestimmten Fällen kann es aber auch sinnvoll sein, zusätzlich zu diesen beiden Kriterien optionale Filter, also den Wettbewerb auf dem Keyword, die Missverständnisfreiheit des Keywords oder die aktuellen Positionen der eigenen Webseite auf dem Keyword, in die Keyword-Priorisierung einzubeziehen.

5.5.1 Festlegung der Suchvolumen-Priorität

Die Suchvolumen-Priorität bezieht sich, wie die Bezeichnung bereits vermuten lässt, ausschließlich auf die quantitative Messgröße, wie häufig ein Keyword im Monat durchschnittlich gesucht wurde. Um die Keywords nach Suchvolumen zu priorisieren, müssen zunächst wie oben beschrieben die Suchvolumina in die Tabelle eingetragen werden. Eine bewährte Methode, um die Suchvolumina zu priorisieren, stellt eine keywordbezogene ABC-Analyse dar. Dabei werden die Keywords in Abhängigkeit ihres Suchvolumens in einer Konzentrationskurve dargestellt (vgl. Abb. 5.23).

Zunächst werden die Keywords absteigend nach ihrem Suchvolumen sortiert. Da je nach Nische beziehungsweise Themenbereich der Webseite die Suchvolumina sehr stark variieren können, lässt sich keine generelle Aussage über Schwellenwerte treffen, ab wann ein Keyword ein „hohes" Suchvolumen aufweist. Die Suchvolumina müssen daher immer in ihrem Kontext betrachtet werden.

Nachdem die Keywords absteigend nach Suchvolumen sortiert wurden, sollte sich der SEO für eine prozentuale Aufteilung der A-, B- und C-Keywords entscheiden. In der Praxis hat es sich bewährt, 10 % der Suchbegriffe als „A-Keywords" und somit mit hoher Priorität zu beschreiben, 30 % als „B-Keywords" und die restlichen 60 % als „C-Keywords". In der vorliegenden Grafik erhalten also die 10 % suchvolumenstärksten Suchbegriffe eine Priorität von 1, die mittleren 30 % eine 2 und die übrigen 60 % eine 3. Selbstverständlich

Abb. 5.23 ABC-Analyse

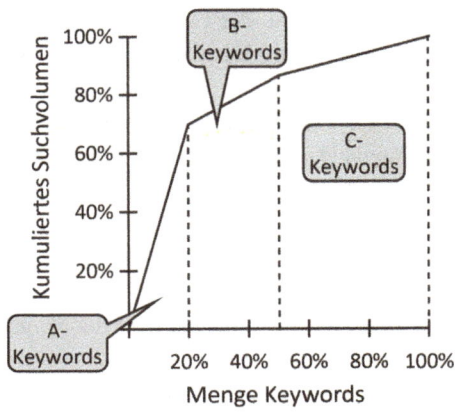

obliegt es dem SEO, die Keyword-Recherche auf die eigenen Bedürfnisse anzupassen. So können bei sehr langen Keyword-Listen weitere Prioritätsstufen eingefügt beziehungsweise die Verteilung 10–30–60 auf die jeweiligen Bedürfnisse angepasst werden.

Bei der Vergabe der Suchvolumen-Priorität sollte der SEO wirklich **nur quantitative Maßstäbe** bewerten. Wie „stark" ein Keyword wirklich ist, lässt sich natürlich nicht allein durch das Suchvolumen beschreiben. Allerdings werden qualitative Maßstäbe erst in weiteren Schritten der Keyword-Priorisierung einbezogen.

5.5.2 Bestimmung der Conversion-Priorität

Wie bereits oben beschrieben, handelt es sich bei der Conversion-Priorität im Gegensatz zur Suchvolumen-Priorität um eine qualitative Größe. Bei der Vergabe der Conversion-Priorität ist zu beachten, dass die Skala, die bereits bei der Suchvolumen-Priorität gewählt wurde, übernommen wird. Hat sich der SEO also dafür entschieden, die Suchvolumen-Priorität auf einer fünfstufigen Skala zu beschreiben, so muss auch bei der Conversion-Priorität eine fünfstufige Skala gewählt werden, um in einem späteren Schritt die Gesamtrelevanz eines Keywords mathematisch bestimmen zu können.

Die Conversion-Priorität spiegelt die Nähe des Suchenden im Prozess der Transaktionsentscheidung wider. Dabei kann die Transaktion ein Kauf in einem Onlineshop, eine Registrierung bei einer Plattform, aber auch die Inanspruchnahme einer Dienstleistung oder das Ausfüllen eines Formulars sein. Führt man eine Keyword-Analyse für eine Webseite durch, für die bereits Google AdWords-Anzeigen geschaltet wurden, so können die vorhandenen Daten als Basis für die Vergabe der Conversion-Priorität Verwendung finden. Zu beachten gilt, dass bei der Vergabe der Conversion-Priorität eines Keywords die Conversion Rate, nicht aber die Anzahl an Conversions einbezogen wird. Die Quantität wird bereits durch die Suchvolumen-Priorität abgebildet.

Sofern man nicht die Möglichkeit hat, auf Vergangenheitsdaten zurückzugreifen, obliegt es dem SEO sowie dem Marketing-Bereich, einzuschätzen, wie nah ein Suchbegriff wahrscheinlich an der Conversion liegt. Wie bereits oben beschrieben, lässt sich bei der Einschätzung beispielsweise das AIDA-Modell als Vorlage für die Priorisierung der Suchbegriffe nutzen.

Auch bei der Vergabe der Conversion-Priorität sollte man sparsam mit hoch priorisierten Suchbegriffen umgehen. Nur ein geringer Anteil der Gesamtmenge an Suchbegriffen sollte in der Bewertung als sehr conversionrelevant ausgezeichnet werden. Andernfalls läuft man Gefahr, die Ergebnisse der Keyword-Recherche bei späteren Optimierungsmaßnahmen nicht adäquat einsetzen zu können. Schließlich liegt das Ziel darin, die für das Unternehmen absolut wichtigsten Suchbegriffe zu identifizieren. Dabei sollte sichergestellt werden, dass man sich bei der Vergabe der Conversion-Nähe nicht an gewünschten Prioritäten orientiert und somit bei sehr vielen Suchbegriffen eine hohe Priorität wählt. Im Regelfall ist der Anteil von Suchbegriffen mit niedriger Conversion-Nähe am höchsten und der Anteil von Suchbegriffen mit hoher Conversion-Nähe am niedrigsten anzuordnen.

5.5.3 Berechnung der Keyword-Priorität

Nach Berechnung der Suchvolumen- und der Conversion-Priorität werden bei der Berechnung der Keyword-Priorität die qualitativen und quantitativen Ergebnisse zusammengeführt, um die Relevanz jedes einzelnen Suchbegriffs für die Webseite bestimmen zu können.

Zu einer einfachen ersten Keyword-Priorität (KP) gelangt man, indem man die Suchvolumen- (SP) und Conversion-Priorität (CP) summiert und diese durch 2 dividiert.

$$KP = (SP + CP)/2$$

In wenigen Fällen können beziehungsweise sollten die Suchvolumen- und Conversion-Priorität zu gleichen Teilen in die Priorisierung eines Keywords einfließen. Um einem der beiden Faktoren eine größere Relevanz beizumessen, ist die Nutzung eines Gewichtungsfaktors vonnöten:

$$KP = [(x*SP) + (y*CP)]/2, \text{ wobei } x+y=1$$

Entscheidet sich der SEO beispielsweise dazu, dem Suchvolumen gegenüber der Conversion-Wahrscheinlichkeit eine höhere Relevanz beizumessen, zum Beispiel 60 %, so berechnet man die Keyword-Priorität folgendermaßen:

$$KP = [(0,4*SP) + (0,6*CP)]/2$$

Nach Anwendung der Formel sollten die Keyword-Prioritäten zunächst auf ganze Zahlen gerundet werden. Nach der Berechnung der Keyword-Priorität sollte nun jeder Suchbegriff nach dessen Relevanz bewertet sein. Selbstverständlich sollte man auf die mathematisch errechnete Relevanz nicht blind vertrauen und eventuell manuell nachbessern. Doch liefert die oben beschriebene Errechnung der Priorität eines Suchbegriffs einen guten Ansatzpunkt für die weiteren Optimierungsmaßnahmen. Bei keiner Webseite lassen sich alle Suchbegriffe gleich stark optimieren, weswegen die Priorisierung dringend vonnöten ist.

Die Keyword-Priorität wurde nun für die wichtigsten Suchbegriffe, für die die Webseite gefunden werden sollte, errechnet. Im folgenden Schritt müssen nun die Suchbegriffe in die Gesamtstrategie der Webseite eingeordnet werden und es ist zu definieren, welche Keywords auf welcher URL im Rahmen der On- und Offpage-Optimierung zu optimieren sind.

5.5.4 Anwendung optionaler Filter

In manchen Fällen kann es Sinn machen, optionale Filter bezüglich der Keywords und deren Prioritäten anzuwenden, um bestimmte Suchbegriffe in ihrer Priorität zu betonen und andere nicht. Eine beispielhafte Anwendung eines solchen Filters ist der Wettbewerb. Sollte aufgrund von Ressourcen und Budgets die Optimierung auf sehr hart umkämpfte Suchbegriffe ein wahrscheinlich hoffnungsloses Unterfangen darstellen (hier sei daran erinnert, dass mindestens die erste Seite, oft sogar die Top 3, das Ziel jeglicher Optimierung sein sollten, um entsprechend viel Traffic zu generieren), so sollten Suchbegriffe, auf denen sich die Konkurrenz sehr stark platziert hat, bei den folgenden Optimierungsmaßnahmen unterbetont werden. Stattdessen sollte die Suchmaschinenoptimierung auf solche Keywords ausgerichtet werden, auf denen die Wettbewerber sich weniger stark platziert haben.

Ein weiteres Beispiel für die Anwendung optionaler Filter nach Berechnung der Keyword-Priorität ist die Missverständnisfreiheit. Sind wie bei den obigen Beispielen Suchbegriffe sehr missverständlich, so kann es sinnvoll sein, diese weniger in der Keyword-Strategie zu betonen oder erst gar nicht als Optimierungsziel anzusetzen. In Fällen möglicher Missverständnisse sollte immer eine Aufwands-Ertrags-Kalkulation durchgeführt werden, bei der man sowohl die wahrscheinlich notwendigen Ressourceneinsätze zur Optimierung als auch den möglichen Ertrag, den ein Top-Ranking bei dem Suchbegriff **für das eigene Unternehmen** bringen könnte, einfließen lässt.

Auch die aktuellen Positionen, die in der Status-Quo-Analyse ermittelt wurden, können zur Anwendung von Keyword-Filtern führen. Wie bereits beschrieben, kann die Konzentration auf Schwellen-Keywords Sinn machen, die kurz vor dem Sprung in den relevanten Bereich der Suchergebnisse stehen. Diese sollten, sofern sich das Unternehmen dazu entscheidet, Schwellen-Keywords eine höhere Priorität zuzusprechen, durch einen Multiplikator an Priorität gewinnen. Suchbegriffe, die bereits so gute Rankings aufweisen, dass eine weitere Verbesserung zur Unverhältnismäßigkeit von eingesetzten Ressourcen und potenziellem Ertrag führen würde, können demgegenüber entsprechend abgewertet werden.

Der Einsatz von optionalen Filtern ist bei der Bestimmung der Keyword-Priorität möglich, aber keine Grundvoraussetzung.

5.6 Keyword-Mapping

Nachdem bei der Keyword-Priorisierung festgelegt wurde, auf welche Keywords die Webseite über organische Suchanfragen gefunden werden soll, müssen im folgenden Schritt die relevanten Suchbegriffe und die Seitenstruktur aufeinander abgestimmt werden. Dies geschieht im Rahmen des Keyword-Mappings.

Um für sämtliche Suchbegriffe eine relevante Unterseite zu definieren, auf der das Keyword möglichst gute Rankings erzielen sollte, können sowohl bereits bestehende Unterseiten genutzt oder neu zu erstellende Seiten definiert werden. Beim Keyword-Mapping sollte sichergestellt werden, dass nicht zu viele unterschiedliche Begriffe auf ein und derselben Seite optimiert werden. Wichtig ist, dass alle Begriffe, die einer Seite zugeordnet werden, in einem semantischen Kontext stehen. Andernfalls ließe sich durch die Inhalte keine Autorität darstellen. Man stelle sich vor, dass eine Seite sowohl für „Wohnzimmer-möbel" als auch für „Wanderschuhe" eine hohe Relevanz aufweisen soll. Durch die Erstellung sinnvoller Inhalte wäre dies nicht möglich. Den Erfahrungen der Autoren zufolge sollten pro Seite etwa drei bis sieben Suchbegriffe optimiert werden. Zu wenige Suchbegriffe, also beispielsweise nur ein Begriff pro Landing Page, würden oft den Aufwand der Erstellung einer Zielseite nicht rechtfertigen. Zu viele Suchbegriffe hingegen würden die Optimierungsmaßnahmen wie die Nutzung der Suchbegriffe auf der Zielseite oder die interne Verlinkung der Seite mit diesen Begriffen erschweren oder gar verhindern.

Beim Keyword-Mapping sollte stets eine Berechnung der (Opportunitäts-)Kosten durch die Überarbeitung und das Neu-Anlegen von Seiten vorgenommen werden. Es macht keinen Sinn, Seiten für Suchkombinationen mit nur sehr geringen Suchvolumina anzulegen, wenn die Grundlagen noch nicht geschaffen sind, also für Suchbegriffe mit relevanteren Suchvolumina noch keine Rankings generiert wurden.

5.7 Implikationen der Keyword-Strategie

Abschließend sei nochmals zusammenfassend dargestellt, wie sich die Anzahl der Suchbegriffe über die einzelnen Phasen der Erstellung einer Keyword-Strategie entwickelt. Abbildung 5.24 verdeutlicht den Verlauf der Keyword-Anzahl. Natürlich handelt es sich hierbei nur um eine stark vereinfachte Ansicht der Anzahl der Keywords, die innerhalb der einzelnen Phasen relevant sind.

Bei der Status-Quo-Analyse werden nur die Suchbegriffe, auf denen die Webseite bereits gefunden wird, in die Analyse einbezogen. In Bezug auf die Gesamtanzahl möglicher Keywords ist dies eine eher kleine Menge. Bei der Keyword-Recherche werden daraufhin – wie oben erläutert – möglichst viele potenzielle Suchbegriffe generiert – darunter auch Keywords, die in den späteren Phasen nicht mehr betrachtet werden. Bei der Datenerhebung werden Suchbegriffe mit einem zu niedrigen oder auch fehlenden Suchvolumen aus der Liste relevanter Suchbegriffe aussortiert. Eine weitere Destillation der Keyword-Anzahl kann in der Phase der Keyword-Priorisierung auftreten, sofern optionale Filter verwendet werden – so werden beispielsweise Suchbegriffe mit einer zu hohen Missverständnis-Wahrscheinlichkeit herausgefiltert.

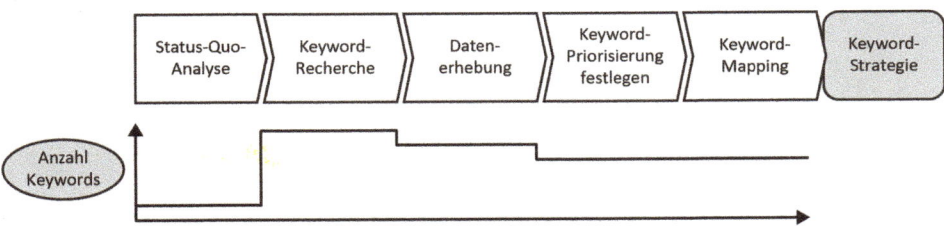

Abb. 5.24 Implikationen der Keyword Strategie

Die Übersicht soll auch deutlich machen, dass es sich bei der Entwicklung der Keyword-Strategie um einen Prozess handelt, bei dem die Keyword-Liste stetig überarbeitet wird.

Nachdem nun erläutert wurde, welche Schritte zur Erarbeitung einer Keyword-Strategie notwendig sind, soll die Frage beantwortet werden, wofür die Keyword-Strategie überhaupt erforderlich ist, welche Implikationen sich aus dieser also ergeben. Die Relevanz der ausführlichen Ausarbeitung einer Keyword-Strategie wird nur dann deutlich, wenn man versteht, in welchen Bereichen der Suchmaschinenoptimierung diese wirkt. Die Keyword-Strategie liefert Implikationen für die Content-Erstellung, für die interne Verlinkung sowie für das Linkmarketing.

Im Rahmen der Content-Erstellung sollten die Keywords möglichst in den Inhalten verwendet werden. In den Textinhalten, aber auch als Alternativ-Texte von Bildern und Grafiken, können die Suchbegriffe in den Inhalt der Seite eingebunden werden.

Mithilfe interner Links wird Suchmaschinen signalisiert, für welchen Begriff eine Seite relevant ist. Mehr zum Thema Verlinkung ist im Kap. 6 zu lesen. Anhand der Keyword-Strategie lässt sich erkennen, für welche Suchbegriffe eine Unterseite relevant sein soll. Daher lässt sich diese bei der Planung der internen Verlinkung insofern einsetzen, als durch die Wahl des Linktextes bei internen Links die Relevanz einer Unterseite für ein bestimmtes Keyword definiert wird und bei der internen Verlinkung die Seiten mit möglichst sämtlichen zu optimierenden Keyword-Variationen angelinkt werden.

Auch für das Linkmarketing hat die Keyword-Strategie wichtige Implikationen. Durch eingehende Links werden Signale gesetzt, für welche Suchbegriffe eine Webseite relevant ist. Dementsprechend können die Suchbegriffe und deren Variationen bei der Generierung von eingehenden externen Links genutzt werden, um Webseitenbetreiber, die auf die eigene Webseite verlinken möchten, zu bitten, eventuell ab und zu einen dieser Linktexte zu wählen. Schließlich sollte die Seite genau für diese Begriffe besonders relevant sein. Das Linkmarketing wird ausführlich in Kap. 8 thematisiert.

Onpage-Optimierung

6

Zusammenfassung

Onpage-SEO bezieht sich in unserer Logik sehr stark auf technisch-strategische Suchmaschinenoptimierung. In diesem Buch wurde der Bereich „Content-Optimierung" gesondert und nicht gemeinsam mit der „Onpage-Optimierung" betrachtet, um eine Trennung der technisch-strategischen Suchmaschinenoptimierung von der Optimierung der Inhalte (also beispielsweise Überschriften, Title-Optimierung, Einbindung multimedialer Elemente etc.) zu ermöglichen.

Beide Disziplinen sind für die Suchmaschinenoptimierung sehr wichtig, allerdings möchten wir den strategischen Teil (wie Informationsarchitektur und Indexierungsmanagement) von den Optimierungsmaßnahmen, die kontinuierlich vorgenommen werden (Optimierung des Contents), ein wenig trennen. Die strategische Suchmaschinenoptimierung fasst also die Disziplinen der Suchmaschinenoptimierung zusammen, die auf einen längerfristigen Zeitraum ausgelegt sind.

Das Kapitel zur Onpage-Optimierung gliedert sich in die „Seitenstruktur", die „Informationsarchitektur" sowie das „Crawling- und Indexierungsmanagement". In Abb. 6.1 werden diese Disziplinen dargestellt.

Die Seitenstruktur bezieht sich auf den Aufbau einer einzelnen URL. Grundlagen der Seitenstruktur werden im folgenden Abschnitt vorgestellt, da das Verständnis vom Seitenaufbau notwendig ist, um Fragestellungen der Informationsarchitektur sowie des Crawling- und Indexierungsmanagements verstehen und einordnen zu können. Daraufhin widmen wir uns der Informationsarchitektur. Hier werden die Beziehungen zwischen den unterschiedlichen URLs einer Webseite bestimmt, um sicherzustellen, dass die aus Sicht des Webseitenbetreibers wichtigsten Inhalte auch von Suchmaschinen als besonders relevant angesehen werden. Zuletzt widmen wir uns dem Crawling- und Indexierungs-

A. Alpar et al., *SEO – Strategie, Taktik und Technik*, DOI 10.1007/978-3-658-02235-8_6

Abb. 6.1 Crawling- und
Indexierungsmanagement

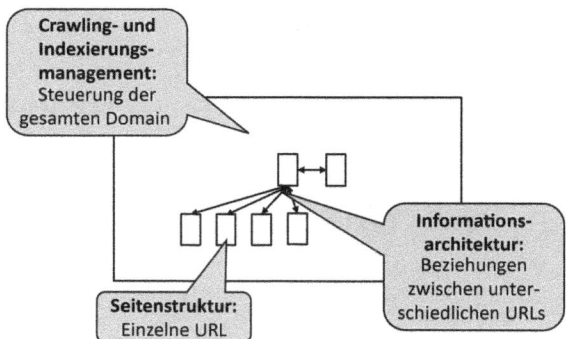

management, welche die gesamte Domain steuern. Beim Crawling- und Indexierungsmanagement wird definiert, welche Seiten die Crawler der Suchmaschinen (nicht) besuchen
sollten, beziehungsweise welche Seiten Suchmaschinen in den Index lassen sollen und
welche für Suchmaschinen weniger relevant sind und somit nicht in den Index gelangen
sollen.

6.1 Seitenstruktur

Bei der technischen und inhaltlichen Suchmaschinenoptimierung ist ein Grundlagenwissen zum Aufbau einer Seite in DOCTYPE, HEAD und BODY notwendig.
    Eine HTML-Seite besteht aus drei Grundbausteinen:

- DOCTYPE
- HEAD
- BODY

6.1.1 DOCTYPE

Der Bereich DOCTYPE richtet sich an den Internet-Browser, also zum Beispiel an
Firefox, Google Chrome, Safari oder den Internet Explorer. Hier werden dem Browser
Informationen darüber vermittelt, welche Auszeichnungssprache (zum Beispiel welche
HTML-Version) für das Webprojekt verwendet wird und welche Befehle zulässig bezie-
hungsweise nicht zulässig sind. Der DOCTYPE-Bereich ist wichtig, damit der Browser
eine Webseite schnell darstellen kann.

6.1.2 HEAD

Für die Suchmaschinenoptimierung sind die Seitenbereiche HEAD und BODY von Bedeutung. Im Head-Bereich einer Seite können Informationen an den Server, Browser und den Crawler von Suchmaschinen ausgeliefert werden. Er dient dazu, das Verhalten des Crawlers sowie die Darstellung der Seite in den Suchergebnissen zu steuern. Im Head-Bereich lassen sich zum Beispiel Angaben zur Indexierung einer Seite, zur Zeichenkodierung, zur verwendeten Sprache oder zum Autor der Seite machen.

Bevor der Crawler den Body einer Seite inspiziert, durchsucht er deren Head-Bereich. Soll dem Crawler zum Beispiel der Zugriff zu der Seite verwehrt werden oder soll ihm verboten werden, die Inhalte der Seite zu indexieren, müssen ihm diese Befehle bereits im Head-Bereich übermittelt werden (siehe Indexierungsmanagement an späterer Stelle in diesem Kapitel).

Die Informationen des Head-Bereichs sind für User nicht sichtbar. Eine Ausnahme hierbei sind die Meta-Daten (Meta-Title und Meta-Description). Sie werden in den Suchergebnissen beziehungsweise im Browserfenster angezeigt und sind somit auch für den User sichtbar.

6.1.3 BODY

Im BODY befinden sich die sichtbaren Inhalte der Seite, die Usern dargestellt werden. Wichtige Elemente des Bodys sind zum Beispiel Überschriften, Fließtext, Bilder/Videos und die Navigation.

Damit User und Suchmaschinen alle Inhalte einer Seite erfassen können, muss sichergestellt sein, dass sowohl Usern als auch den Crawlern von Suchmaschinen alle wichtigen Inhalte des Bodys zugänglich und lesbar gemacht werden.

Suchmaschinen können zum Beispiel die Inhalte von Bildern und Videos nicht erkennen. Daher sollte ihnen die Thematik des Bildes/Videos anhand des ALT-Attributs und des Bild-/Videodateinamens signalisiert werden. Die Verwendung des ALT-Attributs ist auch aus Gründen der Barrierefreiheit der Webseite sinnvoll.

6.2 Informationsarchitektur

Bevor wir uns tiefergreifend der Theorie und Umsetzung der Informationsarchitektur widmen, möchten wir in aller Kürze zusammenfassen, warum das Thema „Informationsarchitektur" überhaupt relevant ist:

1. Alle URLs/Inhalte einer Webseite, die wichtig sind, sollten erreichbar sein.
2. Die Häufigkeit der Verlinkung von URLs/Inhalten einer Webseite ist ein Signal für die empfundene Relevanz.

Bei der Planung der Informationsarchitektur einer Webseite handelt es sich um den Prozess, in dem die Interaktion des Nutzers beziehungsweise der Crawler mit der Webseite geplant wird. Eine Informationsarchitektur tritt nicht nur bei der Planung und Umsetzung von Webseiten auf – bei sämtlichen Datenbankanwendungen ist es erforderlich, die Nutzerführung vor der Umsetzung ausführlich zu planen. Die Planung und Umsetzung einer Informationsarchitektur ist also nicht nur aus SEO-Sicht von höchster Bedeutung. Nur wenn die Inhalte logisch und strukturiert angeordnet sind, kann der Nutzer auf der Webseite leicht navigieren. Suchmaschinen können anhand der Informationsarchitektur die Qualität einer gesamten Webseite beurteilen sowie die Relevanz einzelner Unterseiten festlegen.

Die Informationsarchitektur überschneidet sich mit einigen angrenzenden Disziplinen, so beispielsweise mit der Optimierung der User Experience sowie mit dem Interface Design. Genau abgrenzen lassen sich diese Disziplinen jedoch nicht, da sie untereinander starke Wechselbeziehungen aufweisen. Festgehalten werden muss ebenfalls, dass die Informationsarchitektur auf keinen Fall ausschließlich aus SEO-Sicht geplant werden sollte. Der Nutzer muss bei der Optimierung der Architektur definitiv im Vordergrund stehen. Dies ist wiederum im Sinne Googles – Suchmaschinen möchten, wie bereits beschrieben, den Suchenden, also ihren Kunden, die für sie optimale Ergebnisse anbieten. SEO ist somit eine konsequente Ausrichtung der Seite auf die Bedürfnisse des Nutzers unter Berücksichtigung technisch notwendiger Maßnahmen, um auch Suchmaschinen-Crawlern die Inhalte einer Seite optimal darzustellen.

Aus strategischer Sicht muss die Informationsarchitektur so ausführlich geplant sein, dass das Fundament der Webseite stabil ist, auch wenn weitere Kategorien, Produkte oder Themenwelten zukünftig eingeführt werden. Der Aufbau der Informationsarchitektur einer Webseite lässt sich am besten mit dem Bau eines Gebäudes vergleichen – ist das Gebäude auf einem starken Fundament gebaut, so wird es auch bei Umbaumaßnahmen und Erweiterungen bestehen bleiben. Steht es jedoch auf einem wackeligen Fundament, so stürzt es bei der ersten Erschütterung, sprich Veränderung, ein. Um den Aufbau einer Informationsarchitektur zu veranschaulichen, arbeiten wir so gut wie möglich mit Beispielen, die den Einsatz von Informations- und Navigationsstrukturen verdeutlichen sollen.

6.2.1   Beispiel des Aufbaus einer Informationsarchitektur

Bevor wir detailliert auf Navigationselemente sowie unterschiedliche Seitentypen und deren Relevanz für die Informationsarchitektur eingehen, soll anhand eines Beispiels zunächst erläutert werden, aus welchen Ebenen eine Webseite typischerweise besteht.

Abbildung 6.2 verdeutlicht grafisch –vereinfacht dargestellt – die Architektur eines Online-Möbelshops.

Auf erster Kategorie-Ebene kann der Nutzer entscheiden, für welchen Raum er ein Möbelstück sucht, also zwischen Küche, Wohnzimmer, Schlafzimmer und anderen wählen. Auf zweiter Ebene hat er die Möglichkeit, zwischen den einzelnen dem Raum zu-

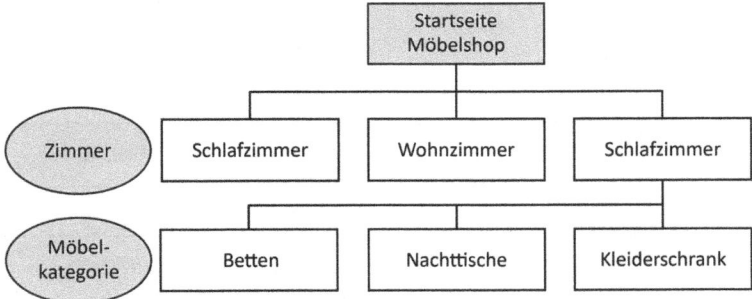

Abb. 6.2 Beispiel für die Informationsarchitektur eines Online-Möbelshops

geordneten Möbelarten auszuwählen – am Beispiel „Schlafzimmer" handelt es sich dabei um Betten, Nachttische und Kleiderschränke. Dieses vereinfachende Beispiel dient dazu, Verständnis für die Notwendigkeit einer strategisch gegliederten Informationsarchitektur zu schaffen. Die Möbelarten werden gruppiert und sind somit Teil einer logischen Struktur. Wäre die Zwischenebene „Raum" nicht vorhanden, so müsste der Nutzer eventuell Hunderte von Kategorien nach den gewünschten Möbeltypen durchsuchen. Suchmaschinen könnten keine hierarchische Struktur im Angebot des Shops wahrnehmen, da sämtliche Kategorien auf einer Ebene lägen. Kurz gesagt: Bei dem Shop würde das Besuchererlebnis drastisch abnehmen, da es sich nur um eine Aneinanderreihung von Produkten, nicht aber um „Shopping-Welten" handeln würde, die man auf der Suche nach neuen Einrichtungsgegenständen durchstöbern kann. Auch die SEO-Performance würde leiden – Suchmaschinen werten logische Strukturen positiv. Sie wissen, dass bestimmte Begriffe einen semantischen Zusammenhang aufweisen und konnten durch das Crawling von Webseiten einen großen Erfahrungsschatz dazu aufbauen, welche Informationsstrukturen als „logisch" zu werten sind. Würde der Onlineshop für Möbel die Kategorien wahllos vermischen, so könnte dies bereits zu einer Verschlechterung der Rankings führen.

Das Beispiel des Möbel-Onlineshops wird uns im weiteren Verlauf dieses Kapitels begleiten, um verschiedene Strukturen und Modelle der Informationsarchitektur vorzustellen.

Nachdem erläutert wurde, wodurch sich eine minimalistische, strukturierte Webseiten-Architektur auszeichnet, soll nun darauf eingegangen werden, wie jeder Webseitenbetreiber eine optimale Navigationsstruktur skizzieren kann.

Zunächst muss sich der Webseitenbetreiber über sämtliche Inhalte auf der Seite bewusst werden. Dazu ist es hilfreich, sich sämtlicher Seitentypen bewusst zu werden, beispielsweise Content-Seiten, Blogposts, Produktseiten etc. Im zweiten Schritt sollte die Hauptnavigation festgelegt werden. Bei einem Shop empfehlen wir, zunächst nur eine logische Struktur für die Produktdetailseiten zu schaffen und Content-Seiten, Blogposts etc. erst in einem weiteren Schritt in die Seitenarchitektur einzubeziehen. Durch diese Herangehensweise erschließt sich die logische Strukturierung der Inhalte häufig besser. Bei der Planung der Hauptnavigation ist es wichtig zu verstehen, dass Suchmaschinen die semantische Nähe vieler Begriffe durch die Crawling-Erfahrung von Milliarden von

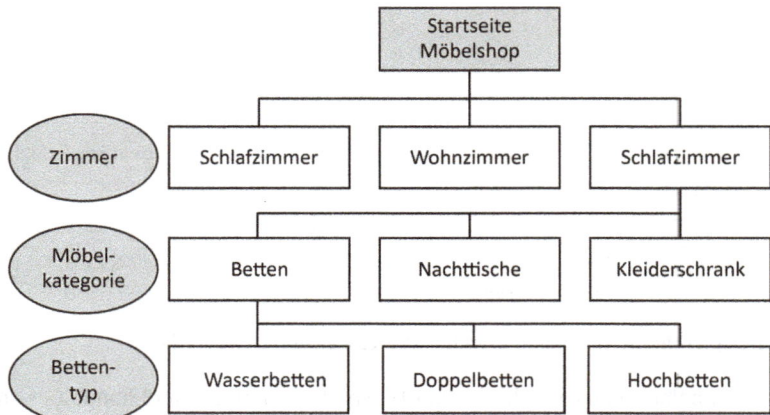

Abb. 6.3 Beispiel für die Informationsarchitektur eines Online-Möbelshops 2

Webseiten kennen und dieses Wissen einsetzen, um logische Informationsarchitekturen identifizieren zu können. Am Möbel-Beispiel kann man also davon ausgehen, dass Suchmaschinen-Crawler des Öfteren den Begriff „Schlafzimmer" in engem semantischem Zusammenhang mit „Betten", „Nachttischen" und „Kleiderschränken" vorgefunden haben.

Bei der Festlegung der Hauptnavigation sollte man möglichst darauf bedacht sein, suchmaschinenrelevante Begriffe für die Kategoriebezeichnungen zu wählen. Da die Hauptkategorien seitenweit verlinkt sind, nehmen sie einen besonders hohen Stellenwert innerhalb der Seitenhierarchie ein und werden von Suchmaschinen als besonders wichtig erachtet. Dennoch möchten wir darauf hinweisen, dass zunächst das Nutzerbedürfnis einer klar verständlichen Struktur und Kategoriebenennungen im Vordergrund stehen sollten. Zu häufig kommen Webseitenbetreiber auf die Idee, Kategorien ausschließlich durch die SEO-Brille zu benennen. Ergebnis wären dann im Möbel-Beispiel Kategoriebezeichnungen wie „Schlafzimmer Möbel". Im Fokus sollte also eine logische Benutzerführung stehen, ohne jedoch die Suchmaschinenoptimierung zu vernachlässigen.

Nach der Festlegung der Hauptkategorien sollten sämtliche Seiten den Kategorien zugeordnet werden. Je nach Anzahl der Produktdetail- und Content-Seiten macht es zumeist Sinn, eine oder gar mehrere Zwischenebenen einzuführen. In unserem Beispiel sind das „Betten", „Nachttische" und „Kleiderschränke". Je nach Größe der Webseite könnten diese Kategorien noch kleinteiliger untergliedert werden, zum Beispiel in „Wasserbetten", „Doppelbetten" und „Hochbetten" (vgl. Abb. 6.3). Je tiefer man sich in der Seitenhierarchie befindet, desto enger sollte ein Themenbereich zusammengefasst werden.

Im letzten Schritt der Planung einer Informationsarchitektur werden die Seiten des Projekts den festgelegten Haupt- und Unterkategorien zugeordnet. Zusätzlich wird definiert, welche weiteren, nicht-zuordenbaren Seiten auf der Webseite enthalten sind (zum Beispiel Impressum, Datenschutz, Unternehmensbeschreibung, Blog). Diese werden ebenfalls in die Informationsarchitektur übertragen (vgl. Abb. 6.4).

Abb. 6.4 Informationsarchitektur weiterer Seiten einer
Website

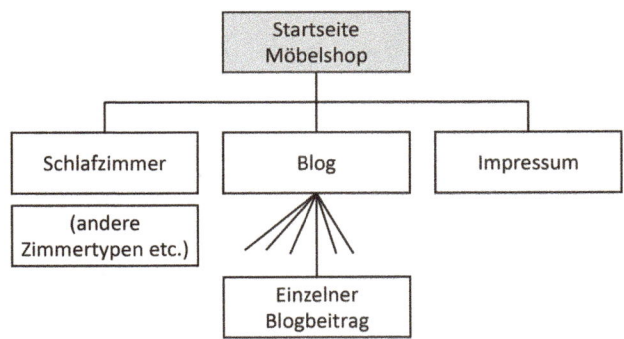

Bei dem vorliegenden Beispiel handelt es sich um den klassischen pyramidalen Aufbau einer Webseite. Diese besteht, abgesehen von möglichen informationalen Seiten, aus der Startseite, den Kategorien sowie den Produktseiten. Diese Struktur lässt sich auf nahezu jeden Seitentyp anwenden. Bei Publishing-Webseiten würde es sich beispielsweise nicht um Kategorien und Produktseiten, sondern um Rubriken und Artikel handeln.

Im Rahmen der Keyword-Recherche wurden sicherlich einige Suchbegriffe als relevant identifiziert, für die in der bisher beschriebenen Informationsarchitektur keine Seiten – also keine Kategorie- oder Produktseiten – zur Optimierung zur Verfügung stehen. Für diese zusätzlichen relevanten Suchbegriffe sollten bei ausreichend hohem Suchvolumen weitere Landing Pages erstellt werden. Diese Landing Pages dienen einerseits der Optimierung auf weitere Keywords, andererseits unterstützen sie bei der internen Verlinkung. So können von neu angelegten Landing Pages die Kategorien durch interne Verlinkungen sehr gut gestärkt werden.

Am Beispiel des Möbelshops könnte eine Kategorie beispielsweise „Sofas" lauten. „Couch" beschreibt genau dasselbe Möbelstück, sodass sich der Möbelshop aus strategischer Sicht für die Bezeichnung der Kategorie entscheiden muss. Für den Begriff „Couch" sollte demnach eine weitere Seite erstellt werden, die explizit auf dieses Keyword optimiert ist. Dabei sollten dem Nutzer natürlich ebenfalls Produkte und angemessene Inhalte angezeigt werden – schließlich gilt es nicht nur, mit einem Suchbegriff in den SERPs gute Ergebnisse zu erzielen; mindestens genauso relevant ist es, dass der Besucher auch die Informationen vorfindet, nach denen er gesucht hat. Da beide Begriffe dasselbe Möbelstück bezeichnen, lohnt sich eine getrennte Optimierung vor allem dann, wenn das Suchvolumen beider Begriffe hoch ist.

Neben den SEO Landing Pages ist es häufig sinnvoll, im Rahmen eines Blogs, Magazins oder Ratgeber-Bereichs Artikel auf informationale Suchanfragen zu optimieren. So könnte der Möbelshop in einem Ratgeber Artikel zu Fragen wie „Wie baue ich Möbel professionell auf?" oder Themenwelten wie „Weiße Möbel für das Wohnzimmer" publizieren. Auch diese Artikel dienen der internen Verlinkung, da von ihnen heraus auf die Kategorien und Produkte verlinkt wird. Außerdem schaffen sie Autorität für den Themenbereich, da mehr relevante Inhalte auf der Seite publiziert werden, vgl. Abb. 6.5.

Abb. 6.5 Informationsarchitektur für informationalen
Content

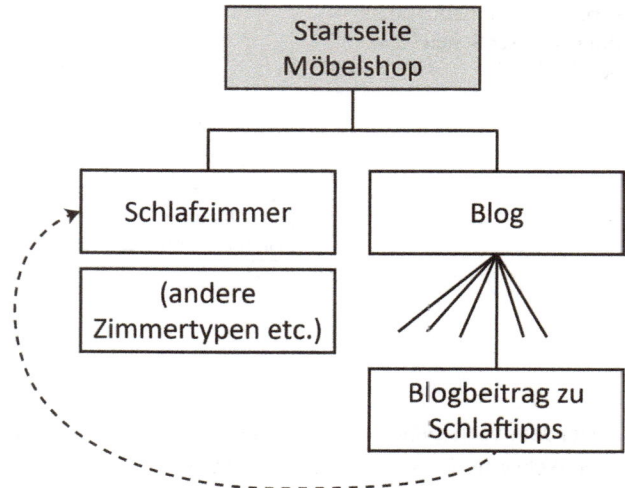

6.2.2   Seitenebenen

Im Folgenden werden die Seitenebenen Startseite, Kategorien, Produktseiten, zusätzliche Landing Pages, informationale Content-Seiten sowie sonstige Seiten/Service-Seiten
bezüglich ihrer Webseiten- und SEO-Relevanz beschrieben. Bei dem Beispiel halten wir
uns an die Struktur eines eCommerce-Shops. Allerdings lassen sich die Seitenebenen problemlos auf andere Webseitentypen wie Publishing-Portale projizieren. In diesem Fall
würde man von Kategorien, Artikeln sowie Themenseiten und Rubriken sprechen. Die
Seitenebenen erfüllen jedoch zumeist denselben Zweck, obwohl angemerkt werden muss,
dass bei Nachrichtenseiten oft mehr eingehende Links auf Artikel verweisen, als dies bei
eCommerce-Webseiten der Fall ist. Bei Nachrichtenseiten haben einige vergleichsweise
wenige Artikel zumeist einen hohen Anteil an eingehenden Links – bei diesen Artikeln
handelt es sich um sehr relevante, für die Nutzerschaft besonders lesenswerte und interessante Artikel.

6.2.2.1   Startseite

Die Startseite gilt insbesondere für navigationale Suchanfragen nach Unternehmensmar-
ken als Einstiegspunkt über Suchmaschinen. Demnach sollte sie für alle navigationalen
Suchanfragen auf vorderster Position ranken. Außerdem weist die Startseite einer Webseite einen vergleichsweise besonders hohen Anteil an direkten Seitenaufrufen auf. Durch
ihre normalerweise hohe Anzahl an Verlinkungen von externen Seiten verfügt die Startseite über entsprechend viel Stärke, um die Linkstärke auf von der Startseite verlinkte Seiten
zu verteilen. Daher ist es empfehlenswert, neben den Kategorien auch die wichtigsten
SEO Landing Pages sowie ausgewählte Produkte und informationale Content-Seiten von
der Startseite aus direkt zu verlinken. Aufgrund der Linkstärke der Startseite können mehr
interne Verlinkungen von der Startseite aus gesetzt werden, als dies bei weniger stark ver-

linkten Seiten der Fall ist. Der Startseite sollten **einige suchvolumenstarke Keywords** zugewiesen werden, auf welche diese optimiert wird.

6.2.2.2 Kategorien

Die Kategorien sollten aus SEO-Sicht für generische Suchbegriffe gute Rankings erzielen. Die Kategorien sind zumeist seitenweit intern verlinkt und verfügen dadurch entsprechend über viel Stärke, um gute Rankings im Short- und Midtail zu erzielen. Des Weiteren werden über die Kategorien die Produkte verlinkt und somit in die Architektur der gesamten Webseite eingefügt. Die interne Verlinkung über Kategorien sollte insofern optimiert sein, als von einer Kategorie sämtliche relevanten Unterkategorien sowie themennahe SEO Landing Pages verlinkt sind. Auf diese Art und Weise lässt sich Relevanz und Autorität für den jeweiligen Themenbereich durch die Informationsarchitektur generieren.

6.2.2.3 Produkte

Die Produkte machen in Hinblick auf die Anzahl in den meisten Onlineshops den größten Anteil der Unterseiten aus. Ziel ist das Ranking auf ein konkretes Produkt sowie auf Kombinationen des Produkts mit transaktionsnahen Variationen wie „kaufen", bestellen" oder „online". Ein großer Teil der Produkte ist insbesondere bei großen Produktportfolios je Kategorie nur von Paginationsseiten und Filterungen aus verlinkt, nicht aber von der Startseite oder Hauptkategorie. Da Produkte, die von hierarchisch höher liegenden Seiten prominent verlinkt sind, eine höhere Wahrscheinlichkeit für Top-Rankings aufweisen, ist es empfehlenswert, sich im Vorhinein genau zu überlegen, welche Produkte am prominentesten innerhalb der Kategorien verlinkt werden.

Neben der Verlinkung von der Startseite und aus Kategorien heraus bietet es sich an, die Produkte untereinander durch Einbindungen wie beispielsweise „Ähnliche Produkte", „Neueste Produkte" etc. zu verlinken. Durch diese interne Crossverlinkung kann sichergestellt werden, dass alle Produkte innerhalb der Informationsarchitektur intern verlinkt werden.

6.2.2.4 Weitere Landing Pages

Weitere Landing Pages werden angelegt, um Einstiegsseiten für transaktionale Suchanfragen anzulegen, die über die Kategorien nicht oder nur sehr schwierig zu optimieren sind. Die zusätzlichen Landing Pages sollten von einer themennahen Kategorieseite intern verlinkt werden. So könnte die Seite „Herrenjeans" auf die Seite „Männerjeans" intern verlinken, sofern es aus Sicht des Anbieters Sinn macht, eine weitere Landing Page für diesen Begriff anzulegen. Da zusätzliche Landing Pages nicht in der Navigation verlinkt werden, sollten sie aus dem Content der stark verlinkten Kategorieseiten heraus intern angelinkt werden. Außerdem bietet es sich an, von Produktseiten aus nicht nur die Hauptkategorie, der das Produkt zugeordnet ist, sondern auch die Landing Page, der das Produkt ebenfalls zugeteilt werden kann, zu verlinken.

6.2.2.5 Informationale Content-Seiten

Die informationalen Content-Seiten unterscheiden sich insofern von den zusätzlichen Landing Pages, als diese nicht auf transaktionale Suchanfragen optimiert sind, sondern statt Produkte hauptsächlich Inhalte bieten, die den Nutzer bei seiner Kaufentscheidung unterstützen sollen und somit den Besucher im Kaufentscheidungsprozess deutlich früher abfangen. In der Informationsarchitektur nehmen die informationalen Content-Seiten aufgrund ihres großen Umfangs an themenrelevantem Content eine bedeutende Position ein. Von den Content-Seiten aus sollten Kategorien, zusätzliche Landing Pages sowie Produkte mit variierenden Ankertexten verlinkt werden, um sicherzustellen, dass die Linkstärke der informationalen Content-Seiten bestmöglich genutzt wird. Die Content-Seiten selber lassen sich zumeist sehr gut aus den Inhalten von Kategorien und zusätzlichen Landing Pages heraus verlinken, da sie weiterführende Informationen zu diesen bieten.

6.2.2.6 Sonstige Seiten/Service-Seiten

Die aus SEO-Sicht eher nicht relevanten Service-Seiten wie Datenschutzvereinbarung, Impressum, „Über uns"-Seiten etc. sind allein aus rechtlicher Sicht sehr stark, häufig über Footerlinks, intern angelinkt. Daher verfügen sie über eine nicht zu unterschätzende Linkstärke und sollten demzufolge ebenfalls in die interne Verlinkung integriert werden. Es bietet sich demnach an, die Service-Seiten zu nutzen, um relevante Kategorien, Landing Pages, Produkte oder Content-Seiten von dort aus anzulinken. Dabei sollte der Webseitenbetreiber jedoch eine zu hohe Anzahl an Verlinkungen von den Service-Seiten aus unterlassen, da dies sowohl für den Nutzer als auch für Suchmaschinen Spam-Maßnahmen nahekommen könnte. Vielmehr sollten die besonders relevanten Kategorien und Produkte sowie weitere Inhalte punktuell nochmals durch interne Links von den Service-Seiten aus gestärkt werden.

6.2.3 Flache vs. tiefe Seitenarchitektur

Webseiten sollten aus SEO-Sicht eine möglichst flache Seitenarchitektur aufweisen. Die Anzahl der Klicks, mit denen man sämtliche Inhalte der Seite erreichen sollte, liegt idealerweise bei maximal drei Aufrufen. Dies hängt mit dem Crawling-Verhalten von Suchmaschinen zusammen – tiefe Inhalte würden nur selten bis gar nicht von den Crawlern erfasst und somit als wenig relevant für einen Suchterm bewertet werden. Abbildungen 6.6

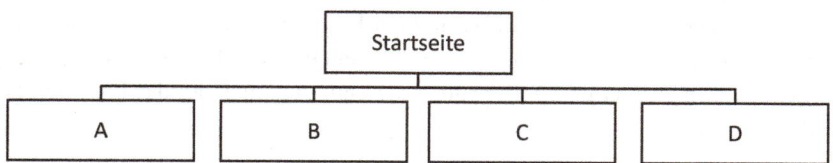

Abb. 6.6 Flache Seitenarchitektur

Abb. 6.7 Tiefe Seitenarchitektur

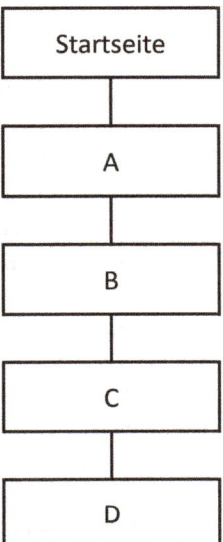

und 6.7 verdeutlichen den Unterschied zwischen einer flachen und einer tiefen Seitenarchitektur am Beispiel des Möbel-Onlineshops.

Die empfohlene Verwendung möglichst flacher Hierarchien könnte gegenüber der Notwendigkeit, nicht zu viele interne Links pro Seite zu nutzen, als widersprüchlich betrachtet werden. Jedoch ließen sich bei „nur" 100 internen Verlinkungen pro Seite bei drei Hierarchieebenen theoretisch $100 \times 100 \times 100 = 1.000.000$ Seiten logisch in den Strukturbaum
implementieren. Aufgrund der Weiterentwicklung von Suchmaschinen ist es mittlerweile
jedoch nicht mehr problematisch, auch deutlich mehr interne Links zu setzen. Vor einigen
Jahren galt noch die „Regel", es bei 100 internen Links pro Seite zu belassen.

6.2.4 Navigationsstrukturen

Um eine optimale Informationsarchitektur zu schaffen, sind Kenntnisse zu den verschiedenen Navigationsstrukturen notwendig. Bei der Wahl der eingesetzten Strukturen sollte
eine Kombination aus den hier vorgestellten Methoden der internen Verlinkung zum Einsatz kommen. Erstens ist jeder Nutzer anders – während der eine zur Navigation eine Sitemap verwendet, nutzt ein anderer Besucher die Navigationsleisten. Zweitens dienen die
verschiedenen Navigationsstrukturen aus SEO-Sicht unterschiedlichen Zwecken.

- **(Haupt-)Navigation**
  Die (Haupt-)Navigation ist auf den meisten Seiten das wohl auffälligste, über die gesamte Webseite wiederkehrende Element. Oft befindet sich die Navigation entweder
  horizontal im oberen Bereich der Webseite oder vertikal im linken oder rechten Be-

reich. Auch eine Kombination aus vertikaler und horizontaler Darstellung ist oft vorzufinden. Die Navigationsleiste ist für jede Webseite essenziell, da sie den Besucher durch die Struktur und Hierarchie der Inhalte einer Seite führt. Viele Webseiten haben jedoch mit dem Problem zu kämpfen, dass durch aufklappbare Untermenüs eine Hierarchie zwischen Haupt- und Unterkategorien nicht vorhanden ist. Bei einer bedeutenden Menge an Unterkategorien sollten diese nicht alle von jeder Seite aus direkt erreichbar sein. Hierzu bietet sich entweder die Möglichkeit an, den Besucher erst bei seinem zweiten Klick auf die entsprechende Unterkategorie zu leiten oder zumindest nur die relevantesten Unterkategorien einer Haupt- oder Unterkategorie in der seitenweit implementierten Navigation auszugeben. Weitere Unterseiten sind dann für den Nutzer erst abrufbar, sobald er sich in der entsprechenden Kategorie befindet.

Ein Risiko besteht bei der Umsetzung der Navigationsleisten häufig darin, dass Webseitenbetreiber auf eine Java-, Flash- oder Ajax-basierte Lösung setzen. Google ist zwar bereits in der Lage, diese Inhalte in Teilen zu crawlen, allerdings sollte sich der Webseitenbetreiber nicht darauf verlassen und sicherheitshalber eine Navigation aus HTML- und somit definitiv aufrufbaren Verlinkungen bereitstellen. Auch sollten nicht nur Bilder als Navigationselemente in der Navigationsleiste verwendet werden, da diese von Suchmaschinen als Navigationselemente nicht so stark wahrgenommen werden wie Textlinks.

Die Ankertexte von Links innerhalb der Navigation lassen sich zumeist nicht perfekt auf SEO-Gesichtspunkte optimieren. Oft folgt die Navigation einer logischen Struktur, sodass die Seiten nicht immer mit dem eigentlich optimalen Keyword verlinkt werden können.

- **Contentlinks**

Wie der Name bereits vermuten lässt, befinden sich Contentlinks (oder auch „Embedded Links") innerhalb des Fließtextes einer Seite. Links im Fließtext lassen sich bezüglich ihres Anchor-Textes gegenüber den Links in Navigationsleisten deutlich besser beeinflussen. Contentlinks sollten also zur Variation des Anchor-Textes bei internen Verlinkungen genutzt werden. Im Rahmen der Keyword-Strategie wurde festgelegt, welche URL der Domain auf welche Keywords optimiert sein sollte. Die SEO-verantwortliche Person sollte sicherstellen, dass die Seiten jeweils mit allen zu optimierenden Keyword-Kombinationen intern angelinkt werden, und dies lässt sich am einfachsten mit Links aus dem Fließtext bewerkstelligen. Soll eine Seite also auf „Möbel", „Möbel kaufen" und „Möbel online kaufen" gute Rankings erzielen, ist es empfehlenswert, diese Seite mit diesen drei Kombinationen heraus intern zu verlinken.

Darüber, inwiefern Contentlinks eine höhere Gewichtung aufweisen als Links aus der Navigation, lässt sich natürlich nur mutmaßen. Dennoch ist es naheliegend, dass Suchmaschinen solchen Verlinkungen eine höhere Gewichtung zuteilen. Schließlich kann man davon ausgehen, dass Links innerhalb des Contents eine besondere (semantische) Nähe zu der verlinkten Zielseite aufweisen und daher auch vom Nutzer als besonders relevant wahrgenommen werden. Neben der Variation des Ankertextes bietet die Möglichkeit von Links aus dem Fließtext heraus den Vorteil, dass solche Seiten verlinkt werden können, die in der Hauptnavigation nur wenig Aufmerksamkeit erlangen, aus SEO-Sicht jedoch eine hohe Relevanz aufweisen.

- **Links im Footer**
  Der Footer einer Webseite befindet sich am unteren Ende einer jeden Seite. Er wird also seitenweit eingeblendet, sodass die internen Links aus dem Footer heraus eine besondere Relevanz besitzen – auf jeder URL einer Webseite werden sie eingeblendet.

  Neben für den Nutzer relevanten Seiten wie dem Impressum, Unternehmensinformationen oder Datenschutz-Richtlinien sollte der Footer genutzt werden, um weitere sehr relevante Seiten intern seitenweit zu verlinken, die nicht bereits durch die Navigation intern verlinkt sind. Allerdings sollte bei der Auswahl der im Footer verlinkten Seite sehr selektiv vorgegangen werden. Die Aufnahme allzu vieler Seiten kann unübersichtlich wirken, sodass man sich auf eine zweistellige Anzahl an für den Nutzer und für Suchmaschinen besonders wichtigen, nicht durch die Navigation abgebildeten Seiten konzentrieren sollte. Google analysiert zudem wahrscheinlich, wie oft über interne Links navigiert wird. Links im Footer, die von den Nutzern nicht oder nur selten angeklickt werden, haben aus der Sicht von Google keinen Mehrwert und profitieren nicht von dieser Integration.

- **Sitemap**
  Eine HTML-Sitemap gibt die Struktur des Webauftritts auf einer oder mehreren (meist im Footer verlinkten) Seiten wieder. Innerhalb der HTML-Sitemap wird jede Unterseite verlinkt. Zu beachten gilt, dass die Sitemap für Google lesbar im HTML-Format dargestellt ist. Auch wenn eine HTML-Sitemap sicherstellt, dass jede Seite einer Domain mindestens einmal intern verlinkt ist, ist sie bei einer guten Umsetzung der internen Verlinkung innerhalb der Navigation, des Footers und der Contentlinks nicht notwendig.

  Die Sitemap kann auch aus mehreren durchstrukturierten Unterseiten bestehen, was besonders bei großen Webseiten Sinn ergibt und der Sitemap zu mehr Übersichtlichkeit verhilft.

6.2.5 Themensilos

Suchmaschinen sind darauf bedacht, diejenigen Websites mit Top-Rankings zu belohnen, die den relevantesten und ausführlichsten Inhalt zu einem bestimmten Themenkomplex liefern. Im Bereich der Suchmaschinenoptimierung geht es also nicht nur darum, eine einzelne Seite auf ein zuvor definiertes Keyword zu optimieren. Vielmehr sollte sich der/die SEO-Verantwortliche überlegen, mit welchen Maßnahmen die Seite für hart umkämpfte Suchbegriffe als Autorität etabliert werden kann. Hierbei bietet sich die Umsetzung von Themensilos beziehungsweise Themenkanälen an. Silos bieten die Möglichkeit, sich von den vielen Webseiten abzuheben, die ihren Besuchern unsortierte Informationen präsentieren. Die strukturierte Erstellung von Themensilos ist nicht nur notwendig, um Top-Rankings auf stark umkämpften Suchbegriffen zu erlangen – vielmehr beschäftigt sich

Abb. 6.8 Themensilo

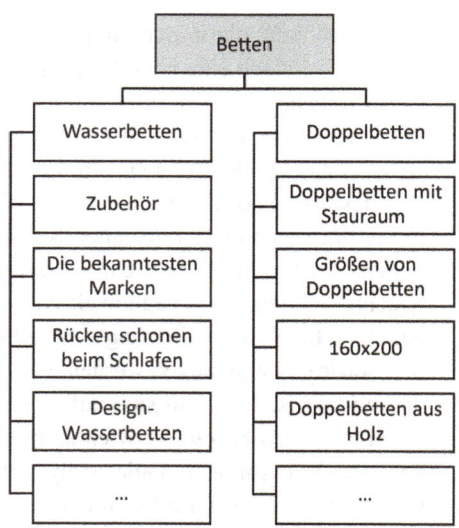

der Webseitenbetreiber so detailliert mit einem Thema, dass er möglichst sämtliche dem Themenbereich naheliegenden Suchbegriffe durch die Erstellung von ausreichend Content ebenfalls optimiert.

Beim sogenannten Siloing der Inhalte werden die Kernthemen einer Webseite identifiziert und anschließend die vorhandenen Inhalte so weit wie möglich diesen untergeordnet. Des Weiteren kann im Rahmen der Erstellung und Umsetzung von Themensilos ein Redaktionsplan erstellt werden, um möglichst umfassend, aktuell und kontinuierlich über die identifizierten relevanten Themenbereiche berichten zu können. Abbildung 6.8 skizziert grob ein Silo für den Themenkomplex „Betten". In der Praxis können die Themensilos aus mehreren 100 Seiten bestehen, die relevante weiterführende Informationen zu dem Kernthema abbilden.

Der Prozess der Bildung von Themensilos setzt sich aus vier Schritten (vgl. Abb. 6.9) zusammen.

6.2.5.1   Schritt 1: Festlegung des Themas eines Themensilos

Sicherlich hat jeder Webseitenbetreiber eine Vorstellung über die Kernthemen seiner Seite. Dennoch sollte in einem strukturierten Prozess zunächst hinterfragt werden, wie sich die Seite wirklich in Themenkanäle einteilen lässt – und das vollkommen unabhängig von

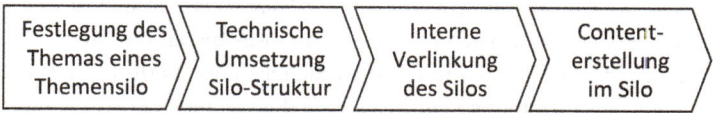

Abb. 6.9 Prozess der Bildung eines Themensilos

der SEO-Relevanz beziehungsweise den Suchbegriffen, auf die optimiert werden soll. Andernfalls ist eine objektive Potenzialanalyse, für welche Suchbegriffe beziehungsweise Suchthemen wirklicher Mehrwert geschaffen werden kann, nur schwer möglich. Geht man zunächst von der Fragestellung aus, für welche Themenbereiche man gerne eine Autorität wäre, vernachlässigt man eventuell den Status quo, also sämtliche bisher verfassten Inhalte. Vielmehr sollte man sich folgende Fragen stellen:

- Für welche Themenbereiche erzielt die Seite bisher gute Rankings? So ist es möglich, dass der Möbel-Onlineshop viele sehr gute Rankings in der Kategorie „Schlafzimmer", in der Kategorie „Wohnzimmer" hingegen nur wenige Rankings erzielt.
- Für welche Themenbereiche sollte die Seite gute Rankings erzielen? Für welche Themenbereiche ist die Webseite aus Sicht des SEO-Verantwortlichen bereits jetzt relevant?
- Wie würde der Nutzer nach den Inhalten auf der Seite suchen?
- Wie lässt sich die Webseite zergliedern, um klare voneinander abgrenzbare Themensilos zu konzipieren?

Hat man die oben gestellten Fragen für sich beantwortet, so sollte man in der Lage sein, einen groben Unterkategorien-Baum für die geplanten Themensilos zu skizzieren.

6.2.5.2   Schritt 2: Technische Umsetzung einer Silo-Struktur

Bei der Planung einer Verzeichnis- und URL-Struktur sollte die Struktur des Themensilos Berücksichtigung finden. Um die Unterseiten eines Themenbereichs wirklich als Silo wahrzunehmen, ist es empfehlenswert, die Webseitenstruktur anhand der URL-Struktur abzubilden. Zwar lassen sich Silos auch allein durch die interne Verlinkung (vgl. Schritt 3) strukturieren, jedoch kann die Verzeichnisstruktur ein weiteres Indiz für Suchmaschinen sein, damit ein Silo als solches wahrgenommen wird.

Jedes Thema einer Webseite, welches so ausführlich behandelt wird, dass von einem Themensilo gesprochen werden kann, sollte in einem eigenen Verzeichnis liegen. Am Beispiel des Silos für den Themenbereich „Betten" könnte die URL- und Verzeichnisstruktur beispielsweise folgendermaßen umgesetzt werden:

- Unsermoebelshop.de/betten/wasserbetten
- Unsermoebelshop.de/betten/wasserbetten/zubehoer
- Unsermoebelshop.de/betten/wasserbetten/die-bekanntesten-marken
- Unsermoebelshop.de/betten/wasserbetten/ruecken-schonen-beim-schlafen
- Unsermoebelshop.de/betten/wasserbetten/wie-wasserbett-aufbauen
- Unsermoebelshop.de/betten/wasserbetten/wasserbettmatratze
- Unsermoebelshop.de/betten/doppelbetten
- Unsermoebelshop.de/betten/doppelbetten/doppelbetten-mit-stauraum
- Unsermoebelshop.de/betten/doppelbetten/welche-groesse-haben-doppelbetten

- Unsermoebelshop.de/betten/doppelbetten/160×200
- Unsermoebelshop.de/betten/doppelbetten/doppelbetten-aus-holz

Durch die Umsetzung einer wie oben beschriebenen organisierten Verzeichnisstruktur wird sichergestellt, dass Besucher und Suchmaschinen stets erkennen, in welchem Themenkomplex der Seite sie sich befinden.

Bei der Umsetzung der Silo-Struktur sollte gewährleistet werden, dass sich verschiedene Themenkomplexe weder in ihren Themen noch in ihrer Cross-Verlinkung deutlich überschneiden. So würde man nur die „Wasserbetten"-Seiten und die „Doppelbetten"-Seiten jeweils untereinander verlinken, jedoch auf Verlinkungen von Unterseiten der einen Kategorie auf Unterseiten der anderen Kategorie verzichten. Schließlich möchte man durch die Silobildung sicherstellen, dass Suchmaschinen die Seite als Autorität für die Bereiche Wasserbetten und Doppelbetten wahrnehmen; durch einen Mix der Inhalte durch interne Verlinkung und Themensprünge würden die thematischen Gruppierungen jedoch verschwimmen.

Grundsätzlich ist es möglich, die Inhalte innerhalb der Silos noch weiter zu unterteilen. Dies kann durch weitere Unterverzeichnisse ebenfalls in der Verzeichnisstruktur abgebildet werden, jedoch sollte man die Anzahl der notwendigen Unterverzeichnisse mit Bedacht wählen. Zu viele Verzeichnisebenen sind nicht empfehlenswert, da ansonsten eine zu tiefe Seitenarchitektur erschaffen wird. Seiten, die in tiefen Verzeichnisebenen liegen, würden zu wenige Links erhalten, um von Suchmaschinen als relevant bewertet zu werden. Die Themensilos sollten sowohl Shorthead- als auch Midtail- und Longtail-Keywords abdecken (siehe Kapitel „Keyword-Strategie").

6.2.5.3 Schritt 3: Interne Verlinkung der Silos

Nachdem die Verzeichnisstruktur des Silos festgelegt wurde, wird die interne Verlinkung der Themenwelt geplant. Für Suchmaschinen sind (interne) Verlinkungen ein starkes Signal für die Relevanz einer Seite. Bei der internen Verlinkung eines Themensilos verlinken – wie in Abb. 6.10 dargestellt – sämtliche Silo-Unterseiten auf die Silo-Hauptseite, um die Themenwelt zu stärken. Außerdem verlinken sich sämtliche Silo-Seiten einer Ebene untereinander. Silo-Seiten in tieferen Ebenen verlinken grundsätzlich auf Silo-Seiten in höheren Ebenen. Durch diese Struktur wird sichergestellt, dass Suchmaschinen-Crawler – unabhängig davon, auf welcher Ebene in einem Silo sie einen Webseiten-Crawl starten – zunächst die themenrelevanten weiteren Silo-Seiten crawlen.

Um sicherzustellen, dass sich die Unterseiten siloweit untereinander verlinken, ist die Nutzung einer Linkbox als zusätzliches Navigationssystem eine Möglichkeit der Umsetzung. Somit muss nicht für jede Silo-Seite einzeln definiert werden, welche Seiten angelinkt werden – werden neue Seiten für ein Silo erstellt, so müssen diese nur in das zusätzlich geschaffene Navigationssystem eingepflegt werden.

Des Öfteren erscheint es sinnvoll, von einer Silo-Unterseite auf die Unterseite eines anderen Themensilos zu linken. So könnte es naheliegend sein, eine Unterseite, die Wasserbettmatratzen vorstellt, mit der Unterseite zu verlinken, auf der Matratzen für Dop-

Abb. 6.10 Interne Verlinkung

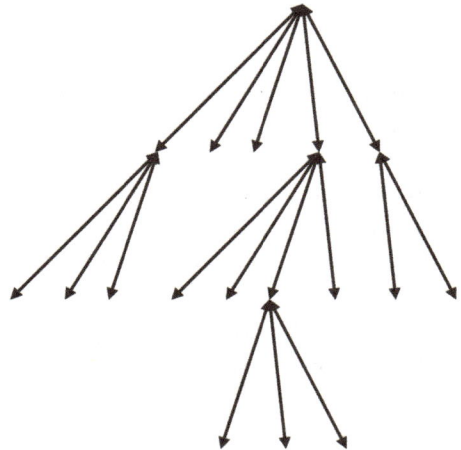

pelbetten angeboten werden. Aus Sicht des Siloing von Inhalten besteht eine denkbare Möglichkeit auch darin, auf die Cross-Verlinkung von Inhalten zu verzichten. Dabei sollte dann nur der Einstiegspunkt des jeweils anderen Themensilos, also die Silo-Hauptseiten, intern verlinkt werden.

6.2.5.4 Schritt 4: Content-Erstellung im Silo

Nachdem das Thema eines Silos sowie die Verzeichnis- und Linkstruktur definiert wurden, sollte die Themenwelt durch Content-Erstellung auf- und ausgebaut werden. Allerdings sollte bei der Erstellung des Contents nicht (nur) Wert auf Quantität gelegt werden. Vielmehr ist es empfehlenswert, eine Content-Strategie zu planen und umzusetzen. Im Kap. 7 „Content-Optimierung" gehen wir gesondert auf diesen Themenbereich ein, sodass die Content-Erstellung im Rahmen der Silobildung nicht getrennt behandelt wird.

6.2.6 Breadcrumbs

Breadcrumbs sind Navigationselemente, die den Pfad zur aktuellen Seite aufzeigen (vgl. Abb. 6.11). Insbesondere für Projekte mit mehreren Ebenen ist die Implementierung von Breadcrumbs sehr empfehlenswert. Die Breadcrumbs zeigen Nutzern und Suchmaschinen, auf welcher Ebene einer Webseite sie sich gerade befinden. Außerdem dienen sie zur Optimierung der internen Verlinkung. Seiten aus höheren Hierarchieebenen werden durch die Einbindung von Breadcrumbs von Seiten tieferer Hierarchieebenen angelinkt.

🏠 〉 Mode 〉 Herrenmode 〉 Jacken 〉 Regenjacken 〉 Regencape ☒ 〉 Blau ☒

Abb. 6.11 Breadcrumb-Navigation

Man unterscheidet zwischen Path-, Attribute- und Location-Breadcrumbs:

- Die Path-Breadcrumbs zeigen dem Nutzer die von ihm zuletzt aufgerufenen Seiten und unterstützen ihn somit dabei, zuvor aufgerufene Inhalte ohne Mühe wieder zu öffnen. Aus SEO-Sicht ist diese Form der Breadcrumb-Nutzung suboptimal, da es sich um dynamische und nicht um statische Links handelt.
- Auf den meisten Webseiten kann man über verschiedene Schritte zu einer aufgerufenen Seite gelangen. Die Attribute-Breadcrumbs zeigen unterschiedliche Navigationspfade auf, wie die aktuell aufgerufene Unterseite aufgerufen werden könnte.
- Die Location-Breadcrumbs zeigen die Position der aktuellen Seite in Bezug auf die Startseite an. Vorteil dieser Navigation ist, dass Nutzer und Suchmaschinen auswerten können, auf welcher Hierarchieebene sie sich befinden.

Auf den meisten Webseiten findet man Location-Breadcrumbs. Zwar werden bei Nutzung der Attribute-Breadcrumbs mehr interne Verlinkungen durch diese generiert, doch bieten Location-Breadcrumbs dank der hierarchischen Strukturierung der Seite aus SEO-Sicht meist den größeren Vorteil.

6.2.7   Orphan Pages

„Orphan" ins Deutsche übersetzt bedeutet „Waise". Bei Orphan Pages handelt es sich also um verwaiste Seiten ohne übergeordnete Seite. Die Orphan Pages sind in der internen Verlinkung demnach nicht bedacht und werden nicht von anderen Seiten angelinkt. Somit ist es Suchmaschinen nicht möglich, die Seiten aufzurufen, sofern sie nicht über eingehende Links von anderen Webseiten verfügen. Aus SEO-Sicht ist zu empfehlen, jede Seite eines Webprojekts mit relevanten Inhalten so in die Seitenarchitektur einzubeziehen, dass keine Orphan Pages entstehen.

6.3   Crawling- und Indexierungsmanagement

Im Abschnitt „Indexierungsmanagement" beziehen wir uns größtenteils auf Webseiten mit (sehr) vielen Unterseiten. Zwar lassen sich die Empfehlungen auch auf „kleinen" Seiten anwenden, allerdings steigt die Relevanz eines strategischen Indexierungsmanagements exponentiell zur Größe des Projektes. Bei Webseiten mit nur wenigen Unterseiten stellt sich häufig gar nicht erst die Frage, welche Seiten für Suchmaschinen (ir)relevant sind beziehungsweise welche Techniken der Seitenpagination angewendet werden sollten.

Das Indexierungsmanagement befasst sich mit der Fragestellung, welche Seiten von den Crawlern gelesen werden dürfen und welche Seiten in den Index von Suchmaschinen aufgenommen werden sollen. Der Abb 6.12 sind Werkzeuge zu entnehmen, die im Rahmen des Crawling- sowie des Indexierungsmanagements angewandt werden können und die in diesem Abschnitt ausführlich erläutert werden.

Abb. 6.12 Indexierungsmanagement

Der Crawling-Prozess wurde bereits in **Kap. x** beschrieben. Er lässt sich mithilfe von Angaben in der robots.txt sowie durch Weiterleitungen beeinflussen. Der Index einer Suchmaschine beschreibt die Datenbank, in der URLs aggregiert werden, die bei allen Suchanfragen in den Ergebnislisten angezeigt werden. Nur wenn sich eine URL im Index der Suchmaschine befindet, kann sie von Nutzern in den organischen Suchergebnissen gefunden werden. Das Indexing baut demnach auf das Crawling auf, ist aber als eigenständiger Prozessschritt zu verstehen. Im Rahmen des Indexing werden Seiten in den Index von Suchmaschinen aufgenommen. Dabei entscheidet einerseits die Suchmaschine, inwiefern es eine Seite „wert" ist, in den Index aufgenommen zu werden. Hierbei spielen Aspekte wie die Qualität einer Seite eine Rolle – besteht die Seite zu einem großen Teil aus doppelten Inhalten, so erachten es Crawler nicht als notwendig, diese Seite in den Index aufzunehmen. Andererseits entscheidet der Webseitenbetreiber darüber, welche Seiten in den Index gelangen sollen. Durch Meta-Robots-Angaben auf Seitenebene, Einstellungen in den Google Webmaster Tools sowie die Nutzung des Canonical Tags lassen sich einzelne Seiten gezielt von der Indexierung ausschließen.

Wie bereits erklärt, folgt auf die Indexierung das Ranking. Suchmaschinen versuchen, dem Suchenden auf Basis aller indexierten Seiten für jeden Suchbegriff die besten Rankings zu ermitteln. Selbstverständlich können nur solche Seiten in den Suchergebnissen Beachtung finden, die zuvor gecrawlt und indexiert wurden.

In diesem Kapitel beschäftigen wir uns ausschließlich mit den ersten beiden der in Abb. 6.12 dargestellten Schritte, also Crawling und Indexing. Die Rankings werden wiederum durch die in Kap. 7 beschriebenen Onpage- sowie die in Kap. 8 und 9 beschriebenen Offpage-Faktoren ermittelt und sind nicht Gegenstand des Crawling- und Indexierungsmanagements.

Zunächst werden in aller Kürze die Ziele des Indexierungsmanagements zusammengefasst. Daraufhin gehen wir auf die Indexierungswerkzeuge ein, um in Abschn. 6.3.3 zu erklären, wie die Ziele des Indexierungsmanagements mithilfe der vorgestellten Werkzeuge erreicht werden können.

6.3.1   Ziele des Crawling- und Indexierungsmanagements

Die strategische Ausrichtung des Crawling- und Indexierungsmanagements ist aus dreierlei Gründen notwendig:

1. Suchmaschinen erkennen nicht, welche Inhalte einer Seite aus Sicht des Seitenbetreibers wichtig beziehungsweise eher unwichtig sind. Mithilfe des Crawling- und Indexierungsmanagements kann diese Information an die Suchmaschinen übergeben werden.
2. Crawling- und Indexierungsmanagement ist notwendig, um interne doppelte Inhalte sowie Kannibalisierungseffekte von Inhalten zu vermeiden.
3. Mithilfe des Crawling- und Indexierungsmanagements wird das Crawling- und Indexierungsbudget einer Seite optimal gesteuert.

Beim Indexierungsmanagement wird also sichergestellt, dass nur solche Inhalte von Suchmaschinen aufgefunden und verarbeitet werden, die aus Sicht des Webseitenbetreibers für diese relevant sind. Hier liegt auch ein großer Risikofaktor im Indexierungsmanagement verborgen – Fehler bei der Indexierung von Seiten können im schlimmsten Fall dazu führen, dass die eigene Webpräsenz gar nicht mehr bei Suchmaschinen aufgefunden werden kann. Daher ist es in der Suchmaschinenoptimierung von größter Bedeutung, die Werkzeuge des Indexierungsmanagements zu verstehen und den Einsatz eines jeden Werkzeugs sinnvoll planen zu können.

6.3.2   Werkzeuge des Indexierungsmanagements

Um das Crawling und Indexing zu steuern, können unterschiedliche Werkzeuge angewandt werden, vgl. Abb. 6.13. Im Folgenden stellen wir die Nutzung der robots.txt-Datei, die Meta-Robots-Angaben, das Canonical Tag, Statuscodes und die Webmaster Tools vor. Abschließend erläutern wir das Modell der Indexierungszwiebel, welches anschaulich einen Überblick über die Instrumente des Indexierungsmanagements gibt.

6.3.2.1   robots.txt

Die robots.txt dient dazu, das Crawling-Budget eines Webprojektes optimal zu steuern. In der Text-Datei können Webseiten-Betreiber den Crawlern von unterschiedlichen Suchmaschinen angeben, welche Verzeichnisse und Datei-Typen des Projektes gecrawlt werden dürfen und welche nicht. Verzeichnisse und Datei-Typen, die keine SEO-Relevanz haben,

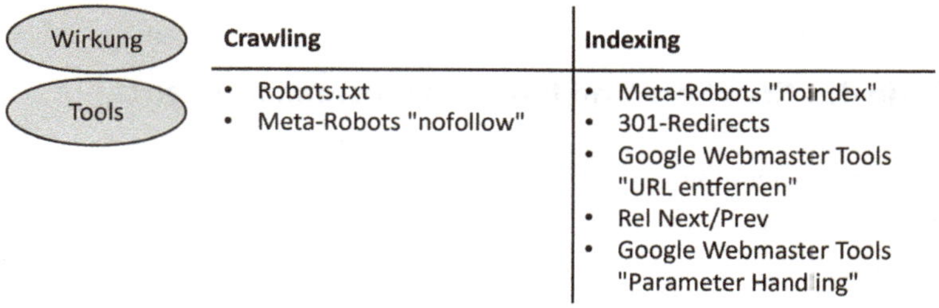

Wirkung	Crawling	Indexing
Tools	• Robots.txt • Meta-Robots "nofollow"	• Meta-Robots "noindex" • 301-Redirects • Google Webmaster Tools "URL entfernen" • Rel Next/Prev • Google Webmaster Tools "Parameter Handling"

Abb. 6.13 Crawling und Indexing

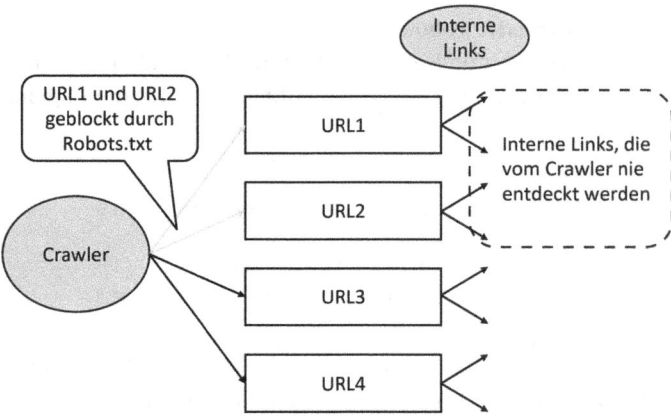

Abb. 6.14 Crawling

können somit vom Crawling blockiert und das Crawling-Budget lediglich auf relevante Unterseiten fokussiert werden. Bei den Angaben in der robots.txt handelt es sich jedoch nur um eine starke Empfehlung an Suchmaschinen. Wird ein Verzeichnis oder ein Datei-Typ vom Crawling ausgeschlossen, bedeutet dies allerdings nicht, dass es auch von der Indexierung ausgeschlossen wird. Hintergrund ist, dass externe Links den Crawler auf die per robots.txt ausgeschlossenen Verzeichnisse leiten können. Allerdings bietet sich die Nutzung der robots.txt insbesondere dann an, wenn große Mengen an Seiten in einem oder mehreren Verzeichnissen vom Crawling ausgeschlossen werden sollen.

Wichtig ist, dass relevante Seiten nicht vom Crawling ausgeschlossen werden. Dabei handelt es sich einerseits um solche Seiten, die indexiert werden sollen, und andererseits um Seiten, die notwendig sind, damit Suchmaschinen die Informationsarchitektur einer Seite beispielsweise durch interne Verlinkungen erfassen können, vgl. Abb. 6.14.

Die robots.txt-Datei liegt im Root-Ordner der Webseite, also unter example.com/robots.txt. Aus Sicht des Webseitenbetreibers wird sie dann genutzt, wenn der Zugriff des Crawlers auf private Dateien einer Webseite, die nicht öffentlich gemacht werden sollen, verhindert werden soll. Außerdem können mithilfe der robots.txt doppelte Inhalte wie zum Beispiel Druck-Versionen von Webseiten oder unterschiedliche Sortierungen von der Indexierung ausgeschlossen werden. Auch kann die Position der XML-Sitemap über die robots.txt an Crawler übermittelt werden.

Die robots.txt-Datei greift bereits im Crawling-Vorgang in das Verhalten der Suchmaschinen-Crawler ein. Das bedeutet gleichzeitig, dass Crawler die Inhalte von durch die robos.txt gesperrten Verzeichnissen nicht auslesen können, (internen) Verlinkungen auf ausgesperrten Seiten also nicht gefolgt werden kann.

Anwendung und Nutzung der robots.txt

Die Syntax der robots.txt ist grundsätzlich relativ leicht verständlich. Zunächst wird ein User-Agent, also zum Beispiel der Googlebot, definiert, für den die folgenden Anweisungen gelten:

```
# robots.txt fuer http://www.meinewebseite.de/
User-agent: Googlebot
Disallow: /print/       # Print-Seiten
Disallow: /bilder/      # Bilder nicht crawlen
```

Die Zeile „User-agent: Googlebot" gibt an, dass die Disallow-Anweisungen nur für den Googlebot gelten. Die Angabe „User-agent: *" hätte bedeutet, dass die Anweisungen für alle Crawler gelten. Mit dem Befehl „Disallow:", gefolgt von einem Verzeichnis oder einer Datei, wird festgelegt, dass die angegebenen Dateien/Verzeichnisse vom Crawling und somit auch von der Indexierung ausgeschlossen werden.

Auf die technischen Feinheiten der robots.txt wird im Folgenden nicht weiter eingegangen. Wichtig zu wissen ist jedoch, dass mithilfe der robots.txt zuvor definierte Crawler und/oder alle Crawler von Verzeichnissen ausgeschlossen werden können beziehungsweise Crawlern explizit der Zugriff auf Dateien und Verzeichnisse erlaubt werden kann. Allerdings muss bedacht werden, dass durch die robots.txt-Angaben die Verzeichnisse nicht vor externen Zugriffen geschützt werden können. Dies ist nur durch die Nutzung des Passwortschutzes über den Webserver möglich – wird dieser verwendet, so können weder Crawler noch unbefugte Nutzer auf die Verzeichnisse zugreifen.

6.3.2.2   Meta-Robots-Angaben

Einige Jahre nach der robots.txt-Datei wurden die Meta-Robots-Angaben eingeführt. Suchmaschinen werden mithilfe der Meta-Robots-Angaben auf Seitenebene Indexierungsanweisungen gegeben. Im Gegensatz zu den Angaben in der robots.txt können die Meta-Robots-Angaben also immer jeweils nur für eine bestimmte Seite festgelegt werden.

Man differenziert zwischen zwei unterschiedlichen Meta-Robots-Angaben: solchen, die im HTML-Bereich der Seite ausgegeben werden, und solchen, die der Webserver als HTTP-Header übermittelt.

HTML-Meta-Angaben

Die HTML-Meta-Angaben werden – wie der Name schon sagt – im HTML-Dokument der Seite aufgeführt. Sie befinden sich innerhalb des <head> -Tags einer Seite. Tabelle 6.1 stellt die gebräuchlichsten HTML-Meta-Angaben vor:

Die HTML-Meta-Angaben können auf jeder Seite individuell kombiniert werden. <meta name="robots" content="noindex, follow"> bedeutet demnach, dass die Seite nicht indexiert wird, den Links auf der Seite jedoch gefolgt werden soll.

Tab. 6.1 HTML-Meta-Angaben

Anweisung	Beschreibung
Index	Standardeinstellung – Indexierung der Seite Beispiel: <meta name="robots" content="index">
Noindex	Suchmaschinen sollen die Seite nicht indexieren Beispiel: <meta name="robots" content="noindex">
Follow	Standardeinstellung – Folgen aller Links Beispiel: <meta name="robots" content="follow">
Nofollow	Suchmaschinen sollen den Links auf der Seite nicht folgen und auch keinen Linkjuice auf die verlinkten Seiten übertragen Beispiel: <meta name="robots" content="nofollow">

HTTP-Meta-Angaben

Neben HTML-Seiten existieren im Web viele weitere Dateiformate. So indexieren Suchmaschinen auch PDF-Dateien, Word-Dokumente oder Excel-Tabellen. Um die Indexierung dieser Nicht-HTML-Seiten zu verbinden, lässt sich das HTTP-Meta-Tag (= X-Robots Tag) nutzen.

Bis zur Einführung des X-Robots Tags mussten Webseitenbetreiber beispielsweise alle PDFs in einem Ordner ablegen und diesen per robots.txt vom Crawling ausschließen.

Die Anweisungen an Suchmaschinen für den Umgang mit Nicht-HTML-Seiten wird in der .htaccess-Datei festgelegt. Der folgende Eintrag verhindert beispielsweise die Indexierung aller PDF-Dateien der Webseite, erlaubt jedoch explizit das Folgen der Verlinkungen sowie die Vererbung der Linkstärke.

```
<FilesMatch "\.pdf$">
Header set X-Robots-Tag „noindex, follow"
</Files>
```

6.3.2.3   Canonical Tag

Der Canonical Tag definiert, dass der Inhalt einer Seite dem Inhalt einer anderen Seite entspricht. Er wird im Head-Bereich einer Seite definiert und enthält folgende Syntax:

```
<link rel="canonical" href="http://www.example.com/"/>
```

Häufig gibt es mehrere Unterseiten mit den gleichen Inhalten, wodurch interner Duplicate Content generiert wird.

Ein häufig auftretendes Problem von Duplicate Content sind zum Beispiel Filterungen/ Sortierungen von Produkten. Aber auch bei reinen Content-Seiten kann das Problem des internen Duplicate Contents auftreten, wenn es aus strategischen Gründen sinnvoll ist, den gleichen Inhalt in zwei verschiedenen Bereichen einer Seite – und damit unter zwei verschiedenen URLs – ins Webprojekt zu integrieren.

Um Suchmaschinen zu signalisieren, welche der Seiten mit den doppelten Inhalten die bevorzugte Version (oder auch: kanonische Standardversion) ist (also welche Seite das Original und welche die Kopie ist), sollten die nicht-kanonischen Versionen per Canonical Tag auf die kanonische Standardversion verweisen. Suchmaschinen wird durch die Verwendung des Canonical Tags signalisiert, dass die Seiten eine logische Einheit bilden und die doppelten Inhalte nicht als interner Duplicate Content zu werten sind, vgl. Abb. 6.15.

Neben der Verhinderung des internen Duplicate Contents hat der Canonical Tag auch Auswirkungen auf die Verteilung des internen Linkflusses sowie auf die Indexierung von Seiten.

Der Canonical Tag funktioniert wahrscheinlich wie ein Soft-Redirect: Er gibt (mit Abschwächungen) die Power der nicht-kanonischen Version an die kanonische Standardversion weiter. Im Gegensatz zu einem 301-Redirect besteht der Vorteil der Verwendung des Canonical Tags darin, dass die Seite mit den doppelten Inhalten weiterhin existiert und Nutzer nicht automatisch auf eine neue URL beziehungsweise die Standardversion weitergeleitet werden.

Über die organischen Suchergebnisse ist in den meisten Fällen jedoch nur die kanonische Standardversion erreichbar, da der Canonical Tag eine Deindexierung aller nicht-

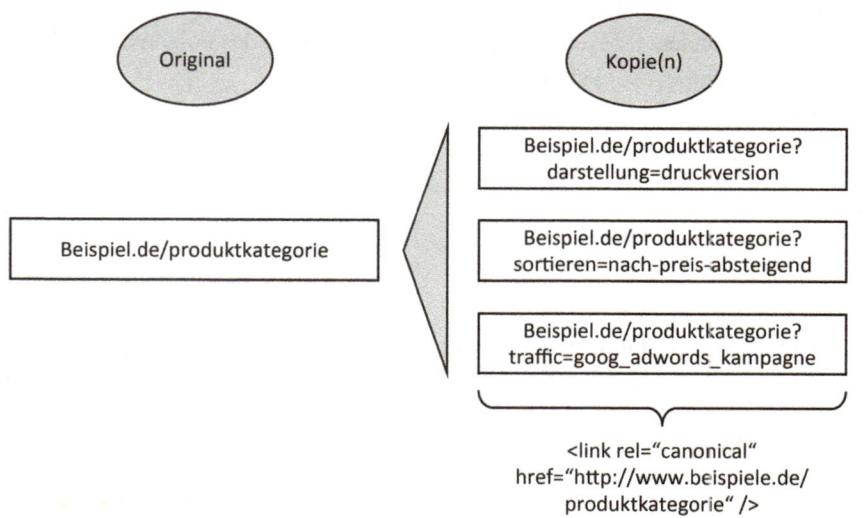

Abb. 6.15 Canonical Tag

kanonischen Versionen bewirken sollte. Im Gegensatz zu einem 301-Redirect findet die Deindexierung allerdings langsamer statt und kann in einigen Fällen sogar dazu führen, dass Seiten mit duplizierten Inhalten gar nicht aus dem Suchmaschinen-Index fallen. Ist der 301-Redirect also eine „härtere" Anweisung an den Indexer, werden Canonicals bezüglich der Indexierung von Seiten eher als Empfehlung angesehen, der allerdings nicht immer nachgegangen wird.

Neben der Definition einer kanonischen Standardversion von doppelten Inhalten kann der Canonical Tag auch zu Präventionsmaßnahmen für das Indexierungsmanagement eingesetzt werden. Anstatt per Canonical Tag auf eine andere Seite zu verweisen, sollte eine Seite in diesem Fall sich selber als Standardversion definieren. Dies beugt Anwendungsfehlern bei der Nutzung des Canonical Tags vor.

Die Seite http://www.example.com/shoes sollte in diesem Fall zum Beispiel um folgendes Canonical Tag ergänzt werden:

```
<link rel="canonical" href="http://www.example.com/shoes"/>
```

Anwendungsbereiche des Canonical Tags
Filterungen/Sortierungen:

Durch Filterungen beziehungsweise Sortierungen können zum Beispiel Produktlisten in alphabetischer Reihenfolge oder entsprechend dem Preis absteigend/aufsteigend angezeigt werden. Um die Eindeutigkeit der gefilterten/sortierten Inhalte für den Crawler zu wahren, müssen Filterungen/Sortierungen über Parameter oder Ähnliches eine eigene URL bekommen, damit nicht unter einer URL (leicht) unterschiedliche Inhalte verfügbar sind.

Können die auf der Seite http://www.example.com/shoes dargestellten Schuhe etwa nach dem Preis oder dem Datum sortiert werden, so können zum Beispiel folgende URLs generiert werden, die mit Ausnahme der Anzahl der angezeigten Produkte identisch sind:

- http://www.example.com/shoes?sortby=price
- http://www.example.com/shoes?sortby=date

Um Suchmaschinen zu signalisieren, dass die unsortierte/ungefilterte Version die bevorzugte Version ist, sollten die parametrisierten URLs per Canonical Tag auf sie als kanonische Standardversion verweisen.

Außerdem kann durch die Verwendung des Canonical Tags bei Filterungen/Sortierungen das Crawling- und Indexierungsbudget optimal eingesetzt werden, da davon auszugehen ist, dass Suchmaschinen die als Duplikat gekennzeichneten Seiten seltener crawlen und somit das Budget optimal eingesetzt werden kann.

Im Gegensatz zu Filterungen/Sortierungen dürfen **Paginierungen nicht per Canonical Tag auf die erste Seite verweisen**, da sich die Inhalte der beiden Seiten klar unterscheiden. Wird der Canonical Tag bei Paginierungen genutzt, ist nicht sichergestellt, dass alle gelisteten Produkte auch tatsächlich gecrawlt werden. Produkte, die immer nur in der Pagination liegen, werden eventuell nie vom Crawler gefunden.

SSL-Version

Ein weiteres Anwendungsbeispiel für das Canonical Tag ist das Vorhandensein einer HTTP- und einer HTTPS-Version einer Domain. Wird dem Nutzer eine SSL-Version einer Webseite zur Verfügung gestellt, hat dies zur Folge, dass die Inhalte der HTTP-Version nochmals unter der HTTPS-Version verfügbar sind.

Um das Problem des internen Duplicate Contents zu verhindern und Indexierungsbudget zu sparen, sollte dafür gesorgt werden, dass nur eine der beiden Versionen in den Index gelangt beziehungsweise als kanonische Standardversion definiert wird: entweder die HTTP-Version ODER die HTTPS-Version.

Soll nur die HTTP-Version der Webseite in den organischen Suchergebnissen auffindbar gemacht werden, sollte die HTTPS-Version per NOINDEX, FOLLOW von der Indexierung ausgeschlossen werden und zusätzlich per Canonical Tag aus dem Head-Bereich aller Seiten auf die jeweilige Seite der HTTP-Version verweisen.

Der Head-Bereich der Startseite https://www.example.com/ sollte zum Beispiel um folgende Zeile ergänzt werden: <link rel="canonical" href="http://www.example.com/"/>.

Seit Mitte August 2014 ist nach Aussage von Google bekannt, dass sie Seiten bevorzugen, die HTTPS verwenden.

6.3.2.4 Webmaster Tools als Tool für Crawling und Indexierung

Die Google Webmaster Tools sind ein essenzielles Tool für Suchmaschinenoptimierer. In Kap. 11 gehen wir ausführlicher auf die aus SEO-Sicht relevanten Tools ein, sodass hier zunächst nur die für Crawling- und Indexierungsmanagement relevanten Bereiche der Webmaster Tools beschrieben werden.

Die Webmaster Tools von Google sind als Kommunikationsmedium zwischen Google und den Webseitenbetreibern zu verstehen.

Lange Zeit behielt es Google mehr oder weniger als Geheimnis für sich, wie viele Seiten einer Domain früher einmal indexiert wurden. Unter dem Menüpunkt „Indexierungsstatus" unter „Google-Index" sind Anzahl und Entwicklung indexierter Seiten seit 2012 jedoch für den Zeitraum von zwölf Monaten zu analysieren. Somit haben Webseitenbetreiber jederzeit die Möglichkeit, den Indexierungsstatus im Zeitverlauf zu verfolgen.

Neben der einfachen Ansicht, in der nur die Anzahl indexierter Seiten für die Domain ausgegeben wird, kann der Webseitenbetreiber über die erweiterten Auswertungen tiefergehende Informationen über den Indexierungsstatus erlangen. So werden die Anzahl aller jemals gecrawlten URLs der Domain sowie die Anzahl an durch die robots.txt blockierten Domains und entfernten URLs ausgegeben. Insbesondere die Ausgabe der Anzahl der durch die robots.txt blockierten Domains sollten Webseitenbetreiber aus SEO-Sicht im Auge behalten, da Ausschläge in der Anzahl der gesperrten Seiten auf Fehler in der robots.txt hindeuten könnten.

Unter dem Menüpunkt „URLs entfernen" ist es Webseitenbetreibern möglich, zuvor definierte URLs explizit aus dem Google Index zu entfernen. Für gewöhnlich reicht es aus, Seiten, die nicht indexiert werden sollen, mit dem NoIndex-Tag zu versehen und zu warten, bis Google die Seiten ein weiteres Mal crawlt und deindexiert. Die Funktion „URLs entfernen" dient dazu, diesen Prozess zu beschleunigen beziehungsweise Seiten, die nicht mehr gut intern verlinkt sind und somit nur sehr selten von den Crawlern aufgerufen werden, zu deindexieren.

Neben dem Indexmanagement lassen sich über die Webmaster Tools auch im Bereich des Crawlings einige für das Indexierungsmanagement relevante Einstellungen vornehmen. Besonders hervorzuheben ist hierbei der Menüpunkt „URL-Parameter". Parameter finden auf Seiten beispielsweise Anwendung, um die Pagination oder andere Sortierungen umzusetzen, den Benutzer zu identifizieren etc., und werden in der Regel mit einem Fragezeichen an die URL gehängt. Unter dem Menüpunkt „URL-Parameter" kann der Webseitenbetreiber Signale an Google übermitteln, wie mit welchen Parameter-Seiten umgegangen werden soll. Dies kann dazu führen, dass der Crawling- und wahrscheinlich auch der Indexierungsvorgang effizienter durchgeführt werden. Auf diese Weise kann der Webseitenbetreiber übermitteln, welchen Einfluss der Parameter auf die Inhalte der Seite hat, also ob der Parameter die Inhalte der Seite verändert oder nicht. Daraufhin kann der Webseitenbetreiber festlegen, wie Google mit dem Parameter umgehen soll, ob Seiten mit dem Parameter gecrawlt werden sollen etc. Ferner kann man Google die Entscheidung auch selbst überlassen.

6.3.2.5   Weiterleitungen

Mit Weiterleitungen beziehungsweise Redirects wird Servern übermittelt, dass Inhalte von einer Seite auf eine andere Seite umgezogen wurden. So kann beispielsweise aus Gründen eines Webseiten-Relaunchs die URL www.beispielseite.de/alt/ auf die URL www.beispielseite.de/neu/ aus umgezogen werden. Die URL www.beispielseite.de/alt/ könnte jedoch noch bei vielen Besuchern als Lesezeichen gespeichert sein beziehungsweise die URL könnte eingehende Links aufweisen. Dem Besucher, dem Crawler beziehungsweise dem Browser muss also vermittelt werden, dass sich die Seite neuerdings auf www.beispielseite.de/neu/ befindet. Dies geschieht mit den Redirects. Würde keine Weiterleitung eingerichtet werden, so würde der Nutzer entweder eine 404-Fehlerseite vorfinden oder es würden doppelte Inhalte bestehen, wenn diese sowohl unter/neu/ als auch unter/alt/ aufrufbar wären. In diesem Fall wüssten Suchmaschinen nicht, welche URL indexiert werden soll, und würden unter Umständen die ältere Version indexieren, die aufgrund ihres Alters und der Anzahl eingehender Links über mehr Autorität als die neue URL verfügt.

Die Einrichtung von Weiterleitungen kann unter anderem aus folgenden Gründen Sinn ergeben:

- Aufgrund eines Webseiten-Relaunchs oder der Überarbeitung der Informationsarchitektur werden alte Inhalte auf neuen URLs publiziert.
- URLs mit veralteten Inhalten, die nicht mehr intern auf der Seite verlinkt werden, verfügen über eingehende Links und Traffic.

- Einrichtung eines kanonischen Redirects, beispielsweise Weiterleitung von der Domain http://beispiel.de auf die Domain http://www.beispiel.de

Die beiden am häufigsten gebrauchten Weiterleitungsmethoden sind der 301- und der 302-Redirect. 301 und 302 sind die http-Statuscodes, die der Webserver an den Browser beim Aufruf der Seite ausgibt.

Die 301-Weiterleitung gibt dem Browser beziehungsweise dem Crawler der Suchmaschine aus, dass die Inhalte dauerhaft und permanent auf einer anderen URL zu finden sein werden und der Webseitenbetreiber nicht die Intention hat, die Inhalte jemals wieder auf die „alte" URL zu übertragen. Demgegenüber übermittelt die 302-Weiterleitung einen temporären Umzug der Inhalte. Die Inhalte werden also irgendwann wieder unter der „alten" URL aufrufbar sein.

Für den Nutzer ist es vollkommen irrelevant, ob er über eine 301- oder eine 302-Weiterleitung auf die neuen Inhalte geleitet wird. Er bemerkt bei beiden Varianten keinen Unterschied. Links hingegen übertragen nur bei 301-Weiterleitungen Linkstärke und somit die Autorität und Stärke der alten auf die neue URL. Dies ist auch sehr gut nachvollziehbar, da die Übertragung von Autorität und Linkstärke nur bei einem permanenten Umzug langfristig Sinn macht. Dementsprechend sollten also interne Weiterleitungen bis auf sehr wenige Ausnahmen aus SEO-Sicht immer als 301-Redirect umgesetzt werden.

Die konkrete technische Umsetzung der Weiterleitungen wird in diesem Zusammenhang nicht thematisiert. Allerdings sei gesagt, dass die Weiterleitungen in der.htaccess einer Webseite festgelegt werden und der Webseitenbetreiber Weiterleitungen nicht nur auf URL-Basis, sondern auch auf Verzeichnis- und Domain-Basis verwalten kann.

Der Vollständigkeit halber sollen an dieser Stelle noch die Javascript-Weiterleitungen und http Meta Refresh als Weiterleitungsmethoden kurz erwähnt, jedoch nicht weitergehend thematisiert werden, da sie für das Crawling- und Indexierungsmanagement nicht geeignet sind.

6.3.2.6   Pagination mit rel="next"/rel="prev"

Ähnlich wie Suchmaschinen durch die Verwendung des Canonical Tags ein Hinweis darauf gegeben werden kann, dass zum Beispiel zwei unterschiedliche URLs mit identischen Inhalten eine logische Einheit bilden, kann Suchmaschinen durch die Verwendung der HTML-Attribute rel="next" und rel="prev" ein Hinweis darauf gegeben werden, in welcher logischen Beziehung paginierte Seiten zueinander stehen.

Die HTML-Attribute rel="next" und rel="prev" können in den Head-Bereich einer Seite integriert werden und geben den Suchmaschinen den Hinweis, dass die paginierten Seiten eine logische Sequenz miteinander bilden und als Einzelteil einer gesamten Serie anzusehen sind. Außerdem geben die HTML-Attribute Aufschluss darüber, an welcher Stelle der Serie sich eine einzelne Seite befindet, vgl. Abb. 6.16.

Im Head-Bereich der Einzelteile der Serie werden daher jeweils die vorherige sowie die darauffolgende Seite der Serie durch die HTML-Tags rel="next" und rel="prev" definiert.

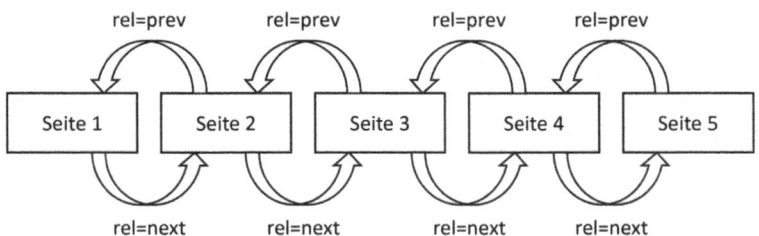

Abb. 6.16 Pagination

Die erste Seite der Serie (zum Beispiel http://www.example.com/articlename&page=1) muss dementsprechend um folgendes Attribut im Head-Bereich ergänzt werden:

```
<link rel="next" href="http://www.example.com/articlename&page=2">
```

Auf der zweiten Seite der Serie (http://www.example.com/articlename&page=2) müssen folgende Attribute hinzugefügt werden:

```
<link rel="prev" href="http://www.example.com/articlename&page=1">
<link rel="next" href="http://www.example.com/articlename&page=3">
```

Die letzte Seite der Serie (http://www.example.com/articlename&page=3) muss im Head-Bereich um folgenden Code ergänzt werden:

```
<link rel="prev" href="http://www.example.com/articlename&page=2">
```

Im Head-Bereich der ersten und letzten Seite einer Serie muss jeweils nur die nächste beziehungsweise vorherige Seite definiert werden. Auf allen anderen Seiten sind sowohl die vorherige als auch die darauffolgende Seite der Serie zu definieren. Eine Alternative hierzu stellt die Gesamtübersicht aller Teile der Serie auf einer Seite dar, wobei dann sämtliche Einzelteile auf die Gesamtübersicht mit dem Canonical Tag verweisen müssen.

Die Verwendung der HTML-Attribute rel="next" und rel="prev" hat zur Folge, dass Suchmaschinen der Zusammenhang der einzelnen Teile einer (Artikel-)Serie besser verdeutlicht wird. Außerdem wird den Suchmaschinen dadurch signalisiert, welche der Seiten in den organischen Suchergebnissen von den Usern gefunden werden soll.

Aus User-Sicht sollten Suchmaschinen immer die erste Seite der Serie finden. Es ist jedoch nicht immer gewährleistet, dass die erste Seite der Serie auch für Suchmaschinen die höchste Relevanz hat. So kann es durchaus sein, dass in einer dreiteiligen Serie die zweite Seite mehr Linkpower und externe Verlinkungen hat. Die HTML-Attribute rel="next" und rel="prev" gewährleisten allerdings, dass User über organische Rankings trotzdem nur auf die erste Seite der Serie gelangen.

Anwendungsbereiche

Die Verwendung der HTML-Attribute rel = "next" und rel = "prev" bietet sich vor allem im Online-Publikationsbereich an. Lange Artikel werden hier oftmals auf mehreren paginierten Seiten zur Verfügung gestellt. Dieses Vorgehen liegt zum einen in der Nutzerfreundlichkeit für die User begründet: Durch die Paginierung soll der Textblock aufgelockert und die Aufmerksamkeit des Users besser gehalten werden. Zum anderen sind lange Webseiten, die den kompletten Artikel auf einer Seite darstellen, CMS-bedingt nicht immer umsetzbar.

Auch in Diskussionsforen, bei denen ein Thema über mehrere Diskussionsstränge hinweg behandelt wird, bietet sich die Verwendung der HTML-Tags rel = "next" und rel = "prev" an, damit lediglich die erste Seite des Threads durch Suchmaschinen auffindbar ist.

6.3.3 Einsatz der Instrumente des Indexierungsmanagements

In Abschn. 6.3.1 wurden folgende Ziele des Indexierungsmanagements definiert:

1. Suchmaschinen erkennen nicht, welche Inhalte einer Seite aus Sicht des Seitenbetreibers wichtig beziehungsweise eher unwichtig sind. Mithilfe des Indexierungsmanagements kann diese Information an die Suchmaschinen übergeben werden.
2. Indexierungsmanagement ist notwendig, um interne doppelte Inhalte zu vermeiden.
3. Mithilfe des Indexierungsmanagements wird das Crawling-Budget einer Seite optimal gesteuert.

Nachdem die Werkzeuge des Indexierungsmanagements ausführlich vorgestellt wurden, möchten wir nun erläutern, wie durch deren Einsatz die Ziele des Indexierungsmanagements erreicht werden können. Zunächst wird jedoch die Indexierungszwiebel dargestellt und beschrieben. Sie bietet einen Überblick über die Bestandteile einer Webseite und die einzusetzenden Indexierungswerkzeuge.

6.3.3.1 Die Indexierungszwiebel

Abbildung 6.17 zeigt das Konzept der Indexierungszwiebel, anhand dessen sich der Aufbau einer Webseite relativ leicht erläutern lässt.

Den Kern der Zwiebel bilden die SEO-relevanten Seiten auf der Domain. Dies sind alle Seiten, die einzigartigen relevanten Inhalt enthalten und somit auf zuvor definierte Suchbegriffe optimiert sind.

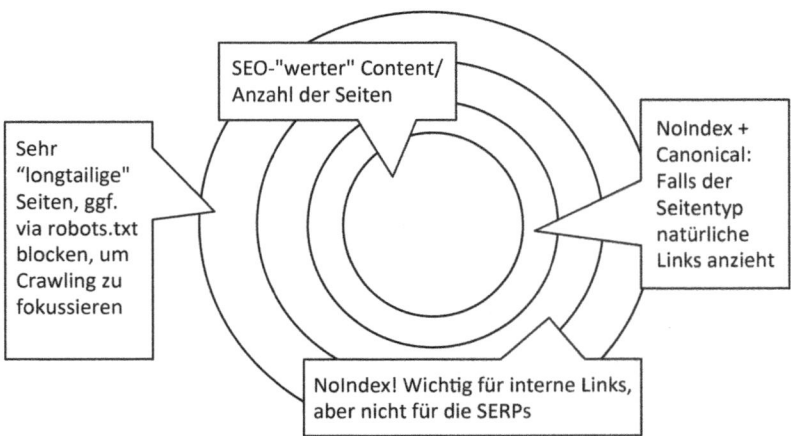

Abb. 6.17 Indexierungszwiebel

Die erste Hülle um den Kern der SEO-relevanten Seiten bilden solche Seiten, die nicht auf Suchbegriffe optimiert sind und auch nicht ranken sollen, die jedoch natürliche Links anziehen. Diese Seiten werden durch den Einsatz des NoIndex-Attributs sowie durch ein Canonical Tag auf eine sehr ähnliche Seite genutzt, um die Linkstärke der natürlichen Links auf aus SEO-Sicht relevante Zielseiten zu leiten. Bei solchen Seiten handelt es sich beispielsweise um Filterungen und Sortierungen.

Die zweite Hülle wird durch Seiten gebildet, die keine Rankings in den Suchergebnissen als Ziel haben, jedoch für die interne Verlinkung relevant sind. Diese Seiten werden auf NoIndex gesetzt, den Links wird gefolgt. Beispiele für diesen Seitentyp sind Service-Seiten, aber auch Kategorien ohne eigene Inhalte, die intern stark verlinkt sind und auf Unterkategorien oder Produkte verweisen.

Die äußere Hülle der Zwiebel spiegelt bei großen Webseiten solche Seitentypen wider, die sehr „longtailig" sind, die also nur sehr wenige einzigartige Inhalte enthalten. Dies kann einen sehr großen Anteil der Gesamtmenge an Seiten bei größeren Webseiten bedeuten. Solche Seiten müssen gegebenenfalls über die robots.txt geblockt werden, um das Crawling-Budget auf die relevanten Seitentypen zu richten.

6.3.3.2   Konzentration auf aus SEO-Sicht relevante Inhalte

Nicht jede Seite hat aus SEO-Sicht für die gesamte Webseite die gleiche Relevanz. Um nur solche Seiten über Suchmaschinen auffindbar zu machen, die Nutzern einen Mehrwert zu ihrer Suchanfrage bieten, sollte sich der Webseitenbetreiber mit der Frage der SEO-Relevanz all seiner Seiten innerhalb des Webprojekts beschäftigen. So besteht beispielsweise für Seiten mit sehr wenig Content oder auch Service-Seiten wie Impressum oder Datenschutzvereinbarungen keine Notwendigkeit, über Suchmaschinen gefunden zu werden. Insbesondere Seiten mit sehr wenig Inhalt werden mit hoher Wahrscheinlichkeit keine guten Ranking-Ergebnisse erzielen. Selbstverständlich sind diese Seiten für den Nutzer,

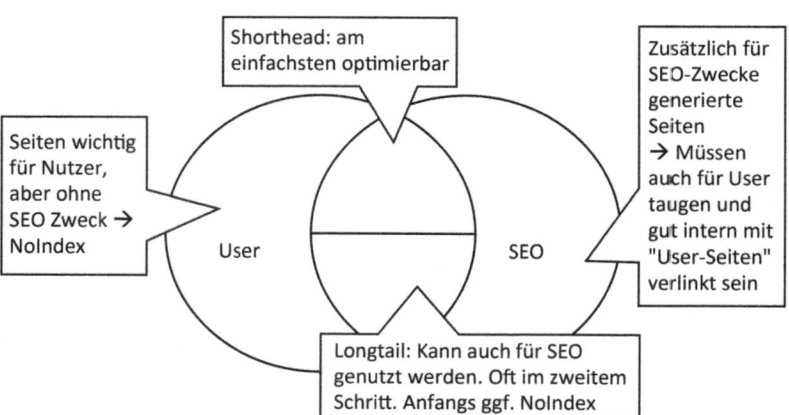

Abb. 6.18 Typen von Webpages

der sich beispielsweise über den Betreiber der Webseite informieren möchte, erforderlich. Jedoch bietet ein Impressum für Suchmaschinen keinerlei Mehrwert.

Im Rahmen der Ausarbeitung einer Keyword-Strategie wurde bereits definiert, welche Seite für welche Suchbegriffe relevant ist. In diesem Zusammenhang wurde auch vorgeschlagen, Seiten für Suchbegriffe anzulegen, die aus SEO-Sicht relevant sind, jedoch noch nicht in der vorhandenen Seitenarchitektur abgebildet werden (können). Wie in Abb. 6.18 dargestellt, werden einige Seiten einer Webseite hauptsächlich aus Usability-Gründen beziehungsweise für den Nutzer bereitgestellt.

Hierbei handelt es sich beispielsweise bei einem Onlineshop um Kategorien, Produktseiten, Bezahlprozess, aber auch Service-Seiten wie Impressum oder Datenschutzvereinbarungen. Ein anderer Anteil der Seiten wird hauptsächlich dazu erstellt, gute Rankings bei Suchmaschinen zu generieren. Das bedeutet nicht, dass diese Seiten für den Nutzer irrelevant sind – die Erstellung der Seiten basiert jedoch ausschließlich zunächst auf SEO-Gesichtspunkten. Hierbei kann es sich beispielsweise um auf Suchbegriffe optimierte Seiten handeln, die in der Navigation nicht abgebildet werden können. Natürlich sollten diese Seiten von Crawlern erfasst und indexiert werden. Daher ist es empfehlenswert, die aus SEO-Sicht relevanten Seiten von den bereits für den Nutzer relevanten existenten Seiten intern gut zu verlinken.

Seiten, die ausschließlich für den Nutzer, nicht aber für Suchmaschinen relevant sind, sollten mit der Meta-Robots-Angabe NoIndex von der Indexierung ausgeschlossen werden. Aus SEO-Sicht können die von der Indexierung ausgeschlossenen Seiten dennoch einen Mehrwert durch die interne Verlinkung relevanter Unterseiten haben. So ist es empfehlenswert, von Produkt- oder Service-Seiten – sofern diese von der Indexierung ausgeschlossen sind – die SEO-relevanten Seiten zu verlinken.

Neben Seiten, die mehr aus SEO-Gründen erstellt wurden, und solchen, die für die Suchmaschinen keinen Mehrwert bieten, gibt es bei nahezu jeder Webseite auch Seiten, die zunächst für den Nutzer erstellt wurden, aus SEO-Sicht jedoch ebenfalls einen hohen

Nutzen haben. Dabei handelt es sich zum Beispiel um Kategorien und Übersichtsseiten. Seiten, die bereits stark intern verlinkt sind, sollten gemäß den im Kapitel Content-Optimierung vorgestellten Kriterien optimiert werden. Neben den Kategorieseiten, die meist auf Shorthead-Suchbegriffe optimiert werden, existieren häufig sehr viele Seiten, die beispielsweise auf Produktnamen optimiert werden können, also eher Longtail-Suchanfragen abdecken. Zu Beginn der SEO-Bemühungen ist es ratsam, solche Seiten zunächst von der Indexierung auszuschließen, um die Konzentration auf die sehr gut verlinkten „starken" Seiten zu richten. Zu einem späteren Zeitpunkt, wenn die Kategorieseiten bereits gute Rankings erzielen, sollten diese Seiten ebenfalls nach und nach zur Indexierung freigegeben werden.

6.3.3.3   Vermeidung von Duplicate Content und Kannibalisierungseffekten

Sind die identischen Inhalte auf zwei unterschiedlichen Seiten beziehungsweise unter zwei unterschiedlichen URLs erreichbar, so wird dies als Duplicate Content bezeichnet. Ist zum Beispiel der gleiche Text von Seite A auch auf Seite B veröffentlicht, wird Seite B zu einem Duplikat von Seite A.

Beim Duplizieren von Inhalten ist es unerheblich, ob der komplette Text oder nur Teile davon, wie zum Beispiel Textabschnitte, auf Seite B dupliziert werden: In beiden Fällen wird Duplicate Content generiert. Interner Duplicate Content lässt sich besonders leicht anhand eines Beispiels erklären. Am Beispiel eines Onlineshops könnte auf einer Seite, auf der die Turnschuhe präsentiert werden, die Sortierung nach „Relevanz" aus Sicht des Shop-Betreibers vorgenommen sein. Der Nutzer hat nun die Möglichkeit, die Produkte beispielsweise nach dem Preis aufsteigend zu sortieren – die Produkte bleiben also dieselben, nur die Anordnung verändert sich. Im ungünstigsten Fall werden auf beiden Seiten sogar dieselben Inhalte ausgespielt, die die Kategorie „Turnschuhe" beschreibt. In diesem Fall geht Google davon aus, dass es sich um ein und denselben Inhalt handelt, und wertet die Seite als Duplikat.

Liegt ein Text in unterschiedlichen Sprachversionen vor, zum Beispiel in Deutsch und Englisch, wird er – ebenso wenig wie Zitate – nicht als Duplicate Content anerkannt.

Suchmaschinen wie Google sind bemüht, das Vorhandensein von Duplicate Content so weit wie möglich einzugrenzen. In den Suchergebnissen wollen sie ihren Nutzern nicht nur die bestmöglichen Inhalte, sondern auch Ergebnisse mit unterschiedlichen Inhalten zur Verfügung stellen. Durch die Indexierung beziehungsweise die Nicht-Indexierung von Inhalten soll daher verhindert werden, dass zu einer Suchanfrage unterschiedliche Ergebnisse mit den gleichen Inhalten auffindbar sind. Dies hat zur Folge, dass lediglich eine der duplizierten Versionen über Suchmaschinen auffindbar gemacht wird; in der Regel ist dies die Version mit den Originalinhalten. Die Ergebnisse mit den duplizierten Inhalten werden dagegen erst auf deutlich schlechteren Ranking-Positionen oder auch überhaupt nicht angezeigt.

Um für relevante Keywords in den Suchergebnissen gefunden zu werden, sollten Webseitenbetreiber also einzigartigen Content für ihr Webprojekt verfassen.

Ob für ihr Webprojekt ein Duplicate-Content-Problem besteht, können Webseiten-betreiber ganz einfach durch eine „Quotation"-Abfrage bei Google herausfinden. Dazu sollten ein bis zwei Sätze des Textes einer Seite in Anführungszeichen in den Suchschlitz bei Google eingegeben werden. Google zeigt daraufhin alle Seiten aus dem Suchmaschinen-Index an, auf denen der Text eingebunden ist. Idealerweise sollte jedoch nur ein Such-ergebnis geliefert werden, nämlich das mit den Originalinhalten.

Besteht eine Domain zu einem großen Teil aus Duplicate Content, so wirkt sich dies jedoch nicht nur negativ auf die Rankings der Domain mit den Unterseiten aus, auf denen der Duplicate Content integriert ist; die Generierung von viel Duplicate Content kann außerdem dazu führen, dass Suchmaschinen die Relevanz und Vertrauenswürdigkeit der Domain anzweifeln.

Neben direkten Effekten von Duplicate Content können Kannibalisierungseffekte ent-stehen, die es zu vermeiden gilt. Bestehen bei einem Webprojekt fünf gleiche beziehungs-weise sehr ähnliche Seiten, die theoretisch für ein und denselben Suchbegriff über Google gefunden werden könnten und ein sinnvolles Ergebnis liefern, so möchte der Webseiten-betreiber die positiven Signale dieser fünf Seiten auf einer Seite konsolidieren. Durch Anwendung der richtigen, in diesem Buch beschriebenen Techniken können die Signale wie Backlinks, die auf die fünf Seiten zeigen, auf einer Seite gebündelt werden. So wird das Ziel verfolgt, dass eine der fünf Seiten sehr gute Rankings erreicht, anstatt dass fünf nicht so starke Seiten zu durchschnittlichen Rankings führen.

Bei Duplicate Content wird zwischen internem und externem Duplicate Content un-terschieden. Im Rahmen des Crawling- und Indexierungsmanagements konzentrieren wir uns auf die Vermeidung von internem Duplicate Content.

Interner Duplicate Content entsteht, wenn die gleichen Inhalte unter zwei (oder meh-reren) unterschiedlichen URLs innerhalb des Webprojektes erreichbar sind. Wie bereits erwähnt müssen die Inhalte von zwei Seiten nicht komplett identisch sein, um von Such-maschinen als Duplikate angesehen zu werden – auch wenn die Inhalte in Teilen identisch sind (zum Beispiel Textabschnitte übernommen werden), wird interner Duplicate Content generiert.

Typische Elemente, durch die interner Duplicate Content beziehungsweise Kannibali-sierungseffekte generiert werden, sind:

- Filter- und Sortiermöglichkeiten
- Pagination
- Parameter aus Display- oder Affiliate-Marketing
- Redundante URLs

Sortiermöglichkeiten
Sortierungen der Merkmale der angezeigten Produkte einer Seite wie zum Beispiel nach Preis oder Datum haben zur Folge, dass interner Duplicate Content generiert wird. Die gleichen Inhalte (Content, Navigation, weitere Seitenelemente) werden auf zwei oder mehr unterschiedlichen URLs zur Verfügung gestellt, lediglich die Produkte werden in einer anderen Reihenfolge dargestellt.

Pagination

Ist die Darstellung von angezeigten Produkten pro Seite auf eine bestimmte Anzahl begrenzt, werden bei Überschreiten der möglichen Anzahl an Produkten weitere Produkte in einer Pagination zur Verfügung gestellt. Hat ein Onlineshop für die Kategorie Sneakers zum Beispiel 75 Produkte im Angebot, werden bei einer Begrenzung von 20 Produkten pro Seite auf der Kategorieseite lediglich die ersten 20 Produkte dargestellt. Die Produkte 21 bis 75 befinden sich dahingehend in der Pagination auf den Seiten 2 bis 4:

```
www.example.com/sneakers/
www.example.com/sneakers/p=1
www.example.com/sneakers/p=2
www.example.com/sneakers/p=3
www.example.com/sneakers/p=4
```

Auf den Paginationsseiten werden unterschiedliche Produkte ausgegeben, sodass die Pagination nicht zu einem Duplicate-Content-Problem führen muss. Allerdings sind sämtliche Paginationsseiten für ein und denselben Suchbegriff relevant – in unserem Beispiel für das Suchwort „Sneakers". Dem Suchenden wäre es egal, ob er bei einer Suchanfrage nach Sneakers auf Paginationsseite 1 oder auf eine der anderen Paginationsseiten geleitet wird. Um die negativen Kannibalisierungseffekte zu vermeiden, muss der Suchmaschine übermittelt werden, dass ausschließlich die erste Seite, also www.example.com/sneakers/, so relevant ist, dass sie dem Suchenden in den Suchergebnissen angezeigt werden soll.

Interne Suchseiten

Interne Suchseiten sollten grundsätzlich von der Indexierung ausgeschlossen werden. Sie verfügen über keinen individuellen Content. Google hat zum Thema „interne Suchseiten" ebenfalls Stellung bezogen und klar formuliert, dass diese von der Indexierung auszuschließen sind.

Redundante URLs

Auch Serverkonfigurationen können dafür verantwortlich sein, dass interner Duplicate Content generiert wird. Dies passiert zum Beispiel dann, wenn eine URL sowohl mit www. als auch ohne www. und mit oder ohne Trailing-Slash aufrufbar ist. Auch URL-Anhänge können dafür sorgen, dass die identischen Inhalte unter verschiedenen URLs erreichbar sind:

```
www.example.com
example.com
www.example.com/
example.com/
www.example.com/index.php
example.com/index.php
example.com/home
```

Unter allen URLs werden dem User und dem Crawler die gleichen Inhalte angezeigt, nämlich die der Startseite des Webprojektes. Ist es für User unerheblich, auf welcher der URL-Varianten sie beim Aufrufen des Webprojektes landen, erscheinen die Seiten aufgrund der unterschiedlichen URLs für die Crawler als sieben eigenständige Seiten, auf denen sich der identische Inhalt befindet.

Auch wenn dem User eine HTTPS-Version des Webprojektes zur Verfügung gestellt wird (und diese nicht von der Indexierung ausgeschlossen wird), entsteht interner Duplicate Content.

Die Inhalte der HTTP-Version werden in diesem Fall komplett auf die HTTPS-Version gespiegelt, wodurch die Startseite eines Webprojektes zum Beispiel sowohl unter der URL http://www.example.com als auch unter der URL https://www.example.com verfügbar gemacht wird.

Auch in diesem Fall erkennen Crawler die beiden Seiten aufgrund der Unterschiede in der URL als unabhängige Seiten an. Dies hat zur Folge, dass durch das Bereitstellen einer HTTPS-Version für den Crawler das komplette Webprojekt als Duplikat existiert.

Warum ist interner Duplicate Content problematisch?

Sobald eine URL mit duplizierten Inhalten intern oder von Usern von einer externen Quelle aus verlinkt wird, wird sie vom Crawler gefunden und in den Index aufgenommen. Dies hat nicht nur zur Folge, dass der Index des Webprojektes unnötig aufgebläht wird, es kann auch zu Indexierungs- und Rankingproblemen für die URLs mit den duplizierten Inhalten kommen.

Befinden sich von einem Webprojekt mehrere URLs im Index, die auf das gleiche Keyword optimiert sind, kann es zu einem **Kannibalisierungseffekt in den Suchergebnissen** kommen. In diesem Fall ist für Suchmaschinen nicht ersichtlich, welche der Seiten mit den duplizierten Inhalten die höchste Relevanz hat und somit ranken soll.

Die Startseite eines Webprojektes kann im schlimmsten Fall zum Beispiel unter folgenden URLs erreichbar sein (die Möglichkeit der beliebigen Erweiterung der URL ist dabei ausgeschlossen):

```
http://www.example.com
http://example.com
http://www.example.com/
http://example.com/
http://www.example.com/index.php
http://example.com/index.php
http://example.com/home
https://www.example.com
https://example.com
https://www.example.com/
https://example.com/
https://www.example.com/index.php
https://example.com/index.php
https://example.com/home
```

Werden der Suchmaschine aufgrund von Merkmalen wie der internen und externen Verlinkung, Serverkonfigurationen oder dem Indexierungsmanagement keine eindeutigen Signale gesendet, welche der URL-Versionen die höchste Relevanz für das Webprojekt hat, so kann es dazu kommen, dass in den Suchergebnissen abwechselnd unterschiedliche URLs zu relevanten Suchanfragen angezeigt werden. In der einen Woche rankt zum Beispiel die URL http://www.example.com für einen relevanten Suchbegriff, für den in der nächsten Woche eine andere URL mit den gleichen Inhalten rankt, etwa http://example.com/.

Aufgrund dieser Wechsel wird es jedoch keine der URLs mit den identischen Inhalten schaffen, gute und konstante Rankings aufzubauen und sich in den Suchergebnissen zu etablieren.

Daher ist es wichtig, Suchmaschinen möglichst deutliche Signale für den Umgang mit internem Duplicate Content zu geben. Seiten mit duplizierten Inhalten sollten entweder von der Indexierung ausgeschlossen werden, damit es nicht zu einem Kannibalisierungseffekt kommen kann, oder für Crawler als Duplikat einer Seite gekennzeichnet werden.

Internen Duplicate Content und Kannibalisierungen verhindern
Um die Indexierung von Seiten mit duplizierten Inhalten zu verhindern, sollten sie in den Meta-Robots-Angaben auf NOINDEX, FOLLOW gesetzt werden. Der Suchmaschine wird somit der Befehl gegeben, diese Seite nicht in den Suchmaschinen-Index aufzunehmen und somit auch nicht über die organischen Suchergebnisse auffindbar zu machen.

Die eingesetzten Parameter sollten außerdem in den Google Webmaster Tools übermittelt werden. Hier können Webseitenbetreiber festlegen, welche Funktion ein Parameter hat und wie der Crawler mit den URLs, in denen der Parameter vorkommt, umgehen soll. Will man eine Indexierung von URLs mit einem bestimmten Parameter verhindern, kann man dies also in den Webmaster Tools angeben.

Tab. 6.2 Dublicate Content-Fehlerquellen

Element	Beispiel	Herangehensweise
Sortiermöglichkeiten	http://www.example.de/kategorie/?order=price&dir=asc	Meta Robots: NoIndex, Follow und ggf. zusätzlich Canonical Tag auf kanonische Version (http://www.example.de/kategorie/)
Interne Suchseiten	http://www.example.de/?q=test	Meta Robots: NoIndex, Follow
Redundante URLs	http://www.example.de http://example.de	Nutzung einer 301-Weiterleitung auf die gewünschte Version
Pagination	http://www.example.de/kategorie/ http://www.example.de/kategorie/p=2	Meta Robots: NoIndex, Follow

Auch der Canonical Tag kann als Werkzeug genutzt werden, um den internen Duplicate Content zu kontrollieren beziehungsweise zu steuern. Der Canonical Tag signalisiert der Suchmaschine, dass die Inhalte der Seite den Inhalten der kanonischen Standardversion entsprechen. Bei der Verwendung des Canonical Tags ist jedoch zu beachten, dass er nur verwendet werden sollte, wenn sich auf der als Originalversion klassifizierten Seite auch wirklich die identischen Inhalte befinden wie auf der URL mit den duplizierten Inhalten. Zu beachten gilt, dass Paginationsseiten nie einen Canonical Tag enthalten sollten. Die Produkte auf den paginierten Seiten sind keine kanonischen Versionen, sodass die Nutzung des Canonical Tags bei Paginationen grundsätzlich falsch ist.

Tabelle 6.2 verdeutlicht für die Elemente, die Duplicate Content oder Kannibalisierungseffekte generieren können und von Crawling und/oder Indexierung ausgeschlossen werden sollten, die korrekte Herangehensweise.

Die vorgeschlagenen Präventionsmaßnahmen zur Verhinderung von internem Duplicate Content und Kannibalisierungseffekten führen allesamt dazu, dass die URLs mit den identischen Inhalten zwar noch existieren und aufgerufen werden können, jedoch nicht mehr in den Index von Suchmaschinen aufgenommen werden und somit auch nicht mehr für User in den organischen Suchergebnissen auffindbar sind.

Um dafür zu sorgen, dass Seiten mit doppelten Inhalten für User nicht mehr aufrufbar sind, und auch um Crawlern zu signalisieren, dass eine URL nicht mehr existiert, sollte ein 301-Redirect auf die Originalversion eingerichtet werden. Dieser führt dazu, dass sowohl Nutzer als auch Crawler beim Aufrufen der URL automatisch auf die Originalversion weitergeleitet werden, ohne die Inhalte der alten URL zu sehen.

Wird zum Beispiel die URL www.example.de als Standardversion für die Startseite der Domain festgelegt, so sollten alle anderen URL-Versionen per 301-Redirect auf sie verweisen.

6.3.3.4   Steuerung und Optimierung des Crawling- und Indexierungsbudgets

Die Crawler von Suchmaschinen teilen jeder Webseite, die sie besuchen, ein bestimmtes Budget zu. Wie bereits erläutert, folgen die Crawler internen Verlinkungen, um durch eine Webseite zu navigieren. Webseitenbetreiber sollten sicherstellen, dass die Crawler möglichst häufig die wirklich relevanten Inhalte besuchen und weniger beziehungsweise nicht-relevante Inhalte meiden. Im Rahmen des Indexierungsmanagements kann das Crawling von Inhalten maßgeblich durch die Nutzung der robots.txt sowie der Google Webmaster Tools beeinflusst werden.

Wie bereits erläutert, kann durch die robots.txt das Crawling von ganzen Verzeichnissen verhindert werden. Dies macht immer dann Sinn, wenn eine große Anzahl ähnlicher Seiten – zum Beispiel Mitgliederprofile in Communities – für das Crawling nicht relevant ist. Bedenken sollte man beim Einsatz der robots.txt allerdings, dass durch die Verhinderung des Crawlings auch den internen Verlinkungen auf den ausgesperrten Seiten nicht gefolgt werden kann. Daher muss der Einsatz der robots.txt immer im Einzelfall auf Vor- und Nachteile abgewogen werden.

Die Google Webmaster Tools widmen eine ganze Kategorie dem Themenbereich „Crawling". Unter dem Menüpunkt „Crawling-Fehler" findet der Webseitenbetreiber eine ausführliche Übersicht darüber, inwiefern es auf den Webseiten zu Crawling-Fehlern kommt. Diese sind in Website-Fehler, die die gesamte Webseite betreffen, und URL-Fehler, die nur einzelne Seiten betreffen, untergliedert. Die Auswertung bietet Webseitenbetreibern die Möglichkeit, schnell auf auftretende Fehler zu reagieren. Bedacht werden sollte jedoch, dass das Ziel nicht darin liegen muss, jeden noch so kleinen Fehler zu beseitigen. Viel wichtiger ist es, dass große Fehler, die viele Seiten betreffen, vermieden werden.

In den Crawling-Statistiken lässt sich das Verhalten der Crawler von Google auf den Seiten erkennen. Neben der Anzahl der pro Tag gecrawlten Seiten erhält der Webseitenbetreiber Informationen über die täglich heruntergeladene Menge an Kilobyte sowie die Dauer des Herunterladens einer Seite in Millisekunden. Durch die Auswertung dieser Zahlen lassen sich Erkenntnisse darüber gewinnen, inwiefern die Seitenladegeschwindigkeit die Menge an pro Tag gecrawlten Seiten positiv beeinflussen könnte.

Wie bereits oben beschrieben, können mithilfe der Parameter-Einstellungen Anweisungen an die Suchmaschine gegeben werden, welche Parameter wie behandelt werden sollen. Ob sich die Übergabe von Parametern ausschließlich auf die Indexierung oder auf Crawling und Indexierung auswirkt, ist dabei jedoch unklar.

Neben der Optimierung des Crawling-Budgets einer Webseite sollte auch das Indexierungsbudget optimiert werden. Eine Seite hat nur ein begrenztes Budget von Unterseiten, die in den Index gelangen und somit Rankings erzielen können. Bei sehr starken Webseiten liegt dieses Budget natürlich deutlich höher als bei eher schwachen Seiten, allerdings kann davon ausgegangen werden, dass ein gutes Management des Indexierungsbudgets bei jeder Seite Mehrwert bietet und somit Sinn macht. Durch die Steuerung der Indexierung konzentrieren sich Suchmaschinen auf die wirklich relevanten Inhalte einer Webseite und Kannibalisierungseffekte werden, wie bereits beschrieben, vermieden.

Content-Optimierung 7

Zusammenfassung

Damit Suchmaschinen die Inhalte einer Webseite verstehen, ist strukturierter und mit entsprechenden Phrasen angereicherter Content unerlässlich. Gut aufbereiteter Content hilft nicht nur Nutzern, sondern auch Suchmaschinen dabei, den Themenbereich einer Seite schnell zu erfassen und dadurch für relevante Suchbegriffe in den organischen Suchergebnissen anzuzeigen.

In diesem Kapitel werden auf die Optimierungsmöglichkeiten des Contents im Snippet sowie des Text-Contents auf einer Webseite eingegangen. Neben einem idealen Prozess zur Aufwertung und Anreicherung des Text-Contents auf der Webseite werden ebenso Einflussfaktoren wie die Einzigartigkeit und Freshness näher beschrieben. Am Ende des Kapitels sollen außerdem die Vor- und Nachteile der Content-Erstellung durch Inhouse-Redakteure und Content-Agenturen kurz angerissen werden.

7.1 Snippet-Optimierung

Die Kombination der Suchergebnisse in den SERPs aus einer Überschrift (dem Title), einem Teaser-Text (der Description) und der verlinkten URL wird als Snippet bezeichnet, vgl. Abb. 7.1.

Das Snippet dient dazu, dem Nutzer bereits vor dem Besuch einer Seite aus den SERPs heraus einen ersten Ausblick auf die Thematik und den Inhalt einer Seite zu geben. Durch eine entsprechende Aufbereitung der Inhalte der Seite und eine Optimierung des Snippets sollen Nutzer dazu motiviert werden, auf das Suchergebnis zu klicken.

Der Title erscheint innerhalb des Snippets als erste Zeile in blauer Schrift und ist mit einem Link zu der Webseite hinterlegt. Des Weiteren ist der Title auch für Nutzer ersichtlich, die sich bereits auf einer Seite befinden: Er wird sowohl im offenen Browserfenster

© Springer Fachmedien Wiesbaden 2015

A. Alpar et al., *SEO – Strategie, Taktik und Technik*, DOI 10.1007/978-3-658-02235-8_7

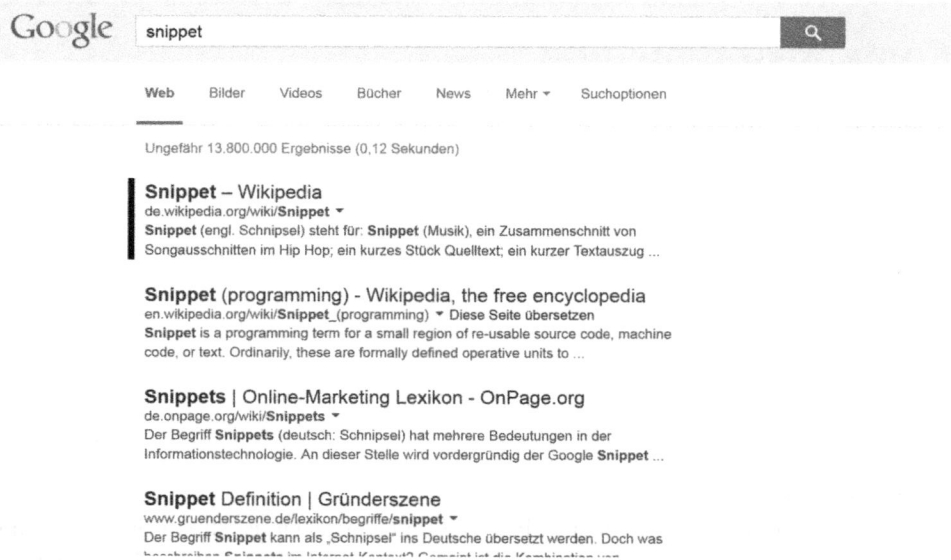

Abb. 7.1 Snippet auf Google

in der oberen Menüleiste als auch im Reiter des jeweiligen Tabs angezeigt. Wird eine Seite als Lesezeichen gespeichert, dient der Title ebenfalls als Beschreibung der Seite. Der Title sollte die Inhalte der Seite daher kurz und knapp zusammenfassen, vgl. Abb. 7.2.

Die Meta-Description befindet sich unterhalb des Titles und der URL im Snippet und dient dazu, dem Nutzer eine im Vergleich zum Title umfangreichere Zusammenfassung

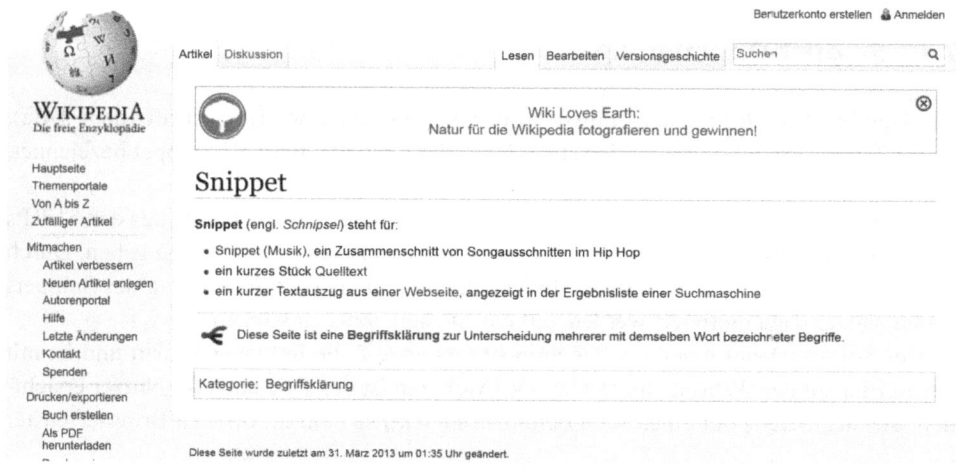

Abb. 7.2 Snippet auf Wikipedia. (Quelle: http://de.wikipedia.org/wiki/Snippet)

der Inhalte der Seite zu präsentieren. Außerdem sollte die Description dazu dienen, den Nutzer zum Klick auf das Suchergebnis zu animieren.

Der Title und die Meta-Description werden im Head-Bereich einer Seite hinterlegt:

```
<head>
        <title>…</title>
        <meta name="description" content="…">
</head>
```

Werden im Head-Bereich einer Seite kein individueller Title und keine Description hinterlegt, so generiert Google automatisch aus den Inhalten der Seite ein Snippet. Dabei versucht Google – je nach Suchanfrage –, aus den Inhalten einer Seite einen themenrelevanten Title und eine Description zu generieren. Um jedoch ein aus SEO-Sicht optimales Snippet in den SERPs bereitzustellen, sollte pro Seite ein individueller Title und eine Meta-Description hinterlegt werden.

Da die Inhalte des Titles auch für die Onpage-Optimierung ein wichtiges Rankingkriterium darstellen, sollte er außerdem das durch die Keyword-Strategie definierte Top-Keyword der Seite enthalten.

7.1.1 Länge

In den Suchergebnissen ist die Darstellung des Snippets auf eine horizontale Breite von knapp über 500 Pixel begrenzt. Da der Title lediglich in einer und die Description im Normalfall nur in zwei Zeilen dargestellt wird, gilt es bei einem suchmaschinenoptimierten Snippet darauf zu achten, den Title und die Description so zu formulieren, dass alle wichtigen Inhalte komplett angezeigt werden können.

Ein optimierter Title sollte eine maximale Länge von sechzig bis siebzig Zeichen nicht überschreiten. Andernfalls wird der Title aufgrund des begrenzten Platzes in den Suchergebnissen nicht vollständig angezeigt und durch drei Punkte (…) am Ende des Titles abgeschnitten. Bei einer Überfüllung des Titles besteht hingegen die Gefahr, dass nicht alle für den User relevanten Informationen angezeigt werden und sich dies negativ auf die CTR auswirkt. Um die Länge des Titles zu reduzieren und Nutzern sowie Suchmaschinen nur die wichtigsten Informationen zu präsentieren, sollte auf Stopp- und Füllwörter verzichtet werden.

Die verfügbare Zeichenanzahl für die Meta-Description beträgt zwischen 150 und 170 Zeichen. Anders als beim Title macht es bei der Description allerdings in einigen Fällen strategisch Sinn, die verfügbare Zeichenanzahl zu überschreiten. Kommt am Ende der Meta-Description zum Beispiel eine Aufzählung, so kann durch die drei Punkte die Neugierde des Nutzers auf die abgeschnittenen Inhalte geweckt und somit eine höhere CTR generiert werden, vgl. Abb. 7.3.

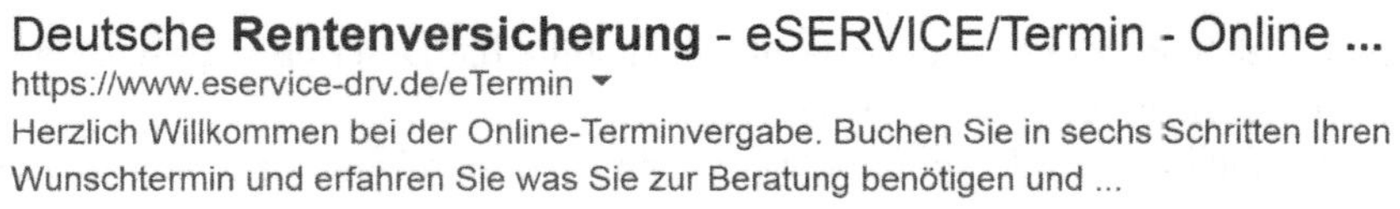

Deutsche **Rentenversicherung** - eSERVICE/Termin - Online ...
https://www.eservice-drv.de/eTermin ▾
Herzlich Willkommen bei der Online-Terminvergabe. Buchen Sie in sechs Schritten Ihren
Wunschtermin und erfahren Sie was Sie zur Beratung benötigen und ...

Abb. 7.3 Meta-Description

Es sollte allerdings darauf geachtet werden, dass die für den Nutzer relevantesten Informationen am Anfang der Meta-Description stehen und diese nicht abgeschnitten werden.

7.1.2 Keyword-Targeting

Um Nutzern und Suchmaschinen die Relevanz des zu optimierenden Keywords für eine Seite zu übermitteln, sollte es innerhalb des Titles genannt werden, da dieser aus SEO-Sicht ein wichtiger Onpage-Faktor ist. Um die Bedeutung dieses Begriffs besonders hervorzuheben, sollte das zu optimierende Keyword außerdem im Idealfall möglichst weit vorne im Title platziert werden.

Die Verwendung des zu optimierenden Keywords innerhalb der Meta-Description hat im Gegensatz zur Verwendung im Title nur geringe Auswirkungen auf das Ranking einer Seite. Trotzdem kann durch die Nennung des Keywords in der Meta-Description ein positiver Effekt beziehungsweise eine höhere CTR erzielt werden. Bei einer übereinstimmenden Suchanfrage wird das Keyword innerhalb des Titles und der Meta-Description optisch hervorgehoben. Gibt ein Nutzer bei Google zum Beispiel „Partnersuche" ein, erscheint das Wort innerhalb des Snippets bei einem auf das Keyword optimierten Title und einer optimierten Description dick hervorgehoben, vgl. Abb. 7.4.

In der Meta-Description bietet sich außerdem die Verwendung eines weiteren relevanten Keywords einer Seite an, welches im Vorfeld durch die Keyword-Strategie definiert wurde. Das sinnlose Aneinanderreihen von Keywords im Title oder in der Description sollte allerdings zugunsten der Usability und des Informationstransfers vermieden werden.

Partnersuche bei eDarling » Beste Partnervermittlung online

www.edarling.de/ ▾
von Wiebke Neberich
Partnersuche mit eDarling ✓ TÜV-geprüfte Partnervermittlung ✓ Focus Money
Testsieger ✓ Jetzt kostenlos anmelden ✓ **Partnersuche** neu erleben »»»

Abb. 7.4 Keywordtargeting eDarling

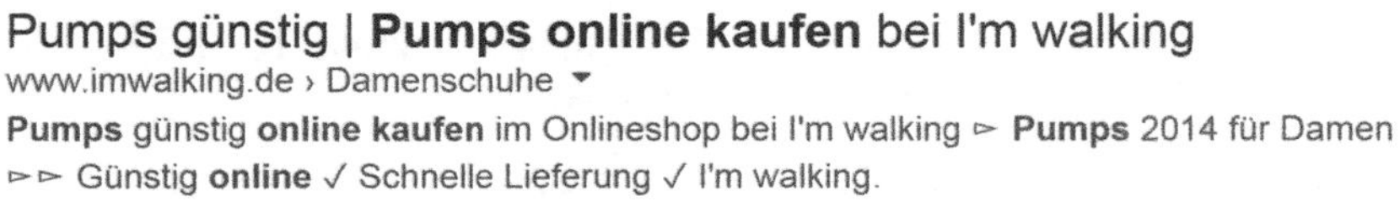

Pumps günstig | Pumps online kaufen bei I'm walking
www.imwalking.de › Damenschuhe ▾
Pumps günstig **online kaufen** im Onlineshop bei I'm walking ▷ **Pumps** 2014 für Damen
▷▷ Günstig **online** ✓ Schnelle Lieferung ✓ I'm walking.

Abb. 7.5 Call-to-Action

7.1.3 Call-to-Action

Um sich von den anderen Snippets der Suchergebnisse abzuheben und die Aufmerksamkeit des Nutzers auf das eigene Suchergebnis zu lenken, sollten der Title und die Meta-Description den Nutzer idealerweise direkt ansprechen und eine Handlungsanweisung
implizieren, um ihn zum Klicken auf das Suchergebnis zu motivieren.

Suchergebnisse mit Titles und Meta-Descriptions, die keine Aussage über den Inhalt
und die Thematik der Seite treffen, wie zum Beispiel „Startseite www.example.com",
werden vermutlich weitaus seltener angeklickt als Suchergebnisse, die auf das eigene Angebot und die Bedürfnisse des Nutzers eingehen. Bei der Formulierung des Titles und der
Meta-Description sollte daher immer die Intention der Suchanfrage und des zu optimierenden Keywords bedacht werden, auf welches die Seite optimiert werden soll. Handelt es
sich um ein transaktionales Keyword, also um ein Keyword mit Kaufabsicht, ist ein Title
wie zum Beispiel „Pumps online kaufen" optimal. Bei einem informationalen Keyword
hingegen sollte eher ein Title wie „Pflegetipps für Schuhe: So machen Sie es richtig" gewählt werden, vgl. Abb. 7.5.

7.1.4 Branding-Effekt

Um sich die Bekanntheit eines Unternehmens zunutze zu machen oder diese auszubauen,
bietet es sich an, die Brand innerhalb des Titles zu nennen, zum Beispiel an dessen Ende.
Passt die Nennung der Brand syntaktisch nicht zu den restlichen Inhalten des Titles, kann
beispielsweise durch eine Pipe (|) oder einen Bindestrich (-) eine sprachliche Abgren-
zung zwischen der Brand und den restlichen Inhalten des Titles geschaffen werden, vgl.
Abb. 7.6.

ZEIT ONLINE | Nachrichten, Hintergründe und Debatten
www.zeit.de/ ▾
Aktuelle Nachrichten, Kommentare und News aus Politik, Wirtschaft, Gesellschaft,
Kultur, Wissen, Digital, Karriere, Lebensart, Reisen, Auto und Sport.

DIE ZEIT: Jahrgang 1999 | Archiv | ZEIT ONLINE
www.zeit.de › DIE ZEIT Archiv › Jahrgang: 1999 ▾
Hier finden Sie eine kostenlose Archiv-Übersicht über alle Ausgaben der Wochenzeitung
DIE ZEIT aus dem Jahr 1999. Blättern Sie durch die Titelseiten der ...

Abb. 7.6 Branding Effekt

⑤⑤⑤ Saney: Google Rich **Snippets Preview Tool** ⑤⑤...
saney.com › x CLICK ⑤⑤⑤ ▾ Diese Seite übersetzen
★★★★★ Bewertung: 100 % - 2 Abstimmungsergebnisse
Google **Snippets Preview Tool** - Funny Breadcrumbs - Increase CTR. Title (< 70 symbols). Description (of 155 / 2 rows). Breadcrumb.

Abb. 7.7 Sonderzeichen

Vor allem bei Suchanfragen nach generischen Keywords ist der Name der Brand im Title von Vorteil. Erkennt der Nutzer in den SERPs im Snippet eine bekannte Brand wieder, ist die Wahrscheinlichkeit groß, dass er auf dieses Suchergebnis klickt, auch wenn das Ergebnis nicht auf der ersten Position rankt.

7.1.5 Verwendung von Sonderzeichen

Die Verwendung von Sonderzeichen in den Titles und Descriptions kann dafür sorgen, dass das eigene Suchergebnis zusätzliche Aufmerksamkeit erhält und mehr Nutzer auf das Suchergebnis klicken. Google lässt Sonderzeichen wie Bulletpoints, Sterne, Pfeile, Plus- und Wurzel-Zeichen in Titles und Descriptions zu und gibt diese im Snippet aus, vgl. Abb. 7.7.

Vor allem in einem stark kompetitiven Markt kann die Verwendung von Sonderzeichen im Snippet dazu führen, dass eine Seite auch auf den unteren Positionen der ersten Suchergebnisseite mehr Traffic generiert als die Seiten mit besseren Rankings, aber ohne auffälliges Snippet.

Wer von der Verwendung von Sonderzeichen im Title und der Meta-Description profitieren möchte, sollte allerdings darauf achten, es nicht zu übertreiben. Nicht nur Nutzer können von einem mit Sonderzeichen überladenen Snippet abgeschreckt werden, auch Suchmaschinen stehen der übertrieben häufigen Verwendung von Sonderzeichen eher skeptisch gegenüber. Ein weiterer Nachteil ist, dass durch das Verwenden von Sonderzeichen der Platz für wichtige seitenbezogene Informationen und Keywords verloren geht, weshalb die Meta-Description von Suchmaschinen als nicht relevant genug eingeschätzt werden könnte. Anstatt das Snippet mit Sonderzeichen in den Suchergebnissen anzuzeigen, generiert Google im Zweifelsfall demnach selbstständig ein Snippet, was nicht immer vorteilhaft für die CTR ist.

Ob ein Suchergebnis mit einem Snippet mit Sonderzeichen besser konvertiert als ein Snippet ohne Sonderzeichen, sollte nach Möglichkeit durch einen A-/B-Test geprüft werden.

7.1.6 Snippet Preview Tools

Wie die optimierten Titles und Meta-Descriptions in den SERPs angezeigt werden, kann durch ein Snippet Preview Tool getestet werden. Dieses kann neben dem normalen Text auch die Darstellung von Sonderzeichen anzeigen sowie bestimmte Keywords hervorheben, sodass deren Wirkung auf den Nutzer getestet werden kann.

Eine Auswahl von Snippet Preview Tools:

- http://www.seomofo.com/snippet-optimizer.html
- http://saney.com/tools/google-snippets-generator.html
- http://www.snippetoptimizer.net/
- http://www.tinkeredge.com/google-serp-snippet-tool.html

7.2 Rich Snippets

Wird ein Snippet in den Suchergebnissen neben dem Title, der URL und der Meta-Description um weitere Elemente ergänzt, wird dies als „Rich Snippet" bezeichnet, also frei übersetzt als „bereichertes Schnipsel". Die weiteren Elemente enthalten zusätzliche Informationen zu der verlinkten Seite und geben Nutzern dadurch einen noch besseren Eindruck von den Inhalten, die auf der Seite bereitgestellt werden.

Die Elemente der Rich Snippets werden ergänzend zu Title, URL und Meta-Description in der Regel in einer zusätzlichen Zeile innerhalb des Snippets oder in Form von Bildern, Videos oder Sternen angezeigt. Dies führt dazu, dass Rich Snippets im Vergleich zu einem einfachen Snippet mehr Platz in den Suchergebnissen in Anspruch nehmen und farblich hervorgehoben werden, vgl. Abb. 7.8.

Rich Snippets können somit einen Wettbewerbsvorteil gegenüber anderen Webseiten darstellen, bei deren Snippets keine erweiterten Elemente angezeigt werden. Suchergebnisse mit Rich Snippets werden von Nutzern in den Suchergebnissen prominenter wahrgenommen, was zu einer Steigerung der CTR führen kann – auch wenn die Seite nur auf den unteren Positionen der ersten Seite der Suchergebnisse angezeigt wird. Dies kann sich positiv auf Rankingfaktoren wie die Nutzer-Metriken auswirken, was wiederum positiven Einfluss auf das Ranking einer Seite haben kann.

Damit erweiterte Snippets in den Suchergebnissen ausgegeben werden können, muss eine Seite technisch so aufbereitet sein, dass Suchmaschinen die Inhalte der Seite verstehen können. Auch dies ist allerdings keine Garantie dafür, dass tatsächlich erweiterte Elemente in den Snippets der Suchergebnisse ausgegeben werden. Ob und welche Informationen ausgegeben werden, entscheidet die Suchmaschine selber.

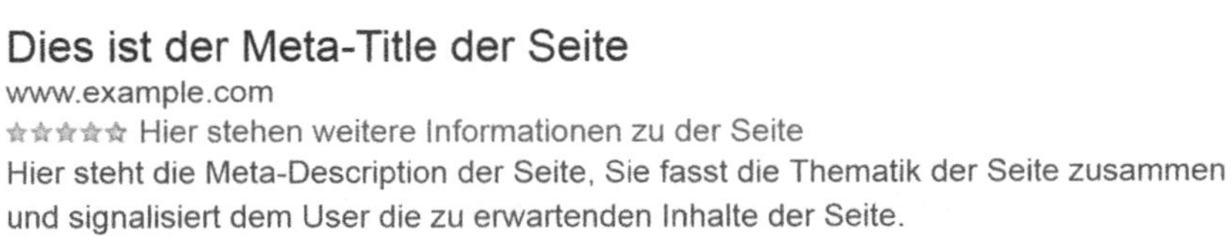

Dies ist der Meta-Title der Seite
www.example.com
☆☆☆☆☆ Hier stehen weitere Informationen zu der Seite
Hier steht die Meta-Description der Seite, Sie fasst die Thematik der Seite zusammen und signalisiert dem User die zu erwartenden Inhalte der Seite.

Abb. 7.8 Rich Snippets

Außerdem können die angezeigten Rich Snippets je nach Suchanfrage variieren. Für die gleiche Seite können zum Beispiel bei unterschiedlichen Suchanfragen andere Informationen in den Suchergebnissen angezeigt werden. Die technischen Bemühungen von Webseitenbetreibern, Rich Snippets zu integrieren, werden von Suchmaschinen also lediglich als Empfehlung angesehen.

7.2.1 Technische Realisierung

Damit Suchmaschinen die Inhalte einer Seite verstehen können, müssen diese durch HTML-Markups ausgezeichnet sein. Die einzelnen Informationen und Elemente des Contents werden dabei direkt im Quellcode der Seite mit den Markups gekennzeichnet. Dabei können folgende Markups verwendet werden, die auch unter dem Überbegriff „Mikroformate" zusammengefasst werden können:

- Mikrodaten
- Mikroformate
- RDFs

Wichtig ist, sich seitenweit für eine Auszeichnungsart zu entscheiden, die konsistent umgesetzt wird. Werden auf einer Domain sowohl Mikrodaten als auch RDFs verwendet, kann dies schlimmstenfalls dazu führen, dass von den Suchmaschinen nur eine der beiden Auszeichnungsarten berücksichtigt und letztendlich als Rich Snippet ausgegeben wird.

Auf der Webseite schema.org werden alle Mikroformate zusammengefasst, die sowohl von Google als auch von Bing, Yahoo! und Yandex ausgelesen werden können.

Um Rich Snippets zu generieren, muss der Quellcode einer Seite nach schema.org um die Elemente itemscope, itemtype und itemprop ergänzt werden. Das Element itemscope wird an den Anfang eines < div > -Containers integriert und gibt somit an, dass dieser sich auf ein bestimmtes Element der Seite bezieht. Der Elementtyp wird durch die Auszeichnung itemtype festgelegt. Durch die Auszeichnung itemprop können dem Element außerdem verschiedene Eigenschaften zugewiesen werden.

Eine optimale Auszeichnung des HTML-Codes durch Mikroformate sieht beispielsweise folgendermaßen aus:

```
<div itemscope itemtype=http://schema.org/Book>
<span itemprop="name">Online Marketing Buch</span>
by <span itemprop="author">Andre Alpar, Markus Koczy und Maik Metzen</span>
</div>
```

Wichtig ist, dass die mit Mikroformaten ausgezeichneten Elemente nicht per CSS versteckt werden (styles = "display:none"), sondern auch für den Nutzer im Frontend sichtbar sind, da Suchmaschinen die Informationen ansonsten nicht im Snippet ausgeben werden.

Sind die Mikroformate im Quellcode einer Seite integriert, kann durch das Google
Rich Snippet Testing Tool (http://www.google.de/webmasters/tools/richsnippets) überprüft werden, ob die Verwendung von Mikroformaten fehlerfrei funktioniert hat und wie
die ausgezeichneten Informationen beispielsweise im Snippet ausgegeben werden könnten.

7.2.2   Element-Typen und ihre Eigenschaften

Die Liste der Elemente, die durch eine entsprechende Auszeichnung im Quellcode von
Suchmaschinen verstanden und somit als Erweiterung in den Snippets der Suchergebnisse
ausgegeben werden können, wurde in den letzten Jahren immer wieder erweitert. Eine
Liste mit allen unterstützten Element-Typen (itemtypes) findet sich hier: http://schema.
org/docs/full.html.

Beispielhafte Element-Typen, zu denen in den Suchergebnissen häufig erweiterte Elemente in den Snippets ausgegeben werden, sind zum Beispiel folgende:

- Personen
- Veranstaltungen
- Rezepte
- Lokale Einrichtungen
- Erfahrungsberichte
- Produkte
- Musik
- Bücher

Für die einzelnen Element-Typen können im Quellcode sowie im Frontend verschiedene
Eigenschaften ausgezeichnet werden, die als erweiterte Elemente in den Rich Snippets angezeigt werden können. Von Personen können zum Beispiel der Name, das Geburtsdatum,
die Adresse etc. als Eigenschaft ausgezeichnet werden. Dies kann dazu führen, dass das
Snippet der Seite, auf welcher die Person im Quellcode mit Mikroformaten ausgezeichnet
wurde, in den Suchergebnissen um eine zusätzliche Zeile ergänzt wird, in der eine oder
mehrere Eigenschaften der Person angezeigt werden.

Tabelle 7.1 zeigt die gängigsten Element-Typen, denen zum Beispiel folgende Eigenschaften zugewiesen werden können.

Um die Chance auf Rich Snippets in den Suchergebnissen zu erhöhen, sollten für jeden
Element-Typ möglichst viele Eigenschaften durch Mikroformate ausgezeichnet werden.
Wie bereits erwähnt, kann die Ausgabe der erweiterten Elemente je nach Suchanfrage variieren. Rankt ein Produkt zum Beispiel zu zwei verschiedenen Suchbegriffen, ist es möglich, dass bei der einen Suchanfrage der Preis und die Verfügbarkeit im Snippet angezeigt
werden, bei der anderen Suchanfrage jedoch stattdessen die gelben Bewertungssternchen.

Tab. 7.1 Rich Snippets

Element-Typ (itemtyp)	Mögliche Eigenschaften (itemprop)	Beispiel-Snippet
Personen	Name	Vgl. Abb. 7.9
	Geburtsdatum	
	Adresse	
	Organisation/Arbeitgeber	
Veranstaltungen	Ort	Vgl. Abb. 7.10
	Zeit	
	Bild	
	Künstler, Erscheinungsdatum, Verfügbarkeit	
	Programm	
Rezepte	Kalorien-angaben	Vgl. Abb. 7.11
	Koch-/Backzeit	
	Zutaten	
Erfahrungsberichte	Verfasser	Vgl. Abb. 7.12
	Bewertungen	
	Erscheinungs-datum	
Produkte	Preis	Vgl. Abb. 7.13
	Farbe	
	Lieferzeit/Ver-fügbarkeit	
	Bewertungen	
	Bild	
Musik	Künstler	Vgl. Abb. 7.14
	Name des Albums/Songs	
	Video	
	Bewertungen	
Bücher	Autor	Vgl. Abb. 7.15
	Genre	
	Preis	
	Bewertungen	

Es kann aber auch sein, dass trotz korrekter technischer Auszeichnung der Elemente und Eigenschaften das Snippet nicht um weitere Elemente ergänzt wird. Letztendlich entscheidet immer die Suchmaschine, was sie für relevant erachtet.

Markus Koczy - Deutschland | LinkedIn
de.linkedin.com/pub/**markus-koczy**/38/660/1a4 ▾
Berlin und Umgebung, Deutschland - Unternehmensinhaber AKM3 GmbH
Sehen Sie sich das Karriere-Profil von **Markus Koczy** (Deutschland) auf **LinkedIn** an.
LinkedIn ist das weltweit größte professionelle Netzwerk, das Fach- und ...

Abb. 7.9 Personen-Snippet

Udo Jürgens, Freitag, 21.11.2014 Olympiahalle - München ...

www.muenchenticket.de/guide/tickets/r73q/**Udo+Juergens**.html ▾

Fr., 21. Nov. - Olympiahalle, München

Tickets für **Udo Jürgens** in Olympiahalle, München am Freitag, 21.11.**2014** um 20:00
Uhr bei München Ticket.

Abb. 7.10   Veranstaltungen-Snippet

Bananenkuchen Rezept | Dr. Oetker

www.oetker.de/rezepte/r/**bananenkuchen**.html ▾

40 Min. - Kalorien: 1457

Bananenkuchen Rezept: Ein saftiger Rührkuchen mit Bananen zum
Geburtstag - Eins von 5.000 leckeren, gelingsicheren Rezepten von Dr.
Oetker!

Abb. 7.11   Rezepte-Snippet

borchardt - Mitte - Berlin | Yelp

www.yelp.de/biz/**borchardt**-berlin ▾

★★★☆ ☆ Bewertung: 3,5 - 84 Erfahrungsberichte - Preisspanne: €€€

84 Beiträge für **borchardt** "Sicherlich ein Restaurant Klassiker, über den schon viel
geschrieben wurde und der nicht ganz zu unrecht als Promi Lokal bezeichnet ...

Abb. 7.12   Erfahrungsbericht-Snippet

Samsung Galaxy S5 - Preis24.de

preis24.de/**samsung-galaxy**-s5-mit-allnet-flatrate/ ▾

29,95 € bis 59,95 €

Samsung Galaxy S5 günstig zum Vertrag | Allnet Flat für Internet, Mobilfunk, Festnetz,
SMS | Hier gibt´s Top Deals für das **Samsung Galaxy S5** mit Vertrag.

Abb. 7.13   Produkt-Snippet

Pharrell Williams - Happy (From Despicable Me 2) - Video ...

www.clipfish.de › Musikvideos › Pharrell Williams ▾

08.01.2014 - ★★★★☆ Bewertung: 4,4 - 106
Abstimmungsergebnisse

Die Single **Happy** von **Pharrell** Williams ist auf dem Soundtrack zu
Despicable Me 2 (2013) enthalten ...

Abb. 7.14   Musik-Snippet

Das Lied von Eis und Feuer - Das Erbe von Winterfell eboo...

www.weltbild.de/.../**ebook**/das-**lied-von-eis-und-feuer**-das-erbe-von-wint... ▾

★★★★★ Bewertung: 5 - 1 Erfahrungsbericht - 11,99 € - Auf Lager

eBook Shop: **Das Lied von Eis und Feuer** - Das Erbe von Winterfell von George R.R.
Martin als Download. Jetzt **eBook** herunterladen & mit Ihrem Tablet oder ...

Abb. 7.15   Buch-Snippet

7.2.3   Anwendungsbeispiel Sternebewertungen

Vor allem bei Online-Shops oder Preisvergleichen ist die Integration von Bewertungs-funktionen von Produkten ein beliebtes Mittel, um in den Snippets der Produktseiten gelbe Sternchen zu generieren. Auch für lokale Einrichtungen wie Restaurants oder Veranstal-tungsorte werden gerne die gelben Sterne in den Snippets genutzt.

Durch die Sternchen wird die durchschnittliche Bewertung des Produktes beziehungs-weise der lokalen Einrichtung bereits in den Suchergebnissen widergespiegelt, was nicht nur die Aufmerksamkeit, sondern – bei guten Bewertungen – auch das Vertrauen der Nut-zer weckt.

Auf folgenden Seiten werden erfolgreich die gelben Sterne in den Snippets ausgege-ben, vgl. Abb. 7.16 und 7.17.

Ein möglicher Code-Schnipsel für die Auszeichnung von Produkt beziehungsweise lo-kaler Einrichtung kann folgendermaßen aussehen:

```
<div itemscope itemtype="http://schema.org/Product">
        <span itemprop="name">Dirt Devil Staubsauger</span>

        <div itemprop="aggregateRating" itemscope
        itemtype="http://schema.org/AggregateRating">
        <span itemprop="ratingValue">4</span> stars -
        based on <span itemprop="reviewCount">80</span> reviews
</div>
```

Inferno: **Dan Brown**: 9780385537858: Amazon.com: Books
www.amazon.com › ... › Action & Adventure ▾ Diese Seite übersetzen
★★★★☆ Bewertung: 3.9 - 14.885 Erfahrungsberichte
Inferno [**Dan Brown**] on Amazon.com. *FREE* shipping on qualifying offers. In his
international blockbusters The Da Vinci Code, Angels & Demons, and The Lost ...

Abb. 7.16 Amazon-Sterne

Borchardt, Berlin - Bewertungen und Fotos – TripAdvisor
www.tripadvisor.de › ... › Berlin › Restaurants Berlin - Bewertungen ▾
★★★☆☆ Bewertung: 3,5 - 495 Erfahrungsberichte
Borchardt, Berlin: 495 Bewertungen - bei TripAdvisor auf Platz 1.443 von 5.590 von
5.590 Berlin Restaurants; mit 3,5/5 von Reisenden bewertet.

Abb. 7.17 Sterne-Bewertung

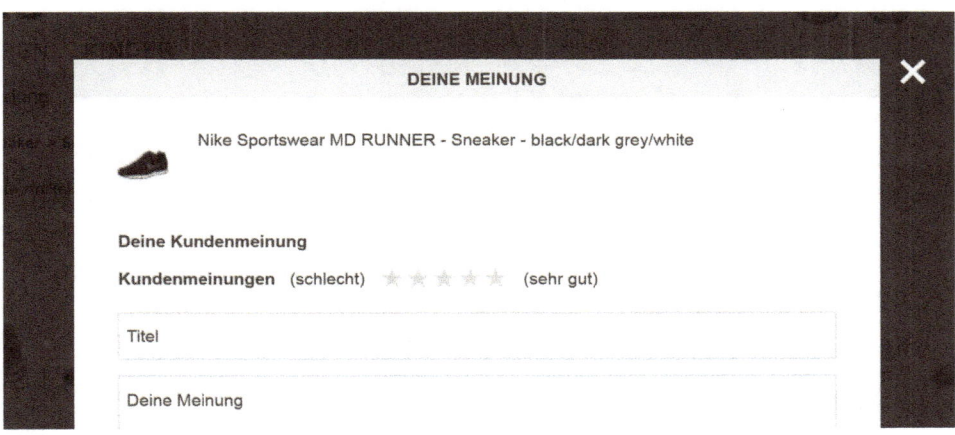

Abb. 7.18 Zalando-Bewertung, (Quelle: http://www.zalando.de/nike-sportswear-md-runner-snea-ker-black-dark-grey-white-ni111a02i-q00.html)

Damit die gelben Sterne in den Snippets der Produktseiten beziehungsweise den Seiten für die lokalen Einrichtungen angezeigt werden können, muss für Suchmaschinen erkenntlich sein, woher die Bewertungen für das Produkt beziehungsweise die Einrichtung stammen. Dies sollte dem Beispiel der Webseiten zalando.de und noblego.de folgend etwa anhand einer Bewertungsfunktion auf der Seite selbst geschehen, vgl. Abb. 7.18 und 7.19.

Aufgrund des Missbrauchs der gelben Sterne in der Vergangenheit hat sich die Anzahl der Seiten, bei denen die Sterne in den Snippets angezeigt werden, in letzter Zeit wieder stark reduziert. Suchmaschinen geben die Sterne in der Regel nur noch bei den Element-Typen aus, bei denen eine Bewertung durch die Nutzer sinnvoll ist. Auf Startseiten, in Artikeln oder auf anderen reinen Content-Seiten werden die Sterne üblicherweise nicht mehr angezeigt, auch wenn auf den Seiten eine Bewertungsfunktion eingebunden und diese technisch korrekt ausgezeichnet wurde.

Anmerkung
Nicht zu verwechseln sind die gelben Sterne in den organischen Suchergebnissen übrigens mit den Sternen in den bezahlten Anzeigen der Suchergebnisse. Die Sterne in den SEA-Kampagnen werden nicht durch eine technische Auszeichnung der Elemente und Eigenschaften einer Seite erzeugt, sondern anhand der Google-Bewertungen generiert, die aus verschiedenen Bewertungsportalen wie trustpilot.de, Shopauskunft.de, qype.com und ciao.de herangezogen werden.

7.2.4   Alternative zu Mikroformaten

Alternativ bietet Google in seinen Webmaster Tools den Data Highlighter (https://support.google.com/webmasters/topic/2692900?hl=de&ref_topic=30163) an, durch den Informa-

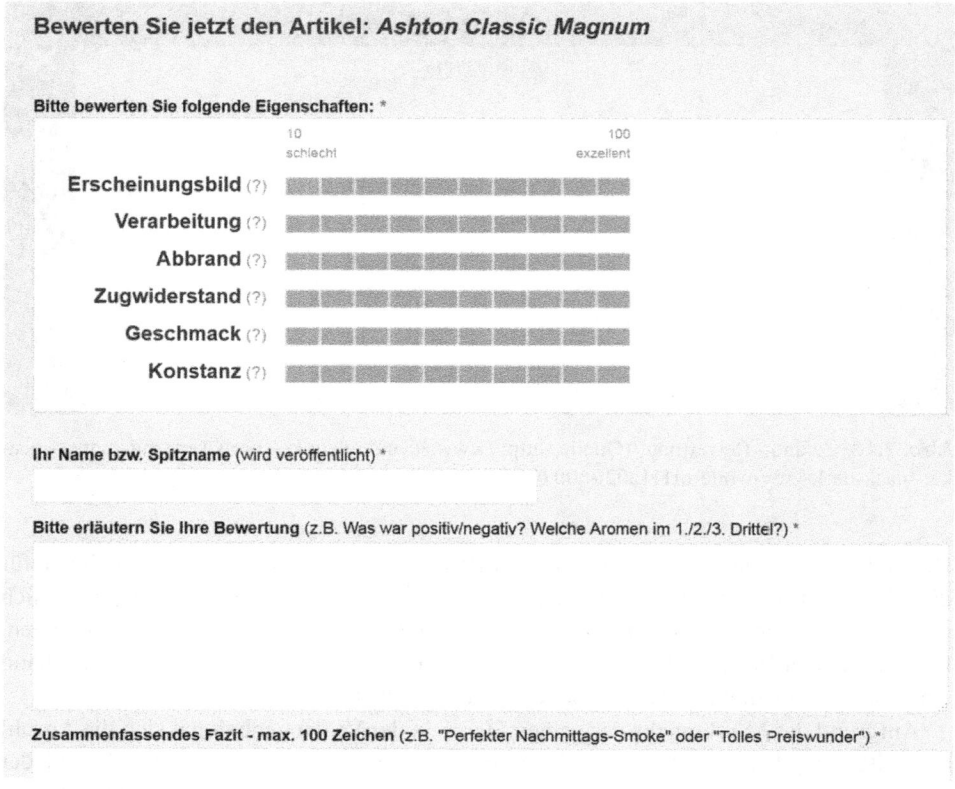

Abb. 7.19 Sterne-Bewertung. (Quelle: http://www.noblego.de/ashton-classic-magnum/)

tionen einer Seite markiert und getaggt werden können. Ebenso wie durch Mikroformate können durch den Data Highlighter Eigenschaften von Daten ausgezeichnet werden, die anschließend in den Snippets ausgegeben werden können.

Folgende Daten-Typen werden durch den Data Highlighter unterstützt:

- Artikel
- Veranstaltungen
- Lokale Unternehmen
- Restaurants
- Produkte
- Softwareanwendungen
- Filme
- TV-Folgen
- Bücher

Durch die Definition von Seitengruppen können die Auszeichnungen von Daten-Typen automatisiert für alle Seiten dieses Typs übernommen werden.

7.3   Content-Optimierung

Die Qualität des Contents hat entscheidenden Einfluss auf das Ranking einer Seite. Suchmaschinen verstehen das Eingeben eines Begriffes von Nutzern in den Suchschlitz als Frage, die sie mit den bestmöglichen Inhalten beantworten wollen. Ob eine Seite als relevant für die Suchanfrage erachtet wird, hängt dabei zu einem Großteil von dem Content der Seite ab. Um für relevante Keywords in den Suchergebnissen gefunden zu werden, reicht es jedoch nicht aus, lediglich irgendwelchen Content auf den Seiten bereitzustellen; vielmehr muss der Content den Nutzern auch einen Mehrwert bieten, gut lesbar und einzigartig sein.

Ein suchmaschinenoptimierter Text sollte daher idealerweise einen Prozess durchlaufen, der aus drei Schritten besteht: vom Verfassen des reinen Contents über dessen Aufwertung bis hin zur Einbettung in die Landingpage. Des Weiteren haben auch die Einzigartigkeit und die Aktualität von Texten Einfluss auf die Qualität des Contents, Abb. 7.20.

7.4   Text-Content

Am Anfang des Prozesses hin zum suchmaschinenoptimierten Text steht zunächst der reine Prosa-Text. Dieser wird – unabhängig vom Design oder dem CMS einer Webseite – von den meisten Redakteuren in einer Word- oder Text-Datei verfasst. Bereits in diesem ersten Schritt gilt es jedoch, auf einige essenzielle Vorgaben zu achten, damit die Landingpage mit dem eingebundenen Text später nicht nur gut über die organischen Suchergebnisse gefunden wird, sondern auch für den Nutzer gut lesbar ist und ihm die gewünschten Informationen liefert.

Abb. 7.20
Content-Optimierung

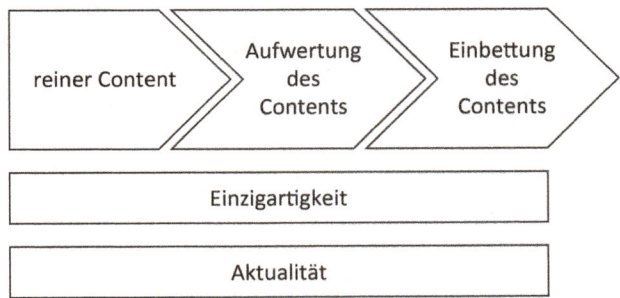

Abb. 7.21 Text-Content

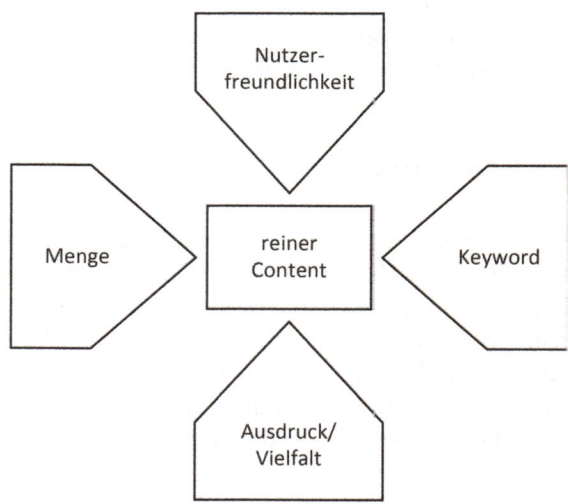

    Neben der Nennung von Keywords, für die die Landingpage später gefunden werden soll, sind auch die Menge des Contents, die Nutzerfreundlichkeit und Struktur sowie der Ausdruck wichtige Kriterien, um optimalen Content zu schaffen, vgl. Abb. 7.21.

7.4.1 Content-Menge

Die Menge des Contents beziehungsweise die Wortanzahl des einzubindenden Textes auf Landingpages hat sich lange Zeit an durch die Branche definierten Zahlen orientiert. Bis zum Jahr 2011 galt in SEO-Kreisen zum Beispiel die Richtlinie, einen Text im Umfang von 200 bis 300 Wörtern auf einer Landingpage einzubinden und somit gute Rankings zu erzielen. Nach dem Panda-Update von Google rückte der Leitspruch „Content is King" verstärkt in den Fokus und der Trend ging in Richtung umfangreicherer Texte.

    Das Qualitäts-Update Panda brachte allerdings noch eine weitere Änderung mit sich: Google kann durch seinen Algorithmus den Informationsgehalt und den Mehrwert eines Textes auswerten, indem zum Beispiel die semantischen Themenbereiche eines Textes analysiert oder auch die Kennzahlen des Nutzerverhaltens wie die Verweildauer auf der Seite oder der Aufruf von Seiten pro Besuch mit in die Auswertung fließen. Es ist daher heutzutage nicht mehr nur wichtig, dem Nutzer (und den Suchmaschinen) möglichst viel Content bereitzustellen; vielmehr muss der Content den Nutzer außerdem gut zu dem jeweiligen Themenbereich informieren und ihm seine Fragen beantworten.

    Da nicht alle Themenbereiche inhaltlich miteinander vergleichbar und nicht alle Fragestellungen gleichwertig komplex in der Beantwortung sind, sollte bei der Erstellung von suchmaschinenoptimiertem Content von einer im Vorfeld festgeschriebenen Mindestanzahl von Wörtern pro Text Abstand genommen werden. Anstatt sich beim Verfassen eines

Textes an einer vorgegebenen Wortanzahl zu orientieren, sollte sich jeder Redakteur als Ziel setzen, einen Themenbereich umfassend zu bearbeiten, auf alle wichtigen Teilbereiche einzugehen und alle im Zusammenhang mit dem Themenbereich möglichen Fragen zu beantworten. Die Content-Erstellung muss also immer auch unter den folgenden Fragestellungen erfolgen:

- An wen richtet sich der Content?
- Wer ist meine Zielgruppe?
- Welche Intention hat der Nutzer bei seiner Suche?
- Welche Fragen sollen beantwortet werden?
- Was erwartet der Nutzer von dem Text?

Google hat in seinen Richtlinien zur Qualität von Content einige Anregungen zur Selbstkontrolle der Redakteure definiert, durch welche sichergestellt sein soll, dass die Wissensvermittlung eines Textes beim Verfassen im Vordergrund steht und ein Text nicht nur zu reinen SEO-Zwecken erstellt wird. So sollte sich ein Redakteur zum Beispiel sowohl während des Schreibens als auch im Anschluss an die Content-Erstellung folgende Fragen stellen:

- Sind die Inhalte des Textes gut recherchiert und gegebenenfalls durch Quellen belegt?
- Ist die Argumentation beziehungsweise die Aussage des Textes schlüssig und wirft keine Fragen auf?
- Sind die Inhalte des Textes vertrauenswürdig?

Um einen ungefähren Richtwert für die nötige Wortanzahl pro Themenbereich zu bekommen, bietet sich eine Wettbewerbsanalyse an. Vor Beginn der Content-Erstellung sollte das kompetitive Umfeld des zu optimierenden Keywords hinsichtlich der Content-Menge analysiert werden. Hat die Konkurrenz beispielsweise durchschnittlich nur 200 Wörter eingebunden, lohnt es sich, auf der eigenen Webseite einen Text mit einer Länge von mehr als 300 Wörtern einzubinden und den Wettbewerbern somit einen Schritt voraus zu sein. Ist das eigene Angebot allerdings in einem stark umworbenen Umfeld angesiedelt, in dem durchschnittlich deutlich mehr als 500 Wörter pro Seite eingebunden werden, sollte auch hier dementsprechend mehr Content verfasst werden.

Es sollte jedoch auf jeden Fall vermieden werden, den Content lediglich aufgrund des kompetitiven Umfelds unnötig zu strecken, ohne dadurch wirklichen Mehrwert zu schaffen – der Mehrwert für den Nutzer sollte bei einem Text immer im Vordergrund stehen.

7.4.2 Nutzung von Keywords

Um den Inhalt beziehungsweise das Themenumfeld einer Webseite auszuwerten, crawlen Suchmaschinen den Quellcode jeder Seite. Damit eine Seite über ein Keyword beziehungsweise eine Keyword-Kombinationen gefunden wird, sollte bereits während der Keyword-Recherche eine Strategie ermittelt werden, welche die Optimierung von interessanten Keywords auf Unterseiten definiert.

Um Suchmaschinen die Relevanz dieses Keywords für die Unterseite zu verdeutlichen, empfiehlt es sich, das Keyword außerdem innerhalb des Contents zu verwenden. Der Gebrauch eines Keywords innerhalb des Fließtextes ist ein starker Indikator bezüglich der Relevanz des Keywords für die Seite. Wird ein Keyword im Vergleich zu anderen Begriffen verhältnismäßig oft innerhalb des Fließtextes genannt, werten Suchmaschinen dies als Signal für eine enge Verknüpfung von Keyword und thematischer Ausrichtung der Seite.

Wie oft das Keyword innerhalb des Fließtextes verwendet werden muss, um entsprechende Signale an Suchmaschinen zu senden, hängt von der Länge des Contents sowie vom Keyword ab. Je umfangreicher der Text ist, desto häufiger sollte das Keyword verwendet werden, auf das eine Landingpage optimiert werden soll. In diesem Zusammenhang lässt sich allerdings schwer definieren, wie oft ein Keyword genau vorkommen muss; vielmehr gilt, dass das zu optimierende Keyword dem natürlichen Sprachgebrauch entsprechend häufig verwendet werden sollte. Es sollte also nur so oft verwendet werden, wie es dem Nutzer beim Lesen des Textes nicht durch zu häufige Nennung unangenehm aufstößt.

Im Fall der Verwendung des Keywords, auf das eine Landingpage optimiert werden soll, ist allerdings nicht nur darauf zu achten, dass es in seiner exakten Schreibweise möglichst häufig genannt wird, sondern darüber hinaus sollten auch Variationen des Keywords (etwa durch wechselnden Gebrauch von Singular und Plural) oder verschiedene Deklinationsformen („der Schuh" oder „des Schuhs") berücksichtigt werden. Entscheidend ist also nicht die absolute, sondern die relative Verwendung des Keywords.

Bei der Content-Erstellung sollten sich Redakteure daher weniger die Frage stellen, wie sie das zu optimierende Keyword möglichst oft in den Text integrieren können, sondern vielmehr, welcher Thematik und welcher Gliederung des Textes sie den Vorzug geben müssen, damit das zu optimierende Keyword automatisch ausreichend oft genannt wird.

Als unverbindliche Orientierungshilfe in puncto Gebrauch von Keywords im Fließtext kann eine Keyword-Dichte zwischen einem und vier Prozent angenommen werden. Mit anderen Worten: Das Keyword beziehungsweise die Variationen des Keywords sollten bei einer Wortanzahl von 100 Wörtern ca. ein bis vier Mal innerhalb des Fließtextes genannt werden. Eine zu häufige Verwendung des Keywords, auch Keyword-Stuffing (übersetzt etwa: „vollstopfen") genannt, sollte auf jeden Fall vermieden werden, da ein solches Vorgehen von Suchmaschinen negativ bewertet werden kann.

Diese unverbindliche Keyword-Dichte trifft allerdings nicht auf Texte zu, die zum Beispiel auf Fachbegriffe optimiert werden sollen, welche im üblichen Sprachgebrauch eher selten vorkommen. So erführe etwa ein informativer Text über „Symptome der Aufmerksamkeitsdefizitstörung" eine Beeinträchtigung seiner Lesbarkeit, wenn der sperrige Fachbegriff „Aufmerksamkeitsdefizitstörung" darin häufig Verwendung finden würde. Um den Text für den Nutzer besser verständlich zu machen, sollten auch die Abkürzung des Fachbegriffs („ADS") und Synonyme („Hyperaktivitätsstörung") gebraucht werden.

Um Keyword-optimierte Texte für Nutzer noch lesefreundlicher zu gestalten, sollten außerdem Stoppwörter zum Einsatz kommen. Stoppwörter bezeichnen eine bestimmte Gruppe von Wörtern, die aufgrund ihres sehr häufigen Gebrauchs bei Suchanfragen von Suchmaschinen nicht berücksichtigt werden. Hierzu gehören in der deutschen Sprache zum Beispiel Artikel und Konjunktionen wie *der, die, das, und, oder, eine, ein, an, in, von* etc. Da diese Wörter keine Relevanz für die Inhalte von Dokumenten besitzen, werden sie von Suchmaschinen bei Suchanfragen und der Auswertung von Seiten nach Keywords nicht beachtet.

Vor allem bei syntaktisch schwierigen Keyword-Kombinationen wie „Zahnarzt Berlin" kann die Verwendung des Keywords im Fließtext durch Stoppwörter vereinfacht werden. Innerhalb des Textes kann demzufolge also auch „Zahnarzt in Berlin" oder „Zahnarzt bei Berlin" geschrieben werden. Damit Suchmaschinen allerdings noch die Zusammengehörigkeit der beiden Keywords „Zahnarzt" und „Berlin" erkennen können, sollten nicht zu viele Stoppwörter zwischen diesen beiden Keywords eingeschoben werden.

Neben der reinen Verwendung von Keywords im Text übt auch deren Intention einen Einfluss auf den Inhalt und den Sprachstil des Textes aus. Wie bereits in dem Kapitel „Keyword-Recherche" beschrieben, gibt es drei verschiedene Arten von Keywords: transaktionale, informationale und navigationale.

Lassen transaktionale Keywords eine klare Bereitschaft erkennen, online eine Transaktion zu tätigen, fungieren informationale Keywords eher als reine Wissensvermittler. Stark transaktionale Keywords sind etwa Produkte oder Dienstleistungen in Kombination mit den Verben „kaufen", „bestellen", „buchen" etc., also zum Beispiel „Handy kaufen", „Puma Sneakers bestellen", „Putzkraft online buchen". Informationale Keywords werden als direkte oder indirekte Fragen formuliert und sind oftmals longtailig: „Wo in Berlin indisch essen gehen", „Guter Friseur Berlin-Kreuzberg", „Symptome ADS".

Navigationale Suchanfragen setzen hingegen voraus, dass der Nutzer die von ihm gesuchte Domain und deren Angebot bereits kennt. Eine klassische navigationale Suchanfrage ist zum Beispiel das Eintippen eines Domain- oder Produktnamens, zum Beispiel „ebay.de" oder „BMW Z1", in den Suchschlitz von Google anstatt direkt in das Browserfenster.

Der Art des Keywords, auf das eine Landingpage optimiert werden soll, müssen sich auch der Inhalt und der Schreibstil des Textes anpassen, um den Nutzer optimal bei seinen Bedürfnissen und Fragen abzuholen. Bei Texten mit einer transaktionalen Absicht sollte zum Beispiel nicht vergessen werden, den Nutzer auf die Vorteile des Produktes oder der Dienstleistung hinzuweisen und am Ende des Textes einen Call-To-Action einzubauen.

7.4.2.1 WDF*IDF

Neben der Textoptimierung anhand der Keyword-Dichte im eigenen Text hat sich in den vergangenen Monaten eine Methode auf dem Markt etabliert, die auch das Vorkommen von Keywords beziehungsweise Termen im Wettbewerbsvergleich aufgreift: WDF*IDF.

Die mit dieser Formel verbundene Vorgehensweise stammt aus dem Informational Retrieval und stellt die Häufigkeit eines Terms innerhalb des eigenen Textes – kurz: Within

Document Frequency (WDF) – der Häufigkeit eines Terms in allen anderen Dokumenten derselben Datenbank gegenüber – kurz: Inverse Document Frequency (IDF). Dies können etwa alle Dokumente des Suchmaschinen-Indexes sein. Durch die WDF*IDF-Methode lassen sich demnach Keywords beziehungsweise Terme identifizieren, die im Zusammenhang mit dem zu optimierenden Keyword in anderen Dokumenten besonders häufig genannt werden. Ziel dieser Methode ist es, die aus Suchmaschinen-Sicht optimale Termfrequenz und -gewichtung zu evaluieren und sich dieser auf der eigenen Seite bestmöglich anzunähern.

Vor dem Verfassen eines suchmaschinenoptimierten Textes ist es daher sinnvoll, durch eine WDF*IDF-Analyse weitere für den Text relevante Terme zu bestimmen. Zu diesem Zweck sollten – je nach Umfang der Analyse – zum Beispiel die ersten zehn Suchergebnisse zu dem Keyword angeschaut werden, auf das der zu verfassende Text optimiert werden soll. Die Inhalte dieser zehn Suchergebnisse sollten nun anhand der Verwendung von Keywords und deren Häufigkeit untersucht werden. Zusätzlich zu dem zu optimierenden Keyword werden sich bei der Analyse schnell weitere Keywords identifizieren lassen, die in allen Suchergebnissen genannt und somit von Suchmaschinen als relevant für das zu optimierende Keyword erachtet werden. Durch Tools wie OnPage.org oder Xovi.de können die Termfrequenzen der einzelnen Suchergebnisse übereinander gelegt und somit die aus Suchmaschinen-Sicht optimale Termfrequenz ermittelt werden, vgl. Abb. 7.22.

Durch die WDF*IDF-Methode kann der Verfasser von suchmaschinenoptimierten Texten also bereits im Vorfeld eine Anregung für die Frage erhalten, welche weiteren Terme für das zu optimierende Keyword relevant sind. Allerdings gilt hier – wie bei allen weiteren Kriterien der Optimierung von Online-Texten – der Grundsatz, dass die Lesbarkeit des Textes für den Nutzer durch die Maßnahmen zur Suchmaschinenoptimierung nicht einge-

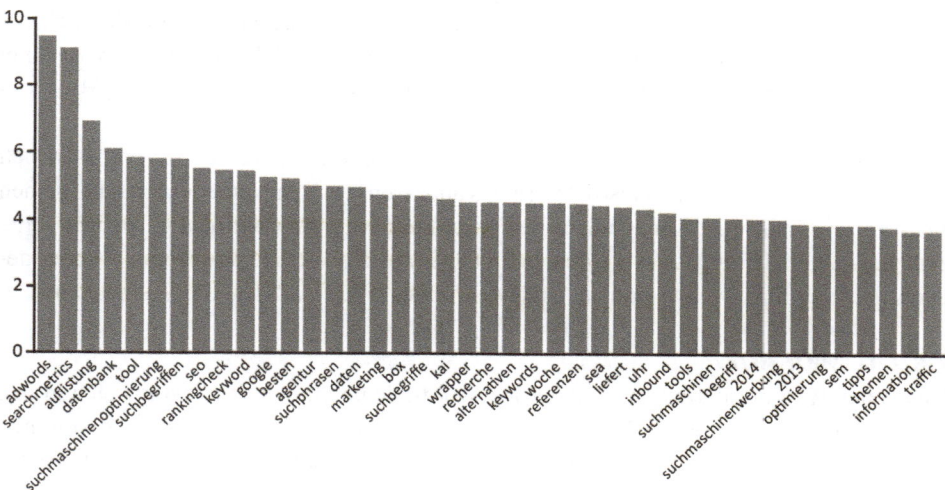

Abb. 7.22 Termfrequenz (in Anlehnung an http://cdn.machen.de/uploads/2014/03/Tabelle.jpg)

schränkt werden darf. Ein theoretisch optimaler Text verfehlt seine Wirkung, wenn er dem Nutzer keine Emotionen überliefern kann und ihm nicht das bietet, wonach er gesucht hat.

7.4.2.2 Latent semantische Optimierung

Die latent semantische Optimierung basiert auf der latent semantischen Indexierung von Suchmaschinen. Die latent semantische Indexierung beschreibt die technische Entwicklung des Suchalgorithmus, die es Suchmaschinen ermöglicht, semantisch zugehörige Terme zu erkennen und zueinander in Beziehung zu setzen. Dafür machen sich Suchmaschinen die Semantik – also den Sinn und die Bedeutung von Wörtern sowie deren Beziehung zueinander – zunutze, um eine Themenverwandtschaft von Wörtern zu identifizieren. Auf diese Weise können Suchmaschinen analysieren, welche Webseiten thematisch zueinander passen, und auch Seiten bei einer Suchanfrage berücksichtigen, bei denen das gesuchte Keyword nur latent – zwar vorhanden, aber nicht in Erscheinung tretend – eine Rolle spielt.

Durch den im August 2013 neu ausgerollten Suchalgorithmus, der unter dem Namen „Hummingbird" (zu Deutsch: „Kolibri") bekannt ist, wurde ein neuer Schritt in Richtung semantische Suche getan. Google hat durch den neuen Suchalgorithmus gelernt, vor allem longtailige Suchanfragen besser zu interpretieren und die Relevanz einzelner Begriffe zu bewerten. Dadurch gelingt es dem Unternehmen, die Intention des Nutzers hinter longtailigen Suchanfragen immer präziser zu extrahieren, statt nur nach den einzelnen Begriffen zu suchen. Auch auf die Interpretation von ganzen Texten hat der neue Suchalgorithmus Auswirkungen. Die Intention beziehungsweise die Aussage des Textes sowie die semantischen Zusammenhänge einzelner Begriffe können durch den neuen Suchalgorithmus besser ausgewertet werden.

Doch der neue Suchalgorithmus wirkt sich auch auf das Verfassen von suchmaschinenoptimierten Texten aus. Qualitativ hochwertiger Content tendiert in die Richtung, dass das einzelne Keyword zugunsten der Intention beziehungsweise der Aussage des Textes stärker in den Hintergrund rückt. Wie bereits erwähnt, wird es immer wichtiger, sich bei der Content-Erstellung in den Nutzer hineinzuversetzen und zu verstehen, welche Intentionen beziehungsweise Fragen hinter seiner Suchanfrage stehen, um auf der Basis dieser Einsichten den Text optimal auszurichten.

7.4.3 Nutzerfreundlichkeit und Ausdruck

Neben der Content-Menge und den zu verwendenden Keywords von suchmaschinenoptimierten Texten sind auch die Strukturierung sowie der Ausdruck beziehungsweise der Schreibstil von großer Bedeutung.

Texte im Internet werden ungefähr mit einer doppelt so hohen Lesegeschwindigkeit gelesen wie Texte in Printmedien. Werden in Printmedien durchschnittlich 250 Wörter pro Minute gelesen, können bei Online-Texten in der gleichen Zeit doppelt so viele Wörter erfasst werden, also ca. 500. Dies liegt jedoch nicht daran, dass Online-Texte schneller und leichter zu lesen sind, vielmehr scannen viele Nutzer die Texte im Internet lediglich und absorbieren nur die wichtigsten Informationen.

Ein guter Online-Text muss es also schaffen, dem Nutzer die wichtigsten Informationen zu übermitteln, obwohl dieser das Geschriebene nur überfliegt. Dies kann durch eine logische Struktur und einen reduzierten Sprachstil gewährleistet werden.

Eine Strukturierung des Contents durch Zwischenüberschriften und sinnvoll gesetzte Absätze hilft sowohl Nutzern als auch Suchmaschinen dabei, die Inhalte einer Seite besser zu erfassen und thematische Schwerpunkte des Inhaltes voneinander abzugrenzen. Auch das Einbinden von Tabellen und Aufzählungen lockert den Text auf und vereinfacht das Erfassen des Inhalts.

Die Anzahl der verwendeten Zwischenüberschriften sollte sich an der Länge und der Thematik des Contents orientieren. Auf keinen Fall sollten alle Texte einer Webseite nach dem gleichen Schema aufgebaut sein und zum Beispiel unabhängig von Länge und Thematik immer aus einer Haupt- und zwei Zwischenüberschriften bestehen. Varianz und Nutzerfreundlichkeit sind hier die Devise.

Die für den Inhalt des Textes beziehungsweise von Textabschnitten wesentlichen Aussagen sollten den Nutzern bereits in der Überschrift und in Zwischenüberschriften präsentiert werden. Wichtig bei den Überschriften und Zwischenüberschriften von Online-Texten ist es daher, nicht allzu frei und kreativ zu formulieren, sondern sich auf das Wesentliche zu konzentrieren. Wird zum Beispiel ein Text für die Suchanfrage „Pflegtipps Schuhe" verfasst, wäre die Überschrift „Bürsten, eincremen, polieren" nicht optimal gewählt, da der Nutzer nicht auf Anhieb das Thema des Textes erkennt. Besser wäre: „Pflegetipps für Schuhe: So haben Sie lange Freude an Ihren Schuhen."

Innerhalb der Textabschnitte sollten außerdem logische Absätze gewählt werden, um Nutzern einen inhaltlichen Gedankensprung oder Themenwechsel zu signalisieren.

Der Schreibstil von Online-Texten sollte außerdem möglichst kurz und prägnant sein. Kurze Sätze mit aussagekräftigen, starken Verben sind langen, verschachtelten Sätzen und komplizierten Umschreibungen vorzuziehen. Somit wird gewährleistet, dass der Nutzer sich nicht in den Sätzen verliert und die Aussage des Textes schnell aufnehmen kann.

7.5 Aufwertung des Contents

Im zweiten Schritt des Prozesses hin zum optimalen Content liegt der Fokus darauf, den verfassten Text durch zusätzliche Elemente aufzuwerten. Zum einen sollte der Text durch HTML-Tags ergänzt werden, um Suchmaschinen die Bedeutung einzelner Elemente des Textes zu vermitteln. Für die Nutzerfreundlichkeit und eine umfassende Wissensübermittelung für den Nutzer sollte der Text außerdem um multimediale Elemente wie Bilder und Videos sowie relevante interne Verlinkungen ergänzt werden, vgl. Abb. 7.23.

Abb. 7.23 Aufwertung des
Contents

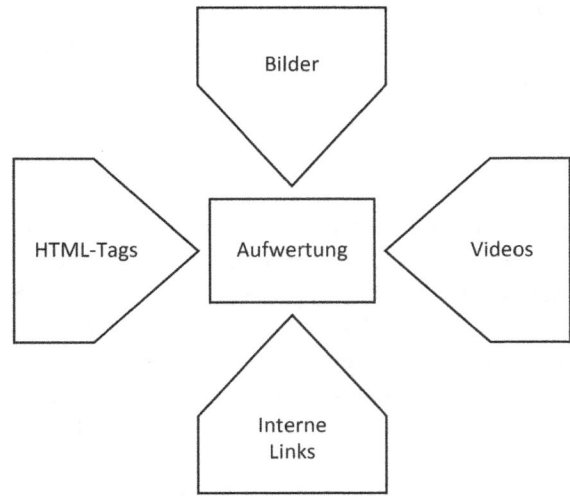

7.5.1 HTML-Tags

Um Suchmaschinen die Struktur eines Textes und die Bedeutung der einzelnen Elemente zu verdeutlichen, muss dieser durch HTML-Tags ausgezeichnet werden. Durch eine solche Auszeichnung wird für Suchmaschinen außerdem auch eine Gewichtung der einzelnen Elemente vorgenommen.

Tabelle 7.2 zeigt, welche HTML-Tags für die Strukturierung eines Textes verwendet werden sollten.

Ebenso wie für die Nutzerfreundlichkeit eines Textes ist es auch für Suchmaschinen wichtig, dass die für die Aussage des Textes relevanten Keywords und Phrasen innerhalb der Elemente eines Textes genannt werden. Die Inhalte einer Hauptüberschrift haben dabei für Suchmaschinen eine höhere Relevanz als die der Zwischenüberschriften oder des Fließtextes und werden somit für die Aussage des Textes höher gewertet.

Pro Seite sollte nur eine <h1> -Überschrift definiert werden, da sie die aus Suchmaschinen-Sicht wichtigste Überschrift ist und ihr die höchste Bedeutung zugewiesen wird.

Semantische HTML-Tags wie <h1>, <h2>, <h3> und <h4> sollten außerdem ausschließlich innerhalb des Contents und für dessen Strukturierung verwendet werden, nicht jedoch für das Design oder Layout einer Seite.

Tab. 7.2 Text- Strukturierung

HTML-Tag	Funktion
<h1>	Hauptüberschrift
<h2>, <h3>, <h4>	Zwischenüberschriften
<p>	Absätze
<div>	Definition eines Block-Elements

Tab. 7.3 Text-Hervorhebung

HTML-Tag	Funktion
<strong> oder <b>	Gefettet
<i>	Kursiv
<u>	Unterstrichen

Um einzelne Phrasen und für die Aussage des Textes relevante Keywords sowohl für Nutzer als auch für Suchmaschinen hervorzuheben, kann der Content außerdem durch sinnvolle HTML-Tags angereichert werden, vgl. Tab. 7.3:

Bei der Verwendung von zusätzlichen HTML-Tags gilt es jedoch, das richtige Maß zu finden. Es sollte vermieden werden, den Text mit Formatierungen zu überladen. Stattdessen sollten maximal die wichtigsten Phasen und Keywords eines Textes hervorgehoben werden, um die Relevanz dieser Wörter sowohl für User als auch für Suchmaschinen zu unterstreichen.

Auch Listenelemente, Aufzählungen und Tabellen sollten durch HTML-Tags in den Content eingebunden werden, um Suchmaschinen die Funktion des Elements zu signalisieren.

Aufzählungen können als unsortierte (<ul>) oder sortierte (<ol>) Listen realisiert werden. Die einzelnen Listeneinträge werden mit dem Tag <li> umgesetzt.

Unsortierte Listen:

```
<ul>
     <li>Variables Listenelement]</li>
     <li>Variables Listenelement]</li>
     <li>Variables Listenelement]</li>
</ul>
```

Sortierte Listen:

```
<ol>
     <li>1. Listenelement</li>
     <li>2. Listenelement</li>
     <li>2. Listenelement</li>
</ol>
```

Sollen Tabellen im Content integriert werden, müssen folgende HTML-Tags verwendet werden:

* <table>: Definiert die Tabelle
* <tr>: Definiert die einzelnen Tabellenzeilen
* <th>: Definiert die Kopfzellen
* <td>: Definiert die einzelnen Datenzellen

Mit dem <div> -Tag wird ein Block-Element bestimmt. Alle Inhalte, die sich innerhalb dieses Elements befinden, werden von Suchmaschinen als Teil des Bereichs interpretiert. Der Einsatz von <div> -Tags ist aus SEO-Sicht zum Beispiel dann sinnvoll, wenn man Google die Inhalte von Bildern oder Videos ergänzend zum ALT-Attribut und Dateinamen näher erklären will. In diesem Fall kann das Bild/Video zum Beispiel zusammen mit der Über- oder Unterschrift innerhalb eines <div> -Elements eingebunden werden.

7.5.2   Publisher- und Author-Tag

Neben den HTML-Tags, die zur Strukturierung eines Textes verwendet werden, können Texte außerdem durch einen Author- und Publisher-Tag angereichert werden. Das *rel = "author"* und *rel = "publisher"*-Attribut dienen dazu, eine Seite mit Google+ zu verknüpfen: Das Publisher-Tag verknüpft eine Seite mit dem Google-Plus-Profil des Unternehmens, wohingegen das Author-Tag eine Seite mit dem Google-Plus-Profil des Autoren der Inhalte einer Seite verknüpft. Doch wann ist der Einsatz des Author- beziehungsweise Publisher-Tags sinnvoll?

7.5.2.1   Das Publisher-Tag

Das Publisher-Tag dient dazu, eine Webseite mit der Unternehmensseite auf Google+ beziehungsweise mit dem Google-Local-Eintrag zu verknüpfen. Ein Vorteil der Verknüpfung der beiden Seiten ist, dass bei Brand-Suchanfragen der Knowledge Graph in den Suchergebnissen ausgespielt wird. Sucht jemand zum Beispiel bei google.de nach „akm3", werden durch die Einbindung des rel="Publisher"-Attributs in den SERPs rechts neben den organischen Suchergebnissen weiterführende Informationen zur AKM3 bereitgestellt, wie beispielsweise Google Maps, Bewertungen und neue Beiträge aus dem Blog.

Dazu muss im Quellcode des <Head> -Bereichs der Webseite seitenweit ein Verweis auf das Google-Plus-Profil des Unternehmens gesetzt werden. Dieser Verweis muss folgendermaßen aufgebaut sein:

```
<link href=https://plus.google.com/{ID der Google+ Seite}" rel="publisher"
/>
```

Der einzufügende Code inklusive der eigenen Google-Plus-ID kann über den Verwaltungsbereich von Google+ herausgefunden werden, indem man im eigenen Profil auf den Reiter „Info" navigiert und hier auf die Option „Ihre Webseite verknüpfen" klickt.

Nach der seitenweiten Integration des Publisher-Tags im <Head> -Bereich der Webseite findet eine Überprüfung durch Google statt. Ob die Verknüpfung erfolgreich war, lässt sich im Google-Plus-Profil erkennen. Es erscheint nach erfolgreicher Verknüpfung im Info-Bereich neben der Webseiten-URL ein grauer Haken, wie in Abb. 7.24.

Das Publisher-Tag ist demnach für alle Unternehmen sinnvoll, die über eine eigene Unternehmensseite auf Google+ und/oder einen Eintrag bei Google Places verfügen.

Abb. 7.24 Publisher Tag

AKM3 GmbH

Paul-Lincke-Ufer 39 10999 Berlin
030 30364361
akm3.de

Marketingberater
Heute 09:00-18:00

+👤 Folgen

532 Follower | **336.029** Aufrufe

7.5.2.2 Das Author-Tag

Anders als das Publisher-Tag ist das Author-Tag nicht für die seitenweite Einbindung geeignet, sondern sollte in den Seitenbereichen einer Webseite verwendet werden, bei denen die Informationsvermittlung im Fokus steht und bei denen die Autoren der Texte deutlich ausgewiesen werden. Dies können zum Beispiel ein Blog, ein Ratgeber, ein Magazin oder Ähnliches sein.

Die Verknüpfung des Autors eines Textes mit dessen Google-Plus-Profil führt dazu, dass im Snippet in den SERPs das Autorenporträt mit ausgegeben wird.

Hierzu ist es zwingend erforderlich, dass der Name des Verfassers des Textes auf der Seite genannt wird. Im nächsten Schritt muss eine Verknüpfung zwischen dem Artikel und dem Google-Plus-Profil des Autors hergestellt werden. Diese sollte auf den Namen des Verfassers gesetzt werden. Dazu wird der Name des Verfassers mit einem Link zu dessen Google-Plus-Profil mit dem Attribut rel="author" versehen:

```
<a href=" https://plus.google.com/+AndreAlpar" rel="author">Andre Alpar</a>
```

Um die Urheberschaft des Artikels zu verifizieren, muss das Google-Plus-Profil des Autors mit einem Link auf den unter seinem Namen erschienenen Artikel verweisen. Dieser kann unter anderem auf der „Über mich"-Seite unter „Links" platziert werden, sollte aber auch auf der Profilseite des Autors gepostet werden. Die korrekte Einbindung des rel="author"-Attributs kann mit dem Rich Snippet Testing Tool überprüft werden: http://www.google.com/webmasters/tools/richsnippets und sieht dann wie in Abb. 7.25 aus.

Ein Vorteil des Author-Tags ist zum einen, dass durch das erweiterte Snippet mehr Aufmerksamkeit auf das Suchergebnis gerichtet wird, da es sich hinsichtlich Größe und farblicher Gestaltung von anderen Suchergebnissen unterscheidet. Zum anderen wirken Suchergebnisse mit Autorenbildern vertrauenswürdiger auf Nutzer, da dann eine reale Person hinter den Inhalten der Seite sichtbar ist, die idealerweise durch ein großes Netzwerk bei Google+ und weitere themengleiche Artikel noch mehr Vertrauenswürdigkeit ausstrahlt. Diese beiden Punkte können dazu führen, dass durch die Verwendung des Author-Tags eine höhere CTR generiert wird.

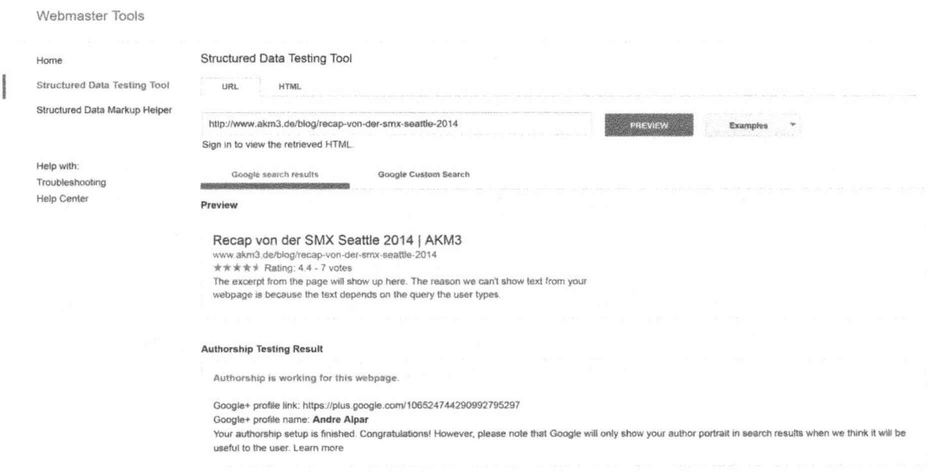

Webmaster Tools

Home

Structured Data Testing Tool

Structured Data Markup Helper

Structured Data Testing Tool

| URL | HTML |

http://www.akm3.de/blog/recap-von-der-smx-seattle-2014

PREVIEW   Examples ▾

Sign in to view the retrieved HTML.

Help with:
Troubleshooting

Help Center

Google search results   Google Custom Search

Preview

Recap von der SMX Seattle 2014 | AKM3
www.akm3.de/blog/recap-von-der-smx-seattle-2014
★★★★☆ Rating: 4.4 - 7 votes
The excerpt from the page will show up here. The reason we can't show text from your
webpage is because the text depends on the query the user types.

Authorship Testing Result

Authorship is working for this webpage.

Google+ profile link: https://plus.google.com/106524744290992795297
Google+ profile name: **Andre Alpar**
Your authorship setup is finished. Congratulations! However, please note that Google will only show your author portrait in search results when we think it will be
useful to the user. Learn more

Abb. 7.25 Autoren-Einbindung

Die Auswahl der für das eigene Unternehmen in die Öffentlichkeit getragenen Autoren sollte jedoch strategisch getroffen werden. Mitarbeiter, deren Autorenporträts in den SERPs ausgespielt werden, werden dadurch automatisch auch zu einem Testimonial des Unternehmens und bauen sich eine eigene Reputation auf. Wer diese möglichst lange für sein Unternehmen nutzen möchte, sollte bei der Auswahl der Autoren eher auf festangestellte Mitarbeiter setzen. Vor allem für Verlagshäuser ist die Verwendung des Author-Tags ein wichtiges Thema, das allerdings strategisch sehr komplex ist und hier nur vereinfacht dargestellt werden kann.

7.5.3 Multimediale Inhalte

Durch die Einbettung von multimedialen Inhalten wie Bildern und Videos auf einer Seite werden Nutzer umfassend zu einem Thema informiert. Die gesuchten Informationen werden ihnen nicht nur in schriftlicher Form, sondern auch optisch und akustisch zur Verfügung gestellt.

Da Suchmaschinen ihren Nutzern stets Seiten mit den bestmöglichen Inhalten liefern wollen, bewerten auch sie das Einbetten multimedialer Inhalte positiv. Zusätzlich dienen multimediale Inhalte dazu, die Inhalte einer Seite zu strukturieren und für den Nutzer übersichtlicher zu gestalten. Vor allem bei reinen Content-Seiten lockern multimediale Elemente die Seitenstruktur auf und erleichtern Nutzern das Lesen.

Auch Nutzer-Metriken wie die Verweildauer auf der Seite profitieren von der Einbettung von Bildern und Videos. In der Regel verweilen Nutzer wesentlich länger auf einer Seite, wenn Bilderstrecken oder Videos eingebunden sind, die sie sich anschauen können. Auch dies kann einen positiven Einfluss auf das Ranking der Seite haben.

Neben der Steigerung der Relevanz und gegebenenfalls auch der Rankings einer Seite durch das Einbetten von multimedialen Inhalten kann durch suchmaschinenoptimierte Bilder und Videos außerdem zusätzlicher Traffic für eine Seite generiert werden, der unabhängig von den organischen Suchergebnissen ist.

Google betreibt neben der Web-Suchmaschine, die am bekanntesten ist, auch eine Bilder- und Video-Suchmaschine. Eine weitere bekannte Video-Suchmaschine ist YouTube. Auf relevante Suchanfragen optimierte Bilder und Videos können in diesen Nischen-Suchmaschinen gefunden werden und für Traffic auf der Seite sorgen.

Durch die Universal Search integriert Google außerdem seit 2007 Ergebnisse der Nischen-Suchmaschinen in den Suchergebnissen der Web-Suche, sodass auch hier durch optimierte Bilder und Videos zusätzlicher Traffic für eine Seite geschaffen werden kann.

7.5.4 Interne und externe Links

Links aus dem Text heraus können als Werkzeug für die Nutzerfreundlichkeit einer Seite eingesetzt werden. Wenn möglich, sollten dem Nutzer daher Links sowohl zu anderen Unterseiten des Webprojektes (interne Links) als auch zu externen Webseiten (externe Links) geboten werden, auf denen er sich weitere Informationen zu dem gesuchten Themenbereich einholen kann.

Außerdem dienen interne Links dazu, den Linkfluss einer Seite gezielt zu steuern und die relevantesten Seiten eines Webprojektes zu stärken. Jeder Link vererbt die Power einer Seite zu einem gewissen Anteil auf die verlinkte Seite. Aus diesem Grund sollte immer erst geprüft werden, ob zu einem Themenbereich eine ergänzende Seite auf dem eigenen Webprojekt existiert, bevor ein Link zu einer externen Domain gesetzt wird.

Um dem Nutzer möglichst umfassende Informationen zu einem Themenbereich bereitzustellen, sollte ihm durch interne und externe Links aus dem Content heraus die Möglichkeit geboten werden, auf sich thematisch ergänzende Seiten zu navigieren.

Wird der Nutzer aus dem Content einer Seite, die sich mit dem Thema „Baufinanzierung" beschäftigt, zum Beispiel durch einen Link auf eine Seite mit der Thematik „Baufinanzierungen im Vergleich" verwiesen, ist dies ein sinnvoll gesetzter Link, der dem Nutzer einen Mehrwert bietet, indem ihm weiterführende Informationen zu dem Themenbereich „Baufinanzierung" bereitgestellt werden.

Im Fokus der Verlinkung aus dem Content heraus sollte jedoch stets die Nutzerfreundlichkeit stehen. Links zu themenfremden Unterseiten, die nur zur Verteilung des internen Linkflusses gesetzt werden, sollten vermieden werden. Ein Link von der Seite über „Baufinanzierung" zu einer anderen Unterseite mit der Thematik „Tagesgeld" ist daher wenig zielführend, da nicht davon auszugehen ist, dass ein Nutzer sich auch für Tagesgeld interessiert, wenn er sich ursprünglich über eine Baufinanzierung informieren wollte.

Wie bei allen Bereichen der Content-Erstellung und -Aufwertung sollte auch bei der internen Verlinkung immer der Nutzen für den User im Vordergrund stehen. Bei jedem

Link sollte man sich daher im Vorfeld die Frage stellen, ob die Informationen auf der verlinkten Seite dem Nutzer bei seiner Fragestellung weiterhelfen beziehungsweise ob die Informationen den Nutzer davon überzeugen werden, ein Produkt zu kaufen oder eine Dienstleistung in Anspruch zu nehmen.

Um den Linkfluss auf der eigenen Seite zu halten, sollten Links zu externen Domains außerdem mit dem NoFollow-Attribut versehen werden (siehe Kap. 6).

7.6   Einbettung des Contents

Nachdem der Content anhand der oben beschriebenen Kriterien verfasst und aufgewertet wurde, findet im letzten Schritt im Prozess zum optimalen Content die Einbettung des Textes in die Seite statt. Je nach Angebot beziehungsweise Segment der Webseite, aber auch in Abhängigkeit von den Seitentypen innerhalb eines Webprojektes liegt dabei ein anderer Fokus auf der Präsenz des Textes. Dieser wird außerdem durch die Intention einer Seite beziehungsweise der zu optimierenden Keywords beeinflusst: Ist es ihr Ziel, einen Sale/Lead zu generieren oder will sie dem Nutzer Informationen bieten?

E-Commerce-Shops mit stark transaktionalen Keywords auf Kategorienebene wie „Hemden" und „Hemden kaufen" versuchen in der Regel, den Text in der Sidebar oder unterhalb der Produktlistings einzubinden, um den Nutzer nicht vom Wesentlichen der Seite – den Produkten – abzulenken. Auf Informationsportalen, deren Intention die Wissensvermittlung ist, steht der Text jedoch in den meisten Fällen im Zentrum beziehungsweise im Body der Seite.

Unabhängig von der Intention beziehungsweise der Funktion einer Seite sollte bei der Einbettung von Content auf Varianz geachtet werden. Sowohl Nutzer als auch Suchmaschinen schätzen eine individuell auf die Inhalte einer Seite angepasste Anordnung der einzelnen Seitenelemente, die nicht immer auf demselben Schema basiert. Um Suchmaschinen zu signalisieren, dass man sich mit den Bedürfnissen und Wünschen seiner Nutzer auseinandergesetzt hat, sollten die Unterseiten des Webprojektes in ihrem Aufbau daher möglichst variieren. Auch auf Nutzer-Metriken wie die Verweildauer auf der Seite und die Absprungrate kann der Aufbau einer Seite Auswirkungen haben.

Der Content sollte daher keinesfalls auf allen Seitentypen eines Webprojektes immer nur an der gleichen Stelle eingebunden werden, sondern in der Einbettung auf der Seite (Body, Sidebar, Footer) variieren und durch weitere Elemente wie zum Beispiel Bilder, Videos oder Conversion-Elemente strukturiert werden.

Abbildung 7.26 stellt einen beispielsweisen Aufbau einer Webseite da.

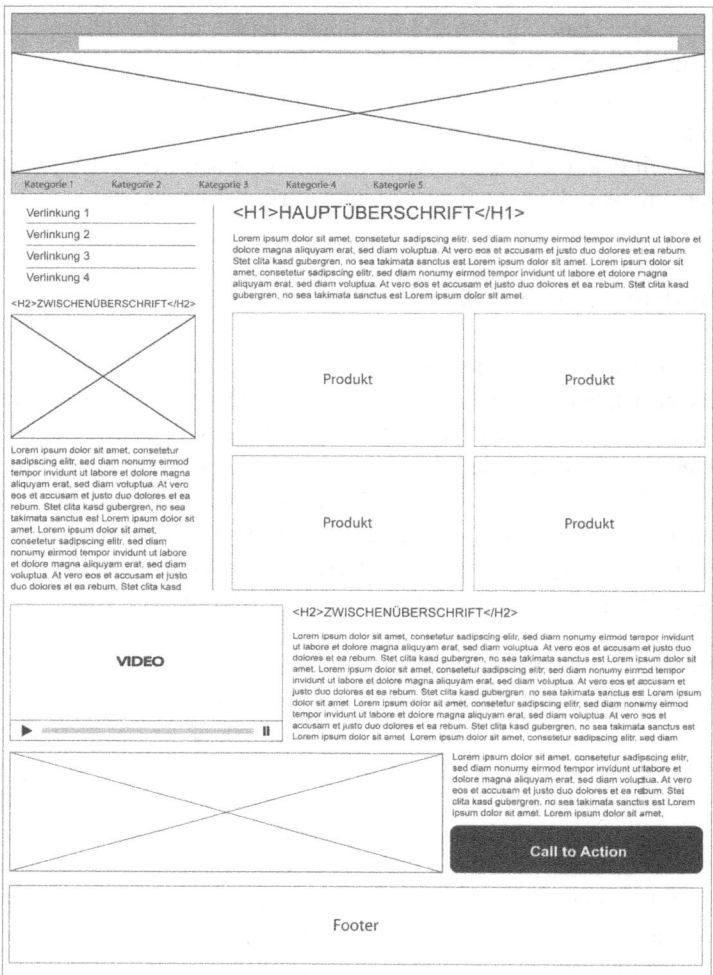

Abb. 7.26 Mock-up

7.7 Aktualität

Suchmaschinen sind nicht nur bemüht, ihren Nutzern die bestmöglichen Inhalte zu liefern, auch die Aktualität der Inhalte ist ein wichtiges Rankingkriterium. Seiten mit einer hohen Aktualität werden Seiten, deren Inhalte schon länger nicht mehr aktualisiert wurden, in den Rankings der organischen Suchergebnisse vorgezogen, da den Nutzern stets die neuesten Informationen und Erkenntnisse zu den Suchanfragen geliefert werden sollen. Die Aktualität von Inhalten ist daher ein wichtiger Rankingfaktor geworden.

Tab. 7.4 Aktualitäts-Faktoren

	Newbie-Bonus	QDF	Freshness durch neue Inhalte
Wirkungsort	Ganze Domain	Einzelne Unterseiten	Einzelne Unterseiten
Wirkungsweise	Einmalig	Eiederkehrend	Wiederkehrend
Auslöser	Launch der Domain	Steigender Traffic und Suchvolumen zu aktuellen Themen	Ergänzung/Anpassung des Textes

Bei der Aktualität von Inhalten wird dabei nach dem Aktualitäts-Faktor einer kompletten Domain sowie nach dem Aktualitäts-Faktor einzelner Unterseiten unterschieden.

Tabelle 7.4 gibt eine Übersicht über die verschiedenen Aktualitäts-Faktoren.

7.7.1 Newbie-Bonus

In der Regel bewertet und rankt Google eine Domain umso besser, je älter sie ist und je mehr Vertrauen sie sich durch zum Beispiel externe Verlinkungen und andere relevante Kriterien wie das Nutzer-Verhalten etc. aufbauen konnte.

Ganz neuen Domains allerdings wird von Suchmaschinen einmalig ein sogenannter Newbie-Bonus gewährt. Dieser bewirkt, dass eine Domain bereits kurze Zeit nach dem Launch zu relevanten Suchbegriffen auf den vorderen Plätzen der organischen Suchergebnisse aufzufinden ist und somit kurzfristig ein starker Anstieg der Sichtbarkeit der Domain in den Suchergebnissen zu verzeichnen ist.

Ziel des Newbie-Bonus von Suchmaschinen ist es zum einen, den Nutzern neue Domains bekannt zu machen und ihnen somit die Möglichkeit zu gewähren, direkt nach dem Launch externe Verlinkungen zu generieren. Zum anderen testen Suchmaschinen die Reaktionen von Nutzern auf die neue Domain. Metriken wie die Verweildauer auf der Domain sowie die Absprungrate sind in diesem Zusammenhang wichtige Kriterien.

Der starke Anstieg der Sichtbarkeit einer neuen Domain in den Suchergebnissen lässt üblicherweise jedoch bereits innerhalb von ein bis zwei Monaten wieder nach, da der Newbie-Bonus zeitlich begrenzt ist und neue Domains daher auch nur für eine bestimmte Zeit von ihm profitieren. Erfahrungsgemäß kehrt sich der starke Anstieg der Sichtbarkeit nach Ablauf des Bonus in einen gleichwertigen Verlust der Sichtbarkeit um, sodass die Domain auf ein ähnliches Niveau zurückfällt wie zu dem Zeitpunkt, bevor der Newbie-Bonus gegriffen hat, vgl. Abb. 7.27.

Der Newbie-Bonus ist also eine einmalige und zeitlich begrenzte Bevorzugung von neuen gegenüber älteren und vertrauenswürdigen Domains, der sich durch technische oder inhaltliche Maßnahmen nicht erneut hervorrufen lässt.

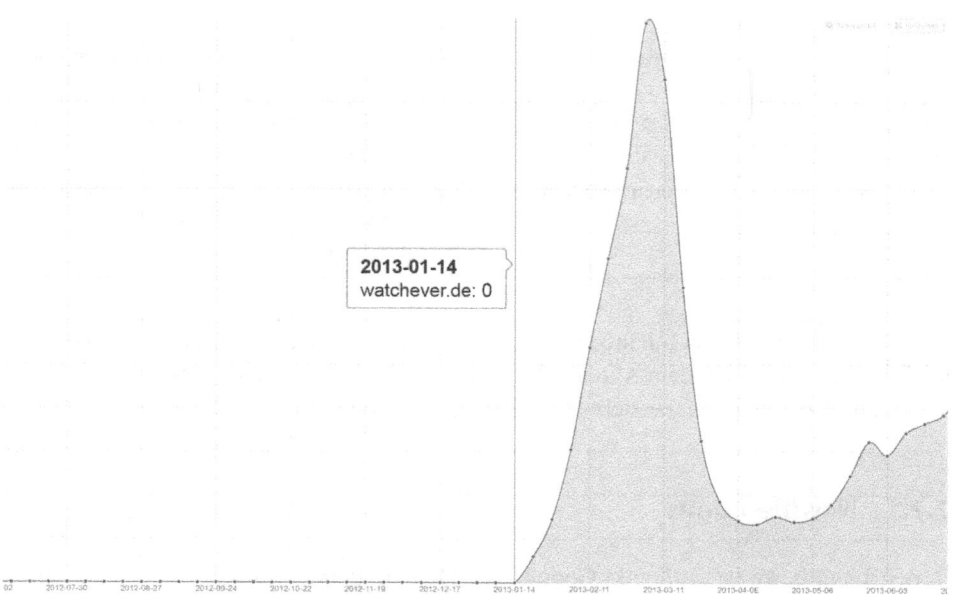

Abb. 7.27 Newbie-Bonus Watchever, (Quelle: https://next.sistrix.de/toolbox/overview/domain/ watchever.de

7.7.2   QDF

QDF (Query Deserve Freshness) bezeichnet einen Ranking-Algorithmus von Google aus dem Jahr 2007, der Einfluss auf das Ranking von neuen Inhalten hat. Von dem Algorithmus sind diejenigen Suchanfragen betroffen, deren Ergebnisse eine ständige Aktualität erfordern beziehungsweise bei denen Nutzer ein Bedürfnis nach aktuellen Informationen haben. Dazu können zum Beispiel sportliche Veranstaltungen wie der Super Bowl, das Champions League-Finale sowie politische Wahlen gezählt werden. Da es zu diesen Ereignissen in kurzen Abständen neue Informationen und Ergebnisse gibt (Wahlprognosen, Vorberichte, Halbzeitstand etc.), ist das Bedürfnis nach stets aktuellen Suchergebnissen in diesen Fällen besonders hoch.

Aber auch bei aktuellen politischen, gesellschaftlichen oder wissenschaftlichen Ereignissen wie einer Naturkatastrophe, dem Tod eines Prominenten oder einem Terrorismus-Angriff greift der QDF-Algorithmus.

Durch die Algorithmus-Änderung im Jahr 2010 (Caffeine) hat die Bedeutung der QDF weiter an Relevanz gewonnen. Durch Caffeine ist es Google möglich, neue (aktuelle) Inhalte schneller zu crawlen und zu indexieren, was außerdem zur Folge hat, dass die aktuellen Inhalte deutlich schneller gerankt werden können.

Der QDF-Algorithmus zieht drei verschiedene Quellen beziehungsweise Kriterien bei der Bewertung von Suchanfragen heran, die einen hohen Aktualitäts-Wert haben:

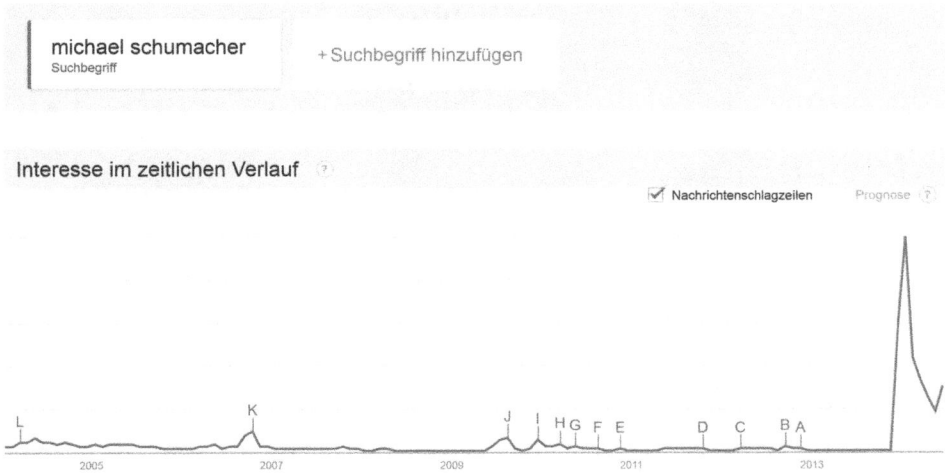

Abb. 7.28 Google Trends

- Nachrichtenseiten
- Blogs und Magazine
- Suchvolumen

Steigt das Suchvolumen zu einem Themenbereich oder einem Suchbegriff innerhalb kurzer Zeit signifikant stark an, wie zum Beispiel zu Michael Schumacher nach seinem Skiunfall im Dezember 2013, und häufen sich gleichzeitig die Berichterstattungen auf den Nachrichtenseiten, Blogs und Magazinen, greift der QDF-Algorithmus. Infolgedessen sind Artikel mit aktuellen Inhalten zu dem Themenbereich beziehungsweise Suchbegriff auf den vorderen Plätzen in den organischen Suchergebnissen aufzufinden und somit besser positioniert als solche, die sich zwar schon lange und umfassend mit dem Themenbereich beschäftigen – und bisher gute Rankings hatten –, aber noch keine aktuellen Informationen zur Verfügung stellen konnten.

Der QDF-Algorithmus greift allerdings nur so lange, wie an einem Themenbereich ein überdurchschnittliches Interesse besteht. Sinken das Suchvolumen und die Berichterstattung zu einem Themenbereich beziehungsweise einem Suchbegriff wieder auf das Niveau vor dem Ereignis, werden die SERPs wieder mit einem Großteil der Ergebnisse besetzt, die vor dem kurzfristigen Ereignis bereits zu dem Suchbegriff gerankt haben, vgl. Abb. 7.28.

7.7.3 Freshness durch neue Inhalte

Unabhängig von Newbie-Bonus und QDF bewertet Google auch das kontinuierliche Hinzufügen von Inhalten auf einer Domain oder das Überarbeiten bereits bestehender Inhalte als positiven Rankingfaktor.

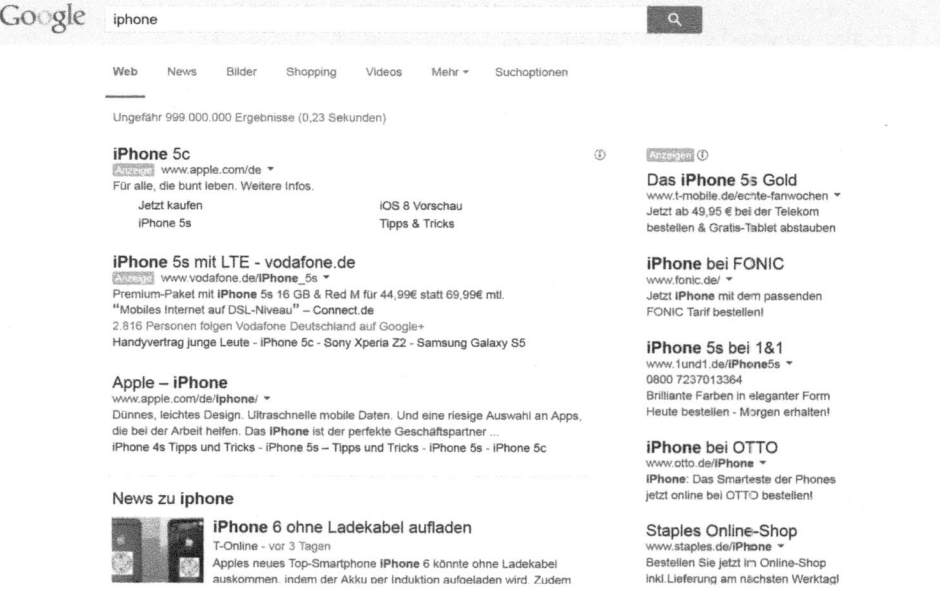

Abb. 7.29 Content-Freshness

Mit dem Freshness-Update Ende 2011 hat Google es sich zum Ziel gesetzt, seinen Nutzern aktuellere und neuere Suchergebnisse bereitzustellen. Das Freshness-Update greift dabei – anders als bei der QDF – jedoch nicht bei einmaligen Ereignissen, an denen das Interesse nach kurzer Zeit wieder nachlässt, sondern bei Themenbereichen, die sich fortlaufend weiterentwickeln oder die saisonalen Charakter haben.

Das Freshness-Update soll zum Beispiel bewirken, dass nach einer allgemeinen Suchanfrage wie „iPhone" in den SERPs vor allem Suchergebnisse des aktuellen iPhone-Modells (iPhone 5s) beziehungsweise Informationen zu dem Nachfolgemodell (iPhone 6, Stand: Januar 2014) gefunden werden können, wie die Meldung in Abb. 7.29.

Google möchte mit diesen Suchergebnissen das Bedürfnis seiner Nutzer bedienen, wobei davon auszugehen ist, dass trotz der allgemeinen Suchanfrage Informationen zu den neuesten iPhone-Modellen gewünscht sind. Eine Übersicht über alle bisherigen Modelle des iPhones würde den Nutzern hingegen – so vermutet Google – nicht die benötigten Informationen liefern.

Auch bei Suchanfragen nach saisonalen beziehungsweise wiederkehrenden Ereignissen wie den Olympischen Spielen, der Fußball-WM/-EM, Weihnachten oder dem Valentinstag möchte Google seinen Nutzern die Ergebnisse liefern, die Informationen zu den jeweils aktuellen Ereignissen zu bieten haben. Sucht ein Nutzer in Deutschland zum Beispiel Anfang 2014 nach „Fußball WM Kader", ist davon auszugehen, dass er nach dem Kader der deutschen Nationalmannschaft bei der Fußball-WM 2014 sucht und nicht nach einer Auflistung aller Kader seit 1930.

7.7.4   Signale für Freshness

Bei der Bewertung der Freshness von Inhalten sind für Suchmaschinen vor allem folgende Signale von Relevanz:

- Veröffentlichungsdatum
- Änderungsfrequenz
- Anzahl eingehender Links und Social Signals

Vor allem neue Informationen beziehungsweise Unterseiten auf einer Webseite, die bereits kurz nach der Veröffentlichung eingehende Links und Social Signals einsammeln können, profitieren von dem Freshness-Update und können vermutlich schnell relevante Rankings aufweisen. Doch auch bereits vorhandene Inhalte können einen Nutzen daraus ziehen, wenn sie ständig aktuell gehalten werden.

Suchmaschinen vermerken, wann sie eine Seite zum ersten Mal gecrawlt haben. Auch die verschiedenen Versionen einer Seite werden nach Änderungen am Content oder der Struktur der Seitenelemente vermerkt und gespeichert. Um zu signalisieren, dass Inhalte stets auf dem aktuellen Wissensstand sind und damit eine hohe Relevanz für Suchanfragen zu dem Themenbereich aufweisen, sollten Inhalte kontinuierlich auf dem neuesten Stand gehalten werden.

Auch die Anzahl der eingehenden Links ist für Suchmaschinen von Bedeutung. Wird eine Unterseite konstant von externen Linkquellen aus verlinkt, deutet dies für Suchmaschinen darauf hin, dass die Inhalte der Unterseite weiterhin relevant für bestimmte Suchanfragen sind und den Nutzern hilfreiche Informationen bieten. Auch die Social Signals einer Seite werden in die Bewertung der Freshness mit einbezogen. Werden die Inhalte der Seite immer wieder in Social Networks geteilt, ist dies ein positives Singal für die Freshness einer Seite.

Oftmals werden bei den Suchanfragen, bei denen der QDF oder das Freshness-Update greift, in den SERPs Google News eingeblendet, wie in Abb. 7.30. Bei der regelmäßigen Veröffentlichung von neuen Inhalten kann daher auch die Wahrscheinlichkeit gesteigert werden, für relevante Suchbegriffe in den Google News-Einblendungen gelistet zu werden, wodurch zusätzlicher Traffic für die Seite generiert werden kann.

7.7.5   Freshness-Faktor strategisch nutzen

Nicht für jeden Webseitentypen ist es strategisch sinnvoll, Zeit und Ressourcen in die Aktualität von Inhalten zu investieren, um damit einen Rankingvorteil zu haben beziehungsweise zusätzlichen Traffic zu generieren. Für Nachrichten-Portale, Ratgeber, Online-Magazine sowie für alle weiteren Webseitentypen, die informationale Suchanfragen bedienen wollen, steht der Freshness-Faktor an höherer Stelle als bei Webseitentypen, die

News zu **iphone**

iPhone 6 ohne Ladekabel aufladen

T-Online - vor 3 Tagen

Apples neues Top-Smartphone **iPhone** 6 könnte ohne Ladekabel
auskommen, indem der Akku per Induktion aufgeladen wird. Zudem
sind ...

Foto-Wettbewerb | Unglaublich! So cool können **iPhone** ...
BILD - vor 22 Stunden

Taiwan-Star zeigt angeblich neues **iPhone** 6 im Netz
DIE WELT - vor 4 Tagen

Weitere Nachrichten für **iphone**

Abb. 7.30 News-Freshness

sich mit Themenbereichen beschäftigen, die keiner ständigen Aktualisierung bedürfen.
Dazu gehören zum Beispiel Online-Shops, deren Fokus klassischerweise auf transaktionalen Keywords liegt. Sowohl aus Nutzer- als auch aus Suchmaschinen-Sicht macht es
wenig Sinn, einen Text für zum Beispiel eine Shop-Kategorie „Jeanshosen" regelmäßig
zu erneuern oder zu erweitern. Im E-Commerce kann sich der Freshness-Faktor höchstens
dann zunutze gemacht werden, wenn ein Wissensbereich (Blog, Magazin, Ratgeber etc.)
integriert ist, in dem über die neuesten Trends der Jeans-Mode, Styling-Tipps oder Ähnliches geschrieben wird.

7.8   Einzigartigkeit

Ein weiteres wichtiges Kriterium von suchmaschinenoptimierten Texten ist deren Einzigartigkeit. Ebenso wie bei wissenschaftlichen Arbeiten gilt es bei Online-Texten darauf zu
achten, dass diese nicht von anderen Quellen kopiert und auf der eigenen Seite veröffentlicht werden – auch nicht in Teilabschnitten. Sind identische Inhalte auf zwei unterschiedlichen Seiten beziehungsweise unter zwei unterschiedlichen URLs erreichbar, wird dies
als Duplicate Content bezeichnet. Ist zum Beispiel ein Text von Seite A in derselben Form
auch auf Seite B veröffentlicht, wird Seite B zu einem Duplikat von Seite A.

Beim Duplizieren von Inhalten ist es unerheblich, ob der komplette Text oder nur Teile
des Textes wie zum Beispiel Textabschnitte auf Seite B dupliziert werden – in beiden Fällen wird Duplicate Content generiert, vgl. Abb. 7.31.

Liegt ein Text in unterschiedlichen Sprachversionen vor, zum Beispiel in Deutsch und
in Englisch, wird er – ebenso wie Zitate – nicht als Duplicate Content gewertet.

Suchmaschinen sind bemüht, das Vorhandensein von Duplicate Content so weit wie
möglich einzugrenzen. In den Suchergebnissen wollen sie ihren Nutzern nicht nur die

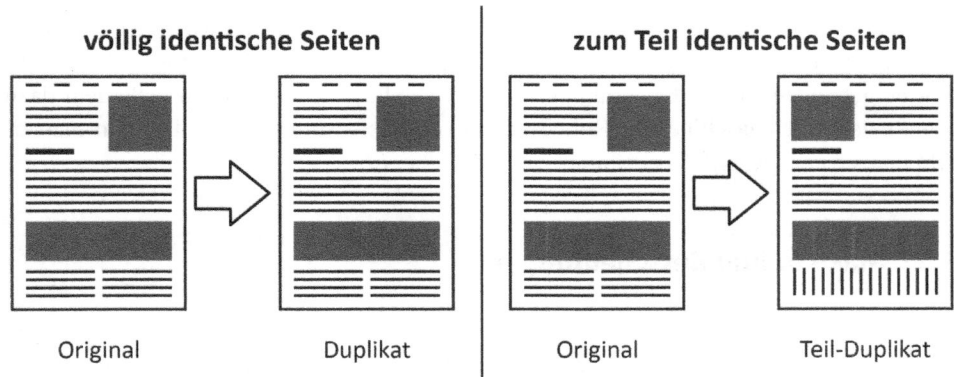

Abb. 7.31 Duplicate Content

bestmöglichen Inhalte, sondern auch Ergebnisse mit unterschiedlichen Inhalten zur Verfügung stellen. Durch einen angepassten Suchalgorithmus soll daher verhindert werden, dass zu einer Suchanfrage unterschiedliche Ergebnisse mit denselben Inhalten auffindbar sind. Dies hat zur Folge, dass lediglich eine der duplizierten Versionen über Suchmaschinen auffindbar gemacht wird; in der Regel ist dies die Version mit den Originalinhalten. Die Ergebnisse mit den duplizierten Inhalten werden dagegen erst auf deutlich schlechteren Ranking-Positionen oder überhaupt nicht angezeigt.

Um für relevante Keywords in den Suchergebnissen gefunden zu werden, ist einzigartiger Content daher unverzichtbar.

Ob für Ihr Webprojekt ein Duplicate Content-Problem besteht, können Sie ganz einfach durch eine Quotation-Abfrage bei Google herausfinden. Dazu sollten ein bis zwei Sätze des Textes einer Seite in Anführungszeichen in den Suchschlitz bei Google eigegeben werden. Google zeigt daraufhin alle Seiten aus dem Suchmaschinen-Index an, auf denen derselbe Text eingebunden ist, wie in Abb. 7.32. Idealerweise sollte hier nur ein Suchergebnis geliefert werden, nämlich das mit den Original-Inhalten.

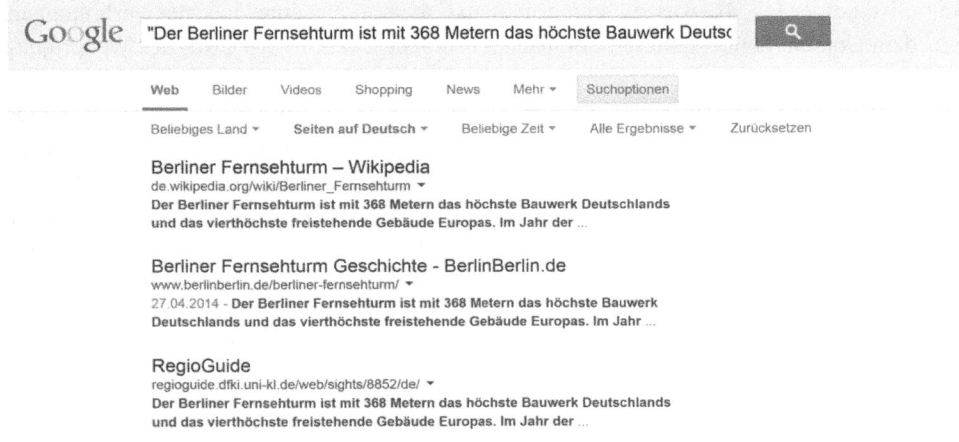

Abb. 7.32 Duplicate Content Fernsehturm

Besteht eine Domain zu einem großen Teil aus Duplicate Content, wirkt sich dies nicht nur negativ auf die Rankings der Unterseiten einer Domain aus, auf denen Duplicate Content eingebunden ist; die Generierung von viel Duplicate Content kann außerdem dazu führen, dass Suchmaschinen die Relevanz und Vertrauenswürdigkeit der Domain anzweifeln und sie gegebenenfalls abstrafen.

7.9   Make or buy-Entscheidungen

Die Bedeutung von informativem und einzigartigem Content wurde in den vorherigen Kapiteln bereits ausführlich beschrieben. Nicht allen Unternehmen ist es aufgrund von internen Ressourcen jedoch möglich, abhängig von der Größe eines Webprojektes mehrere hundert hochwertige Texte zu verfassen. Aus diesem Bedarf heraus haben sich in den letzten Jahren vermehrt Anbieter auf dem Markt etabliert, an die die Erstellung von suchmaschinenoptimiertem Content ausgelagert werden kann.

Das Outsourcing der Content-Erstellung hat dabei sowohl Vor- als auch Nachteile.

7.9.1   Vorteile

Die Vorteile des Outsourcings der Content-Erstellung liegen vor allem in der Produktivität und Schnelligkeit. Je nach Anbieter oder Größe der beauftragten Agentur können durch diese problemlos umfangreiche Content-Aufträge innerhalb kürzester Zeit abgedeckt werden, für die eine interne Redaktion deutlich mehr Zeit investieren müsste. Außerdem kann auf externe Anbieter in der Regel relativ kurzfristig zurückgegriffen werden, wodurch zum Beispiel mangelnde interne Ressourcen ausgeglichen werden können.

Ergänzend zu der Content-Erstellung bieten einige externe Unternehmen außerdem einen Full-Service an. Dies bedeutet, dass nicht nur nach SEO-relevanten Gesichtspunkten optimierter Content geliefert wird; vielmehr wird dieser bei Bedarf außerdem auch in vollständiger HTML-Auszeichnung inklusive themenrelevanter interner Verlinkungen aus dem Content heraus geliefert und nach Absprache direkt in das CMS des Webprojektes eingepflegt.

Ein weiterer Vorteil des Outsourcings der Content-Erstellung ist, dass einige Anbieter sich nicht nur auf die Erstellung von deutschem Content spezialisiert haben, sondern auch Content in anderen Sprachversionen anbieten. International tätige Unternehmen müssen sich daher nicht für jedes Land, in dem sie aktiv sind, separat um die Content-Erstellung kümmern, sondern können alle internationalen Webprojekte durch einen Anbieter mit Content beliefern lassen.

7.9.2 Nachteile

Ein Nachteil des Outsourcings der Content-Erstellung liegt in der fehlenden Identifikation von externen Redakteuren mit den zu beschreibenden Inhalten. Im Gegensatz zu internen müssen Redakteure von externen Anbietern in der Lage sein, sich in eine Bandbreite von Themenbereichen hineinzuversetzen, um informative und glaubwürdige Texte verfassen zu können. Sie sind daher nicht wie interne Redakteure Experten für einen Themenbereich, sondern für viele.

Dies hat zur Folge, dass externe Redakteure eine längere Einarbeitungs- und Recherchezeit in Fachthemen benötigen. Auch in firmeninterne Wording-Richtlinien müssen sich externe Redakteure erst einarbeiten.

Um die Zusammenarbeit mit externen Content-Anbietern möglichst effektiv zu gestalten, ist daher ein ausführliches Briefing unverzichtbar. Dieses sollte grundlegenden Input zu dem zu beschreibenden Themenbereich, Fachvokabeln, Verweise auf hilfreiche Weiterbildungsmöglichkeiten sowie eine Wording-Guideline an die externen Redakteure vermitteln. Auch eine Korrekturschleife mit den ersten erstellten Texten und einem Mitarbeiter des Unternehmens, für das die Texte verfasst werden sollen, kann den Prozess des Content-Outsourcings positiv beeinflussen.

Sollte ein Themenbereich fachlich so speziell sein, dass nur geschulte Mitarbeiter des Unternehmens in der Lage sind, fundierte und informative Texte zu verfassen, bieten einige externe Content-Anbieter auch Schulungen für diese Mitarbeiter an, in denen ihnen die Grundlagen eines suchmaschinenoptimierten Textes vermittelt werden.

Zusammenfassend lässt sich also sagen, dass das Outsourcing der Content-Erstellung an externe Anbieter vor allem dann sinnvoll ist, wenn innerhalb kurzer Zeit viel Content benötigt wird. Dies ist zum Beispiel der Fall, wenn ein neues Webprojekt gelauncht wird und alle Kategorie- und gegebenenfalls auch Produktseiten initial mit Content befüllt werden müssen.

Auch bei der Internationalisierung von Webprojekten bietet das Outsourcing der Content-Erstellung den Vorteil, dass zeitnah Content in vielen unterschiedlichen Sprachen erstellt werden kann, den die interne Redaktion aufgrund mangelnder Sprachkenntnisse nicht liefern kann.

Content für Seiten, bei denen es besonders wichtig ist, mit den Wording-Richtlinien des Unternehmens konform zu gehen, sollte hingegen erfahrungsgemäß besser intern erstellt werden. Dazu gehört zum Beispiel der Content für Service-Seiten, die allerdings für SEO üblicherweise nicht relevant sind.

Auch für die kontinuierliche Befüllung des Wissensbereiches einer Webseite, wie zum Beispiel Blog, Ratgeber, Glossar oder Magazin, ist es in den meisten Fällen strategisch sinnvoller, auf die interne Redaktion zurückzugreifen.

Offpage-Marketing: Linkmarketing 8

Zusammenfassung

Jeder Link hat immer eine Linkquelle, das heißt eine URL, von der er ausgeht, und ein Linkziel, das heißt eine URL, auf die er verweist. Der Link stellt eine gerichtete Verbindung „von Quelle nach Ziel" dar. Jede Art Link kann aus dem Blickwinkel der Suchmaschinen als eine Empfehlung oder Betonung interpretiert werden. Das Thema Links ist daher bei Suchmaschinenoptimierern von hoher Relevanz. In diesem Kapitel wird insbesondere auf die Art Links eingegangen, die von einer anderen Webseite auf die zu optimierende Webseite verweisen. Um frei von Missverständnissen in die Materie einsteigen zu können, soll zunächst die für das Offpage-Marketing relevante Art von Links von anderen Linkarten klar differenzierbar gemacht werden.

8.1 Links aus Perspektive des Offpage-Marketing

In Abb. 8.1 ist an einer der Achsen jeweils Linkquelle und Linkziel abgetragen. Bei beiden unterscheiden wir zwischen der eigenen zu optimierenden Seite und externen Seiten.

Führt ein Link von einer eigenen Seite auf eine andere URL innerhalb der eigenen Domain, so handelt es sich um einen sogenannten **internen Link**. Das Thema interne Links wurde in diesem Buch bereits in Kap. 6 zur strategisch-technischen Onpage-Optimierung behandelt. **Externe Links** sind solche, die die eigene Seite mit anderen Internetseiten verbinden. Externe Links müssen weiter unterschieden werden in **eingehende und ausgehende Links**. Ausgehende Links sind externe Links, die von der eigenen Seite zu einer anderen Internetseite verweisen. Ein Kennzeichen von gutem Content für Onpage-SEO sind unter anderem gute externe ausgehende weiterführende Links, die dem Leser des Inhalts beim Wunsch nach Vertiefung des Themas gut weiterhelfen. Beide Linkarten, bei denen die Linkquelle die eigene Seite ist, gehören demnach in den Bereich des Onpage-

Abb. 8.1 Linkquellen und
Linkziele

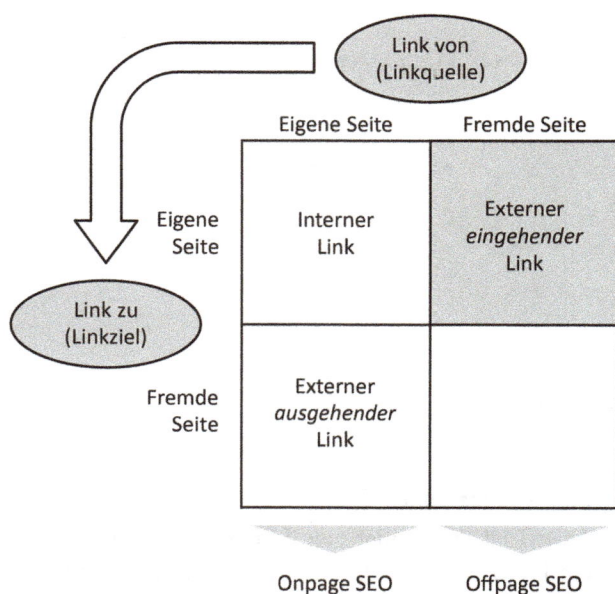

SEO. Geht ein Link von einer anderen Internetseite zur eigenen, so handelt es sich um
einen externen eingehenden Link. Das vorliegende Kapitel hat nur diese Art von Links
zum Inhalt. Im Linkmarketing steht die Summe der externen eigenen Links, deren Quali-
tätsevaluierung, Ausbau und gegebenenfalls auch Abbau im Fokus.

8.1.1 Verteilung und Vererbung von Linkpower

Links – egal welcher Art – sind eine Empfehlung. Je bedeutender derjenige ist, der eine
Empfehlung ausspricht, desto bedeutender ist auch die Empfehlung. Nach Meinung des
Suchmaschinenoptimierers sorgt ein Link dafür, dass jede Seite eine gewisse Kraft/Be-
deutung/Autorität hat, die durch Links (interne wie externe) weitergegeben, verteilt oder
vererbt wird. Es gibt keine einheitliche Sprache im SEO, sodass das abstrakte Konzept je
nach Interpretation in den Köpfen von SEOs unterschiedlichste Namen hat, obwohl immer das Gleiche gemeint ist. Die Empfehlungsintensität, die ein Link weitergeben kann,
wurde früher vereinfachend als PageRank bezeichnet; heute jedoch weiß man, dass das
Konstrukt komplexer ist, und so ist die Anzahl der Begrifflichkeiten hier gestiegen und
uneinheitlich geworden, wie beispielsweise Linkjuice, Linkpower, Authority etc. Auf die
Bestandteile der Qualitätsbewertung eines (externen eingehenden) Links soll in einem
späteren Abschnitt dieses Kapitels ausführlich eingegangen werden.

Um zu verstehen, woher die Notwendigkeit für Linkmarketing kommt, sollen in diesem Abschnitt zwei dem Linkmarketing vorausgehende Betrachtungen erfolgen. Zum
einen soll aufgezeigt werden, wie Suchmaschinen eine nicht optimierte Website mit den

Abb. 8.2 Wahrnehmung der
Suchmaschine

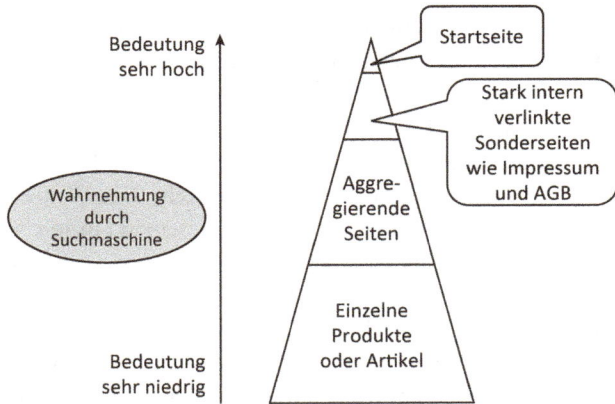

Standardeinstellungen von handelsüblichen Content-Management-Systemen von ihren internen Links her wahrnehmen, und zum anderen, woher Webseiten üblicherweise externe Links erhalten, wenn sie kein aktives Linkmarketing betreiben, sondern nur passiv auf Links warten oder hoffen.

In Abb. 8.2 sind die Mengen aller Seiten als Pyramide dargestellt. Wir gehen hier von einer sehr häufig auftretenden Form der Webseite aus, wobei es natürlich auch hiervon abweichende Seiten gibt. Anhand dieser prototypischen Webseitenart sollen Prinzipien erklärt werden, die dann auch auf andere Arten von Webseiten übertragen werden können.

Die Fläche innerhalb der Felder soll einen Hinweis darauf geben, wie groß im Vergleich die Menge der Seiten ist, die beschrieben werden. Die vertikale Achse zeigt die Wahrnehmung der Bedeutung seitens der Suchmaschinen.

Die Startseite ist in den Augen der Suchmaschine immer die wichtigste Seite einer Domain. Als zweitwichtigste Elemente folgen alle URLs, die „sitewide" (also von jeder Seite der Domain aus) intern verlinkt sind. Beispiele für diese Art der Unterseite sind das Impressum oder die AGB. Danach kommen diejenigen Seitentypen, die aggregieren, also im Fall einer Verlagsseite zum Beispiel Ressorts oder bei einem Online-Händler eine Produktkategorie. Die Anzahl der aggregierenden Seiten ist insbesondere durch die Kombinationsmöglichkeiten von Produkteigenschaften in einem Online-Shop oder den unterschiedlichen Themenbereichen eines einzelnen Artikels bei einer Publikation schon von relevantem Umfang. Diese sind häufig und damit stark intern verlinkt, aber nicht so stark wie diejenigen Seiten, die auf jeder Unterseite (also sitewide intern) verlinkt sind. Die breite Basis der Pyramide bildet bei einer Publikation die Menge der einzelnen Artikel und bei einem Online-Shop die Menge der einzelnen Produkte. Deren Anzahl ist zwar am größten, auf die einzelne URL bezogen jedoch am schwächsten intern verlinkt. Dies interpretiert die Suchmaschine so, dass dies für den Betreiber der Website entsprechend auch die Seiten von geringster Bedeutung sind. Dieses Schaubild zeigt also die Wahrnehmung der Website durch die Suchmaschine alleine anhand der Interpretation der internen Links.

Abbildung 8.3 ergänzt diese Betrachtung um zwei weitere Perspektiven. Zum einen wird kenntlich gemacht, welcher Seitentyp in der Regel welche kommerzielle Bedeutung für SEO hat, und zum anderen, wo externe eingehende Links üblicherweise hin verweisen, wenn keine aktive Linkmarketing-Bemühung dahintersteckt. Ein vollständig schwarz ausgefüllter Kreis steht dabei für eine sehr hohe Bedeutung, während ein „leerer" weißer Kreis für eine sehr geringe Bedeutung steht. Des Weiteren wurden die Typen von Seiten, die in großer Menge auftauchen, ausdifferenziert in solche, die indexierbar sind, und andere, die nicht indexierbar sind. Auf das Indexierungsmanagement, vor dessen Hintergrund diese Aufteilung getroffen wird, wurde in Kapitel 6 ausführlich eingegangen. Zur Wiederholung soll hier der wichtigste Gedanke nochmals wiederholt werden. Es ist sehr sinnvoll, gerade Seitentypen, die in großer Menge vorhanden sind, auf die Erfolgspotenziale für SEO hin zu bewerten – falls diese eher nicht gegeben sind, so können sie durch einen Ausschluss aus der Indexierung von den SEO-Bemühungen herausgenommen werden, was die SEO-Chancen der indexierbaren Seiten erhöht.

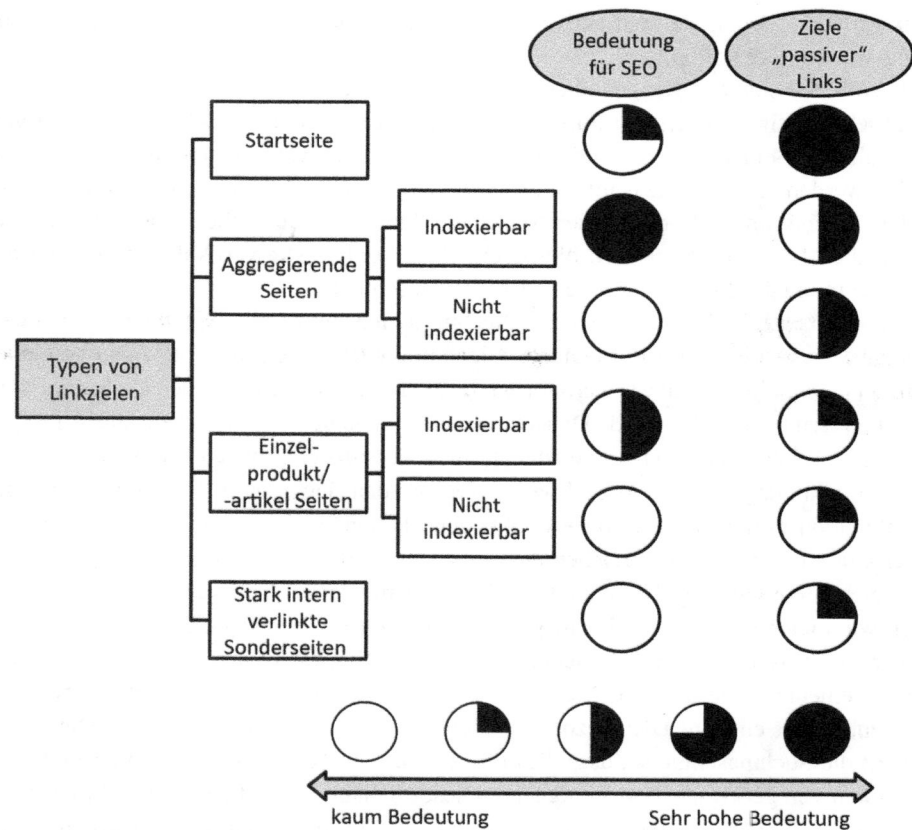

Abb. 8.3 Typen von Linkzielen

In der Grafik ist zusammengefasst dargestellt, wie sich aufgrund der Erfahrungswerte der Autoren die Realität für viele Webseiten gestaltet. Man sieht ein deutliches Delta zwischen der Bedeutung für SEO und den Zielen passiv erhaltener externer eingehender Links. Das Bemühen um das Verringern dieses Deltas ist eines der Ziele des Linkmarketings.

8.1.2   Notwendigkeit des Linkmarketing

In den 1990er Jahren hat Google den Suchmaschinenmarkt aufgewirbelt und seitdem massiv verändert. Dies ist darauf zurückzuführen, dass nicht mehr ausschließlich der Inhalt einer Seite evaluiert wird, um die Rankings zu bestimmen, sondern zusätzlich auch die externen eingehenden Links der Seite (gerne auch Backlinks genannt). Seit damals hat sich der Rankingalgorithmus in über 200 verschiedene Faktoren heruntergekliniert, von denen sicherlich viele einen Aspekt der Backlinks betreffen. Historisch betrachtet waren Links bei der Suchmaschinenoptimierung für Google der eine überragende Rankingfaktor. In 2012 und 2013 wurden mehrere Iterationen von Googles Algorithmus-Update Penguin in die Suche integriert. Gerade dieses Update zielte darauf ab, im Bereich Links aus Sicht von Google besser einerseits zwischen Qualität und Quantität und andererseits zwischen gezielten aggressiv-gierigen SEO-Bemühungen und unbeeinflusstem Gewinn von Links unterscheiden zu lernen. Auf die Frage, wie sich die Bedeutung von Backlinks in Zukunft entwickeln wird, hat das personifizierte Sprachrohr von Google, wenn es um SEO-Themen geht, Matt Cutts (https://www.youtube.com/watch?v=iC5FDzUh0P4), im Sommer 2014 sehr deutlich formuliert, dass in Relation zu anderen Faktoren Backlinks einen Bedeutungsverlust zu erwarten haben, dies aber von einem sehr hohen Ausgangsniveau aus. Ebenfalls wurde bestätigt, dass Backlinks für viele, viele Jahre einen essenziellen Faktor darstellen und nur geringfügig weniger wichtig sein werden. Insbesondere wurde in der Formulierung hervorgehoben, dass bei der Betrachtung einer Domain als Ganzes Links sehr wichtig seien. Wenn es um die Evaluierung einer konkreten URL und eines spezifischen Contents geht, hält Google intensiv Ausschau nach anderen Faktoren, die ergänzend zu Links zur Evaluierung herangezogen werden können. Wir gehen innerhalb dieses Buchs sowohl auf Linkbewertungsfaktoren, auf Domain- als auch auf URL-Ebene ein und erfassen damit alles, was für ein langfristig robustes und erfolgreiches Linkmarketing von Relevanz ist.

8.2   Linkbewertung

Als Einstieg in das vielseitige und komplexe Thema der Backlinks wird in diesem Kapitel zunächst eingehend erläutert, wie ein einzelner Link auf verschiedenen Betrachtungsebenen und anhand unterschiedlicher Kriterien bewertet werden kann. Den Abschluss bildet eine kurze Anregung, wie aus der Summe der Bewertungskriterien dann ein „Gesamtwert" des einzelnen Backlinks bestimmt werden kann.

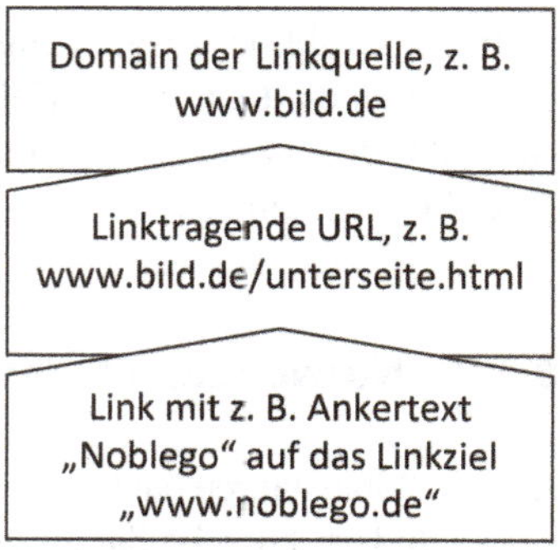

Abb. 8.4 Bewertungsebenen
eines Links

```
┌─────────────────────────────┐
│   Domain der Linkquelle, z. B.│
│          www.bild.de          │
└──────────────┐   ┌───────────┘

┌──────────────┘   └───────────┐
│    Linktragende URL, z. B.    │
│   www.bild.de/unterseite.html │
└──────────────┐   ┌───────────┘

┌──────────────┘   └───────────┐
│  Link mit z. B. Ankertext     │
│  „Noblego" auf das Linkziel   │
│      „www.noblego.de"         │
└───────────────────────────────┘
```

8.2.1 Perspektiven der Linkbewertung

Abbildung 8.4 stellt die drei Ebenen dar, auf denen sich unterschiedliche Kriterien zur Bewertung eines Links finden.

Die Bewertung eines bestehenden oder potenziell zu gewinnenden Backlinks fängt immer mit der Domain an, die den Link trägt oder tragen soll. Wenn diese den selbst gesetzten Qualitätsrichtlinien nicht entspricht, kann die Evaluierung hier bereits abgeschlossen werden. Eine Ebene tiefer werden Kriterien betrachtet, die sich nicht auf die gesamte Domain mit all ihren URLs, sondern nur auf die eine URL beziehen, die den zu evaluierenden Backlink trägt. In der offiziellen Kommunikation wird die einzelne URL „Page" (zu Deutsch: Seite) genannt. Auch hier gilt: Entspricht diese den selbst gesetzten Qualitätsrichtlinien nicht, so kann die Bewertung abgebrochen werden. Noch eine Ebene tiefer stehen die bewertbaren Eigenschaften des Links selbst.

Abbildung 8.5 stellt die Perspektiven nebeneinander dar und listet einige Beispielkriterien auf, hinsichtlich derer man einen Link aus der jeweiligen Perspektive bewertet. In den nächsten drei Abschnitten werden für jede Perspektive die wichtigsten Linkbewertungskriterien beschrieben und Indikationen gegeben, was hinsichtlich des Betrachteten einen „guten" von einem „schlechten" Link unterscheidet. Die dahinterliegende Vermutung ist, dass sich jedes hier vorgestellte Bewertungskriterium eben im Suchmaschinenalgorithmus als einer der über 200 Faktoren wiederfinden lässt. Wie zu sehen sein wird, gibt es auf Domain-Ebene mit Abstand die meisten Bewertungskriterien. Das ist insbesondere deswegen wichtig, weil gerade für die Betrachtung auf Domain-Ebene von Google bestätigt wurde, dass Links hier sicherlich auf lange Zeit den wichtigsten Bewertungsfaktor darstellen werden.

Bei der qualitativen Einordnung der verschiedenen Ausprägungen bei allen folgenden Kriterien gilt immer, dass die Aussagen ceteris paribus gelten. Werden also zwei Links miteinander verglichen, die hinsichtlich aller anderen Kriterien exakt gleich sind und sich nur in diesem einen gerade aktuell betrachteten Kriterium unterscheiden, so kann die Aussage getroffen werden, dass der eine Link „besser" oder „wünschenswerter" ist als der andere.

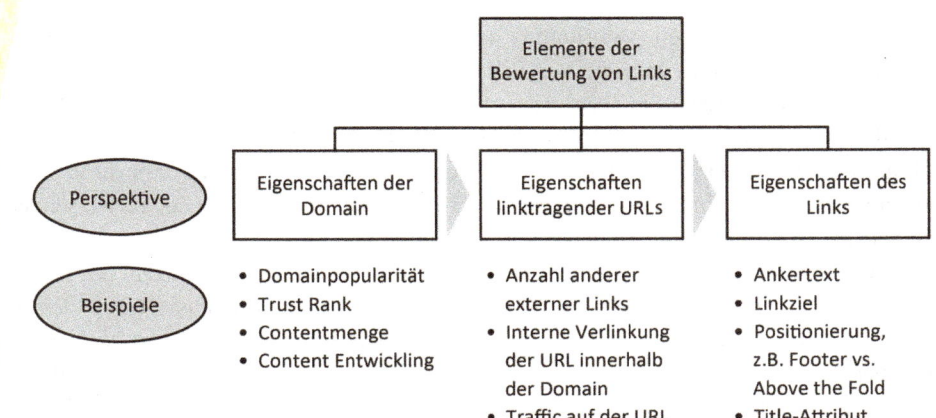

Abb. 8.5 Perspektiven der Linkbewertung

8.2.2 Eigenschaften der Domain

Beim Eintauchen in die zahlreichen und vielfältigen Kriterien wird schnell deutlich, dass einige zugänglicher und nachvollziehbarer sind und andere zur Analyse einer spezialisierten Software und technischen Know-hows bedürfen. Die meisten Kriterien lassen sich in eine der folgenden drei Subgruppen einordnen, vgl. Tab. 8.1.

8.2.2.1 PageRank

Der PageRank ist eine Methode, um Webseiten im Internet hinsichtlich ihrer Bedeutung zu gewichten. Im Namen der Kennzahl findet sich die offensichtliche Referenz auf einen der Erfinder: Larry Page ist einer der beiden Gründer von Google, der mit seinem Mit-

Tab. 8.1 Eigenschaften von Domains

Kategorie	Ratio	Kriterien in dieser Kategorie
Offpage	Es werden die Backlinks der Domain, von der aus das Linkziel verlinkt wird, unter unterschiedlichen Aspekten evaluiert	PageRank, TrustRank, Domain-Popularität, Host-Popularität, Backlink-Entwicklung im Zeitverlauf
Onpage	Es werden die Inhalte der Domain jenseits von der URL bewertet, die später den eigentlichen Link zum Linkziel trägt	Entwicklung der Content-Menge, Social Signals auf aktuellem Content, Art der sonstigen externen ausgehenden Verlinkung
SEO-Ergebnisse	Es wird bewertet, inwiefern die Linkquelle selbst gute SEO-Ergebnisse bei Google bringt	Entwicklung der Sichtbarkeit, Verteilung in den Serps, branchenrelevante Rankings

gründer Sergey Brin diesen Algorithmus patentiert und zur Grundlage von Google gemacht hat. In der Essenz versucht der PageRank eine Aussage darüber zu treffen, wie
wahrscheinlich es ist, dass ein User, der zufällig durch Verlinkungen zwischen Websites
durch das Internet stöbert, eine bestimmte Webseite erreicht. Je mehr Links also auf eine
bestimmte Domain verweisen, umso höher ist die Wahrscheinlichkeit, dass diese Seite
von dem zufällig stöbernden Nutzer besucht wird. Je höher das Gewicht der verweisenden
Seiten selbst ist, desto größer ist der Effekt.

Zu den Anfangszeiten von Google war der PageRank eine interne Kennzahl des Unternehmens. Google brachte jedoch irgendwann eine eigene Toolbar heraus – einen kleinen
Werkzeugkasten für die damals etablierten Browser. Darin konnte sich jeder Nutzer optional den PageRank anzeigen lassen. Noch heute gibt es eine Seite bei Google (https://
support.google.com/toolbar/answer/79837?hl=de), die zeigt, wie das damals aussah, vgl.
Abb. 8.6.

Hier steht auch für den Endkunden vereinfachend zusammengefasst:

> Halten Sie den Cursor über die Schaltfläche PageRank, um die Relevanz der entsprechenden
> Webseite gemäß Google zu sehen. Webseiten mit einem höheren PageRank werden mit einer
> höheren Wahrscheinlichkeit am Anfang der Google-Suchergebnisse angezeigt.

Suchmaschinenoptimierer haben schnell erfasst, dass dies die Recherche nach guten Quellen extrem vereinfacht, und Google stellte seine Bemühungen, dass der in der Toolbar an-
gezeigte PageRank dem tatsächlichen internen PageRank des Algorithmus entspricht, ein.
Leider ist der Mythos des PageRank als einziges und wichtigstes Bewertungskriterium für
Backlinks nicht aus der Welt zu schaffen, auch wenn die Aufklärung voranschreitet. In Bezug auf den PageRank ist noch erwähnenswert, dass sich diejenige Version, die in Googles
Algorithmus eine Rolle spielt und kontinuierlich, in kurzen Rhythmen berechnet wird,
heutzutage extrem unterscheidet von dem, was extern zugänglich ist und als „Toolbar
PageRank" bezeichnet wird (und dessen Wert nur etwa zwei Mal jährlich neu berechnet
wird). Genau genommen gilt es in der SEO-Branche als sicher, dass Google ganz bewusst
den „Toolbar PageRank" bei sehr vielen Domains und URLs falsch anzeigt, um so ein
systematisches SEO zu erschweren. Die Autoren dieses Buches teilen die Einschätzung
des größten Teils der Branche, der zufolge der „Toolbar PageRank" zwar analysierbar,
heutzutage aber so stark verfälscht ist und auch so selten und nicht-deterministisch erneu-

Abb. 8.6 Pagerank in der
Google Toobar

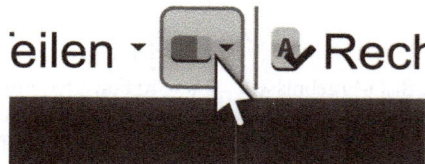

ert wird, dass er als Linkbewertungskriterium nur wenig taugt – und wenn, dann nur auf Domain-Ebene und nicht auf Ebene einzelner URLs oder Seiten.

8.2.2.2 TrustRank

Das Konzept des TrustRank geht zurück auf eine Veröffentlichung zweier Forscher der Universität Stanfords und eines Mitarbeiters der Suchmaschine Yahoo im Jahr 2005 (http://ilpubs.stanford.edu:8090/770/1/2004-52.pdf). Wie im vorigen Abschnitt beschrieben, nimmt der PageRank bei seiner Berechnung vor allem die Perspektive der Quantität von Links ein – aus seiner algorithmischen Sicht sind alle Seiten gleich. Der TrustRank-Algorithmus geht an diese Thematik modifiziert heran. Die Grundidee dahinter ist, dass es eine manuell erstellte Liste von Webseiten absolut bester Qualität gibt. In den Augen der Erfinder sind dies zum Beispiel offizielle Staatsseiten (die in den Vereinigten Staaten. gov Domains haben) oder Universitäten. Von dieser Menge absolut vertrauenswürdiger Seiten aus wird dann versucht, für eine zu evaluierende Seite zu berechnen, wie weit sie von den absolut vertrauenswürdigen Seiten entfernt ist, also mit wie vielen Links über wie viele verschiedene Domains sie erreichbar wäre. Je „näher" eine Seite an den absolut vertrauenswürdigen Seiten ist, desto höher ist ihr TrustRank und entsprechend besser sind die Voraussetzungen, in den Suchergebnissen auf sehr guten Positionen angezeigt zu werden. Google hat 2011 verneint (https://www.youtube.com/watch?v=ALzSUeekQ2Q), dass exakt dieser Algorithmus unter genau diesem Namen genutzt wird. Es wurde allerdings bestätigt, dass mehr betrachtet wird als nur der PageRank, um die Vertrauenswürdigkeit und Autorität einer bestimmten Domain einzuschätzen. Der TrustRank ist für das SEO sicherlich ein wichtiges theoretisches Konzept, allerdings lässt er sich in der Praxis kaum sinnreich eruieren. Es gibt keine Informationen darüber, welche Webseiten der ursprünglichen Gruppe sehr vertrauenswürdig sind, und die Software, die zur Backlink-Analyse heutzutage zur Verfügung steht, ist auf die Bewertung solcher mehrstufigen (also über mehrere Domains hinweggehenden) Analysen angelegt. In der Regel wird versucht, auf umsetzbarere Bewertungskriterien zurückzugreifen, die dann aber auf genau dieser Idee des TrustRank aufbauen und mit zur Verfügung stehenden Tools, Wissen und Erfahrung zügig bewertbar sind. Ein sehr robuster Ansatz besteht darin, die Backlinks der zu bewertenden Domain nach Links von besonders vertrauenswürdigen Seiten so zu durchsuchen, wie es im folgenden Abschnitt erklärt wird.

8.2.2.3 Links von vertrauenswürdigen Seiten

Da dieses Bewertungskriterium in der Praxis häufig und intensiv genutzt wird, sollen hier mögliche Missverständnisse ausgeräumt werden. Wie Abb. 8.7 zeigt, geht es hier um die Bewertung der Backlinks der Linkquelle, von welcher der Link stammt, der eigentlich bewertet wird.

Nachdem klar ist, welche Links eigentlich evaluiert werden, ist noch zu klären, was üblicherweise als vertrauenswürdige Seite eingestuft wird. Hier einige Beispiele von Webseitenarten, die in der Regel als sehr vertrauenswürdig gelten:

Abb. 8.7 Bewertungskriterien
für Backlinks

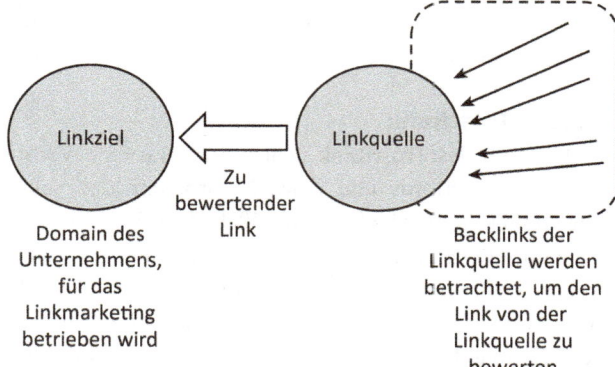

Linkziel

Zu
bewertender
Link

Linkquelle

Domain des
Unternehmens,
für das
Linkmarketing
betrieben wird

Backlinks der
Linkquelle werden
betrachtet, um den
Link von der
Linkquelle zu
bewerten

- Universitäten, Schulen
- Medienwebsites: Zeitungen, Zeitschriften, Radiostationen, TV-Sender
- Webseiten der Regierung
- Offizielle Websites von Städten, Regionen, Kommunen
- Polizei, Feuerwehr, Krankenhäuser
- Webseiten von bekannten Endkundenmarken wie zum Beispiel von Konsumgüterartikeln
- Landesbotschaften, offizielle touristische Institutionen

Je mehr vertrauenswürdige Backlinks eine Linkquelle hat, desto besser ist dieser Link. Selbstverständlich sind auch direkte Links von sehr vertrauenswürdigen Seiten zur Website des Unternehmens, für das SEO betrieben wird, wünschenswert, was aber in der Regel nur mit einem Bruchteil der Links möglich sein wird.

8.2.2.4　Host-Popularität, Domain-Popularität und IP-Popularität

Die Analyse der Backlinks der Linkquelle kann einerseits „bottom-up" erfolgen, wenn nach einzelnen konkreten vertrauenswürdigen Links gesucht wird. In der Praxis gibt es jedoch einige Tool-basierte Ansätze, um zusätzlich „top-down" arbeiten zu können. Am Ende dieses Abschnitts und im dedizierten Tool-Kapitel wird ausführlicher auf unterschiedliche Software-Werkzeuge für die Backlinkdaten-Analyse eingegangen. In diesem und den folgenden Abschnitten werden Einzelaspekte/-funktionen unterschiedlicher Tools genutzt, um das jeweilige Bewertungskriterium zu erläutern.

Ein simpler, aggregierend betrachtender Ansatz könnte sein, einfach die „rohe" Anzahl der Links als Qualitätskriterium heranzuziehen. Allerdings macht bereits ein einfaches Beispiel deutlich, warum diese Kennzahl wenig zielführend wäre. Man nehme an, die Domain www.X.de hätte 10.000 Unterseiten und würde auf jeder davon einen Link zur zu evaluierenden Linkquelle enthalten. Dann hätte die Linkquelle sofort 10.000 Links. Dies ist auf dieser Ebene überhaupt nicht zu unterscheiden von einer anderen Linkquelle, die die gleiche Anzahl Links, aber von 10.000 verschiedenen Websites hat.

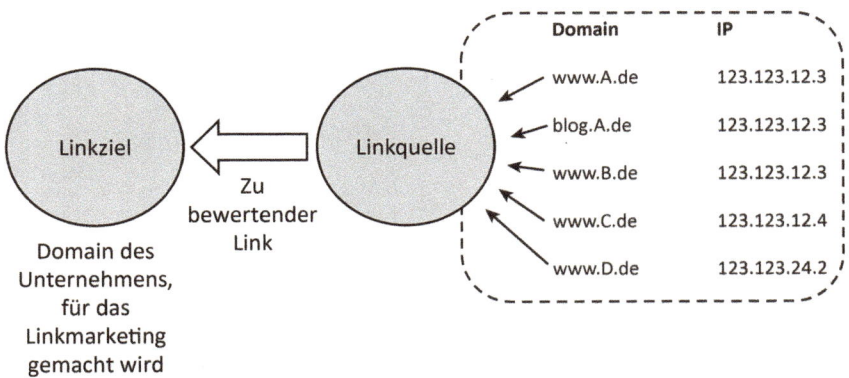

Abb. 8.8 Popularität

Man nutzt also der Linkanzahl übergeordnete Kennzahlen wie Host-Popularität, Domain-Popularität und IP-Popularität und vereinzelt auch zusätzlich die Anzahl der Class-C-Netze. Um die Kennzahlen zu erklären, wird in Abb. 8.8 illustrierten Beispiel ausgegangen, in dem die Linkquelle fünf Links hat.

Wie dem Beispiel und der dazugehörigen Tab. 8.2 zu entnehmen ist, gibt es immer eine Wertkaskade innerhalb dieser Kennzahlen. Die Host-Pop ist immer größer als die Domain-Pop, die Domain-Pop ist immer größer als die IP-Pop, die IP-Pop ist immer größer als die Anzahl der C-Netze. Abbildung 8.9 ist ein Praxisbeispiel, wie solche Werte bei der Domain www.akm3.de aussehen können (Datenquelle: https://tools.sistrix.de/domain/akm3.de/links).

Die Ratio hinter diesen Kennzahlen ist es, dass es „immer schwerer" wird, zwischen jeder der Kennzahlen dort einen hohen Wert zu bekommen. Es ist einfacher, eine hohe Host-Popularität zu erzielen als eine hohe Domain-Popularität und so weiter. Wer einiges an Erfahrung im Linkmarketing hat, entwickelt sogar ein Bauchgefühl dafür, welche Relationen von den verschiedenen Kennzahlen zueinander ein Signal für ein gutes Backlinkprofil der Linkquelle sind.

Tab. 8.2 Host-Popularität, Domain-Popularität und IP-Popularität

Kennzahl	Wert im Beispiel	Begründung
Host-Popularität (Host-Pop, Anzahl Hosts)	5	Hosts, die die Linkquelle verlinken: www.A.de, blog.A.de, www.B.de, www.C.de, www.D.de
Domain-Popularität (Domain-Pop, Anzahl Domains)	4	Domains, die die Linkquelle verlinken: A.de, B.de, C.de, D.de
IP-Popularität (IP-Pop, Anzahl IPs)	3	IPs, die die Linkquelle verlinken: 123.123.12.3, 123.123.12.4, 123.123.24.2
Anzahl C-Netze	2	C-Netze, die die Linkquelle verlinken: 123.123.12. 123.123.24

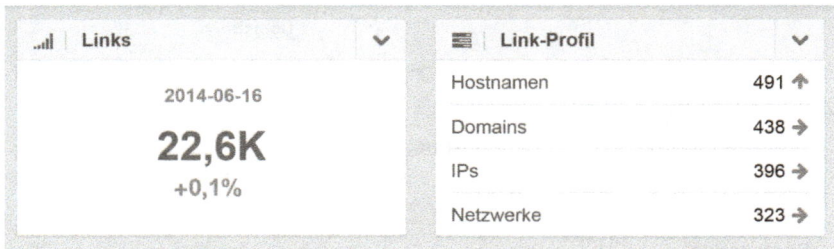

Abb. 8.9 HostPop und DomainPop

8.2.2.5 Entwicklung der Anzahl der Backlinks der Linkquelle im Zeitverlauf

Auf genau den aggregierten Kennzahlen wie Domain-Popularität wird nicht nur die Anzahl der Links von verschiedenen Domains zum Evaluationszeitpunkt evaluiert, sondern
auch bewertet, wie diese Kennzahl sich im Zeitverlauf entwickelt hat. In der Regel ist ein
gleichmäßiges Wachstum das gute Signal, nach dem man sucht, wie in Abb. 8.10 illustriert.

Sollte es zu irgendeinem Zeitpunkt stark sprunghaftes Wachstum geben, muss geklärt
werden, woher dieses kommt und ob es eine glaubwürdige und gute Erklärung hierfür
gibt, zum Beispiel, dass diese Domain von einer Welle der Aufmerksamkeit seitens der
Presse erfasst wurde oder Ähnliches.

8.2.2.6 Deeplink-Ratio

Alle externen eingehenden Backlinks, die nicht die Startseite als Linkziel haben, werden
als Deeplinks bezeichnet. Links dringen also in die „Tiefe" der Seitenarchitektur vor – und
die Startseite ist quasi die Spitze in dieser Metapher. Je nach Branche und Art von Website ist das Verhältnis von Links zur Startseite zu Deeplinks sehr unterschiedlich. Dieses
prozentuale Verhältnis wird Deeplink-Ratio genannt. Hier (Abb. 8.11) ein Beispiel für die
Verteilung auf diese beiden eingehenden Linkarten bei der Domain AKM3.de (Datenquelle https://tools.sistrix.de/domain/akm3.de/links).

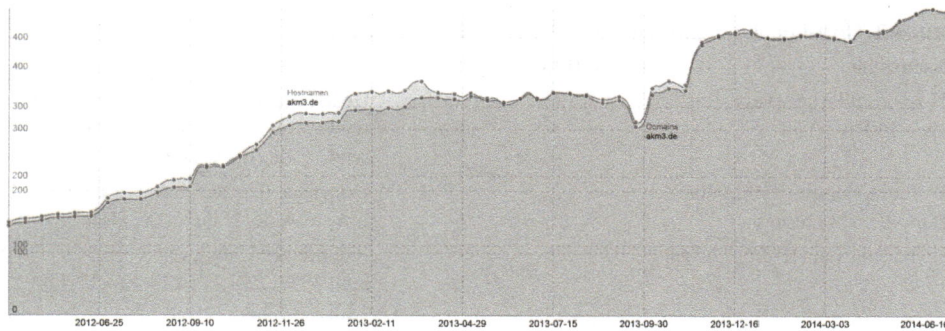

Abb. 8.10 Entwicklung der Host-Anzahl. (Quelle: http://www.sistrix.de)

Abb. 8.11 Deeplink-Ratio

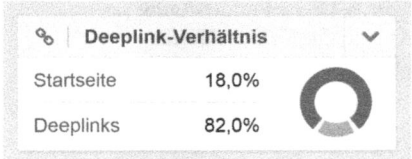

Wünschenswerte Linkquellen kennzeichnet ihre branchenübliche Deeplink-Ratio. Um diesen Faktor also bewerten zu können, muss man die zu inspizierende Linkquelle mit anderen ähnlichen vergleichen. Gibt es starke Abweichungen, so muss evaluiert werden, welche Gründe es hierfür gibt und ob diese tragbar sind.

8.2.2.7 NoFollow-Ratio

Eine Linkquelle kann einen externen ausgehenden Link im Quelltext mit „NoFollow" kennzeichnen. Für den Nutzer/Leser der Seite macht dies keinen großen Unterschied, für die Suchmaschine hingegen schon. Mit dieser NoFollow-Kennzeichnung erlischt der Wert dieses externen eingehenden Links für die Offpage-Bemühungen des Linkziels. Der Link hat damit keinen Wert für SEO. Die Grundidee hinter der NoFollow-Kennzeichnung stammt aus dem Management von großen Content-Management-Systemen, in denen es viel von Endkunden generierten Inhalt gibt (UGC – User Generated Content). Der Seiteninhaber, bei dem dieser Content entsteht, hat wenig Kontrolle über die Inhalte und es kann dazu kommen, dass aus Sicht des Seiteninhabers nicht empfehlenswerte Seiten verlinkt werden. Dies ist ein Beispielfall für die Nutzung der NoFollow-Kennzeichnung für sämtliche Links, die nicht vom Seiteninhaber stammen. Da der Seiteninhaber die Linkziele nicht kennt, sind sie so pauschal für die Suchmaschine nicht als Empfehlung im Sinne des Offpage-Marketing interpretierbar. Es gibt an einigen Stellen im Internet Fälle, wo NoFollow zu Recht oder auch aufgrund missverständlicher Interpretation von Suchmaschinenrichtlinien eingesetzt wird. So kommt es, dass eigentlich jede Website wenigstens einige NoFollow-Links hat. Bei der NoFollow-Ratio geht es um das Verhältnis der eingehenden NoFollow- und „Follow"-Links. Tatsächlich ist „follow" keine Kennzeichnung, die im Quellcode der Seite zu finden ist; vielmehr hat sie sich als Redewendung eingebürgert für alle Fälle, in denen das NoFollow abwesend ist. „DoFollow" ist eine alternative Formulierung, die ebenfalls verbreitet ist. Externe eingehende Follow-/DoFollow-Links sind diejenigen, die großen Wert für die Linkmarketing-Bemühungen des Unternehmens haben. Abbildung 8.12 ist ein Beispiel für die Aufteilung auf NoFollow- und Follow-Links der Domain AKM3.de.

Wie bei der Deeplink-Ratio kann auch bei der NoFollow-Ratio nicht nach einem festen Wert Ausschau gehalten werden, der gut oder schlecht ist. Eine gute Linkquelle zeichnet sich ebenfalls dadurch aus, dass die NoFollow-Ratio vergleichbar ist mit ähnlichen Seiten des gleichen Themengebiets. Ebenfalls gilt, dass es für eine Abweichung eine gute Erklärung geben muss, sofern die Linkquelle als gut bewertet werden kann.

Abb. 8.12 NoFollow-Ratio.
(Quelle: https://de.majestic.
com/)

■ Follow
■ NoFollow

8.2.2.8   Ankertexte der Linkquelle

Die Ankertexte sind eine Eigenschaft der eigentlichen Links, auf die an späterer Stelle innerhalb dieses Kapitels noch genauer eingegangen werden soll. Analog zur Evaluierung der eigenen Links der Unternehmenswebsite (Ankertext „A" in der Abbildung) müssen auch die Ankertexte der eingehenden Links der Linkquelle evaluiert werden (Ankertext „B, C und D" in der Abbildung). Abbildung 8.13 zeigt, was bei der Bewertung der Ankertexte der Linkquelle betrachtet wird.

Um das Thema am praktischen Beispiel zu illustrieren und noch klarer zu machen, sind in Abb. 8.14 die Ankertexte der Domain AKM3, de mit einem Tool analysiert, wie folgt darstellbar.

Gute Linkquellen sind dadurch gekennzeichnet, dass die Art und Verteilung der Ankertexte keine Anzeichen eines aggressiven, riskanten und daher auch Google-Richtlinien widersprechenden Linkaufbaus enthalten. Am obigen Beispiel werden einige Aspekte dafür sichtbar, dass die betrachtete Domain eine gute Linkquelle wäre. Zum einen lässt sich eine sehr große Varianz in den Ankertexten erkennen. Die zehn am häufigsten vorkommenden Ankertexte machen nur 17% der Links aus. Die fünf am häufigsten vorkommenden Ankertexte stellen die natürlichste Art dar, eine Domain zu verlinken – nämlich mit dem

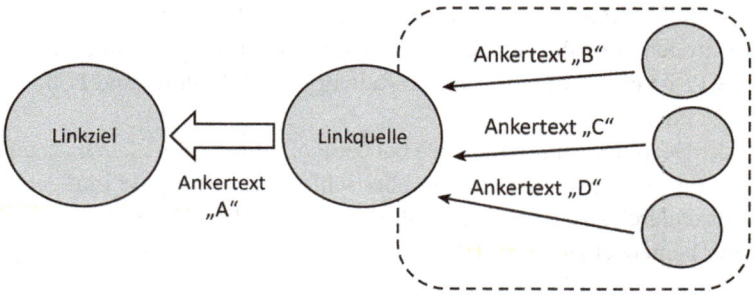

Abb. 8.13 Ankertexte

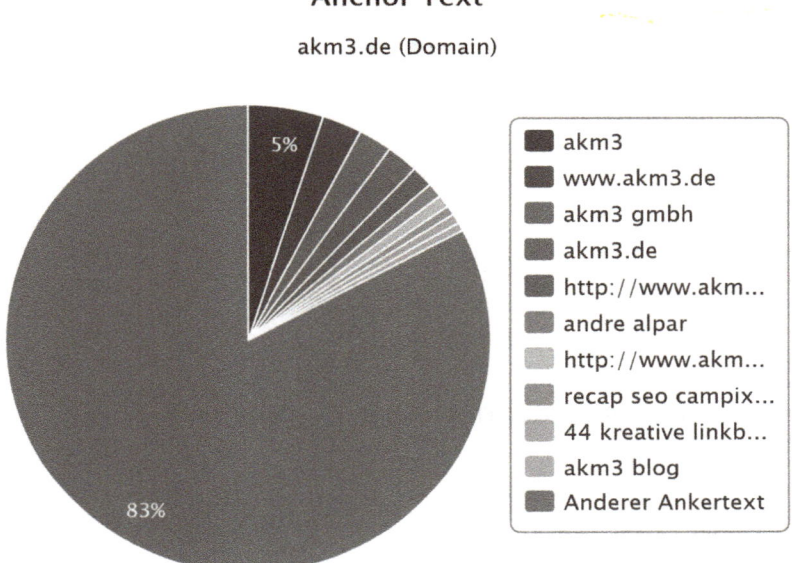

Abb. 8.14 Ankertexte. (Quelle: https://de.majestic.com/)

Firmennamen (der Brand/Marke) selbst. Auf eine differenziertere Unterscheidung von Ankertexten wird in einem eigenen Abschnitt später in diesem Kapitel eingegangen.

8.2.2.9 Linkherkunft von zu erwartenden Regionen und TLDs

Bei der Linkherkunft geht es wieder um die Links der potenziellen Linkquelle. Ist die potenzielle Linkquelle eine deutschsprachige.de-Domain, so wäre zu erwarten, dass der überwiegende Anteil der Links von Domains kommt, die in Deutschland gehostet werden, und die meisten Links würden von anderen.de-Domains stammen. Wie die zu erwartende regionale und Domain-Verteilung der eingehenden Links der Linkquelle ist, hängt sehr stark vom Land ab. Bei österreichischen Domains ist neben einem sehr hohen Anteil an.at-Domains auch ein sehr hoher Anteil an Links von.de-Domains zu erwarten. Im südamerikanischen Raum sind Domains und Hosting sehr teuer, sodass oft auf generische Domain-Endungen und ein Hosting in den USA ausgewichen wird.

Zur Illustration, wie diese Daten bei einer echten Domain (AKM3.de) aussehen, hier die Abb. 8.15 und 8.16 aus einem auf die Bewertung von Backlinks spezialisierten Werkzeug:

Es gibt Unternehmen und Webseiteninhaber in Ländern, in denen Linkmarketing herausfordernd und damit teuer ist, die darauf ausweichen, Links aus anderen Ländern zu gewinnen, wo dies einfacher oder günstiger möglich ist. Es ist wichtig, von Linkquellen, denen so etwas anzusehen ist, abzusehen. Die Evaluierung dieses Faktors kann mitunter dann schwierig sein, wenn manche Unternehmen mit einer Domain viele Sprachen und Regionen bedienen, wie beispielsweise www.hm.com oder www.c-and-com.

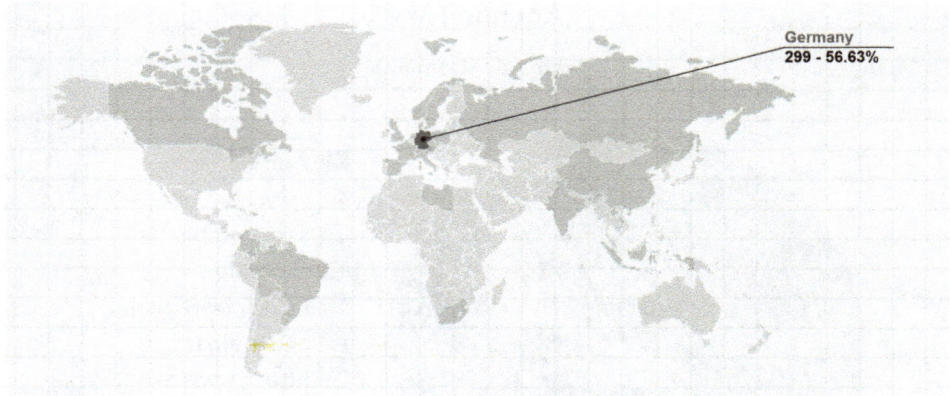

Abb. 8.15 Landkarte der Backlinks-CTLD. (Quelle: https://ahrefs.com/)

Abb. 8.16 TLDs. (Quelle: https://ahrefs.com/)

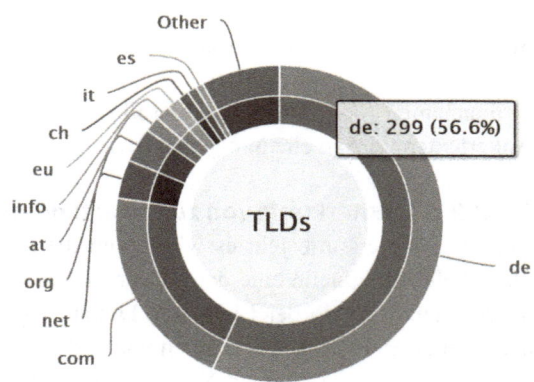

8.2.2.10   Domain-Autorität von Moz.com

Einer der bekanntesten SEO-Blogs und gleichzeitig Tool-Anbieter ist Moz.com. Wir nennen diese Kennzahl alleine aus dem Grund, weil sie im angelsächsischen Sprachraum, der die SEO-Branche schon sehr stark prägt, verbreitet und beliebt ist. Die Domain-Autorität trägt dem angelsächsischen Bedürfnis nach Vereinfachung einer komplexen Thematik Rechnung. In die Domain-Autorität wird nach einem nicht erklärten Verhältnis alles hineinberechnet, was die Offpage-Eigenschaften einer Domain ausmacht, also unter anderem der PageRank, der nachempfundene MozRank, der dem TrustRank nachempfundene MozTrust, Linkmengen, Domain-Popularitäten etc. Die Domain-Autorität hat einen Wert zwischen 0 und 100. Abbildung 8.17 ist ein Beispiel eines Vergleichs zweier Domains.

Root Domain Metrics See which metrics are affecting the root domain of your site.

	akm3.de/	omcap.de/
Domain Authority	51	51
Domain MozRank	5.06	5.04
Domain MozTrust	4.79	4.83

Abb. 8.17 Domain Authority. (Quelle: http://www.opensiteexplorer.org/)

Für den Einsteiger in das Thema SEO ist für die Anfangszeit das Nutzen der Domain-Autorität sicherlich ein akzeptabler Weg. Langfristig wird man sich gewiss eine eigene Meinung dazu bilden, welche Faktoren man beachten möchte, und auch selbst bestimmen wollen, in welcher Betonung diese in eine Gesamtwertung gehören. Ein weiter Nachteil der Moz-Tools für denjenigen, der über das Einsteigerniveau hinauswächst, ist die relativ geringe Datenbasis an Backlinks, auf der die Kennzahlen berechnet werden. Ist dies für kleinere Webprojekte oder den Einstieg ins Thema SEO in Ordnung, da sie eine breite Vielfalt an Funktionen bieten, relativ günstig sind und so in der Summe betrachtet ein faires Preis-Leistungs-Verhältnis bieten, ist es für einen SEO-Profi oder bei der Arbeit an großen Webprojekten ein Problem.

8.2.2.11 MajesticSEO CitationFlow und TrustFlow

MajesticSEO ist ein Tool, welches auf die Analyse von Backlinkdaten spezialisiert ist und eine sehr große Datenbasis hat, die dem hauptberuflichen SEO-Gebrauch absolut genügt. Wie in den vorigen Abschnitten zum PageRank und TrustRank beschrieben, handelt es sich hierbei um Google-interne Kennzahlen, bei denen man keine Möglichkeit hat, an den wirklichen Wert zu gelangen. Wie das oben erwähnte Tool von Moz.com hat auch MajesticSEO PageRank und TrustRank nachempfundene Kennzahlen: den CitationFlow (PageRank Pendant) und TrustFlow (TrustRank Pendant). Diese können nach Meinung der Autoren sehr gut für eigene Bewertungen von Links auf Domain-Ebene genutzt werden, da es einige der robustesten Kennzahlen am Markt sind. Zusätzlich hat MajesticSEO eine interessante Darstellungsform, welche alle Backlinks einer Domain in einem Schaubild abträgt, in dem die horizontale Achse der CitationFlow und die vertikale Achse der Trust-Flow ist. Hierdurch kann man neben dem aggregierten CitationFlow-/TrustFlow-Wert der Linkquelle auch gebündelt und dadurch zeiteffizient einen Einblick bekommen, wie CitationFlow und TrustFlow der eingehenden Links der Linkquelle verteilt sind. Verfügt man über einige Erfahrung mit dieser Darstellungsform, so entwickelt man ein gutes Gefühl dafür, wie gute Backlinkprofile von Linkquellen aussehen, und kann so zeitsparend Links auf Domain-Ebene bewerten. Zum Abschluss dieses Abschnitts folgt in Abb. 8.18 ein Beispiel von der Domain AKM3.de.

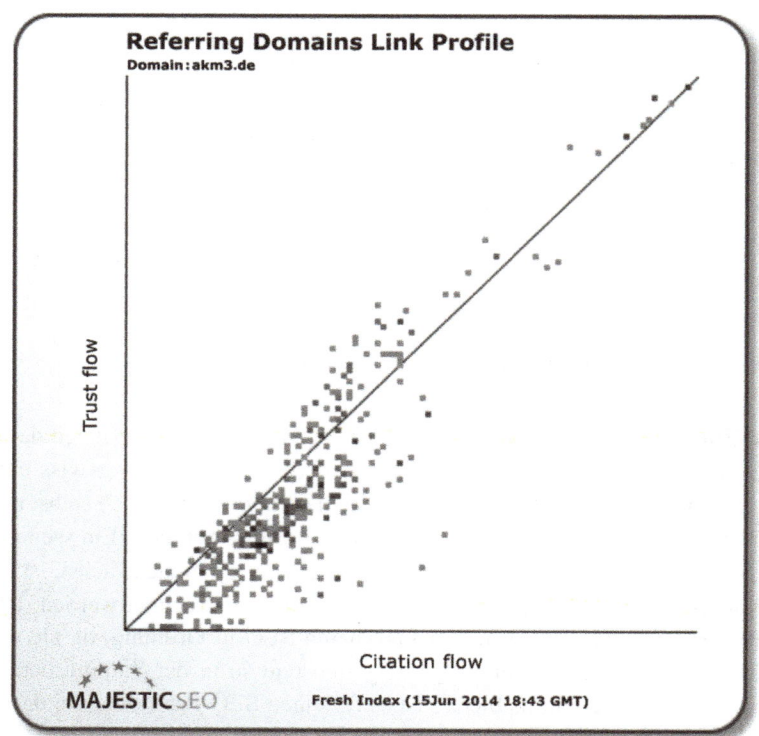

Abb. 8.18 Referring Domains Link Profile (Quelle: https://de.majestic.com/)

8.2.2.12   Content der Linkquelle: Qualität, Einzigartigkeit, Menge und Entwicklung

In den vorangegangenen Abschnitten erfolgte eine Einführung in die wichtigsten Kriterien zur Bewertung von Links auf Domain-Ebene, die den Offpage-Aspekt der Linkquelle erfassen. Bei der Bewertung der Content-Menge und -Entwicklung soll nun die Perspektive auf die Onpage-Verfassung der Linkquelle gewechselt werden.

Eine gute Linkquelle ist dadurch gekennzeichnet, dass sie eigenen Content hat (also Inhalte, die einzigartig auf dieser Seite sind) und es sich hierbei um Text/Bilder/Videos von hoher Qualität handelt. Ebenso sind solide Content-Mengen auf der Linkquelle gut. Wie viel „viel" und wie viel „zu wenig" ist, ist schwierig zu sagen und ebenfalls von Branche und Ausrichtung der Linkquelle abhängig. Was jedoch immer ein gutes Signal für eine Linkquelle aus der Bewertung des dortigen Contents heraus ist, ist ein kontinuierlicher Ausbau der Inhalte, also eine Zunahme der Menge.

8.2.2.13   Interaktionen beim Content der Linkquelle

Dieser Faktor ist nicht immer, sondern nur dann bewertbar, wenn es rund um den Content der Linkquelle Möglichkeiten zu Interaktionen gibt, so zum Beispiel durch Kommentare, direkte Bewertungsfunktionen des Textes oder die Nutzung interaktiver Elemente von So-

Abb. 8.19 Ausgehende
Linkquellen

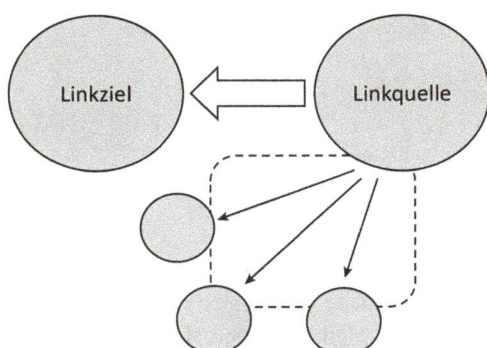

cial Networks wie Like-Buttons bei Facebook oder Pendants von Google+, Twitter, Xing
etc. Werden diese Interaktionsmöglichkeiten rege von der Leserschaft der Linkquelle genutzt, so ist dies ein sehr gutes Qualitätskriterium für die Linkquelle.

8.2.2.14 Andere externe ausgehende Links der Linkquelle

Die Linkquelle hat mehr Links als nur den, der zum Linkziel geht und der hier bewertet
wird. Was hier bewertet werden soll, um die Qualität des Links zum Linkziel einzuschätzen, sind die anderen Links von der Linkquelle zu dritten Webseiten, also aus Perspektive
der Linkquelle die anderen externen ausgehenden Links. Abbildung 8.19 illustriert, welcher Aspekt analysiert wird.

Eine der Kernfragen bei dieser Analyse ist, ob die Linkquelle dazu bereit ist, anderen
Webseiten, die ebenfalls SEO betreiben, bei manipulativem und aggressivem Linkaufbau zu helfen. Ist dies der Fall, so ist ein Link von dieser Linkquelle nicht wünschenswert. Die Wahrscheinlichkeit ist sehr groß, dass der Wert der Links von dieser Linkquelle
nicht dauerhaft erhalten bleibt. Über das „Wie" des Verlinkens muss auch noch das „Was"
bewertet werden. Links von Linkquellen, die bereit sind, zum Beispiel Webseiten aus
den Bereichen Glücksspiel oder Erwachsenenunterhaltung zu verlinken, sind nicht wünschenswert. Eingebürgert hat sich für diese Evaluierung das Stichwort „Bad Neighbour-
hood". Der dahinterstehende Gedanke ist, dass man selbst sich vielleicht in dem eigenen
gewonnenen Link gut und richtlinienkonform verhält, das Umfeld aber so thematisch
schwierig oder manipulativ ist, dass das eigene Bild, das man für die Suchmaschine abgibt, durch die „benachbarten" externen ausgehenden Links der Linkquelle schlecht wird.

Hat man bei den oben genannten beiden Kriterien keine Bedenken, so ist es darüber
hinaus wünschenswert, dass der Link zum Linkziel in genau der Form bei der Linkquelle
eingebunden ist, wie die Linkquelle auch in anderen Fällen auf externe Seiten verlinkt.

8.2.2.15 Domain-Alter

Ein Link von einer alten und etablierten Domain ist besser als der Link von einer brand-
neuen Domain. Für die Recherche des Domain-Alters stehen unterschiedliche kostenlose
Online-Dienste zur Verfügung. Einer davon ist Netcraft (http://searchdns.netcraft.com/
?host=omcap.de), dessen Resultat wie in Abb. 8.20 aussehen kann:

Results for omcap.de

Found 1 site

Site	Site Report	First seen	Netblock	OS
1. www.omcap.de	🗎	december 2010	neue medien muennich gmbh	linux

Abb. 8.20 Faktor: Domainalter

Unter der Überschrift „First seen" zeigt der Dienst an, wann diese Domain erstmals gesichtet wurde, womit sich das Alter der Domain berechnen lässt (der Dienst zeigt außerdem unter „Netblock" den Hosting-Anbieter und unter „OS" Betriebssystem sowie Software des Webservers an).

8.2.2.16 Entwicklung der Sichtbarkeit

In den vorangegangenen Abschnitten wurde anhand unterschiedlicher Offpage- und Onpage-Kriterien gezeigt, wie die Qualität der Linkquelle eingeschätzt werden kann. Eine zusätzliche Perspektive besteht darin, die SEO-Ergebnisse der Domain zu betrachten. Zusammenfassend ist es wünschenswert, von solchen Linkquellen Links zu bekommen, die selbst in den Suchergebnissen von Google gut dastehen. Im Kapitel über SEO-Tools wird ausführlich auf verschiedene Anbieter von professioneller Software eingegangen. Jeder der dort vorgestellten Anbieter stellt eine Kennzahl bereit, welche den SEO-Erfolg einer Domain und damit einer Linkquelle recht schnell sichtbar macht. Um zu bewerten, wie gut eine Linkquelle ist, geht es weniger um die absolute Höhe dieser Sichtbarkeitskennzahl als vielmehr um den zeitlichen Verlauf der Sichtbarkeit. Die folgenden Abb. 8.21, 8.22 und 8.23 zeigen, welche Sichtbarkeitsverläufe aus der Praxis zeigen (beim stark abfallenden Beispiel wird die Domain bewusst nicht genannt).

Eine gute Linkquelle zeichnet sich entweder durch eine steigende oder eine horizontal verlaufende Sichtbarkeit ab. Von Links von Linkquellen, deren Sichtbarkeit entweder ab-

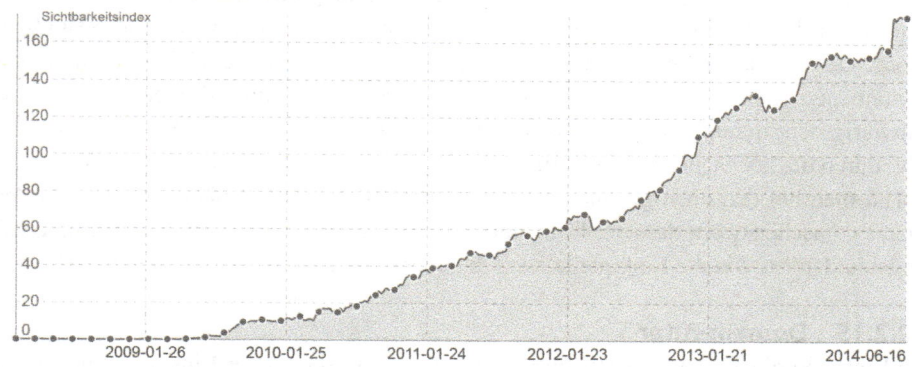

Abb. 8.21 Sichtbarkeitsindex Aufwärtstrend. (Quelle: https://tools.sistrix.de/domain/zalando.de/)

Abb. 8.22 Sichtbarkeitsindex Seitwärtstrend. (Quelle: https://tools.sistrix.de/domain/bvg.de/)

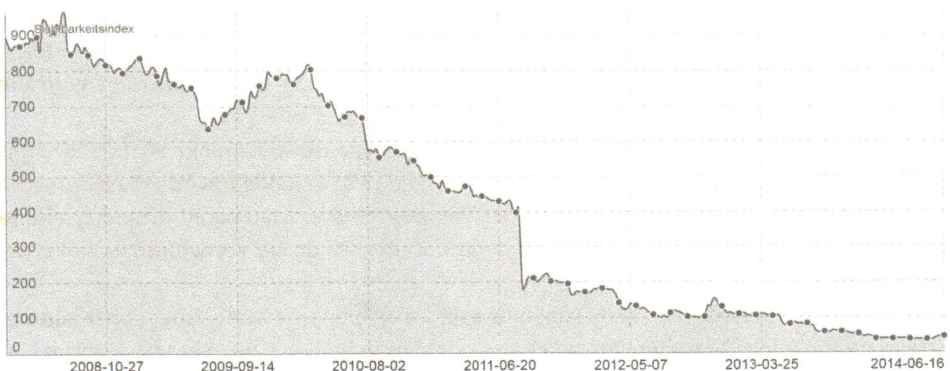

Abb. 8.23 Sichtbarkeitsindex Abwärtstrend

rupt oder kontinuierlich regelmäßig stark sinkt, ist in der Regel abzuraten. Üblicherweise ist das Sinken der Sichtbarkeit einer Domain so zu interpretieren, dass Google hier einen Regelverstoß ortet. Dort, wo gegen Regeln verstoßen wurde, will man keine Links haben.

8.2.2.17 Verteilung in den SERPs

Als SERPs werden die Suchergebnisseiten (Search Engine Result Pages) bezeichnet, die eine Suchmaschine zurückliefert, nachdem eine Suche angestoßen wurde. Im Regelfall ist die Standardeinstellung der Suchmaschine so, dass sie pro Suchergebnisseite zehn Ergebnisse anzeigt. Möchte man mehr, weitere oder andere Ergebnisse sehen, so hat man die Möglichkeit, auf Seite zwei, drei etc. der Ergebnisse zu dem entsprechenden Suchwort zu navigieren. Die oben bei der Entwicklung der Sichtbarkeit erwähnten Tools liefern neben Sichtbarkeitsindizes auch Informationen darüber, wo eine betrachtete Domain sich üblicherweise in den SERPs positioniert. In der Regel untersuchen die Tools die ersten 100 Ergebnisse zu einem Suchbegriff und damit also genau zehn Suchergebnisseiten. Dadurch

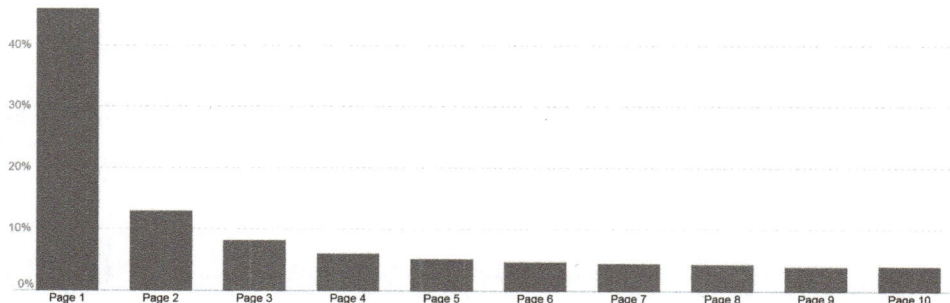

Abb. 8.24 Rankingverteilung linksschief. (Quelle: https://tools.sistrix.de/domain/zalando.de/seo/kw/distribution)

ist es diesen Werkzeugen möglich, abzutragen, auf welcher der zehn Suchergebnisseiten eine Domain zu wie vielen Begriffen zu finden ist. Die relative Verteilung der gefundenen Keywords für eine Domain kann einen Hinweis auf die Qualität oder auch mögliche Probleme einer Domain geben. Im Folgenden werden drei prototypische Verteilungen gezeigt. Wie bei dem oben beschriebenen Kriterium zur Entwicklung der Sichtbarkeit wird die Domain mit der unvorteilhaften Verteilung nicht genannt.

Bei Zalando in Abb. 8.24 wird deutlich, dass Google diese Domain Suchenden sehr gerne als Ergebnis ausspielt. Wenn Zalando irgendwo gefunden wird, dann zu über 40 % der Keywords auf der ersten Seite der Suchergebnisse. Man nennt diese Verteilung „rechtsschief" (auch wenn das vielleicht kontraintuitiv ist, da sie vornehmlich „links" zu sein scheint).

Bei Travel24 in Abb. 8.25 zeigt sich eine sehr „gleichmäßige Verteilung". Eine häufige Erklärung für solche Verteilungen lautet, dass sich diese Seite nie mit SEO beschäftigt hat.

Bei der Domain in Abb. 8.26 sieht man eine „linksschiefe Verteilung" (auch hier gilt – wie oben –, dass rechts mehr Ergebnisse zu finden sind, aber die Mathematik hat uns diese kontraintuitive Begrifflichkeit nun einmal so auferlegt). Eine linksschiefe Verteilung kann unterschiedliche Gründe haben, wovon keiner aus SEO-Perspektive wirklich vorteilhaft

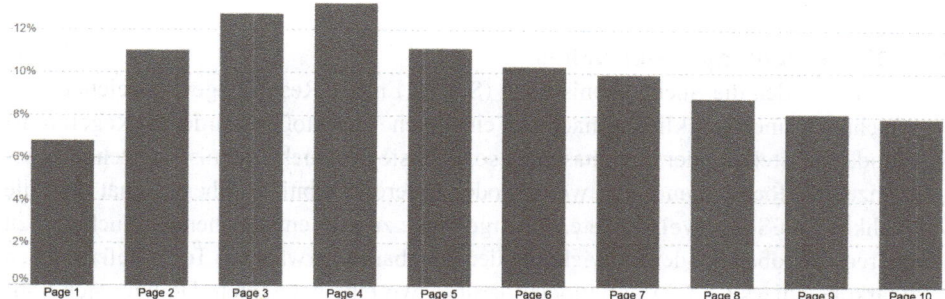

Abb. 8.25 Rankingverteilung Waagerecht. (Quelle: https://tools.sistrix.de/domain/travel24.com/seo/kw/distribution)

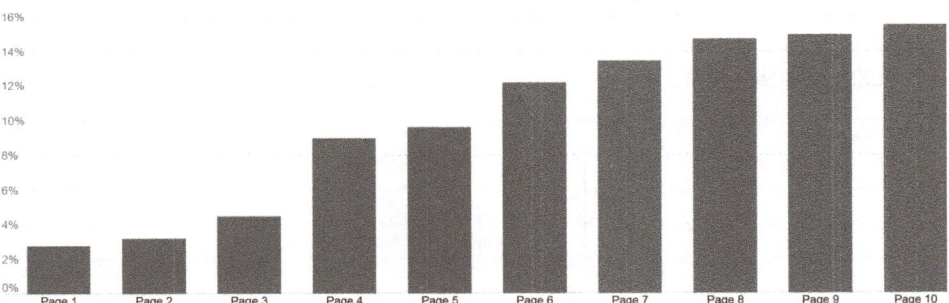

Abb. 8.26 Rankingverteilung rechtsschief

ist. Es können sich beispielsweise Abstrafungen aufgrund von Regelverstößen auf diese Weise niederschlagen oder aber das Content Management der Website ist sehr unvorteilhaft für SEO und produziert zum Beispiel in unkontrollierter Form sehr viele neue URLs von niedriger Content-Qualität.

Diese drei sehr häufig vorkommenden Verteilungen sind selbstverständlich nicht allumfassend. Der Praktiker kennt hier noch viele andere Variationen, die aber in diesem Rahmen zu weit führen würden. Das Gewinnen von Backlinks von Linkquellen, die eine rechtsschiefe oder gleichmäßige Verteilung haben, ist sehr wünschenswert. Backlinks von Linkquellen mit linksschiefer Verteilung sind hingegen mit Vorsicht zu genießen.

8.2.2.18 Themenrelevante Rankings

Im Kapitel zu Keyword-Strategien wurde die Entscheidungsfindung eines Unternehmens gezeigt, für welche Keywords es in welcher Priorität und Reihenfolge Bemühungen anstellen möchte, um gefunden zu werden. Wenn die zu evaluierende Linkquelle zu genau den Suchbegriffen gefunden wird, so ist das in der Regel ein sehr positives Signal für diese Linkquelle und ein Link dort ist sehr wünschenswert. Dabei sind hier nicht nur Top-Positionen gemeint – auch Webseiten, die auf den Plätzen nach den Top 10 zu finden sind, sind sehr attraktive Linkquellen. Dieses Kriterium sollte recht nachvollziehbar sein; denn wenn eine potenzielle Linkquelle zu einem Keyword auftaucht, so ist das als Einschätzung der Suchmaschine zu interpretieren, dass diese Domain zu diesem Keyword eine hohe Bedeutung hat. Wenn dann diese Domain das Linkziel verlinkt und damit quasi empfiehlt, so hat das für das Linkziel einen höheren Wert, als wenn das von einer Seite kommt, die keine Bedeutung für die eigenen avisierten Suchbegriffe hat.

8.2.2.19 Besucherquellen der Domain

SEO ist bei weitem nicht der einzige Weg, wie eine zu evaluierende Linkquelle Besucher gewinnen kann. Neben Direkteingaben der URL in die Browserzeile gibt es Traffic durch verweisende Links von anderen Seiten, Suchmaschinenwerbung, Besucher aus Social-Media-Netzwerken, Bannerwerbung, E-Mail-Marketing etc. Es gibt gute und kostenfreie Online-Tools, welche die Besucher einer Linkquelle in Bezug auf deren Herkunft kenntlich machen. Abbildung 8.27 zeigt eine solche Auswertung für die Domain AKM3.de.

Abb. 8.27 Trafficmix.
(Quelle: http://www.similar-web.com/website/akm3.de)

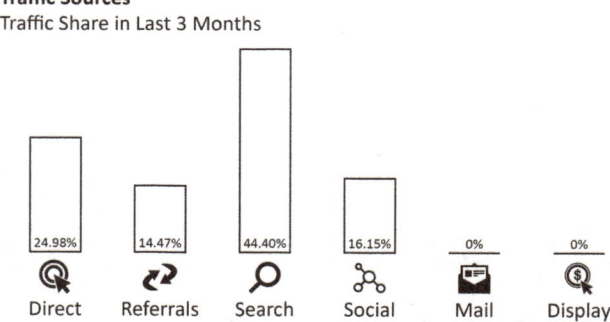

Traffic Sources
Traffic Share in Last 3 Months

24.98%	14.47%	44.40%	16.15%	0%	0%
Direct	Referrals	Search	Social	Mail	Display

   Die Domain hat eine recht breite Aufstellung hinsichtlich der Besucherquellen. Bei der „Search"-Säule sind außerdem Besucher aus SEO und SEA zusammengefasst, die man an anderer Stelle in dem Tool auch noch getrennt sehen kann, was wiederum für eine noch breitere Aufstellung der Besucherquellen spricht. Backlinks von Linkquellen, die ausschließlich Besucher via SEO gewinnen, sind eine Spur weniger wertvoll als Backlinks von Linkquellen, die einen breiten Mix an Besucherquellen haben.

8.2.3 Eigenschaften der linktragenden URL

Während es bei den Linkbewertungskriterien in den vorigen Abschnitten um solche ging, die sich auf eine ganze Domain beziehen, wird in den folgenden Abschnitten auf solche eingegangen, die sich lediglich auf die URL/Unterseite beziehen, die den Link von der Linkquelle zum Linkziel enthält.

8.2.3.1 Content-Menge und -Qualität

Die beste Maxime zur Beschreibung des Wunsch-Contents, aus dem heraus man sich den idealen Backlink wünscht, besteht darin, sich die Anforderungen für den SEO-relevanten Content auf der eigenen Seite vor Augen zu führen, die an anderer Stelle in diesem Buch beschrieben wurden. Einige wichtige Aspekte hiervon sollen nun mit Fokus auf die Linkbewertung wiederholt werden. Ein Link aus einem umfangreicheren Artikel ist gegenüber einem sehr kurzen Artikel besser. Der Text, aus dem heraus die Linkquelle verlinkt, sollte einen Mehrwert für den Nutzer haben und gut recherchiert sein. Kennzeichen von guten Texten sind sinnvolle, hilfreiche und weiterführende interne und externe Links jenseits des Links, der zum Linkziel führt. Ideal ist es, wenn der Link aus einem passenden Themenumfeld stammt und sich nahtlos in die sonstigen Publikationsgewohnheiten der Website einfügt.

8.2.3.2   Linkplatzierung

Links, welche zu ihrem Veröffentlichungszeitpunkt im Content enthalten sind, sind zu bevorzugen. Nachträgliche Verlinkungen in schon lange bestehendem Content werden von Suchmaschinen häufig als Manipulationsversuch gewertet. Wünschenswert ist es, wenn der Artikel in dem ein Link platziert ist, neu ist. Am sichersten sind Links aus dem Fließtext. Bei vielen Seiten gibt es mitunter auch sehr lange Linklisten. Ob Links aus diesen Listen überhaupt noch einen Wert haben, darf bezweifelt werden. Eine Besonderheit stellen sogenannte „sitewide"-Links dar. Bei sitewide-Links enthält jede URL der Linkquelle den gleichen Link zum Linkziel. Häufig kommen sitewide-Links in der Blogroll von Bloggern vor, die dort häufig seitlich unter dem Navigationsmenü ihre befreundeten Blogempfehlungen listen, oder aber die Verlinkungen zwischen Konzernschwestern, bei denen jedes Unternehmen jedes andere aus dem Footer-Bereich (ganz unten auf der Website) verlinkt.

Es kann nicht pauschal gesagt werden, dass sitewide-Links schlecht sind. Viele Webseiten im Internet haben von einigen Domains sitewide-Links. Systematische Bemühungen um sitewide-Links sollten in jedem Fall kein Ziel des Linkmarketings sein.

8.2.3.3   Interne Verlinkung der linktragenden URL innerhalb der Linkquelle

Die URL, die den Link vom Linkziel zur Linkquelle enthält, ist in den seltensten Fällen die Startseite, sondern fast immer eine Unterseite der Linkquelle. Die sich stellende Frage ist, wie prominent oder gut diese linktragende URL innerhalb der Linkquelle verlinkt ist. Ein Link, bei dem die linktragende URL nur einen Klick weit von der Startseite der Linkquelle entfernt ist, ist wertvoller als ein Link von einer linktragenden URL, bei der sehr viele Klicks von der Startseite aus getätigt werden müssen, um zur linktragenden URL zu gelangen. Mit der „Nähe" zur Startseite signalisiert die Linkquelle, wie wichtig eine bestimmte URL ist. Je „näher" die linktragende URL an der Startseite ist, desto wichtiger ist sie innerhalb der Linkquelle und wird für die Linkmarketing-Bemühungen entsprechend wertvoller sein.

8.2.3.4   Bekanntheit des Autors

An einer anderen Stelle in diesem Buch wurde im Bereich der semantischen Kennzeichnung von Inhalten die Möglichkeit erörtert, mit dem sogenannten „rel author"-Tag für Suchmaschinen kenntlich zu machen, welcher Autor einen Text verfasst hat. Die Verbindung zwischen Text und Autor ist das Google-Plus-Profil des Autors. Die Verifikation der Kennzeichnung ist dadurch sichergestellt, dass zum einen der Text auf die Google-Plus-Profilseite des Autors mit einer bestimmten Notation verweist, und zum anderen, dass der Autor innerhalb seines Profils listet, auf welchen Domains er publiziert. Ein Backlink von einem Artikel, bei dem der Autor verifiziert ist, ist mehr wert als ohne Verifizierung. Noch wertvoller ist der Link, wenn der Autor in den Augen von Google eine hohe Reputation, also zum Beispiel eine große Leserschaft oder Reichweite bei Google+, hat.

8.2.3.5 Reichweite und Interaktion auf der linktragenden URL

Hat die URL, die den Backlink trägt, viele User, so ist dies ein Qualitätssignal. In der SEO-Branche wird sogar bisweilen vermutet, dass die Menge der Leser eines Artikels, die auf den zum Linkziel führenden Backlink klicken, eine der stärksten Determinanten für dessen Linkmarketing-Wert ist. Je höher also die Reichweite und Leserschaft eines Artikels, desto eher passieren auch diese Klicks. Auf manchen Webseiten ist es möglich, die Leseranzahl zu sehen. Bei vielen anderen kann sie abgeschätzt werden, indem zum Beispiel die Interaktionen in Form von Like-Button- oder Kommentar-Nutzung betrachtet werden. Viel Interaktion ist ein sicheres Zeichen für eine große Leserschaft.

8.2.3.6 Anzahl der ausgehenden externen Links

Bei der Bewertung der Anzahl der ausgehenden externen Links auf der linktragenden URL gibt es eigentlich kein Positivsignal, das formuliert werden könnte. Sicher ist nur: Ist die Anzahl zu groß, so nimmt der Wert des betrachteten Links zur Linkquelle stark ab. Welche absolute Anzahl dabei als groß empfunden wird, ist sehr erfahrungsabhängig und damit subjektiv. Nach Ansicht der Autoren sind Links von Seiten, die über 50 andere externe ausgehende Links enthalten, von viel geringerem Wert.

8.2.3.7 Unnatürliche Wortfrequenzen

Bei der Bewertung der Wortfrequenzen lassen sich ebenfalls nur Bedingungen formulieren, unter welchen der Wert eines Links gemindert wird. Wenn auf der linktragenden URL auftretende Wörter in deutlich höherer Frequenz vorkommen als bei anderen Texten im Internet zu vergleichbaren Themen, so ist der Wert sicherlich geringerer. Gleiches gilt für ein stark vom sonstigen Internet-Content abweichendes Verhältnis von Zahlen oder Sonderzeichen und Wörtern. Diese Art von Informationen bekommt man in der Regel aus Tools, die eigens zur Backlink-Analyse gemacht sind, wie Link Research Tools, oder dem Sistrix Linkrating, welche im Kapitel zu Software-Tools vorgestellt werden.

8.2.4 Eigenschaften des Links

Bisher wurden zahlreiche Kriterien besprochen, mit denen ein Link bewertet werden kann, die entweder auf Domain-Ebene stattfinden oder die gesamte linktragende URL betreffen. Die folgenden und letzten drei hier im Buch vorgestellten Kriterien fokussieren sich auf den Link selbst.

8.2.4.1 Ankertext und Title-Attribut

In der Vergangenheit konnten Ankertexte Suchmaschinenpositionen bei Google sehr stark beeinflussen. Bereits an mehreren Stellen in diesem Buch wurde erläutert, dass ein Link in den Augen der Suchmaschine eine Empfehlung ist. In Relation zu dieser Versinnbildlichung wäre der Ankertext das, „wofür" die Linkquelle das Linkziel empfiehlt. Diese Möglichkeit wurde entdeckt und dann in dem Rahmen missbraucht, dass aus der bewussten Einflussnahme auf Ankertexte mit SEO-Hintergedanken eher eine Gefahr denn eine Chance geworden ist.

Für unsere Typisierung unterscheiden wir zunächst einmal in die Ankertext-Elemente

a) Brand-Keyword,
b) Money-Keyword und
c) Non-Money-Keyword.

Die **Brand-Keywords** sind am einfachsten zu erklären – hierbei handelt es sich um Ankertexte wie „Zalando", „Parship" oder „Immobilienscout24". Der Ankertext ist also der Name des Unternehmens. Die anderen beiden Typen von Ankertext-Elementen können vereinfachend mit einer simplen Regel trennscharf unterschieden werden: Gibt es AdWords-Anzeigen, wenn das Keyword bei Google gesucht wird? Bei einer Suche nach „Privatversicherung" gibt es sehr viele, die entsprechend **als Money-Keywords** bezeichnet werden sollen. Bei „hier" oder „diese Website" erscheint nie eine Anzeige, was entsprechend **als Non-Money-Keyword** bezeichnet werden soll. Eine Alternative zur Einordnung des finanziellen Wertes von Keywords ist die Möglichkeit (des an anderer Stelle in diesem Buch ausführlich erläuterten kostenlosen Google Keyword Planner Tools) der Auswertung der geschätzten Klickpreis-Höhe mit anschließender Definition eines Schwellwerts zur Trennung.

Als Nächstes wird die Typisierung der Ankertexte entsprechend aufgespannt, indem die verschiedenen grundlegenden Ankertext-Typen kombiniert werden. In den Feldern von Abb. 8.28 findet man zur besseren Verständlichkeit jeweils ein Beispiel (von einem Unternehmen und einem Money-Keyword).

Die Abbildung stellt anhand von Beispielen sechs Typen von Ankertexten dar. Darüber hinaus gibt es noch zwei andere Arten – die „Dreier-Kombination" mit sowohl Money- als auch Non-Money- und Brand-Keywords sowie die URL-Ankertexte. Ein Beispiel für einen Ankertext mit der „Dreier-Kombi" wäre „dort bei Zalando Schuhe kaufen".

URL-Ankertexte sind – obwohl häufig genutzt – eher als Sonderfall zu verstehen. Daher müssen sie getrennt betrachtet und im Folgenden kurz erläutert werden. Mit URL-Ankertexten ist beispielsweise so etwas wie „http://www.zalando.de", „www.zalando.de" oder „zalando.de" gemeint. Bei URL-Ankertexten scheiden sich die Geister bezüglich

Abb. 8.28 Typisierung von Keywords

	Brand-Keyword	Money-Keyword	Non-Money-Keyword
Brand-Keyword	Zalando	Zalando Schuhe	dort bei Zalando
Money-Keyword		Schuhe kaufen	dort Schuhe kaufen
Non-Money-Keyword			dort

vermuteter Wertung seitens Google. Seitdem hat Google (leider genau parallel zu Panda-Änderungen beim Umgang mit Symbolen (Trennstrichen) „Improvements to handling of symbols for indexing" angekündigt (http://insidesearch.blogspot.de/2012/04/search-quality-highlights-50-changes.html). In der ganzen SEO-Branche herrscht seitdem Uneinigkeit darüber, wie Google einen Ankertext wie „www.zalando.de" wohl interpretiere. Die einen sind sich sicher, dass Google diesen als ein einziges, zusammenhängendes Wort verstehen wird. Andere glauben, dass Google die URL eher als drei Worte, also „www.zalando.de", interpretieren wird. Das Ganze ist sicherlich weniger kritisch bei Unternehmen, die einen klaren Markennamen haben, der *keinem* generischen Money-Keyword entspricht. In diesen Fällen ist die Wahrnehmung der URL-Ankertexte seitens Google gleichgültig. Das Thema ist aber dann kritisch, wenn das Unternehmen eine sogenannte Keyword-Domain (eine Domain, die einem Money-Keyword exakt entspricht) hat, also fluege.de, fahrrad.de, finanzen.de oder windeln.de. Interpretiert man die URLs als „ein" Wort, so würden diese eher den Brand-Ankertexten zugeordnet. Werden die URLs aber als mehrere Wörter gewertet, so handelt es sich eher um eine Kombination aus Money- und Non-Money-Keyword. Es wird deutlich, dass man hier genau hinschauen und im Einzelnen eine Fallunterscheidung machen muss. Im folgenden Beispiel werden aus diesem Grund für die Typisierung der Ankertexte die URL-Links ausgeklammert.

Um die operative Brücke von dieser Typisierung der Ankertexte zur Bewertung existierender Links oder zur Entwicklung von Linkmarketing-Strategien zu schlagen, sind die verschiedenen Typen noch hinsichtlich ihrer Sichtweise durch Google zu unterscheiden. Hierzu werden die Ankertext-Typen auf einem Kontinuum eingeordnet. Auf dem einen Ende befinden sich solche Ankertexte, die mit hoher Wahrscheinlichkeit das Resultat von SEO-Bemühungen sind. Auf dem anderen Ende findet man die Ankertexte, die wahrscheinlich nicht mit SEO-Hintergedanken entstanden sind. Diese werden in der SEO-Branche gerne auch als „natürliche" Ankertexte bezeichnet. Folgendermaßen werden die verschiedenen Arten von Ankertexten eingeordnet, vgl. Abb. 8.29.

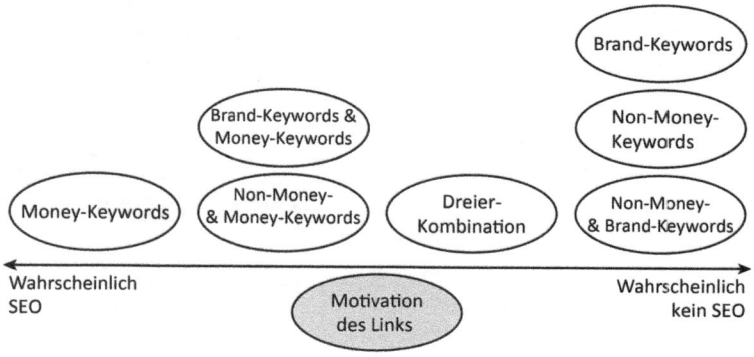

Abb. 8.29 Motivation eines Links

Jetzt zeigt sich deutlich, aus welchem Grund diese Einordnung hilfreich ist. Kann der Großteil der Ankertext-Links mit geringer Wahrscheinlichkeit als SEO-Bemühung interpretiert werden, so ist man vor Wettbewerbern, die das Unternehmen bei Google anzuschwärzen versuchen, oder aber algorithmischen Updates bei Google immer sicher. Mit einer solchen systematischen Ausdifferenzierung verschiedener Fälle von Ankertexten ist es möglich, viel genauer den Status Quo zu analysieren und Gefahren aufzudecken. Ferner lässt sich der gewünschte Idealfall des Linkprofils besser definieren.

Ein weiteres, aber eher selten genutztes Link-Attribut ist der „**Link-Title**", der im Quelltext folgendermaßen zu definieren ist:

<a href="http://www.LINKZIEL.de"title="KEYWORD">ANKERTEXT</a>

Wie der Ankertext bietet auch der Link-Title eine Möglichkeit, der Linkquelle der Suchmaschine mitzuteilen, zu welchem Thema oder Inhalt dem Linkziel eine Empfehlung ausgesprochen werden soll. Auch hier gilt dementsprechend: Enthält ein Link ein Money-Keyword im Link-Title, so wird ein Link eher als SEO-Bemühung eingestuft.

8.2.4.2 Linkziel

Bei Linkzielen können dreierlei Typen unterschieden werden. Die **Startseite** stellt einen Sonderfall dar, der einzeln und für sich betrachtet werden muss. Die anderen beiden Typen von Linkzielen sind Deeplinks, also Links in die Tiefe der Seite. Als **Money-URLs** sind solche Linkziele zu bezeichnen, bei denen die verlinkte URL eine solche ist, von der erhofft wird, dass sie sich zu einem wertvollen Begriff auf den vordersten Positionen der Suchergebnisse positionieren wird. Wertvolle Begriffe können genau wie bei den Ankertexten identifiziert werden als zum Beispiel solche, bei denen es viele Anzeigen gibt oder Werbetreibende bereit sind, hohe Klickpreise bei Suchmaschinenwerbung zu zahlen. Klar ist, dass sehr gute Positionen bei diesen Begriffen einen sehr hohen Wert für das Unternehmen haben. Als **Non-Money-URLs** sollen solche Linkziele bezeichnet werden, die nicht versuchen, sich auf sehr wertvolle Keywords zu positionieren. Das können zum einen URLs sein, die zwar einen klaren transaktionalen Nutzen haben, aber aus Gründen des Indexierungsmanagements auf Noindex sind. Es kann sich aber auch zum Beispiel um URLs handeln, die eher informationalen Content haben, wo die eigentlichen Produkte und Dienstleistungen des Unternehmens eher Nebensache sind, zum Beispiel Inhalte aus dem Corporate-Blog.

Die Startseite wird bei den meisten SEO betreibenden Unternehmen zum einen versuchen, sich für die wichtigsten Money-Keywords zu positionieren, da sie auch die meisten eingehenden Links hat. Bei allen weiteren Links gilt gewissermaßen in Analogie zu den Ankertexten, dass Links auf Money-URLs durch die Suchmaschine eher als SEO-Bemühung und Links auf Non-Money-URLs eher nicht als SEO-Bemühung eingeordnet werden. Genauso ist aber ein Link auf die Money-URLs in gewissem Maße wirksamer, um diese effizient in den Resultaten zu positionieren. Es gilt also auch hinsichtlich dieses Faktors, Chance und Risiko in einer gesunden Relation zu halten.

8.2.5 Kombinierte Linkbewertung

In den vorangegangenen Abschnitten sind viele der wichtigsten Kriterien zur Linkbewertung erläutert worden. Nun ist es wichtig, nach diesem tiefen Eintauchen in die Details einen praktikablen, aber auch vereinfachenden und aggregierenden Prozess aufzusetzen, um die Bewertung eines Links vorzunehmen. Denn es ist nicht möglich, sich in der Bewertung auf eine Kennzahl zu verlassen.

Es gibt zwei wichtige Gelegenheiten, bei denen ein Linkbewertungsmodell notwendig ist. Bedarf für die Bewertung von Links gibt es zum einen, wenn die bisherigen Links besser eingeschätzt werden sollen. Zum anderen können solche Modelle bei der Zielkommunikation und -durchsetzung im Marketing-/SEO-Team zum künftigen Gewinn von Links beitragen. Dabei ist es irrelevant, ob das Linkmarketing im Unternehmen oder von einer Agentur umgesetzt wird. Entsprechend kann man Linkbewertungen auch für das SEO-Controlling nutzen. Wichtig bei einem solchen Modell ist auch das richtige Gleichgewicht zwischen der „Leichtigkeit/Einfachheit im Umgang/beim Einsatz" auf der einen und „korrekter Abbildung eines sehr komplexen Themas" auf der anderen Seite.

Im Folgenden soll vorgestellt werden, wie sich jedes Unternehmen beziehungsweise jeder SEO, der Bedarf an der Linkbewertung hat, einfach und robust ein eigenes Linkbewertungsmodell aufsetzen kann. Ziel soll dabei nicht sein, dass das Modell so übernommen wird, wie es ist; vielmehr soll der Prozess der Modellerstellung verstanden und dann entlang dieses Prozesses ein eigenes erstellt werden, welches den eigenen SEO-Vorstellungen entspricht. Die eigenen Vorstellungen sind deswegen so wichtig, weil man im SEO nicht genau weiß, welche Faktoren in welchem Maße Google in Betracht zieht. Hier hat jeder seine eigenen Einschätzungen. Insofern muss ein „Mustermodell" für die Linkbewertung die Möglichkeit lassen, dass jeder SEO seine eigenen Einschätzungen und Vermutungen einbringen kann.

Wir verfolgen das Ziel, zum Ende des Modells jeden Link mit einem einzigen „Gesamt-Linkwert" beziffern zu können. Beim Aufsetzen des Modells definieren wir zwei übergeordnete Elemente, die den Gesamt-Linkwert ergeben werden: den „Link & URL Score" sowie den „Domain Score". Wir nutzen hier das Wort „Score", da wir dieses Linkbewertungsmodell in Anlehnung an Scoring-Modelle aus der Nutzwert-Analyse gebaut haben.

Im Domain Score fassen wir alle Bewertungen zusammen, die sich auf die gesamte Domain beziehen, auf welcher der zu bewertende Link zu finden ist. Beim Link & URL Score bewerten wir alles, was sich auf exakt die URL bezieht, auf der sich der zu bewertende Link befindet, und den Link selbst. Das Linkbewertungsmodell setzt sich wie in Abb. 8.30 dargestellt zusammen.

Hier zeigt sich auch schon der erste Punkt, bei dem die eigene Einschätzung gefragt ist: Wie stark gewichtet man den Domain Score und wie stark den Link & URL Score? Unter http://www.akm3.de/blog/dein-einfaches-flexibles-linkbewertungsmodell ist eine Vorlage für eine Excel-Tabelle verfügbar, mit der man das Linkbewertungsmodell einfach selbst verfeinern kann. Ebenfalls ist dort eine auf Google Docs basierende Online-Version

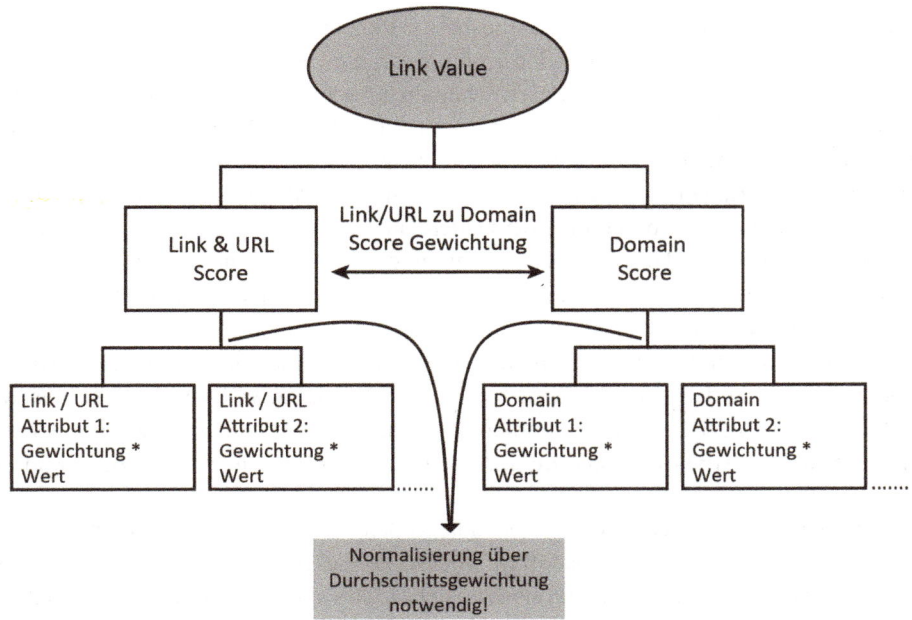

Abb. 8.30 Linkvalue

des Linkbewertungsmodells verlinkt. Darin ist ein Feld vorgesehen, in dem man unter „Weight Link Attributes" die eigene gewünschte Bedeutung/Gewichtung der Link-/URL-Attribute in Prozent angibt, um dann den nächsten Schritt des Modellaufbaus nehmen zu können. Eine Angabe von zum Beispiel 50 % bedeutet, dass der Domain Score und der Link & URL Score gleich wichtig sind.

Als Nächstes wird festgelegt, welche Attribute man für jeden Link in seinem eigenen Linkbewertungsmodell erfassen möchte. Wir haben in diesem Kapitel einige wichtige Attribute detailliert erklärt. In dem online zur Verfügung gestellten Beispiel sind sieben Link- und URL-Attribute sowie elf Domain-Attribute beispielhaft eingefügt. Selbstverständlich kann man jeweils auch mehr oder weniger Attribute zur Bewertung einer Verlinkung anwenden. Auf der einen Seite muss man sehen, dass jede Linkbewertung aufwendiger und dadurch teurer wird, wenn mehr Attribute im Modell erfasst werden. Auf der anderen Seite darf man auch nicht zu sehr simplifizieren. Die Wahrheit ist also in einem Kompromiss zu suchen. Das Vorteilhafte an den Attributen ist, dass man im Modell sowohl quantitative als auch qualitative Attribute verwenden kann. Während etwa die „Anzahl der externen Links" sehr einfach quantifizierbar ist, ist beispielsweise die „thematische Relevanz" schon etwas sehr Qualitatives, was im Auge des Betrachters liegt. Hier zeigt sich auch, dass es für jedes Attribut ein kleines Regelwerk diesbezüglich aufzusetzen gilt, wann das Attribut mit welchem Wert zu bewerten ist. In der Tabelle des Beispielmodells ist vorgesehen, jeden Link hinsichtlich jedes Attributs mit einem Wert von 1 bis 3 zu bewerten. 1 steht dabei für einen sehr schlechten Wert bei dem Attribut und 3 für einen sehr guten Wert. Im Anwendungsbeispiel könnte man bei „Anzahl der externen Links" festlegen, dass man hierfür eine 1 gibt, wenn die URL, auf der der Link zu finden ist, über 50 ausgehende Links hat. Hat die Domain unter fünf ausgehende Links, so könnte es eine 3 geben, bei einem Wert zwischen sechs und 49 ausgehenden Links eine 2. Bei einem qualitativen Attribut wie „thematische Relevanz" kann man nicht so leicht die Attribute anhand von Zahlen bewerten, aber dennoch muss das Attribut irgendwie versachlicht werden. Beispielsweise könnte man betrachten, aus wie vielen anderen Artikeln auf der bewerteten Domain das Unternehmen sehr gut und themenrelevant hätte verlinkt werden können oder auf wie vielen verschiedenen URLs auf der Linkquelle die wichtigsten Keywords des Linkziels vorkommen.

Bei den Namen einiger Attribute in der online zur Verfügung gestellten Beispieltabelle findet man auch in den Kommentaren weitere Ansätze dafür, welches Attribut man wie genau hinsichtlich der Bewertung definieren könnte. Es wird deutlich, dass das Festlegen der Attribute viel Arbeit bedeutet, die jedoch glücklicherweise nur ein einziges Mal gemacht werden muss.

Insbesondere dann, wenn viele Personen in großen Inhouse-SEO- oder Agentur-Teams ein solches Bewertungsmodell benutzen wollen, ist dieser Prozess der Definition aber sehr hilfreich. Einmal gut umgesetzt stellt er sicher, dass alle Benutzer bei einem Link die gleichen Eigenschaften auf die gleiche Art bewerten.

Bisher ist spezifiziert, welche Attribute pro Link bewertet werden sollten und wie beim jeweiligen Attribut der richtige Wert zu vergeben ist. Vor der Einsatzfähigkeit der Linkbewertung müssen noch die Gewichtungen von Attributen festgelegt werden. Nicht jede Link-, URL- oder Domain-Eigenschaft ist gleich viel wert. Der Einfachheit halber kann man in einem ersten Modell für Linkbewertung mit drei Gewichtungsstufen arbeiten. Wichtige Attribute bekommen eine 3 und weniger wichtige eine 1. Auch diese Gewichtung muss nur einmal vorgenommen werden und liefert wertvolle Gespräche und Austausch im Team mit denjenigen, die das Linkbewertungsmodell dann nutzen werden. Es geht auch hier wieder darum, Bauchgefühle für verschiedene SEO-Aspekte zu explizieren und einen gangbaren Kompromiss zu finden. Bevor das Linkbewertungsschema voll einsatzfähig wird, muss noch normalisiert werden. Hier Abb. 8.31 mit einer Tabelle, mit der Links bewertet werden können.

In der online zur Verfügung gestellten Beispieltabelle hat man nur 19 Attribute für einen Link, die es zu bewerten gilt, und erhält dann einen Gesamtwert für den Link. Für den aktiven Linkmarketingalltag ist es wichtig, bei der eigenen Modellgestaltung darauf zu achten, die meiste Zeit für die Gewinnung neuer guter Links und nicht für die Bewertung der Links einzusetzen.

Eine grafische Veranschaulichung der Scoring-Werte hilft insbesondere bei großen Mengen an zu bewertenden Links, die Übersicht zu behalten. Wie in unserem Beispiel-Diagramm in Abb. 8.32 zu erkennen ist, haben wir auf der x-Achse die Domain Scores und auf der y-Achse die Link/URL Scores abgetragen.

	A	B	C	D	E	F	G	H	I	J	K	L	M	N	O	P	Q	R	S	T	U
1	Each attribute is evaluated for each link where 3 means very good and 1 means not so good					Number of Link Attributes		Number of Domain Attributes 8 Attributes		Average Link Quantifier 11 Quantifier		Average Domain Quantifier 2,25 Quantifier		Weight Link Attributes ## Attributes		Weight Domain Attributes 50% Attributes	50%				
2																					
3					Link Attributes								Domain Attributes								
4	Total Score	Link Score	Domain Score	Anchor Text	Heavy to get	Topical relevance of page	Link integration	Content Freshness	Content quantity and quality	Link position	Number of external links		Topical relevance of domain	Age of domain	DomainPop Site Explorer	DomainPop SEOMoz	DomainPop Sistrix	Pagerank	Domain ranks for target terms	Social Signals of Domain	Traffic Domain mayb Alexa
5	Quantifier																				
6																					
7																					
8	Link 1	2,2	2,3	2,0	3	3	3	1	1	3	3	3		1	2	3	2	3	1	2	3	3
9	Link 2	2,1	2,0	2,3	2	2	2	2	1	3	1	3		2	2	3	3	1	1	1	1	3
10																					

Abb. 8.31 Linkbewertung

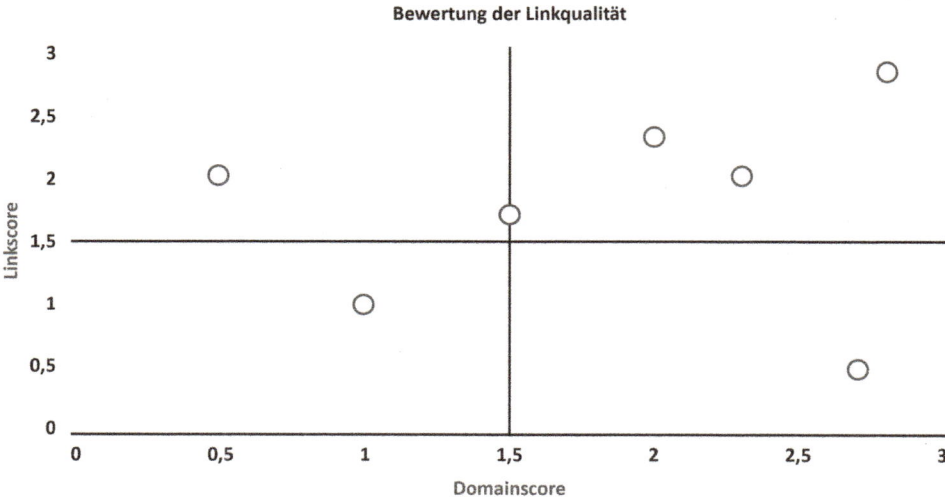

Abb. 8.32 Bewertung der Linkqualität

Besonders interessant an der Darstellung im Diagramm ist, dass sich Probleme beziehungsweise Schwächen auf einen Blick erkennen lassen. Dazu teilen wir das Diagramm in vier Quadranten. Links, die im oberen rechten Feld zu finden sind, sind sehr gut und stark, da sowohl die Domain gute Werte aufweist als auch die URL den vorgegebenen Richtlinien entspricht. Demgegenüber sind Links im Feld unten links eher als schwach einzuordnen. Befinden sich besonders viele Links im Feld oben links, so ist die Domain schwach, die Art, wie der Link gesetzt wurde, hingegen als gut zu bewerten. Insbesondere bei der Domain-Auswahl sollte man also bei einer Häufung von Ausprägungen im obigen linken Feld ansetzen. Bei gehäuften Ausprägungen unten rechts sind auf den starken Domains die Links eher schwach gesetzt worden. Hier könnte man ansetzen und schauen, inwiefern sich die Einbindung von Verlinkungen im Linkmarketing optimieren lässt.

8.3   Linkmix/Linkgraph

In dem vorangegangenen sehr umfangreichen Abschnitt wurde „bottom up" auf die Bewertung einzelner Links eingegangen. Dieser Blickwinkel soll in diesem Abschnitt noch um ein paar wichtige „top down"-Aspekte ergänzt werden, bei denen die Summe der Backlinks einer Domain, die gerne auch Linkmix oder Linkgraph bezeichnet wird, ganzheitlich betrachtet wird.

Es kann keine **Idealform des Linkmix** geben. Die spezifizierbaren Bedürfnisse an Links variieren stark in Abhängigkeit von beispielsweise Branchen, thematischer Breite, Reifegrad des Unternehmens, Wettbewerb, vorhandener Content-Menge und -qualität oder Ambitionen. Grundsätzlich ist es immer gut, Backlinks zu gewinnen, die einem selbst zu definierenden qualitativen Mindeststandard genügen. Vor allem ist es wichtig, ab und zu auch besonders herausragend gute Links zu gewinnen.

Außerdem ist gerade bei lange existierenden Websites die Überprüfung historisch gewachsener Links auf ihre Qualität und den aktuell definierten Qualitätsanspruch hin wichtig. Gegebenenfalls muss versucht werden, alte, schlechte Links zu löschen oder aus der Bewertung durch Suchmaschinen herauszunehmen. Anhand der im vorigen Abschnitt vorgestellten Kriterien können bereits einige Wege aufgezeigt werden, um herauszufinden, welche Art von Links nicht wünschenswert ist – zum Beispiel solche mit einem Ankertext mit hohem CPC-Wert oder solche mit rapiden Verlusten bei der Sichtbarkeit. Es gibt allerdings auch andere Kriterien, die man zum Beispiel mit ebenfalls zuvor genannten Tools herausfinden kann. Hierunter fällt zum Beispiel die Überprüfung, ob Links von einer bestimmten Domain schon breit und geradezu wahllos im Internet zum Verkauf angeboten wurden. Dahinter steckt folgende Vermutung: Kursieren im Netz Listen von Domains, die bereit sind, Links zu verkaufen, werden diese Listen ebenfalls früher oder später in die Hände von Google-Mitarbeitern gelangen und Links von diesen Seiten dann sicherlich nicht mehr von Vorteil sein, da der Linkverkauf einen Regelverstoß gegen die selbst definierten Hausregeln von Google für Webmaster darstellt. Auf mögliche Gefahren rund um Links und den Umgang mit Abstrafungen, die aus solchen resultieren können, wird im letzten Abschnitt dieses Kapitels detaillierter eingegangen.

Bei einigen Unternehmen erweist es sich als hervorragend und ausreichend, einen guten Link im Monat zu gewinnen, um ein kontinuierliches Wachstum zu ermöglichen und im Vergleich zu Wettbewerbern Marktanteile zu erzielen. Bei anderen Unternehmen kann es sein, dass 50 Links im Monat gewonnen werden müssen, um die hohen, selbst gesteckten Ziele trotz eines intensiven Wettbewerbsumfelds zu erreichen.

Nicht nur in Bezug auf Linkmengen kann es unterschiedliche Linkbedürfnisse je nach Ausgangssituation geben. Wir vergleichen hierzu eine brandneue Unternehmenswebsite auf einer Google bisher unbekannten Domain mit einer seit 10 Jahren etablierten Domain eines Unternehmens, auf der jedoch bisher nie SEO betrieben wurde. Bei der neuen Domain wird man die Linkziele betreffend extrem defensive Bedürfnisse formulieren und alle Links, die gewonnen werden können, werden auf die Startseite verweisen. Ebenso defensiv wird man beim Ankertext sein müssen, der sich auf Brand-Keywords oder Non-Money-Keywords beschränken muss. Die etablierte Domain hingegen hat durch ihre lange Existenz im Internet schon viele Brand-Keyword-Links auf die Startseite; das heißt, man wird hier etwas mehr auf SEO-Wirkung ausgerichtete Links zu gewinnen versuchen. So wären zum Beispiel auch Money-Keywords in den Ankertexten wünschenswert und Linkziele können gerne Deeplinks sein.

Ein guter Ausgangspunkt für die Definition von Bedürfnissen an das Linkmarketing ist die Wettbewerbs-Analyse. Hier kommen die zuvor vorgestellten Tools, die auch zur Linkbewertung genutzt werden, zum Einsatz. Es gilt, eine Strategie zu finden, mit der man nicht nur zum Wettbewerb aufschließen, sondern diesen auch überholen kann. Denn SEO lohnt sich in den meisten Fällen nur dann, wenn man auf den ersten drei Plätzen zu finden ist. Hier gilt es, aus der Menge der Links der Wettbewerber herauszufiltern, wie viele gemäß selbst gesteckten Qualitätskriterien gut sind. Anschließend ist zu planen, wie man hier qualitativ und quantitativ zum Überholen ansetzen kann. Wichtig ist hierbei, dass sich das SEO nicht auf das Linkmarketing beschränkt. Setzt man beim technischen/strategischen Onpage-SEO und beim Content nicht ebenfalls in gleichem Maße zum Überholen des Wettbewerbs an, so wird ein Linkmarketing, das einen solchen Weg einschlägt, in keinem Fall zum Erfolg führen. Es ist ein Bestandteil des gesamten SEO und kann nur dann voll wirken, wenn der Rest der Elemente ebenfalls auf hohem Niveau ausgeführt wird.

8.4 Historie des Linkmarketing

Bis etwa ins Jahr 2011 war das Gros dessen, was im Linkmarketing betrieben wurde, weniger von Qualität als vielmehr von Quantität gekennzeichnet. Im Folgenden sollen einige dieser Methoden kurz erwähnt werden, da über sie im Internet immer noch zu lesen ist, obwohl die Wahl solcher Linkmarketing-Methoden für kein Unternehmen mehr Anwendung finden sollte. Google hat entweder explizit solche Links als Regelverstoß definiert oder Fakten geschaffen, indem viele vormals bedeutende Internetseiten einer Art von einem Tag auf den anderen aus den Suchergebnissen verschwunden sind.

8.4.1 „Free for all"-Links

„Free for all"-Links werden solche genannt, die praktisch jeder SEO-Treibende an sich kostenfrei ausschließlich mit dem Einsatz von Arbeitszeit gewinnen kann. Hiervon gibt es einige recht bekannte Formen.

Gästebücher erscheinen heutzutage wie ein Relikt aus den 1990er Jahren. Hierbei handelt es sich um fertige Skripte, die verschiedene Webseiteninhaber in ihre Seite eingebunden haben. Besucher der Webseite können hier wie bei einem Gästebuch im Hotel eine Nachricht, ihren Namen und die eigene URL hinterlassen, die dann beim Eintragen in einen Link verwandelt wird. Heute ist von einem Eintrag in Gästebücher allerdings abzuraten.

Webkataloge sind Webseiten im Internet, bei denen man kostenlos das eigene Unternehmen mit dessen Domain und oft einem kurzen erklärenden Satz in einer selbst gewählten Kategorie anmelden kann. Wählt man im Webkatalog dann die entsprechende Kategorie aus, so findet man dort einen Link zum Unternehmen. Webkataloge gibt es im deutschsprachigen Internet zu Tausenden. Ein Link von dort ist nicht wünschenswert. Kaum ein Webkatalog würde die zuvor in diesem Kapitel eingeführte Bewertungslogik positiv überstehen. Ausnahmen kann es allerdings geben, zum Beispiel das Open Directory Project http://www.dmoz.org, gegebenenfalls ein Gelbe-Seiten-Portal oder auch ein sehr spezifischer und anerkannter dedizierter Webkatalog nur für die eigene Branche. Wahrscheinlich gibt es pro Unternehmen weniger als zehn gute Links, die man aus Webkatalogen gewinnen kann.

Artikelverzeichnisse sind Webseiten, in denen derjenige, der einen Link haben will, einen Text mit einer bestimmten Mindestanzahl an Wörtern und dem gewünschten Link einsenden kann. Für die Betreiber dieser Verzeichnisse ist dieser Tauschhandel interessant, da sie im Text Werbung platzieren können. Es lohnte sich für sie also, die Artikelverzeichnisse mit Links zu versorgen und so mit den eingereichten Texten Besucher zu gewinnen, von denen dann wiederum ein Teil auf die eingebundene Werbung klickte. Im deutschsprachigen Raum gab es zu Hochzeiten sicherlich ca. 500 solcher Webseiten. Diejenigen von ihnen, die für SEO durch die zuvor eingeführten Linkbewertungskriterien attraktiv erschienen, entfernte Google 2012 komplett aus dem Suchindex oder belegte sie mit schweren Abstrafungen.

Social-Bookmarks-Portale sollten das Pendant zu den Lesezeichen im eigenen Browser werden. Zur Spitzenzeit der Popularität dieser Dienste gab es im deutschsprachigen Raum mehrere Hundert davon. Der berühmteste englischsprachige Dienst delicious.com existiert auch heute noch. Der bekannteste deutschsprachige Dienst „Mister Wong" wurde eingestellt. Nutzer der Dienste haben die Möglichkeit, sich Webseiten hierdurch quasi „online zu merken" und diese durch die Vergabe eigener Stichworte zu jeder Webseite durchsuchbar zu machen. Gleichzeitig stellte der Dienst aus den aggregierten Stichwortdaten der Nutzer dynamisch Unterseiten zusammen. Dort waren dann die gemerkten Webseiten der Nutzer gelistet und damit auch ein Link integriert. Heutzutage sollte man diese Art von Seiten bei Linkmarketing-Bemühungen komplett außer Acht lassen.

In Blogs, die eine Webseitenart darstellen, welche sehr stark auf dem Vormarsch sind, gibt es unter jedem Artikel des Blogautors im Standardfall die Möglichkeit, einen **Blogkommentar** zu hinterlassen. Der Kommentierende hinterlegt hier neben dem Kommentar auch seinen Namen und seine Domain. Je nachdem, wie der Blog konfiguriert ist, werden Kommentare entweder automatisch freigeschaltet oder vom Inhaber moderiert. Suchmaschinen waren in der Vergangenheit durch Links aus Blogkommentaren beeinflussbar, was nach allgemeiner Auffassung der SEO-Branche der Grund für die Einführung des NoFollow-Attributs für Links war, welches seit seiner Einführung insbesondere durch Google gefördert wurde (http://googleblog.blogspot.de/2005/01/preventing-comment-spam.html). Heutzutage sind per Standardeinstellung Links aus Blogkommentaren auf diesem Weg kein nutzbares Puzzlestück des Linkmarketings. Auch wenn es einige Blogs gibt, bei denen das Kommentieren noch Links mit SEO-Wert nach sich ziehen kann, ist von diesem Mittel abzuraten; denn Suchmaschinen können heute erfassen, welche Links Teil eines Blogpost sind und welche aus den Kommentaren stammen – und selbst wenn diese nicht mit einem NoFollow belegt sind, so sind sie gegenüber den Links im eigentlichen Artikel bezüglich ihres Wertes diskontiert.

Vergleichbar mit Artikelverzeichnissen gibt es Portale – im deutschsprachigen Raum sicherlich um die fünfzig –, in denen Unternehmen **Pressemitteilungen** veröffentlichen können. Bei jeder Veröffentlichung ist es auch möglich, die Website des Unternehmens zu nennen, aus der dann ein Link wird. Diese Portale erfüllen nicht die oben spezifizierten Linkbewertungskriterien, denn jeglicher dort zu findender Content ist in genau der Form auch an anderer Stelle zu finden – und das kann nicht als hochwertig und einzigartig gelten. Hinzu kommt, dass Google explizit dieses Werkzeug des Linkaufbaus als illegitim einordnet. Wenn man Pressemitteilungen veröffentlicht, sollte das auf ein bis maximal zwei Portalen geschehen, und zwar auf denen, auf denen man hofft, Journalisten zu erreichen. Den Hintergrund der Veröffentlichung bilden in diesem Falle dann auch keine SEO-, sondern PR-Gedanken.

Während für den Betrieb eines Blogs auf einer eigenen Domain Kosten anfallen und gegebenenfalls rudimentäres Wissen für die Einrichtung benötigt wird, gibt es sogenannte **FreeBlog**-Dienste im Netz, wo dies kostenlos und auf einer Subdomain möglich ist. Ein bekannter solcher Dienst ist das zu Google gehörige blogspot.com. Solche Dienste existieren zu Hunderten im Netz und früher war es Usus, kostenlose Blogs einzurichten, nur um dort einen Link zum Zielunternehmen unterzubringen. Legt man die zuvor vorgestellten Linkbewertungskriterien zugrunde, so wird klar, dass hier kaum Links entstehen können, die anspruchsvollen Kriterien genügen.

8.4.2   Links über eigene oder bestehende Netzwerke

Wenn Backlinks einen so hohen Wert haben und einen so großen Gesamtbeitrag zum SEO-Erfolg leisten, gleichzeitig aber deren Gewinnung so kompliziert und reglementiert ist, so kann man leicht auf den Gedanken kommen, selbst durch ein **eigenes Netzwerk an Domains** für die benötigten Links zu sorgen. Es gab sicherlich Zeiten, zu denen einige Unternehmen und Agenturen halbwegs erfolgreich einige Hundert oder einige Tausend eigener Domains betrieben haben. Einige dieser Netzwerke wurden auf neu registrierten Domains aufgebaut, andere auf sogenannten „expired Domains". Letztere sind solche, die schon einmal aktiv genutzt wurden und so gegebenenfalls auch schon viele sehr gute Links haben. Diese wurden gegebenenfalls zu irgendeinem Zeitpunkt von ihren ehemaligen Besitzern nicht mehr benötigt und liefen daher aus. Es gab sogar Dienstleister, die auf die Akquise solcher expired Domains mit vielen Backlinks spezialisiert waren. Man kann sich leicht vorstellen, dass es nicht im Sinne der Suchmaschinen ist, wenn sich ein Unternehmen ständig selbst empfiehlt oder eine Agentur mit Tausenden eigener Domains ihre Kunden empfiehlt. Das ist nicht die Art Empfehlungen, auf denen basierend Google oder andere Suchmaschinen ihre Ergebnisse berechnen möchten. Aus diesem Grund hat Google insbesondere zwischen den Jahren 2012 und 2014 in verschiedenen Ländern auf viele solcher **Linknetzwerke bei Agenturen und Unternehmen** regelrecht Jagd gemacht und die Domains, die darin waren, komplett entwertet. Teilweise wurden sogar die Namen der Unternehmen, die dahintersteckten, öffentlich auf Twitter genannt (siehe https:// twitter.com/mattcutts/status/444491130785103872 oder https://twitter.com/mattcutts/status/428436336006017024). Der Schaden für die involvierten Agenturen und deren Kunden war groß. Andererseits musste aber auch den Agenturen und Kunden klar sein, dass ihre Strategie nicht nachhaltig war – insofern wurden hier sicherlich alle Involvierten zu Recht getroffen, da diese zuvor eine Abkürzung gesucht und versucht hatten, Goog-

le günstig auszutricksen; sind solche Charakteristika anzutreffen, so kann das keine zu-
kunftsfähige Vorgehensweise sein.

Wenn also klar und ausgeschlossen ist, dass man auf Vorgehensweisen bauen kann,
bei denen ein Unternehmen viele Domains besitzt, so kann man leicht auf die Idee kommen, auf technische Systeme zu setzen, die über die Webseiten vieler verschiedener Leute
hinweg arbeiten; aber auch das funktionierte nur wenige Jahre als Taktik. In den frü-
hen 2000er Jahren waren **automatisierte Linktauschsysteme** en vogue. Der bekannteste amerikanische Vertreter war link-vault.com, welches es heute nicht mehr gibt. Das in
Deutschland operierende mylinkstate.com scheint noch erreichbar, doch sollte klar sein,
dass es ebenfalls nicht im Sinne von Google ist, wenn aus solch einem System Hunderte
und Tausende von Backlinks gewonnen werden können, ohne dass der Seiteninhaber, bei
dem die Links entstehen, wirklich weiß, wohin er verlinkt. Wirklich gute Links können
aus solchen Systemen nicht entstehen und es kann jederzeit passieren, dass Google das
System gezielt aufs Korn nimmt – dann sind alle darin involvierten Linkquellen und -ziele
dauerhaft geschädigt und gebrandmarkt. Mitte der 2000er Jahre wurde der **Linkkauf über
spezialisierte Marktplätze** populär. Der größte amerikanische Marktplatz war text-link-
ads.com, der größte deutschsprachige linklift.de. Dort wurden Domains gelistet und man
konnte darauf gegen einmalige Bezahlung oder Miete Links bekommen. Links konnten
also wie Werbung gebucht werden – und dies geschah ausschließlich zu SEO-Zwecken.
Selbstverständlich stellt diese Art von Links ebenfalls keine selbstständige Empfehlung
des Webseiteninhabers im Sinne von Google dar und so geht die Suchmaschine auch
gegen diese Art von Plattformen regelmäßig vor.

8.4.3   Hypes und Sonderformen

Wie schon im vorigen Absatz erwähnt, ist das Linkmarketing im SEO in gewissem Maße
anfällig für Hypes und Moden. Insbesondere zwischen den Jahren 2009 und 2013 lautete
die einhellige Meinung in den Vereinigten Staaten, **Guestblogging** sei wieder einmal ein
heiliger Gral des Linkmarketings. Die Grundidee war, Bloggern einen hochwertigen und
umfangreichen Gastbeitrag zur Verfügung zu stellen und im Gegenzug die Möglichkeit
zu bekommen, sich als Autor am Schluss des Artikels selbst vorzustellen und dabei auch
selbstverständlich einen Link zu seinem Unternehmen zu integrieren. Diese Idee erinnert
sehr an oben genannte Artikelverzeichnisse, wobei sicherlich die Blogs, auf denen Gastbeiträge untergebracht wurden, hochwertiger waren und hier ein größerer redaktioneller
Filter auferlegt wurde. Dennoch fand diese Taktik wie viele, die plötzlich ausufernd genutzt wurden, ein jähes Ende, als Google Anfang 2014 eine nachvollziehbare Änderung
der Benimmregeln für Webmaster vorstellte, von der auch Guestblogging erfasst wurde. Von einem Google-Mitarbeiter gab es hierzu auch eine ausführliche Argumentation
unter www.mattcutts.com/blog/guest-blogging/. Was hierbei deutlich wird, ist eigentlich
Folgendes: Wenn ausschließlich oder zumindest sehr großzahlig auf eine Taktik für die
Gewinnung von Links gesetzt wird, wird sich Google zu irgendeinem Zeitpunkt überma-

nipuliert fühlen – dann werden die Regularien angepasst oder die Lücke, durch die man ausgetrickst wurde, technisch oder systematisch zu schließen versucht.

Die Autoren dieses Buches sind selbst Mitte der 2000er Jahre einmal im Linkaufbau auf Abwege geraten. Die Wahl der Mittel war in diesem Fall das **Sponsoring** vieler verschiedener (häufig Non-profit-) Organisationen, die bereit waren, von ihren Webseiten mit sehr guten SEO-Kennzahlen ihre Sponsoren zu verlinken. Doch wie bei allen anderen Abwegen im Linkaufbau ging diese Taktik ein Jahr gut, danach wurde das Unternehmen mehrere Monate lang mit einer umfangreichen Abstrafung belegt. In der Summe hat sich die Suche nach einer Abkürzung/einem Trick auch hier nicht gelohnt.

8.5 Zukunftsfähiges und nachhaltiges Linkmarketing

Entscheidend für Linkmarketing, das für professionell handelnde Unternehmen in Frage kommt, ist, dass der Inhaber der Linkquelle freiwillig den Link setzt und die Möglichkeit hat, redaktionell zu entscheiden, ob der Link gesetzt werden und damit eine Empfehlung ausgesprochen werden soll. Ebenfalls ist davon abzusehen, nach einer einzelnen Taktik Ausschau zu halten, über die sich sehr viele Links gewinnen lassen. Ziel muss ein ausgewogenes und vielseitiges Linkportfolio sein. In der Summe muss man sich zukunftsfähiges und nachhaltiges Linkmarketing wie großzahlige und kleinteilige PR vorstellen. Während die klassische PR-Arbeit sich auf wenige, aber sehr wichtige meinungsbildende Personen/Publikationen fokussiert, arbeitet das Linkmarketing hier nach ähnlicher Logik, nur viel breiter. Große Unternehmen gewinnen über Jahre hinweg nicht selten Links von Tausenden verschiedener Webseiten. Das ist angesichts der Dimensionen nicht mehr mit klassischer Pressearbeit zu vergleichen.

Einem Unternehmen, welches Linkmarketing betreibt, muss es darum gehen, eine **Autorität** in der eigenen Branche/Themen- oder Produktwelt zu werden. Dazu kann manchmal auch ein Corporate Blog reichen, der den Shop begleitet, wenn man in einer überschaubaren Nische agiert. Selbstverständlich reicht dieser Content nur als Basis aus, von der aus sich dann das Linkmarketing entfalten kann. Eine gute und über die Zeit recht robuste Taktik ist es, die **Links von Wettbewerbern** zu analysieren und dann auf diese Linkquellen zuzugehen, den Dialog zu suchen, um herauszufinden, wie man den Webseiteninhaber, der den Wettbewerber verlinkt, dafür gewinnen kann, auch das Zielunternehmen zu verlinken. Ebenfalls eine valide Taktik ist ein gegenseitiges Verlinken mit anderen wichtigen und themenrelevanten Seiten – gerne auch **Linktausch** genannt. Wichtig hierbei ist es, im Rahmen zu bleiben und sich eben nur auf solche Verlinkungen zu beschränken, die den oben genannten Qualitätskriterien entsprechen. So wird automatisch ein Ausufern der Nutzung dieser Taktik verhindert. In den Google-Reglementarien ist explizit ein „exzessiver" Linktausch als verpönt gelistet. Entsprechend ist dieses Mittel weise und in Maßen zu nutzen. Eine weitere Taktik, die in Maßen gut verwendet werden kann, ist das Engagieren in **Online Communities und Foren**. Wieder gilt, dass die Foren themenrelevant für das Unternehmen sein müssen und das Engagement nicht nur für das Unternehmen, sondern auch für die Mitglieder der Communities von Mehrwert sein muss. Dies ist sogar von Google explizit als gangbarer Weg genannt worden, selbstverständlich wieder mit der Maßgabe einer dosierten und selektiven Nutzung. Darüber hinaus findet man die meisten guten Ansätze in der Literatur rund um gute Pressearbeit. Es geht um systematische und offene Kontaktaufnahme zu Webseiteninhabern (im SEO-Kontext gerne **Outreach** genannt) und Absprache mit diesen, in welcher Form man eine Marketing-Kooperation schließen oder Begeisterung oder Interesse für das Zielunternehmen wecken kann. Einige Unternehmen nutzen auch die Organisation von **Branchentreffen** oder Konferenzen als Mittel des Linkmarketing, denn häufig werden hierüber im Netz nachbereitende Berichte geschrieben, die auch Links enthalten. Eine weitere elegante, aber nicht unkomplizierte Taktik sind **Linkbaits,** wobei hier die Grenzen zum Content Marketing, welches in einem anderen Kapitel erläutert wurde, fließend sind.

In den folgenden beiden Abschnitten werden zwei Linkmarketing-Themen vertiefend betrachtet. Es soll aufgezeigt werden, wie die in Kap. 2 eingeführten Suchoperatoren von Suchmaschinen für das Entdecken von potenziellen Linkquellen und Linkbaits genutzt werden können.

8.5.1   Nutzung von Suchoperatoren für das Linkmarketing

Nachdem die Suchoperatoren von Google und Bing im Kapitel „Suchmaschinen verstehen" vorgestellt wurden, soll hier basierend auf „der Theorie" der praktische Anwendungsfall von Operatoren thematisiert werden. Sicherlich kann man auf den ersten Blick nicht auf Anhieb bei jedem Operator den Sinn im alltäglichen Gebrauch nachvollziehen; doch beschäftigt man sich eingehend mit der Suchmaschinenoptimierung, so geht die Nutzung der Suchoperatoren schnell ins tägliche Handwerk über.

Oft werden Suchoperatoren angewandt, um nach Diskussionen, neuen potenziellen Linkquellen und Kooperationspartnern im Netz zu suchen. Dies kann einerseits dem Reputations-Monitoring dienen, andererseits können Foren oder Blogs gefunden werden, auf denen man entweder mit seinen potenziellen Kunden diskutieren oder durch Beiträge auf die eigene Webseite aufmerksam machen kann. Die gezielte Anwendung der Suchoperatoren vereinfacht die Suche immens.

8.5.1.1   Suche nach themenrelevanten Foren

Mithilfe des Firefox- und Chrome-Addons „Wappalyzer" lassen sich Webseiten auf Bestandteile untersuchen, mit welchem System sie erstellt wurden, wo sie gehostet sind, wie die Zugriffe getrackt werden usw. Außerdem werden vom Addon die Nutzerdaten gesammelt und ausgewertet, um zu vergleichen, welche Tools die höchste Nutzung im Internet aufweisen. Somit lässt sich die Suche nach Diskussionen in themenrelevanten Foren auf die gängigsten Foren-Anbieter beschränken. Abbildung 8.33 zeigt die von Wappalyzer getrackten relevantesten Foren-Softwares, die derzeit genutzt werden.

MARKET SHARE

This chart shows the global market share of technologies in the category Message Boards. The current market leader is phpBB.

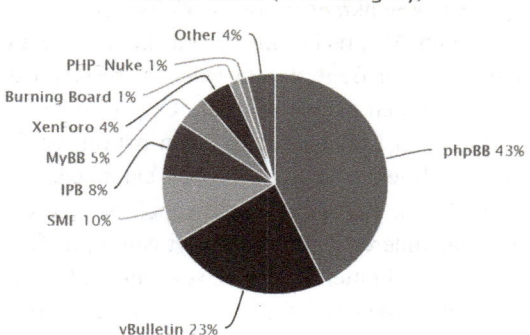

TOP 10 APPLICATIONS

These are the most used technologies in the category Message Boards. Numbers are based on websites visited by Wappalyzer users in the last six months.

#	APPLICATION	WEBSITES	DETECTIONS
1	phpBB	92,580	17,094,655
2	vBulletin	50,912	31,604,196
3	SMF	21,504	4,114,538
4	IPB	17,554	10,611,139
5	MyBB	10,199	2,614,763
6	XenForo	9,465	6,479,551
7	Burning Board	2,987	410,241
8	PHP-Nuke	2,721	143,866

Abb. 8.33 Market Share Message Boards. (Quelle: https://wappalyzer.com/categories/message-boards)

Schaut man sich die Foren-CMS an, so findet man Footprints, auf deren Basis die Foren gesucht werden können. Foren sind essenziell, um Meinungen der Kunden zu finden und zu verstehen. Somit kann das Unternehmen Tipps von den Usern einer Community einholen und mitdiskutieren.

Da nahezu jedes Forum einen ähnlichen URL-Aufbau hat, enthalten die URLs von Foren häufig „forum" in der Rootdomain oder in der URL. Auch wenn dies nicht der Fall ist, kann die Suche immer noch auf die Begriffe „showthread" und/oder „topic" in der URL eingegrenzt werden:

KEYWORD inurl:forum

KEYWORD inurl:showthread

KEYWORD inurl:topic

In diesem Zusammenhang ist es empfehlenswert, die Suche noch auf eine spezifische Top Level Domain einzugrenzen:

KEYWORD inurl:forum site:DOMAIN.de

KEYWORD inurl:showthread site:DOMAIN.de

KEYWORD inurl:topic site:DOMAIN.de

Des Weiteren kann man alternativ eine Suche nach dem Forum CMS im Text des Forums durchführen. Da das verwendete CMS überwiegend im Footer des Forums ausgegeben wird, lassen sich die einzelnen Foren selektieren:

KEYWORD "Powered by vBulletin"

KEYWORD "Powered by phpBB"

KEYWORD "Powered by SMF"

KEYWORD "Powered by MyBB"

KEYWORD "Forensoftware: Burning Board"

8.5.1.2   Suche nach themenrelevanten Blogs

Das oben beschriebene Beispiel der Nutzung der Wappalyzer-Daten lässt sich auch auf die Suche nach Blogsystemen anwenden, vgl. Abb. 8.34.

Wie der Abbildung zu entnehmen ist, ist Wordpress das mit Abstand relevanteste Content Management System für Blogs. Sieht man sich Code und Struktur von auf Wordpress basierenden Blogs genauer an, so findet man relativ schnell Gemeinsamkeiten zwischen den einzelnen Domains. Ein wenig muss man hierbei unterscheiden, wie erfahren die Webseitenbetreiber mit der Suchmaschinenoptimierung sind – denn einige der folgenden Seiten würde ein SEO nicht in den Google-Index lassen. Dennoch finden sich über diese Form der Suchanfragen immer wieder spannende themenrelevante Blogs, die man eventuell als Kooperationspartner gewinnen kann:

KEYWORD inurl:blog

KEYWORD inurl:category

KEYWORD inurl:comment

KEYWORD inurl:tag

KEYWORD inurl:tags

KEYWORD inurl:articles

Auch diese Abfrage kann natürlich mit dem site: Operator kombiniert werden, um die Suchabfrage auf bestimmte Top Level Domains zu beschränken.

Genauso wie bei Foren lässt sich natürlich auch bei der Suche nach Blogs der Footprint des Blog-CMS im Text nutzen:

KEYWORD "Powered by WordPress"

KEYWORD "Powered by Drupal"

KEYWORD "Powered by Joomla!"

KEYWORD "Powered by Blogger"

MARKET SHARE

This chart shows the global market share of technologies in the category Blogs. The current market leader is
WordPress.

Market share (% in category)

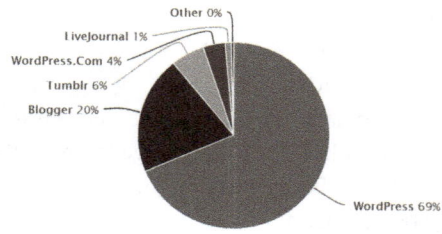

TOP 10 APPLICATIONS

These are the most used technologies in the category Blogs. Numbers are based on websites visited by
Wappalyzer users in the last six months.

#	APPLICATION	WEBSITES	DETECTIONS
1	WordPress	3,671,698	321,152,151
2	Blogger	1,094,881	13,207,438
3	Tumblr	303,675	7,353,259
4	WordPress.Com WordPress.Com	200,746	6,964,187
5	LiveJournal	55,461	3,101,360

Abb. 8.34 Market Share Blogs. (Quelle: https://wappalyzer.com/categories/blogs)

8.5.1.3 Thematisch passende Domains

Bing bietet mit „loc" und „language" eine spannende Einsatzmöglichkeit von Suchoperatoren an. Besonders bei internationalen Recherchen ist es von Vorteil und dringend an-
geraten, die Seiten nach Land oder Sprache vorzusortieren. Jedes Land hat seine eigene
TLD – dennoch erfreut sich die.com-Endung international einer sehr hohen Beliebtheit
und ist die am weitesten verbreitete TLD.

Mit Bing können explizit.com-Seiten gesucht werden, die entweder in einer gewünschten Sprache gehalten oder für ein bestimmtes Land vorgesehen sind. Dies soll an einem
Einsatzbeispiel verdeutlicht werden.

Die Herausforderung besteht darin,.com-Domains mit englischem Content zu finden,
die jedoch auf ein anderes Land ausgerichtet sind. Die Sprache ist nicht zwingend aus-
schlaggebend für den Zielmarkt einer Domain. Es erfordert also einiges an Kreativität, um
mithilfe der Suchoperatoren das gewünschte Ergebnis zu generieren.

Nehmen wir an, wir sind auf der Suche nach Domains in Australien zu einem bestimmten Thema. Natürlich könnte man die Abfrage „site:.com.au durchführen, doch würde man
damit die „australischen".com-Domains aus der Analyse ausschließen. Daher nutzen wir
zum einen Wikipedia und zum anderen die Suchoperatoren „intext" und „inurl", um die
gewünschten Ergebnisse zu erzielen.

Mittels Wikipedia recherchieren wir die größten Städte Australiens. Von dieser Information ausgehend erstellen wir eine Suchanfrage, die folgende Punkte beachtet:

- Es handelt sich um eine.com-Domain.
- In der URL ist „about-me", „contact-me" oder „contact" zu finden.
- Auf dieser Seite ist im Text eine australische Großstadt, beispielsweise Sydney, zu finden.

Suchanfragen:

Inurl:about-me intext:Sydney site:.com

Inurl:contact-me intext:Sydney site:.com

Inurl:contact intext:Sydney site:.com

Natürlich lassen sich diese Formen von Suchanfragen auf alle möglichen Länder und Themenbereiche übertragen. Wie zu erkennen ist, lassen sich durch die professionelle Nutzung der Suchoperatoren für das Linkmarketing spannende Ansatzpunkte gewinnen, sofern man die Grundlagen der Basis- und erweiterten Suchoperatoren der beiden führenden Suchmaschinen verinnerlicht hat.

8.5.2   Linkmarketing via Linkbaits

Das englische Wort Bait steht für Köder. Linkbaits sind Offpage-SEO-Maßnahmen, die Links zur Zielseite ködern. Um bei diesem gedanklichen Bild zu bleiben, kann man sagen, dass Linkbaits aus zwei Elementen bestehen: dem Platzieren des Köders und dem Anlocken der Links.

Ein Beispiel, an dem schnell klar wird, wie Linkbaits grundsätzlich funktionieren, findet man unter mingle2.com/dating/unicorn. Eine Online-Dating-Website veröffentlichte hier eine sehr unterhaltsame Aufzählung von zehn Punkten, die beschreiben, warum es hervorragend wäre, ein Date mit einem Einhorn zu haben. Eine herrlich sinnlose, aber sehr amüsante Idee, die ausgezeichnet als Köder für Links dienen kann. Es muss nur noch Aufmerksamkeit für den Linkbait generiert werden und die Links kommen bei entsprechend gutem Content „fast wie von selbst". Ein Grund für die Attraktivität von Linkbaits ist die Art und Zusammensetzung der geköderten Links. Diese Links fügen sich nahtlos in das durchschnittliche Linkprofil, welches das Ziel der gebündelten Offpage-Maßnahmen sein sollte, ein, da ein Linkbait einige sehr starke, aber eben auch viele weniger starke Links anzieht. Außerdem sind bei erfolgreichem Linkbait die Kosten für den Gewinn eines einzelnen Links sehr niedrig. In dieser Formulierung liegt bei Linkbaits allerdings auch die Krux: Das „erfolgreich" macht den Unterschied. Tatsächlich sind die meisten initiierten Linkbaits nicht erfolgreich. Der Erfolg eines Linkbaits lässt sich leichter einordnen, wenn man ihn in seiner Art unterscheidet und beispielsweise nach folgenden Merkmalen und Kennzahlen bewertet.

Linkbaits sollen hier anhand dreier Kriterien unterschieden werden, die bei einer differenzierteren Betrachtung der Thematik hilfreich sind: Linkherkunft, Orientierung und zeitlicher Verlauf.

Linkherkunft: Qualität und Nützlichkeit von Linkbaits hängen stark von der geografischen Herkunft der Links ab. Für eine deutsche Website hat ein Linkbait, der vornehmlich deutsche Links generiert, den größten Wert. Mit „deutschen Links" wären in diesem Fall Links von.de-Domains, Links von Domains mit einer Deutschland zugeordneten IP oder Links von deutschsprachigen Websites gemeint. Im Idealfall treffen alle drei Merkmale gleichzeitig zu.

Orientierung: Regelmäßig lassen sich erfolgreiche Linkbaits für einen nicht-kommerziellen Zweck beobachten. Dies ist eine gute Fingerübung, um sich in Linkbaits zu versuchen. Ein Transfer von Vorgehensweisen und Einsichten auf den kommerziellen Bereich ist jedoch nur bedingt möglich.

Zeitlicher Verlauf: Dieses Differenzierungsmerkmal bezieht sich im Unterschied zu den oben genannten weniger auf die Nützlichkeit. Man kann kommerziell orientierte Linkbaits, die maßgeblich Links aus dem anvisierten Zielland generieren, nach ihrem zeitlichen Verlauf klassifizieren. Es soll deshalb im Folgenden zwischen kontinuierlichen und explosiven Linkbaits unterschieden werden. Kontinuierliche Linkbaits sind solche, die über längere Zeit hinweg immer wieder einige Links generieren können. Ein Beispiel für einen kontinuierlichen Linkbait findet man unter http://www.tagtt.de/clock/creator/. Dieser Dienst bietet Website-Besitzern kostenlos eine Uhr für ihre Website an. Die Uhr, die man auf der eigenen Website integriert, enthält allerdings zusätzlich einen Link zu anderen Webseiten. Auch wenn Widgets an sich eine gute Idee sind, erscheint die mangelnde thematische Relevanz der Backlinks problematisch.

Ein Beispiel für länger zurückliegende explosive Linkbaits der Autoren ist beispielsweise blogitzeljagd.de. Obwohl diese Aktionswebsite noch nicht einmal die Zielseite der Links war, hat sie selbst 5 Jahre nach der Nutzung immer noch eine Domain-Popularität von 200. Exemplarisch sollen hier explosive Linkbaits etwas vertieft werden.

Natürlich können Linkbaits auch zufällig und ungewollt passieren, aber darauf werden sich kommerziell orientierte Unternehmen nicht verlassen wollen oder können. Bei geplanten kommerziellen Linkbaits, die „explosiv" Links aus einem bestimmten Zielland generieren sollen, entsteht der meiste Aufwand vor dem Start der Aktion. Gemäß der Erfahrung der Autoren entwickelt sich der Aufwand eines Linkbaits wie in Abb. 8.35 dargestellt.

Abb. 8.35 Verlauf eines Linkbaits

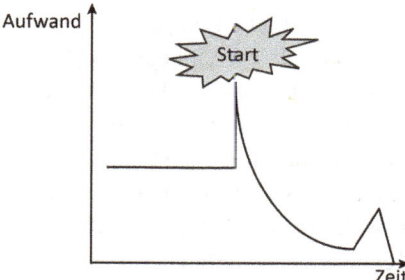

Der Aufwand, der vor dem Start des Linkbaits entsteht, wird als Seeding bezeichnet, die Spitzenbelastung findet beim Start selbst statt. Dann gibt es noch einmal einen höheren Aufwand, wenn der Linkbait angeschlossen wird.

Das Seeding ist der zentrale Erfolgsfaktor eines Linkbaits. Hier sind im Wesentlichen zwei Entscheidungen durch den Veranstalter zu treffen. Erstens: Wer wird im Rahmen des Seedings angesprochen? Beispielsweise können dies Kunden, Affiliates, Teilnehmer anderer ähnlicher Aktionen sein. Und zweitens: Wie wird das Seeding gemacht? Per Post, E-Mail oder auf anderen Kommunikationskanälen? Gibt es im Social-Media-Bereich Möglichkeiten, auf den Linkbait aufmerksam zu machen? Welche Tages- beziehungsweise Jahreszeit eignet sich gut für den Linkbait?

Beim Seeding gibt es ein zentrales Problem, das sich folgendermaßen beschreiben lässt: „Aufmerksamkeit anlocken – aber so wenig nerven wie möglich!" Man muss sich als Initiator eines Linkbaits mit aktivem Seeding immer bewusst sein, dass es immer Leute geben wird, die das Erregen von Aufmerksamkeit weit weniger wertschätzen. Dies ist eine Tatsache, die dem gesamten Unternehmen – auch dem Management – klar sein muss und die es zu akzeptieren gilt. In der Regel lässt sich durch proaktive und freundliche Kommunikation mit aufkommenden nicht positiven Stimmen zu einem Linkbait gut umgehen.

Explosiv konzipierte Linkbaits haben mittlerweile Grenzen, was das Potenzial damit zu gewinnender Links angeht, wofür einige Gründe genannt werden sollen.

- Microblogging hat einen Teil des Bloggens ersetzt. Zwar bekommen gute Linkbaits auch viele zweckdienliche Offpage-Signale aus Social Networks, aber die meisten Online-Marketer werden 100 Links sicher 100 Tweets vorziehen.
- Wie zuvor beschrieben, haben erfolgreiche Linkbaits ein hochattraktives Kosten-Nutzen-Verhältnis. Entsprechend oft versuchen unterschiedliche Unternehmen, Linkbaits zu seeden. Mittlerweile sind einige potenzielle Teilnehmer von Seeding-Nachrichten eher gestört als begeistert.
- Linkbaits sind als Linkmarketingmethode kaum international skalierbar. Häufig ist eine initiierende Person mit gutem Netzwerk von großem Vorteil für die Aktion. Die systematische Zusammenarbeit mit solchen Personen über Ländergrenzen hinweg konnte bisher noch nirgendwo im Markt beobachtet werden.
- Linkbaits sind im Vergleich zu anderen Linkmarketingmethoden hinsichtlich der Frequenz nur bedingt skalierbar. Es ist gut vorstellbar, dass kompetitive Unternehmen durchgehend ins Linkmarketing investieren wollen. Aber wie oft kann ein Unternehmen mit signifikanter Energie erfolgreich auf ein neues, spannendes Thema aufmerksam machen?
- Es lässt sich bei Inhabern von Blogs und Homepages eine zurückgehende Teilnahme an Linkbaits feststellen. Die Gründe hierfür sind sicher vielfältig und komplex.

Wie einführend bereits erwähnt, gelten diese Anmerkungen im Wesentlichen für explosiv angelegte Linkbaits.

Wenn ein Unternehmen die Initiierung eines Linkbaits erwähnt, sollte gründlich und unvoreingenommen abgewogen werden, welche Form des Linkbaits eher zum Erfolg führen wird. Gerade Entscheider bevorzugen die Art des explosiven Linkbaits, da die Frage nach der Wirkung und des ROIs der Aktion schneller bestimmt werden kann. Zudem ist die Planung und Durchführung eines kontinuierlichen Linkbaits wesentlich komplexer. Allerdings erwecken gerade explosive Linkbaits oft den Anschein eines Gewinnspiels oder sie können auf den ersten Blick auf ihren Zweck, nämlich das Einsammeln von Links, reduziert werden. Dies erzeugt ein gewisses Desinteresse, welchem man mit einem kontinuierlichen Linkbait wie dem Anbieten eines E-Books oder eines Widgets begegnen kann. Fällt die Entscheidung für die explosive Variante, sollte die Geschäftsführung – für den Fall, dass sich durch das Seeding kommunikative Herausforderungen ergeben – der Aktion die volle Unterstützung zugesichert haben.

Unabhängig von der Art des Linkbaits sollten anfallende Kosten als „sunk" (zu Deutsch „versenkt") betrachtet werden. Wie im Abschnitt über die Kosten von Linkbaits beschrieben, fällt der größte Aufwand vor dem Start an und ist auf jeden Fall unabhängig vom Erfolg der Aktion. Das Seeding bleibt der zentrale Erfolgsfaktor. Unterstützende positive Einflüsse sind stark vernetzte Personen sowie ein guter Markenname (der groß und positiv belegt ist).

Das Einsteigen in eine der Facetten von zeitgemäßem und nachhaltigem Linkmarketing – die explosiven Linkbaits – zeigt deutlich, wie tief und komplex das Thema ist. Und insbesondere in Kombination mit den vorangegangenen Abschnitten ist sicherlich erkennbar, wie der Anspruch im Linkmarketing im Laufe der Jahre immer weiter gestiegen ist und auch in Zukunft sicher noch weiter steigen wird.

8.6   Abstrafungen und Befreiung aus diesen

Eine Abstrafung einer Website (Penalty) kann zwei Ursachen haben: Erstens kann es sich um eine algorithmische oder eine manuell vergebene Sanktion handeln. Beiden ist gemein, dass die abgestrafte Webseite im Anschluss an das Penalty auf Keywords zu schlechteren Positionen zu finden sein wird (Rankingprobleme) und damit auch bei Tool-basiert erhobenen SEO-Sichtbarkeitswerten verliert. Dadurch sinkt natürlich die Besuchermenge, die über SEO gewonnen wird, teils erheblich, was gegebenenfalls einen hohen wirtschaftlichen Schaden nach sich zieht. Grund für die Bestrafung durch Google ist ein Verstoß gegen die „Richtlinien für Webmaster" (englisch: Google Webmaster Guidlines, siehe https://support.google.com/webmasters/answer/35769?hl=de&ref_topic=6002025), der entweder durch den Algorithmus, einen Google-Mitarbeiter oder eine Kombination aus beiden entdeckt wurde. Wichtig ist es zu verstehen, dass die Richtlinien keine Gesetze oder Ähnliches, sondern eher „Benimmregeln" und in vielen Bereichen Auslegungssache sind und sich Google auch keine große Mühe gibt, dies zu ändern, da der Interpretationsspielraum auch gerne seitens des Suchmaschinengiganten genutzt wird.

Neben der Unterscheidung, wie es zu der Abstrafung kam (algorithmisch vs. manuell), gibt es noch eine weitere wichtige Differenzierung, die es zu verstehen gilt: die **Reichweite der Abstrafungen**. Eine relativ kleine Reichweite haben Abstrafungen auf einzelnen Keywords. Abstrafungen größerer Reichweite können sich auf eine bestimmte URL, ein bestimmtes Verzeichnis oder eine bestimmte Subdomain beziehen. Die größte Reichweite haben Abstrafungen, die die ganze Domain betreffen, und das schlimmste Penalty ist die De-Indexierung, wenn eine Webseite komplett aus dem Google-Index entfernt wird und nicht schlechter, sondern gar nicht mehr zu finden ist. Der Bereich der abgestraften Website, auf den die Abstrafung ausgerichtet ist, wird ab dem Zeitpunkt des Eintritts der Abstrafung schlechtere Positionen für die anvisierten Suchphrasen in den Suchmaschinenergebnisseiten haben. Die einzige Ausnahme ist die De-Indexierung, die zum Beispiel zu beobachten ist, wenn Google Linknetzwerke aushebt, oder in drastischen PR-trächtigen Fällen bei besonders deutlichen Verstößen gegen die Google-Richtlinien, siehe http://searchengineland.com/iacquire-banned-from-google-after-link-buying-allegations-122414).

Algorithmische Penalties sind automatisiert durch die Algorithmen von Google vergebene Abstrafungen oder besser Neubewertungen einer Seite hinsichtlich ihrer Legitimität der bisherigen erreichten guten Positionen. Wie schon in vorangegangenen Kapiteln erläutert, finden bei Google regelmäßig Updates des Algorithmus statt. Dadurch versucht die Suchmaschine, immer besser zu erfassen, welche Webseite gut und welche weniger gut ist und welche Webseite sich wie gut an die selbst definierten Richtlinien hält. Große Updates werden oft, aber nicht immer von Google bekanntgegeben und manchmal auch mit einem Namen versehen, zum Beispiel Panda- oder Penguin-Update. Die Updates haben meist bestimmte Charakteristika und Kennzahlen der Webseiten im Fokus, mit deren Hilfe sie die Neubewertung vornehmen. Als Pendant zum Sport könnte man sich das als eine Detaillierung von Spielregeln vorstellen, die aber dennoch im Rahmen der alten Spielregeln ist. Nach solchen Updates kann es sein, dass einzelne Seiten erhebliche Verluste an SEO-Besuchern durch schlechtere Positionen auf einzelnen oder großen Mengen von Keywords haben. Man darf aber auch nicht vergessen, dass für gute Webseiten ein Update bei Google sehr oft eine Chance zum Sprung nach oben in der Sichtbarkeit und damit mehr Besucher bedeuten kann. Insofern ist die Reduktion der algorithmischen Effekte auf die Abstrafungen eigentlich das Ausblenden einer Hälfte der Wahrheit. Bei der Feststellung, ob eine Domain von einem algorithmischen Update/Penalty erfasst wurde, helfen professionelle SEO-Tools, die am Sichtbarkeitswert entlang die Zeitpunkte eines Updates markieren.

Manuelle Penalties werden von Google-Mitarbeitern des sogenannten „Search Quality"- oder „Webspam"-Teams nach individueller Prüfung der Seite händisch verhängt, wenn sich der Verdacht eines Verstoßes gegen die Google-Richtlinien erhärtet. Einige der Gründe für das Eingreifen sind eher bei Onpage-Themen zu verorten und gehören insofern nur bedingt in dieses Kapitel; darunter fallen zum Beispiel versteckte Texte, oberflächliche Texte oder Seiten mit zu wenig Inhalt, Spaminhalte und (semi-)automatisiert hergestellte Texte oder übertrieben mit Keywords angereicherte Texte. Die anderen Gründe

sind im Offpage-Bereich zu verorten, wenn Google entweder auf bestimmten URLs oder
sitewide Manipulationen bei externen eigehenden Links ortet oder gegebenenfalls auch
bei externen ausgehenden Links Irregularitäten vermutet werden. Die erwähnten Google-
Mitarbeiter suchen sich entweder selbstmotiviert Seiten heraus, die sie überprüfen, oder
die Impulse kommen aus einem Webformular, bei dem Internetnutzer einen sogenannten
Spamreport (https://www.google.com/webmasters/tools/spamreport) einreichen können,
in dem auf Verstöße einer Website hingewiesen wird. Leider ist die Nutzung dieser Spam-
reports gemäß Hörensagen aus Google-Kreisen im deutschsprachigen Raum ein sehr aktiv
(von Wettbewerbern) genutztes Mittel, was die Qualitätsanforderungen an SEO in diesem
Sprachraum zusätzlich qualitativ anspruchsvoll macht. Hat eine Website eine manuelle
Abstrafung bekommen, so erhält diese eine Meldung in den Google-Webmaster-Tools.
Dies zeigt deutlich den Unterschied zu den algorithmischen Abstrafungen auf, die hier
nicht vorkommen. Google will damit nahelegen, dass es ein Problem gibt und dass etwas
dagegen unternommen werden kann und soll. Ein manueller Penalty ist immer negativ.
Bei algorithmischen Veränderungen ist es für gleich viele Webseiten eine positive Nachricht, wie es für andere Webseiten eine negative Veränderung ist. Je nach Schwere des
Verstoßes wird für die manuelle Abstrafung ein Zeitraum definiert, in dem diese gilt. Wie
lange dieser Zeitraum ist, ist allerdings dem Webseiteninhaber nicht bekannt – es kann
sich um eine Dauer von 30 Tagen bis hin zu mehreren Jahren handeln.

Einen Standardweg für das **Entkommen aus Abstrafungen** gibt es nicht, da die Gründe, die dazu geführt haben, sehr unterschiedlich sein können. Betrachten wir zunächst die
algorithmischen Penalties. Ist eine Seite beispielsweise vom Panda-Update negativ betroffen, dann gilt dies für die gesamte Domain (sitewide) und man muss sich der Onpage-
Optimierung widmen. Die Ursache ist, dass die Inhalte dieser Domain in den Augen des
Google-Algorithmus nicht gut genug sind. Nun ist es nicht einfach möglich, gerade auf
Domains mit vielen Inhalten dies von einem Tag auf den anderen zu ändern. Um dieser
Einordnung zu entkommen, müssen zum Beispiel qualitativ schlechte Inhalte/Seiten verbessert, gelöscht oder de-indexiert (zum Beispiel mit robots noindex im Head-Bereich)
werden. Bei einem starken Abfall der SEO-Kennzahlen und Rankingpositionen nach
einem Penguin-Update muss man sich der Offpage-Optimierung widmen, denn Google vermutet ein auf breiter Front schlechtes Linkprofil. Wenn es einen algorithmischen
Grund für die Abstrafung gibt, muss man genau gegen diesen arbeiten. Eine algorithmische Abstrafung kann nur durch den gleichen Algorithmus wieder aufgehoben werden.
Ein manuelles Eingreifen durch einen Google-Mitarbeiter ist hier nicht möglich. Bei einer
händisch auferlegten Abstrafung ist der Fall wegen der Meldung in den Google-Webmaster-Tools anders gelagert, da man weiß, weswegen man abgestraft wurde. Bereinigt
man diese Ursache, kann ein sogenannter **Reconsideration Request** an Google gestellt
werden. Ein Reconsideration Request (zu Deutsch etwa „Antrag zur Neuerwägung") ist
das Anstoßen einer erneuten manuellen Prüfung, was alleine allerdings noch nicht ausreicht. Es kann auch sein, dass nach der erneuten Überprüfung immer noch Verstöße gesehen werden. Im positiven Fall wird jedoch der manuelle Penalty gehoben oder verkürzt,
allerdings ohne Garantien auf Erfolg. Basis für die Entscheidung ist alleine die Erfahrung

und Einschätzung der Google-Mitarbeiter. Einen Modus für Erklärungen und Diskussionen gibt es nicht – daher gilt es, den Reconsideration Request gründlich zu machen. Er sollte eine Erklärung beinhalten, wie es zu dem Verstoß kommen konnte, und dokumentieren, wie dieser zu korrigieren versucht wurde. Dies sollte bestmöglich dokumentiert und nachgewiesen werden. Des Weiteren sollte man kommunizieren, wie zukünftige Verstöße unbedingt vermieden werden können. Gab es ein Problem im Linkbereich, dann werden Listen von entfernten Links und Dokumentationen eingereicht, welcher Webmaster wegen welchen Links kontaktiert wurde. Bei linkbezogenen manuellen Abstrafungen besteht außerdem die Möglichkeit, Google eine sogenannte **Disavow-Liste** zu übermitteln, in der man beantragt, bestimmte Links für ungültig zu erklären. Man listet dort externe eingehende Links und die Wirkung sollte vergleichbar sein mit der NoFollow-Kennzeichnung dieser Links. Diese Disavow-Liste kann durch die Google-Webmaster-Tools eingereicht werden und die dort aufgelisteten Links werden fortan im Idealfall nicht mehr für die Bewertung der Domain herangezogen. Diese Methode ist insbesondere dann wichtig, wenn gegebenenfalls Wettbewerber versuchen, durch viele qualitativ schlechte Backlinks die Wahrnehmung der Seite aus Perspektive der Suchmaschinen zu verschlechtern (auch „**Negative SEO**" genannt). Das Einreichen der Disavow-Liste erfolgt in der Regel parallel zum Reconsideration Request.

Zur Wiederholung und Verdeutlichung sei hier noch einmal gesagt, dass der Reconsideration Request nur ein Werkzeug für manuelle Abstrafungen ist. Bei algorithmischen Abstrafungen hat das Einreichen keinen Zweck oder Sinn.

Nachhaltig und zukunftsorientiert SEO-treibende Unternehmen sollten ihre Strategien und Taktiken im Idealfall so wählen, dass die Penalty-Thematik gar nicht erst aufkommt. SEO als Kanal der Kundengewinnung und -bindung ist so (unter anderem finanziell) attraktiv, dass es nicht notwendig sein sollte, Tricks oder Abkürzungen zu suchen, die gegebenenfalls von Suchmaschinenbetreibern als Manipulationsversuch gewertet werden könnten.

Offpage-SEO jenseits von Linkmarketing

9

Zusammenfassung

Wie in den einleitenden Kapiteln des Buches beschrieben, besteht der Unterschied zwischen Google und vorherigen Suchmaschinen darin, dass Google nicht nur Onpage-, sondern auch Offpage-Faktoren in die Bewertung einer Seite einbezieht. Offpage-Faktoren waren historisch ausschließlich Links zwischen unterschiedlichen Webseiten. Die dahinterliegende Grundidee war und ist, dass jeder Link eine „Empfehlung" ist. Denkt man darüber nach, wer die Möglichkeit hat, einen Link zu setzen und damit eine Empfehlung abzugeben, die die Ergebnisse aller Nutzer des Suchmaschinenmonopolisten beeinflusst, so kommt man schnell zu dem Schluss, dass dies eigentlich eine kleine und nicht repräsentative Menge ist. Mit großer Wahrscheinlichkeit wird Google im Offpage Bereich weitere zusätzliche Rankingfaktoren neben Backlinks in Betracht ziehen. In diesem Kapitel wird darauf eingegangen, welche dieses sein könnten.

9.1 Traffic als Offpage-Rankingfaktor

Von den etwa 82 Mio. Einwohnern in Deutschland können nach Schätzungen der Autoren ca. ein bis 2 % einen Link von der eigenen Website zu einer anderen setzen und damit eine „Empfehlung" abgeben. Würde man die Demografie dieser Gruppe analysieren, so würde sich sicherlich kein repräsentativer Querschnitt für die Gesamtbevölkerung ergeben; vielmehr wären diese Personen auch heute noch eher männlich, eher jung und gebildeter und technikaffiner als der Durchschnitt. Diesen Wert als Näherungswert für „Empfehlungen" zu definieren, ist sicherlich sinnvoller, als gar keine Offpage Faktoren miteinzubeziehen. Aber wenn man das Thema durchdringt, wird auch klar, dass es aus Suchmaschinensicht Sinn macht, nach weiteren (eher ergänzenden als ersetzenden) Offpage-Näherungswerten für „Empfehlungen" zu suchen.

© Springer Fachmedien Wiesbaden 2015
A. Alpar et al., *SEO – Strategie, Taktik und Technik*, DOI 10.1007/978-3-658-02235-8_9

Zwei wahrscheinlich aussichtsreiche Kandidaten, um jetzt oder in Zukunft zusätzlich zu Links in die Berechnung von „Offpage-Empfehlungen jenseits von Links" miteinbezogen zu werden, werden in diesem Kapitel vorgestellt: **Traffic** (also Besuchermengen und -quellen) und die Informationen aus dem Social Network **Google+**. Außerdem wird auf andere **Social Networks** eingegangen, da von diesen über Jahre hinweg angenommen wurde, dass sie gegebenenfalls auch in die Offpage-Berechnung einfließen können. Diese Vermutung wird widerlegt. Darüber hinaus wird aber auch die Brücke geschlagen zwischen Optimierung in Social Networks und Suchmaschinen. Ferner wird das indirekte Zusammenspiel dieser Marketingkanäle erklärt.

Wie viele Besucher welche Website über SEO und SEA gewinnt, weiß Google ohnehin. Es geht in diesem Abschnitt also weniger um Traffic aus Suchmaschinen – diesen kennt Google nicht nur, sondern beeinflusst ihn auch. Möchte man Traffic als Offpage-Rankingfaktor erfassen, so muss man nachvollziehen, was Google verstehen möchte – und das ist sehr einfach: Welche Webseiten sind gut (und insbesondere besser als andere, die sich zu den gleichen Begriffen zu positionieren versuchen)? Ferner muss man nachvollziehen, welche Eigenschaften der Traffic von Webseiten in Bezug auf ihre Besucher und Quellen haben, die in den Augen der gesamten Bevölkerung „gut" sind. Im Folgenden werden einige offensichtliche und leicht nachvollziehbare Beispiele hierfür aufgelistet:

- Gute Webseiten haben im Vergleich zu Wettbewerbern eine höhere Menge an „**Type-in Traffic**", da sich die Kunden die URL merken und sie direkt in die Navigationszeile des Browsers eingeben.
- Gute Webseiten werden im Vergleich zu Wettbewerbern häufiger als **Bookmark/Lesezeichen vermerkt**, da sich Nutzer explizit an diese erinnern möchten und einen einfachen Weg zur Rückkehr dahin haben wollen. Gute Webseiten haben also mehr **Traffic aus Bookmarks/Lesezeichen**.
- Gute Webseiten haben im Vergleich zu Wettbewerbern wahrscheinlich mehr „**Referral Traffic**", also Besucher über Links von anderen Seiten.
- Gute Webseiten zeichnen sich wahrscheinlich durch einen vielfältigen **Traffic-Mix** aus. Man nehme an, die Suchmaschine wolle zwei Versicherungsinstitute miteinander vergleichen, die in Bezug auf ihr (SEA und) SEO genau gleich scheinen. Die eine Versicherung hat jedoch über den Suchmaschinen-Traffic hinaus Besucher in signifikanter Menge aus den Quellen eMail Marketing, Direct Type in, Social Media Networks, Bookmarks, Referral Traffic etc. zu verzeichnen. Das ist sicherlich ein Signal dafür, dass diese Versicherung in den Augen der Nutzer das bessere Ergebnis ist.

Wenn man dem Gedankengang folgen kann und will, dass man aus dem Beobachten des gesamten Traffics einer Website „Empfehlungen" einer breiten Nutzerschaft ableiten kann, so stellt sich direkt die Folgefrage, woher Google diese Informationen haben könnte, von denen man eigentlich erwarten würde, dass sie nur der Webseiteninhaber haben kann. Man beachte: Möchte man Traffic wirklich robust als Rankingfaktor nutzen, so reicht es nicht aus, für einige oder viele Seiten einen kleinen Bruchteil der gesamte Be-

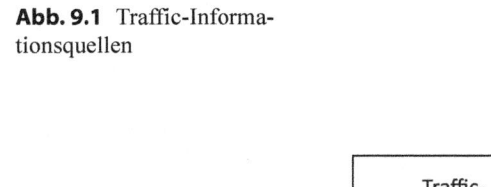

Abb. 9.1 Traffic-Informationsquellen

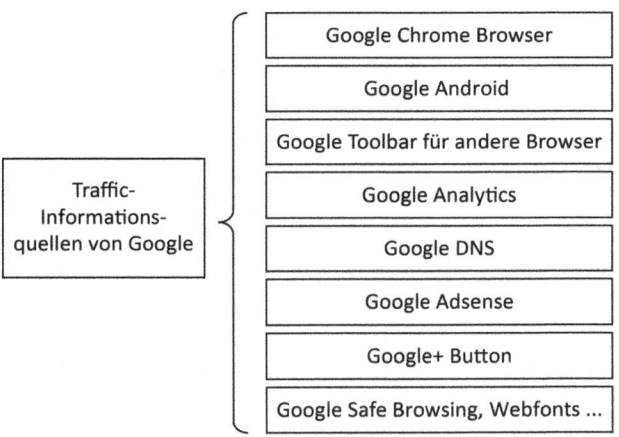

sucherströme zu kennen. Man braucht diese Informationen in repräsentativen und damit großen Größenordnungen für praktisch alle Webseiten im Internet. Beim ersten Durchdenken dieses Themas erscheint es einem fast unmöglich, dass Google es schaffen könnte, diese Informationen zu sammeln. Wie in diesem Abschnitt allerdings gezeigt werden soll, ist es angesichts der Fülle kostenloser Tools und Dienstleistungen für Google schon seit langem ein Leichtes, den Traffic im Internet und auf einzelnen Webseiten zu messen und auszuwerten.

In Abb. 9.1 werden die wichtigsten potenziellen Quellen dargestellt, durch die Google Informationen über den gesamten Internet-Traffic sammeln kann. Anschließend wird auf diese Quellen detaillierter eingegangen.

Die sicherlich prominenteste und weitreichendste Datenquelle ist Googles hauseigener **Browser Chrome**. Darüber kann Google das Surfverhalten eines jeden Nutzers beobachten, der diesen Browser installiert hat und verwendet. Diese Daten kann Google für sich nutzen und auswerten. Der Nutzer kann diese Option zwar deaktivieren, doch ist es als Standardoption so eingestellt, dass Google die Daten zum Nutzerverhalten erhält. Der Marktanteil von Google Chrome im Browsermarkt liegt je nach Datenquelle bei 20 bis 40 %. Während bezüglich dieser Information die Werte stark auseinandergehen, besteht an einer anderen Stelle Klarheit: Google Chrome ist der Browser, der seit Jahren und als einziger stetiges Wachstum verzeichnet. In Deutschland wurde diese komplett kostenlose und werbefreie Software massiv mit millionenschweren Branding-orientierten TV-Werbekampagnen, Plakaten, Printanzeigen und Online-Werbung im Markt etabliert. Ein kommerziell ausgerichteter und börsennotierter Konzern tätigt solche großen Werbeinvestments sicherlich nicht ohne Kalkül. Hier zeigt sich wieder sehr deutlich ein Spruch, der im Internetzeitalter massiv an Bedeutung gewonnen hat: Wenn etwas Nützliches komplett kostenlos ist, ist der Nutzer vielleicht nicht der Kunde, sondern die Ware.

Google tätigt die Investitionen in die Entwicklung eines extrem guten Browsers und die begleitenden Werbekampagnen nur aus einem Grund: zum Sammeln von Daten. Es ist Googles selbst erklärte Mission, alle Daten der Welt zu „organisieren". Diese Daten sollen zum einen dazu dienen, bestehende Produkte und Dienstleistungen zu verbessern, und zum anderen, neue Produkte und Dienstleistungen zu erschaffen. Mit den Daten aus dem Chrome Browser kann dann zum einen der Suchalgorithmus im Offpage-Bereich um den Rankingfaktor ergänzt werden. Zum anderen kann aber auch durch das vollständige Durchleuchten der Internetnutzer die eigene Werbungsschaltungsmöglichkeit AdWords „besser" gemacht werden – dies gilt zumindest für die Personen, die Chrome nutzen.

Darüber hinaus möchte Google über mehrere verschiedene Aktivitätsstränge noch mehr Raum auf den Desktopcomputern und Laptops der Nutzer einnehmen. Beispielsweise wurde ein eigenes Betriebssystem namens Chrome OS veröffentlicht und unter dem Namen Chromebook werden eigene Laptops verkauft, die komplett und vornehmlich webbasiert funktionieren. Es ist klar, dass das Nutzerverhalten auf dieser Ebene noch viel breiter verstanden und ausgewertet werden kann – sogar wenn jemand einen anderen Browser als Chrome benutzt.

Was Google in der Desktop- beziehungsweise Laptop-Welt gerade erst beginnt, ist im Bereich der Smartphones schon längst gelungen. Das Mobiltelefon-Betriebssystem **Android** hat in Deutschland einen Marktanteil von über 75 % (vgl. zum Beispiel http://www.idc.com/getdoc.jsp?containerId=prUS24676414) bei allen im Markt befindlichen Smartphones und bei Neuverkäufen gar einen Marktanteil von über 90 %, was bedeutet, dass die Verbreitung rapide zunimmt. Auf Android ist in der Regel ohnehin per Standardeinstellung Google Chrome installiert; aber auch wenn sich Android-Nutzer aktiv für einen anderen Browser entscheiden, kann das „darunterliegende" Betriebssystem selbstverständlich dennoch mitlesen, welche Webseiten in welcher Art genutzt werden.

Aus der Zeit vor Google Chrome stammt die **Google Toolbar**, die insbesondere für den Open Source Browser Mozilla Firefox und Microsofts Internet Explorer weit verbreitet war. Es gab sogar eine Zeit, in der Google Affiliates Geld über ein Affiliate-Marketing-Programm gezahlt hat, sodass diese Unterstützung leisten, um bei möglichst vielen Nutzern die Google Toolbar zu installieren. Die Google Toolbar sollte Endkunden zum einen den Weg zur Google-Suche verkürzen, indem sie schon im oberen Bereich des Browsers kam. Zum anderen hatte das Plug-in jedoch auch von Anfang an eine Schnittstelle, um dem Hersteller des Tools Daten über das Surfverhalten zu übermitteln und diese analysierbar zu machen.

Dass die Nutzung der Webanalyse-Software **Google Analytics** das Unternehmen in die Position versetzt, die kompletten Webseitendaten durchdringen zu können, ist praktisch selbstverständlich. Wie bei jeder Webanalyse-Software werden einige Zeilen in den Quellcode der Website durch deren Inhaber eingebunden. Dadurch werden bei jedem Aufruf irgendeiner Unterseite der Webanalyse-Software – in diesem Falle Google Analytics – Daten über die Aktivität im Kontext dieses Seitenaufrufs übermittelt. Der Webseiteninhaber kann durch den Einsatz von Webanalyse-Software viel über seine eigene Website und deren Nutzerschaft lernen und zu vielen Optimierungsmöglichkeiten vordringen. Google Analytics ist in einer sehr umfangreichen und guten Version komplett kostenfrei. Unter anderen kostenlosen Webanalyse-Tools schneidet es jedes Mal als eines der besten ab. Es ist also kein Wunder, dass rund 50 % der Webseiten im Internet, die eine Webanalyse-

Software benutzen, auf Google Analytics setzen (vgl. http://w3techs.com/technologies/overview/traffic_analysis/all). Gewichtet man diese Webseiten nach ihrer Reichweite, so hat Google Analytics sogar einen Marktanteil von rund 80 %.

Eine weitere Quelle für Google, um Daten abzugreifen, sind die hauseigenen **Public Domain Name Systems (DNS)**, welche der Konzern unter den IP-Adressen 8.8.8.8. und 8.8.4.4. kostenlos bereitstellt, um die Seitenladegeschwindigkeit und die Websicherheit laut eigener Aussage zu erhöhen. Das DNS-Protokoll ist ein wichtiger Teil der Infrastruktur des World Wide Web und ist ähnlich wie ein Telefonbuch zu verstehen. Jedes Mal, wenn ein Nutzer eine Webseite aufruft, führt der eigene Computer einen DNS-Abruf durch. Größere, komplexere Webseiten benötigen oftmals mehrere DNS-Abrufe, bevor diese zu laden beginnen. Deshalb können Computer täglich mehrere hundert DNS-Abfragen durchführen. Gehören diese DNS-Einträge nun zum Google Public DNS, so hat der Konzern auch hier die Möglichkeit, Nutzerdaten für diese Webseiten zu nutzen und auszuwerten.

Mit **Google AdSense** hilft Google Webseiteninhabern bei der Monetarisierung ihrer Besucher über Werbung. Somit werden die über Google AdWords eingebuchten Text- und Bildanzeigen auf deren Webseiten gebracht. Damit dies funktioniert, müssen die Webseiteninhaber, die diesen Einkommensstrom für sich erschließen wollen, einige Zeilen in den Quellcode ihrer Webseiten einfügen – vergleichbar mit dem Einbinden einer Webanalyse-Software (in einer Erhebung von etwas über einer Million deutscher Webseiten 2008 konnte auf rund 10 % davon Google AdSense gefunden werden – vgl. http://www.sistrix.de/news/verbreitung-von-google-analytics-adsense/). Ob hier über die werbeschaltungsrelevanten Daten hinaus noch weitere über die Besucher und Besucherquellen der Webseite erhoben werden, ist nicht bekannt; doch ist diese Informationsquelle ein relevantes mögliches weiteres Puzzleteil in der Erhebung der Traffic-Daten durch Google.

Um eigene Webseitenbesucher für Interaktionen auf dem Google-eigenen Social Network zu animieren, bietet Google Webseiteninhabern ein **interaktives Google-Plus-Element** (Button), wodurch ein Teilen mit den dortigen Kontaktkreisen sehr einfach möglich ist. Für Webseiteninhaber macht dies Sinn, da ein solches Teilen zu weiteren beziehungsweise mehr Besuchern führen kann. Auch hierfür müssen zusätzliche Zeilen in den Quellcode eingefügt werden, was viele – insbesondere reichweitenstarke – Seiten in den vergangenen Jahren analog zu Buttons von Facebook („Like") oder Twitter in die Tat umgesetzt haben. Auch beim Google-Plus-Button ist es denkbar und wahrscheinlich, nicht jedoch bewiesen, dass Google hierüber Daten über Besucher und Besucherquellen der einbindenden Websites erhebt.

Neben den zuvor ausführlich vorgestellten kostenlosen Diensten, die Google eine breite Datenerhebung des gesamten Internet-Traffics ermöglichen, gibt es noch einige weitere. Bei **Google Safe Browsing** werden alle aufgerufenen Webseiten im Browser über eine API gegen eine Datenbank abgeglichen, welche von Google bereitgestellt wird. Diese Datenbank besteht aus Webseiten, welche mit Malware und Phishing Software befallen sind. Der Browser meldet einen Warnhinweis, sobald er eine Übereinstimmung der aufgerufenen Webseite mit der Datenbank findet. Google Chrome, Apple Safari und Mozilla

Firefox nutzen diesen Safe Browsing Service standardmäßig. Laut Google haben bis Juni 2012 bereits ca. 600 Mio. Internetnutzer diesen Service bewusst oder unbewusst genutzt. Auch hier besteht für Google durchaus die Chance, das Surfverhalten und den Traffic auf Webseiten zu messen. Darüber hinaus stellt Google viele weitere Dienste, Plug-ins und Möglichkeiten kostenlos zur Verfügung, mit welchen sich die Firma Zugriff auf Webseiten oder Browser verschaffen kann – man denke hier zum Beispiel an **Google Web Fonts** oder **Google Hosted Libraries**.

Betrachtet man nun all diese verschiedenen Dienste und Möglichkeiten kumuliert, über die Google zur Messung des Nutzerverhaltens verfügt, so kommt man sicherlich auf eine sehr gute Datenqualität. Die einzig verbleibende Frage ist, ob ein Weg gefunden worden ist, um all diese Daten effektiv auszuwerten (und wem soll dies gelingen, wenn nicht Google?) und ob dies auf eine Weise geschieht, dass diese Daten wenig anfällig für Manipulationen sind. Ist dies gelungen, können die Daten als Rankingfaktor in den Algorithmus einfließen. Die Auswertung des Traffic-Mix einer Webseite scheint tatsächlich ein zu erhebender, sehr objektiver und schwer manipulierbarer Wert zu sein, welcher die Relevanz einer Webseite beschreiben kann. Dieser Faktor ist also bereits heute ein für Top-Rankings in den Suchmaschinenergebnissen notwendiges Element – oder wird es in Zukunft mit sehr großer Wahrscheinlichkeit sein.

9.2   Google+ als Offpage-Rankingfaktor

Google+ ist für Google einerseits ein Social Network. Hier kann eine Person einer anderen (oder einem Unternehmen oder noch allgemeiner einer Page) *unidirektional* oder Personen können sich gegenseitig *reziprok* folgen. Das „Folgen" heißt bei Google+ „einkreisen". Innerhalb von Google+ hat die Auswahl der Personen/Unternehmen/Pages, die man einkreist, zur Folge, dass man deren Empfehlungen in der dortigen Neuigkeitenliste zu lesen bekommt. Zur Angabe von Empfehlungen gibt es bei Google+ zwei Möglichkeiten: zum einen das zuvor erwähnte auf Webseiten einzubindende Element (+1-Button). Zum anderen können User, wenn sie Teil von Google+ sind, selbst Statusmeldungen verfassen, die neben Text und Bildern auch Links enthalten können.

Empfiehlt eine Person, der man folgt, eine bestimmte URL auf Google+, so wird diese ab dem Zeitpunkt für alle Personen, die der empfehlenden Person folgen, etwas bevorzugt in den normalen Suchergebnissen angezeigt. Die Reichweite des Empfehlens auf Google+ ist also stark abhängig von der „Folgschaft" des Empfehlenden. Wenn ein Nutzer, dem viele andere User folgen, eine Empfehlung abgibt, wird diese für all diejenigen, die folgen, einen Effekt bei den Suchergebnissen haben (die Art und Weise, wie das System gestaltet ist, zeigt insbesondere, dass es wirkungslos ist, „gefälschte große Mengen an Folgern/Freunden" zu haben, wie es in manchen Social Networks phasenweise Habitus war). Es ist also klar zu sehen, dass Google+ ein Rankingfaktor ist – allerdings verändert er nicht die Ergebnisse für die Allgemeinheit, sondern nur innerhalb des personalisierten Suchergebnisses des Suchenden. Ähnlich verhält es sich letztendlich auch, wenn Suchergebnisse aufgrund des Aufenthaltsortes des Suchenden mit mehr lokalen Ergebnissen eingebunden werden. Man könnte es einen **individuellen Rankingfaktor** nennen, im Gegensatz zu **universellen Rankingfaktoren** wie Links.

Nun könnte man mutmaßen, dass wenn die Adoption von Google+ (welche aktuell in wirklich überschaubarem Rahmen liegt) eines Tages wirklich breit stattgefunden hat, dieser Rankingfaktor von einem individuellen zu einem „universellen" aufsteigen könnte. Einleitend hatten wir geschätzt, dass in Deutschland ca. 1 bis 2 % der Einwohner Links setzen können. Würden also ein bis 2 % der Einwohner Deutschlands systematisch Empfehlungen auf Google+ abgeben, so wäre dieser Faktor eine sehr gute Ergänzung für Offpage-Rankingfaktoren. Wahrscheinlich ist dies aber auch schon bei viel geringeren aktiven Nutzermengen der Fall. Um abzuschätzen, ob dies in Zukunft ein realistisches Szenario sein könnte, muss analysiert werden, mit welcher Intensität Google+ von Google in den Markt getrieben wird. Hier einige Beispiele:

- Seit Ende 2013 wird jeder YouTube-Account automatisch in einen Google-Plus-Account verwandelt (vgl. http://www.forbes.com/sites/insertcoin/2013/11/09/google-plus-creates-uproar-over-forced-youtube-integration/), also gleicht jede Aktivität dort einer Aktivität auf Google+.
- Für jedes neue Android Smartphone und die Nutzung des Google Play Stores zum Herunterladen von Apps für Android Phones bedarf es zwangsweise eines Google-Plus-Accounts.
- Jeder G(oogle)Mail-Account ist ebenfalls automatisch mit einem Google-Plus-Account verknüpft.
- Ein Unternehmenseintrag in Google Maps ist heute nur noch mit Google-Plus-Account möglich.
- Um bei navigationalen Suchen nach dem eigenen Unternehmen rechts neben den normalen Suchergebnissen den Raum einzunehmen (was aus einer Defend-Perspektive – siehe Keyword-Strategie – sehr wünschenswert ist), muss die Unternehmenswebsite mit der Google-Plus-Page des Unternehmens sauber verknüpft sein.

Die Weichen dafür sind also gestellt, dass Google+ in den kommenden Jahren durchaus ein relevanter und universell die Suchergebnisse beeinflussender Offpage-Rankingfaktor werden könnte.

9.3   Social Media, Social Networks und SEO

Wenn in diesem Abschnitt von Social Media/Social Networks die Rede ist, sind im Wesentlichen alle großen Vertreter mit Ausnahme von Google+ gemeint, welches im vorherigen Abschnitt bereits gesondert erläutert worden ist. Konkret betrachtet werden hier Plattformen wie Facebook, Twitter, LinkedIn, Instagram, Pinterest, Foursquare, StumbleUpon, Reddit, YouTube etc.

Abb. 9.2 Wirkung von Social
Media#X:? Y:?

Das, was in beziehungsweise über Social Networks an Aktivität in Bezug auf eine
Website passiert, hat *keinen* direkten Einfluss auf SEO im Sinne eines Rankingfaktors.
Jahrelang wurde zum Beispiel fälschlicherweise angenommen, dass die Menge an Facebook Likes das Ranking einer Webseite beeinflussen könnte, weil es hier eine große **Kor-
relation** gibt. Wer sich dem Thema analytisch genähert hat, dem war sicherlich früh klar,
dass es sich hier um **keine Kausalität** handeln kann. Diese falsche Binsenweisheit hatte
sich so sehr im Markt etabliert, dass sich Google Anfang 2014 sogar genötigt sah, dieses
Thema explizit zu adressieren und konkret zu verneinen (vgl. https://www.youtube.com/
watch?v=udqtSM-6QbQ).

Inwiefern und aus welchem Grund widmen wir uns also in diesem Abschnitt überhaupt
dem Thema Social Networks? Zum einen gibt es bei manchen Aspekten Überschneidungen
in der Arbeitsweise von SEO und der Arbeit in bestimmten Bereichen des Social Media
Marketing. Innerhalb von Social Media Marketing werden – wie beim Suchmarketing – der
Bereich Social Media Advertising (SMA) und Social Media Optimization (SMO) analog zu SEA und SEO unterschieden. Zwischen SMO und SEO gibt es an vielen Stellen
Überschneidungen, insbesondere auf taktischer Ebene. Zum anderen können Social Networks auf drei Arten indirekt auf SEO einwirken. Diese Wirkungsweisen sind in Abb. 9.2
überblicksartig dargestellt und werden danach in diesem Abschnitt genauer erläutert.

Im ersten Abschnitt dieses Kapitels wurde auf Traffic als Rankingfaktor eingegangen.
Social Media ist für diejenigen Unternehmen, die es deterministisch beherrschen und sich
in diesem Bereich kontinuierlich engagieren, potenziell ein sehr großer Traffic-Kanal, der
Besucher zu relativ günstigen Kosten liefern kann. Günstige Besucherströme kann man
aus Social Media insbesondere dann gewinnen, wenn man die Optimierung darin realisiert
bekommt. Insofern kann gutes SMO die **Traffic-Mengen** jenseits von Such-Traffic sowie
die Vielfalt und Zusammenstellung des **Traffic-Mix** sehr positiv beeinflussen und damit
indirekt für SEO wirken.

Ein gutes Arbeiten im Social-Media-Bereich, welches einer Marke viel Reichweite
verschafft, sorgt dafür, dass die Marke (wieder)erkannt wird. Dies gilt auch für den Moment, in dem eine Marke es schafft, sich in den vorderen Plätzen der Suchmaschinenergebnisse zu positionieren. Eine Domain/Marke, die eher wiedererkannt wird, wird eine
höhere CTR haben und wahrscheinlich auch zu einer längeren Aufenthaltszeit auf der
Website der Marke einladen. Gutes Social Media Marketing trägt also zum **Branding** bei,

welches wiederum einen direkten Einfluss auf die **User Signals** innerhalb der SERPs hat, die Google in jedem Fall schon jetzt in das Ranking einbezieht.

In den USA, aus denen sowohl SEO als auch die meisten Social Networks stammen, haben diese eine viel größere Verbreitung in der Bevölkerung. Eine Taktik im Bereich des Linkmarketing, die sich dort nachweislich wiederholt erfolgreich umsetzen lässt, ist folgende: Es wird versucht, ein bestimmtes Content Element innerhalb eines Social Networks zeitweise so populär werden zu lassen, dass dieser Content es über die Grenzen des Netzwerks hinaus ins reguläre Internet schafft und dort in Links mündet. Ein Beispiel hierfür wäre ein sehr interessanter Tweet von Lufthansa (https://twitter.com/lufthansa/status/488437053131329537) anlässlich der Fußball WM, der so unterhaltsam war, dass er innerhalb von Twitter eine Rekordanzahl an Reaktionen hervorrief und in der Folge in vielen großen Online-Magazinen (http://mashable.com/2014/07/14/germany-world-cup-brands/) und Tageszeitungen (http://www.theguardian.com/football/blog/2014/jul/14/world-cup-final-2014-internet-reacts-germany-argentina-twitter) erwähnt wurde. Sehr gutes Social Media Marketing kann in dieser Form äußerst positiv auf das Linkmarketing wirken, welches wiederum erst konkret Einfluss auf die Rankings hat.

Zusammengenommen wird deutlich, wie vielfältig Social Media Marketing an verschiedenen Ecken SEO unterstützen kann. Jede der beschriebenen Wirkungsweisen ist jedoch indirekt wie bei einem Rankingfaktor.

Content Marketing

Zusammenfassung

Seit einigen Jahren ist das junge Thema Content Marketing auf dem Vormarsch. Es soll auch Teil dieses Buches sein, da es eng mit zukunftsweisender Suchmaschinenoptimierung verbunden ist. In einem Abschnitt dieses Buchkapitels wird auf mögliche Gründe hierfür eingegangen.

Um in das Thema einzusteigen, wollen wir einen eigenen Definitionsversuch wagen. Einheitliche Definitionen für den Bereich Content Marketing gibt es nicht, sodass wir unsere eigene Sicht auf das Thema Content Marketing in der Definition widerspiegeln möchten.

10.1 Einführung in das Content Marketing

Nach Ansicht der Autoren ist der essenzielle Bestandteil des Content Marketing das Zusammenspiel zweier Elemente, die sich eigentlich schon im Begriff wiederfinden: das Erstellen von **„marketingfähigem" Content** einerseits und das **(dedizierte) Marketing des Contents** andererseits, wie in Abb. 10.1 dargestellt.

Anhand dieser Definition kann dann auch sehr deutlich abgegrenzt werden. Unternehmen haben im digitalen Zeitalter ohnehin (mehr oder weniger freiwillig) eine „Verlagskomponente" hinzugewonnen. Sie bieten nicht nur „einfach" Dienstleistungen oder Produkte an, sondern publizieren immer mehr Inhalte in deren Kontext. Der meiste Content, der heute produziert wird, ist jedoch nicht unbedingt „marketingfähig" oder sogar „marketingwürdig". Für die meisten Anwendungszwecke, für die Content erschaffen wird, ist das auch nicht notwendig. Genau diese „Marketingfähigkeit" zeichnet jedoch Content für Content Marketing aus. Es handelt sich um Content, der so gut ist, dass man ihn als genauso wertvoll erachten kann wie das eigene Produkt oder die eigene Dienstleistung

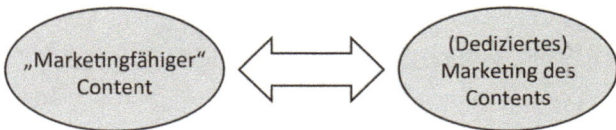

Abb. 10.1 Einführung Content Marketing

des Unternehmens selbst. Analoges gilt für die zweite und ebenso wichtige Komponente
der Definition. In der Regel fokussieren sich die Marketingbemühungen von Unternehmen, die Zeit und Geld in Anspruch nehmen, naheliegender Weise auf deren Produkte und
Dienstleistungen. Dass Content bei den Unternehmen vorhanden ist, ist bei klassischen
Marketingansätzen eher eine Nebensache, die aus nachfrageseitigen Notwendigkeiten heraus entstanden ist. Die Idee des Content Marketing ist hier wiederum konträr. Es gilt, ein
dediziertes Marketing extra für den Content zu betreiben, als sei dieser das eigene Produkt
oder die eigene Dienstleistung des Unternehmens. Die Gemeinsamkeit des klassischen
Marketingansatzes mit dem Content Marketing besteht in der Zielgruppe, an die sich das
Marketing des Content und der „marketingfähige" Content richten. Es ist genau die Zielgruppe, die auch Interesse an den Produkten und Dienstleistungen des Unternehmens hat,
womit sich der Kreis schließt.

Denkt man über diese Definition nach, so wird schnell deutlich, dass hier nicht nur eine
Nähe zu SEO, sondern auch in gleichem Maße zu PR, Social Media, CRM, klassischer
Werbung, Mediengestaltung und Journalismus besteht. Durch die gezielte Zielgruppenansprache und die Bereitstellung von Inhalten mit Mehrwert sollen Glaubwürdigkeit geschaffen, Emotionen geweckt und schlussendlich bestehende und potenzielle Kunden erreicht und gebunden werden. Ziel ist die nachhaltige Verknüpfung von Unternehmen und
Marken mit Inhalten. Der Fokus liegt dabei in keinem Fall auf direkten Werbebotschaften,
sondern auf informativem, unterhaltendem und hilfreichem Content.

Wir steigen in den folgenden Abschnitten tiefer in das Thema Content Marketing ein,
indem zunächst je ein gelungenes und ein nicht gelungenes Beispiel von Content Marketing vorgestellt wird. Danach soll auf erste Erklärungsansätze eingegangen werden, auf
die die wachsende Popularität von Content Marketing zurückzuführen ist. Der letzte de-
finitorische Abschnitt zeigt die konkreten Gemeinsamkeiten und Unterschiede zwischen
SEO und Content Marketing und damit auch die hochinteressanten Schnittstellenbereiche
auf. Zuletzt erfolgt als Wegweiser für den Rest des Kapitels zum Content Marketing ein
Überblick über dessen verschiedene Elemente und Aufgaben – insbesondere in den Bereichen Strategie und Umsetzung –, um diese dann Stück für Stück im Detail zu erklären.

10.1.1   Einführende Beispiele zum Thema Content Marketing

Wie bei neu entstehenden Fachdisziplinen wohl nicht unüblich, findet sich schnell jemand, der behauptet, es sei nur „alter Wein in neuen Schläuchen" und man habe Content

Marketing schon immer betrieben. Im Falle von Content Marketing werden hier leider häufig aus dem klassischen Marketing Beispiele genannt, bei denen Verpackungen von Konsumgütern mehr oder weniger passend ergänzt wurden, zum Beispiel eine Schokoladencreme mit einem Comic-Heftchen, was die Kinder unter den Käufern zusätzlich ansprechen sollte, oder die Rezepte auf der Rückseite von Nudelpackungen. Es wird sofort klar, dass hier Content, der die eigentlichen Produkte begleitet und „aufhübschen" soll, verwechselt wird mit wirklichem Content Marketing. Damit nun alle vorangegangenen theoretischen Ausführungen ein wenig konkreter werden, soll an dieser Stelle je eine geglückte und eine nicht geglückte Kampagne zum Content Marketing vorgestellt werden.

10.1.1.1   Content Marketing Beispiel „Linkbuilding Community-Post" von AKM3

Das Ziel dieser Kampagne war einerseits eine schubhafte Erhöhung der Bekanntheit der Agentur und andererseits eine nachhaltige Positionierung in den Suchergebnissen zum Begriff „Linkbuilding", welcher nah an den Dienstleistungen der Agentur ist. Zielgruppe der Kampagne waren breit definiert alle SEO-Interessierte aus dem deutschsprachigen Raum und enger definiert Linkmarketing-Verantwortliche aus Unternehmen.

Idee der Kampagne war die Generierung von Experten-Tipps zum Thema „Linkbuilding", wobei SEO-Experten aus Agenturen und Unternehmen zu Wort kamen. Diese Sammlung an Linkbuilding-Tipps wurde dann zu einem großen Artikel auf dem Unternehmensblog zusammengefasst, der unter http://www.akm3.de/blog/kreatives-linkbuilding und in Abb. 10.2 und 10.3 zu sehen ist.

Der Content wurde Mitte November 2012 veröffentlicht. Das Marketing dieses Contents lief zum einen über die Experten, die an der Befragung teilgenommen hatten, und zum anderen über Social Media. Die Experten verwiesen initial sehr breit auf diesen Content und in der Folge gab es auf 66 anderen Websites Verweise (Links) und Diskussionen rund um diesen sehr umfangreichen Ideenlieferanten zum Thema Linkbuilding. Der Content wurde auch über die Corporate Social Media Accounts der Agentur gestreut und verbreitete sich von dort aus viral weiter über Likes und Shares bei Facebook, viele Retweets bei Twitter und „+ 1" bei Google+. Exemplarisch sei hier in Abb. 10.4 der Facebook-Post des Unternehmens abgebildet, der unter https://www.facebook.com/akmdrei/posts/127039644116858 erreichbar ist und ohne Werbung über 50 Likes und 16 Shares gewinnen konnte.

Des Weiteren wurde auf den Inhalt in passenden Communities innerhalb der Social Networks Facebook, Xing und Google+ verwiesen. Zuletzt wurden über einen begrenzten Zeitraum hinweg – aber mit hohem Werbedruck – Facebook Ads geschaltet, ausgerichtet auf erwachsene deutschsprachige Facebook-Mitglieder, die dort ihr Interesse an Suchmaschinenoptimierung bekundet hatten.

Die Ergebnisse sind umfangreich, sind bis heute sehr eindrücklich und die Zugriffszahlen nehmen weiterhin zu. Der Content wurde bis Mitte 2014 50.000 Mal gelesen und erreicht damit die Zielgruppe in enormer Breite. Jenseits der initialen Marketingphase erhält dieser Content maßgeblich Besucher von Google. Neben einem Artikel von Wikipedia schätzt Google diesen Content als den besten deutschsprachigen zum Begriff Linkbuilding ein (siehe auch http://www.google.de/search?q=linkbuilding und Abb. 10.5).

Der AKM3 Blog

44 kreative Linkbuilding-Ideen made in Germany

Wow! Als wir uns entschlossen haben, ein deutsches Pendant zu **diesem Artikel** (mit eurer Hilfe) zu verfassen, wussten wir zwar, dass die deutsche SEO-Szene kreativ und innovativ ist – was wir aber nicht wussten ist, dass ihr uns auch noch so schnell so viele geniale Ideen für den kreativen Linkaufbau schicken würdet! Respekt und Danke an alle, die mitgemacht haben. Vielleicht heißt es ja bald nicht nur "deutsche Ingenieurskunst" sondern auch "deutsche SEO-Kunst" ;-).

13. Nov. 2012
von *AKM3 Team*
Kommentare: *99*
SEO

Einige hatten leider keine Zeit oder waren verhindert. Euch laden wir herzlich ein, diesen Post bis ins Unendliche fortzuführen – ergänzt einfach die schon vorhandenen Linkbuilding-Ideen in den Kommentaren! So, und jetzt viel Spass beim Lesen und Entdecken.

Update:Wir haben die Liste mit drei weiteren kreativen Linkbuilding-Ideen ergänzt. Leider sind uns die drei beim zusammenstellen des Artikels durch die Lappen gegangen. Aber natürlich wollen wir euch alle Tipps, die uns nach unserem Aufruf erreicht haben, auch weitergeben. Wir schließen damit den "offiziellen Teil" und möchten alle Interessierten und Kreativen ermuntern, ihre Ideen in den Kommentaren zu posten. Los gehts!

Abb.10.2 Linkbuilding Community Post. (Quelle: http://www.akm3.de/blog/kreatives-linkbuilding)

Nach diesem für die Agentur sehr wichtigen Begriff wird in Deutschland ca. 900 Mal im Monat gesucht, im Jahr 2013 rief fast jeder Zweite unter diesen Suchenden die Agenturwebsite aufgrund des Contents auf. Abbildung 10.6 zeigt die von Google hinzugewonnenen Besucher in 2013 allein durch diesen Content, der eigens für die Kampagne zum Content Marketing zusammengestellt wurde.

Dass sich dieser nachhaltige Effekt erst ab etwa drei Monaten nach der Kampagne eingestellt hat, hängt mit der Latenz in den Algorithmen von Google zusammen, die an anderer Stelle in diesem Buch erklärt worden sind. Abbildung 10.7 illustriert, wie sich

Kreativer Linkbuilding Tipp Nummer 10

Johannes Weisensee (SEO Specialist **Telefónica O2 Germany**)

Was sehr gut funktioniert, zumindest bei großen Brands, ist das Ausnützen journalistischer Sensationslust. Sollte man ein Produkt vertreiben, über welches häufig berichtet wird, hat man super Chancen viele Backlinks von rennomierten Nachrichtenportalen zu bekommen. Es reicht oft schon, bestehende Gerüchte als "Brand" auszusprechen.

Bevor Apple offiziell das iPhone 5 vorgestellt hat wurde viel darüber diskutiert, ob es nun iPhone 5 oder das "neue iPhone" heißen wird. Durch das verfrühte livestellen einer iPhone 5 Seite (vor dem offiziellem Launch, ohne Produktbild, ohne neue Informationen), aber mit der Bezeichnung "iPhone 5" konnten innerhalb von wenigen Stunden Links von allen großen Newsportalen gewonnen werden. Zu diesem Zeitpunkt wussten wir selbst noch nicht, wie es denn heißen wird. Aber es reicht, wenn man sich als vermeintlicher know how Träger äußert… Und das beste daran ist, dass man absolute High Quality Content Links generieren kann, da Journalisten einen thematisch hervorragend passenden Artikel erstellen. Dies lässt sich auch auf Nischenprodukte adaptieren, man muss lediglich etwas schneller als die Konkurrenz sein und einen guten Presseverteiler aufsetzen.

Mein Tipp: kennt die Influencer in euren Branchen und gebt ihnen die Informationen die sie brauchen, bessere Links kann man nicht bekommen.

Kreativer Linkbuilding Tipp Nummer 11

Sebastian Socha (Inhouse SEO von **www.kennstduEinen.de**)

Verlinke auf interessante Inhalte und Du wirst von wieder ganz anderen Quellen verlinkt
Ich habe ein Mal im KennstDuEinen Blog einen detaillierten, aber dennoch überschaubar gegliederten Artikel zur offiziellen Google+ Local Hilfe gepostet, die

Abb. 10.3 Linkbuilding Community Post 2. (Quelle: http://www.akm3.de/blog/kreatives-link-building)

der Content zu dem anvisierten Suchwort im Zeitverlauf immer besser bis zur aktuellen hervorragenden Position entwickelt hat.

Der Content erreichte auch auf der Website des Unternehmens über die eigentliche Reichweite hinaus absolute Spitzenwerte mit über 430 Facebook Likes, 245 Tweets und

Abb. 10.4 Linkbuilding Community Post auf Facebook

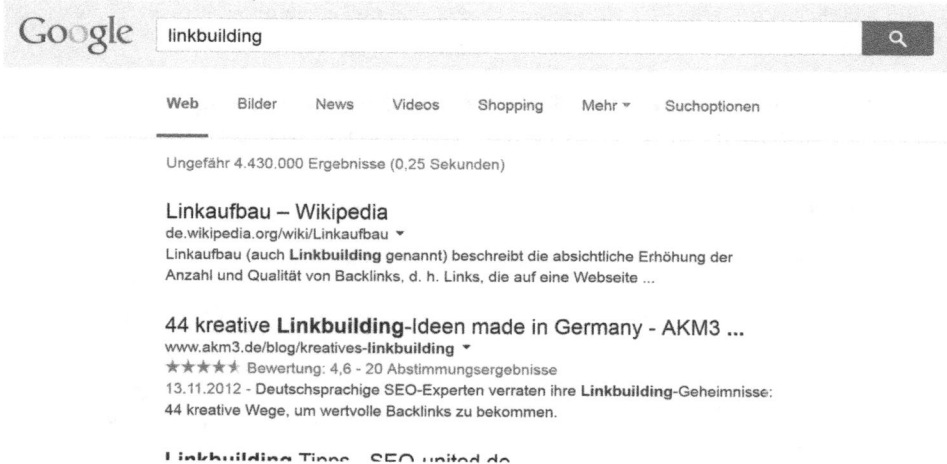

Abb. 10.5 SERPs zum Linkbuilding Community Post

240 Google+ 1. Außerdem finden sich unter dem Artikel knapp 90 Kommentare, die klar Begeisterung und weiteres Involvement zeigen.

Man sieht in der Beschreibung und Umsetzung der Kampagne das Gleichgewicht, das zwischen der Herstellung des „marketingfähigen" Contents und dem Marketing des Contents herrschen muss. Außerdem wurde ein weiterer Spagat erfolgreich gemeistert,

Organische Besuche im Jahr 2013 auf Monatsbasis

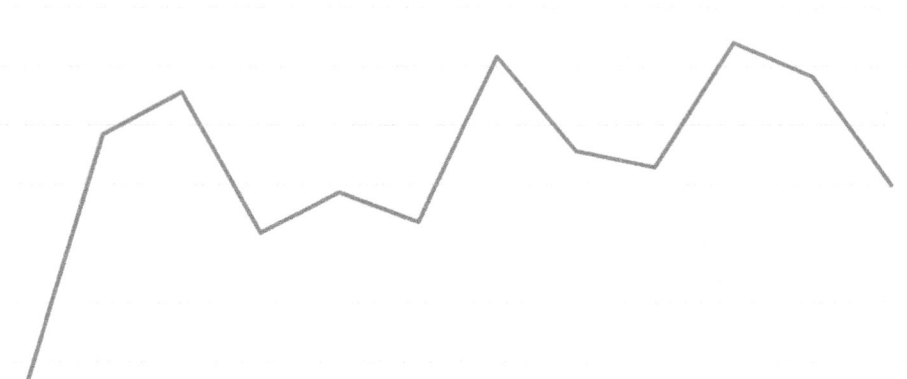

| Jan 13 | Feb 13 | Mrz 13 | Apr 13 | Mai 13 | Jun 13 | Jul 13 | Aug 13 | Sep 13 | Okt 13 | Nov 13 | Dez 13 |

Abb. 10.6 Organische Besuche

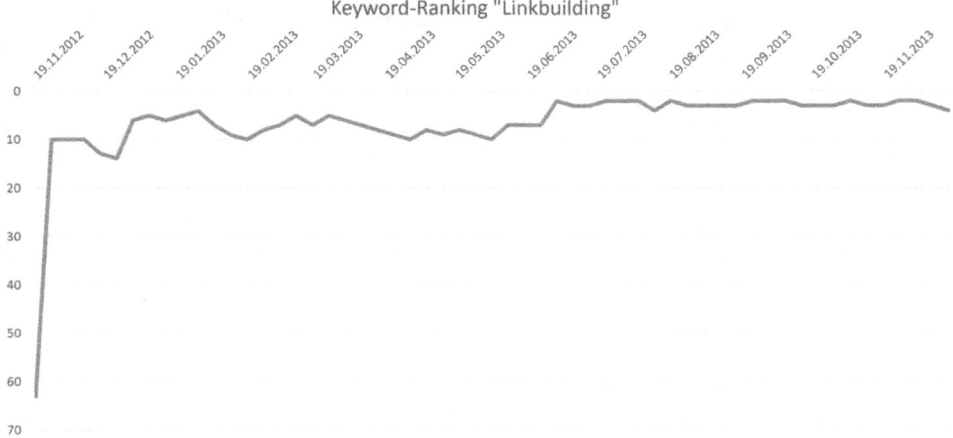

Abb. 10.7 Keyword Ranking

der nicht bei jeder Kampagne zum Content Marketing umsetzbar ist: das Erreichen von sowohl umfangreichen einmaligen positiven Effekten für das Unternehmen als auch von nachhaltig wirkenden Effekten. Bei den meisten Kampagnen ist nur Ersteres im Fokus und realistisch umsetzbar.

Sehr ähnlich angelegte Kampagnen finden sich mittlerweile auch bei anderen Unternehmen wieder. So hat zum Beispiel der Versandhändler Otto über https://www.otto.de/rundum/der-kochbuch-wettbewerb/ Blogger zum gemeinsamen Erstellen eines Kochbuchs aufgerufen, was hervorragend dazu passt, dass das Unternehmen unter anderem aus dieser Kategorie Produkte anbietet (siehe https://www.otto.de/haushalt/kochen-geniessen/).

Abb. 10.8 Plattform Flautenalarm von VW (Quelle: http:// ...)

10.1.1.2 Content Marketing Beispiel „Flautenalarm" von Volkswagen

flautenalarm.de ist eine von der klassischen Werbewelt hergestellte Internet-Plattform, bei der der Auftraggeber die Automarke VW war, vgl. Abb. 10.8. Die zugrunde liegende Idee dieser Plattform ist es, Informationen für Windsurfer bereitzustellen. Es soll zum einen Auskunft darüber gegeben werden, ob und wo gerade Wind herrscht und man seinem Hobby entsprechend nachgehen kann. Zum anderen sollen insbesondere für Flauten-Zeiten, in denen kein Windsurfing möglich ist, Anstöße zu alternativen Tätigkeiten gegeben werden. Man schien bei der Konzeption sogar gehofft zu haben, dass sich hier eine eigene Community bildet, die sich dann quasi nach initialem Aufbau selbst, ohne weiteres Zutun mit Content versorgt.

Schon bei der Frage nach der Zielgruppe und damit der Strategie wird klar, dass sich nicht allzu viele Gedanken zur Entstehungsgeschichte der Kampagne beigetragen haben. Die hochwertige Erstellung der Webseite soll hier nicht in Frage gestellt werden, vielmehr stehen Marketing-Fehler im Fokus der Betrachtungen. Das Portal vegetiert nach einmalig im Sommer 2013 versendeten Pressemitteilungen mit exakt gleichem Text auf wenigen Dutzend Nischenportalen nur so vor sich hin. Noch dazu hat die Website massive grundlegende Usability-Fehler, wie den erst nach Login zugänglichen Content, vgl. Abb. 10.9.

Hier offenbaren sich die Probleme der klassischen Werbewelt, die sich in eine Produktion der Werbemittel und eine „Verteilung der Webemittel" zweiteilt. Die kreative Werbeagentur macht den Inhalt. Für die Verbreitung sorgt dann die Mediaagentur. Letztere beherrscht aber „muttersprachlich" nur „Pushmedien" wie TV, Print oder Plakate und kann mit Pullmedien wie Websuche oder Interaktivität noch nicht optimal umgehen. Ebenfalls tun sich die Mediaagenturen oft schwer damit, den kontinuierlichen, nicht unbedingt kampagnenbezogenen Ansatz im Online-Marketing zu verstehen. Ein integriertes Denken von

Abb. 10.9 Flautenalarm Registrierung

der Herstellung des Contents bis hin zu dessen Marketing muss hier erst wieder erlernt werden – denn diese Trennung besteht seit Jahrzehnten.

10.1.2   Gründe für die wachsende Popularität von Content Marketing

Zieht man das Trendbeobachtungswerkzeug Google Trends zum Begriff Content Marketing zurate, so zeigt sich seit Anfang 2011 ein ungebrochen zunehmendes Interesses an dem Thema, wie auch Abb. 10.10 darstellt.

Die Daten aus Google Trends sind leider absolut schwer zu interpretieren; doch vergleicht man den im Fokus stehenden Begriff beispielsweise mit anderen Termini aus dem Online-Marketing, wie etwa „SEO" oder „Google AdWords", so wird deutlich, dass aktuell zwischen etablierten Online-Marketing-Disziplinen und Content Marketing noch ein großer Abstand besteht, vgl. Abb. 10.11.

Wie ebenfalls aus der Grafik hervorgeht, geht das steigende Interesse an Content Marketing bisher nicht auf Kosten anderer wichtiger Online-Marketing-Kanäle. Das hat vor allem damit zu tun, dass der Trend nicht nur aus dieser Richtung ausgelöst wurde. Um das zu vestehen, ist es notwendig, das Internet aus einer Helikopterperspektive aus zu betrachten. Nur so lassen sich die verschiedenen Geschäftsmodelle und deren Auswirkungen auf das Marketing erkennen. Klassischerweise gibt es zwei grundlegende Geschäftsmodelle im Internet: Reichweiten-orientierte einerseits und Transaktions-/Abonnement-orientierte andererseits – im Englischen auch gerne als „Content" und „Commerce" einander gegenübergestellt. In der Offline-Welt ist klar, dass es zum einen Werbeflächen gibt, auf welchen die Werbetreibenden ihre Werbung schalten können. Diese Werbung „unterbricht" denjenigen, der eigentlich aus einem anderen Grund (wegen des Contents) zum Beispiel eine Zeitschrift liest oder ein TV-Programm ansieht. Die klassische Werbung war das

Abb. 10.10 Wachsende Popularität. (Quelle: https://www.google.de/trends/explore#q=content%20 marketing&geo=DE&date=1%2F2011%2040m&cmpt=q)

„Bindeglied" zwischen den beiden grundlegenden Geschäftsmodellen. Diese Vorgehensweise hat in der Übertragung aufs Internet jedoch maßgebliche Probleme insbesondere bezüglich der Effizienz und Effektivität zur Folge. Dies führt bei vielen im Verlagswesen tätigen Unternehmen zu neuen Fragestellungen und Problemen, die diese noch nicht optimal austariert haben: Viele Verlage arbeiten aufgrund eines fehlenden Verständnisses der Übertragung von „Werbung" auf das Internet finanziell nicht betriebswirtschaftlich. Content Marketing ist eine mehr oder weniger bewusste Reaktion von beiden Seiten auf diesen wesentlichen Trend. Es ist ein Zusammenrücken von Content und Commerce, in eben deren Schnittmenge Content Marketing stattfindet, vgl. Abb 10.12.

Während Zeitungen und Zeitschriften Redaktionen verschlanken, bauen die Online-Anbieter von Dienstleistungen und Produkten diese massiv auf. Ähnliches ist bei Werbe- und Mediaagenturen zu beobachten, die immer schwieriger simple Push-Kampagnen an Werbetreibende vermitteln können. Die Werbetreibenden verlangen immer mehr Nachhaltigkeit, Wirkungszusammenhänge und eine adäquate Anpassung an das digitale Mediennutzungsverhalten.

Neben dieser eher hohen Abstraktionsebene, auf der das steigende Interesse an Content Marketing beschrieben werden kann, gibt es selbstverständlich auch noch konkretere Impulse aus Spezialdisziplinen.

Gerade klassische Unternehmensbereiche wie Public Relations (PR) haben den inhaltlichen Wandel in die digitale Ära nur bedingt bewältigt. Sie bauten historisch auf niedrig

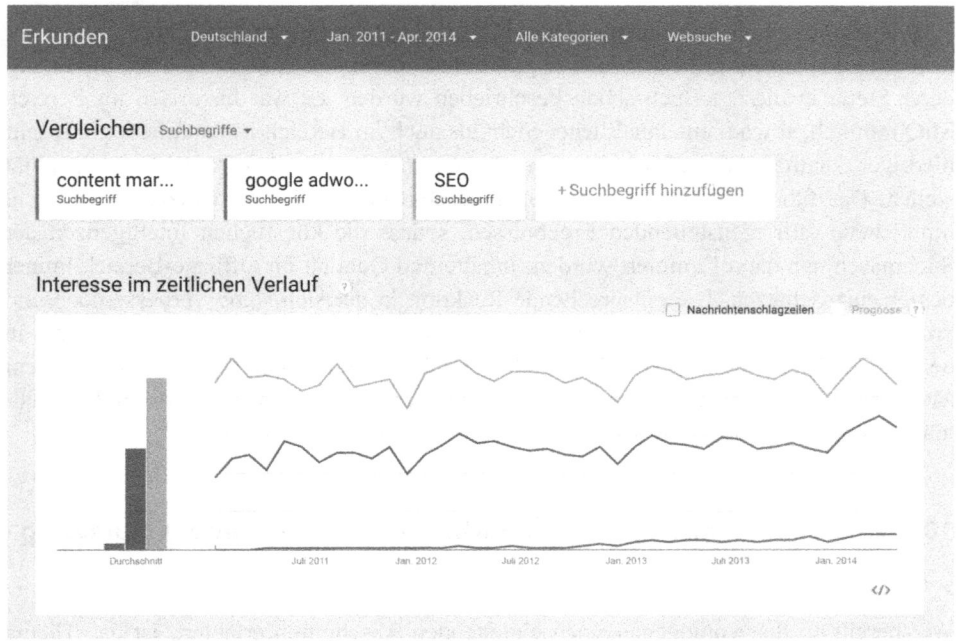

Abb. 10.11 Trendverlauf Content gegenüber SEO. (Quelle: https://www.google.de/trends/
explore#q=content%20marketing%2C%20google%20adwords%2C%20SEO&geo=
DE&date=1%2F2011%2040m&cmpt=q)

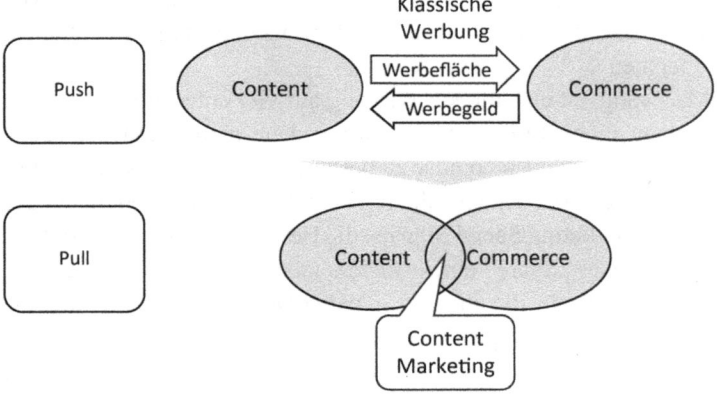

Abb. 10.12 Push vs. Pull

frequentige und extrem kontrollierte Kommunikation mit ausgewählten Pressevertretern
oder Meinungsmachern. Angesichts der breiten, schnelllebigen, sich rasch verändernden,
interaktiven und vielfältigen Medienlandschaft im Internet liegt es auf der Hand, dass
hier alte PR-Ansätze wenig Übertragbarkeit bieten und eben deswegen auch hier Content
Marketing den Schritt in die nächste Generation von PR und Kommunikation darstellt.

Um den Bogen von Content Marketing zur Suchmaschinenoptimierung auch sehr deutlich zu spannen, gilt es, zu den Algorithmusänderungen zurückzukehren, die an anderer Stelle in diesem Buch schon beschrieben wurden. Es war historisch im Bereich SEO möglich, sowohl aus inhaltlicher Sicht als auch im Bereich Linkmarketing mit sehr niedriger Qualität und großer Menge zu arbeiten, man konnte also Quantität vor Qualität stellen. Das führte in den Augen der Suchmaschinenbetreiber nachvollziehbar zu nicht hinreichend zufriedenstellenden Ergebnissen, sodass die künstlichen Intelligenzen der Suchmaschinen darauf trainiert wurden, Inhalte und Qualität im Offpage-Bereich immer besser einzuschätzen. Die entsprechende Reaktion in der sich stetig verbessernden und professionalisierenden SEO-Branche ist daher die Suche nach Vorgehensweisen, die in beiden Bereichen den höchsten Ansprüchen genügen – und so ist auch hier das Content Marketing eine spannende und notwendige Erweiterung im Aktivitätsportfolio des Suchmaschinenoptimierers geworden.

10.1.3 Zusammenhang und Unterschiede zwischen Content Marketing und SEO

Wie bereits in den vorangegangenen einleitenden Abschnitten erläutert, ist das Thema Content Marketing einerseits viel breiter gefasst als das Thema SEO, während es andererseits spannende Schnittmengen gibt. Um sich den Zusammenhängen und Unterschieden zu nähern, starten wir bei einer Betrachtung unterschiedlicher Arten von Besuchern, die ein im Internet tätiges Unternehmen gewinnen kann. Dabei ist die dahinterliegende Vermutung selbstverständlich die, dass mehr Traffic, also mehr Besucher das wünschenswerte Ziel sind, denn mehr Traffic führen zu mehr Umsatz und damit hoffentlich auch Gewinn für das Unternehmen.

Content Marketing hat eine direkte Wirkung auf vier unterschiedliche Arten von Traffic, von denen nur eine SEO ist. Man gewinnt dann mehr Besucher über SEO, wenn man entweder zu mehr relevanten oder zu bestehenden Keywords besser gefunden wird. Content Marketing kann bei beiden Faktoren helfen. Außerdem generieren gelungene Aktionen zu Content Marketing Social Signals, die Besucher direkt aus sozialen Netzwerken heraus gewinnen. Jedes „Share" eines Nutzers taucht im Stream von dessen Facebook-Freunden auf, was auch für die anderen sozialen Netzwerke gilt. Dadurch generiert die Content-Marketing-Aktion Reichweite und ein Teil der Personen, die diese Aktion sehen, wird von dem Inhalt angesprochen und die Unternehmenswebsite besuchen, um diesen Content in seiner Gesamtheit betrachten und lesen zu können. Wenn wir uns das zuvor genannte gelungene Content-Marketing-Beispiel wieder vor Augen führen, so erkennen wir einen weiteren Typ von Besuchern, die hier gewonnen werden. Über einen herausragenden Inhalt wird auch an anderer Stelle berichtet und er wird auch von dort verlinkt. Im zuvor gezeigten Positivbeispiel waren dies über 50 Artikel auf anderen Webseiten, die berichtet und verwiesen haben. Über jeden dieser Links kommen direkt durch einen Klick ebenfalls Besucher auf die Website des Unternehmens – ein sogenannter Referral

Abb. 10.13 Unterneh-
mensziele

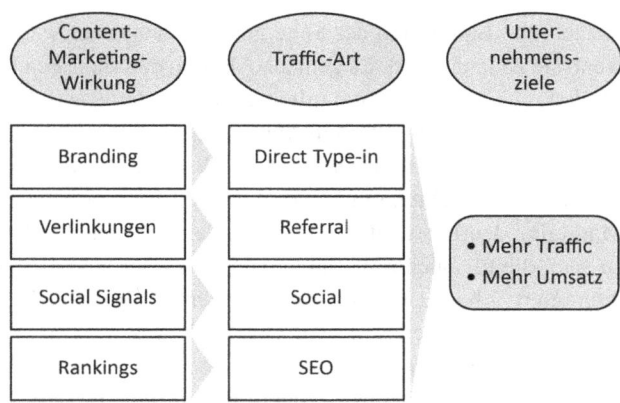

("verweisender") Traffic. Zuletzt darf man nicht übersehen, dass über wirklich guten Content auch gesprochen wird, also ein Branding-Effekt eintritt, der dazu führt, dass mehr Besucher über Direkteingabe der URL des Unternehmens im Browser (direct type-in) zur Unternehmenswebsite gelangen. Diese Besucher suchen dort nach dem Content, von dem sie gehört oder gelesen haben. Abbildung 10.13 fasst die Wirkungen von Content Marketing sowie die daraus folgenden Arten von Besuchern und deren Einfluss auf die Unternehmensziele zusammen.

Nach dieser Betrachtung auf eher hoher Abstraktionsebene sollen nun einige konkrete wissenswerte Aspekte genannt werden – zuerst im Onpage-, danach im Offpage Bereich und abschließend aus Projektmanagementperspektive.

Sowohl im Content Marketing als auch im klassischen SEO werden große Mengen an Content aufgebaut. Im klassischen SEO ist dieser Content-Aufbau anfangs sicherlich lange auf kommerziell wertvolle „transaktionale" Begriffe ausgerichtet – also zum Beispiel genau solche, bei denen man auch bereit ist, bei der Suchmaschinenwerbung Angebote zum Beispiel bei Google AdWords zur Verfügung zu stellen. Content Marketing ermöglicht hier eine Horizonterweiterung. Warum soll ein Herrenmodehändler, der online unter anderem Krawatten verkauft, nicht auch die besten Anleitungen für das Binden von Krawatten geben? Wird man zu durchaus häufig gesuchten Begriffen wie „Krawatte binden" sehr oft gefunden, erreicht man damit denn nicht auch genau die Zielgruppe, die vielleicht nach gelungenem Knoten nach Anleitung auf der Unternehmenswebsite nach modisch aktuellen Krawatten schauen wird? Der Zusammenhang ist augenscheinlich, dass es Content Marketing unter anderem aus SEO-Perspektive erlaubt, auch „informationale" Keywords systematisch anzugehen, bei denen der Suchende eben keine Produkte, sondern einen Text, Bilder oder multimedialen Content finden will, der seine informationssuchende Fragestellung beantwortet. Wie dieses Beispiel schon deutlich macht, bietet sich im Kontext von Content Marketing sehr häufig stark bebilderter, multimedialer und/oder sogar interaktiver Content an. Dies ist für reines SEO nicht unbedingt in dem Maße erforderlich; allerdings kann ein solches Vorgehen auch von Vorteil sein, sofern es nicht zu sehr auf

Kosten von Ladezeiten der Seite geht, die von Suchmaschinen negativ gewertet werden, wenn sie zu lange sind. Es geht also darum, den richtigen Mittelweg zu finden, wenn beide Marketing-Formen optimal miteinander verknüpft werden sollen.

Das Pendant zum Offpage-Marketing bei SEO ist das Seeding bei Content Marketing und es ist deutlich breiter aufgestellt. Während Offpage-Marketing sich im Wesentlichen an Webmaster richtet, um SEO-relevante Links zu erhalten, geht das Seeding im Content Marketing deutlich weiter. Es ist beispielsweise auch sehr sinnvoll, in Communities aktiv zu sein, die für Suchmaschinen nicht einsehbar sind, da hier die Zielgruppe des Contents interagiert. Ebenso machen kostenpflichtige Seeding-Möglichkeiten zum Beispiel über Social Media Advertising wie Facebook Ads oder SEA über Google AdWords großen Sinn. Ebenfalls können Werbemethoden wie Native Advertising spannend sein, wo als Werbung gekennzeichnete redaktionelle Hinweise auf thematisch passenden reichweitenstarken Portalen platziert werden, die Links tragen, welche zwar keine SEO-Wirkung haben (also mit „nofollow" gekennzeichnet sind), aber dennoch viel Refferal Traffic bringen. Auf das Thema Seeding soll noch ausführlich und strukturiert in einem eigenen Abschnitt später in diesem Kapitel eingegangen werden.

Es wurde bereits dargelegt, dass eine der Herausforderungen der Suchmaschinenoptimierung im hohen Integrations- und Interaktionsgrad zwischen verschiedenen Abteilungen besteht. Die bisherigen Ausführungen über Content Marketing machen schnell deutlich, dass dies für diese Disziplin in noch höherem Maße gilt. Sogar wenn eine Agentur einige oder viele Teilleistungen erbringt, ist immer noch viel Mitarbeit seitens unterschiedlicher Abteilungen des Kunden notwendig. Nach Erfahrung der Autoren ist der Projektumfang in vielen Fällen auch größer, da Content Marketing einen sehr hohen Individualisierungsgrad hat.

10.1.4   Elemente des Content Marketing: Content-Marketing-Strategie vs. Kampagnen und Prozesse

Um tiefer in das wichtige und auch für SEO zukunftsweisende Thema Content Marketing einzusteigen, bietet dieser Abschnitt eine grobe Übersicht der Elemente, aus denen sich der Rest dieses Kapitels zusammensetzt. Die erste wichtige Unterscheidung ist die zwischen der Erarbeitung der Strategie und der Umsetzung des Content Marketing. Die Strategiedefinition ist den Umfang betreffend die kleinere Aufgabe, muss aber vor jeder Umsetzung erfolgen. Die zweite wichtige Unterscheidung findet sich innerhalb der Umsetzung in Content-Marketing-Aktionen, die eher Kampagnen- oder Prozess-Charakter haben. Kampagnen sind vom Zeitraum her überschaubar und es folgen verschiedene Kampagnen aufeinander. Prozesse sind fortlaufend und es kann sein, dass mehrere davon auch über längere Zeiträume parallel laufen. Abbildung 10.14 illustriert die wichtigsten Unterscheidungen der Bestandteile des Content Marketing.

Die Erarbeitung der Content-Marketing-Strategie untergliedert sich in drei Schritte. Der (Content) Audit ist eine Situationsanalyse. Darauf folgt eine Potenzialanalyse. Nach

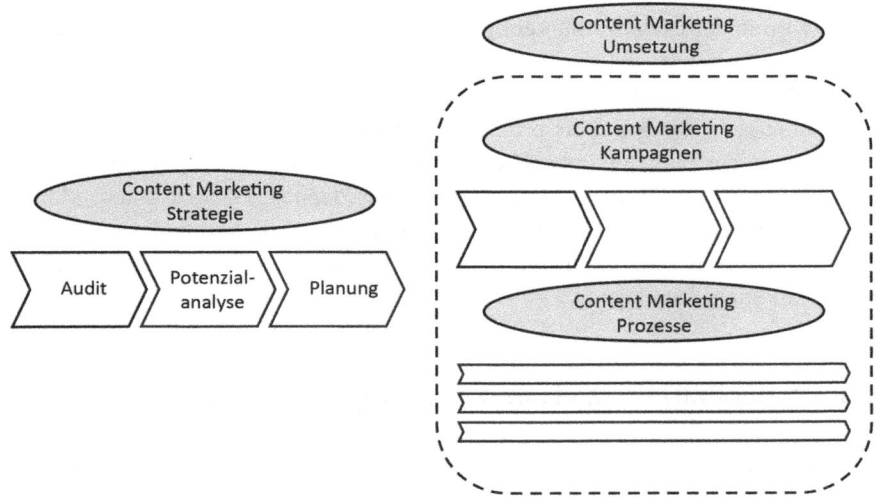

Abb. 10.14 Bestandteile des Content Marketing

diesen beiden Schritten können also „Ist" und „Soll" recht gut bestimmt werden. Zum Abschluss der Strategiefindung erfolgt die Planung, wie die Strecke vom aktuellen Ist-Zustand zum erwünschten Soll-Zustand überbrückt werden soll.

Wird jede einzelne Content-Marketing-Kampagne und jeder einzelne Prozess an sich betrachtet, so finden sich innerhalb dieser immer die gleichen prototypischen Schritte; dennoch gilt nach wie vor, dass gerade Content Marketing von hoher Individualisierungsbedürftigkeit gekennzeichnet ist. Diese Schritte und ihre Ausgestaltungsmöglichkeiten werden ausführlich in den folgenden Abschnitten dieses Kapitels erläutert.

10.2 Content-Marketing-Strategie

Content Marketing ist nur dann erfolgreich, wenn eine zuvor ausgearbeitete und ganzheitliche Strategie definiert wurde. Wer nicht weiß, wie Content zur Erreichung der geschäftlichen übergeordneten Ziele beitragen wird, wie die exakten Bedürfnisse der Zielgruppe aussehen und wer die konsistente Erstellung von Inhalten nicht im Griff hat, wird mit seinen Content-Marketing-Aktivitäten in den meisten Fällen erfolglos bleiben. Erfolgreiche Inhalte stellen dann keinen Glücksfall mehr dar, sondern sind mit einer Content-Marketing-Strategie planbar. Marketingverantwortliche mit einer gut durchdachten Strategie arbeiten effektiver und meistern jede Art von Content-Marketing-Herausforderung souveräner, denn im Content Marketing wird naturgemäß nicht jede einzelne Aktion erfolgreich laufen. Mit weniger erfolgreichen Aktionen ist immer wieder zu rechnen – gerade deswegen ist es wichtig, einen ganzheitlichen Plan zu haben, um erkennen zu können, wie ein kleiner Misserfolg leicht aufgefangen und von anderen erfolgreichen Aktionen ausgeglichen werden kann.

Dabei wird in der Content-Marketing-Strategie in einem ersten Schritt nicht definiert, welche Inhalte, sondern aus welchem Grund diese publiziert werden sollten. Daher ist eine klare Vorstellung darüber vonnöten, wie die Ziele der Content-Marketing-Aktivitäten genau aussehen und wie die produzierten Inhalte zur Zielerreichung beitragen. Bei der Erarbeitung der Strategie unterscheiden wir vier Schritte, die im Folgenden erläutert werden: Zieldefinition, Audit, Potenzialanalyse und Planung. Dieser Content-Marketing-Strategie-Prozess ermöglicht anschließend die Erstellung von kontinuierlichen Content-Marketing-Prozessen und die Durchführung von alleinstehenden oder flankierenden Content-Marketing-Kampagnen.

10.2.1   Zieldefinition – Ziele und Zielgruppen/Personas

Auf die unterschiedlichen Ziele, die von Content Marketing verfolgt werden können, wurde bereits im vorigen Abschnitt anhand des Zusammenhangs und der Unterschiede von Content Marketing und SEO eingegangen. Hier fehlt nur noch eine weitere Spezifizierung, um damit die Zieldefinition gestalten zu können: die Ausrichtung auf eine bestimmte Zielgruppe (heutzutage gerne auch Personas genannt). Ohne ein detailliertes Verständnis der Zielgruppe und deren Bedürfnisse ist die Bereitstellung von Inhalten wenig erfolgversprechend. In der Praxis wird mit Zielgruppenspezifikationen oder Personas gearbeitet, die eine fiktive Darstellung von idealen Kunden basierend auf qualitativen sowie quantitativen Daten darstellen. Die Entwicklung solcher Nutzerprofile dient dazu, eine direkte Verbindung zu den realen Nutzern herzustellen. Die Profile der Personas enthalten unter anderem demografische Merkmale, Online-Verhaltensweisen, Kaufhistorien, Probleme und Interessen. Je nach Unternehmensumfeld und Branche variieren diese Daten. Die Daten liegen optimaler Weise bereits im Vertriebs- und Marketing-Team oder der Marktforschung vor und lassen sich durch eigene Markterhebungen und Kundenumfragen anreichern.

10.2.2   Audit

Viele Unternehmen verfügen schon über viele Inhalte, die für das Content Marketing genutzt werden könnten. Leider führt eine dezentrale Produktion von Inhalten oftmals dazu, dass nur die jeweilige Fachabteilung von den Inhalten Notiz nimmt. Dabei bieten sich viele Inhalte für eine breitere Verwertung an. Der Bestandsaufnahme jeglicher Inhalte kommt daher eine wichtige Bedeutung zu. Ziel des Content Audits ist die qualitative und quantitative Bestandsaufnahme von Content. Die Erfassung der Inhalte bezieht sich sowohl auf Online- als auch auf Offline-Content. Ein geeignetes, für jedes Unternehmen perfekt funktionierendes Bewertungsschema ist dabei individuell zu entwickeln. Punkte, die in ein Content-Audit-Dokument einfließen, können sein: Content-Typ, Content-Ersteller und -Eigentümer, Kurzinformationen zu Urheberrechten, bisheriger Nutzen für Unternehmen, Einschätzung des Nutzens für die Zielgruppe oder Aktualität. Eine systematische Erfassung der Inhalte fördert nicht nur die bisher erfolgreichsten Inhalte zutage, sondern zeigt auch Risiken und Erfolgsfaktoren für künftige Inhalte auf.

10.2.3 Potenzialanalyse – Konkurrenz- und Themenanalyse

Mit einer Wettbewerbsanalyse lassen sich die bestehenden Inhalte im Vergleich zur Konkurrenz einordnen und Potenziale erkennen. Identifiziert werden müssen insbesondere Content-Vorsprünge gegenüber der Konkurrenz, da diese eine klare Chance darstellen können. Mit der anschließenden Themenanalyse lässt sich darüber hinaus feststellen, welche Themen großes Resonanzpotenzial aufweisen und welcher Inhalt gegebenenfalls noch fehlt und bisher nicht auf der Agenda zu finden war. So lassen sich Themen für die operative Arbeit vorselektieren. Idealerweise werden hierfür auch Social-Media-Analysewerkzeuge sowie Tools, die man aus der Keyword-Recherche der Suchmaschinenoptimierung kennt und nutzt (wie Google Trends und der Google Keyword Planer), herangezogen. Auch sind wichtige Ereignisse und Events aufzunehmen und hinsichtlich ihres Potenzials für die Content-Marketing-Bemühungen des Unternehmens einzuschätzen.

Ergebnisse des Audits sind ein Überblick zum Status Quo, die Aufdeckung von erfolgreichen und mangelhaften Inhalten sowie die Formulierung von ersten Erfordernissen. Die Potenzialanalyse zeigt, was für das Unternehmen alles möglich ist. Bevor die Ergebnisse dieser beiden Analyseschritte in eine Content-Planung münden, muss nur noch gefiltert werden, was aus dem „Möglichen" für das Unternehmen und die spezifizierten Zielgruppen auch wirklich „wünschenswert" ist und sich in die gesamte Kommunikationsstrategie gut einfügt.

10.2.4 Planung

Die Ergebnisse von Zieldefinition, Audit und Potenzialanalyse stellen die Basis für die Content-Planung dar. Bevor die Planung konkret vorgenommen wird, ist eine Ressourcen-Analyse essenziell, da in der Regel die Ansätze und Möglichkeiten die zur Verfügung stehenden Ressourcen überschreiten, um dauerhaft und konsistent hochwertige Inhalte zu produzieren. Daher sollte nur auf Ansätze und Formate zugegriffen werden, bei denen nicht die Gefahr besteht, aufgrund von mangelndem Budget oder Know-how die gewählte Strategie nicht durchhalten zu können. Praxis-Studien ergaben, dass vor allem Zeit- und Budgetrestriktionen die größte Herausforderung im Content Marketing darstellen (http://contentmarketing-institute.com/2013/10/2014-b2b-content-marketing-research/oder http://www.curata.com/resources/ebooks/content-marketing-tactics-2014/). In Abhängigkeit von Ressourcen und Strategie wird sich der Content-Mix daher von Fall zu Fall stark unterscheiden.

Grundlegend können drei Content-Arten unterschieden werden:

- **Originärer Content** – der durch das Unternehmen oder externe Dienstleister im Auftrag und exklusiv für das Unternehmen produziert wurde.

- **User Generated Content** – Inhalte, die von (im Idealfall den eigenen) Nutzern/Kunden/Geschäftspartnern produziert wurden und dadurch eine Integration der User in die Content-Marketing-Aktion auch jenseits der Content-Produktion erlauben.
- **Curated Content** – Teile von Inhalten Dritter werden zum Beispiel zusammengefasst, kommentiert und/oder interaktiv aufbereitet und auf der eigenen Webseite publiziert.

Vereinzelt werden als weitere Unterformen auch lizenzierter oder syndizierter Content unterschieden, die nach Meinung der Autoren für hochwertiges Content Marketing jedoch nur in geringem Maße geeignet sind. Der ideale Mix aus diesen Content-Arten ist sicherlich sehr stark strategie- und unternehmensabhängig.

Des Weiteren muss während der Planung der „Sicherheitsgrad" festgelegt werden; das bedeutet, es muss bestimmt werden, zu welchen Anteilen auf wie sicher erfolgreiche Content-Arten gesetzt wird. In der Regel stellt den größten Anteil der Inhalte erprobter und etablierter Content dar, da dieser wenig Zeit- und Budgetressourcen benötigt. Den nächstkleineren Anteil der Inhalte stellen Weiterentwicklungen von Ideen und Themen dar, die bereits gut funktioniert haben. Dabei kann es sich unter anderem um den Ausbau der Inhalte, die saisonale Weiterentwicklung von Themen oder die Zielgruppenanpassung von Inhalten der oben genannten erprobten handeln. Der kleinste Teil der Inhalte ist experimenteller Natur und weist hohe Zeit- und Budgetressourcen auf. Hier besteht das Risiko, dass die Content-Ideen nicht funktionieren, die Chance liegt in der Etablierung der neuen Inhalte. Für diesen Ansatz ist die Kenntnis über den bestehenden Inhalt unabdingbar.

Ein weiterer notwendiger Aspekt ist die Integration von Kostenschätzungen. Es gibt also verschiedene Perspektiven für die Planung, die es zu integrieren gilt. Einen Königsweg gibt es nicht. An dieser Stelle des Prozesses sind alle wichtigen Punkte bekannt und Handlungsempfehlungen lassen sich ableiten.

Dies alles mündet in einen Content-Marketing-Plan.

Dieser Plan ist das operative Cockpit der Content-Marketing-Strategie. Um den Prozess der Produktion und des Marketing von Content zu steuern, hat dieser eine zentrale Rolle in der operativen Zusammenarbeit und Umsetzung inne. Nur so lassen sich Inhalte konsistent produzieren und kommunizieren sowie durch klare Verantwortlichkeiten und einen zentralen Kalender klare Ziele definieren und Erfolge messen.

Eine für jede Ausgangslage beziehungsweise Situation passende Vorlage kann es nicht geben. Jedes Unternehmen muss für sich entscheiden, welche Form von Content-Marketing-Plan der geeignete ist. Von simplen Redaktionsplänen bis hin zu komplexen Plänen inklusive Projektmanagement-Monitoring gibt es viele verschiedene Ausprägungen. Im Folgenden sollen beispielhaft zwei Varianten dargestellt werden: zum einen ein Redaktionskalender für einen Blog (also ein Content-Marketing-Prozess) und zum anderen ein Kalender für die Produktion von mehreren Content-Marketing-Kampagnen.

10.2.4.1   Redaktionskalender für Blogs

Die Aufgabe des Redaktionskalenders besteht darin, alle geplanten Inhalte und Aktionen der kommenden Wochen und Monate aufzulisten. Darüber hinaus ist festzuhalten, welche

Tab. 10.1 Themenübersicht

Tab.10.1										
Tag	Monat	KW	Thema	Beschreibung	Format	Keywords	Verantwortlichkeiten	Deadline	Status	Ziele
Themenübersicht										

Tab. 10.2 Seeding-Planung

Tab. 10.2										
Social Media			Paid Ad			Unternehmenskanäle			Communities	
Facebook	Twitter	...	AdWords	Facebook Ads	...	Newsletter	PR	...	Xing	...
Seeding-Planung										

Tab. 10.3 Erfolgsmessung

Tab. 10.3										
Social Media			User-Metriken			SEO			Ziele	
Likes	Tweets	...	Kommentare	Impressions	...	Links	SEO-Traffic	...	Leads	...
Erfolgsmessung										

Seeding-Kanäle für die einzelnen Inhalte genutzt werden sollen. Optional bietet es sich an, innerhalb des Kalenders bereits ein KPI-Monitoring zu integrieren. Mit diesen drei Themenblöcken ist eine solide Planung der Bloginhalte möglich. Die drei Themenblöcke innerhalb des Redaktionskalenders können wie in Tab. 10.1, 10.2 und 10.3 ausgestaltet werden

10.2.4.2 Produktionskalender für Content-Marketing-Kampagnen

Für die Planung und Umsetzung von Kampagnen ist die Einhaltung von Fristen essenziell; aus diesem Grund spielt ein Produktionskalender eine zentrale Rolle. Abbildung 10.15 soll beispielhaft ein Gefühl dafür vermitteln, welche Felder in einem solchen Plan integriert werden können.

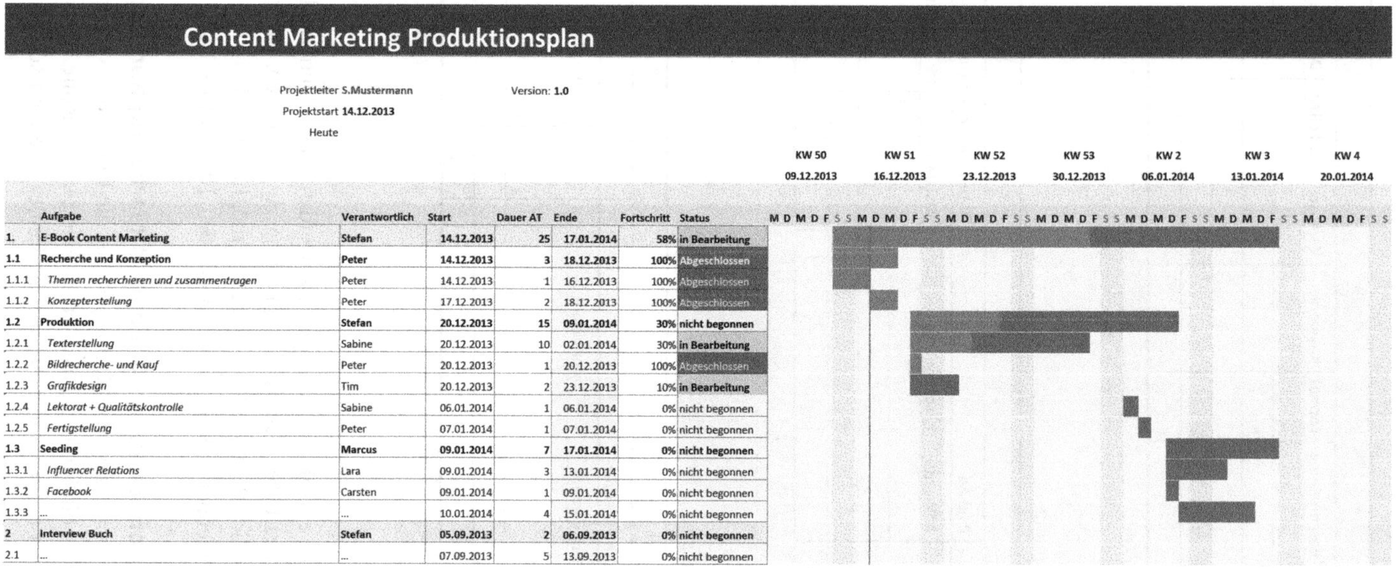

Content Marketing Produktionsplan

Version: 1.0

Projektleiter: S.Mustermann
Projektstart 14.12.2013
Heute

Aufgabe	Verantwortlich	Start	Dauer AT	Ende	Fortschritt	Status
1. E-Book Content Marketing	Stefan	14.12.2013	25	17.01.2014	58%	in Bearbeitung
1.1 Recherche und Konzeption	Peter	14.12.2013	3	18.12.2013	100%	Abgeschlossen
1.1.1 Themen recherchieren und zusammentragen	Peter	14.12.2013	1	16.12.2013	100%	Abgeschlossen
1.1.2 Konzepterstellung	Peter	17.12.2013	2	18.12.2013	100%	Abgeschlossen
1.2 Produktion	Stefan	20.12.2013	15	09.01.2014	30%	nicht begonnen
1.2.1 Texterstellung	Sabine	20.12.2013	10	02.01.2014	30%	in Bearbeitung
1.2.2 Bilderecherche- und Kauf	Peter	20.12.2013	1	20.12.2013	100%	Abgeschlossen
1.2.3 Grafikdesign	Tim	20.12.2013	2	23.12.2013	10%	in Bearbeitung
1.2.4 Lektorat + Qualitätskontrolle	Sabine	06.01.2014	1	06.01.2014	0%	nicht begonnen
1.2.5 Fertigstellung	Peter	07.01.2014	1	07.01.2014	0%	nicht begonnen
1.3 Seeding	Marcus	09.01.2014	7	17.01.2014	0%	nicht begonnen
1.3.1 Influencer Relations	Lara	09.01.2014	3	13.01.2014	0%	nicht begonnen
1.3.2 Facebook	Carsten	09.01.2014	1	09.01.2014	0%	nicht begonnen
1.3.3 ...	...	10.01.2014	4	15.01.2014	0%	nicht begonnen
2 Interview Buch	Stefan	05.09.2013	2	06.09.2013	0%	nicht begonnen
2.1 ...	...	07.09.2013	5	13.09.2013	0%	nicht begonnen

Zeitleiste (Kalenderwochen): KW 50 (09.12.2013), KW 51 (16.12.2013), KW 52 (23.12.2013), KW 53 (30.12.2013), KW 2 (06.01.2014), KW 3 (13.01.2014), KW 4 (20.01.2014)

Abb. 10.15 Content- Marketing- Produktionsplan (gesamt)

Der Plan lässt sich beliebig anpassen. So wäre es zum Beispiel denkbar, die Verantwortlichkeiten in Content-, Umsetzungs- und Freigabe-Verantwortliche zu unterteilen.
Auch könnten die Fristen zwischen Erstellungs-, Korrekturen-, Freigabe- und Veröffent-
lichungsterminen unterschieden werden, wie in Abb. 10.16.

Eine Kombination aus beiden vorgestellten Plänen wie mehrere ineinandergreifende
Pläne ist ebenfalls denkbar. Jedes Unternehmen hat seine ganz speziellen Anforderungen,
die in solchen Plänen berücksichtigt werden sollten.

Eine Planung sollte vorhanden sein, jedoch einen gewissen Raum für flexibles Re-
agieren auf veränderte Rahmenbedingungen lassen. Für die reibungslose Produktion von
Inhalten ist das Erstellen von gestalterischen und sprachlichen Richtlinien eine wichtige
Aufgabe sowohl für interne Adressaten als auch für externe Agenturen und Partner.

Nachdem sich die Strategiefindung in Form des Content-Marketing-Plans manifestiert
hat, folgt die Umsetzung der einzelnen Kampagnen und Prozesse, die in den folgenden
Abschnitten sehr ausführlich in der ganzen Breite ihrer Ausgestaltungsmöglichkeiten gezeigt werden sollen.

10.3   Content-Marketing-Umsetzung: Kampagnen und Prozesse

In der Essenz bestehen in der Praxis Content-Marketing-Kampagnen und Content-Mar-
keting-Prozesse aus sehr ähnlichen Schritten. Nachfolgend wird deshalb auch von der
Content-Marketing-Aktion gesprochen. Der einzige Unterschied besteht darin, dass es
bei den Content-Marketing-Prozessen zusätzlich mehr Regelkreise gibt und bei der Wahl
der Seeding-Möglichkeiten fokussierter vorgegangen wird. Der Einfachheit halber und da
Content Marketing nicht das Kernthema dieses Buches ist, soll im Folgenden von einer
prototypischen Content-Marketing-Kampagne ausgegangen werden. Abbildung 10.17
zeigt die Aufgaben innerhalb einer Kampagne, deren Ausgestaltungsmöglichkeiten in den
folgenden Abschnitten ganz konkret dargestellt werden.

10.3.1   Zieldefinition

Die **Zieldefinition** der Content-Marketing-Aktion leitet sich aus der übergeordneten Content-Marketing-Strategie ab. Fragen und Aspekte, die über die Strategie hinaus innerhalb
der Zieldefinition beantwortet beziehungsweise spezifiziert werden müssen, sind

- die zu erreichende Zielgruppe und damit das tolerierbare Maß an Streuverlusten,
- die Wahl zwischen Budget- und KPI-orientierter Vorgehensweise und
- die Klärung, ob eine Fokussierung auf bestimmte Produkte oder Dienstleistungen des
  Unternehmens notwendig ist.

Bei der **Definition der Zielgruppe** geht es darum, zu bestimmen, welche Personen die
Aktion erreichen soll. Geht es eher „spitz" um eine konkrete kleine Gruppe, die sehr

	Aufgabe	Verantwortlich	Start	Dauer AT	Ende	Fortschritt	Status
1.	E-Book Content Marketing	Stefan	14.12.2013	25	17.01.2014	58%	in Bearbeitung
1.1	Recherche und Konzeption	Peter	14.12.2013	3	18.12.2013	100%	Abgeschlossen
1.1.1	Themen recherchieren und zusammentragen	Peter	14.12.2013	1	16.12.2013	100%	Abgeschlossen
1.1.2	Konzepterstellung	Peter	17.12.2013	2	18.12.2013	100%	Abgeschlossen
1.2	Produktion	Stefan	20.12.2013	15	09.01.2014	30%	nicht begonnen
1.2.1	Texterstellung	Sabine	20.12.2013	10	02.01.2014	30%	in Bearbeitung
1.2.2	Bildrecherche- und Kauf	Peter	20.12.2013	1	20.12.2013	100%	Abgeschlossen
1.2.3	Grafikdesign	Tim	20.12.2013	2	23.12.2013	10%	in Bearbeitung
1.2.4	Lektorat + Qualitätskontrolle	Sabine	06.01.2014	1	06.01.2014	0%	nicht begonnen
1.2.5	Fertigstellung	Peter	07.01.2014	1	07.01.2014	0%	nicht begonnen
1.3	Seeding	Marcus	09.01.2014	7	17.01.2014	0%	nicht begonnen
1.3.1	Influencer Relations	Lara	09.01.2014	3	13.01.2014	0%	nicht begonnen
1.3.2	Facebook	Carsten	09.01.2014	1	09.01.2014	0%	nicht begonnen
1.3.3	...	...	10.01.2014	4	15.01.2014	0%	nicht begonnen
2	Interview Buch	Stefan	05.09.2013	2	06.09.2013	0%	nicht begonnen
2.1	...	...	07.09.2013	5	13.09.2013	0%	nicht begonnen

Abb. 10.16 Aufgabenplanung im Rahmen der Produktion

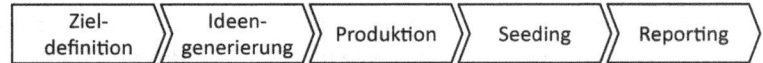

Abb. 10.17 Content Marketing Prozess

interessiert am Kauf eines bestimmten Produktes sein könnte? In diesem Fall wird man versuchen, möglichst frei von Streuverlusten zu arbeiten, und wird eine klare Conversion-Orientierung verfolgen. Geht es darum, möglichst viele Social Signals und eine hohe Reichweite auch jenseits der eigenen potenziellen Käuferschaft zum Beispiel zum Markenaufbau zu generieren? Hier wird man eher versuchen, eine breite Masse an Menschen zu erreichen, und wird hohe Streuverluste in Kauf nehmen. Zielgruppen können anhand unterschiedlicher Kriterien festgelegt werden, zum Beispiel anhand

- soziodemografischer Merkmale wie Geschlecht, Alter oder Bildung,
- psychodemografischer Merkmale wie Abenteuerlust oder Sicherheitssuche oder
- verhaltensorientierter Merkmale wie Erstkäufer oder Fitnessstudiobesucher.

Es wird klar, dass die einmal definierte Zielgruppe alle folgenden Entscheidungen stark beeinflusst.

Bei der Entscheidung einer Gewichtung zwischen **Budget- und KPI-orientierter Vorgehensweise** geht es darum, zu fokussieren. Geht man von einem gesetzten zur Verfügung stehenden Budget aus und versucht in diesem Rahmen, das Maximum herausholen, oder hat man im Hinblick auf eine oder zwei wichtige Erfolgskennzahlen (KPI) konkrete Ziele, die man erreichen will? Dann muss eruiert werden, wie diese möglichst kosteneffizient erreicht werden können. Es gibt auch eine Mischform der Ansätze, indem zu definieren versucht wird, welche KPIs es innerhalb eines groben Budgetrahmens zu erreichen gilt.

Ein weiterer Faktor ist die Bestimmung, wie stark die Aktion mit den Produkten und Dienstleistungen des Unternehmens in Relation stehen soll und ob bestimmte **Produkte oder Dienstleistungen im inhaltlichen Fokus** der Aktion sein sollten. Zum einen können sehr allgemein und unspezifisch ausgerichtete Aktionen großen Sinn machen, wenn es um breit angelegte Branding-Aktionen geht. Zum anderen kann es sehr sinnvoll sein, zum Beispiel bestimmte Produktgruppen mit mehr Aktionen zu bedenken, mit denen das Unternehmen zum Beispiel in Zukunft mehr Umsatz machen möchte oder die vielleicht einen besonders hohen Deckungsbeitrag haben. Es kann auch sein, dass bestimmte Produkte oder Dienstleistungen ein gewisses Image haben, mit dem das Unternehmen stärker assoziiert werden möchte. Auch dann kann es sein, dass diese Produktgruppen eher im Fokus der Content-Marketing-Aktion stehen.

10.3.2   Ideengenerierung

Der Aspekt von größter Tragweite und sehr vielen Ausgestaltungsmöglichkeiten innerhalb der Ideengenerierung ist die Entscheidung für das Format der konkreten Content-Marketing-Aktion. Darüber hinaus gibt es jedoch auch andere Aspekte, zum Beispiel die **Menge und Frequenz** der benötigten Content-Elemente und deren **konkrete Inhalte**.

Für die **Ideengenerierung für Content Marketing aus SEO-Perspektive,** also wenn die Backlinks eines der wichtigeren Ziele darstellen, gibt es einige Besonderheiten zu beachten. Wichtig ist es, im Vorfeld zu klären, ob die thematische Nähe zu den Produkten und Dienstleistungen des Unternehmens kritisch oder hier eine gewisse Flexibilität vorhanden ist. Es gilt auch im Content Marketing, dass „der Köder dem Fisch schmecken muss und nicht dem Angler". Den Beobachtungen der Autoren zufolge scheint es aktuell und auch in absehbarer Zeit nicht kritisch zu sein, gelegentlich weniger themennah zu arbeiten, wenn dies dafür für SEO-getriebene Content-Marketing-KPIs hilfreich ist.

Einen guten Ansatz stellt es beispielsweise dar, über sehr **gut verlinkte Vorbilder** zu gehen. Angenommen, es geht beim Zielunternehmen um einen Shop für Mobiltelefone – in diesem Falle hilft eine Suche im Internet nach Keywords wie „Handy Initiative" oder Ähnliches, um Webseiten von Initiativen wie handysfuerdieumwelt.de, jugend-und-handy.de oder klicksafe.de zu entdecken. Hiervon ausgehend können die dortigen Themen spezialisiert auf bestimmte Aspekte ausgearbeitet oder konkretisiert, also beispielsweise Content zusammengestellt werden zu Themen wie „Die besten iPhone Apps für eine lange Autofahrt mit Kindern" oder „Wie wird das Android Phone kindersicher?". Mit genau diesen Inhalten können dann im Rahmen des Seedings die Linkquellen angegangen werden, die die Webseiten der Initiativen verlinken und die dadurch schon aufzeigen, dass sie an einem solchen Content Interesse haben und zu dessen Verlinkung bereit sind.

Ein anderer SEO-orientierter Ansatz besteht darin, bei der Ideengenerierung von einer bestimmten Gruppe von **Websites** auszugehen, die mit hoher Wahrscheinlichkeit von Google **mit viel Trust** ausgestattet sind. Dabei kann es sich beispielsweise um die Websites von Städten und Kommunen, religiösen Organisationen, Nichtregierungsorganisationen, Behörden, Schulen oder Sicherheitsbehörden handeln. Hier würde analysiert werden, welche Art von Inhalten von solchen Webseiten besonders gerne oder häufig verlinkt wird, und man würde seine Ideengenerierung auf Abwandlungen und Weiterentwicklungen von derartigem Content fokussieren.

Um sich dem breiten Thema der Content-Marketing-Formate zu nähern, soll im Folgenden ein kurzer **strukturierter Überblick** über die gängigsten Formate gegeben werden, von denen die wichtigsten anhand **konkreter Beispiele** aus erfolgreichen Kampagnen illustriert werden sollen.

Hier werden **fünf Formatgruppen** unterschieden, zu denen sich die Content-Formate recht klar zuordnen lassen, auch wenn die Übergänge sicherlich fließend sind.

- **Kompakte textbasierte Formate**: Unterhaltsame Artikel, Fachartikel, Gastbeiträge, Best Practices, Pressemitteilungen.
- **Umfangreiche textbasierte Formate**: Broschüren, Bücher, E-Books, Magazine (On- und Offline), White Paper, Microsites.
- **Interaktive Formate**: Widgets, interaktive Schaubilder, Umfragen, Spiele.

Abb. 10.18 Blogparade „Schokoholics" von Tchibo. (Quelle: http://blog.tchibo.com/aktuell/
blogparade-die-schokoholics-sind-los/)

- **Grafisch-bildliche Formate**: Infografiken, besondere Bilder, Fallstudien.
- **Audiovisuelle Formate**: Podcasts, Videos, Präsentationen, Webinare, Online-Kurse.

Einige der wichtigsten Formate werden im Folgenden nochmals detaillierter betrachtet.

Der oftmals erste Schritt im Content Marketing ist ein eigener Unternehmensblog, in dem unterschiedliche Arten von Content publiziert werden können. Eine Art **unterhalt-samer Artikel** im B2C-Bereich sind sogenannte „Blogparaden", indem auf dem eigenen Blog Blogbeiträge relevanter Blogger aufgenommen und aufgearbeitet werden. Dies ermöglicht die Multiplikation der Reichweite über die Blogger. In Abb. 10.18 spricht das Unternehmen Tchibo mit der Blogparade zwölf Bloggerinnen und Blogger, die auf Nahrungsmittel fokussiert sind, an und generiert so Social Signals, Verlinkungen und sogar leicht viral Aufmerksamkeit bei der Zielgruppe.

Abb. 10.19 Online-Magazin Ifly der KLM Fluggesellschaft. (Quelle: https://www.iflymagazine. com/?locale=de_de#/34/entrance/)

Online-Magazine sind komplexer und weitreichender als Blogs. Magazine publizieren in einer hohen Frequenz neue Artikel und sind meistens sehr kostenintensiv. Analog zu den Blog Posts eignen sich Magazine zur Generierung von SEO-Traffic durch Rankings, Social Traffic durch virale Verteilung und Refferal Traffic durch Verlinkungen. Die Verknüpfung der Marke mit den Inhalten aus dem Magazin ermöglicht darüber hinaus den Aufbau eines Expertenstatus und die Steigerung der Kundenbindung. Je nach Ressourcen und Zielen können Magazine im hochwertigen emotionalen Hochglanzformat (siehe KLM) produziert werden oder sich generell auf die Vermittlung von Informationen und Wissen (siehe Fressnapf) in einem weniger aufwendigen Gewand fokussieren.

Die niederländische Fluggesellschaft KLM setzt in ihrem ifly-Magazin auf emotionale Hochglanzinhalte, vgl. Abb. 10.19.

Fressnapf hingegen verfolgt mit seinem Ratgeber die Vermittlung von Wissen und schafft mit dem Online-Ratgeber eine hohe Reichweite bei der Zielgruppe, vgl. Abb. 10.20.

White Paper bieten weiterführende Informationen zu Dienstleistungen und Produkten an oder beinhalten einen fachlichen Beitrag. White Paper gehen über den Inhalt einer Webseite hinaus und bieten zusätzliche Informationen. Der Inhalt variiert von Trendanalysen über Marktstudien bis hin zu Lösungen sowie Tipps und Tricks zu bestimmten Themenkomplexen. Oftmals wird der Download eines White Papers an die Registrierung oder Datennennung gekoppelt, um aus den so gesammelten Nutzerdaten Kontakte zu generieren. Der Nutzer erhält im Gegenzug hilfreiche Informationen zu Fachfragen oder technisch komplexen Anwendungen. Die Seitenanzahl eines White Papers sollte überschaubar bleiben, da es einen leichten und schnellen Zugang zu der Materie ermöglichen soll. Dieses Content-Format wird vor allem im B2B-Bereich eingesetzt, um potenziellen Kunden eine Entscheidungshilfe zugunsten des eigenen Produktes zu geben.

Der ERP-Anbieter Sage stellt ausführliche White Paper zu spezifischen Themenkomplexen aus dem ERP-Bereich zur Verfügung, vgl. Abb. 10.21.

Abb. 10.20 Online-Magazin Ratgeber von Fressnapf. (Quelle: http://www.fressnapf.de/ratgeber)

E-Books sind häufig umfangreicher als White Paper und eignen sich ebenso wie diese zur Lead-Generierung. Für die Kontaktdateneingabe erhalten Nutzer ein kostenloses E-Book, welches thematisch zu dem eigentlichen Produkt oder der Dienstleistung passt. Die kostenlose Bereitstellung beziehungsweise der leichte Zugang zum Download führen nicht nur zu einer positiven Nutzererfahrung, sondern auch zu einem Branding-Effekt und Kundenbindung. Sowohl im B2B- als auch im B2C-Bereich werden E-Books genutzt.

Finanzen.de schafft durch die Kooperation mit Experten ein reichweitenstarkes E-Book, vgl. Abb. 10.22.

Die Visualisierung von Daten und Informationen auf eine einzigartige Art und Weise ist durch **Infografiken** möglich. Infografiken beschreiben und visualisieren komplexe Informationen in einem lesefreundlichen Format und stellen eine geeignete Vorgehensweise für die Erzielung von Social Signals und Verlinkungen dar. Neben statischen Infografiken sind in der Praxis vermehrt auch dynamisch interaktive Ausprägungen von Infografiken zu finden, bei denen Inhalte beim Darüberfahren mit der Maus aufgerufen werden.

Die Süddeutsche beispielsweise visualisiert in einer interaktiven Infografik den Stromverbrauch in Haushalten, vgl. Abb. 10.23.

Abb. 10.21 Whitepaper von Sage. (Quelle: http://www.sage.de/smb/know-how/direkt-laden. asp?knowhowitem=10)

Webinare und Videos eignen sich für die Vermittlung von Wissen und den Aufbau eines Expertenstatus. Die Bereitstellung von nützlichen Inhalten und Hilfe ist eine gute Möglichkeit, um eine große Reichweite in Social-Media-Kanälen zu erzielen. Webinare werden vor allem im B2B-Umfeld eingesetzt und dienen der Kontakt-Generierung und Kundenbindung.

moz.com erzielt durch regelmäßige Video-Guides eine hohe Aufmerksamkeit in der Industrie und viele Social Signals, vgl. Abb. 10.24.

Redaktionelle Gastartikel lassen sich im Vergleich zu anderen Formaten relativ kostengünstig herstellen. Dieses Format eignet sich für die Vermittlung von Wissen und den Expertenaufbau. Die Bereitstellung von Wissen ermöglicht nicht nur eine hohe Reichweite in Social-Media-Kanälen, sondern eignet sich auch als Linkmarketing-Methode sowie als Branding-Maßnahme. Die Verbreitung von Inhalten auf relevanten Dritt-Blogs bietet die Möglichkeit, das Linkprofil zu stärken sowie „Referral Traffic" zu generieren. Ist als Marketing-Ziel der Ausbau des Expertenstatus in der Industrie definiert, so sind Gastartikel auf hochwertigen Industrie-Seiten oder Zitate zu einem spezifischen Thema zur Ziel-Erreichung geeignet. Die Vernetzung mit Journalisten und Bloggern führt so zur Multiplikation der Reichweite und Autoritätsaufbau.

Abb. 10.22 E-Book von Finanzen.de. (Quelle: http://www.finanzen.de/kfz-versicherung/ratgeber)

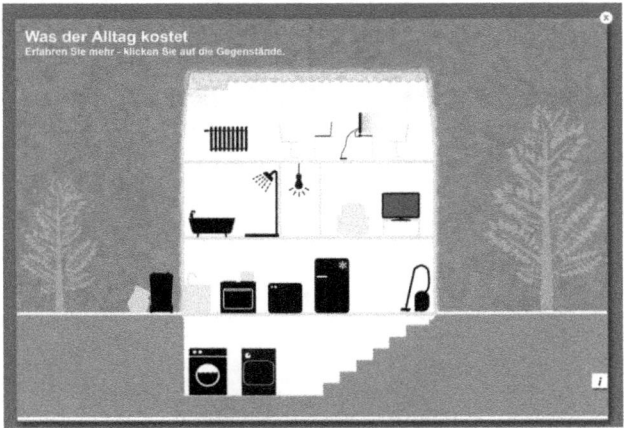

Abb. 10.23 Infografik zum Stromverbrauch in der Süddeutschen. (Quelle: http://www.sueddeut-sche.de/geld/studie-zu-energiekosten-das-maerchen-vom-teuren-oekostrom-1.1515904)

Durch nützliche Gastartikel schafft die Agentur AKM3, im vorliegenden Beispiel in Person von Andre Alpar, eine hohe Reichweite und Aufmerksamkeit. Im abgebildeten Beispiel befindet sich der Gastartikel auf einem der renommiertesten amerikanischen Online-Portale rund um das Thema Suchmaschinen-Marketing, vgl. Abb. 10.25.

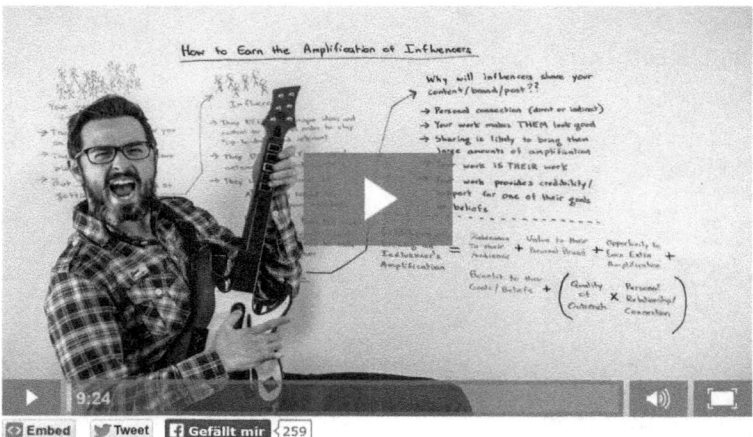

Abb. 10.24 Video-Guide von moz.com. (Quelle: http://moz.com/blog/how-to-earn-the-amplification-of-influencers-whiteboard-friday)

Abb. 10.25 Google Suggest Gast-Artikel im SEJ. (Quelle: http://www.searchenginejournal.com/beginners-guide-google-suggest-marketers-seo/73269/)

Abb. 10.26 Microsite Babyharmonie.de der Schwenninger Krankenkasse. (Quelle: http://www.babyharmonie.de/)

Eine **Microsite** ist eine auf ein spezifisches Thema ausgerichtete Webseite zur Ergänzung eines größeren Internetauftritts. Thematisch hängen diese beiden Seiten zwar zusammen, die Microsite stellt aber informative Inhalte zu einem herausgehobenen Themenschwerpunkt bereit. Die Ziele einer Microsite können vielfältig sein.

Abbildung 10.26: Die Schwenninger Krankenkasse generiert durch themenspezifische Microsites neue Leads und die Senkung von Kosten durch Aufklärung zum Thema Frühgeburten – hier das Beispiel Babyharmonie.de

Der richtige Content-Mix ist für erfolgreiches Content Marketing notwendig. Im Rahmen der Strategie wird analysiert, welche Formate am erfolgversprechendsten sind und was die Zielgruppe an Inhalten sucht und erwartet. Wichtig ist es, von Aktion zu Aktion eine eigene Lernkurve aufzubauen, indem unterschiedliche Formate getestet und auf ihren Beitrag zum Gesamtergebnis hin evaluiert werden.

10.3.3 Produktion

Rund um die Produktion von Content-Marketing-Aktionen sollen insbesondere vier Aspekte genauer beleuchtet werden: Textproduktion, Produktion von Multimedia-Elementen, Make-or-Buy-Entscheidungen sowie Integration der Inhalte.

Bei der **Textproduktion** ist neben den Hinweisen aus Kap. 6 zu Content aus Onpage-
SEO-Perspektive für Content Marketing noch einiges andere sehr wichtig. Zum einen gibt
es notwendige Abstimmungen mit Abteilungen, die sich um die **Unternehmenskommunikation** (Corporate Communications) kümmern – insbesondere dann, wenn man beim
Seeding breit die Kommunikationskanäle des Unternehmens nutzen möchte. Darüber hinaus gibt es weitere klassische redaktionelle und journalistische Anforderungen, die bei
Texten für Content Marketing ebenfalls gelten. So muss die **Leserlichkeit** zum Beispiel
durch Auflockerung mit Absätzen, Zwischenüberschriften, Textkennzeichnung wie eine
„Fett"-Markierung oder das Nutzen von Listen und Aufzählungen sichergestellt werden.
Es ist wichtig, den Leser dazu **anzuregen und zu animieren,** sich in den Text ein- beziehungsweise diesen durchzulesen; dies geschieht zum Beispiel anhand spannender Überschriften, aber auch durch Wortspiele und Metaphern im Text. Ein gern genutztes Stil-
mittel ist aus diesem Grund auch das Stellen von Fragen in Überschriften oder im Fließtext. Zur Sicherung der Verständlichkeit sind zu viele Fremdwörter zu vermeiden, was
jedoch gerade in einem Fachbereich wie unserem, der nur so von Anglizismen durchsetzt
ist, schwierig zu realisieren ist. Außerdem sind **Konstanz und Ruhe** durch gleichmäßige
Zeit- und Stilformen in den Text zu bringen.

Bei der **Multimedia-Produktion** sind zunächst einmal die Vorgaben des Corporate
Designs des Unternehmens zu beachten. Die Nutzung multimedialer Elemente im Internet steigt kontinuierlich, ob zum Beispiel bei Podcasts oder Videos. Es ist also sinnvoll,
für diese wachsende Nachfrage passende und gute Inhalte zu produzieren, die sich auf
die Regeln des jeweiligen Mediums einlassen. Gerade bei interaktivem Content ist gegebenenfalls sogar Programmieraufwand notwendig, was einen starken Einfluss auf die
Produktionskosten haben kann. Bei audiovisuellem Content kann eine Transkription, also
eine Abschrift der Tonspur, eine spannende Ergänzungsoption sein, wie man beispielsweise bei diesem Podcast sehen kann http://www.akm3.de/blog/omreport-interview-mit-aley-
da-solis. Bei der Produktion von multimedialen Inhalten ist die Integration des Seedings
außerdem vorzuziehen, da es einen Einfluss auf die Produktion haben kann. Wichtig ist zu
klären, *wo* die multimedialen Elemente bereitgestellt werden sollen. Bei Audio Content
wie Podcasts hat man neben der eigenen Website die Möglichkeit, diese bei Apple iTunes
oder der Soundcloud bereitzustellen, während Video Content auch auf YouTube und Vimeo parallel publiziert werden kann.

Da man sich innerhalb der übergeordneten Content-Marketing-Bemühungen in den
Kampagnen regelmäßig an neuen Formaten versucht, haben **Make-or-Buy**-Entscheidun-
gen eine andere Tragweite. Gerade wenn man wenig Erfahrung in einem Format hat, ist
es häufig einfacher, die Produktion der Kampagne auszulagern. Ein anderer Grund ist die
Umsetzungsgeschwindigkeit, die gerade bei großen Unternehmen extern oft höher sein

kann als intern. Im Content-Bereich gibt es unterschiedlichste Plattformen wie textbro-ker.de, content.de, contentprovider.de oder Lass-andere-schreiben.de. Ähnlich sieht es in allen anderen Bereichen von Erklärvideos bis hin zu Videotranskriptionen aus. Günstige und flexible Optionen für Grafisches oder Datenerhebung – dafür aber mit gewissem Ma-nagementbedarf – sind Plattformen wie elance.com, odesk.com, fiverr.com oder clickwor-ker.com.

Der Abschluss der Produktion ist die **Integration** am gewünschten Ort beim Unter-nehmen. Dies ist in manchen Fällen einfacher, wenn es beispielsweise um eine autarke Microsite oder ein einfaches PDF geht, was ohne Notwendigkeit zur Anmeldung bereitge-stellt wird. Aber die Integration in die Content-Management-Systeme von größeren Unter-nehmen kann durchaus auch eine ganze Bandbreite von Fragestellungen nach sich ziehen, wie beispielsweise:

*   Serversicherheit von hochgeladenen interaktiven Elementen
*   Bedeutung barrierefreier Darstellung
*   Integration von Interaktionselementen oder Informationsboxen aus sozialen Netzwer-ken
*   Bedeutung mobiler Darstellung
*   Lokalisierungsbedürfnisse auf den Ort des Lesers des Contents hin
*   Dynamisierung des Contents in Bezug auf Uhrzeit, Proxies, die das Geschlecht des Be-suchers abschätzbar machen, Wiedererkennung eigener Bestandskunden etc.
*   Bedeutung von Ladegeschwindigkeit insbesondere bei sehr datenreichem Content wie Videos und Implikationen davon für die Serverinfrastruktur

Es wird schnell klar, dass das Thema Integration sehr trivial sein kann, je nach Situation aber auch mit deutlichem Bedarf an Zeit und Geld bedacht werden muss.

10.3.4   Seeding

Beim **Seeding** geht es darum, für den produzierten Content Reichweite zu schaffen. Die hinter dem Begriff Seeding stehende Idee besagt, dass bei erfolgreichen Content-Marke-ting-Kampagnen ein großer Teil der Reichweite viral kommen sollte. Es wird also „ein Same gepflanzt", aus dem die Kraft für das weitere Wachstum geschöpft wird. Man sorgt für eine gezielte erste Reichweite und von dort aus erhofft man sich Word-of-Mouth, Ver-stärker-Effekte aus Social Networks etc.

Eine sich für die Praxis als nützlich erwiesene Unterscheidung stellt die Differenzie-rung zwischen kostenpflichtigen („paid") und kostenlosen („free") Seeding-Möglichkei-ten dar.

Unter die kostenpflichten Seeding-Möglichkeiten fallen zum einen andere Online-Marketing-Kanäle wie Social Media Advertising und Search **Engine Advertising**. Zum anderen sind hier aber auch **Advertorials** zum Beispiel im Sinne von „Native Adverti-

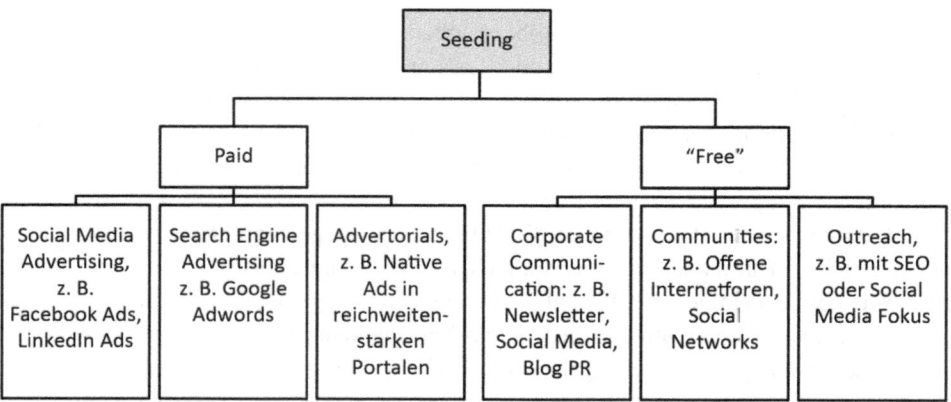

Abb. 10.27 Seeding

sing" zu finden, in denen als Werbung gekennzeichnete redaktionelle Beiträge oder Sondereinbindungen in reichweitenstarken Portalen subsummiert werden.

Zu den **kostenlosen Seeding-Möglichkeiten** sei jedoch einschränkend bemerkt, dass diese meist nicht ganz kostenlos sind. Man zahlt in diesen Fällen zwar nicht für die Reichweite, hat aber dennoch die Kosten für die Herstellung von Kommunikationsmitteln wie Newsletter, Text, Teaser etc. zu tragen, mit denen man auf die Aktion aufmerksam macht. Im Vergleich zu den kostenpflichtigen Optionen sind diese Ausgaben jedoch so gering, dass man diese Möglichkeiten guten Gewissens als kostenlos bezeichnen kann; denn auch bei den kostenpflichtigen Möglichkeiten müssen die Kommunikationsmittel bereitgestellt werden. Einer der spannendsten Bereiche bei den kostenlosen Seeding-Kanälen ist die **Unternehmenskommunikation.** Sie ist auch ein guter Maßstab für den Qualitätsanspruch, den eine Content-Marketing-Aktion erfüllen sollte. Ist der Content so gut, dass das Unternehmen gerne in seiner regulären Kommunikation wie in Kundennewslettern, Newslettern an Geschäftspartner, Social Media Accounts, PR und im Unternehmensblog auf ihn verweist, so ist das als ein gutes Zeichen für einen erfüllten Qualitätsanspruch zu werten. Ein weiterer wichtiger Ansatz für das Seeding sind **Internet-Communities,** in denen sich die Zielgruppe des Contents bewegt. Dies sind zum einen Internetforen (unabhängig davon, ob sie so konfiguriert sind, dass Suchmaschinen Einblick darin haben), zum anderen aber auch in gleichem Maße Gruppen innerhalb von Social Networks wie Xing, Facebook, LinkedIn etc. Zuletzt ist noch das Thema **Outreach** zu nennen. Es geht hierbei um das systematische, direkte und individuelle Anbahnen von potenziell am Content interessierten Personen. Dies kann auch einhergehen mit einer Betonung auf den SEO- oder Social-Media-Wert, den ein Begeistern der kontaktierten Person potenziell für das Unternehmen haben kann.

Abbildung 10.27 illustriert überblicksartig die wichtigsten Ansätze für das Seeding von Content-Marketing-Aktionen.

Abb. 10.28 Reporting

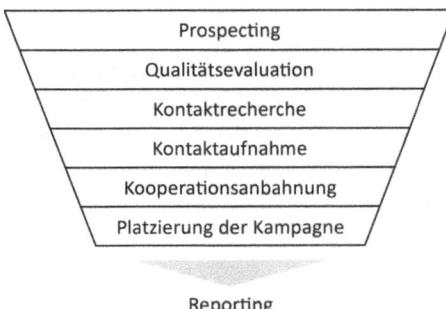

Die **Mischung** der verschiedenen Möglichkeiten hängt stark ab von Inhalten und Zielen der Kampagne und wird entsprechend **stark variieren**. In vielen Kampagnen zeigt sich, dass das **Seeding** in noch größerem Ausmaß **erfolgsentscheidend** war als der Inhalt selbst.

Aus SEO-Perspektive ist das systematische **Outreach** an Webmaster oder die Akteure hinter starken Social Media Accounts sicherlich der wichtigste Bereich; dieser fällt jedoch gerade zum Beispiel PR- und Werbeleuten beziehungsweise -agenturen am schwersten, wenn sie sich dem Thema Content Marketing nähern. Hier offenbart sich also sofort ein Kooperations- und Synergiepotenzial in den Stärken der unterschiedlichen Marktteilnehmer. Aus diesem Grund wird an dieser Stelle auf Seeding mittels Outreach noch etwas detaillierter eingegangen.

Als tägliches Werkzeug zur Umsetzung eines Outreach kann in einfachen Fällen eine Excel-Tabelle genutzt werden. Aufgrund der mitunter sehr großen Zielgruppen wird oft CRM-artige Software verwendet, denn der Outreach-Prozess ist eng verwandt mit einem Vertriebstrichter im B2B-Marketing. Abbildung 10.28 zeigt eine weit verbreitete Ausgestaltung eines solchen konzeptionellen Trichters für die verschiedenen Phasen des Outreach-Prozesses.

Wichtig beim Outreach ist auch die zeitliche Planung; das heißt die Entscheidung darüber, ob bestimmte Prozessstufen so weit wie möglich abzuschließen versucht werden, bevor der nächste Schritt erfolgt, oder ob etwas eher rollierend umgesetzt werden soll und zum Beispiel bereits mit den ersten Kontaktaufnahmen begonnen wird, sobald die Recherchen hierzu abgeschlossen sind, anstatt zu warten, bis alle Kontakte recherchiert sind.

Beim Prospecting geht es darum, die Zielgruppe des Outreach so vollständig wie möglich zu erfassen. Soll dies zum Beispiel eine bestimmte Berufsgruppe sein, so kann zum einen über geschicktes Suchen der Suchmaschinenparameter vorgegangen werden. Ergänzend sind aber auch immer Branchenverbände und Branchenverzeichnisse zu nutzen. Die Qualitätsevaluation dient unter anderem zur Priorisierung. Das ist gerade dann relevant, wenn die Ressourcen limitiert sind. Bei der Kontaktaufnahme ist es sehr bedeutend, auf die Zielgruppe einzugehen. Bei gutem Outreach wird es selten vorkommen, dass man standardisiert und automatisiert arbeitet. Die Kontaktaufnahmen werden im Wesentlichen individuell sein und im Kommunikationskanal zwischen E-Mail, persönlichem Kontakt,

Telefonaten, Post und Social Media variieren. In der Kooperationsanbahnung ist es wichtig, zu überzeugen statt zu bedrängen. Es soll eine Nachfrage bei der Zielgruppe des Outreach erzeugt und kein Angebot vertrieben werden. Wird ein komplexeres Tool für das Projektmanagement im Outreach eingesetzt, so sollte dies auch die Anforderung erfüllen, dass der Fortbestand einer einmal platzierten Kampagne erfasst und überwacht werden kann, damit die Ergebnisse nicht aus irgendeinem Grund erodieren.

10.3.5   Reporting

Mit dem **Reporting** muss der Zirkelschluss zur Zieldefinition geschlossen werden. Der Erfolg einer Content-Marketing-Kampagne muss gemessen werden, beispielsweise anhand von Kennzahlen aus verschieden Bereichen:

- Branding-KPIs wie
  - Reichweite des eigenen und externen Content (also unter anderem das Lesen über die Content-Marketing-Kampagne an den Stellen, wo sie geseedet wurde)
  - Zunahme an Mentions – insbesondere das Delta zu Phasen, in denen keine Kampagne läuft
  - Anzahl der „Folgeklicks" ab dem Kerncontent der Kampagne
  - Anzahl der Kommentare
  - Andere Interaktionen mit dem Content
  - Views auf extern gehostetem Content zum Beispiel bei YouTube, Vimeo, Soundcloud oder iTunes
  - Zunahme an Brand-Suchen und Direct-Type-In-Traffic
- Social Media KPIs (insbesondere das überdurchschnittliche Wachstum, das durch die Kampagne induziert wurde, als Delta gegenüber regelmäßiger Aktivität, die gegebenenfalls ohnehin schon besteht) wie
  - Facebook Likes und Shares
  - Twitter Retweets, @-Ansprachen, Favoriten
  - Repins und Ähnliches bei bilderlastigen Social Networks wie Instagram und Pinterest
  - Zuwachs an RSS-Abonnenten
  - Zuwachs der Follower bei verschiedenen Social Networks
- SEO-KPIs wie
  - Anzahl an neuen Keywords, zu denen man durch die Kampagne rankt
  - Anzahl gewonnener Backlinks
  - Zusätzlich gewonnener SEO-Traffic
- Vertriebs-KPIs
  - Referral Traffic durch Seeding der Kampagne
  - Leads
  - Sales

Kennzahlen müssen selbstverständlich schon vor Beginn und bis zu einigen Monaten nach Abschluss der Kampagne regelmäßig erhoben werden, um die tatsächlichen Gewinne, die jenseits der üblichen Entwicklung liegen, erkennen zu können und die Wert-Attribution zur einzelnen Kampagne so gut wie möglich zu vollziehen. Festzulegen sind auch die Reporting-Intervalle – meist macht man mit monatlicher Kennzahlenerfassung sehr gute Erfahrungen. Die so erzielten Erkenntnisse inklusive Ziel-Monitoring sollten in die nächste Kampagne in Form von Lerneffekten einfließen. Nur so lassen sich nachfolgende Kampagnen systematisch effizienter gestalten und KPIs steigern.

SEO-Tools – vom kostenlosen Tool bis zum Profi-Tool

11

Zusammenfassung

Dieses Kapitel widmet sich den Hilfsmitteln, die bei richtiger Verwendung die Arbeit eines jeden SEOs eminent unterstützen und vereinfachen können: SEO-Tools kommen an den Stellen zum Einsatz, die mit manueller Arbeit nur sehr mühselig oder überhaupt nicht abzubilden sind, sei es aufgrund zeitlicher, mathematischer oder technischer Grenzen. Aus diesem Grund hat sich innerhalb der SEO-Branche eine eigene Industrie entwickelt, welche kostenlose und kostenpflichtige Tools bereitstellt, die jeden erdenklichen Aspekt der SEO-Arbeit unterstützen.

Dieses Kapitel soll deshalb die wichtigsten, populärsten und weitläufig etablierten Tools in der SEO-Branche vorstellen und ihre Funktionen beschreiben. Dabei wird sowohl auf die großen Toolboxen eingegangen, welche mehrere Funktionen abzudecken versuchen, als auch auf Spezial-Tools, welche sich eher auf einzelne Funktionen spezialisiert haben und diese deshalb auch meist umfassender behandeln können. Zudem sollen auch Browser-Add-ons und Plug-ins Teil dieses Kapitels sein, da auch sie einen wichtigen Beitrag zur täglichen SEO-Arbeit leisten. Zu guter Letzt sollen mit den Google-Webmaster-Tools und den Bing-Webmaster-Tools zwei Hilfsprogramme beschrieben werden, die von Suchmaschinenbetreibern selbst zur Verfügung gestellt werden und deshalb den größten Mehrwert für die Suchmaschinenoptimierung bieten.

11.1 Warum sind Tools notwendig?

Um Suchmaschinenoptimierung professionell und flächendeckend durchführen zu können, ist man auf verschiedene Analyse-Tools angewiesen. Tools helfen dabei, Daten in Sekundenschnelle zu recherchieren und übersichtlich aufzubereiten, was in manueller Ar-

© Springer Fachmedien Wiesbaden 2015   355
A. Alpar et al., *SEO – Strategie, Taktik und Technik*, DOI 10.1007/978-3-658-02235-8_11

beit entweder einen enormen Zeitaufwand bedeuten würde oder in dieser Form gar nicht möglich wäre. Sicherlich ist es händisch machbar, für eine Liste von mehreren tausend Keywords Stück für Stück Suchanfragen bei Google zu tätigen und anschließend die ersten 100 Suchergebnisse anzusehen, um zu dokumentieren, zu welchen Keywords und auf welcher Position die eigene Webseite und die Konkurrenz ranken – doch dies bedeutet einen immensen zeitlichen Aufwand. Bei einer Webseite mit fünf bis zehn Unterseiten ist es sicherlich noch mit manueller Arbeit möglich, zu ermitteln, welche Unterseite von welcher anderen Unterseite wie oft intern verlinkt wird und somit innerhalb der Seitenhierarchie für Google am wichtigsten ist. Bei einer Seitengröße von 1000 Unterseiten ist dies für den menschlichen Verstand jedoch einfach nicht mehr umsetzbar. Eine Backlink-Recherche für eine Webseite ist händisch überhaupt nicht möglich, da man dazu jede Webseite im Internet dahingehend untersuchen müsste, ob sich darauf ein Link befindet, der auf die eigene Webseite verweist.

Aus diesem Grund kann SEO ohne Tools schlicht und einfach nicht betrieben werden. Zudem bereiten diese Hilfsprogramme alle Ergebnisse in Form von Statistiken, Formkurven oder Prozentzahlen optisch auf, um eine valide Kennzahl zur Erfolgsmessung von SEO-Maßnahmen zur Verfügung zu stellen. Einheiten wie der SISTRIX-Sichtbarkeitsindex oder die Searchmetrics SEO Visibility haben sich in Branchenkreisen zu aussagekräftigen Kennzahlen über den SEO-Status einer Webseite entwickelt. Dieser Wert berechnet sich aus den Rankings einer Webseite in den Search Engine Result Pages zu einem bestimmten Keyword-Set. So ist beispielsweise der SISTRIX-Sichtbarkeitsindex für SEOs zu einer messbaren und nachvollziehbaren Einheit geworden. Allerdings ist dies nicht die einzige Kennzahl, um den Wert einer Webseite zu ermitteln, und kann lediglich einen groben Richtwert darstellen.

Tools nehmen also bei richtiger Anwendung einen gewaltigen Teil der SEO-Arbeit ab. Zudem schaffen sie die nötige Transparenz über die eigene oder aber die Seite von Konkurrenten, um so die richtigen Entscheidungen zu treffen.

11.2   Funktionsweise von Tools

SEO-Tools funktionieren auf unterschiedliche Art und Weise, je nachdem, auf welche Aufgabe sie ausgerichtet sind. Manche Tools crawlen selbst Webseiten und legen eigene Datenbanken an, auf die sie bei einer Anfrage zugreifen können. Andere wiederum senden in großen Mengen mithilfe von Proxies Anfragen an Google, um Ranking-Positionen abzufragen. Bis Ende 2012 war es sogar noch möglich, die Google-AdWords-API anzuzapfen und darüber Daten zu scrapen. Vor allem amerikanische Tool-Anbieter wie Raven Tools, Market Samurai oder SEOMoz funktionierten lange Zeit nach diesem Prinzip. Nach Googles Entscheidung, diese Schnittstelle nicht mehr bereitzustellen, mussten diese Tools jedoch ihre Funktionsweise respektive ihr Geschäftsmodell ändern.

Ebenso vielfältig wie das Feld der Suchmaschinenoptimierung ist auch die Funktionsweise der einzelnen SEO-Tools. Hier herrscht eine große Spezialisierung einzelner Tools vor, um die verschiedenen Disziplinen der Suchmaschinenoptimierung unterstützen zu können – ob Ranking-Abfragen, Backlink-Recherche, Keyword-Analyse oder andere Teilbereiche, die bei einer SEO-Analyse eine Rolle spielen. Gerade in den letzten Jahren hat hier ein Wandel hin zu mehr Spezialisierung einzelner Tools auf bestimmte Bereiche stattgefunden. Gleichzeitig versuchen andere Tools, alle Disziplinen abzudecken und als Komplettlösung zu fungieren. Diese Komplettlösungen werden im Allgemeinen als Toolboxen bezeichnet.

11.3 Toolboxen

In der täglichen Nutzung haben sich im Laufe der letzten Jahre eine Handvoll Allround-Tools etabliert, welche zum Handwerkszeug eines jeden SEOs gehören. Diese Toolboxen wie SISTRIX, Searchmetrics und SEOlytics haben sich nicht zuletzt in der SEO-Szene etabliert, da sie zum einen aufgrund ihrer grafischen Oberfläche optisch gut aufbereitet sind und eine gute Usability aufweisen. Zum anderen – und wichtiger noch – haben diese Tools mit dem SISTRIX-Sichtbarkeitsindex, der Searchmetrics SEO Visibility und dem SEOlytics Visibility Rank eigene Kennzahlen entwickelt, die sich unter SEOs als erster Indikator für den Zustand einer Webseite innerhalb der Suchmaschinen durchgesetzt haben. Dieser Wert berechnet sich aus den Rankings einer Webseite in den Search Engine Result Pages zu einem bestimmten Keyword-Set. Für SEOs ist beispielsweise der SIS-TRIX-Sichtbarkeitsindex zu einer messbaren und nachvollziehbaren Einheit geworden. Allerdings stellt dieser Wert nicht die einzige Kennzahl dar, um den Wert einer Webseite zu ermitteln, und kann lediglich einen groben Richtwert bieten. Um tiefer in die SEO-Materie einzusteigen, werden im Folgenden spezielle Features und Tools vorgestellt.

11.3.1 SISTRIX

Die Toolbox der SISTRIX GmbH existiert seit März 2008 und wurde von Johannes Beus entworfen. Zunächst erhob das Tool nur Daten für den deutschsprachigen Raum, in den folgenden Jahren kamen weitere Länder hinzu. Damit kann SISTRIX auf eine der umfangreichsten Historien unter den Toolboxen auf dem Markt zurückblicken. Im Laufe der Jahre brachten auch andere Unternehmen ähnliche, auf diesem Prinzip basierende SEO-Tools auf den Markt. Laut Umfragen und Studien ist die SISTRIX-Toolbox die führende SEO-Software am deutschsprachigen Markt. Die SISTRIX-Toolbox arbeitet modulbasiert, das heißt, der Nutzer hat die Möglichkeit, einzelne Module zu den Bereichen SEO, SEM, Links, Universal Search sowie den SEO-Optimizer für eine Onpage-Analyse freizuschalten, vgl. Abb. 11.1.

Das SEO-Modul bietet einen kompakten Überblick über die zu analysierende Domain, wenn man beispielsweise die Sichtbarkeit und die Rankings überwachen möchte und Konkurrenzanalysen benötigt. Die Verteilung von Rankings auf einzelne URLs, Subdo-

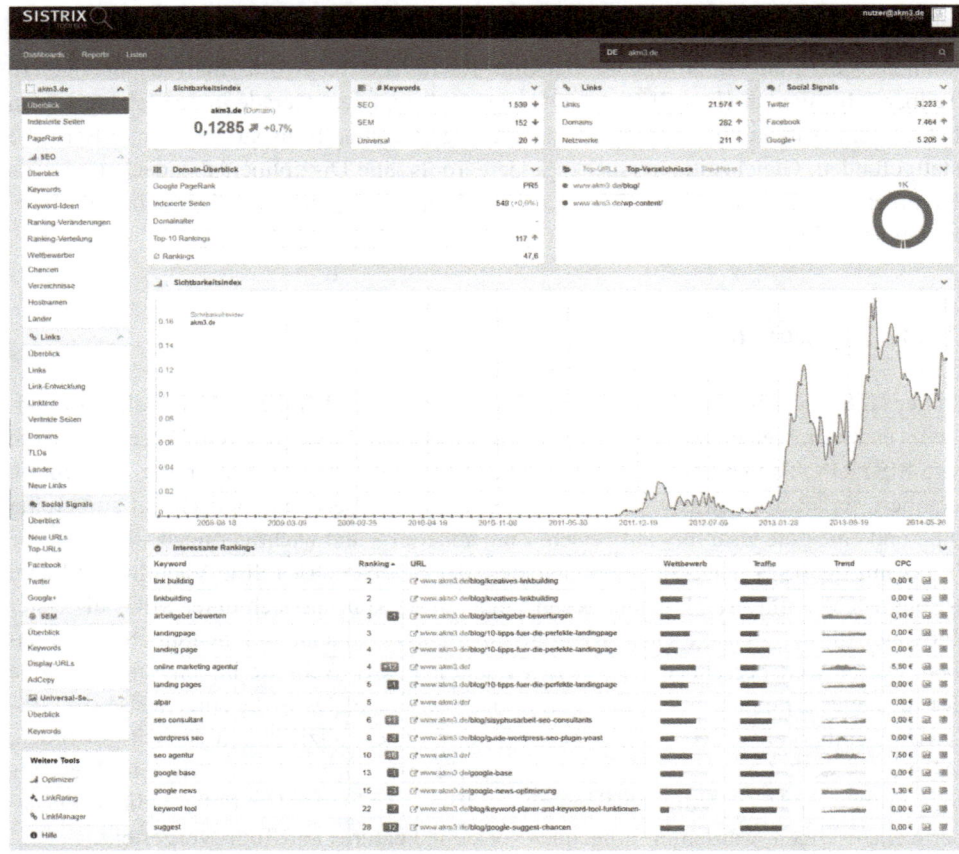

Abb. 11.1 SISTRIX. (Quelle: http://www.sistrix.de/)

mains oder Subfolder kann ebenso analysiert werden wie Hostnamen und viele weitere Details. Besonders vorteilhaft sind die historischen Daten des Tools, sodass für fast jede Domain historische Sichtbarkeitsindizes und Keyword-Rankings bis 2008 abgefragt werden können. Eine Schwachstelle des Tools war bisher, dass Keywords im Longtail nicht sehr gut abgedeckt werden.

Das SEM-Modul ist hingegen zur Analyse und Überwachung von Google-AdWords-Anzeigen gedacht. Hier sieht der Nutzer im Detail, auf welche Begriffe der Wettbewerb Anzeigen bucht. Weiterhin hat man die Möglichkeit, Alerts zu aktivieren, um bei Änderungen eine E-Mail zu erhalten. Das Link-Modul bietet alle nötigen Features wie Linkanzahl, Hostnamen, verlinkende Domains, IP-Adressen und -Netzwerke, häufige Linkziele und Anchortexte sowie verlinkende Top Level Domains und Länder. Allerdings erreicht dieses Modul nicht die Tiefe eines Backlink-Profils wie andere Tools, die speziell auf diese Aufgabe zugeschnitten sind, wie etwa Majestic SEO oder die Link Research Tools.

So kann mit SISTRIX beispielsweise nur die Root-Domain analysiert werden und nicht einzelne konkrete URLs, Subdomains oder Subfolder.

Neben der organischen Suche gibt das Universal-Modul Aufschluss darüber, wie die Seite in der Universal Search vertreten ist. Ob Google News, Bildersuche, Videosuche oder Google Maps – das Modul analysiert jeden Bereich der Universal Search, da diese ein wichtiger Kanal für weitere Traffic-Potenziale ist.

Der SEO Optimizer bietet Onpage-Analysen und umfangreiches Monitoring. Im Rahmen dieses Moduls ist es möglich, einzelne Projekte anzulegen und diese regelmäßig wieder aufzurufen. Das Modul zeigt Fehler und Schwachstellen einer Domain in Bezug auf Metatags, nicht indexierbare Inhalte, interne Verlinkungen und andere Bereiche auf. Diese können Schritt für Schritt abgearbeitet werden, was dank des integrierten Aufgabensystems auch im Team funktioniert. Weiterhin bietet das Modul umfangreiche Monitoring-Funktionen für Keyword-Tracking, Ranking-Gewinne und -Verluste usw. Allerdings kann SISTRIX auch hier allenfalls an der Oberfläche kratzen. Wer tiefer in die eigene Seite einsteigen möchte, sollte auch hier eher auf spezialisierte Onpage-Tools zurückgreifen.

Unter dem Projektnamen „SISTRIX Next" bietet die Toolbox seit Oktober 2013 ein neues Interface und neue Funktionen.

11.3.2 Searchmetrics

Größter Konkurrent der SISTRIX-Toolbox ist die Searchmetrics Suite. 2007 von Marcus Tober und dem Holtzbrinck eLAB unter dem Namen SEOmetrie gegründet, vertreibt das Unternehmen seit 2008 ebenfalls seine Analyse-Software.

Größter Unterschied zu SISTRIX ist die internationalere Ausrichtung, auch beim Produktmanagement. So kann das Tool die Google SERPs aus 20 Ländern überwachen und das Portfolio wird immer weiter ausgebaut. Gleichzeitig war lange Zeit die Einbeziehung von Social Signals in die Analyse einer Webseite das Alleinstellungsmerkmal von Searchmetrics. Das Tool gibt es in der Profi-Version „Suite Starter" und der etwas limitierteren Basis-Version „Essentials".

Um einen Kennwert bezüglich der Auffindbarkeit einer Webseite bei Google zu schaffen, hat Searchmetrics die SEO Visibility eingeführt. Dieser Wert wird zwar nach einem anderen Maßstab gebildet, verhält sich in der Formkurve aber meist analog zum Sichtbarkeitsindex des Konkurrenten SISTRIX. Neben der organischen SEO Visibility errechnet Searchmetrics zusätzlich die Paid Visibility, welche die Sichtbarkeit in den bezahlten Suchergebnissen darstellt. Der dritte Kennwert von Searchmetrics ist die Social Visibility, welche versucht, aus Likes, Shares und Tweets einer Domain einen Indexwert zu schaffen, der mit anderen Webseiten verglichen werden kann. Außerdem ermittelt Searchmetrics auf Grundlage dieser drei Visibility-Werte noch einen SEO Rank, einen PPC Rank und einen Social Rank. Dazu listet das Tool je Bereich und Land die ersten 100.000 Domains auf und ermittelt deren Platzierung, vgl. Abb. 11.2.

Abb. 11.2 Searchmetrics.
(Quelle: http://www.searchme-
trics.com/de/)

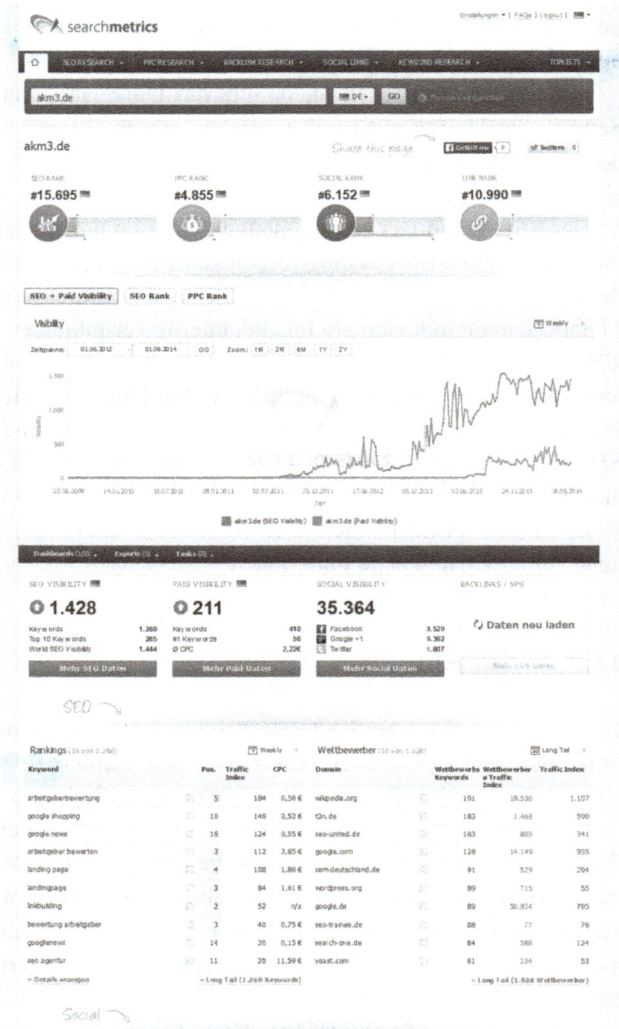

Die Essentials bestehen aus den grundlegenden Analyse-Modulen für SEO, PPC, Keywords, Backlinks und Social Signals. Diese Module sind integraler Bestandteil der großen Suite, können aber auch separat gebucht werden. Über die SEO Research können
Informationen über Rankings, Wettbewerber, Subdomains und Verzeichnisse angewählt
werden. Interessant sind die Analyse nach einzelnen Branchen, aus denen die Keyword-
Rankings stammen, sowie die Universal Search Ergebnisse. Die PPC Research ist ähnlich strukturiert. Hier sind besonders die Positionsverteilung und die Wettbewerberana-
lyse hilfreich. Das Modul Social Links ist in die Social Visibility und den Social Spread
unterteilt. Das zweite Modul zeigt, auf welche einzelnen Kanäle sich die Social Signals
verteilen. Neben den großen Portalen Facebook, Twitter und Google+ werden hier auch

Portale wie LinkedIn, StumbleUpon und Delicious aufgelistet, die in Deutschland einen weniger großen Einfluss haben. Das Modul Keyword Research unterteilt sich in Recherche und Rankings. Während man bei der Recherche ähnliche und verwandte Keywords generieren lassen kann, welche mit Suchvolumen, CPC und Anzeigen-Budget aufgelistet werden, bekommt man beim Ranking-Modul aktuelle Google-Platzierungen zu einzelnen Keywords geliefert. In der Keyword-Positionshistorie kann sich der Nutzer den historischen Verlauf einer URL zu dem Keyword anzeigen lassen. Das Ranking-Modul funktioniert für die organische Suche, die bezahlte Suche und die Universal Search. Ein weiteres, sehr praktisches Feature der Searchmetrics Essentials sind die Dashboard-Funktion, die Export-Möglichkeit und der Task-Manager.

Während sich die Essentials-Version eher zur Recherche und Konkurrenzanalyse eignet, bietet die Searchmetrics Suite die Möglichkeit, einzelne Webseiten als Projekte anzulegen, mit einer Haupt- und bis zu fünf weiteren Domains wie Wettbewerber oder Satellitenseiten, die Benchmarks genannt werden. Diese Domains können dann schnell und übersichtlich hinsichtlich einer Menge KPIs verglichen werden. Auch werden durch die Suite gezielt SEO-Fehler der Domains aufgezeigt, wie doppelte oder fehlende Inhalte, was Searchmetrics zu einer umfassenden Toolbox macht.

11.3.3   SEOlytics

Der dritte Anbieter unter den großen deutschsprachigen Toolboxen stellt die SEOlytics GmbH aus Hamburg dar. Die Toolbox wurde zunächst von der SEO-Agentur Artaxo gegründet und später als eigenständige GmbH ausgelagert. Das Tool ist ebenfalls webbasiert und kann in drei verschiedenen Preisstufen gebucht werden. Analog zum SISTRIX-Sichtbarkeitsindex und zum Searchmetrics Visibility Rank existiert bei SEOlytics die SEO Visibility als Richtwert, wie die eigene Suchmaschine innerhalb der Ergebnisseiten von Google aufgestellt ist. Zudem lassen sich mit dieser Formkurve mehrere Domains vergleichen. Natürlich bietet auch diese Toolbox ein Positions-Monitoring an, bei dem hinterlegte Keywords und allgemeine Rankings überwacht werden können.

Ein relativ eigenständiges Feature beim SEO-Monitoring ist die Potenzialanalyse. Hier werden Keyword-Vorschläge auf ihr Optimierungspotenzial hin untersucht. Je nach Stärke der Konkurrenz und Höhe des Suchvolumens werden von der Software entsprechende Optimierungsempfehlungen gegeben. Hiervon geleitet kann sich der SEO auf jene Keyword-Kandidaten stürzen, die ein vielversprechendes Preis-Leistungs-Verhältnis haben. Um dieses Feature nutzen zu können, muss man zum einen seine bevorzugten Keywords hinterlegen, zum anderen muss man SEOlytics mit seinem verwendeten Webanalyse-Tool verknüpfen. Dabei unterstützt SEOlytics neben Google Analytics auch Piwik, Webtrekk, eTracker und Adobe SiteCatalyst.

Die Backlink-Analyse bei SEOlytics ist für eine Toolbox sehr gut ausgebaut und greift sehr tief. Das liegt unter anderem daran, dass SEOlytics für diese Funktion auf die Daten des britischen Backlink-Tools Majestic SEO zurückgreift. Hat man die Domain bei SEOlytics als Projekt angelegt und mit seinem Webanalyse-Tool verknüpft, so liefert die Analyse sogar Statistiken über die PageRank-Verteilung der Linkgeber-Seiten, unterscheidet zwischen guten und schlechten Links und archiviert die zugehörigen Daten im Laufe der Zeit. Zudem können die gelisteten Links nach diversen Charakteristiken gefiltert werden. Damit lassen sich Einblicke in die Verlinkung gewinnen, die manuell nur mit Mühe zu erzielen wären. Mit dem Domainfinder bietet SEOlytics zudem eine Datenbank an, bei der auf Keyword-Basis themenrelevante Domains als potenzielle Ziele für die eigene Linkakquise gefunden werden.

11.3.4   XOVI

Ergänzend zu den drei großen nationalen Toolboxen soll an dieser Stelle noch XOVI vorgestellt werden. Das Tool, welches vom Kölner Unternehmen Service for SEOs GmbH vertrieben wird, wartet mit allen nötigen Features einer Toolbox auf. Der Sichtbarkeitsindex wird hier Online Value Index, kurz OVI, genannt. Auch eine Backlink-Funktion, ein Monitoring-Tool und ein SEM-Tool sind integriert. Erwähnenswert bei XOVI ist eventuell das Affiliate Tool, welches vor allem für Online-Shops interessant sein dürfte, die sich auf der Suche nach Kooperationspartnern befinden. So kann man mit wenigen Klicks alle Affiliate-Partner der Konkurrenz aufdecken und diese eventuell für die eigene Plattform gewinnen. Dabei wird hinter jeder URL des jeweiligen Partners das Affiliate-Netzwerk vermerkt, über welches dieser mit der untersuchten Domain in Verbindung steht. Ein weiterer Pluspunkt dieses noch recht jungen SEO-Tools ist sein monatlicher Abonnement-Preis, der deutlich unter dem der drei anderen Toolboxen rangiert. Positiv anzumerken ist außerdem, dass es bei XOVI keine Limitierungen hinsichtlich zu verwaltender Domains oder CSV-Exporte gibt, für die man Credits bezahlen oder andere Vergütungen leisten müsste. Damit positioniert sich diese Toolbox als preisgünstiges Einsteigermodell

Auch die Keyword-Datenbank von XOVI ist sehr umfassend und bildet deshalb für die zu verwaltende Domain oftmals eine sehr breite Liste aktueller Rankings ab. Lediglich Filtereinstellungen wären insbesondere bei großen und stark rankenden Domains der Übersichtlichkeit sehr zuträglich. Dafür kann der Nutzer aber manuell die wichtigsten Keywords in einen Keyword-Monitor eintragen und hat diese dann immer verfügbar. Unter dem Reiter „Chancen" werden Keywords auf den Positionen 6 bis 10 zusammengetragen, die mit relativ wenig Aufwand einige Plätze höher geschoben werden können und somit relativ leicht für erheblichen Traffic-Zuwachs sorgen können. Unter „Neue Keywords" und „Verlorene Keywords" werden Keywords angezeigt, die aus den ersten zehn Ergebnisseiten weggefallen oder dort bisher noch gar nicht in Erscheinung getreten sind. Unterseiten und Subdomains werden bei XOVI ebenfalls mit eigenen Keyword-Rankings und sogar einem eigenen Online Value Index verwaltet.

Zusammenfassend lässt sich festhalten, dass sich die großen Toolboxen in ihren grundlegenden Funktionen alle überschneiden und sich mit den zurückliegenden Updates auch immer mehr aneinander angenähert haben. Funktionen wie die Darstellung und der Kenn-

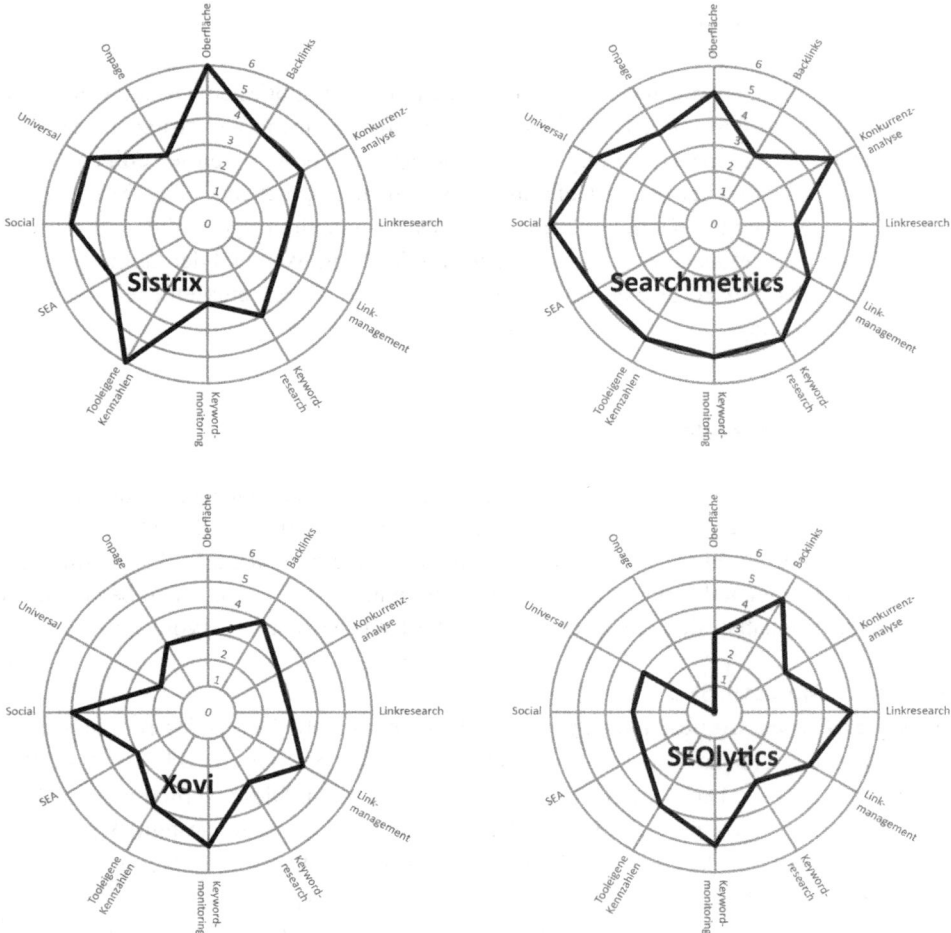

Abb. 11.3 Übersicht SEO-Tools

wert für die Sichtbarkeit, Keyword-Monitoring, Konkurrenzanalyse oder Backlink-Analyse sind für die SEO-Arbeit einfach essenziell und werden deshalb von allen Anbietern irgendwo bedient, vgl. Abb. 11.3.

Unterschiede sind hier hauptsächlich in der Usability und beim Preis auszumachen. Wer tiefer in die genannten Teilbereiche einer Webseite einsteigen möchte, sollte allerdings auf Spezialisierungstools zurückgreifen. Diese werden im folgenden Kapitel vorgestellt.

11.4   Spezial-Tools

Neben den Toolboxen, die als Komplettlösungen fungieren, gibt es eine Reihe von Tools, die sich auf einen bestimmten Kernbereich der Suchmaschinenoptimierung spezialisiert haben. Durch diese Spezialisierung gehen diese Spezial-Tools in den jeweiligen Bereichen oft noch viel weiter in die Tiefe und fördern dementsprechend mehr Daten zutage als die zuvor genannten Komplettlösungen. Deshalb kann ein ausgewähltes Portfolio an geeigneten Spezialtools eine sehr gute Ergänzung der Toolboxen und der täglichen SEO-Arbeit darstellen. Im Folgenden sollen für jeden Bereich einige empfehlenswerte Tools vorgestellt werden.

11.4.1   Link-Analyse

Von den verschiedenen Features, welche die einzelnen Tools anbieten, stellte die reine Backlink-Analyse lange den Kernbereich einer jeden SEO-Analyse dar. Die Kernfunktion der allermeisten SEO-Tools besteht deshalb darin, die Anzahl der Links zu ermitteln, welche auf die eigene Domain verweisen, und diese im besten Fall noch zu bewerten. In dieser Disziplin haben sich seit jeher ausländische Tools besonders hervorgetan:

11.4.1.1   Majestic SEO

Majestic SEO aus Großbritannien gilt als verlässliches und tiefgreifendes Tool in Sachen Backlink-Analyse, sodass auch deutschsprachige Tools wie SEOlytics oder die Link Research Tools auf die Daten des UK-Anbieters zurückgreifen. Diese werden mit den Majestic OpenApps und einer API auch für Drittanbieter zur Verfügung gestellt. Mit seinem Site Explorer fördert das Tool von Alex Chudnovsky und Dixon Jones wesentlich mehr Backlink-Daten zutage als die zuvor erwähnten Toolboxen, vgl. Abb. 11.4.

Nach Eingabe der gewünschten Domain erhält man sehr schnell Informationen zu verweisenden Domains, Backlinks, Ankertexten oder zur geografischen Herkunft der einzelnen Links. Zudem hat Majestic mit dem Trust Flow und dem Citation Flow eigene Kennzahlen entwickelt, welche auf einer X- und Y-Achse einander gegenübergestellt werden. Während die Citation-Flow-Metrik eine Aussage darüber trifft, wie oft eine verlinkende Domain oder Seite im Internet selbst verlinkt, also zitiert wird, gibt die Trust-Flow-Metrik wieder, wie vertrauenswürdig diese Domain oder Seite ist. Auf einer Skala von 0 bis 100 werden diese beiden Werte in einer Grafik abgebildet. In der Gesamtheit aller Backlinks bekommt der Nutzer in dieser Grafik nun einen groben Überblick darüber, als wie zitier- und vertrauenswürdig die eigene Webseite betrachtet wird.

Zudem wird bei den Daten, die Majestic SEO generiert, zwischen dem Fresh Index und dem Historischen Index unterschieden. Während der aktuelle Index täglich aktualisiert wird und auf die Daten der letzten 90 Tage zurückgreift, werden beim Historischen Index alle Daten geliefert, die das Tool jemals für die abgefragte Domain gefunden hat. Dazu gehören also auch frühere Links, die nicht mehr existieren.

Abb. 11.4 Majestic SEO. (Quelle: https://majesticseo.com/)

11.4.1.2 Ahrefs

In den letzten beiden Jahren hat sich vor allem **Ahrefs** als Backlink-Checker einen Namen gemacht und ging 2012 bei fast allen Tests als Spitzenreiter hervor. Er besteht aus den Modulen Site Explorer, SEO Report, Backlink Report und den Labs, welche noch einmal in Mentions Tracker, Domain Comparison und Batch Analysis unterteilt sind. Der Site Explorer und Backlink Checker stellen hierbei die Kernfunktion von Ahrefs dar, vgl. Abb. 11.5.

Nach Eingabe der gewünschten Domain, des Verzeichnisses oder der Subdomain erhält der Nutzer alle nötigen Informationen inhaltlich und grafisch sehr gut aufbereitet. Zunächst erfolgt dies mithilfe von allgemeingültigen Kennzahlen, wie der Anzahl aller Backlinks und verweisender Domains, sowie Tool-eigenen Kennzahlen, wie dem URL Rank und dem Ahrefs Domain Rank, welche auf einer Skala von 0 bis 100 eine Aussage darüber treffen, wie wichtig die untersuchte Domain im Hinblick auf die Anzahl und die Qualität ihrer Backlinks ist. Ein Vorteil gegenüber Majestic SEO ist, dass die Anzahl von verweisenden Webseiten und verweisenden Domains in zwei getrennten Skalen im zeitlichen Verlauf grafisch aufbereitet sind und nachvollzogen werden können. Somit kann der User schnell erkennen, zu welchen Zeitpunkten und in welcher Menge neue Links hinzu-

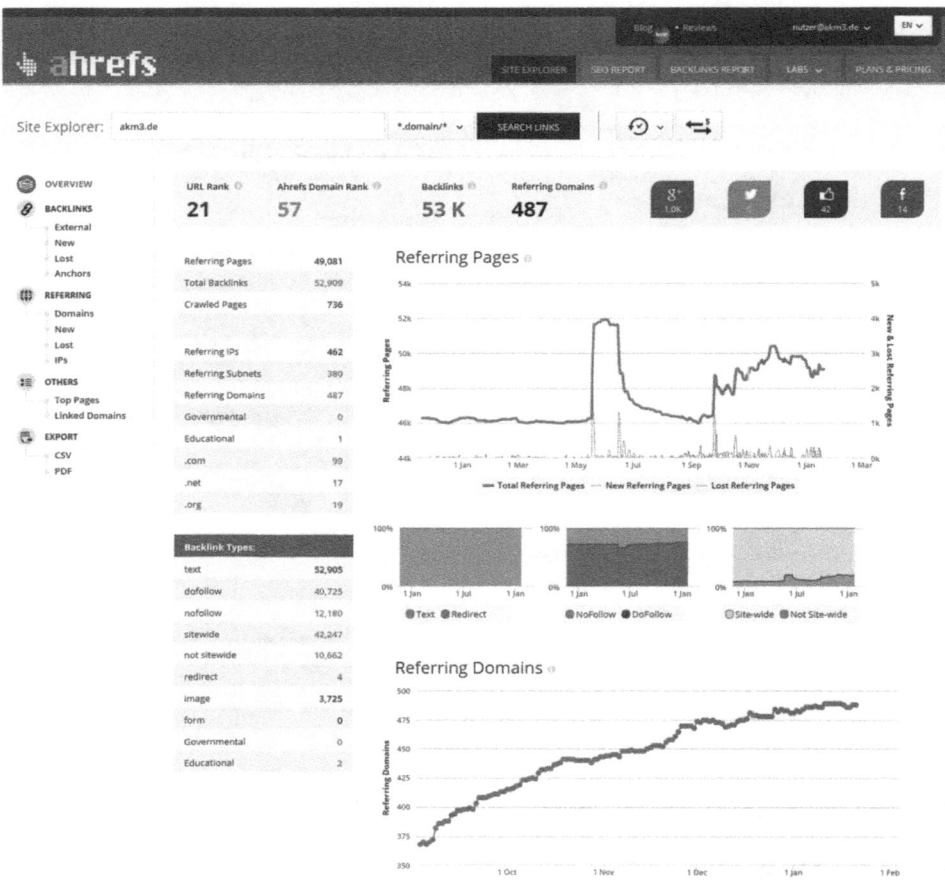

Abb. 11.5 Ahrefs. (Quelle: https://ahrefs.com/)

gekommen beziehungsweise weggefallen sind. Zudem wird gezeigt, wie das Verhältnis zwischen Follow- und NoFollow-Links, direkten Links und Redirects sowie site-wide und nicht site-wide verlinkenden Seiten ist. Von der Hauptnavigation aus kann sich der Nutzer in diese einzelnen Unterteilungen immer weiter hineinklicken und bis auf einzelne Backlink-Arten filtern. Des Weiteren erhält man Daten zu Anchortexten und deren Verteilung auf Domains beziehungsweise Seiten. Ein großer Pluspunkt von Ahrefs ist, dass die Daten alle 30 min aktualisiert werden und der Nutzer somit immer mit den aktuellsten Daten rechnen kann.

Mit dem SEO Report und dem Backlink Report hat man als registrierter Nutzer die Möglichkeit, ganze Domains anzulegen, permanent zu monitoren und Reports erstellen zu lassen.

Abb. 11.6 Link Research Tools. (Quelle: http://www.linkresearchtools.de/)

11.4.1.3   Link Research Tools

Ein weiterer Anbieter im Bereich der Link-Analyse sind die Link Research Tools von Christoph C. Cemper. Das in Salzburg ansässige Unternehmen hat unter diesem Dachbegriff mehrere Unter-Module im Angebot, die man als registrierter Nutzer entsprechend seinem Abo-Paket in Anspruch nehmen kann. Dazu gehören die Module Quick Backlinks und Quick Domain Compare zur Schnell-Analyse, der Backlink Profiler und das Juice Tool für eine tiefere Backlink-Analyse. Mit den ersten beiden Modulen kann man sich einen schnellen Überblick über die wichtigsten Backlinks, Anchortexte, Seiten- und Länderverteilung, Top Level Domains der verlinkenden Domains usw. verschaffen, vgl. Abb. 11.6.

Des Weiteren bieten die LRT nützliche Module zur Konkurrenzanalyse. Bevor man in einen Themenbereich oder eine Branche einsteigt, ist eine Analyse der Konkurrenten unerlässlich. Einige Tools können das kompetitive Umfeld anhand von Keywords und Rankings sehr gut erfassen und grafisch aufbereiten. Die **Link Research Tools** haben dabei einige gute Funktionen im Angebot. So ist es beispielsweise möglich, sich das Linkwachstum einiger ausgewählter Domains über einen Zeitraum von 24 Monaten anzeigen zu lassen.

Link-Recherche ist ebenfalls ein wichtiger Pluspunkt der Link Research Tools. Neben der bloßen Analyse der Backlinks gehört natürlich auch der Aufbau neuer Links zu den Hauptaufgaben eines jeden SEOs. Um neue Linkquellen zu erschließen, empfiehlt es sich deshalb, das Backlink-Profil der Konkurrenz zu überwachen. Die Link Research Tools bieten dafür mit den Link-Alerts eine praktikable Lösung an, um schnell auf neue Link-quellen für die eigene Domain aufmerksam gemacht zu werden.

Auf der anderen Seite haben die LRT mit dem Link Detox Tool ein Modul im An-gebot, welches unnatürliche oder schädliche Links identifiziert. In Zeiten von manuellen Abstrafungen aufgrund von unnatürlichen Links ist der Wunsch nach einem solchen Tool bei vielen SEOs groß. Das Link Detox Tool bewertet Links anhand von unnatürlichen An-chortexten und der Menge der ausgehenden Links der linkgebenden Domain. Außerdem berücksichtigt es, ob die Domain einem Linknetzwerk angehört, sowie weitere qualitative Metriken, die für das eigene Backlink-Profil relevant sind. Auch wenn das Modul und seine Bewertungsmaßstäbe unter SEOs nicht völlig unumstritten sind, so hat es dennoch ein Alleinstellungsmerkmal innerhalb der Link-Analyse-Tools.

11.4.1.4   Open Site Explorer

Auf dem internationalen Markt hat besonders die Software-Firma und -Agentur Moz aus dem amerikanischen Seattle eine Vorreiterrolle eingenommen. Mit vielen ihrer hauseige-nen Tools hat die Firma um Rand Fishkin Prozesse und Standards gesetzt, die bis heute bei vielen europäischen Tools gelten, allen voran der **Open Site Explorer**. Das Tool bezeich-net sich selbst als „Suchmaschine für Links" und stellt einen umfangreichen Webindex zur Verfügung, anhand dessen Linkstrukturen analysiert werden können. Dem Anbieter zufol-ge werden derzeit über 115 Mrd. URLs von mehr als 10 Mrd. Subdomains und 176 Mio. Root-Domains erfasst. Die Daten bilden dabei mehr als 747 Mrd. Links ab, wobei der In-dex nie älter als einen Monat sein soll. Anhand der Daten lässt sich recherchieren, welche Webseite welche anderen Webseiten wie verlinkt, vgl. Abb. 11.7.

Der Open Site Explorer ist sowohl in einer freien Version als auch in der kostenpflich-tigen MozPro-Version verfügbar, mit der man unbegrenzt Link-Reports erstellen kann und noch mehr Metriken zu den gefundenen Links erhält. Darüber hinaus hat man nicht nur Zugriff auf mehr Daten über den Open Site Explorer und die anderen kostenlosen Moz-Analytics-Tools wie beispielsweise den Followerwonk, sondern kann auch alle kos-tenpflichtigen Tools aus dem Moz-Portfolio nutzen wie den Rank Tracker, den Fresh Web Explorer oder den Onpage Grader. In ihrer Gesamtheit ist MozPro also eher bei den Tool-boxen wie SISTRIX und Searchmetrics anzusiedeln. Die monatliche Gebühr ist lediglich abhängig von der Anzahl der anzulegenden Kampagnen, Keywords, zu crawlenden Seiten und Social Accounts. Ab dem Medium-Paket ist auch ein Branded Report enthalten, um Markennennungen im Internet zu überwachen und zu analysieren.

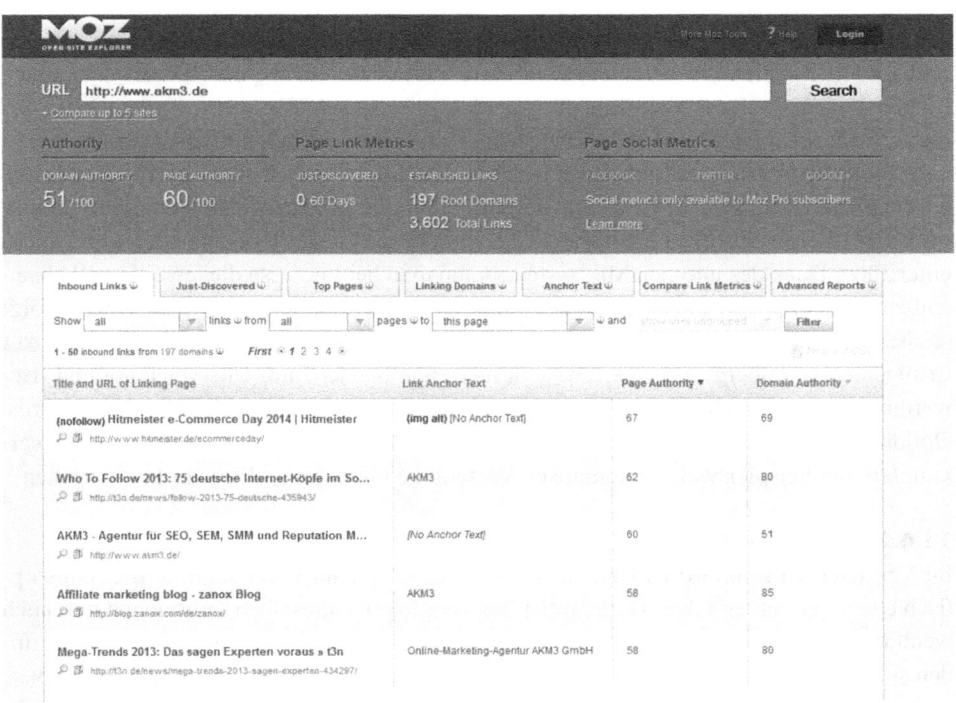

Abb. 11.7 MOZ Open Site Explorer. (Quelle: https://moz.com/researchtools/ose/)

11.4.2 Link-Management

Neben Backlink-Analyse und -Recherche besteht bei vielen SEO-Agenturen zunehmend der Wunsch, die eigenen Linkaktivitäten zu dokumentieren und eventuell auch für Kunden transparenter und nachvollziehbarer zu machen. Oft vergeht viel Zeit beim Aufbau eines konkreten Links und mit immer mehr Mitarbeitern und Projekten lässt sich mit einzelnen E-Mails und Excel-Tabellen leicht der Überblick verlieren. Momentan sind mit **Linkbird** und **Linkbutler** zwei spezielle Tools auf dem Markt, die diesem Wunsch nach mehr Professionalität beim Link-Management nachkommen wollen.

11.4.2.1 Linkbird

Linkbird punktet hier mit dem ausgereifteren System, bestehend aus Link-Überprüfung, Ranking-Überwachung, dokumentierter Mail-History zu einzelnen Links, Reportings und Logins für Kunden und vielen weiteren Features. Zudem überzeugt Linkbird mit seiner ausgeprägten Internationalität. Anders als durch manuelle Arbeit mit Excel-Tabellen überwacht Linkbird den Status der gesetzten Backlinks automatisch und tagesaktuell und bewertet auch die Qualität der Links hinsichtlich üblicher Metriken. Außerdem können zu jedem Link Kontaktdaten, Budgets oder beteiligte Personen eingetragen werden. Linkbird funktioniert hier ähnlich wie ein CRM und kann deshalb auch ganz allgemein für Marketing- und Online-PR-Zwecke genutzt werden. Für die verschiedenen involvierten Personen können zudem verschiedene Zugriffsrechte eingestellt werden. Damit eignet sich Linkbird auch als Reporting-Tool für Kunden oder Geschäftspartner. Zudem kann der Nutzer Mitarbeiterziele und Milestones beim Linkaufbau für seine Mitarbeiter definieren und somit den Fortschritt dokumentieren. Mit dem Sitehunter ist auch ein Tool integriert, welches auf Grundlage der eigenen zu optimierenden Webseite das Netz nach thematisch ähnlichen Webseiten durchforstet und damit die Suche nach potenziellen Linkgebern unterstützt. Dank des internen Mailsystems kann man bei Interesse die jeweiligen Webseitenbetreiber direkt kontaktieren und den Mailverlauf im Tool dokumentieren. Nach erfolgreichem Abschluss kann man die generierten Links direkt in das Tool eintragen und zur Erfolgsmessung übergehen. Diese besteht nicht nur aus der Link-Überwachung und -Bewertung, sondern auch aus einer Ranking-Überwachung auf zuvor definierte Keywords. Optional kann man Linkbird auch mit dem Google Analytics Account seiner Webseite verknüpfen, um beispielsweise automatisch Vorschläge für wichtige Keywords zu erhalten.

11.4.2.2   Linkbutler

Im Vergleich zu Linkbird ist Linkbutler etwas günstiger im Preis, kommt allerdings optisch etwas schlichter daher. Dafür weist das Tool in etwa dieselben Funktionen auf, auch wenn die einzelnen Verwaltungsschritte hier eher linear in einer Hauptnavigation zu finden sind. Diese unterteilen sich in das Dashboard, die Kontaktverwaltung, die Projektverwaltung, die Linkverwaltung, E-Mails, Mailings sowie Einstellungen, eine Import-Funktion und Support. Wird ein neues Webprojekt angelegt, so kann man hier direkt URLs und Keywords der Top 100 Rankings via SISTRIX-Schnittstelle abrufen. Analog dazu kann man sich über diverse API-Schnittstellen zu SEOlytics, SISTRIX, SEOkicks oder Ahrefs auch die bestehenden Backlinks ziehen. Bei der Angabe von relevanten Keywords kann man hier separat Brand-Keywords anlegen, um später bei den Auswertungen der Ranking-Erfolge besser differenzieren zu können. Ähnlich wie bei Linkbird kann man seinen Mitarbeitern oder verantwortlichen Linkbuildern Vorgaben bezüglich der Linkziele, Linkanzahl und Budgets sowie Mindestvoraussetzungen der linkgebenden Seiten machen.

Hat der Nutzer alle Angaben über sein Projekt eingetragen beziehungsweise über die externen Tool-Schnittstellen importiert, erstellt Linkbutler ein Linkprofil. Dieses informiert über die Keyword-Verteilung in den Ankertexten, die verschiedenen Linktypen, die aufgebauten Backlinks pro Monat, das Alter der Backlinks, die PageRank-Verteilung der Domains und der URLs sowie die Verteilung zwischen Follow- und NoFollow-Links. Ähnlich wie der Sitehunter von Linkbird macht Linkbutler auch Linkvorschläge. Ein integriertes Mailprogramm gehört ebenso zum Leistungsumfang wie ein CSV-Import, um bestehende Kontakte einfach zum System hinzuzufügen. Natürlich überwacht Linkbutler auch den http-Status aller aufgebauten Links. Durch die verknüpften Funktionen wird man im Falle eines Fehlers sofort informiert und kann den betreffenden Webmaster direkt über das Mailsystem kontaktieren.

11.4.3   Keyword-Recherche

Keywords und Links gehen im SEO wie selbstverständlich Hand in Hand. Und so ist neben der Link-Recherche auch eine Recherche nach potenziellen Keywords unumgänglich. Auch wenn viele SEOs hier in erster Linie auf den Google-eigenen Dienst **Google AdWords Keyword Planer** zurückgreifen, so versuchen auch hier einige externe Tool-Anbieter, diesen Prozess zu unterstützen und zu verbessern.

11.4.3.1   SEMrush
Das auf SEA-Kampagnen fokussierte Tool SEMrush bietet seinen Nutzern ein solches Feature bereits seit längerem an und liefert neue und interessante Keyword-Sets für die eigene Domain aus seiner Datenbank, bestehend aus zehn verschiedenen Ländern. Zwar zapft das Tool für die Ermittlung der Suchvolumina auch den Google Keyword Planer an, dafür werden die verwandten Keywords genauer und sortierter aufgelistet. So unterscheidet SEMrush in den Wortgruppen-Bericht, in dem das gesuchte Keyword tatsächlich enthalten ist und so nützliche Longtail-Kombinationen auflistet, vgl. Abb. 11.8.

Gegenübergestellt findet man den Bericht für ähnliche Keywords, welcher Synonyme und verwandte Begriffe enthält, die möglicherweise sogar ein höheres Suchvolumen aufweisen als das gesuchte Keyword. Mit der Volltextsuche und dem Unterpunkt „Ähnlich" können diese beiden Recherchen auch noch ausgeweitet werden. In der Ads-Historie kann nachverfolgt werden, wer auf das jeweilige Keyword im Verlaufe der vergangenen zwölf Monate Anzeigen bei Google AdWords geschalten hat. Diese Keyword-Recherche kann sowohl für ein bestimmtes Keyword als auch für eine konkrete Domain oder URL durchgeführt werden.

Doch SEMrush bietet noch weitere Funktionen an, die über die bloße Keyword-Recherche hinausgehen. Die Positionsverfolgung ist speziell auf das Keyword-Monitoring ausgerichtet, während der Domain Overview Report Informationen über den organischen oder den bezahlten Traffic bereithält und somit das Tool eher in die Konkurrenzanalyse rückt. Der Backlink Report eignet sich zur Backlink-Recherche und Link-Analyse. Alle Reports können praktischerweise auch als PDF heruntergeladen werden, was SEMrush auch für Kunden-Reports interessant macht.

11.4.3.2   Weitere Tools
Eine Alternative zum Google Keyword Planer und SEMrush bietet das **SEO Cockpit** aus dem Hause Swiss Made Marketing. Dieses Tool zapft verschiedene Google-Datenbanken wie den Keyword Planer, Google Suggest, Google Related Search und Google AdWords Synonyme an, um seinen Nutzern das optimale Keyword-Set zu liefern.

Mit Übersuggest und MergeWords existieren im Internet außerdem noch zwei kleine kostenlose Tools, die für SEOs allerdings sehr nützlich sind, da sie besonders bei der

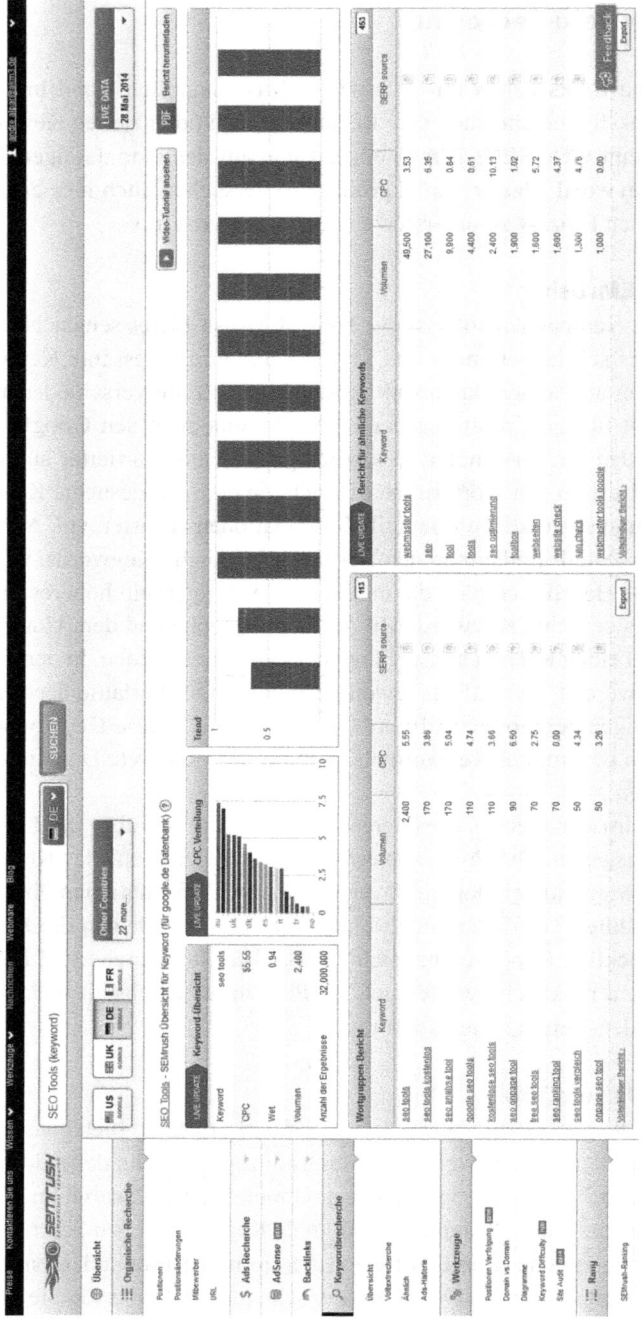

Abb. 11.8 SEMrush. (Quelle: http://de.semrush.com/)

Suche nach Longtail-Keywords helfen. **Übersuggest** hat es sich dabei, dem Namen entsprechend, zur Aufgabe gemacht, für jedes Keyword die Erweiterungen von Google Suggest zu scrapen, die ausgespielt werden, sobald man das Keyword in den Suchschlitz von Google eingibt. Da diese Vorschläge natürlich auch auf den am meisten gesuchten Kombinationen basieren, sind diese Longtail-Keywords auch für SEO relevant. Übersuggest listet nach Eingabe des Keywords die zehn am häufigsten gesuchten Suggest-Vorgaben von A bis Z sowie von 0 bis 9 auf. Jede einzelne dieser Erweiterungen kann wiederum selbst erneut ausgeklappt werden, um ebenfalls Suggest-Erweiterungen zu finden. Wird eines der ermittelten Longtail-Keywords als relevant erachtet, so kann man es per Klick auf das grüne Kreuz einer eigenen Keyword-Liste in der rechten Sidebar hinzufügen. Diese kann man anschließend mit einem Klick auf „Get Keywords" downloaden und weiterverarbeiten.

MergeWords bietet hingegen die Möglichkeit, mehrere Keywords in drei nebeneinander liegenden Feldern in jeder erdenklichen Kombination durchzuspielen. Hat man zum Beispiel eine große Liste an Adjektiven, Substantiven und Verben, so generiert MergeWords jede mögliche Kombination aus diesen drei Wortarten. Anschließend können diese Keyword-Kombinationen kopiert und im Google Keyword Planer auf ihr Suchvolumen hin untersucht werden. In den Extra Options kann außerdem eingestellt werden, ob zwischen den kombinierten Wörtern ein Leerzeichen oder ein Bindestrich gewünscht wird oder ob die Zusammenschreibung bevorzugt wird.

11.4.4   Keyword-Monitoring

Neben den Allround-Anbietern gibt es auch Tools, die sich auf das Keyword-Management spezialisiert haben. Die tägliche Überwachung der einzelnen Keywords, auf die man mit seiner Seite auf den verschiedenen Positionen in den SERPs rankt, ist notwendig, um sowohl die Ranking-Verbesserungen als auch die -Verschlechterungen durch die eigenen SEO-Maßnahmen erkennen zu können. Wie bereits in Kap. 1.3 erwähnt, bieten die großen Toolboxen SEOlytics, XOVI, SISTRIX und Searchmetrics hier bereits gute Dienste an, die sich jedoch preislich und qualitativ unterscheiden. Diese Unterschiede sind abhängig von der Menge der zu überwachenden Keywords.

11.4.4.1   Keywordmonitor.de
Ein Tool, welches sich ausschließlich auf diesen Teilbereich der SEO-Arbeit konzentriert, ist, wie der Name vermuten lässt, **keywordmonitor.de**. Zu jeder angelegten Domain lassen sich hier die gewünschten Keywords benutzerdefiniert eintragen und auf ihre aktuellen Rankings in den Google SERPs überprüfen. Der große Vorteil des Keyword-Monitors von Christian Schmidt ist, dass hier die Rankings tagesaktuell überprüft werden, wohingegen SISTRIX beispielsweise seine Auswertungen nur wochenbasiert ausspielen kann. Wer seine Daten also gern tagesaktuell an Kunden melden möchte, ist mit den Reports des

Keyword-Monitors besser beraten, da sich bei SISTRIX die exportierten von den tatsächlichen Daten oftmals aufgrund der Zeitdifferenz um einige Plätze unterscheiden.

Der Keyword-Monitor bietet auch die Möglichkeit, mehrere Domains, beispielsweise Wettbewerber, einer Projektgruppe zuzuweisen und diese dann anhand eines Keyword-Sets abzugleichen. Dieser Abgleich wird dann in einer Tabelle mit den aktuellen Rankings gegenübergestellt. Als Excel-Export kann man diese Tabelle sehr gut für Wettbewerbs- und Potenzialanalysen nutzen. Je nach Buchungsmodell ist die Anzahl der zu verfolgenden Keywords auf bis zu 10.000 Stück begrenzt. Hingegen können beliebig viele Wettbewerber zu einer Projektgruppe hinzugefügt werden, sofern sie als solche gekennzeichnet sind und auf dasselbe Keyword-Set zugreifen.

11.4.4.2   Weitere Tools

Das zuvor genannte Tool **SEMrush** bietet dieses Feature in seiner „Positionsverfolgung" ebenfalls an. Im Unter-Feature „Domain vs. Domain" können hier ebenfalls mehrere Domains auf Überschneidungen und Unterschiede beim Keyword-Targeting hin überprüft werden.

Darüber hinaus bietet auch der **Rank Tracker** von Swiss Made Marketing ein Monitoring der eigenen Projekte und einen Wettbewerbervergleich an.

11.4.5   Onpage-Analyse

Die meisten Allround-Anbieter fokussieren sich mit ihren Analysen eher auf den Offpage-Bereich wie die Backlink-Struktur oder Ranking-Analysen. Nicht zuletzt aufgrund der jüngsten einschlägigen Google-Updates ist jedoch die Struktur der Seite selbst immer mehr in den Fokus gerückt. Aus diesem Grunde ist es nicht verwunderlich, dass der Bedarf an speziellen Onpage-Analyse-Tools vermehrt wächst. Dabei haben sich einige Anbieter hervorgetan, die sich vor allem in der Komplexität unterscheiden.

Für Einsteiger bietet sich zum Beispiel der **rankingCoach** aus dem Hause Fairrank an, da sich dieses Tool in erster Linie an kleine bis mittelständische Unternehmen richtet, welche in der Regel keine allzu großen Webseiten haben. Das Tool wird deshalb auch bei vielen namhaften Webhostern ontop verkauft, um kleinen Webseitenbetreibern den Einstieg in das Thema SEO und Onpage-Optimierung zu erleichtern. Nutzern werden die einzelnen Schritte der Seitenoptimierung nach Wunsch anhand von Video-Tutorials veranschaulicht. Die Fortschritte der eigenen Maßnahmen lassen sich über das Dashboard erkennen.

11.4.5.1   OnPage.org

OnPage.org, aus dem Hause Tandler-Doerje-Partner, richtet sich sowohl an SEO-Einsteiger als auch an fortgeschrittene SEOs. Die untersuchten Bereiche und Kriterien werden ausführlich erklärt. Mit der Unterteilung in Server, Keywords, Meta, Inhalt, Links, Bilder, Architektur und Werkzeuge werden alle relevanten Bereiche einer Webseite abgedeckt.

Das Tool wurde 2012 offiziell vorgestellt und hat sich seitdem zu einem wichtigen Arbeitsmittel unter SEOs und Webmastern entwickelt. OnPage.org ist so aufgebaut, dass der Nutzer strategisch und Schritt für Schritt seine eigene Webseite verbessern kann. Ähnlich wie eine Agentur versucht das Tool, gemäß seinem Namen die Onpage-Optimierung nach und nach umzusetzen. Deshalb ist OnPage.org besonders für Inhouse-SEOs oder Shop-Betreiber geeignet, die alle Optimierungsmaßnahmen im Bereich Onpage intern umzusetzen und sich an den Vorgaben und Hinweisen des Tools entlangzuarbeiten versuchen. Verständnis für SEO und die richtigen Schlussfolgerungen aus den gelieferten Daten sind dennoch Grundvoraussetzung.

Mit den Paketen „Pro", „Business", „Agency" und „Enterprise" stehen vier verschiedene Versionen des Tools zur Verfügung. Die größte Version trägt den Namen „SuperNova" und bietet Vorteile wie eine komplette White-Label-Version des Tools. Diese Version gibt es allerdings nur auf Anfrage beim Support.

Haupt-Anlaufstelle des Tools ist das Dashboard, welches direkt nach dem Login erscheint und die zentrale Schaltstelle für alle Aufgaben im Tool darstellt. Hier werden alle Zahlen und etwaige Fehler auf einen Blick aufgelistet. So kann effizient entschieden werden, welche Bereiche der eigenen Webseite aktuell den größten Optimierungsbedarf haben. Um dies zu erkennen, bestehen eigens definierte Optimierungsgrade. Dementsprechend gibt es in allen Bereichen immer Spielraum nach oben, welchen man ohne ein Tool oftmals nur schwer erfassen würde.

OnPage.org crawlt jede URL einer Webseite und analysiert diese. Um die Seitenarchitektur einer Webseite abzubilden, kann man das Feature der URL-Diagnose nutzen. Damit lassen sich schnell und bequem Fehler in Bezug auf interne Verlinkung, komplizierte Klickpfade oder unnötig große Dateigrößen finden und beheben. Außerdem wird hier die Verteilung der Linkpower, also der Fluss des Linkjuice über die gesamte Webseite, grafisch dargestellt. Diese Abbildung ist äußerst hilfreich, um schlecht verlinkte Bereiche der Webseite zu erkennen und die interne Verlinkung optimal auszubalancieren.

Des Weiteren bietet OnPage.org ein klassisches Ranking-Monitoring an, um bestehende Rankings und deren Veränderungen zu überwachen. Auf Wunsch kann man hier auch einen Email-Alert einrichten, um gegebenenfalls zeitnah auf massive Ranking-Verluste reagieren zu können, vgl. Abb. 11.9.

Für die Optimierung des Contents bietet das Tool eine WDF*IDF-Analyse der bestehenden Texte auf den Seiten an. Das Tool analysiert dabei auch den Content von Wettbewerbern und findet damit wichtige Synonyme. Diese Funktion ist relativ praktisch, da sich somit schnell und übersichtlich neue Keyword-Ideen finden lassen, um sich in den SERPs besser zu positionieren.

Ein gewisses Alleinstellungsmerkmal von OnPage.org im Vergleich zu anderen Anbietern ist das integrierte Author-Rank-Tool. Da die Bedeutung des Authorships für Google immer weiter an Bedeutung gewinnt, ist man damit sehr aktuell aufgestellt. Webseitenbetreiber haben hier die Möglichkeit, eine Datenbank mit Autorendaten hinsichtlich Social Signals, rankender Keywords und beliebter Artikel zu durchsuchen. Eine eingeschränkte Version dieses Tools ist auch separat für Nicht-OnPage.org-Kunden nutzbar.

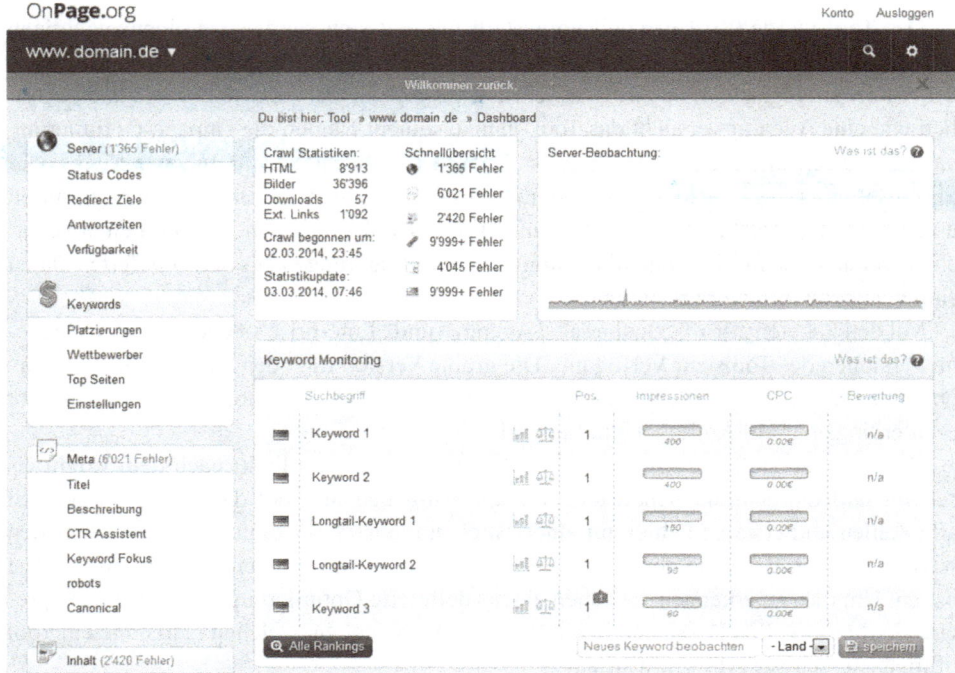

Abb. 11.9 OnPage.org. (Quelle: http://de.onpage.org/)

Darüber hinaus bietet OnPage.org noch weitere nützliche Features. So kann man sich beispielsweise Daten aus den Google-Webmaster-Tools importieren oder die Performance- und Ladegeschwindigkeit der Seite analysieren lassen.

11.4.5.2   Screaming Frog SEO Spider

Mit dem Screaming Frog und Strucr sind zwei Tools auf dem Markt, die wesentlich tiefer in das technische Gerüst der Seite greifen und deshalb eher fortgeschrittenen Usern zu empfehlen sind. Beide führen die technische Grundlage und Funktionsweise des populären Link-Analyse-Tools *Xenu's Link Sleuth* von Tilman Hausherr fort und bauen diese weiter aus, um die Bedürfnisse technischer SEOs noch besser abzubilden.

Der **Screaming Frog SEO Spider**, so der volle Name des Crawling-Tools, wird – anders als die anderen, meist webbasierten Tools – auf dem eigenen PC installiert und kann somit beliebig viele Unterseiten einer Domain crawlen. Die Leistung des Tools ist lediglich vom eigenen Arbeitsspeicher und dem Webserver der untersuchten Domain abhängig. Die Software basiert auf Java und läuft damit auf Windows, Max OS X und Linux. Screaming Frog liefert tiefgreifende Erkenntnisse zu Ebenenstruktur, interner Verlinkung, Titles und Descriptions, Duplicate Content und Statuscodes einer Webseite. Die Software steht in einer kostenfreien Version zur Verfügung, die bis zu 500 URLs analysieren kann. Für eine unbegrenzte Nutzung ist eine Lizenz nötig, welche aktuell 99 Pfund jährlich kostet.

Die Crawling-Auswertungen werden ähnlich einer Excel-Tabelle listenartig dargestellt und können auch im Tabellenformat exportiert werden.

Das Tool exportiert dem Nutzer per Klick die komplette Architektur einer Seite, vom Head der Seite beginnend, mit allen gefundenen Links, Bildern, CSS-Dateien, Skripten und Apps, die es bei seinem Crawl von der Startseite aus oder einer beliebigen Unterseite aus findet. Diese Daten werden übersichtlich mit URL, Crawl-Level, Statuscode, internen und ausgehenden Links, Meta-Title und Meta-Description aufgelistet. So lassen sich mit diesem Tool beispielsweise alle ausgehenden Links mit Deeplink und Ankertext sowie die zugehörigen Unterseiten, auf denen sie eingebunden sind, identifizieren. In Zeiten von Linkprofilpflege und Linkabbau ist der Screaming Frog also eine große Hilfe.

Einziger Nachteil des Tools ist, wenn man so will, dass der Screaming Frog selbst keine Warnhinweise auf mögliche Crawling-Fehler, Duplicate-Content-Probleme oder sonstige Fehler gibt. Der Nutzer muss hier selbst sortieren und filtern sowie anhand der URLs und Statuscodes potenzielle Fehler erkennen. Das Tool bietet lediglich die nötige Datengrundlage, das technische SEO-Know-how hingegen wird nutzerseitig vorausgesetzt.

11.4.5.3 Strucr

Ebenso richtet sich **Strucr** eher an fortgeschrittene SEOs und kann als das technischste der hier vorgestellten Tools gelten. Das Tool der AmbiWeb GmbH kann mehr als 10.000 Unterseiten crawlen und ist deshalb für besonders große Seiten geeignet. Neben den genannten Features des Screaming Frog werden hier auch zu lange oder zu kurze Titles sowie Robots.txt- sowie Canonical-Zuweisungen identifiziert. Allerdings erfordert strucr die Implementierung eines Authentifizierungscodes in den Quellcode der Webseite, um auf diese zugreifen zu können und in dieser Ausführlichkeit analysieren zu können. Damit ist strucr für Kundenbetreuung nur bedingt und für eine Konkurrenzanalyse überhaupt nicht geeignet.

Vor dem Crawl hat der Nutzer bei Strucr die Möglichkeit, die Crawl-Tiefe, die Crawl-Geschwindigkeit sowie die maximale Seitenanzahl einzustellen. Im ersten Schritt werden alle eingehenden und ausgehenden Links eingelesen. Je nachdem, wie groß die zu analysierende Seite ist und wie ausführlich man diese analysieren möchte, kann ein solcher Crawl zwischen wenigen Minuten bis hin zu mehreren Wochen dauern. Die analysierten Daten können anschließend im Crawl Report eingesehen und ausgewertet werden. So hat man beispielsweise die Möglichkeit, die einzelnen URLs nach den einzelnen Kriterien und Metriken zu filtern oder sich einzelne Unterseiten im sogenannten Page Report noch einmal genauer anzusehen.

Doch nicht nur aus technischer Sicht und hinsichtlich der Crawling-Kapazität ist Strucr das am weitesten fortgeschrittene Tool. Auch was Metriken und Bewertungskriterien einzelner Unterseiten angeht, ist die Ausrichtung dieses Tool wesentlich mathematischer und theorielastiger als die zuvor genannten. So analysiert Strucr beispielsweise die Klickpfade jeder Unterseite zu allen anderen Unterseiten und ermittelt somit einen Hub-Wert, den sogenannten Chei-Rank. Zusätzlich wird über die Anzahl der internen Links ein interner PageRank für jede Seite berechnet. Aus Chei-Rank und PageRank wird schließlich der so-

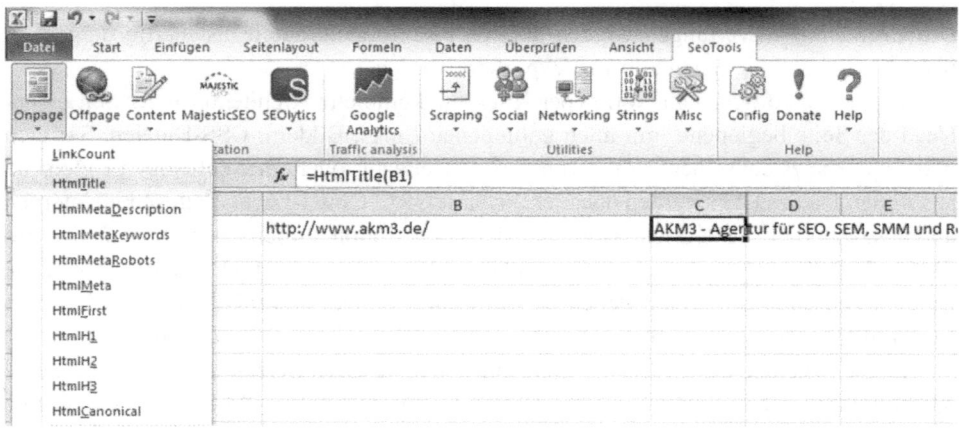

Abb. 11.10 SEOtools for Excel

genannte 2D-Rank gebildet, welcher ein wichtiges Aussagekriterium über die Wichtigkeit einzelner Unterseiten innerhalb der Seitenhierarchie ist. Anhand dieser drei Werte lassen sich somit sehr genaue Aussagen über die Traffic- und Linkjuice-Verteilung innerhalb der Webseite treffen.

Ähnlich wie OnPage.org bietet auch Strucr die Möglichkeit, die einzelnen Seiten hinsichtlich ihrer Ladegeschwindigkeit zu analysieren. Hier können auch exakt einzelne Seiten und Elemente identifiziert werden, welche langsam laden und die Gesamtperformance der Webseite negativ beeinflussen.

11.4.5.4   SEOTools for Excel

Eine Sonderstellung unter den Onpage-Analyse-Tools nehmen die **SEOTools for Excel** ein. Wie der Name bereits vermuten lässt, handelt es sich hierbei nicht um ein eigenständiges, webbasiertes Tool, sondern um eine kostenlose Erweiterung des allgemein verbreiteten Tabellenkalkulationsprogramms von Microsoft Office. Wie im Verlaufe dieses Kapitels schon mehrfach zu erkennen war, ist Microsoft Excel für eine systematische SEO-Arbeit unumgänglich – seien es URL-Listen, Keyword-Recherchen, Sitemap-Auswertungen oder sonstige Datenverarbeitung. Mit dem Plug-in von Niels Bosma kann das Excel nun um einige äußerst nützliche SEO-Funktionen erweitert werden.

Nach erfolgreicher Installation gesellt sich im Header jeder Excel-Tabelle zu den Standard-Mappen wie Datei, Start, Einfügen etc. noch die Mappe SEOTools hinzu (vgl. Abb. 11.10). Zu den üblichen Excel-Formeln und Operatoren wie =SUMME oder =SVERWEIS kommen nun weitere, auf SEO angepasste Formeln wie =URLProperty, =IsFoundOnPage oder =HtmlTitle hinzu, welche nun auf einzelne URLs oder Zellen angewendet werden können, die diese URLs beinhalten. Das Plug-in ermöglicht es Excel also, eine URL auch als solche zu erkennen und in ihre einzelnen Bestandteile zu zerlegen und zu filtern. Dazu zählen Hostnamen, Root-Domains, Subdomains, Verzeichnisse oder Top Level Domains. Diese neuen SEO-Formeln für Excel sind in der genannten

SEOTools-Mappe in den einzelnen Unterverzeichnissen per Schnellzugriff hinterlegt und thematisch in die Bereiche Search Engine Optimization, Traffic Analysis, Utilities und Help unterteilt. Excel zieht dabei die Informationen über Titles, Descriptions, Backlinks, Textlänge usw. direkt aus dem Netz und listet diese sauber für Excel auf. Neben allgemeinen Funktions-Schaltflächen wie Onpage, Offpage, Content, Scraping oder Social gibt es hier auch Schnellzugriffe auf konkrete Tool-Anbieter wie Majestic SEO, SEOlytics oder Google Analytics, die direkt über eine API angezapft werden können und die Daten in Excel aufbereiten, sofern man einen Zugang zu den genannten Tools besitzt.

Darüber hinaus können mit diesen neuen Excel-Formeln einzelne Code-Schnipsel aus Webseiten extrahiert, Seitentitel identifiziert, externe Links aufgelistet oder einzelne Keywords auf einer Seite gezählt werden. Jede erdenkliche Arbeit, die bei der SEO-Analyse von Webseiten anfällt, kann mithilfe dieser kleinen Excel-Erweiterung sehr erleichtert werden. Darüber hinaus beherrscht das Tool auch Aufgaben, die über das reine SEO-Handwerk hinausgehen. So kann man damit mittlerweile WhoIs-Abfragen tätigen, Regular Expressions erkennen oder Facebook-Likes zählen. Noch dazu ist das Tool komplett kostenlos und finanziert sich nur über Spenden. Eine Installation von SEOTools for Excel lohnt sich also in jedem Fall.

11.4.6   Wettbewerbsanalyse-Tools

Neben eigenen Ideen und Umsetzungen auf der Seite ist es im SEO immer wichtig, seine Mitbewerber zu beobachten und sich gegebenenfalls hier und da etwas von ihren Ideen abzuschauen. Die genannten Toolboxen wie SISTRIX oder Searchmetrics stellen hier eine erste Anlaufstelle dar, um die SEO-relevanten KPIs der Konkurrenz abzufragen oder Keyword-Rankings zu ermitteln. Will man hingegen etwas über Traffic-Zahlen, Absprungraten oder gar Conversion Rates der Konkurrenz erfahren, so wird man in der Regel darüber im Unklaren bleiben; denn hierbei handelt es sich eher um interne, sehr sensible Daten, die in erster Linie nur dem Webseitenbetreiber selbst vorbehalten bleiben sollten. Derlei Daten erfährt man deshalb nur, wenn man selbst Zugriff auf den Quellcode der Seite hat und dementsprechend Webanalyse-Tools einbinden kann, wie Google Analytics oder Webtrekk.

Nichtsdestotrotz gibt es im Netz ein paar Anbieter, die durch externe Schnittstellen relativ schlüssige Aussagen über solche Kennzahlen der Konkurrenz treffen oder zumindest Näherungswerte nennen können. Zwei dieser Anwendungen sollen im Folgenden vorgestellt werden.

11.4.6.1   Alexa

Die **Alexa Internet, Inc**. ist den meisten Internettreibenden aufgrund des Alexa-Ranks bekannt. Mit dieser Kennzahl versucht das Unternehmen, welches seit 1999 zum Amazon-Konzern gehört, eine Aussage über die meistbesuchten Webseiten im Internet zu treffen. Eine Webseite mit einem niedrigen AlexaRank (zum Beispiel Wikipedia auf Rang 6) wird dementsprechend häufiger besucht und genießt einen höheren Stellenwert im Netz als eine Webseite mit einem hohen AlexaRank. Als Grundlage für diese Bewertung und Katalogisierung nutzt Alexa seine Toolbar, welche in der Anfangszeit standardmäßig im Internet Explorer integriert war und nach und nach für weitere Webbrowser zur Verfügung gestellt wurde.

Die gewonnenen Daten, die Alexa mit seinem Browser-Plug-in über das Surfverhalten der Internetnutzer sammelt, bilden auch die Grundlage für ihr Webanalyse-Tool. Unter alexa.com können Nutzer jede gewünschte Webseite eintragen und prüfen, welche Informationen Alexa über diese Webseite zu bieten hat. Nach Eingabe der Domain erhält man neben dem globalen und länderspezifischen AlexaRank auch Informationen über die Absprungrate, die durchschnittlichen Seitenaufrufe pro Nutzer und die durchschnittliche Verweildauer auf der Seite. Außerdem versucht Alexa, Aussagen über die Besucher der Seite zu tätigen und in Kategorien zu unterteilen. Beispielsweise bewertet das Tool, wie hoch der Anteil an weiblichen und männlichen Besuchern im Vergleich zum generellen Geschlechterverhältnis der Internetnutzer ist, welchem Bildungsstand diese angehören und von welchem Ort aus (daheim, Schule oder Arbeitsplatz) die Nutzer die Seite besuchen würden. Allerdings sind diese Aussagen eher mit Vorsicht zu genießen und werden von Alexa selbst auch als eher niedrig bezüglich ihrer Aussagekraft eingestuft. Wesentlich valider dürften die Daten über die geografische Herkunft der Besucher sein.

Für SEOs besonders interessant dürfte das Kapitel über den Search Traffic sein. Hier bildet Alexa nicht nur grafisch ab, welcher Prozentsatz der Nutzer über Suchmaschinen auf die Seite gelangt, sondern auch, über welche Keywords dies geschieht. Prüft man diese Daten zum Vergleich mit den Google Analytics Daten seiner eigenen Webseite, so sind diese Daten erstaunlich homogen. Außerdem listet Alexa auf, welche Webseiten unmittelbar vor dem Besuch der eigenen Seite besucht wurden und damit die wichtigsten externen Traffic-Lieferanten darstellen. Aufbauend darauf nennt Alexa auch, auf welchen Subdomains sich die Nutzer auf der Domain bewegen und auf welche Seiten sie im Anschluss wechseln, vgl. auch Abb. 11.11.

Alle Features sind zu einem gewissen Grad und bis zu einer begrenzten Anzahl an Daten kostenlos. Wer weitere Metriken, mehr Kennzahlen und historische Daten von Alexa geliefert bekommen möchte, benötigt einen Bezahl-Account. Hier kann der Nutzer zwischen den drei Paketen Basic, Insight und Advanced wählen, welche sich in der Preiskategorie von US$ 9,99 bis 149 monatlich bewegen und in der Anzahl der einzelnen Feature-Pakete variieren. Ab dem Insight-Paket bekommt man zum Beispiel einen SEO-Audit, der – ähnlich wie die Onpage-Tools – Handlungsempfehlungen für Verbesserungen auf der Seite gibt.

Selbstverständlich sind die Daten, die Alexa liefert, unvollständig, da sich Alexa nur auf die Daten berufen kann, die über das eingebundene Browser-Plug-in abgerufen werden können. Nichtsdestotrotz ist das Tool ein guter Indikator und bildet einen Ausschnitt über das Nutzerverhalten auf der Seite ab. Zur Analyse seiner Wettbewerber und anderer externer Webseiten kann Alexa in jedem Fall einige nützliche Daten bereitstellen.

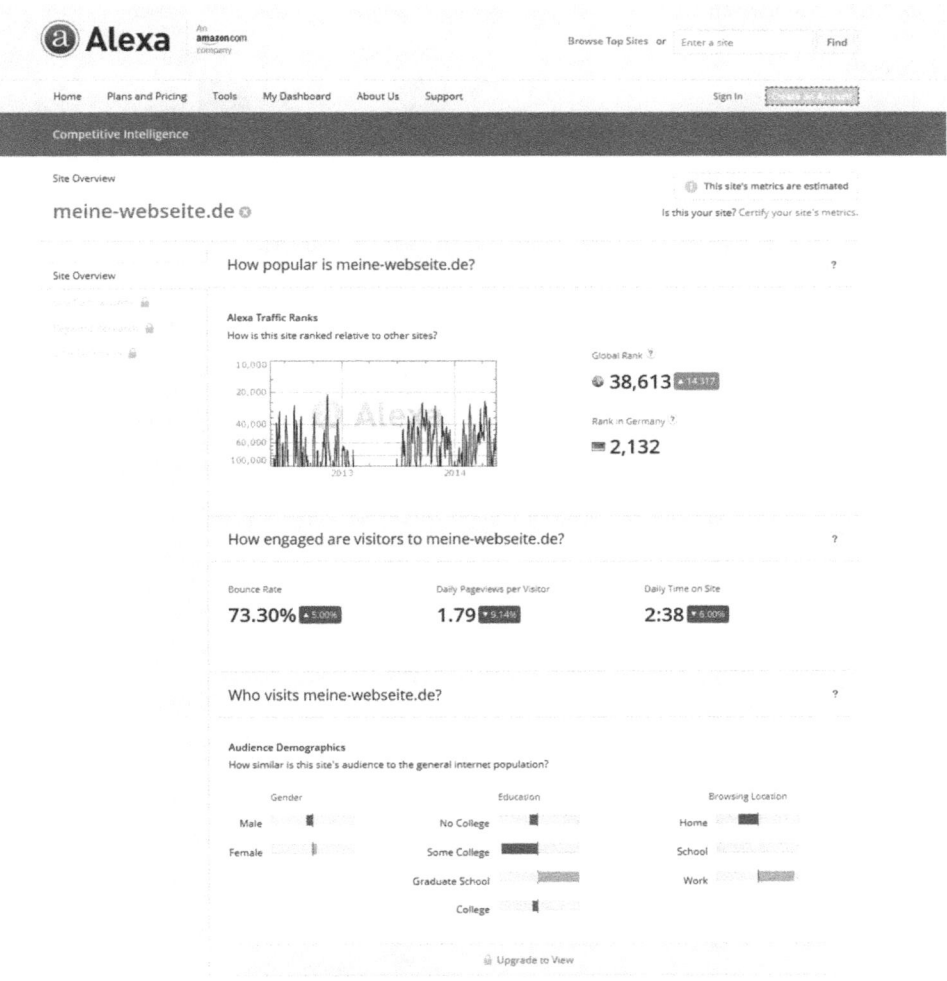

Abb. 11.11 Alexa. (Quelle: http://www.alexa.com/)

11.4.6.2   SimilarWeb

Bei den Webanalyse-Tools hat sich in den letzten Monaten besonders **SimilarWeb** einen Namen gemacht und sich als gelungene Alternative zu Alexa positioniert. Ähnlich wie der große Analyse-Dienst von Amazon bezieht SimilarWeb seine Daten aus mehreren Plug-ins, die in verschiedenen Browsern integriert sind. Der israelische Hersteller liefert umfassende Statistiken über verschiedene Webseiten. Dabei überzeugt SimilarWeb vor allem in Umfang und Qualität der gewonnenen Daten, vgl. Abb. 11.12.

So können Nutzer die Reichweite und den Stellenwert von Webseiten analysieren und vergleichen. Nachdem man die Domain eingegeben hat, erhält man Informationen zum Ranking der Webseite. Dieses Ranking erfolgt in drei Varianten – global, länderspezifisch und kategoriebezogen. Der Traffic wird nicht in Zahlen, sondern in Verhältnissen angege-

Abb. 11.12 Similarweb Free.
(Quelle: http://www.similar-
web.com/)

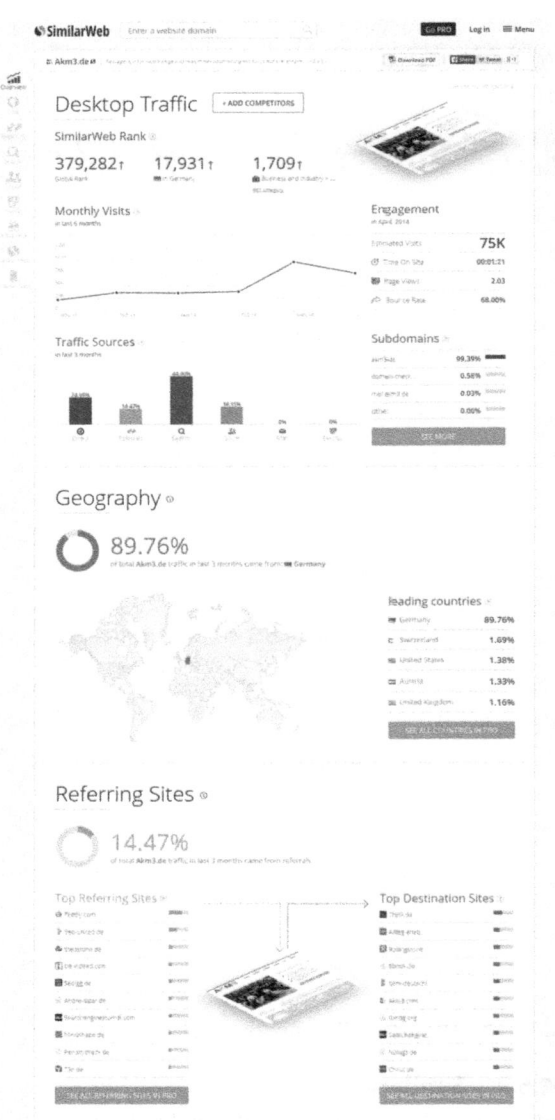

ben. Darüber hinaus bietet SimilarWeb Informationen zu Traffic-Quellen wie Direct Type
Ins, Referral Traffic, Suchmaschinen, Social-Media-Kanälen, E-Mails und Display Ads.
Anschließend kann man sich die geografische Herkunft sowie die einzelnen Traffic-Quellen genauer ansehen, indem man auf die einzelnen Symbole in der linken Sidebar klickt
oder einfach nach unten scrollt. Außerdem liefert SimilarWeb Informationen zu Nutzer-
interessen, angrenzenden Themen und Seiten sowie verknüpften Apps, sofern vorhanden.

Wesentlich tiefgreifendere Daten erhält der Anwender bei der kostenpflichtigen Version SimilarWeb Pro (vgl. Abb. 11.13). Hier kann man beispielsweise den Durchschnitts-

Abb. 11.13 Similar Web Pro. (Quelle: http://www.similarweb.com/)

Traffic nach monatlichem, wöchentlichem und täglichem Intervall ändern, während in der kostenlosen Version nur der wöchentliche Traffic zur Verfügung steht. Dasselbe gilt für die durchschnittliche Verweildauer, die Anzahl der aufgerufenen Seiten und die Absprung-rate. Ein nützliches Feature für international ausgerichtete Webseiten ist die Tatsache, dass diese Nutzer-Metriken für die fünf Top-Länder, aus denen der Traffic stammt, abgerufen werden können. So lässt sich beispielsweise unterschiedliches Nutzerverhalten in ver-schiedenen Ländern gegenüber der eigenen Webseite erkennen.

Auch die einzelnen Traffic-Quellen können in der Pro-Version viel detaillierter ana-lysiert werden. So liefert der Report zum Search Traffic weit über 200 Keywords, über die Nutzer auf die Seite gelangt sind. In Kombination mit den Google-Webmaster-Tools kann so mit SimilarWeb sogar teilweise das allgegenwärtige „Not provided"-Problem umgan-gen werden. Zudem wird in der Pro-Version auch noch einmal in Paid und Organic Search sowie die verschiedenen Suchmaschinen differenziert. Analog wird auch der Social Traf-fic prozentual auf die verschiedenen sozialen Netzwerke aufgeteilt.

Ein großer Pluspunkt von SimilarWeb gegenüber Alexa ist der direkte Konkurrenten-Vergleich, bei dem alle ermittelten Daten für bis zu fünf Wettbewerber gegenübergestellt und verglichen werden können. Außerdem punktet SimilarWeb in Bezug auf die inhalt-liche und grafische Aufbereitung der Daten. Während Alexa relativ kleinteilig und anti-quiert erscheint, wirkt SimilarWeb deutlich ansprechender, professioneller und informa-tionslastiger. Vor diesem Hintergrund kann SimilarWeb als das bessere – weil fortschritt-lichere – Tool zur Wettbewerbsanalyse betrachtet werden. Ähnlich wie bei Alexa sind die Daten aufgrund ihrer Unvollständigkeit nicht zu 100 % korrekt, können jedoch einen guten Richtwert zur Orientierung liefern.

Weitere Analyse-Tools auf dem Markt sind **Compete** oder **Quantcast**. Deren Daten-bestände sind allerdings nur auf die USA beschränkt und deutlich limitiert.

11.5   Browser-Plug-ins und -Add-ons

Ebenso nützlich für die tägliche SEO-Arbeit wie Toolboxen und Spezial-Tools sind Plug-ins und Add-ons, die beim Aufrufen der zu analysierenden Webseite im Browser direkt angewendet werden können und die benötigte Information mit einem Blick oder Klick liefern. Diese Browser-Plug-ins werden von der recht umtriebigen OpenSource-Gemeinde entwickelt und in den meisten Fällen kostenlos bereitgestellt. Besonders der Mozilla-Fi-refox unterstützt eine riesige Menge solcher kostenloser Plug-ins und stellt diese auch auf seiner Add-on-Subdomain zum Download zur Verfügung. Doch auch Google Chrome unterstützt immer mehr solcher Hilfserweiterungen und stellt diese in seinem Chrome Web Store bereit. Der Internet Explorer von Microsoft hinkt hier leider hinterher. Im fol-genden Kapitel sollen einige nützliche Plug-ins, Add-ons, Toolbars und sonstige Erweite-rungen vorgestellt werden, welche die tägliche SEO-Arbeit erleichtern können.

11.5.1   Seerobots

Seerobots ist ein sehr kleines Plug-in, welches in der unteren Statusleiste des Browsers erscheint und anzeigt, ob die im Browser aufgerufene Seite auf Index oder NoIndex steht und damit für Suchmaschinen indexierbar ist oder nicht. Beim Aufruf einer Webseite stellt das Plug-in die Angaben aus dem Robots-Tag im Metabereich sowie bei Bedarf durch einen Klick auch die Angaben aus dem X-Robots-Tag des HTTP-Headers optisch dar. Stehen die Angaben auf Index oder sind keine Angaben dafür hinterlegt, sind sie grün dargestellt; ist für die Seite das NoIndex-Tag hinterlegt, signalisiert das Feld die Farbe Rot. Dasselbe gilt für das NoFollow-Tag, falls der Suchmaschinen-Crawler keinem der Links auf der Seite folgen darf. Dadurch erhält man wichtige Informationen über die Indexierungseinstellungen einer Seite – mit einem kurzen Blick auf die Statusleiste.

Anmerkung Seit der Firefox-Version 29.1. wurde die Statusleiste standardmäßig entfernt. Deshalb benötigt man nun ein weiteres Add-on wie The Addon Bar oder Status-4-Evar, um diese Leiste wieder erscheinen zu lassen.

11.5.2   SearchStatus

Ein weiteres sehr hilfreiches Add-on für die Statusleiste bei Firefox (und SeaMonkey) ist Quirk SearchStatus von Craig Raw. Diese Erweiterung zeigt den PageRank und den AlexaRank der aufgerufenen Seite sowie auf Wunsch auch den CompeteRank und den mozRank an.

Außerdem kann man sich mit einem Rechtsklick auf das SearchStatus-Symbol die Keyword-Dichte für ein bestimmtes Keyword auf der Seite berechnen, Title und Meta-Description anzeigen lassen, die Robots.txt aufrufen oder WhoIs-Informationen abfragen. Außerdem bietet das Add-on per Klick Schnellzugriffe auf Google-Suchoperatoren und andere Suchmaschinen, um eingehende Links, ausgehende Links und indexierte Seiten abzufragen.

Die unter SEOs beiden populärsten Funktionen von SearchStatus sind jedoch die Möglichkeit, NoFollow-Links farblich hervorzuheben, und der Canonical-Button in der URL-Leiste. Hat der Nutzer die erste Funktion aktiviert, werden alle Links, welche das rel="nofollow"-Attribut eingebunden haben, im Browserfenster rosa markiert. Bei der Recherche nach potenziellen Linkgebern ist diese Funktion deshalb äußerst hilfreich. Bei der zweiten Funktion erscheint der Buchstabe C am rechten Rand der URL-Leiste. Ist kein Canonical-Tag im Header der Seite hinterlegt, erscheint dieses C in schwachem Grau. Verweist die Seite jedoch mit dem rel="canonical"-Attribut auf eine andere Seite, so ist das C blau hinterlegt. Klickt man darauf, so wird man direkt auf die kanonische Standard-Seite weitergeleitet, auf welche die vorige Seite verweist.

11.5.3 Linkparser

Dieses kleine Tool weitet die Funktion von SearchStatus, NoFollow-Links farblich hervorzuheben, noch etwas aus. Der Linkparser kann insgesamt zwischen sechs verschiedenen
Linkarten unterscheiden: interne Follow-Links, interne NoFollow-Links, Subdomain-Fol-
low-Links, Subdomain-NoFollow-Links, externe Follow-Links und externe NoFollow-
Links. Die Farben zur Hervorhebung lassen sich dabei mit HTML-Farbcodes einstellen.

11.5.4 MozBar

Eine Kombination aus den drei zuvor genannten Add-ons bietet die SEO-Toolbar von
Moz. Nach der Installation in Firefox oder Chrome erscheint sie sehr dominant unter der
Browser-Leiste und zeigt interessante Offpage-Metriken über die Seite, wie die Domain
Authoritiy, den hauseigenen MozRank sowie die Anzahl der eingehenden Links und ver-
weisenden Domains. Diese Werte werden einmal für die konkrete Seite und einmal für
die komplette Root-Domain berechnet. Außerdem beinhaltet die MozBar noch ein SERP
Control Panel. Dieses bewirkt, dass die genannten Offpage-Metriken direkt in der Google-
Suchergebnisseite unter jedem Suchergebnis erscheinen. Für Link-Marketer, die das Netz
nach potenziellen Linkpartnerwebseiten durchforsten, ist diese Funktion natürlich äußerst
nützlich.

Darüber hinaus bietet die MozBar in ihrem rechten Bereich per Klick auch noch Zugriff auf einzelne Tools und Funktionen. Unter Tools hat man Zugriff auf alle Tools, die
Moz zur Verfügung stellt, wie Open Site Explorer oder Rank Tracker, wobei die aufgerufene Seite direkt abgefragt wird. Unter dem Menü-Feld Analyze Page kann man sowohl
den Content der Seite, also die Seitenelemente, als auch die Einstellungen im Quellcode,
also die Seitenattribute, analysieren lassen. Zu den analysierten Seitenelementen gehören
Title-Tag, Meta-Description, H1- und H2-Überschriften, Textlänge, prozentualer Anteil
des Texts am HTML-Konstrukt, fett und kursiv markierte Inhalte sowie verwendete Alt-
Texte in Bildern. Zu den Seitenattributen zählen die Meta-Robots-Angaben, eine eventuell
hinterlegte Canonical-URL, die Seitenladezeit, die Google Cache URL, die IP-Adresse
und das zugehörige Land sowie die ein- und ausgehenden Links.

In einem weiteren Menü-Feld kann man sich diese Links oder Textelemente farblich
hervorheben lassen. Dabei können Follow-, NoFollow-, interne und externe Links sowie
konkrete Keywords farblich hinterlegt werden. Nennt man einen kostenpflichtigen Moz-
Account sein Eigen, so kann dieser auch mit der MozBar verknüpft werden und der Nutzer
bekommt noch mehr Daten über die Toolbar, während er durch das Netz surft.

11.5.5   SEOquake

Ähnlich populär wie die MozBar ist die Toolbar von SEOquake. Nach der Installation zeigt diese Toolbar ebenfalls Informationen über den PageRank, den AlexaRank, das Domain-Alter, Tweets via Twitter, Facebook-Likes, Google+ 1, whois-Information, Back-link-Anzahl oder Keyword-Dichte an. Welche Informationen auf der Toolbar angezeigt werden, kann der Nutzer individuell einstellen.

11.5.6   QuickJava

Mit QuickJava lassen sich, wie der Name vermuten lässt, sämtliche Java- und JavaScript-Elemente per Mausklick auf der Seite unterdrücken. Da Google diese Skriptsprache noch nicht komplett versteht, hilft dieses Add-On, für SEO relevante Elemente auf der Seite zu identifizieren, die sich eventuell in einer JavaScript-Umgebung befinden. Bei der Deak-tivierung von JavaScript bekommt man also einen besseren Eindruck davon, wie Google die aufgerufene Seite im Vergleich zum Nutzer sieht. Dieselbe Deaktivierungs-Funktion bietet QuickJava noch für Flash, SilverLight, Cookies, CSS, Bildereinblendungen und animierte Bilder. Die letzten beiden Funktionen helfen zum Beispiel dabei, auf einen Blick zu überprüfen, ob Alt-Texte für die Bilder hinterlegt sind.

11.5.7   Web Developer

Ähnlich wie mit QuickJava kann auch mit dem Web Developer direkt Einfluss auf be-stimmte Funktionen der Seite genommen werden. Dabei ist die Funktionspalette des Web Developers noch um einiges größer. Neben der Deaktivierung von Skripten, CSS oder Cookies können mit dieser Toolbar auch Meta-Weiterleitungen, Seitenfarben, Popups, Proxies und Referrer deaktiviert werden. Und mehr noch – man kann sich mit dem Web Developer alle gesetzten Cookies im Detail anzeigen lassen, einzeln entfernen, bearbeiten oder neue Cookies hinzufügen. Dasselbe gilt für das CSS, welches man aufrufen und verändern kann. Darüber hinaus findet man in der Toolbar weitere Menü-Punkte zu For-mularen, Bildern oder Quelltext, die alle eine ähnliche Funktionsvielfalt bieten. Besonders für Webdesigner ist dieses Plug-in ein absolutes Muss.

11.5.8   Live http Headers

Dieses Plug-in öffnet ein zweites kleines Browser-Fenster. In diesem werden alle http Header-Informationen während des Surfens dokumentiert, welche der Server und der Browser austauschen, sobald man eine URL aufruft. Damit lassen sich sehr schnell 301- oder 302-Weiterleitungen, gesetzte Cookies, fehlende 404-Statuscodes oder andere

Server-Fehler identifizieren. Für Debugging-Zwecke lassen sich sogar einzelne Requests wiederholen und dabei die Parameter von Hand ändern.

11.5.9   FatRank

FatRank ist ein sehr nützliches Tool, wenn es darum geht, Keyword-Rankings abzufragen. Wenn man schnell erfahren möchte, ob und auf welcher Position die aktuelle Seite für ein bestimmtes Keyword rankt, findet man mit diesem Add-on die Lösung. Leider ist FatRank nur für Google Chrome verfügbar.

11.5.10   Firebug

Der Firebug ist ein sehr populäres Plug-in für den Firefox, welches sich in erster Linie an Webdesigner richtet, aber auch für SEOs nützlich sein kann. Mit diesem Programm kann man den Quellcode der aufgerufenen Seite anzeigen und live bearbeiten. Über die Taste F12 öffnet sich ein neues Fenster am unteren Browserbereich, welches auch von diesem gelöst und auf einen zweiten Bildschirm gezogen werden kann. In zwei getrennten Bereichen bekommt der Nutzer hier den HTML-Code der Seite sowie das zugehörige Stylesheet angezeigt.

Nun kann man direkt auf den Code zugreifen, diesen verändern und sehen, was sich auf der Seite tut. Dabei wird die Veränderung des Quellcodes nur für den Browser simuliert, nicht aber tatsächlich verändert und gespeichert; nach dem Neuladen der Seite ist der originale Quellcode wiederhergestellt. Somit kann man über den Firebug ganz leicht HTML- und CSS-Elemente verändern, entfernen oder gar hinzufügen und direkt sehen, wie sich diese Änderung auf der Seite auswirkt. Das Add-on richtet sich deshalb in erster Linie an Webdesigner, die an ihrer eigenen Seite arbeiten wollen.

Doch auch für SEOs können einige Funktionen des Firebug hilfreich sein. Mit der Netzwerkanalyse lassen sich zum Beispiel Ladezeiten analysieren und herausfinden, welche Bilder, Schriftarten oder sonstige Skripte die Performance drosseln. Oder aber es lassen sich mit dem Tool versteckte Links im Quellcode der Seite identifizieren, die für den Nutzer nicht sichtbar sind.

11.6   Google-Webmaster-Tools

Neben den vielen externen SEO-Tools, die auf dem freien Markt verfügbar sind, bietet auch Google selbst eigene Tools und Dienste an, die die SEO-Arbeit essenziell unterstützen. Für viele Webmaster gelten die WMTs sogar als wichtigstes und validestes Tool, da es von Google selbst zur Verfügung gestellt wird und Informationen über Optimierungsfehler somit aus erster Hand stammen.

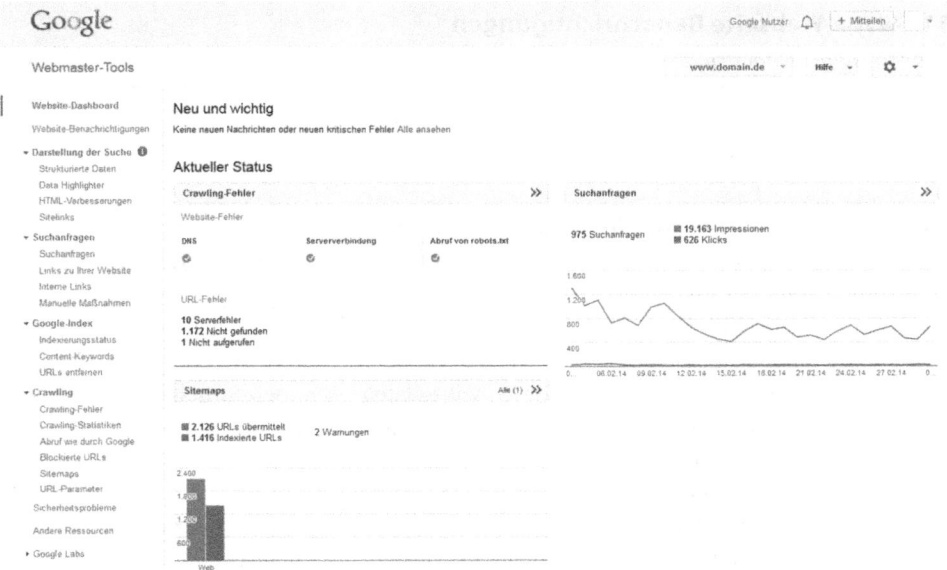

Abb. 11.14 Google Webmaster Tools. (Quelle: https://www.google.com/webmasters/tools/)

11.6.1   Registrierung und Anmeldung

Unter *google.com/webmasters/tools/* bietet Google dem Nutzer also die Möglichkeit, seine eigene Webseite anzumelden, sofern er über ein eigenes Google-Konto verfügt. Dazu muss die Domain für Google validiert werden. Dies kann entweder über das Hochladen einer HTML-Datei auf den FTP-Server, das Einfügen eines Code-Snippets in den Quelltext der Seite oder mit einem Bestätigungsschlüssel für den DNS-Eintrag der Seite geschehen. Alternativ kann man die Seite auch über Google Analytics freischalten, sofern man seine Webseite dort bereits registriert hat. Außerdem hat man die Möglichkeit, neben der vollen Domain auch nur einzelne Subfolder oder Subdomains für die WMT freizuschalten.

11.6.2   Funktionen der Google-Webmaster-Tools

Ist die Registrierung einmal erfolgt, erhält der Webmaster alle verfügbaren Informationen, die Google mit den WMTs aus der eigenen Webseite auslesen kann. Das Webseite-Dashboard (Abb. 11.14) stellt dabei die zentrale Schaltstelle des Tools dar. Hier bekommt der Nutzer bereits erste Informationen über kritische Fehler bezüglich Crawling oder Indexierung aufgezeigt und eine grafische Darstellung der Suchanfragen im Monatsverlauf. Anschließend kann man sich von hier aus über die linke Sidebar durch alle weiteren Funktionen klicken und detaillierter in die einzelnen Verwaltungsbereiche einsteigen.

11.6.2.1   Webseite Benachrichtigungen

Die *Webseite Benachrichtigungen* sind für viele Webmaster wohl die wichtigste Funktion, da hier die neuesten Informationen über Crawling-Fehler, Sicherheitslücken in der eigenen Webseite oder Verstöße gegen die Google-Webmaster-Richtlinien aufgelistet werden. Diese Benachrichtigungen können auch regelmäßig per E-Mail angefordert werden.

11.6.2.2   Darstellung der Suche

Unter dem Menüpunkt *Darstellung der Suche* werden alle Punkte behandelt, welche das Erscheinungsbild der eigenen Snippets in den Google-Suchergebnisseiten betreffen. Da man seit 2011 die Möglichkeit hat, mithilfe von Micro-Data-Auszeichnungen die Darstellung der Snippets in vielerlei Hinsicht zu beeinflussen, wurde diesem Aspekt ein eigener Menüpunkt eingeräumt. Anhand dieser Mikrodaten oder auch Structured Data wurde durch die drei großen Suchmaschinen Google, Bing und Yahoo eine einheitliche Auszeichnungssprache definiert, um Daten auf Webseiten einheitlich zu kennzeichnen und somit für Suchmaschinen verständlich zu machen. Die einzelnen Auszeichnungen für verschiedene Informationskategorien wie Daten, Adressen, Telefonnummern, Nutzerbewertungen oder Autoreninformationen können auf schema.org eingesehen und anschließend auf der eigenen Webseite an den passenden Stellen hinterlegt werden. Diese hinterlegten Informationen nutzt Google, um damit aussagekräftigere und vielfältigere Snippets für die eigene Webseite zu generieren.

Da die Einbindung der strukturierten Daten in den Quellcode einer Webseite nicht immer einfach umzusetzen ist, hat Google mit dem Data Highlighter hier auch eine vereinfachte Möglichkeit in den Webmaster-Tools geschaffen, um Daten für einzelne Kategorien zu kennzeichnen. Auf diesem Weg werden die eigene Webseite oder einzelne Unterseiten über das Tool eingelesen. Anschließend kann der Webseitenbetreiber mit der Maus die betreffenden Textpartien ganz einfach markieren und mit den passenden Daten-Kategorien kennzeichnen. Um diesen Prozess weiter zu vereinfachen und möglichst für die komplette Webseite umzusetzen, wendet Google eine exemplarische Auszeichnung auf einer Seite im Anschluss auf alle anderen ähnlichen Seitentypen an, sofern man diese bestätigt. Somit soll die Auszeichnung von strukturierten Daten noch schneller vonstattengehen.

Im Unterpunkt *HTML-Verbesserungen* benachrichtigt Google den Webmaster über Fehler beim Crawling von Content oder aber über identische beziehungsweise ähnliche Titles und Meta-Descriptions. Über den Unterpunkt *Sitelinks* hat man die Möglichkeit, die Einspielung von Sitelinks seiner Webseite in den Google-Suchergebnissen zu einem gewissen Grad zu beeinflussen. Damit sind Unterseiten beziehungsweise Unterkategorien gemeint, welche Google als Links in den Suchergebnisseiten unter der Meta-Description ausspielt, um den Nutzer direkt von der Suchmaschine aus in bestimmte Unterverzeichnisse zu navigieren. Welche Unterseiten dabei als wichtig erachtet und als Sitelink ausgespielt werden, entscheidet Google selbst. Als Webmaster hat man deshalb bei diesem Menüpunkt lediglich die Möglichkeit, weniger wichtige Unterseiten und Unterkategorien von vornherein über die Webmaster-Tools abzuwerten, sodass diese nicht mehr für Sitelinks infrage kommen. Eine gezielte Angabe von bevorzugten Seiten für die Sitelinks ist hingegen nicht möglich.

11.6.2.3   Suchanfragen

Im Menüpunkt *Suchanfragen* werden dem Nutzer ähnliche Informationen über seine Webseite geliefert, wie sie von externen SEO-Tools wie SISTRIX oder Searchmetrics bereitgestellt werden. Hier erhält der Webmaster Auskunft über Keywords, auf die seine Seite rankt, und wie viel Traffic über diese Keywords im zeitlichen Verlauf auf die Seite gelangt. Zudem werden hier interne sowie externe Links analysiert und aufgezeigt, welche Seite wie häufig verlinkt ist. Sollten manuelle Maßnahmen durch das Google Search Quality Team gegen die eigene Seite unternommen worden sein, so wird man darüber ebenfalls unter diesem Menüpunkt informiert.

11.6.2.4   Google-Index

Unter dem Menüpunkt Google-Index werden alle Informationen verwaltet, welche die Indexierung der eigenen Webseite betreffen. So lässt sich über den Verlauf eines Jahres die Anzahl aller indexierten Seiten nachvollziehen. Im Unterpunkt Content Keywords wird aufgelistet, mit welchen Keywords und Suchanfragen Google die eigene Webseite am ehesten assoziiert. Wer also SEO erfolgreich betreiben möchte, sollte hier das Top-Keyword seiner Startseite an erster Stelle vorfinden. Außerdem können hier einzelne URLs gezielt aus dem Google-Index entfernt werden.

11.6.2.5   Crawling

Der Menüpunkt Crawling ist ein sehr wichtiges Feature, da hier sozusagen überprüft wird, ob Google die eigene Seite auch in ihrer Gänze erfassen kann, um sie anschließend zu analysieren und zu verstehen. Im ersten Menü-Unterpunkt werden auch direkt etwaige Crawling-Fehler vollständig aufgelistet und identifiziert, über die man bereits im eingangs genannten Dashboard benachrichtigt wird. Solche Crawling-Fehler können beispielsweise Serverfehler sein, Seiten, die den Zugriff verweigern, oder Seiten, die nicht (mehr) gefunden werden und deshalb einen 404-Statuscode aussenden sowie Seiten, die durch falsche Konfigurationen, Weiterleitungen oder Ähnliches nicht aufgerufen werden können. Seit 2010 informiert Google in den Webmaster-Tools auch über sogenannte Soft-404-Fehler. Damit sind Seiten gemeint, die dem Nutzer zwar eine 404-Seite zeigen, für den Crawler aber einen 200-Statuscode senden, also als eindeutige Seiten gefunden werden können. Anschließend können zu jeder gefundenen Fehlerseite Details aufgerufen werden, etwa wo die Fehlerseite intern oder extern verlinkt wurde oder Ähnliches.

Korrigierte Fehler können vom Webseitenbetreiber anschließend manuell als solche markiert und aus der Liste entfernt werden, da Google mitunter recht lange braucht, um diese Liste zu aktualisieren, und bereits korrigierte Fehler weiterhin auflistet. Das ist jedoch wichtig, um den Überblick über alte und neue Crawling-Fehler zu behalten, zumal die Webmaster-Tools nur maximal 1000 Crawling-Fehler auflisten können.

Im Menüpunkt Crawling-Statistiken kann über einen zeitlichen Verlauf nachvollzogen werden, in welchem Ausmaß sich der Google-Crawler über die eigene Seite bewegt. In drei farblichen Graphen erhält der Nutzer Auskunft darüber, wie viele Seiten pro Tag gecrawlt werden, wie viele Kilobyte pro Tag heruntergeladen werden und wie viele Millisekunden der Crawler für eine Seite braucht. Das Feature „Abruf wie durch Google" bietet zum einen die Möglichkeit, neue oder aktualisierte Seiten direkt an Google zu senden, damit sie umgehend dem Index hinzugefügt werden. Zum anderen lässt sich nach dem Einlesen nachvollziehen, wie Google den Quellcode der eigenen Seite liest und eventuelle Fehler im Quellcode gefunden werden. Im Menüpunkt Blockierte Seiten kann man die Robots.txt überprüfen und für die einzelnen Google-Crawler testen, ob alle Seitenbereiche gecrawlt werden können oder gesperrte Bereiche auch wirklich gesperrt werden. Im folgenden Menüpunkt kann der Betreiber eine oder mehrere Sitemaps hinterlegen, um alle wichtigen URLs aufzulisten. Einzige Voraussetzung für die Einreichung in die Webmaster-Tools ist, dass die Sitemap im XML-Format vorliegt. Anschließend kann nachgeprüft werden, wie viele URLs über die Sitemap eingereicht werden und wie viele Seiten tatsächlich indexiert sind.

Aus SEO-Sicht ist besonders der letzte Unterpunkt URL-Parameter interessant. URL-Parameter bergen im SEO oftmals Gefahrenpotenzial, da sie oft in der URL auftauchen, wenn der Nutzer Filterungen oder Sortierungen auf einer Seite vornimmt. Dadurch wird jedoch der Inhalt der Seite nicht zwangsläufig geändert, sondern für den Nutzer nur in einer anderen Reihenfolge dargestellt. Wird diese Parameter-Variante der ursprünglichen URL zusätzlich zu dieser indiziert, wird für Google derselbe Inhalt unter zwei verschiedenen URLs bereitgestellt und als Duplicate Content gewertet. Werden diese Parameter-Varianten auch noch intern oder extern verlinkt, geht hier gezielte Linkpower verloren. Durch die Vielzahl an Filtern und Filterkombinationen können sehr viele Parameter-URLs einer einzelnen Seite entstehen und die Duplicate-Content-Problematik kann sich sehr stark ausbreiten. Neben Maßnahmen auf der Seite selbst, wie dem Canonical Tag oder dem NoIndex-Attribut, hat der Webmaster hier nun eine weitere Möglichkeit, um dieses Problem zu beeinflussen. Unter dem betreffenden Menüpunkt können die genannten Parameter hinterlegt werden, sodass Google weiß, dass es sich dabei nur um Abwandlungen oder Kopien einer anderen, originalen URL handelt, und nur diese für seinen Index berücksichtigt. Denn auch Google ist daran interessiert, seine Crawling-Ressourcen möglichst effizient zu gestalten und nur Index-relevante URLs zu crawlen.

11.6.2.6   Sicherheitsprobleme und andere Ressourcen

Unter dem Menüpunkt Sicherheitsprobleme wird der Webseitenbetreiber informiert, falls Google Malware oder anderen schadhaften Code im Quellcode der Webseite identifiziert hat. Unter „Andere Ressourcen" werden Links zu weiteren Google-Tools und Dienstleistungen aufgelistet, mit denen Webmaster ihre Webseite für Google verbessern oder mit Google-Diensten verknüpfen können. Gegenwärtig befinden sich hier folgende fortführende Google-Tools:

- Test-Tool für strukturierte Daten
- Hilfsprogramm zur Auszeichnung strukturierter Daten
- E-Mail-Markup-Tester
- Google Places
- Google Merchant Center
- PageSpeed Insights
- Benutzerdefinierte Suche

11.6.2.7 Google Labs

Unter Google Labs werden Dienste von Google aufgeführt, die sich noch in der Testphase befinden, von Webmastern jedoch zu Testzwecken genutzt werden können. Bei ausreichender Eignung können diese Dienste irgendwann als neuer Menüpunkt in die Webmaster-Tools oder als eigenständiges Google-Tool integriert werden. Sie können aber genauso gut irgendwann wieder entfernt werden.

11.6.2.8 Weitere Features

Neben all diesen Benachrichtigungen zur eigenen Webseite hat der Webseitenbetreiber über das Konfigurationsrad im rechten Header-Bereich noch weitere Einstellungsmöglichkeiten. Neben administrativen Einstellungen bezüglich Zugriffsrechten können in den Webmaster- Tools-Einstellungen die Benachrichtigungen per E-Mail aktiviert oder deaktiviert werden. In den Website-Einstellungen kann ein geografisches Ziel ausgewählt werden, wenn die eigene Webseite nur in einem konkreten Land in Google gefunden werden soll. Das ist vor allem sinnvoll, wenn man mehrere Domains oder Subdomains für verschiedene Länder aufgebaut hat. Unter Adressänderung kann man im Falle eines Domainumzuges Google informieren, dass die bisherigen Inhalte unter einer neuen Domain zu finden sind. Des Weiteren kann man hier seinen Google-Webmaster-Account mit seinem Google Analytics Account verknüpfen. Der Unterpunkt Partner ist noch relativ unausgereift. Hier soll es in Zukunft möglich sein, die eigene Webseite mit anderen Projekten wie dem Chrome Web Store oder YouTube zu verknüpfen. Diese Funktion soll in Zukunft weiter ausgebaut werden.

Den Google-Webmaster-Tools ist außerdem das Disavow-Tool untergeordnet. Mit diesem können externe Links entwertet werden, die schädlich für die eigene Webseite sind, aber selbst nicht abgebaut werden können. Anschließend werden die genannten Links nicht mehr in die algorithmische Bewertung der Webseite durch Google einbezogen.

Neben der webbasierten Version der Google-Webmaster-Tools steht Programmierern auch die Möglichkeit offen, die Features des Tools mithilfe einer API direkt in die eigene Seite zu integrieren. Mithilfe dieser API kann man von seiner Webseite aus alle anderen gelisteten Webseiten in seinem Webmaster-Tools-Account einsehen, neue Seiten hinzufügen oder entfernen, die Seiteninhaberschaft verifizieren, Sitemaps einreichen oder löschen oder direkt auf die Nachrichtenfunktion zugreifen.

Anmerkung Am 23. Mai 2014 gab Google bekannt, seinen Webmaster-Tools demnächst ein weiteres Feature hinzufügen zu wollen, mit welchem Java-Script-Einbindungen ausgewertet und korrigiert werden könnten, sodass Google die Seite noch besser verstehen könne. Im Detail wird Google in diesem Tool dem Webmaster anzeigen, wenn es aufgrund von JavaScript-Fehlern Probleme gibt, eine Webseite zu crawlen und zu indexieren.

11.6.3   Fazit

Allgemein lässt sich festhalten, dass die Google-Webmaster-Tools viele Informationen kostenlos bereitstellen, die sonst eher kostenpflichtige, externe SEO-Tools liefern. Darüber hinaus hat Google natürlich viel tiefgreifendere Informationen über Keyword-Rankings und Klickraten als externe Tools. Ein Nachteil der Webmaster-Tools ist allerdings, dass sie sich nur auf die eigene Webseite anwenden lassen; eine Analyse von Webseiten der Konkurrenz ist deshalb nicht möglich und kann nur anhand externer Tools erfolgen. Die analysierten Daten der WMT reichen außerdem nur 90 Tage zurück. Um Entwicklungen über einen längeren Zeitraum zu dokumentieren, ist deshalb ein regelmäßiger Export via Excel nötig.

Für Onpage-Analysen sind die Webmaster-Tools jedoch unerlässlich und es ist jedem Webseitenbetreiber nur zu empfehlen, dieses kostenlose Tool zu verwenden. Denn neben den Analysemöglichkeiten stellen die Webmaster-Tools auch ein Kommunikationsinstrument mit Google selbst dar.

11.7   Bing-Webmaster-Tools

Ebenso wie Google stellt auch dessen Konkurrenzsuchmaschine Bing mit seinen Webmaster-Tools (vgl. Abb. 11.15) Webseitenbetreibern ein kostenloses Tool zur Verfügung, um die eigene Webseite zu analysieren und zu optimieren. Die Suchmaschine, welche zum amerikanischen Microsoft-Konzern gehört, besitzt im Vergleich zu Google einen eher geringen Marktanteil und steht deshalb unter Suchmaschinenoptimierern nicht so sehr im Fokus wie Google. Allerdings kann Bing mit seinen Tools und Produkten mit einigen wirklich innovativen und hilfreichen Ideen aufwarten, welche Webseiten verbessern können und somit auch die Performanz in sämtlichen Suchmaschinen erhöhen können. Die Bing-Webmaster-Tools können somit als sehr nützliche Ergänzung zu den Google-Webmaster-Tools betrachtet werden und eine Verknüpfung mit der eigenen Webseite ist in jedem Fall nützlich.

bing Webmaster

Meine Sites
Site hinzufügen
Dashboard
▸ Meine Site konfigurieren
▸ Berichte & Daten
▸ Diagnose & Tools
▸ Nachrichten
Webmaster-API

Datenschutz und Cookies   Rechtliches   Werbung   Hilfe   Feedback   Community

PROFIL   NACHRICHTEN 0   HILFE ✱   NUTZER▼ ⚙

Website ▼
www.meine-webseite.de

Dashboard

Änderungen In den letzten 30 Tagen
4/11/2014   - 5/10/2014

WEBSITE-AKTIVITÄT ❶
Bings Informationen über Ihre Website

	KLICKS VON DER SUCHE	IN SUCHE VORHANDEN	GECRAWLTE SEITEN	ÜBERMITTELTE URLS	FEHLERHAFTE CRAWLS	INDIZIERTE SEITEN

% Änderung

	KLICKS VON DER SUCHE	IN SUCHE VORHANDEN	GECRAWLTE SEITEN	FEHLERHAFTE CRAWLS	INDIZIERTE SEITEN
Dieser Zeitraum	18	3.190	1.126	6	143
Trends					

Berichte und Datengrafiken anzeigen

SITEMAPS ❷ ❶
Teilen Sie Bing Informationen über die URLs Ihrer Website mit.

	ZULETZT GESENDET	ÜBERMITTELTE URLS	LETZTER CRAWL	STATUS
http://www.meine-webseite.de/page-sitemap.xml	4/15/2014	63	4/15/2014	Erfolg
http://www.meine-webseite.de/post-sitemap.xml	4/15/2014	86	4/15/2014	Erfolg

SITEMAP ÜBERMITTELN   Alle 2 mit Optionen anzeigen

SCHLÜSSELWÖRTER SUCHEN [BETA] ❶
Ihre Top-Schlüsselwörter der organischen Suche

SCHLÜSSELWÖRTER	KLICKS VON DER SUCHE	IN SUCHE VORHANDEN
Keyword 1 Ⓑ	0	145
Keyword 2 Ⓑ	3	136
Keyword 3 Ⓑ	0	27

EINGEHENDE LINKS [BETA] ❶
Links, die auf Ihre Website verweisen

ZIEL SEITE	ANZAHL DER LINKS
http://www.meine-webseite.de/unterverzeichnis	51
http://www.meine-webseite.de	50
http://www.meine-webseite.de/seitenunterseite	3

Abb. 11.15 Bing Webmaster Tools. (Quelle: http://www.bing.com/toolbox/webmaster)

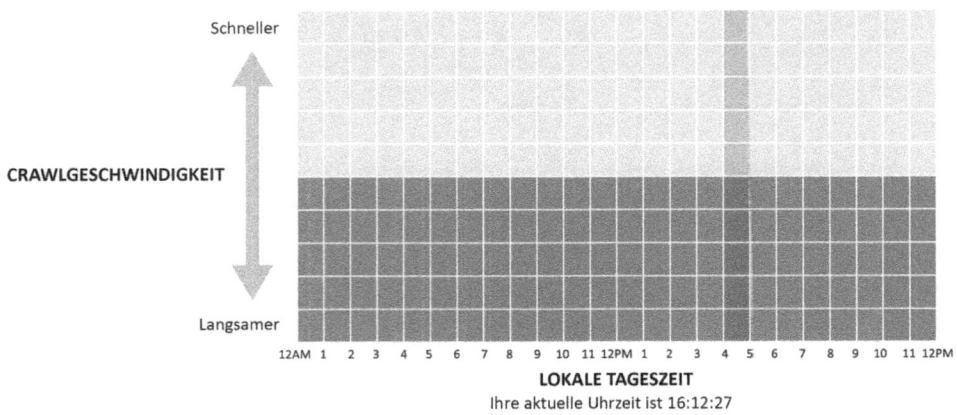

Abb. 11.16 Bing Crawl-Geschwindigkeit. (Quelle: http://www.bing.com/toolbox/webmaster)

11.7.1   Funktionen

Ähnlich wie bei den Google-Webmaster-Tools muss der Nutzer bei Bing zunächst sei-
ne Seite mittels einer hochgeladenen XML-Datei, eines <meta>-Tags oder eines DNS-
Eintrages verifizieren. Anschließend wird man direkt zum Dashboard des Tools geleitet.
Dieses besteht aus den vier Modulen „Meine Site konfigurieren", „Berichte und Daten",
„Diagnose und Tools" und dem „Nachrichten-Postfach".

11.7.1.1   Seite konfigurieren

Im ersten Menüpunkt hat der Nutzer die Möglichkeit, eine oder mehrere Sitemaps einzureichen, um Bing leichter alle zu indexierenden Unterseiten zukommen zu lassen. Außerdem können hier gezielt einzelne URLs an Bing gesendet werden, um sie dem Index
hinzuzufügen.

Mit der Funktion „URL-Parameter ignorieren" können Abfrageparameter festgelegt
werden, die der Bing-Crawler ignorieren soll. Wenn beispielsweise die Website http://
www.meine-webseite.de den Parameter „rel" generiert, so kann der Nutzer Bing hier mit-
teilen, dass dieser Parameter ignoriert werden soll. So wird die URL http://www.meine-
webseite.de/home?rel=abc als http://www.meine-webseite.de/home betrachtet. Das heißt,
dass bei URLs mit dem Abfrageparameterstring „rel" dieser Parameter vor der Indexierung entfernt wird. Dadurch werden doppelte Inhalte im Bing-Index vermieden, der Indexwert einer Seite wird nicht über mehrere URL-Varianten verteilt und es wird keine
unnötige Nutzung von Website-Bandbreite durch den Crawler verursacht.

Über die Crawlsteuerung kann sogar direkt die Geschwindigkeit gesteuert werden, mit
welcher der Bing-Crawler die eigene Website crawlt, vgl. Abb. 11.16. Er kann angewiesen
werden, schneller oder langsamer vorzugehen – und dies sogar individuell für bestimmte Tageszeiten. So können Crawler-Aktivitäten zu Tageszeiten eingeschränkt werden, zu

denen die meisten Besucher auf der Website sind; so kann die Bandbreite optimal ausgesteuert werden. Dazu muss nur in die abgebildete Grafik und in die jeweilige Richtung geklickt werden, je nachdem, ob schneller oder langsamer gezogen werden soll.

Zu guter Letzt hat man hier die Möglichkeit, URLs zu blockieren, die nicht in den Bing-Index aufgenommen werden sollen. Umgekehrt besteht auch die Möglichkeit, einzelne Backlinks oder ganze linkgebende Domains abzulehnen. Diese Funktion war Vorbild für das Disavow Tool der Google-Webmaster-Tools.

11.7.1.2   Berichte und Daten

Über den Menüpunkt Nutzung Ihrer Seite kann für jede indexierte URL nachvollzogen werden, wie diese in den Suchergebnisseiten von Bing performt. In einer Tabelle kann nachvollzogen werden, wie viele Klicks von der Suchmaschine aus auf die jeweilige Seite gelangt sind, wie oft diese in den SERPs vertreten ist und wie hoch die Klickrate ist. „Durchschnittliche Suche Klickposition" bedeutet, auf welcher Position der Klick durchschnittlich erfolgte, während „Durchschnittliche Suche Anzeigeposition" beschreibt, auf welcher Position die Seite im Durchschnitt für all ihre Keywords rankt. Diese Keywords kann der Nutzer sich mit einem Klick auf „Schlüsselwörter suchen" anzeigen lassen. Hier bekommt man dieselbe Tabellenauflistung wie bei Nutzung Ihrer Seite, nur dass diese dieses Mal nicht auf die einzelnen URLs ausgerichtet ist, sondern auf die zugehörigen Keywords.

Im Index-Explorer kann man sich ansehen, wie Bing die Struktur der Seite ausliest. Dabei kann man sich sowohl die Ordner- und Seitenstruktur der eigenen Seite anzeigen lassen als auch 301-Weiterleitungen, 404-Fehler, identifizierte Schadsoftware oder robots.txt-Sperrungen.

Für SEOs ist natürlich dem Namen entsprechend der SEO-Bericht interessant und hilfreich. Dieser liefert Empfehlungen, welche Stellschrauben auf der Seite noch betätigt werden können, um die Rankings zu erhöhen, und wie schwerwiegend beziehungsweise einflussreich der jeweilige SEO-Faktor ist. Dazu zählen natürlich die klassischen SEO-ToDos wie ausgefüllte Meta-Angaben, sprechende URLs, doppelte Inhalte oder fehlende Alt-Texte für Bilder. Außerdem kann man sich für jede Unterseite die eingehenden Links mit zugehörigem Ankertext anzeigen lassen.

Abschließend kann man sich in diesem Menüpunkt über Crawl-Informationen und eventuell identifizierte Schadsoftware unterrichten lassen.

11.7.1.3   Diagnose und Tools

Unter diesem Menüpunkt werden dem Nutzer von Bing Tools zur Verfügung gestellt, um SEO-relevante Informationen über beziehungsweise für seine Seite zu erhalten. Die „Schlüsselwort-Recherche" ähnelt in Ansätzen dem Keyword Planner von Google, nur dass die angegebenen Suchvolumina hier auf der organischen Suche von Bing basieren und sich deshalb stark von den Google-Angaben unterscheiden. Darunter bekommt der Nutzer relevante Begriffe aufgelistet, die den gesuchten Schlüsselwörtern sehr ähnlich sind und mitunter sogar mehr Suchvolumen aufweisen.

Der Link-Explorer bietet eine Backlink-Recherche gezielt für einzelne URLs und somit eine Dienstleistung, die in der Form normalerweise nur von kostenpflichtigen Tools angeboten wird. Zudem kann hier zwischen der ganzen Domäne oder exakten URLs als Linkziel gewählt oder zwischen internen und externen Links unterschieden werden. Zudem kann gezielt nach Ankertexten, URL-Bestandteilen oder zusätzlichen Anfragen gefiltert werden.

Der Bingbot-Abruf entspricht dem Abruf wie durch Google in den Webmaster-Tools. Hier kann man nachprüfen, wie der Crawler die Seite liest und ob alle relevanten Inhalte auch für den Bot lesbar sind. Ähnlich verhält es sich mit dem Markup-Prüfer, welcher für einzelne URLs nachprüft, ob eingebundene Mikrodaten von schema.org korrekt hinterlegt sind und ausgespielt werden können.

Der SEO-Analysator ist ein äußerst hilfreiches Tool. Er liest ganze Seiten komplett ein und informiert anschließend über Fehler beziehungsweise gibt Handlungsempfehlungen für SEO-Verbesserungen auf der jeweiligen Seite. SEO-Vorschläge und analysierte Seite werden hier rechts und links einander gegenübergestellt. Die SEO-Vorschläge werden dann mit ihrer aufgetretenen Anzahl und in verschiedenen Farben aufgelistet, um den Schweregrad des Fehlers zu signalisieren. Die Fehler können dabei von fehlendem Alt-Tag für Bilder bis hin zu falschen Meta-Robots-Angaben oder doppelten H1 reichen.

Mit dem Bingbot-Überprüfungs-Tool hat man die Möglichkeit, anhand der IP-Adresse nachzuprüfen, ob es sich um einen Crawler von Bing handelt. Wenn man in den Log-Files der eigenen Webseite eine IP-Adresse entdeckt, die übermäßig häufig die Webseite besucht, so kann man sich mit diesem Tool Gewissheit verschaffen und dies gegebenenfalls beim Bing Webmaster Support melden, falls der Verdacht des Overcrawling besteht. Zuvor sollte man jedoch versuchen, das Problem mit der Crawlsteuerung selbst zu lösen.

Mit der Siteverschiebung bietet Bing ein weiteres Tool an, um Weiterleitungen innerhalb der eigenen Seite oder gar auf eine neue Domain, beispielsweise nach einem Relaunch, für Bing ersichtlich zu machen. Natürlich sollten die Weiterleitungen in erster Linie intern mit 301-Redirects gelöst werden. Das Siteverschiebungs-Tool bietet lediglich eine Absicherung für Bing, um hier die Weiterleitungen noch eindeutiger zu kommunizieren und keine Ranking-Verluste in Kauf nehmen zu müssen.

Die Bing-Webmaster-Tools werden abgerundet durch die Nachrichten-Funktion und die Webmaster-API, wie sie auch Google anbietet. Auch hier kann der Nutzer alle Webmaster-Tools-Funktionen direkt über die API-Schnittstelle verwalten.

11.7.2   Fazit

Grundsätzlich lässt sich festhalten, dass die Bing-Webmaster-Tools dem Pendant von Google in ihrem Aufbau und ihren Funktionen doch sehr ähnlich sind. So lassen sie sich ebenfalls nur auf die eigene, verifizierte Webseite anwenden und können nicht für Konkurrenten oder andere externe Webseiten verwendet werden. Allerdings muss man Bing zugutehalten, dass viele Module, wie das Disavow Tool, zuerst von Bing entwickelt wurden.

Und auch wenn der Markt- und somit Traffic-Anteil von Bing nur einen Bruchteil von dem von Google einnimmt, so lohnt sich die Nutzung der Bing-Webmaster-Tools dennoch. Die Handlungsempfehlungen und die beseitigten Fehler, die durch Bing aufgezeigt werden, gelten nicht nur für die eigene Suchmaschine, sondern sind allgemeingültig für sämtliche Suchmaschinenstandards. Die eigene Webseite wird somit nicht nur für Bing, sondern gleichzeitig auch für Google und andere Suchmaschinen optimiert. Zudem ist davon auszugehen, dass es zwischen dem Suchalgorithmus von Bing und Google großflächige Überschneidungen gibt.

11.8 Trend zur Spezialisierung

Im Allgemeinen lässt sich resümieren, dass Tools in vielen Bereichen die SEO-Arbeit sinnvoll unterstützen können und an vielen Stellen schlichtweg notwendig sind. Gleichzeitig zeigt sich aber auch, dass es das eine perfekte SEO-Tool nicht gibt. Vielmehr sollte man die einzelnen Stärken jedes Tools kennen, um sich anschließend zu entscheiden, welche Palette an Tools für die eigenen Bedürfnisse und Arbeitsweisen am sinnvollsten erscheint.

Der Trend zur Spezialisierung wird weiter anhalten. Sowohl die Webmaster-Tools von Google und Bing als auch die privaten Tool-Anbieter erfahren regelmäßig Updates. Jeden Monat werden neue Features integriert oder erscheinen völlig neue Tools auf dem Markt, die eine Funktionslücke besetzen, die vorher so noch nicht existierte. Deshalb kann dieses Kapitel auch nur eine Momentaufnahme der aktuellen Tool-Landschaft darstellen, da der Markt so schnelllebig ist. Je nachdem, mit welchem Themenbereich man sich beschäftigt, wird man auf immer detailliertere Daten angewiesen sein. Die großen Allround-Tools können hier bestenfalls einen groben Überblick bieten.

KPIs und Erfolgskontrolle 12

Zusammenfassung

SEO macht nur dann Sinn, wenn Erfolgskennzahlen (Key Performance Indicators – KPIs) erhoben und beobachtet werden können – andernfalls ist es nicht möglich, die Sinnhaftigkeit und Wirkung von SEO zu erfassen.

Welche KPIs erhoben werden, ist sehr firmenindividuell und kann sich mit dem Erfahrungsgrad mit SEO im Laufe der Zeit auch verändern. In diesem Kapitel soll vor allem zu erklären versucht werden, aus welchen Bereichen Kennzahlen erhoben werden sollten. Ferner sollen einige etablierte Vorgehensweisen des KPI-Monitorings aufgezeigt werden – letztendlich ist das Gestalten des eigenen Kennzahlensystems jedoch eine der strategischen SEO-Kernaufgaben in jedem Unternehmen.

12.1 Einführung

Ein gut aufgesetztes Messen und Sammeln von KPIs erfüllt unterschiedliche Funktionen für ein Unternehmen:

- KPIs helfen dabei, den aktuellen **Status** und Entwicklungsstand des eigenen Unternehmens zu verstehen.
- KPIs ermöglichen eine **Kontrolle** darüber, ob die SEO-Bemühungen sich input- und output-seitig wie gewünscht und geplant entwickeln. Sollte dies nicht der Fall sein, so sollten die KPIs in der Lage sein, die Abweichungen vom Plan zu erklären.
- Anhand der KPIs kann die **Entwicklung**, die ein Unternehmen mit seinen SEO-Bemühungen und Erfolgen macht, aufgezeigt und erklärt werden.

© Springer Fachmedien Wiesbaden 2015   401
A. Alpar et al., *SEO – Strategie, Taktik und Technik*, DOI 10.1007/978-3-658-02235-8_12

- KPIs ermöglichen das **Vergleichen** von unterschiedlichen Blickwinkeln. Innerbetrieblich können die Aktivitäten verschiedener Abteilungen, Länder oder Sprachen miteinander verglichen werden. Außerbetrieblich ist ein Vergleich mit dem Wettbewerb möglich; denn wenn die richtigen KPIs erhoben werden, so wird man frühzeitig auf relevante Wettbewerberaktivitäten aufmerksam, kann früh gegensteuern und seine Strategie anpassen.
- KPIs ermöglichen außerdem die präzise **Steuerung** des SEO, denn anhand dieser Zielvorgaben kann definiert oder ausgedrückt werden, wie viel wovon in welchem Bereich geleistet werden soll. Ebenfalls erlauben KPIs Reaktionen auf sich verändernde Marktbedingungen.

Kennzahlen-übergreifend gilt es, bei der Kennzahlenerhebung noch einige Details festzulegen, zum Beispiel die **Zyklen**, in denen die KPIs erhoben werden. SEO ist so volatil, dass eine Erhebung auf Tagesbasis selten zu sinnreichen Informationen führt, anhand derer alle oben erläuterten Funktionen erfüllt werden können. In der Regel entscheiden sich Unternehmen für eine monatliche Erhebung – in einigen Fällen kann auch eine wöchentliche Taktung Sinn machen. Ebenfalls ist für die verschiedenen KPIs festzulegen, ob die Daten auf **Zeitpunkte oder Zeitverläufe** hin berichtet werden. Es gilt, beim Entwurf des Berichtssystems (gerne auch **KPI-Dashboard** genannt) das richtige Maß zu finden zwischen hinreichender Tiefe, ohne jedoch zu überfordern und die Aufnahme der Informationen zu kompliziert zu machen. Häufig werden auch **unterschiedliche Abstraktionsformen** des KPI-Dashboards entworfen, je nachdem, an welche Hierarchieebene im Unternehmen berichtet wird. Jenseits von Kennzahlen müssen die entworfenen Dashboards fähig sein, **außerordentliche Ereignisse** wie den Relaunch einer gesamten Webseite oder eine signifikante Änderung des Google-Algorithmus zu erfassen, welche starken Einfluss jenseits des Regulären auf alle erhobenen KPIs haben können.

Abbildung 12.1 spiegelt die Gliederung der Abschnitte des Kapitels wider.

Wir steigen mit der Beschreibung möglicher betriebswirtschaftlicher Kennzahlen ein. Dabei handelt es sich um diejenigen Kennzahlen, in die alle anderen Bemühungen

Abb. 12.1 KPI Erfolgskontrolle

münden sollten. Man kann also die betrieblichen Kennzahlen, die es zu optimieren gilt, als den Grund für das SEO bezeichnen. Die betriebswirtschaftlichen Erfolgskennzahlen werden von den Rankings, die ein Unternehmen in den Suchmaschinen hat, beeinflusst. Neben spezifischen Rankings werden hier außerdem komplexere SEO-Erfolgskennzahlen wie Sichtbarkeiten in den Suchmaschinenergebnissen betrachtet. Die Sichtbarkeiten und Rankings werden von den Bereichen Onpage, Offpage und Handeln des Wettbewerbs beeinflusst. Entsprechend widmen wir uns diesen drei Arten von KPIs in den darauffolgenden Kapiteln.

Um die Daten in Kennzahlensystemen interpretieren zu können, muss bedacht werden, dass ein und dieselben Daten bei verschiedenen Tool-Anbietern Abweichungen aufweisen können. Sie sollten zwar in der Theorie gleich sein, aufgrund von unterschiedlichen Messmethoden ist dies jedoch nicht immer der Fall.

Hat man für einige Kennzahlen mehrere Tools zur Verfügung, mit denen man sie erheben kann, so empfiehlt es sich, die gleiche Kennzahl aus mehreren Tools zu erheben. Allerdings sollte dabei beachtet werden, dass ein und dieselbe Kennzahl nicht toolübergreifend ausgewertet und verglichen wird. Wichtig ist letztendlich, dass die Kennzahlen im Zeitverlauf ähnliche Trends aufzeigen. Wenn das gegeben ist, sind die Ergebnisse aus Controlling-Sicht als valide einzuschätzen.

12.2   Betriebswirtschaftliche KPIs

Alle Kennzahlen, die verschiedene Stufen im Kaufprozess (AIDA – zu Deutsch: Aufmerksamkeit, Interesse, Begehren, Kauf) betreffen, sind betriebswirtschaftlich relevante Erfolgskennzahlen.

Bevor wir uns tiefergreifenden Gedanken des SEO-Controllings widmen, muss die Unterteilung der Suchanfragen in **Brand- und Non-Brand**-Begriffe verstanden werden. Brand-Begriffe sind all diejenigen Suchbegriffe, bei denen der Suchende ohnehin zur Website möchte – also navigationale Suchen. Brand-Suchen sind bei großen Unternehmen vor allem der Verdienst von Marketing-Aktivitäten auf anderen Online- und Offline-Kanälen. Bei Non-Brand-Begriffen ist der Suchende noch nicht darauf festgelegt, welches Angebot welcher Seite er besuchen möchte. Diese Art von potenziellen Kunden zu gewinnen, ist für das Unternehmen besonders wertvoll – dies ist auch in der Regel der Fokus von SEO, da die Suchenden nicht zwingend zuvor das Unternehmen, also die Brand, gekannt haben. Darunter fallen sowohl informationale als auch transaktionale Suchen. Kennzahlen für Non-Brand-Begriffe stehen im Fokus der Kennzahlenerhebung. Es macht jedoch Sinn, einige wichtige Kennzahlen auch für die Brand-Begriffe zu erfassen, denn es gibt sogenannte **Spill-Over-Effekte**, die man dadurch erkennen kann. Beginnt ein Unternehmen beispielsweise, erstmals TV-Werbung zu schalten, so steigt in der Folge die Anzahl der navigationalen Brand-Suchen. Ein Spill-Over-Effekt liegt allerdings auch dann vor, wenn auf die Snippets des Unternehmens bei Non-Brand-Suchen mit höherer Wahrscheinlichkeit geklickt wird – sofern das Unternehmen durch gute Arbeit im Offline-

Marketing an Bekanntheit gewinnt, wodurch die Anzahl der Non-Brand-Besucher steigt, ohne dass das Unternehmen notwendigerweise zu mehr Keywords oder auf besseren Positionen gefunden wurde.

Die Kennzahlen, die den frühesten Kontakt des Kunden mit den Snippets der Webseite widerspiegeln, bekommt man aus den Google-Webmaster-Tools, in denen für die eigene Webseite angezeigt wird, wie oft diese auf den Suchergebnisseiten (SERPs) und zu welchen Keywords angesehen und angeklickt wurde. Jedes Erscheinen in den Suchergebnissen, wodurch der Suchende das Snippet der Webseite lesen kann, sollte bereits als Erfolg gewertet werden. So dient allein das Erscheinen in den SERPs als Beitrag zum Markenaufbau und Steigerung der Aufmerksamkeit gegenüber der Marke.

Abbildung 12.2 stellt ausschnittartig ein Beispiel dieser Daten der Domain akm3.de dar.

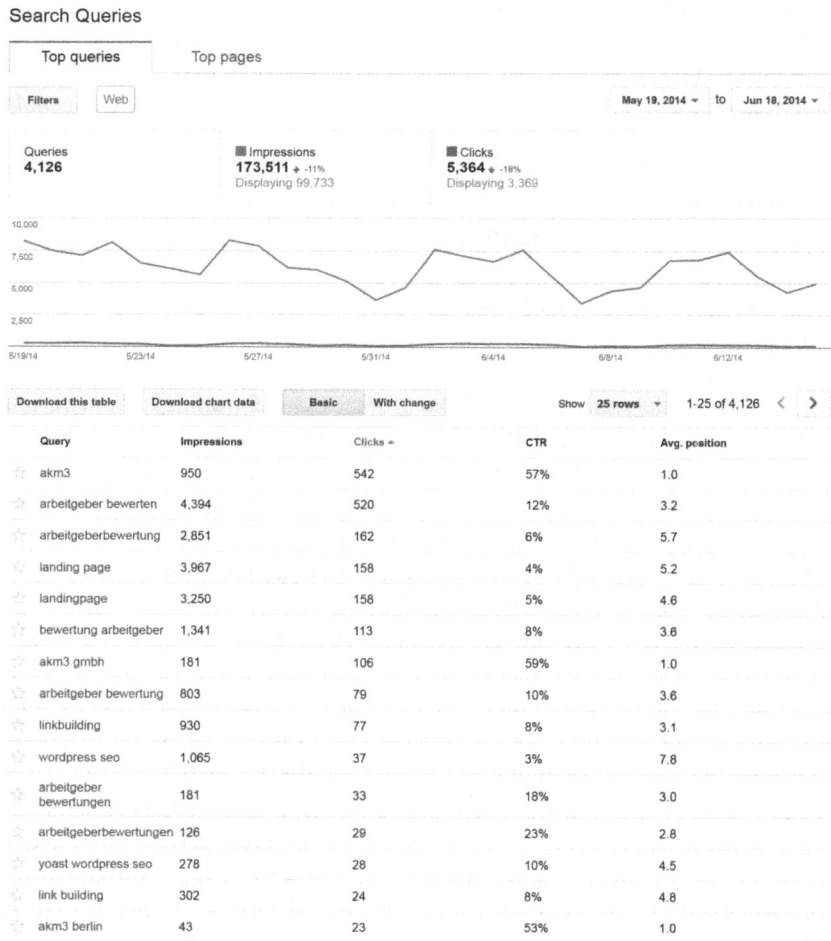

Abb. 12.2 Views in Webmaster Tools

Neben den Google-Webmaster-Tools, die Webseitenbetreibern kostenlos von Google zur Verfügung gestellt werden, gibt es unzählige Webtrackingtools, mit denen das Nutzerverhalten auf der Webseite analysiert werden kann. Eines der am meisten verbreiteten Produkte hierfür ist das kostenfreie Google Analytics. Eine ebenfalls kostenfreie Alternative ist beispielsweise Metrika von Yandex. Oft nutzen größere Unternehmen, die über viele Impressions auf ihrer Webseite verfügen und diese auswerten müssen, kostenpflichtige Webanalyse-Produkte zum Beispiel von den Unternehmen Adobe Analytics, Webtrekk, eTracker, AT Internet und anderen.

Die Zahl, auf der alle folgenden Indikatoren basieren, ist die **Anzahl der über SEO gewonnenen Besucher** (Visits). Gerade hierbei gilt es, Besucher, die über Brand-Begriffe kommen, von denen zu unterscheiden, die über informationale oder transaktionale Suchbegriffe die Seiten besuchen. Grundsätzlich wird dies von der Webanalyse-Software her auch unterstützt. Das Problem hierbei ist, dass Google Ende Oktober 2011 angefangen hat, seine Suche auf das sogenannte HTTPS-Protokoll umzustellen. Offiziell erklärt wird dies mit dem Schutz der Daten und der Privatsphäre des Nutzers. Viele Online-Marketer vermuten den wahren Grund jedoch darin, dass Google anderen Unternehmen die Datenbasis nicht zur Verfügung stellen möchte. Das Problem, welches bei einer Suche entsteht, die auf HTTPS-Protokollen läuft, ist, dass die Webseite und damit ihre Webanalyse-Software nicht mehr imstande ist, die Keywords, die gesucht wurden, bevor der Besucher kam, zu erfassen. Die Trennung zwischen Brand- und Non-Brand-Begriffen wird also erschwert beziehungsweise verhindert. Allgemein wird als Stichwort für diese **Problematik „not provided"** genutzt, da viele Webanalyse-Programme statt des ausgewerteten Keywords ein „not provided" ausgeben, was bedeutet, dass kein Keyword bereitgestellt und somit analysiert werden kann. Die Umstellung auf HTTPS ist ein Prozess, der noch nicht vollständig abgeschlossen ist. Bis Mitte Juni 2013 war 40 % des Suchtraffics umgestellt und machte somit die Auswertung der Keywords unmöglich. Das war aber von überschaubarer Tragweite, da man von den übrigen 60 % der Daten ausgehend immer noch den über bestimmte Keywords eingehenden Traffic sehr gut abschätzen konnte. Seit Herbst 2013 ist der Anteil des Suchtraffics, der über HTTPS auf die Zielseiten geleitet wird, jedoch bei 80 % angekommen und steigt seitdem recht langsam, aber stetig (weitere Daten dazu siehe notprovidedcount.com). Robuste Hochrechnungen, wie sie zuvor noch möglich waren, können nur noch von Seiten mit sehr viel Traffic durchgeführt werden, da die Datenbasis dort immer noch hinreichend groß für Hochrechnungen ist. Alle Seiten, die nicht sehr groß sind, müssen heutzutage eigentlich auf eine andere Logik umstellen, um Brand- von Non-Brand-Traffic zu trennen. Man versucht, eingehende SEO-Besucher danach getrennt zu erfassen, auf welcher Ziel-URL sie von der Suchmaschine landen. Beispielsweise landet Brand-Traffic überwiegend auf der Startseite, wohingegen Non-Brand-Traffic häufig auf tieferliegenden URLs einsteigt.

Nachdem die Anzahl der Besucher über Non-Brand über eine der Methoden erfasst wurde, schaut man sich das weitere Verhalten dieser Nutzer auf der Website an, wobei die konkreten Zahlen stark je nach Geschäftsmodell variieren. Bei einem Online-Händler würde man zum Beispiel die durchschnittliche Aufenthaltszeit auf der Seite erfassen, aber auch die Conversion-Rate von Besuchern zu Käufern, die Anzahl der getätigten Bestellungen sowie den Brutto- und den Nettoumsatz (also Umsatz nach Rücksendungen).

Des Weiteren kann für tiefergehende Analysen separat erfasst werden, welche Seitentypen innerhalb der eigenen Webseiten welche Mengen Non-Brand-Besucher gewinnen. Auch hier sind die auszudifferenzierenden Seitentypen stark vom eigenen Geschäftsmodell abhängig. Bei einem Online-Händler könnten zum Beispiel Kategorie-Seiten unterschiedlicher Kategorie-Ebenen, Einzelproduktseiten, Markenseiten, aus SEO-Perspektive zusammengestellte Produktaggregationen und informationale Seiten wie Magazine oder Beratungsbereiche unterschieden werden.

Über diese weit verbreiteten Kennzahlen hinaus erheben einige im SEO fortgeschrittene Unternehmen auch komplexere Zahlen. Aufgrund der definierten Keyword-Strategie kennt man die ungefähre Anzahl an Suchanfragen zu den zu optimierenden Suchbegriffen. Mit den oben erwähnten Views der eigenen Snippets kann mit diesen Zahlen ein Pendant zu „Share of voice"-Kennzahlen aus der klassischen Medien- und Werbewirkungsforschung erhoben werden. Angenommen, es werden nur drei Keywords anvisiert, die zusammen ein Suchvolumen von 1000 Suchen im Monat haben. Wurde man laut Google-Webmaster-Tools zu diesen drei Keywords 100 Mal mit den eigenen Snippets in den Suchergebnissen dargestellt, so hat man einen Share of voice von 10%. Ähnliche Kennzahlen können mit der Abschätzung des üblichen Klickverhaltens in den Suchergebnissen und eigenen gewonnenen Besuchern auf Visit-Ebene berechnet werden.

12.3   Rankings und Sichtbarkeiten

Bei Suchanfragen bei Google werden die ausgespielten Suchergebnisse anhand vorheriger Nutzungs- und Klickverhaltensweisen individualisiert. Daher ist es notwendig, bei der **Erfassung von Rankings** auf **Tools** zurückzugreifen, da diese die Positionen halbwegs nutzungsneutral erfassen (monitoren/tracken). Gerade bei der Erfassung großer Keyword-Mengen ist darüber hinaus zu Software-as-a-Service- (SaaS) statt Desktoptools zu raten. Der Vorteil von Desktoptools ist, dass man in der Regel nach einmaliger Zahlung theoretisch beliebig viele Keywords monitoren kann. In der Realität ist es aber so, dass sich Suchmaschinen gegen große Mengen von Abfragen wehren und dies vereiteln oder verfälschen. SaaS-Tools werden in der Regel auf monatlicher Basis in Bezug auf die Anzahl der zu verfolgenden Keywords bezahlt. Diese Tool-Anbieter sind genau darauf spezialisiert und wissen mit den eng gesteckten Restriktionen der Suchmaschinen gut umzugehen.

Rankings zu monitoren ist auch deswegen wichtig, weil man hier die Wirkung der SEO-Bemühungen bereits zu einem Zeitpunkt sieht, zu dem sich bei den betriebswirtschaftlichen Kennzahlen noch nicht viel bewegt. Rücken zum Beispiel zehn wichtige Keywords von Position 70 auf 20 vor, so hat sich die Anzahl der Besucher über diese Keywords wahrscheinlich nicht verändert, aber dennoch sieht man beim SEO einen deutlichen und wichtigen Fortschritt.

Tab. 12.1 Ranking-Beobachtung

Monat	1	2	3	4	5	6
Top 1	–	–	–	1	3	4
Top 3	–	–	1	2	4	6
Top 5	–	1	3	4	7	10
Top 10	–	2	5	8	10	15
Top 20	1	5	10	15	20	30
Top 50	5	15	20	30	40	50
Top 100	20	30	40	60	80	90

Rankings trackt man mindestens für die in der Keyword-Strategie festgelegten Such-begriffe. Da dies mitunter viele sein können, wählt man für die Darstellung elegante Aggregationen, die eine schnelle Erfassung des Inhalts erlauben. Eine Möglichkeit, in kompakter Form aktuelle Rankings zu erfassen, wird beispielhaft in Tab. 12.1 aufgezeigt, und zwar ausgehend von der Annahme, dass das Unternehmen 100 Keywords überwacht.

Die Beispieltabelle umfasst einen Zeitraum von sechs Monaten, die durch jeweils eine Spalte abgebildet werden. Die Zeilen treffen eine Aussage zu der Positionierung der strategisch wichtigen (100) Keywords in den Suchergebnissen. Die Felder sind folgendermaßen beispielhaft zu füllen: Ist ein Keyword auf Position 76, so ist es in den Top 100, aber nicht in den Top 50. Liegt ein anderes Keyword auf Platz 19, so ist es in den Top 100, Top 50, Top 20, nicht aber in den Top 10. Im ersten Monat sind von den strategisch wichtigen 100 Keywords 20 in den Top 100, fünf in den Top 50 und nur eines in den Top 20. Man sieht, wie sich die Positionen in den Folgemonaten immer weiter verbessern und ab Eintritt von Keywords in die Top 10 ist damit zu rechnen, dass sich die verbesserten Rankings auch in sich verbessernden betriebswirtschaftlichen KPIs niederschlagen.

Eine Alternative zu oben beschriebener Darstellungsform ist die Errechnung aggregierter Rankings. An einem Beispiel mit zwei Keywords, die auf Position 17 und Position 23 ranken, ergäbe die Durchschnittserrechnung Position 20 ((17 + 23)/2). Die Durchschnittspositionierung würde im Zeitverlauf dargestellt. Bei der Durchschnittsberechnung ist jedoch die Schwäche zu beachten, dass Aussagen über die SEO-Performance nahezu unmöglich sind. Selbst wenn das Durchschnittsranking im Zeitverlauf ansteigt, muss dies nicht bedeuten, dass irgendwelche Suchbegriffe in „traffic-relevanten" Bereichen der Suchergebnisse zu finden sind, also in den Top 3 bis Top 10 der Suchergebnisse.

Da man häufig viel mehr als nur 100 Begriffe überwacht, teilt man die Rankings je nach Geschäftslogik des Unternehmens und Intensität/Breite der SEO-Maßnahmen auf. Denkbar sind Aufteilungen nach Geschäftsbereichen oder Arten von Keywords beziehungsweise von Ziel-URLs (vergleichbar mit der Aufteilung bei den betriebswirtschaftlichen Kennzahlen). Dann wird man die Mengen von Keywords wie oben beschrieben sinnvoll aggregiert darstellen können.

Die Suchbegriffe aus der eigenen Keyword-Strategie sind auch bei großen Mengen in der Regel überschaubar im Gegensatz zu allen denkbaren Suchbegriffen, auf denen eine

Domain rankt, und genau diejenigen, die man bewusst angeht. Während die Positionen auf diesen Keywords systematisch zu verbessern versucht werden, ergeben sich oft auch Rankingverbesserungen auf Begriffen, die man nicht explizit anvisiert hat. Hier helfen **Sichtbarkeitswerte**, wie sie von professionellen SEO-Tools angeboten werden. Diese SEO-Tools betrachten wöchentlich große Mengen an Keywords – in der Regel mehrere Millionen. Für all diese Keywords werden die ersten 100 Suchergebnisse erfasst. Danach leisten die Tools eine Zusammenfassung auf Domainebene, die den Sichtbarkeitswert darstellt und der aus vier Komponenten besteht:

- Wenn eine Domain zu **mehr Keywords** in den Top 100 gefunden wird als eine andere, so hätte sie einen höheren Sichtbarkeitswert, wenn man Wettbewerb und Suchvolumen vernachlässigen würde.
- Wenn eine Domain zwar zu den exakt gleichen Keywords gefunden wird wie eine andere, allerdings auf besseren Positionen rankt, so hat sie einen höheren Sichtbarkeitswert.
- Wenn eine Domain auf der gleichen Menge an Keywords und auf den gleichen Positionen gefunden wird wie eine andere Domain, aber die Keywords, zu denen man gefunden wird, ein **höheres Suchvolumen** haben, so hat die Domain einen höheren Sichtbarkeitsindex.
- Zuletzt gibt es noch einen Sonderfaktor. Rankings zu generischen Begriffen – also solche, bei denen es sich nicht um navigationale Suchen dreht – führen zu einer höheren Sichtbarkeit. Das hat damit zu tun, dass bei navigationalen Begriffen der Kunde ohnehin weiß, welche Seite er besuchen will, und sich selten durch andere Ergebnisse ablenken lassen wird. Navigationale Suchen haben ein sehr charakteristisches Klickverhalten in den Suchergebnissen zugunsten des ersten Ergebnisses. Nehmen wir also an, eine Nachrichtenseite würde zu den Begriffen „eBay" und „Wirtschaftsnachrichten" auf Platz 6 ranken und die beiden Begriffe würden das gleiche Suchvolumen haben, so würde das Ranking des generischen Begriffs „Wirtschaftsnachrichten" mehr zur Sichtbarkeit beitragen als der navigationale Begriff „eBay".

Sichtbarkeitswerte lassen sich aus SEO-Tools ganz einfach durch Eingabe der Domain erfassen. In vielen Fällen macht es Sinn, Sichtbarkeiten auch granularer zu erfassen, wenn dies die Informationsarchitektur der Webseite hergibt, indem zum Beispiel die Sichtbarkeit bestimmter Verzeichnisse, Subdomains oder Ähnliches zusätzlich erfasst werden. In Abb. 12.3 wird die Sichtbarkeitsentwicklung wichtiger Unterverzeichnisse eines Shops getrennt ausgewertet und erlaubt dadurch die Bewertung der SEO-Leistung unterschiedlicher Produktkategorien:

Weitere typische Reporting-Elemente sind die größten positiven und negativen Rankingveränderungen bei besonders suchvolumenstarken Ziel-Keywords samt eines Deutungsversuchs, was dazu geführt haben könnte. Ist dies nicht als manueller Prozess gewünscht, der eher in die Tiefe geht, so kann das Betrachten von Keyword-Trends auch umfangreicher mit den Daten aus den Google-Webmaster-Tools mit kostenlosen Tools

Abb. 12.3 Sichtbarkeit der
Unterverzeichnisse

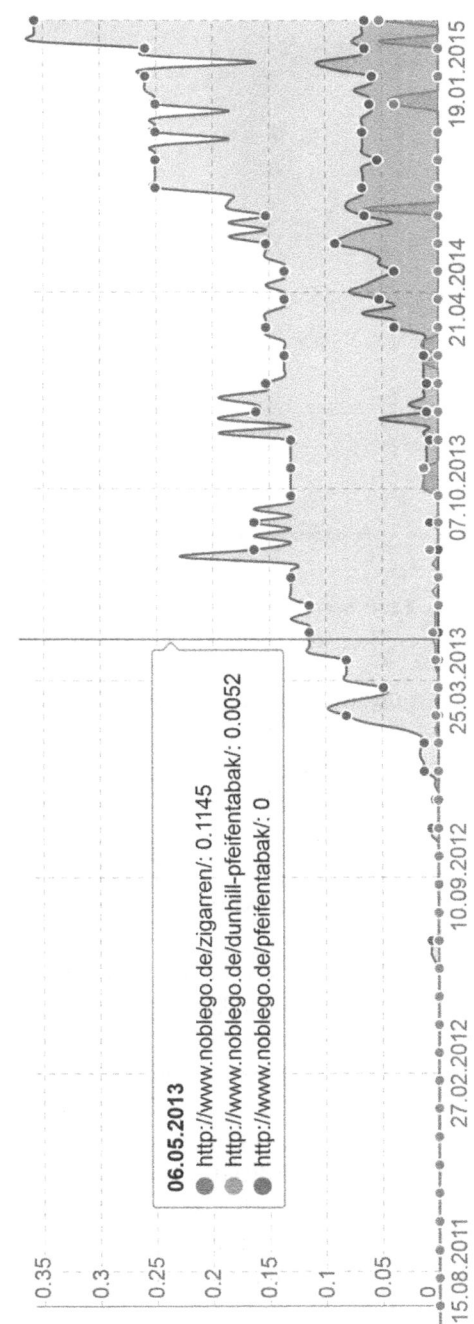

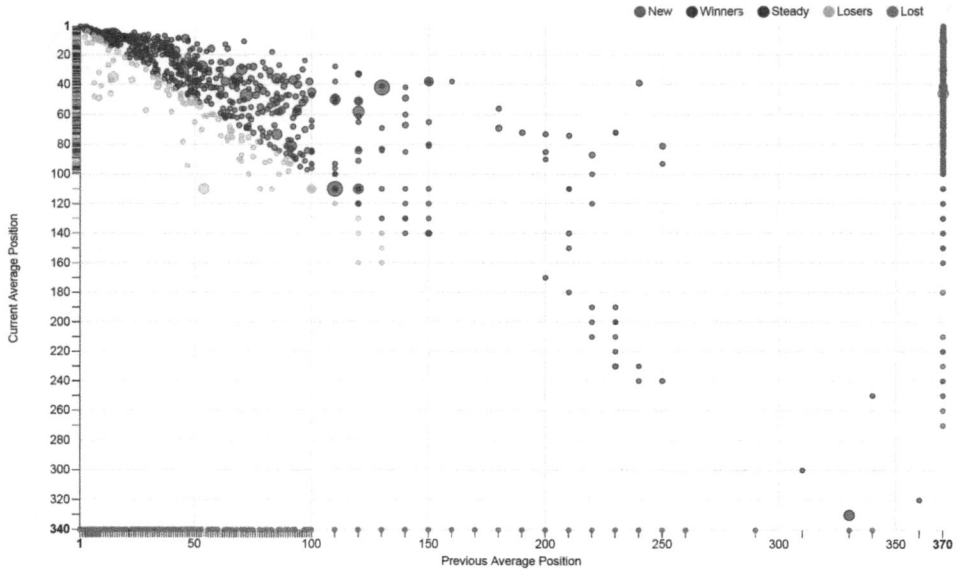

Abb. 12.4 Search Queries Chart

(https://websiteadvantage.com.au/GWT-Search-Queries-Chart) automatisiert dargestellt werden und kann dann beispielsweise folgende Form haben, vgl. Abb. 12.4:

Die Grafik zeigt elegant auf einen Blick, dass deutlich mehr Gewinner als Verlierer unter den Keywords sind – die gewählte SEO-Strategie scheint also aufzugehen.

12.4   Onpage-KPIs

Im Bereich der Erfolgskontrolle für Onpage-KPIs geht es oft um zwei Aspekte: Zum einen gilt es, den Überblick darüber zu behalten, ob das Unternehmen in einem Reporting-Zeit-raum den geplanten Arbeitsaufwand leisten konnte, um die Chance auf Verbesserung und Wachstum in der Suchmaschinenoptimierung zu steigern. Das gilt sowohl für den Content als auch für den technischen SEO-Bereich. Im technischen SEO-Bereich sind darüber hinaus verschiedene Daten zu erfassen, damit **Diagnostik- und Messinstrumente** mög-licherweise auftauchenden Herausforderungen begegnen können.

Inputseitig muss bei **technischem SEO** das Controlling über die Anzahl und den Um-fang der Aufgaben für die Technikabteilung laufen. Beispielsweise kann erfasst werden, wie viele SEO-orientierte Aufgaben pro Monat spezifiziert wurden, wie viele davon noch offen sind und wie viele bereits erledigt wurden. Wichtig ist es, nicht nur die Anzahl, sondern auch den Aufwand aufzuzeigen, um sicherzustellen, dass für SEO die Menge an Programmierkapazitäten, die zugestanden wurde, auch genutzt wurde und das Thema Suchmaschinenoptimierung in der Technik die Priorität genießt, die ihr zugeteilt wurde.

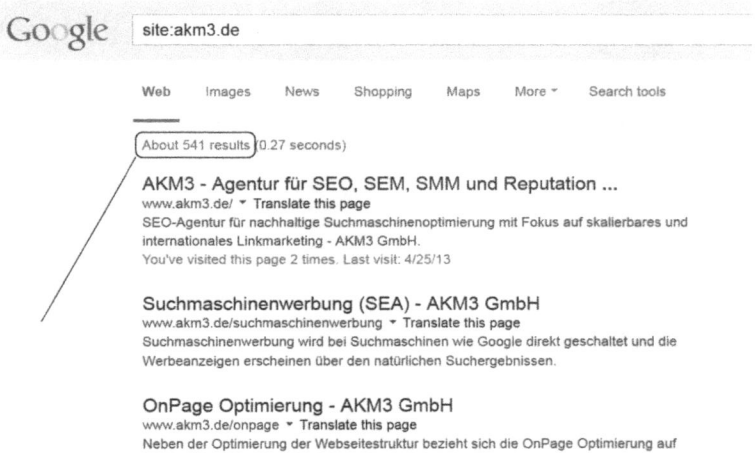

Abb. 12.5 Ergebnis einer Suche mit dem Site-Suchparameter

Bei **diagnostischen KPIs bei technischem SEO** gibt es viele sinnvoll zu erfassende Daten, um existierende Probleme bei der schrittweisen Beseitigung kontrollieren zu können oder um Ausschau nach möglichen entstehenden Problemen zu halten. Die grundlegendsten Kennzahlen sind hier Informationen, die die **„site:"-Abfrage** liefert, das heißt die Anzahl der indexierten Seiten. Abbildung 12.5 zeigt, wo das wichtige Ergebnis einer site:-Abfrage zu finden ist.

In der Regel ist es sehr hilfreich, dies nicht nur für die gesamte Domain so zu handhaben, sondern auch für verschiedene Unterbereiche, da die Zuverlässigkeit der Abfrage bei kleineren Mengen von Seiten höher ist. Die hier erfassten Zahlen sind als eine Art Frühwarnsystem für den Bereich des Indexierungsmanagements einzusetzen. Ein weiterer wichtiger Block an zu erfassenden Daten kommt aus den **Google-Webmaster-Tools**, wo man Informationen zur Anzahl der gecrawlten Seiten sowie zur Anzahl und Art der dabei gefundenen Fehler findet. Nutzt man XML-Sitemaps, so bekommt man die Information, wie viele der eingereichten URLs auch tatsächlich indexiert wurden. Im Idealfall hat man eine thematisch-inhaltliche Aufteilung der XML-Sitemaps, denn dann kann man erkennen, welche Seitentypen oder Bereiche der eigenen Domain gegebenenfalls Probleme haben. Abbildung 12.6 zeigt einen Fall, bei dem ca. 20 % der eingereichten Seiten nicht indexiert werden.

Im vorliegenden Beispiel würde man zunächst identifizieren, welche Seiten nicht indexiert sind, und sodann Bemühungen anstellen, um diesen Fehler zu beheben. Über den Erfolg der Bemühungen informiert dann ebenjene Stelle in den Google-Webmaster-Tools. Ebenfalls findet man in den Google-Webmaster-Tools Informationen zu möglichen Sicherheitsproblemen.

Der dritte große Block an Daten kommt in der Regel aus Tools aus dem Bereich der **Code-Qualitätssicherung** wie testomato.com oder codespy.com. Man kann hier besonders SEO-relevante Teile des Codes einzeln beobachten lassen. Oft beobachtet man für

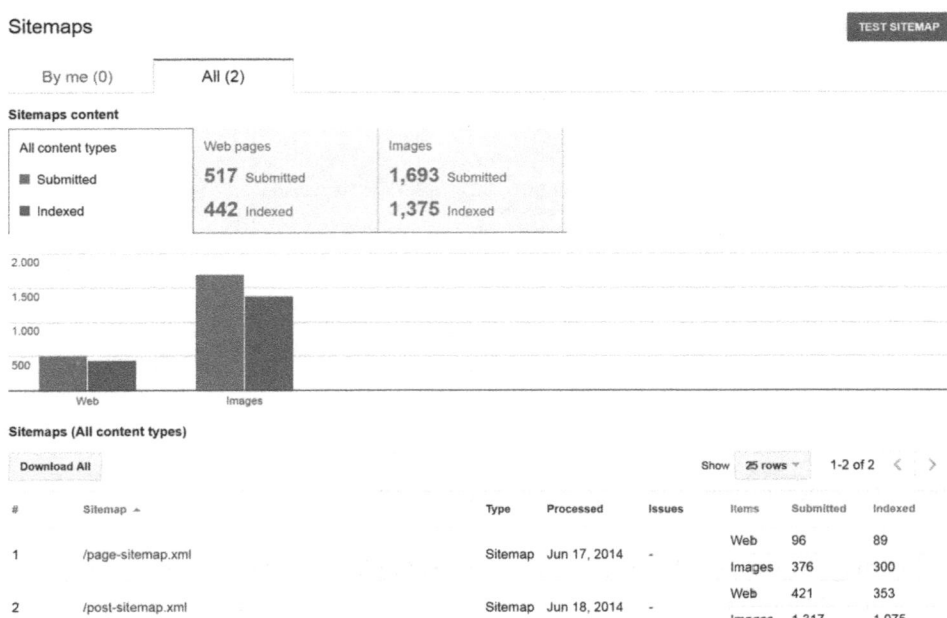

Abb. 12.6 Webmaster Tools Sitemaps

eine Domain auf verschiedenen Seitentypen mehrere Teile des Codes, sodass man nicht
selten mehrere Hundert Messpunkte hat. Gerade wenn Updates oder Relaunches anstehen,
zeigt die Erfahrung, dass SEO-relevante Teile des Codes häufig betroffen sein können,
ohne dass dies spezifiziert war. Durch die entsprechenden Tools behält man diesen Bereich im Blick.

Content-orientierte Onpage-KPIs können in zwei Bereiche unterteilt werden: zum
einen in den **Aufbau** von neuem und zum anderen in die **Verbesserung** von existierendem
Content. Beim Content-Aufbau kann beispielsweise erfasst werden, wie viele neue URLs
mit Content ausgestattet und welche Wortmengen veröffentlicht wurden. Die Verbesserung von Content wird vor allem dort wichtig sein, wo es schon Rankings und Besucher
auf der entsprechenden URL gibt, also dann, wenn eine konkrete Unterseite schon Top-
Platzierungen hat. Diese kann beispielsweise hinsichtlich ihrer Klickraten zu optimieren
versucht werden, indem an Title und Description gearbeitet wird, wenn die CTR dieser
URL hinter dem Durchschnitt der sonstigen Seiten zurückbleibt. Hat eine solche URL, die
viele SEO-Besucher gewinnt, eine hohe Bouncerate oder nur eine kurze Aufenthaltszeit
im Vergleich zum sonstigen Seitendurchschnitt der eigenen Domain, so wird man versuchen, am Content so zu arbeiten, dass die Conversion und Aufenthaltszeit auf der Seite
steigen.

12.5 Offpage-KPIs

Da der Offpage-Bereich heutzutage und auf absehbare Zeit von Linkmarketing dominiert wird, fokussieren wir uns bei den KPIs auf diesen Bereich. Ein Teil des Controllings im Linkmarketing besteht darin, einmal in der Vergangenheit gewonnene wertvolle und gute Links auf ihren Fortbestand hin zu überwachen. Zu einem gewissen kleinen Prozentsatz ist es vollkommen natürlich, dass Links von Webseitenbetreibern entfernt werden und somit aus dem Linkprofil verschwinden. Durch Ansprache des Seitenbetreibers lassen sich – eine gute Kontrolle vorausgesetzt – häufig viele dieser Links zurückgewinnen. Dies bedeutet deutlich weniger Aufwand als der Neugewinn von Links. Die andere Komponente des Controllings im Linkmarketing ist das Betrachten neu hinzugewonnener Links, sofern man sich hier Ziele gesetzt hat. Im Linkmarketing-Kapitel wurden Scoring-Systeme für die Qualitätsbewertung vorgestellt. Dies wird selbstverständlich durch quantitative Angaben ergänzt. In der Praxis würde also eine Fragestellung lauten, die man mit einer Kennzahl beantworten würde, wie viele Links einer bestimmten Mindestqualität gewonnen wurden; diese Ist-Zahlen können dann mit Soll-Zahlen verglichen werden. Neben aktiv gewonnenen Links macht es Sinn, auch regelmäßig nach passiv gewonnenen Links Ausschau zu halten. Hierzu eignen sich die im Tools-Kapitel auf Backlinks spezialisierten Tools wie MajesticSEO und AHrefs, aber auch der Link-Bereich in den Google-Webmaster-Tools.

12.6 Wettbewerber-KPIs

Einige der in diesem Kapitel eingeführten Erfolgskennzahlen können nur für die eigene Seite erhoben werden, wie beispielsweise Zahlen aus den eigenen Google-Webmaster-Tools oder aus der eigenen Webanalyse. Diese sind entsprechend weniger für einen Leistungsvergleich (Benchmarking) mit Wettbewerbern geeignet. Sichtbarkeiten, durchschnittliche Keyword-Positionen oder Rankingmengen im eigenen Keyword-Set, Domainpopularitäten oder Ähnliches eignen sich deutlich mehr als KPIs, die zum Wettbewerbsvergleich verwendet werden können.

Um Näherungswerte für die Kennzahlen der Wettbewerber zu bekommen, die eigentlich nur die eigene Webanalyse zur Verfügung stellt, besteht die Möglichkeit, auf professionelle Tools zur Wettbewerberbeobachtung zurückzugreifen. Alexa (www.alexa.com) und Similarweb (www.similarweb.com) bieten kostenlose Tools für den Einstieg. Abbildung 12.7 stammt aus der kostenpflichtigen Profiversion von Similarweb.

Die Daten sind sicherlich nicht hundertprozentig robust, aber sie zeigen Trends und Relationen zum Beispiel zwischen unterschiedlichen Webseiten oder unterschiedlichen Traffic-Quellen sehr deutlich. Wichtig ist bei der Nutzung solcher Daten für den Wettbewerbsvergleich, dass auch für das eigene Unternehmen die Daten aus diesen Werkzeugen genutzt werden.

Abb. 12.7 Wettbewerbsanalyse mit Similarweb. (Quelle: http://www.similarweb.com)

Um insbesondere den Content von Wettbewerbern auf konkreten URLs zu beobachten, die zu besonders wertvollen Keywords positioniert sind oder werden sollen, gibt es gute kostenlose Online-Tools zu genau diesem Zweck; hierzu zählen zum Beispiel change-detection.com, versionista.com oder visualping.io. Diese liefern selbstverständlich eher qualitative Einsichten als Möglichkeiten für einen quantitativen Wettbewerbsvergleich.

12.7 Ausblick

Der Bereich der Erfolgskontrolle im SEO wird sich in den kommenden Jahren sehr stark durch den „Big Data"-Trend in der IT-Entwicklung verändern. Es ist eine **Datenaggregation aus vielen verschiedenen SEO-Datenquellen auf URL-Ebene** zu erwarten. Datenquellen für jede wichtige URL werden beispielsweise sein:

- Crawler-Daten von eigenen Crawlern wie Strucr oder Ähnliches.
- Besucher- und Umsatzzahlen aus der eigenen Webanalyse. Aber auch Bouncerates, Aufenthaltszeiten und Conversion-Raten dieser URL.
- Besuchsmengen und -frequenzen durch den GoogleBot, welche aus Logfiles heraus analysiert oder mit spezialisierten Tools wie Botify erhoben werden.
- Onpage- und Offpage-Bemühungen, die inhouse oder durch SEO-Agenturen in jede URL investiert wurden.
- Daten darüber, welche URL zu welchem Keyword auf welcher Position rankt.

Die Aggregation dieser Daten wird SEO tiefere Einblicke denn je gewähren und so zum einen eine bessere Qualitätssicherung und zum anderen eine feinere und bewusstere Steuerung erlauben.

Google als Antwortmaschine: Optimierung für Universal Search und erweiterte Ergebnisse 13

Zusammenfassung

Google ist längst nicht nur eine Suchmaschine, die einfach Webseiten auflistet. Neben den normalen Suchergebnissen schließt sie Resultate aus sogenannten vertikalen Suchmaschinen mit ein und zeigt so Bilder, Videos oder Nachrichten in den Suchresultaten. Dies erfordert spezifische Optimierungen für die einzelnen Medientypen.

Zusätzlich entwickelt sich Google hin zu einer Antwortmaschine, die neben den Links zu anderen Webseiten auch eigene Informationen bündelt, gezielt anbietet und durch zahlreiche interne Verlinkungen, die zu weiteren Suchen führen, die Nutzungsdauer auf Google erhöht. Während Nutzer von den einfachen Antworten profitieren, steht aus Webseitenbetreiber-Sicht die Suchmaschine zwischen ihrer Webseite und ihren Nutzern. Dabei entwickelt Google immer neue Formate der Bündelung und Ausgabe von Antworten – sowohl bezogen auf die Webseitenergebnisse als auch auf die Informationen.

13.1 Anspruch dieses Kapitels

Das **Ziel dieses Abschnitts** ist es, die verschiedenen Ausprägungen der Ergebnisse Googles greifbarerer und mit Hinblick auf die Suchmaschinenoptimierung verständlicher zu machen. Dabei ist dies ein sehr dynamischer Bereich, in dem Google viele Ergebnistypen testet, weiterentwickelt und auch wieder abschaltet. So ist es im Rahmen dieses Fachbuchs nicht möglich, den aktuellsten Stand und die neusten Trends im Bereich der Google-Ergebnistypen darzustellen. Vielmehr ist anzunehmen, dass sich einige der folgenden erweiterten Suchergebnisse zur Veröffentlichung dieses Buches bereits verändert haben. Dennoch kann der folgende Abschnitt das inhaltliche Handwerkszeug bieten, um aktuelle Phänomene zu strukturieren, zu kategorisieren und auf dieser Basis Ableitungen und Prioritäten für die Suchmaschinenoptimierung auszuarbeiten.

© Springer Fachmedien Wiesbaden 2015   417
A. Alpar et al., *SEO – Strategie, Taktik und Technik*, DOI 10.1007/978-3-658-02235-8_13

Nach der Vorstellung und Einordnung einiger Typen der erweiterten Suchergebnisse geht dieser Abschnitt auf Universal-Search-Ergebnisse ein. Er ist aufgrund der Möglichkeit der Beeinflussung der Ergebnisse deutlich umfangreicher als der darauf folgende Abschnitt, der sich mit den direkten Antworten Googles auseinandersetzt, deren Beeinflussbarkeit und Nutzbarmachung für die Suchmaschinenoptimierung zum Zeitpunkt der Erstellung dieses Buches noch begrenzt ist.

13.2   Erweiterte Suchergebnisse

Die Suchergebnisseite von Google bietet heute mehr als organische Webseitenergebnisse: Neben der Integration vertikaler Suchmaschinen, eigener Services sowie Tools beantwortet Google eine Vielzahl von Fragen direkt auf der Ergebnisseite. Dazu integriert Google verschiedene Elemente in die Suchergebnisseite. Im Wesentlichen erscheinen hier unter anderem neben den reinen Webseiten-Listings:

- Organische und bezahlte Ergebnisse von vertikalen Suchmaschinen, die als spezialisierte Suchmaschinen einen Fokus auf Medien- oder Ergebnistypen legen, wie zum Beispiel Googles Bildersuche – sie werden auch als Universal-Search-Resultate bezeichnet
- Knowledge Graph
- Search Carousel und Listen
- Weiterführende Informationen und Deeplinks erweitern die organischen Listings zu Rich Snippets
- Answer Boxen
- Tools und Rechner

Auch andere Suchmaschinen wie Bing und Yahoo erweitern ihre Suchergebnisse fortlaufend. Doch Google ist unter den großen Suchmaschinen im Bereich der Vielfältigkeit der angezeigten Ergebnisse führend und ergänzt diese stetig um neue Formate und Angaben. So zeigten 2013 nur 15 % der Google-Suchergebnisse keine erweiterten Resultate in den SERPs an. Im Folgenden wird deshalb vor allem auf die Integrationen von Google eingegangen.

Google zeigt die Ergebnisse in verschiedenen Integrationstypen an. Die **OneBox** ist ein eigenständiger Ergebnisblock, der sich von den anderen Ergebnissen abgrenzt und einen Link zu weiteren Ergebnissen dieses Ergebnistyps beinhaltet (zum Beispiel Bilder, Nachrichten). Einzelergebnisse sind nicht abgegrenzt (zum Beispiel Videos). Eigenständige Integrationen sind hervorgehobene Ergebnisse, wie die Boxen von Knowledge Graph oder Answer Box. Das Carousel ist eine zentral direkt unterhalb des Suchfelds eingeblendete Liste, die die Ergebnisse vertikal ausgibt und blätterbar macht.

Die erweiterten Ergebnisse unterscheiden sich erheblich in ihrer Funktionsweise, also wie Google eine Einblendung ermöglicht, und auch in ihrer Relevanz für

Webseitenbetreiber. Denn ein Teil der erweiterten Ergebnisse dient nur dazu, dem User die Fragen zu beantworten und ihn auf weitere Seiten innerhalb des Google-Kosmos zu verweisen. Der andere Teil hingegen bietet Webseitenbetreibern die Chance, sich mit ihren Ergebnissen spezifisch zu positionieren, sich abzugrenzen oder Mehrfachlistings auf der Suchergebnisseite zu erreichen.

Durch verschiedene Kriterien können die einzelnen Elemente auf der Ergebnisseite differenziert werden; diese werden im nächsten Abschnitt vorgestellt. Im Anschluss folgt eine kurze Übersicht über die Kategorien, bevor diese dann detaillierter betrachtet werden.

13.2.1 Differenzierungsmerkmale

Im Rahmen dieses Kapitels dienen elf Eigenschaften der Abgrenzung der Ergebnistypen.

- Anordnung auf der Seite
- Medienfokus
- Sichtbares Medium
- Tool oder Daten
- Beeinflussbarkeit durch SEO-Maßnahmen
- Exklusivität der Teilnahme
- Bezahlt oder kostenlos für Teilnehmer
- Eigenständigkeit des Ergebnisses
- Klickbarkeit des Elements
- Art der Verlinkung
- Fokus auf Suchtyp nach Transaktion oder Information

Anordnung auf der Seite Eines der deutlichsten Merkmale zur Unterscheidung stellt die Position in Bezug auf die Anordnung zu den organischen und bezahlten Elementen auf der Webseite dar. Einblendungen können stehen:

- auf der Seite insgesamt (ganz oben auf der Seite)
- in der linken Spalte mit dem Verhältnis zu den organischen Ergebnissen (darüber, darunter, innerhalb und als deren Element)
- im Verhältnis zu den bezahlten Ergebnissen (darüber, darunter, innerhalb und als deren Element)
- in der rechten Spalte im Verhältnis zu den bezahlten Ergebnissen.

Einen Überblick zum derzeitigen Aufbau zeigt die Abb. 13.1. Im hellgrau hinterlegten Bereich finden sich die Suchergebnisse mit ihren verschiedenen Integrationstypen. Mit der Anordnung der Elemente schafft Google konkret Erwartungen zum Aufbau sowie zur Nutzersteuerung.

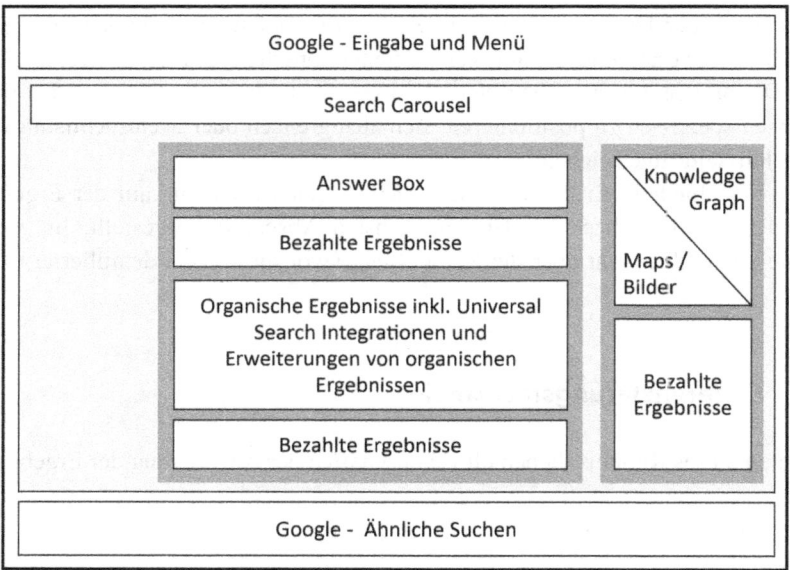

Abb. 13.1 Übersicht der Ergebnistypen bei Google

Medienfokus Der Medienfokus gibt an, ob eine Integration ausschließlich im Zusammenhang mit einzelnen Medien oder Inhaltstypen auftritt. Entweder sind diese medienspezifisch, wie bei den Universal-Search-Integrationen und bezahlten Services, zum Beispiel Bilder und Nachrichten, oder allgemein und unspezifisch hinsichtlich der Medientypen wie der Knowledge Graph.

Sichtbares Medium Das sichtbare Medium beschreibt, mit welchen Medienformen das Ergebnis dargestellt wird und wie es in die Ergebnisseite eingebunden ist. Dabei kommen die Elemente Text, Bilder und Symbole vor. Vor allem grafische Elemente heben sich von den Texten der Suchergebnisseite ab. Beispielsweise sind bei Einblendung von Video-Ergebnissen die sichtbaren Medien Bilder und Texte, ebenso bei Nachrichten. Bei Ratings hingegen sind es Symbole (zum Beispiel Sterne) und Texte.

Tool oder Daten Bei einigen Ergebnissen handelt es sich nicht um Daten, die aufgezeigt werden; vielmehr stellt Google direkt in der Oberfläche Werkzeuge und Anwendungen bereit, mit denen Benutzer arbeiten können, um die gewünschten Informationen zu erhalten.

Beeinflussbarkeit durch SEO-Maßnahmen Abhängig von der Datenbasis der Ergebnisse können einzelne Integrationen durch SEO-Maßnahmen beeinflusst werden, während andere davon unabhängig sind.

Exklusivität der Teilnahme Von den beeinflussbaren Daten sind einige nur nach einer vorherigen Anmeldung beeinflussbar, sodass hier das Kriterium der Teilnahmevoraussetzung relevant wird.

Bezahlt oder kostenlos für Teilnehmer Aus dieser Gruppe sind wiederum einige Services für die gelisteten Seiten gegenüber Google kostenpflichtig, während andere kostenfrei sind.

Eigenständigkeit des Ergebnisses Die Ergebnisse sind darüber hinaus danach zu unterscheiden, ob sie eigenständig auftreten oder der spezielle Ergebnistyp nur mit einem organischen Ergebnis erscheint.

Klickbarkeit des Elements Die Elemente sind stets oder teilweise klickbar, während andere nie klickbar sind.

Art der Verlinkung Bei den Links zählt vor allem, ob es sich um Links zu Google beziehungsweise Google-Services handelt oder ob sie direkt auf externe Seiten verweisen.

Suchintention nach Transaktion oder Information

Einige der Integrationen erscheinen vor allem bei informationalen Suchen, während andere vor allem bei transaktionalen Suchen zu finden sind. Darüber hinaus gibt es auch Ergebnistypen, für die keine Suchintention-Tendenz abzuleiten ist.

Diese Kategorien können teilweise untereinander in Beziehung stehen und aufeinander aufbauen. In einer ersten Dimension können so die relevanten Integrationen nach ihrer Relevanz für SEO abgeleitet werden. So lässt sich zunächst, wie in Abb. 13.2 dargestellt, eine Kette basierend auf der Klickbarkeit und der Art des Klickziels bilden. Elemente, die nicht klickbar sind, sind in der Regel informationale Erweiterungen, bei denen Google Daten aggregiert, und/oder eigene Services. Falls die Integration klickbar ist, kann sie entweder auf Google oder auf externe Webseiten verweisen. Bei der Verlinkung innerhalb Googles treten dann auf:

- ähnliche Suchen (sogenannte Related Searches), die auf eine spezielle Suchseite verweisen
- eigene Services der Suchmaschine, wie Google Maps, Google Shopping für transaktionsnahe Suchanfragen oder auch vertikale Suchmaschinen
- weitere Datenaggregationen mit informationalem Charakter wie der Knowledge Graph oder das Search Carousel, die die Aufenthaltsdauer der Nutzer auf Google erhöhen beziehungsweise den Besuch einer weiteren Webseite je nach Informationstiefe und -bedarf überflüssig machen können.

Interne oder keine Klickziele treten häufig in Kombination mit der Suchintention nach Information auf.

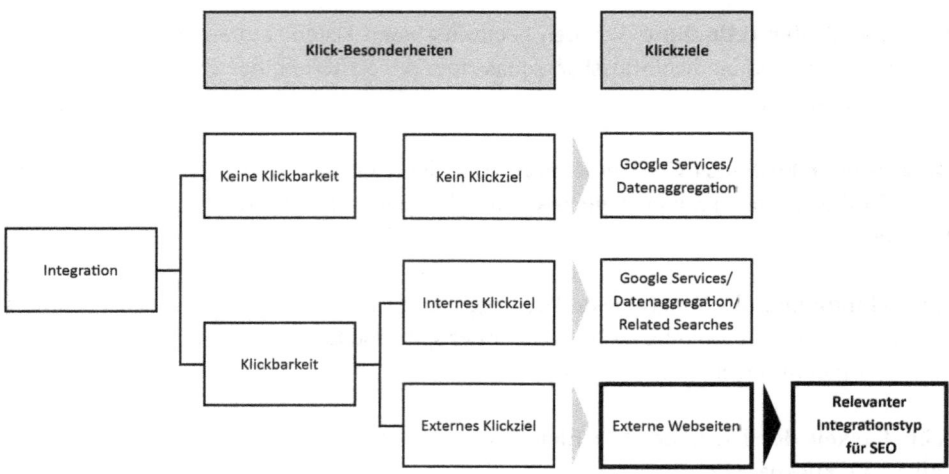

Abb. 13.2 Klick-Besonderheiten

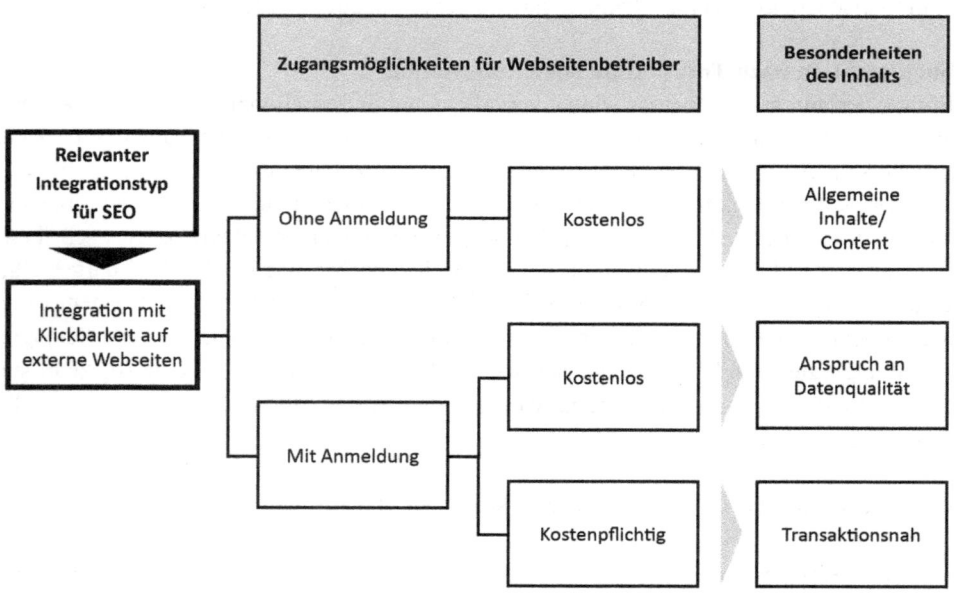

Abb. 13.3 Beziehung zwischen Klickziel, Exklusivität und Bezahlmodell

Für die Suchmaschinenoptimierung relevant sind die klickbaren Integrationen, deren Klickziel auf eine externe Webseite verweist. Exklusivität und Kostenpflichtigkeit lassen sich für diese Klickziele in einer zweiten Dimension zueinander ins Verhältnis setzen, wie in Abb. 13.3 zu sehen ist. Bei den Integrationen mit externen Webseitenzielen sind solche mit Teilnahmevoraussetzungen von solchen mit einer Listung ohne Anmeldung abzugrenzen. Programme mit Registrierungen dienen Suchmaschinen vor allem der Qualitätssicherung und Kontrolle. Dies bezieht sich sowohl auf Content (zum Beispiel Google News) und Datengenauigkeit (zum Beispiel Google Places) als auch auf bezahlte Dienste. Im Bereich dieser Phase ist die Entwicklung interessant, die Suchmaschinen weiterhin durchlaufen. Denn selbst wenn sie nicht mit den Anbietern von Produkten konkurrieren, so bietet diese Stufe doch Raum für die weitere Aggregation und Filterung von Ergebnissen, wie sie bisher auch in einzelnen vertikalen Suchmaschinen stattfindet. Vor allem für transaktionsnahe Angebote bieten Suchmaschinen bezahlpflichtige Modelle.

Auch weitere Elemente liegen nah zusammen. Der Fokus auf das Medium bestimmt auch die Darstellungsart; so sind bei Bilder- und Videosuchen stets Bilder in den Resultaten zu finden, während die Answer Boxen vor allem von Text und vereinzelten Listen dominiert werden. Auch der Darstellungsort beziehungsweise die Anordnung auf der Seite sowie die Eigenständigkeit spielen hier mit hinein. In der Betrachtung aller Kategorien können Elemente sehr genau verortet und systematisiert werden.

Stellt man diese Kategorien zusammen, so lassen sich verschiedene Ausprägungen sehr genau klassifizieren und abgrenzen, wie in Abb. 13.4 dargestellt. So lassen sich beispielsweise die in Abschn. 13.3.3.4 weiter erläuterten Nachrichten-Integrationen der Universal Search wie folgt einordnen: Das Medium sind die Nachrichten, wobei in den Suchergebnissen Texte und Bilder die sichtbaren Medien sind, es handelt sich um eigenständige Daten, die klickbar sind und dabei auf einen externen Link verweisen. Die Aufnahme findet nach einer Anmeldung statt und ist kostenlos. Die Aufführung in den Ergebnissen lässt sich durch SEO-Maßnahmen beeinflussen. Die zugrundeliegenden Suchanfragen der User sind mit ihrem Nachrichtenbezug tendenziell informational. Bei Google erscheinen die Nachrichten-Integrationen innerhalb der organischen Ergebnisse.

13.2.2   Kategorien erweiterter Ergebnisse

Im Wesentlichen lassen sich aus den Kriterien drei Gruppen von erweiterten Ergebnis-Darstellungen zusammenfassen, wie in Abb. 13.5 dargestellt. Alle Integrationen werden nach dieser Übersicht in den einzelnen Kapiteln jeweils im Detail vorgestellt und analysiert. An dieser Stelle soll jedoch eine Übersicht zu den Gruppen mit ihren jeweiligen Integrationskategorien vorangestellt werden.

1. Die Gruppe mit Fokus auf den Medientyp umfasst vertikale Suchergebnisse der Universal Search und bezahlte Ergebnisse mit ihrem Fokus auf einen Leistungstypen, wie Google Shopping.
   Die sogenannten **Universal-Search-Resultate,** die auch als **vertikale Ergebnisse oder Integrationen** bezeichnet werden können, zeigen die Top-Resultate der vertikalen Suchmaschinen an, wie Bilder, Videos, Nachrichten als kostenlose Dienste oder die

Ausprägung	Fokus	Medium / Inhalte-Typ als Gegenstand	Sichtbares Medium	Eigenständigkeit	Klickbarkeit	Typ der Verlinkung	Exklusivität bzw. Anmeldung in der Nutzung	Bezahlte oder kostenlose Services	Beeinflussbarkeit durch den Webseitenbetreiber durch Maßnahmen	Suchtypen-Fokus nach den Kriterien navigational, informational, transaktional oder informativ - Tendenzielle Einschätzung
Tools	Information	verschiedene	Tools	stand alone	keine	kein Link	keine	kostenlos	keine	informational
Answer Box (ohne Quelle)	Information	verschiedene	Text	stand alone	keine	kein Link	keine	kostenlos	keine	informational
Knowledge Graph Ratings	Information	verschiedene	Symbole	stand alone	klickbar	externer Link	keine	kostenlos	beeinflussbar	informational
Answer Box (mit Quelle)	Information	verschiedene	Text	stand alone	klickbar	externer Link	keine	kostenlos	beeinflussbar	informational
Knowledge Graph Google Plus Integration	Information	G+ Mitteilungen	Text	stand alone	klickbar	Google Link	Anmeldung	kostenlos	beeinflussbar	informational/navigational
Knowledge Graph Listen	Information	verschiedene	Bilder, Text	stand alone	klickbar	Google Link	keine	kostenlos	keine	informational
Related Searches	Information	Themenbezogen	Text	stand alone	klickbar	Google Link	keine	kostenlos	keine	keine
Knowledge Graph Info	Information	verschiedene	Text	stand alone	klickbar	Quell-Link	keine	kostenlos	keine	informational
Knowledge Graph Bilder	Information	verschiedene	Bilder	stand alone	klickbar	Google Link (Bildersuche)	keine	kostenlos	beeinflussbar	informational
Search Carousel	Information / Medientyp	verschiedene	Bilder, Text	stand alone	klickbar	Google Link	keine	kostenlos	keine	informational
Nachrichten-Integration	Medientyp	Nachrichten	Text, teils Bilder	stand alone	klickbar	externer Link	Anmeldung	kostenlos	beeinflussbar	informational
Bilder-Integration	Medientyp	Bilder	Bilder	stand alone	klickbar	externer Link	keine	kostenlos	beeinflussbar	keine
Video-Integration	Medientyp	Videos	Bild, teils Text	stand alone	klickbar	externer Link	keine	kostenlos	beeinflussbar	keine
Flug-Integration	Medientyp	Flüge	Text	stand alone	klickbar	Google Link	Anmeldung	bezahlt	beeinflussbar	eher transaktional
Hotel-Integration	Medientyp	Hotels	Text	stand alone	klickbar	Google Link	Anmeldung	bezahlt	beeinflussbar	eher transaktional
Google Places-Integration	Medientyp	Orte	Text + Kartenausschnitt	stand alone	klickbar	teils extern, teils Google Link (Maps)	teils Anmeldung	kostenlos	beeinflussbar	keine
Google Shopping-Integration	Medientyp	Produkte	Bilder, Text	stand alone	klickbar	teils extern, teils Google Link	Anmeldung	bezahlt	beeinflussbar	eher transaktional
Weitere Paid Inclusion & Services	Medientyp	spezifisch nach Integration	Typabhängig	stand alone	klickbar	Google Link (Typabhängig)	Anmeldung	bezahlt	beeinflussbar	eher transaktional
Sitelinks	Zusatz	verschiedene	Text	Zusatz	klickbar	externer Link	keine	kostenlos	beeinflussbar	navigational
Rich Snippets	Zusatz	verschiedene	Typbezogen, Bilder, Text, Symbole	Zusatz	teils klickbar	teils extern, teils keiner	keine	kostenlos	beeinflussbar	keine

Abb. 13.4 Übersicht über verschiedene Ergebnisse mit der Zuordnung der Eigenschaften

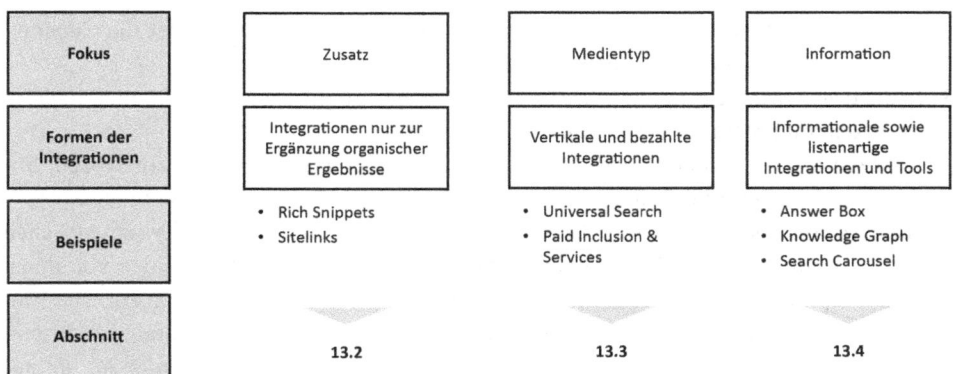

Abb. 13.5 Gruppierung der Integrationen

kostenpflichtige Hotel- oder Produktsuche. Eine Einblendung können Webseiten nur dann erzielen, wenn sie die Inhalte und technische Einbindung für die Suchmaschine optimieren. Für einige Services ist zudem das Erstellen eines Listings (Hotelsuche, Places Profil) und die Bezahlung von Gebühren an Google notwendig (Google Shopping). Aufgrund der großen Beeinflussbarkeit dieser Ergebnisse fallen die Ausführungen zur Universal Search hier umfangreicher aus als die zu den anderen Bereichen.

2. Zur zweiten Gruppe gehören die Integrationen mit einem Fokus auf Information, die Aggregation von Daten in Listen und Aufzählungen sowie von den Suchmaschinen angebotene Tools.

In der über den organischen Resultaten erscheinenden **Answer Box** beantwortet Google viele informationale Anfragen mittlerweile selbst: Wie ist das Wetter in meiner Stadt? Wie heißt die Mutter von Jennifer Lawrence? Auf welchen Tag fällt in diesem Jahr Ostern? Die in der Answer Box aufgezeigten Antworten sind nur teilweise klickbar. Abhängig von dem Datentyp blendet Google die Quelle als Fußnote oder mittels eines Links ein.

Der **Knowledge Graph** ist Googles Ergebnis-Box in der rechten Spalte. Google zeigt sie vor allem bei allgemeinen sowie informational geprägten Suchen. Darin aggregiert die Suchmaschine Daten von dritten Webseiten (unter anderem statistische Informationen oder Wikipedia-Erklärungen) sowie eigene, inhaltlich gebündelte Daten, die zu ähnlichen Suchen und teils in das Ergebnis-Carousel verweisen. Daneben erscheinen mitunter auch Informationen aus Mikroformaten und Einbindungen vertikaler Suchen wie die Top-Ergebnisse der Google-Bildersuche als Image-Block.

Zusätzlich strukturiert Google die Suchergebnisse. Dazu gehören **Listen**. Eine spezielle Art der Listen liegt bei dem **Search Carousel** (auch: Knowledge Graph Carousel) vor: Hier bündelt Google weitere relevante Ergebnisse und stellt diese graphisch hervorgehoben mit Bild und Verweis dar. Ein Klick auf diesen Verweis öffnet eine neue Suchseite bei Google, wobei das Carousel erhalten bleibt. Zudem blendet Google auch an anderen Stellen wie im Knowledge Graph oder am Seitenende weitere **Related Searches** ein.

Mit dem Taschenrechner oder dem Google Translate Übersetzer bietet die Suchmaschine in der Ergebnisseite **eigene Tools**.
3. In die dritte Gruppe gehören Erweiterungen, die nicht eigenständig sind, sondern nur in Zusätzen mit organischen Ergebnissen auftreten.
Da die einzelnen Unterformen bereits innerhalb anderer Kapitel erläutert werden, findet diese Kategorie im Rahmen des Abschn. 13.5 nur eine kurze Betrachtung.
Rich Snippets sind organische Ergebnisse, die Google basierend auf der semantischen Auszeichnung durch Mikroformate um zusätzliche Daten erweitert. Einige von ihnen sind Deeplinks, andere zeigen nicht-klickbare, zusätzliche Informationen auf. Die Einblendung basiert auf technischen Optimierungen an der Webseite. Ebenfalls als zusätzliche Ergebnisse zu den organischen Ergebnissen zeigt Google **Sitelinks** an, die auf relevante Unterseiten der Webseite führen.

Mit der fortschreitenden Vernetzung der Daten durch Google ist die Suchmaschine in der Lage, diese immer weiter zu aggregieren, zusätzliche relevante Daten anzubieten und damit die Aufenthaltsdauer und die Anzahl der Klicks stetig zu erhöhen.

Damit ist diese Übersicht nur ein Ausschnitt möglicher Ergebnisse, wie Google sie zum Zeitpunkt der Erstellung dieses Buches gestaltet. Wichtig ist es vor allem deshalb, die Systematik der Elemente entlang der Kategorien zu berücksichtigen, um damit Chancen und Herausforderungen neuer Integrationen bewerten zu können.

13.2.3   Entwicklung der Integrationen

Google testet und baut die erweiterten Ergebnisse und Universal-Search-Integrationen laufend aus. Mit den verfügbaren Daten ist eine der Tendenzen die weitere Verknüpfung, der weitere Aufenthalt auf den Ergebnisseiten durch hohe Informationsqualität und Verweise sowie die allgemeine Überarbeitung der Ergebnisdarstellung. Die bisherige Veränderung der Ergebnisse umfasst sowohl das Hinzufügen neuer Ergebnistypen als auch die Überarbeitung der Darstellung. Die folgende Übersicht stellt keine vollständige Timeline dar, sondern fokussiert besonders relevante Punkte. Google selbst stellt die eigene Tool- und Funktionenentwicklung in einer Timeline dar (vgl. Abb. 13.6).

Vor der Einführung der Universal Search im Mai 2007 und des Knowledge Graph im Mai 2012 waren vor allem die Onlinegänge der vertikalen Suchmaschinen von Bedeutung. Bereits im Oktober 2000 startete Google AdWords, was besonders vor dem Hintergrund der Dominanz bezahlter Ergebnisse und bezahlter Inklusionen bedeutsam ist, die neben den AdWords-Textanzeigen erscheinen, zum Beispiel Google Shopping.

Als erste große vertikale Suchmaschine ging die Bildersuche von Google im Juli 2001 online. Es folgten Google News im September 2002 und Froogle im Dezember 2002, das im Mai 2012 zu Google Shopping wurde. Die vormals getrennten Services Google Local vom März 2004 und Google Maps vom Februar 2005 sind heute von Google zusammengefügt. Erst im Januar 2005 bot Google eine Videosuche an. Daneben erschienen in

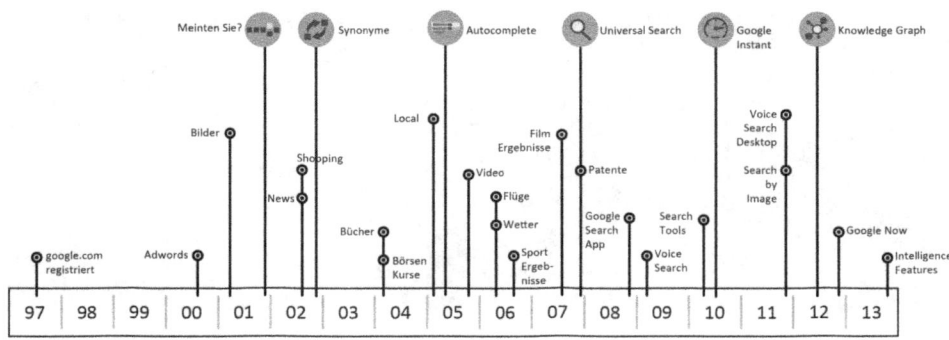

Abb. 13.6 Google Search Timeline (in Anlehnung an http://1.bp.blogspot.com/-sqn2W9v6WAo/ UknhX267WPI/AAAAAAAAArQ/BbLA77BGZTs/s1600/Search+Timeline+1997+-+2013.png)

diesem Zeitraum bis 2006 noch weitere spezialisierte Suchmaschinen wie Google Books für Bücher, Google Scholar für Fachliteratur, Google-Blogsuche oder Google Finance. Erst mit diesen vertikalen Suchmaschinen hat Google den Grundstein für die Einbindung der Universal-Search-Integrationen gelegt.

Mit der Einführung der Universal Search im Mai 2007 integrierte Google zunächst Videos, Nachrichten, Bücher, Bilder und lokale Ergebnisse in die Enhanced Results. Im Dezember 2007 folgten die Google-Blogsuche sowie die Google Shopping-Suche. Diese Ergebnisse ersetzten zunächst die Webseitenergebnisse. Dies änderte sich 2008, als Google die Mehrfachlistings einer Website durch Webseitenergebnisse und vertikale Resultate ermöglichte. Die nächste größere Erweiterung erfolgte 2009 mit der Einbindung von Twitter Real Time Resultaten.

Mit der Einführung der Product Listing Ads in AdWords 2011 spielte Google die Ergebnisse für kostenlose und kostenpflichtige Google Shopping-Anzeigen parallel aus: die kostenlosen Google Shopping-Ergebnisse in der Google Shopping OneBox, die kostenpflichtigen Produktlisten-Anzeigen im AdWords-Anzeigenbereich. Mit der Umstellung auf die ausschließlich kostenpflichtigen Produktlistings seit 2012 (Deutschland: Beginn im Februar 2013, Abschluss im Juni 2013) führte Google die Google Shopping-Einblendung mit den Produktlisten-Anzeigen in einer OneBox der Google-Shopping-Anzeigen zusammen.

Weitere Änderungen betreffen die Art und Weise der Ausgabe der einzelnen Ergebnisse in den SERPs sowie deren Platzierung in den OneBoxen. So ermöglichte Google zwischenzeitlich das Abspielen von YouTube-Videos innerhalb der Ergebnisseiten. Musiksongs konnten die User 2009 durch die strategische Partnerschaft mit MySpace und Lala innerhalb der SERPs hören. Bei der Bilder-Integration ging das heute bekannte Tablet-Format, wie es in Abb. 13.7 zu sehen ist, erst 2009 online.

Zudem verknüpfte Google zunehmend Bilderergebnisse mit anderen Ergebnissen. Zunächst reicherte die Suchmaschine damit die Maps-Ergebnisse an. Mit der Einführung des Knowledge Graph 2012 bindet Google bei einem Teil der informationalen Suchanfragen

Ocelot

Animal

Abb. 13.7 Bilder-Integration in den Suchergebnissen

Abb. 13.8 Vergleich News-Integration. 2013 (*links*) vs. 2009 (*rechts*)

die Bilder-OneBox in den Knowledge Graph mit ein und hebt diese Resultate so gesondert hervor. Nachdem Google zunächst ein stilisiertes Zeitungssymbol für die News-Ergebnisse nutzte, besteht der News Oneblock heute zumeist aus einem News-Webseiten-Block in Kombination mit einem News-Artikelbild (siehe Abb. 13.8). Das Zeitungssymbol findet keine Verwendung mehr. Auch für das Carousel sind die Bilder von entscheidender Bedeutung und primäres visuelles Element.

Auch die Positionierung der Google-Maps- und Places-Integrationen hat sich geändert. Waren diese zu Anfang bedingt durch die Positionierung der Karte über den Suchergebnissen noch an erster Stelle eingebunden, verschob Google die Places-Ergebnisse abhängig von der Suchanfrage auch auf die Positionen drei bis fünf. Die Karte hingegen wird zum **derzeitigen Stand** rechts von den Webseitenergebnissen angezeigt. Verändert hat sich diese Einblendung zudem durch die Einbindung der Google-Places-Seiten in Google Maps seit 2009. Diese Form der Ergebnisse wurde auch durch die Einstellung Googles beeinflusst, seit 2009 auch dann lokale Ergebnisse auszuspielen, wenn der Standort nicht in der Suchanfrage vorkommt. Erst 2010 launchte Google die Places Search und schuf damit die Basis für mehr Einblendungen dieser Integration.

Abb. 13.9 Suchergebnisse für „The Dark Knight Besetzung"

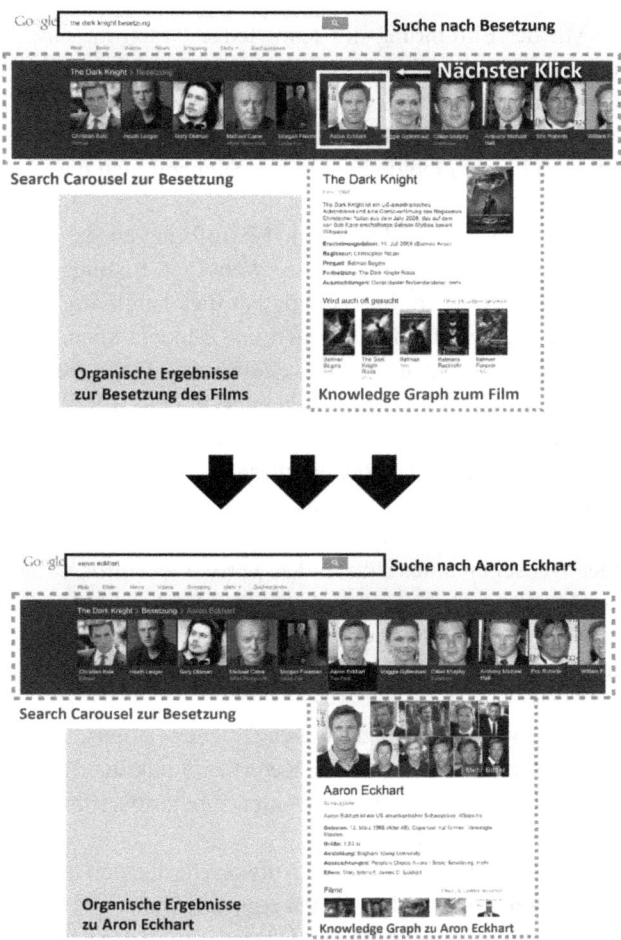

Bei vielen Suchergebnissen steigert Google die Verweildauer auf der eigenen Webseite durch passende Querverweise. Dies spiegeln auch der rechts angebrachte Knowledge Graph sowie das Knowledge Graph Carousel oberhalb der SERPs wider. Benutzer, die innerhalb des Carousel auf die weiterführenden Elemente klicken, gelangen zu einer neuen Carousel-Liste, ergänzt um neue, häufig durchgeführte verwandte Suchen.

So führen Klicks auf die informational eingeblendeten Bilder die Nutzer zu den benannten Personen, Songs, Filmen oder Ähnlichem. Ein Klick auf das Bild von Aaron Eckhart in der von Google gebildeten Liste der Batman-Schauspieler führt so nicht zur Bild-Seite, sondern löst eine Suchanfrage bei Google nach Aaron Eckhart aus. Dabei bleibt das Search Carousel erhalten, die organischen Ergebnisse sowie der Knowledge Graph sehen nach diesem Klick jedoch anders aus: Anstatt auf die Besetzung des Films fokussieren sie sich jetzt auf den im Search Carousel angeklickten Aaron Eckhart, wie Abb. 13.9 zeigt.

Mit der Einführung des Knowledge Graph im Jahr 2012 geht Google vor allem auf informationale Anfragen ein. Für die Universal-Search-Optimierung sind der Knowledge Graph und die Bündelung der Daten besonders für Bilder relevant. Zum einen werden die Bilder damit im sichtbaren Bereich zusätzlich hervorgehoben und doppelt platziert, zum anderen bindet Google bei einigen Suchanfragen die Bilderergebnisse in den Knowledge Graph mit ein.

Durch die Möglichkeit, mit Mikroformaten die Website semantisch auszuzeichnen, können Webseitenbetreiber ihre Webseiten-Listings um weiterführende relevante Informationen erweitern. Für Google hat dies langfristig den Vorteil, dass die Suchmaschine gezielt aggregiert Daten abrufen und bündeln kann. Dies gibt Suchmaschinen die Möglichkeit, diese Daten in eine weitere vertikale Suche einzuspeisen, und bietet zum einen Chancen aufgrund der Hervorhebung in den SERPs durch besonders relevante vertikale Resultate. Zum anderen kann darin eine Herausforderung bestehen, wenn sich die Suchmaschinen dazu entschließen, diese Listings wie im Falle von Google Shopping kostenpflichtig zu machen. Beschließt Google gar, diese Informationen weiter mit den anderen Daten zu verknüpfen und die Aufenthaltsdauer auf der Plattform weiter zu erhöhen, geht hier Webseiten unter Umständen wertvoller Traffic verloren.

Die stetige Weiterentwicklung der Suchmaschine Google in Richtung einer universellen Antwortmaschine mit einer Vielzahl verschiedener Integrationen und aufbereiteter Informationen zeigt als klaren Trend

- die Erweiterung um zusätzliche Suchen (Hotels, Flüge, Kinofilme), die sich ihre Daten teils aus der semantischen Kennzeichnung durch Mikroformate ziehen, teils auch darauf basieren, dass Unternehmen ihre aufbereiteten Informationen dem Unternehmen zur Verfügung stellen,
- die Ergänzung um weitere Antworten, die sich aus der Aggregation und Neu-Zusammenstellung einzelner Daten ergeben, und
- die Weiterentwicklung und Überarbeitung der Ergebnisseite selbst.

13.3   Universal Search

13.3.1   Was ist „Universal Search"?

Die Suchleistung von Google umfasst im Wesentlichen zwei Bereiche: die Websuche und vertikale Nischensuchen. Die Websuche listet reine Webseitenergebnisse. Nischensuchmaschinen kennzeichnen sich dadurch, dass sie sich im Bereich der vertikalen Suche auf einzelne Suchbereiche fokussieren. Diese Bereiche sind unter anderem:

- Medientypen und multimediale Elemente, wie Bilder, Videos oder PDFs
- Spezielle Branchen und Leistungen, wie Nachrichten, Bücher, Shopping-Produkte, Branchenbuch-Einträge, Hotelzimmer oder Flüge

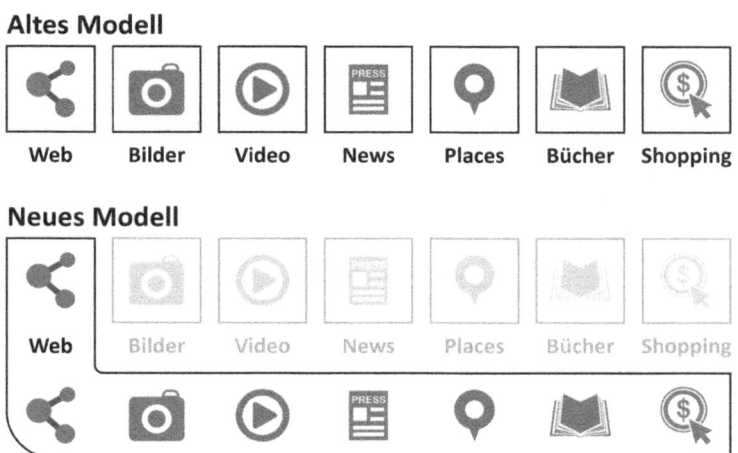

Abb. 13.10 Funktionsweise der erweiterten Ergebnisse der Universal Search (in Anlehnung an http://searchengineland.com/images/universal-search.gif)

Viele Nischensuchmaschinen existieren unabhängig von den großen Web-Suchmaschinen. Doch auch Google, Yahoo! und Bing bieten neben ihrer Websuche vertikale Suchmaschinen an. Unter anderem betreibt Google vertikale Suchen für Videos, News-Artikel, Produkte, Bilder, lokale Branchenergebnisse, wissenschaftliche Publikationen oder Bücher.

Der Begriff der **Blended Search**, auch Enhanced Results, bezeichnet die Erweiterung der Webseitenergebnisse um relevante Ergebnisse der vertikalen Suchmaschinen. Die so erweiterten Ergebnisse zeigen damit zusätzlich multidimensionalen Content spezieller Leistungen und Branchen sowie anderer Medientypen (vgl. Abb. 13.10). Google führte seine erweiterten Ergebnisse im Jahr 2007 unter dem Begriff der „**Universal Search**" ein. Auch andere Suchmaschinen wie Bing und Yahoo! folgten diesem Trend und erweiterten ihre Ergebnisse.

Zunächst „entscheidet" Google abhängig von der Suchanfrage und Testing-Ergebnissen des Userverhaltens, welche Universal-Search-Integrationen für den Nutzer relevant sind. Hier schließt das Unternehmen abhängig von der Suchanfrage auf die Nutzerintention. So ist allem voran wichtig, dass die vertikalen Suchergebnisse die Suchanfrage beantworten. Beispielsweise zeigt Google bei Suchanfragen mit regionalem Bezug wie „Handwerker Berlin" andere Erweiterungen als bei informationalen Anfragen mit „wie funktioniert?". Während die Suchmaschine im ersten Fall eher lokale Integrationen einbindet, sind für die zweite Anfrage eher erklärende Bilder und Videos relevant. Insgesamt führt dies dazu, dass einzelne Suchanfragen auf der ersten Ergebnisseite viele Integrationen enthalten, während bei anderen keine einzige gelistet wird. Generell testet Google noch immer die Einblendung der Universal-Search-Integrationen, sodass sowohl deren Aufmachung als auch deren Anteile im Zeitverlauf variieren.

Abb. 13.11 Suchergebnisse mit vertikalen Ergebnissen in OneBoxen

Kommt es zur Einblendung der vertikalen Ergebnisse, bündeln Suchmaschinen diese in OneBoxen. Eine OneBox listet jeweils nur Resultate einer einzelnen Nische. Sollen Webseiten dort erscheinen, ist ein sehr gutes Ranking in den Nischensuchmaschinen Voraussetzung. Deshalb gewinnt die Optimierung der Inhalte für die vertikalen Suchen an Bedeutung. Erst bei einer hohen Position dort steigt die Wahrscheinlichkeit, in den erweiterten Ergebnissen zu erscheinen. Die Abb. 13.11 zeigt Ergebnisse der Universal Search mit Bildern, Videos und Shopping. Dabei handelt es sich bei der Bilder-, Shopping- und Videosuche um eine OneBox.

13.3.2 Status Quo

Eine umfassendere Studie zur Verteilung von Googles Universal-Search-Integrationen im Jahr 2013 in Deutschland stammt von Searchmetrics. Das Unternehmen trackt mit seinem Tool mehrere Millionen Keywords und berücksichtigte für die Erhebungen die Universal-Search-Ergebnisse bis einschließlich der fünften Seite. Weitere Daten – allerdings aus dem Jahr 2010 – zu den deutschen SERPs stammen von SISTRIX, ebenfalls einem Tool-Anbieter für Suchmaschinenoptimierung und -werbung. Diese Daten geben eine Orientierung bezüglich der allgemeinen Entwicklung. So stieg der Anteil an Suchergebnissen mit erweiterten Ergebnissen, wie in Abb. 13.12 zu sehen ist, nach der Einführung kontinuierlich an.

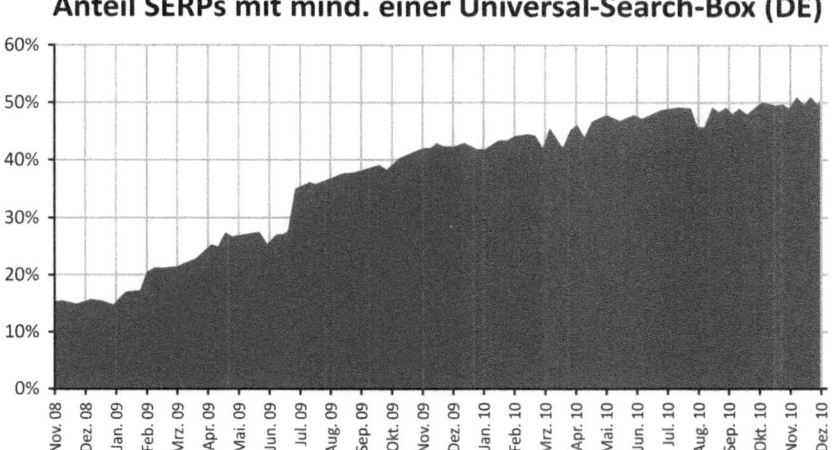

Anteil SERPs mit mind. einer Universal-Search-Box (DE)

Abb. 13.12 Suchergebnisseiten mit Universal-Search-Erweiterung 2010. (Quelle: http://www.sistrix.de/news/universal-search-update/)

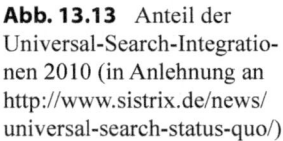

Abb. 13.13 Anteil der Universal-Search-Integrationen 2010 (in Anlehnung an http://www.sistrix.de/news/universal-search-status-quo/)

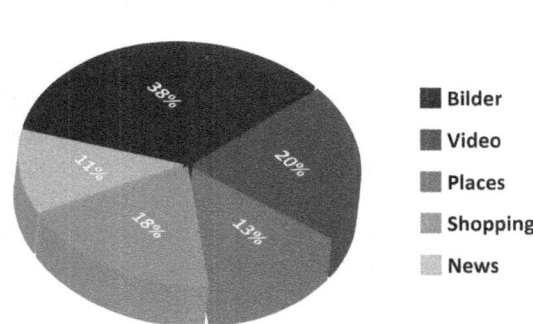

Anteil der Universal-Search-Integrationen

■ Bilder
■ Video
■ Places
■ Shopping
■ News

Nach Searchmetrics blendete Google im Dezember 2013 bei 73 % der Keywords erweiterte Ergebnisse ein. Nur 27 % wiesen keine Integration auf. Im Januar 2013 lag der Anteil der Universal-Search-Einblendungen in Deutschland noch bei 66 %. Dabei schwanken die monatlichen Werte, was eventuell ein Indikator dafür ist, dass Google seine Universal-Search-Einblendungen auf ihre Eignung hin prüft und die vertikalen Ergebnisse nur einblendet, wenn sie für den User relevant sind.

Den Daten von SISTRIX aus dem Jahr 2010 zufolge stellt sich die Verteilung der Integrationen so dar, dass den Großteil der Einblendungen die Bilderergebnisse mit 38 % ausmachen (vgl. Abb. 13.13). Es folgen Video-Integrationen (20 %) und Shopping-Einblendungen (18 %). Die Anzeigen von Maps-Integrationen (13 %) und News (11 %) sind im Vergleich dazu geringer. Diese Daten können jedoch aufgrund ihres Alters nur als Indikator zur Verteilung dienen. Aufschlussreicher ist deshalb die Häufigkeit der Einblendungen der einzelnen Integrationen.

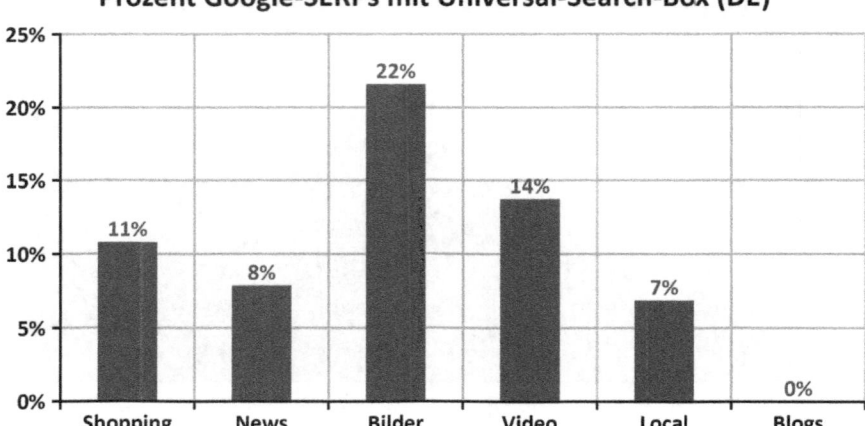

Abb. 13.14 Universal Search Einblendungen im Jahr 2010 in % (in Anlehnung an http://www. sistrix.de/news/universal-search-status-quo/)

In der Übersicht zur Anzeigehäufigkeit einzelner Nischensuchen-Resultate in den SERPs schwanken zwar die einzelnen Werte, doch lässt sich damit auf die Relevanz der einzelnen Medientypen und Leistungsformen schließen. Trotz der abweichenden Daten von SISTRIX und Searchmetrics zeigen beide Datenquellen im Vergleich die relevantesten Integrationen auf: die Bildersuche und die Videosuche an oberer Stelle im Bereich von 25 bis 50 %. Einblendungen von Shopping, Maps und News erfolgen bei etwa 10 % der Suchanfragen.

So dominierten 2010 laut SISTRIX vor allem die Bilder (22 %), gefolgt von Videos (14 %), Google Shopping-Resultaten (11 %) sowie News (8 %) und Local-Ergebnissen (7 %). Blog-Einblendungen wurden hingegen nicht verzeichnet (vgl. Abb. 13.14).

Die 2010 veröffentlichten Searchmetrics-Daten (vgl. Abb. 13.15) weichen von denen von SISTRIX hinsichtlich der Video-Integrationen deutlich ab. So erscheint die Video-Einblendung bei 25 bis 50 % der untersuchten Keywords. Bilderergebnisse liegen im Bereich von 20 bis 30 % und passen damit genauso wie die Shopping-, Local- und Blog-Integrationen zu den Daten von SISTRIX. Dieser Verlauf von Searchmetrics zeigt zusätzlich noch den Verlauf der Buch- sowie der Blogsuche.

In den Daten von Searchmetrics über das Jahr 2013 zeigt sich eine ähnliche Verteilung, wie in der Abb. 13.16 bei der Zuordnung des Prozentsatzes der Keywords mit der jeweiligen Integration zu sehen. Schwankungen der Kurven können beispielsweise in temporär veränderten Suchintentionen liegen (zum Beispiel Wetterkatastrophen, Weltmeisterschaften oder Wahlen). Weiterhin dominieren die Einblendungen von Videos und Bildern als grafische Elemente bei den Keywords mit Integration.

Aus einer anderen Perspektive ist die Gesamtanzahl an vertikalen Ergebnissen zu sehen. So besteht ein Bilder-Block aus mehreren Einzelelementen und hat damit eine höhere absolute Anzahl. Wie in Abb. 13.17 hat über das Jahr 2013 der Anteil an Shopping-Ergebnissen stark zugenommen und beinahe die Häufigkeit von Video-Ergebnissen erreicht.

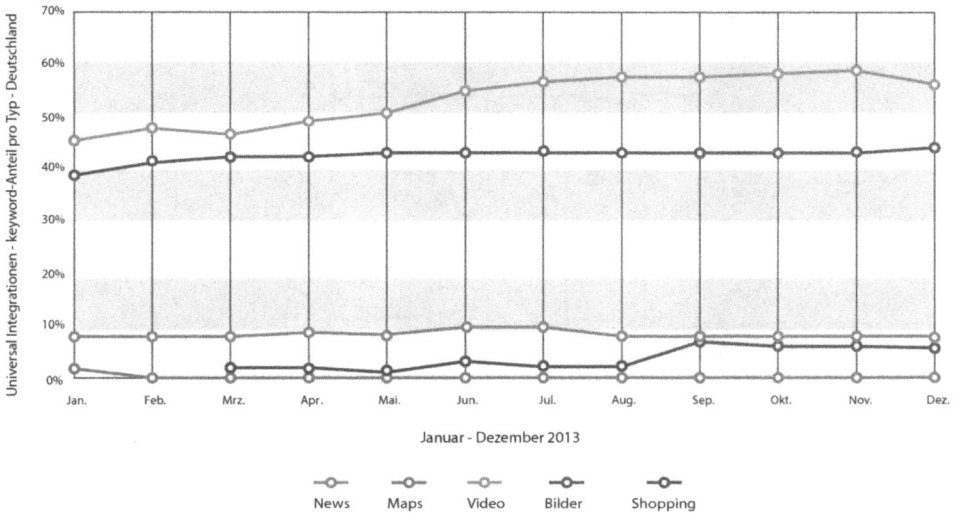

Abb. 13.15 Anteile der Universal-Search-Integrationen 2011 (in Anlehnung an: http://blog.search-metrics.com/de/2011/07/28/zahlen-zur-universal-search/)

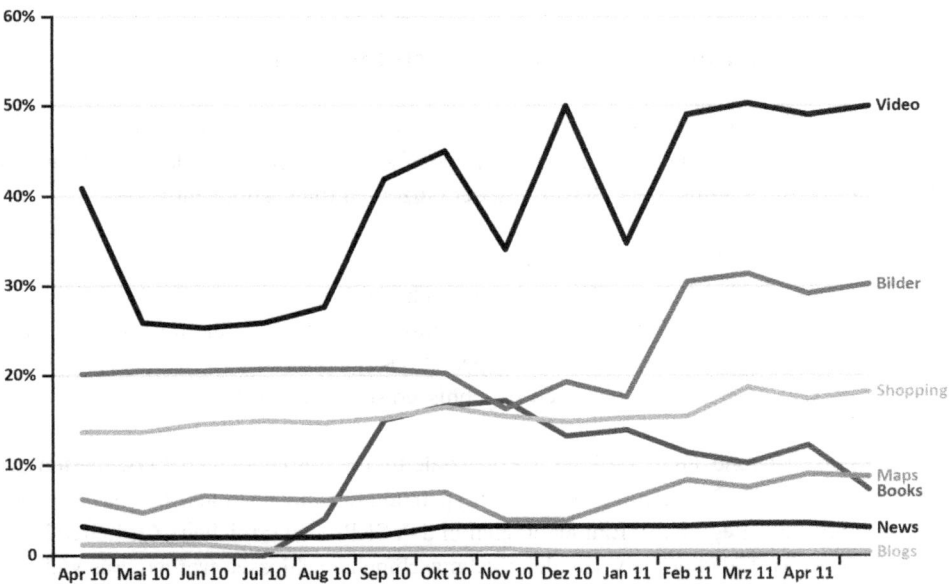

Abb. 13.16 Keyword-Anteile der Universal-Search-Integrationen (in Anlehnung an http://www.searchmetrics.com/media/documents/knowledge-base/searchmetrics-universal-search-studie-2013_de.pdf)

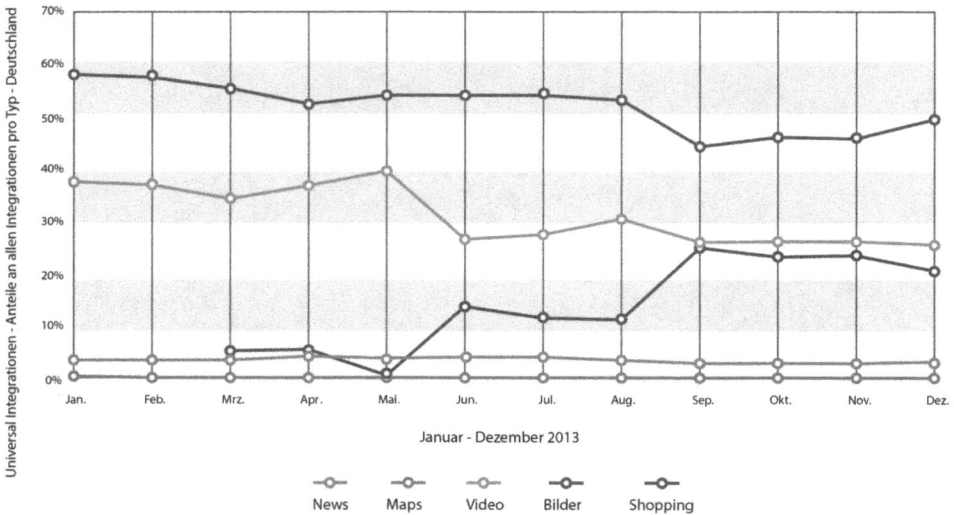

Abb. 13.17 Häufigkeiten der Universal-Search-Integrationen (in Anlehnung an http://www. searchmetrics.com/media/documents/knowledge-base/searchmetrics-universal-search-studie-2013_ de.pdf)

13.3.3   Optimierung der Universal-Search-Integrationen

Der Nutzen der einzelnen Integrationen ergibt sich grundsätzlich aus den Chancen von Universal-Search-Einblendungen sowie den spezifischen Eigenheiten der einzelnen Typen. Grundsätzliche Punkte zur Bewertung der einzelnen Integration sind:

- Beschaffung der Medien
- Optimierung der Medien für die vertikalen Suchmaschinen
- Aktuelle Einblendung der jeweiligen Integration als Indikator für die Intention, den Bezug zur Branche und den Nutzen für spezielle Keywords
- Wettbewerb in den organischen Web-Ergebnissen sowie in den Integrationen

Ergeben sich basierend auf den Analysen Potenziale für die Einblendung der erweiterten Ergebnisse, so steht die Optimierung der Medientypen und Leistungsbereiche an. Das Ziel dieser Optimierungen liegt darin, Einblendungen in den SERPs zu erreichen. Zusätzlich kann damit weiterer Traffic über die vertikalen Suchmaschinen erschlossen werden. Für Webseitenbetreiber empfiehlt es sich, das Potenzial ihrer Universal-Search-Einblendungen für die relevanten Keywords zu überprüfen und mit der Intention der Suchanfrage abzustimmen. Im Folgenden werden dazu die einzelnen Integrationen mit ihrer Erscheinungsform, ihrer Bedeutung sowie der Anbindung an die Webseite und deren Optimierung näher vorgestellt. Dabei geht der Abschnitt auf Bilder, Google Places, Videos, Nachrichten und Shopping ein. Daneben existieren noch Google Books, Google Scholar als kostenlose Integrationen und die Flug- sowie Hotelsuche als anmelde- und kostenpflichtige Ergebniserweiterungen.

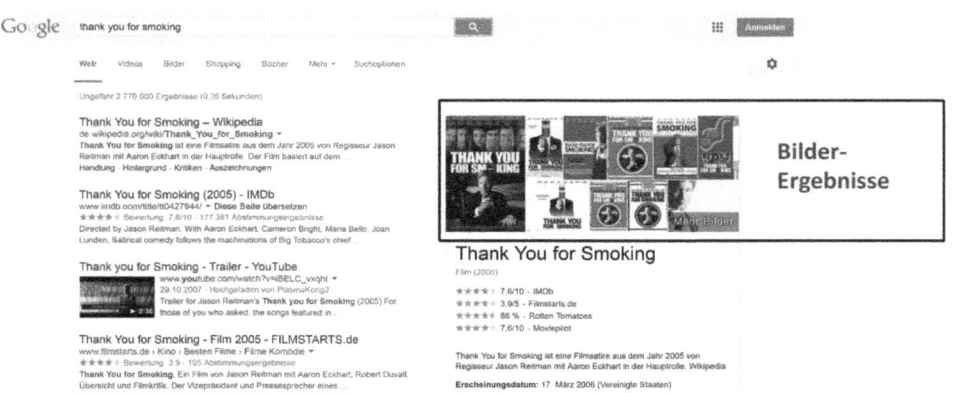

Abb. 13.18 Ergebnis der Bildersuche im Knowledge Graph

13.3.3.1   Bilder

13.3.3.1.1   Erscheinungsform

Google zeigt Bilder sowohl in dem Hauptbereich der Suchergebnisse mit den Webseitenergebnissen als auch innerhalb der Informationsbox des Knowledge Graph (siehe Abb. 13.18) und des Search Carousel. Sobald es einen Knowledge Graph gibt, ist die Bilder-OneBox üblicherweise dort eingebunden. Bei relevanten Bildersuchen in der Universal Search mit „Bilder" zeigt Google auch größere Image-Boxen an, wie in Abb. 13.19 zu sehen ist.

13.3.3.1.2   Bedeutung

Die Bildersuche gehört neben der Videosuche zu den am häufigsten eingeblendeten Universal-Search-Integrationen. Laut Searchmetrics blendete Google 2013 bei 44 % der Suchanfragen Bilderergebnisse ein.

Der Nutzen der eingebundenen Bilder hängt vom Geschäftstyp und der Branche des Unternehmens ab. Generell lassen sich zu jedem Bereich Bilder zur Verfügung stellen. Bei weniger bildorientierten Branchen kann die Bilder-Integration eine nutzbare Nische sein. Voraussetzung ist, dass Google Bilder als relevant erachtet und dazu die Integration einblendet. Darüber hinaus können Bilder eine sinnvolle Ergänzung entlang der Kundenbeziehung darstellen, zum Beispiel wenn Informationsportale Anleitungen bereitstellen oder Nutzer im eCommerce über die Bildersuche nach Produkten suchen.

13.3.3.1.3   Umsetzung und Optimierung

Die Integration der Bilder wird ausschließlich über Onpage- und Offpage-SEO-Maßnahmen gefördert.

Das Ziel der Optimierung der Bilder für die Bildersuche besteht darin, die Suchmaschine dazu zu befähigen, relevante Bilder zu crawlen, zu indexieren und diese als passende Ergebnisse für die Suchanfrage auszugeben. Dazu muss sie erkennen, was der Inhalt des Bildes ist. In diesem Prozess fügen sich die einzelnen Maßnahmen wie in Abb. 13.20 dargestellt ein. Den Medienbruch vom gesuchten Bild-Medium zur auf Text basierenden Suchanfrage müssen Webseitenbetreiber durch die Optimierungsmaßnahmen überwinden.

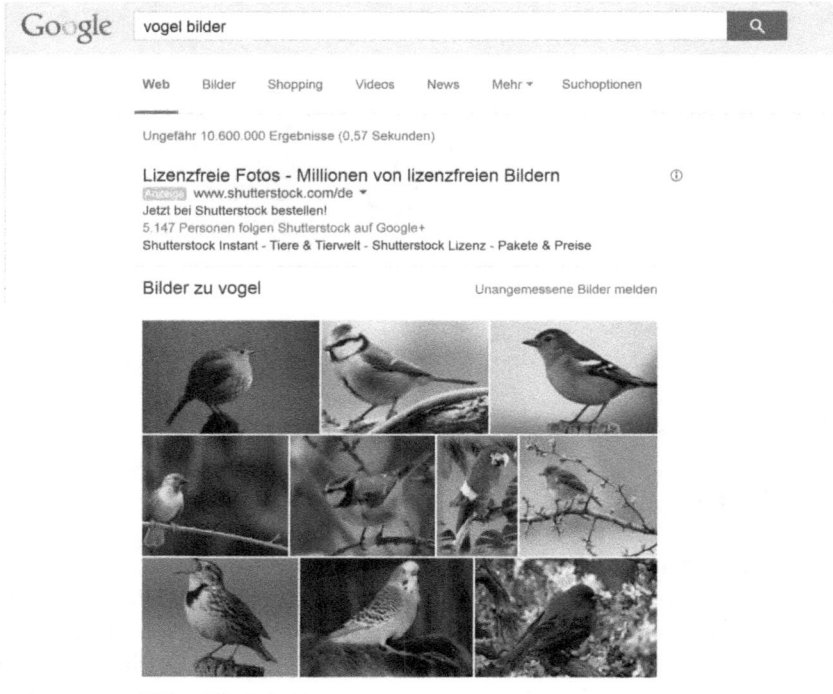

Abb. 13.19 OneBox

Crawling und Indexierung

Zur Entdeckung müssen die relevanten Bilder für den Crawler zugänglich sein. Zum einen darf die robots.txt die relevanten Bilderverzeichnisse nicht ausschließen. Zum anderen sollten die Bilderseiten aus der normalen Struktur heraus erreichbar und crawlbar sein. Jedes Bild sollte hier unter einer ständigen Adresse verfügbar sein. Für verschiedene Bilder-Gruppen empfehlen sich eigenständige Ordner. Zum Beispiel hat ein eCommerce-Shop für jedes Bild ein Miniaturbild in geringer Größe und Auflösung sowie ein großes Produktbild in sehr hoher Auflösung. Dabei macht es Sinn, dass die Endkunden bei der Suche nach einem Produktbild nur das qualitativ hochwertigere Bild sehen, da sie sich auf Basis dessen wahrscheinlich eher für einen Klick zum Webshop entscheiden. In diesem Fall könnten Webseitenbetreiber die zu crawlenden Großbilder von den nicht zu crawlenden Miniaturbildern abgrenzen, indem sie beide Gruppen in getrennten Ordnern speichern und das Miniaturbild-Verzeichnis in der robots.txt ausschließen.

Eine Bilder-Sitemap wie in Abb. 13.21 kann die Indexierung erleichtern. In dieser Sitemap sollten die folgenden Elemente ausgezeichnet sein: obligatorisch Daten zur Bild-URL und als optionale Elemente Bildunterschrift, geografische Zuordnung, Titel und

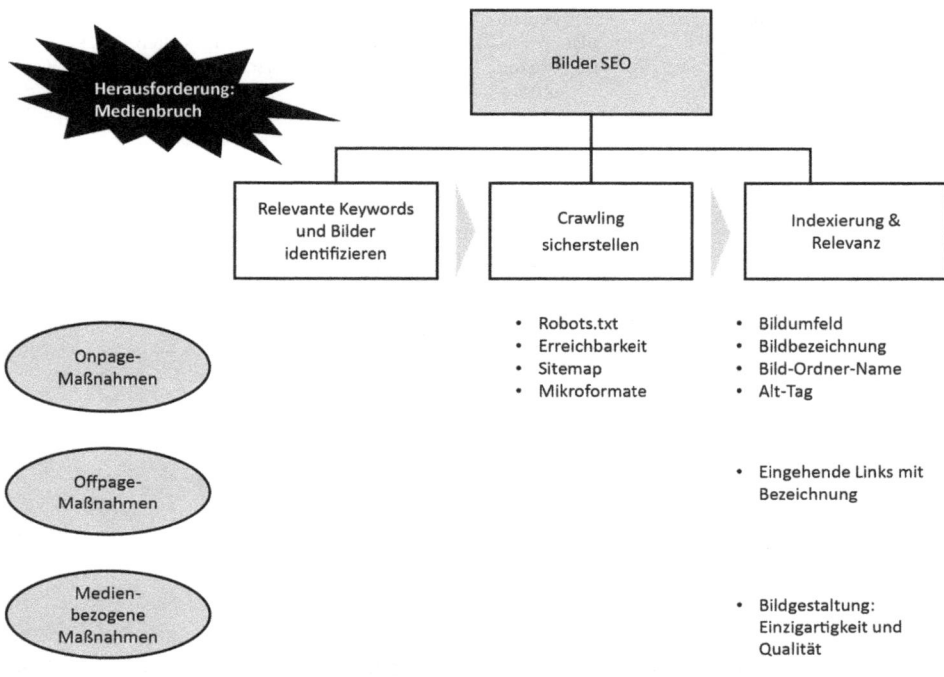

Abb. 13.20 Bilder-SEO

URL für die Lizenz. Die aktuellen Anforderungen listet Google auch unter: http://support.
google.com/webmasters/bin/answer.py?hl=de&answer=178636

Google berücksichtigt diese Sitemap-Daten nicht immer. Jedoch können Webseitenbetreiber die Indexierung damit unterstützen. Zusätzlich lassen sich die Bilder auch mit
Markup für Suchmaschinen kennzeichnen, zum Beispiel von schema.org (http://www.
schema.org/ImageObject).

Relevanz
Auch wenn Suchmaschinen eigene Algorithmen zur Analyse von Bildern haben (siehe die
Suche nach ähnlichen Bildern oder die Erkennung von Gesichtern), sind die Signale, die
die Webseiten, auf denen sich die Bilder befinden, sowie die Bilder selbst entscheidend.
Aus diesem Grund ist die Onpage- und Offpage-Optimierung ebenso wie die Betrachtung
des Medieninhalts von entscheidender Bedeutung für die Suchmaschinenoptimierung von
Bildern.

Zur Optimierung des Bildes eignet sich bereits dessen Dateiname, der eindeutig sein
und knapp vermitteln sollte, was das Bild zeigt. Auch die Verzeichnisstruktur des Bildes
kann Google Hinweise zum Bildinhalt geben. Damit sollten Ordner klar benannt werden. Die Bilder können in ihren Speicherorten weiter nach inhaltlichen Kriterien getrennt
werden, sodass Google diese gemeinsam sortieren kann. Je eindeutiger die Ordner dabei

Abb. 13.21 Auszeich-
nung einer Bilder-Sitemap
(in Anlehnung an http://
support.google.com/
webmasters/bin/answer.
py?hl=de&answer=178636)

```xml
<?xml version="1.0" encoding="UTF-8"?>
<urlset xmlns="http://www.sitemaps.org/schemas/sitemap/0.9"
  xmlns:image="http://www.google.com/schemas/sitemap-image/1.1">
       <url>
           <loc>
                http://beispiel.de/beispiel.html
           </loc>
           <image:image>
               <image:loc>
                       http://beispiel.de/bild1.jpg
               </image:loc>
           </image:image>
           <image:image>
               <image:loc>
                       http://beispiel.de/bild2.jpg
               </image:loc>
           </image:image>
       </url>
</urlset>
```

Abb. 13.22 Bild-Auszeich-
nung mit Alt-Attribut

```html
<img src="http://www.beispiel.de/geschichte/personen/friedrich-der-
grosse-portrait.jpg" alt="Friedrich der Große im Portrait auf seinem
Schlachtross">
```

bezeichnet sind, desto besser können sie die Suchmaschinen in der Einordnung der Bildinhalte unterstützen.

Der Bildkontext stellt für Suchmaschinen ein weiteres Mittel zur Bewertung der Relevanz dar, denn er gibt Hinweise auf den Bildinhalt. Die Suchmaschinen berücksichtigen
den Text der Webseite, auf der das Bild eingebunden ist. Hierzu zählen sowohl die Überschriften als auch der Fließtext. Je näher sich der Content am Bild befindet, umso relevanter schätzt Google ihn zur Bewertung des Bildinhalts ein; dies betrifft unter anderem die
Nähe der HTML-Elemente und die Anordnung in gleichen Inhalts-Containern. Werden
Bildunterschriften genutzt, sollte sich das Bild mit dem Text im gleichen HTML-Element
befinden. Daraus folgt, dass Webseitenbetreiber Bilder an der Textstelle einbinden sollten,
auf die sie Bezug nehmen. Auf der anderen Seite sollte ein falscher Bildkontext vermieden
werden, andernfalls würde die Suchmaschine die Bilder falsch einordnen.

Mit dem **Alt-Attribut** können Webseitenbetreiber beschreiben, was das Bild zeigt. Ist
die Bilddarstellung deaktiviert oder besuchen Nutzer mit Seheinschränkungen die Webseite, so wird dieser Text anstelle des Bildes ausgegeben. Auch für Crawler ist diese Form
der Kennzeichnung von Nutzen, da sie über dieses Element ebenfalls den Bildinhalt „auslesen" können. Deshalb sollte anhand des Alt-Attributs bezeichnet werden, was das Bild
darstellt, wovon es handelt oder was darauf zu sehen ist. Technisch wichtig ist, dass auf
die korrekte Verwendung der Anführungszeichen geachtet wird: Enthält das Alt-Tag mehr
als ein Wort, sind diese notwendig. Andernfalls wird nur das erste Wort berücksichtigt und
alle weiteren führen zu unsauberem Code (vgl. Abb. 13.22).

Bei der Bezeichnung der Bildelemente sowie auf der Webseite sollten Webseitenbetreiber die relevanten Keywords des Bildes einbinden. Wie auch bei Webseiten-Content ist hier das Maß entscheidend. Werden die Elemente mit Keywords zu voll geladen, besteht die Gefahr, dass Google das Bild oder die ganze Webseite als Spam einstuft. Entscheidend ist bei SEO für Bilder die Konsistenz. Die Bilder und deren Umfeld sollten zueinander passen und eindeutige Signale senden, die eine klare Zuordnung ermöglichen. Erreicht werden kann dies beispielsweise, wenn pro Bild eine eigene Unterseite angelegt und mit spezifischem Content gefüllt wird, der für das Bild relevant ist.

Als Seitenumfeld sind auch der Titel oder eingehende Links zur Webseite Relevanz-Signale. Bei Links auf die Bilder sollten die Ankertexte natürlich und beschreibend sein. Eine Möglichkeit, Verlinkungen auf die Bilder zu generieren, besteht darin, die Bilder für andere Webseiten zur Verfügung zu stellen – unter der Voraussetzung eines Links auf die Ursprungsseite, sogenannte „Hot Links".

Bild-Gestaltung

Das Ziel Googles ist es, neben relevanten auch einzigartige Bilder einzublenden. Google ist laut eigener Aussage in der Lage, doppelt vorkommende Bilder zu erkennen, und bewertet auf Basis relevanter Signale die Originalquelle des Bildes. Handelt es sich bei den Bildern um freie Bilder oder solche, die auch anderen Webseitenbetreibern zur Verfügung stehen, sollte das Bild so bearbeitet werden, dass es einmalig wird. Dazu könnte die Bildgröße beispielsweise bei den Verhältnissen oder durch Zuschnitte angepasst und durch Logos oder weitere Zusätze ergänzt werden. Damit Google die Bilder anzeigen kann, muss der Server auch so eingestellt sein, dass dritte Webseiten diese anzeigen dürfen.

Dabei zeigt sich, dass die Bildgröße mindestens in einem Bereich von 800×600 bis 1280×960 Pixel liegen sollte. Von einer künstlichen Vergrößerung der Bilder ist abzusehen. Das Dateiformat des Bildes hat keinen Einfluss, wobei die drei folgenden am häufigsten zu finden sind: png, .gif oder .jpg.

Neben der Beachtung technischer Aspekte gilt es, die Nutzer mit dem Bild anzusprechen, sodass diese auch innerhalb der SERPs auf das Ergebnis klicken. Google erstellt auf Basis des Originalbildes das Miniaturbild selbst. Webseitenbetreiber müssen daher keine Miniatur bereitstellen. Wichtig ist eine gute Qualität des Bildes hinsichtlich Kontrast, Helligkeit und Auflösung.

13.3.3.2 Google Places

13.3.3.2.1 Erscheinungsform

Google Places ist Googles Branchensuche, die Google Maps mit Google Local zusammenführt. Die Places-Integrationen sind Ergebnisse der lokalen Suchen, die unter anderem Branchen, Unternehmen oder Attraktionen fokussieren. Sie sind verknüpft mit der Einblendung von Google Maps oberhalb der organischen Ergebnisse oder eines Ausschnitts von Google Maps in der rechten Spalte. Die Ergebnisse erscheinen sowohl innerhalb der Webseitenergebnisse als auch innerhalb des Knowledge Graph Carousel, zum Beispiel bei Sehenswürdigkeiten oder Klicks auf ähnliche lokale Ergebnisse.

Unterscheiden lassen sich im Wesentlichen die folgenden Erscheinungsformen, wie auch in Abb. 13.23 und 13.24 zu sehen:

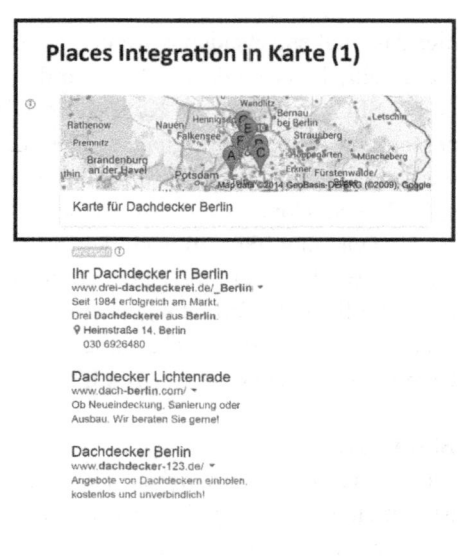

Abb. 13.23 Erscheinungsformen der lokalen Suchergebnisse (1)

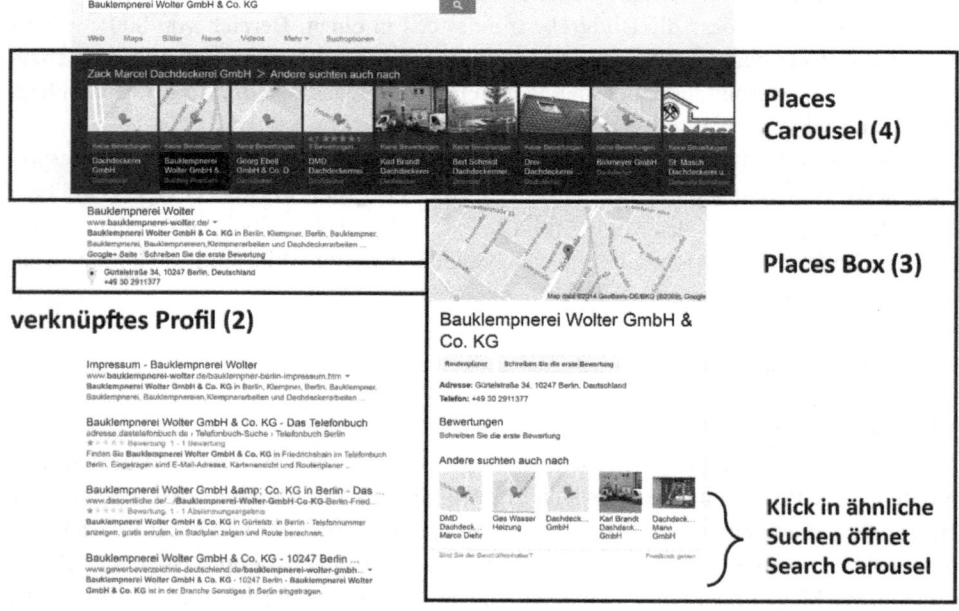

Abb. 13.24 Erscheinungsformen der lokalen Suchergebnisse (2)

(1) Reine **Places-Integrationen**: Die lokalen Ergebnisse bündelt Google zu Blöcken in Places OneBoxen. Überwiegend kommen hier Dreier- und Siebener-Packs vor. Die Ergebnisse erscheinen in den SERPs zumeist in oberen Positionen. Je nach Suchanfrage blendet Google die Places-Integrationen meist an erster bis sechster Position ein. Dieser Ergebnisblock wird komplettiert durch die Karteneinblendung, auf der die Places-Einträge markiert sind.

(2) Die Einblendungen von organischen Treffern mit verknüpften **Places-Profilen**: Neben den lokalen Ergebnisblöcken ergänzt die Suchmaschine auch die organischen sowie die bezahlten Webseitenergebnisse bei ausreichender Relevanz um lokale Informationen. Hierzu gehören in erster Linie die Adresse und die Telefonnummer.

(3) Die **Places-Box** auf der rechten Seite: Bei navigationalen Suchen mit Unternehmensbezug zeigt Google auch erweiterte Informationen in der rechten Spalte an, die aufgrund ihrer Aufmachung an den Knowledge Graph erinnern. Hier finden sich neben einem Kartenausschnitt, Bildern und Bewertungen auch weitere im Places-Eintrag übergebene Informationen wie die Öffnungszeiten.

(4) Das **Places Carousel**: Im Zusammenhang mit dem Aufkommen des Ergebnis-Carousel blendet Google bei einigen Suchanfragen auch ein Places Carousel ein, bei dem die Orte zentral am Seitenanfang hervorgehoben sind. Auch beim Klick auf ähnliche Suchen öffnet sich das Carousel und zeigt weitere aus Googles Sicht passende lokale Ergebnisse an.

13.3.3.2.2   Bedeutung

Laut einem mit Marissa Mayer von Google geführten Interview (2011, http://techcrunch.com/2011/05/25/google-maps-for-mobile-stats/) waren 20 % der Desktop-Suchanfragen ortsbezogen, bei mobilen sogar 40 %. Bei ca. einem bis 2 % der in der Searchmetrics Universal-Search-Studie von 2013 (siehe 13.3.2) untersuchten Keywords erscheinen lokale Integrationen. Dennoch hängt die Bedeutung dieser Integration vor allem von dem Geschäftstyp des Unternehmens ab. Handelt es sich um ein Unternehmen mit einem lokalen Bezug, so ist diese Erweiterung ebenso wie die Nischensuche über Google Maps bedeutsam. Hier lassen sich mit Local SEO-Maßnahmen die Webseiten-Sichtbarkeit steigern sowie neue Nutzer gewinnen. Google Places eignet sich sowohl für kleine Unternehmen (zum Beispiel Elektriker, Restaurants, Ärzte) als auch größere Unternehmen mit verschiedenen Standorten, also auch Filialisten und Ketten. Die Bedeutsamkeit der lokalen Suchen ist dabei unabhängig von der Größe des Ortes. Sie eignen sich sowohl für kleine Regionen als auch für große Städte und Ballungszentren.

Ob Google einer Suche eine lokale Einblendung zuordnet, hängt von der Suchintention ab. Eindeutig ist dies vor allem bei Suchanfragen, die Ortsnamen enthalten. Die eingeblendeten Places-Ergebnisse hängen in diesem Fall von dem Suchterm ab. Auch allgemeine Begriffe, die eine lokale Intention aufweisen, ordnet die Suchmaschine einem Ort zu. Google verwendet zudem einen vermuteten Aufenthaltsort für die lokale Anpassung der Ergebnisse, den die Suchmaschine entweder basierend auf der IP von Google als Standort oder basierend auf der Suchhistorie als Ort des Interesses ermittelt. Bei einem Standort in Berlin kann die Suche nach einer Reinigung deshalb Ergebnisse für Berlin ausgeben.

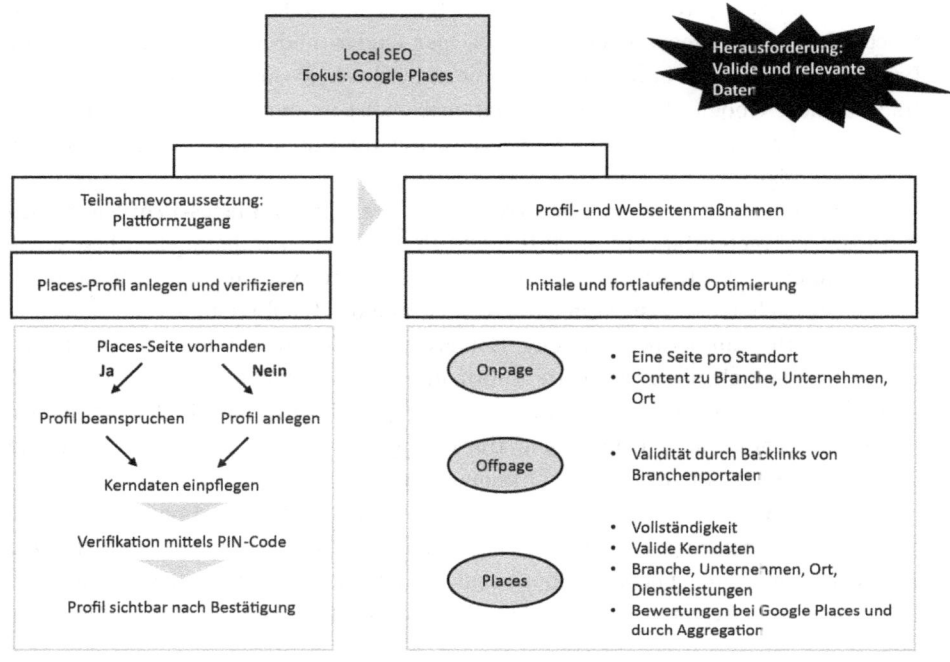

Abb. 13.25 Local SEO

Treten Places OneBoxen mit vielen Einzelergebnissen in hohen Positionen auf, verdrängen sie die Webseitenergebnisse auf hintere Positionen und schaffen Potenziale für lokal agierende Unternehmen. Für kleine Unternehmen liegen Chancen darin, dass der Wettbewerb lokal begrenzt ist. Zudem benötigen Unternehmen für die Listung in Google Places keine eigene Webseite, sondern lediglich ein Places-Profil.

13.3.3.2.3   Umsetzung und Optimierung

Um in den Places-Integrationen zu erscheinen, muss das Unternehmen über einen Places-Eintrag verfügen (Zum Ablauf vgl. Abb. 13.25). Dieser ist kostenlos. Teilweise erstellt Google diesen auf Basis aggregierter Daten wie von Branchenbüchern, Bewertungsseiten und Unternehmenswebseiten selbst. In diesem Fall brauchen Unternehmen diesen bereits vorhandenen Eintrag nur für sich zu beanspruchen und zu bestätigen.

Existiert noch kein Places-Eintrag, müssen Unternehmen diesen zunächst neu erstellen. Für beides ist die Anmeldung bei Google Places für Unternehmen notwendig (https://www.google.com/local/business/). Zum Aktivieren und Beanspruchen des Unternehmenseintrags müssen die Besitzer das Profil verifizieren. Die Kontrolle der Daten bietet Google telefonisch (per Anruf oder SMS) oder postalisch an. Auf diesem Weg übermittelt Google einen PIN-Code, den die Inhaber zur Bestätigung eingeben müssen.

Nachdem das Konto beansprucht ist, können Unternehmen ihre Einträge bearbeiten und die Änderungen übernehmen (vgl. Abb. 13.26). Dabei sollten sie die geforderten

Abb. 13.26 Gelungene Bestätigung des Unternehmensprofils

Places-Daten sorgfältig und möglichst vollständig eingegeben. Als Telefonnummer eignet sich eine zentrale Nummer, da Google diese als Erkennungsmerkmal für das Konto nutzt.

Beschreibungen und Kategorien bieten Optionen zur Vermittlung relevanter Leistungen und USPs. Dabei sollten auch relevante Keywords genutzt werden. Die Beschreibung kann auch stichwortartig erfolgen, sollte jedoch lesbar sein, da sie den Nutzern auf der Places-Seite angezeigt wird.

Die Eingabe der Kategorie ist durch die Vorgaben Googles beschränkt. Mindestens eine Kategorie muss eine der von Google vorgegebenen sein. Zusätzlich können Unternehmen bis zu vier selbst gewählte Kategorien hinzufügen. Diese Kategorien sollten den Unternehmenstyp, nicht aber die Leistungen, Produkte oder den Standort beschreiben. Abzusehen ist ebenfalls von übermäßiger Stichwort-Aneinanderreihung.

Im Rahmen der Angaben zu Einzugsgebiet und Standort können Unternehmen eintragen, ob sie beispielsweise ihre Dienstleistungen direkt vor Ort anbieten oder Kunden beliefern, die so an ihrem eigenen Wohn- beziehungsweise Arbeitsort die Leistung erhalten. Bei Bedarf lassen sich hier auch der Kilometer-Umkreis und die Geschäftsadresse anzeigen, der Standort entfernen und Einzugsgebiete festlegen. Weitere Optionen wie Öffnungszeiten, Zahlungsformalitäten, bis zu zehn Fotos, Videos und zusätzliche frei definierbare Details lassen sich hier ebenfalls einfügen. Bei Änderungen am Unternehmensnamen oder an der Adresse ist wie beim Eintragen und Bestätigen des Profils eine Verifikation nötig. Die weiteren Änderungen übernimmt Google auch ohne die PIN-Code-Eingabe. Für Unternehmen mit mehreren Standorten bietet Google einen Bulk-Upload zur Bearbeitung der Standorte an.

Um den Bereich der Local-Integrationen zu optimieren, sind hohe lokale Rankings notwendig. Dabei empfiehlt sich strategisch vor allem das Anlegen oder Beanspruchen von Profilen in den größten Netzwerken sowie bei der relevanten Suchmaschine. Hier sind die Daten einzutragen beziehungsweise zu aktualisieren.

Die Optimierung von Google Places und Maps zielt darauf, dass Google den Geschäftstyp korrekt einordnen kann, den Eintrag als valide erachtet und dessen Qualität sowie Relevanz erkennt. Der Fokus liegt hier vor allem auf lokalen Keywords und Keywords zur Branche.

Daten
Relevante und beeinflussbare Daten für die Suchmaschinen sind vor allem:

- Firmenname: Dieser sollte richtig, eindeutig und konsistent sein.
- Adresse: Diese sollte dahingehend überprüft werden, ob sie korrekt angezeigt wird, andernfalls lässt sie sich verschieben oder Fehler können an Google gemeldet werden.
- Telefonnummer: Hier sollte eine Festnetz- oder Mobilfunknummer angegeben sein, keine 0800- oder 0180-Nummer. Ideal ist eine zentrale Nummer, die bei allen Verzeichnissen verwendet wird, auf der Webseite eingebunden ist und zum Standort gehört – die Telefonnummer dient der Identifizierung des Standorts.
- Webseite: die Webseite des jeweiligen Standortes beziehungsweise des Unternehmens.
- Beschreibung: relevant und ansprechend, kein Keyword-Stuffing oder Spam.
- Kategorien/Branchen: relevant und ansprechend, kein Keyword-Stuffing oder Spam.

Mittels dieser Daten können Google und andere Suchmaschinen den Unternehmenstyp besser einordnen. Dabei bieten auch die Einträge der Konkurrenten Ideen zur Verortung. Zudem sortiert Google Unternehmensgruppen. Passt dann eine Suchanfrage auf ein Unternehmen im selben Gebiet, kann Google bei passenden Anfragen auch das eigene Unternehmen anzeigen, ohne dass es darauf optimiert ist.

Lokale Branchenbucheinträge stellen für die Suchmaschinen als Aggregatoren weitere Datenquellen dar und sollten ebenfalls gepflegt werden. Je nach Branchenverzeichnis unterscheiden sich die Eingabefelder. Hier sollten Seitenbetreiber die Chance nutzen, weitere Relevanz mit Hinblick auf Branche und Ort zu vermitteln.

Auf jeden Fall zu vermeiden ist das Auflisten von Wörtern zur Manipulation der Ergebnisse, sei es bezogen auf Keywords, Kategorien, Branche oder lokale Orte, ebenso wie die Verwendung falscher Kategorien.

Eine Seite pro Standort
Ist ein Unternehmen an mehreren Standorten vertreten, so ist für jeden Standort ein eigenes Places-Profil anzulegen. Auch wenn das Unternehmen eine Webseite hat, ist dies zu berücksichtigen. Jeder Standort sollte dort ebenfalls eine eigene Unterseite zugewiesen bekommen, die auf den jeweiligen Standort optimiert ist. Die Daten wie Bezeichnung, Adresse oder Telefonnummer sollten hier ebenfalls korrekt und vollständig sein. Als Keywords für den Titel und die Überschriften sowie zur Optimierung des Contents sind besonders der Firmenname, die Kategorie und Branche des Unternehmens sowie der Ort relevant. Hier sollten auch die Meta-Descriptions optimiert werden. Abrunden können Webseitenbetreiber den Content mit Informationen zum speziellen Standort, etwa

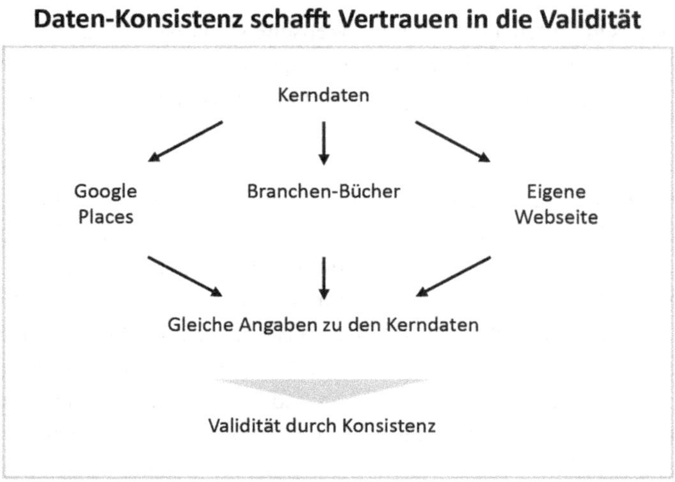

Daten-Konsistenz schafft Vertrauen in die Validität

```
                        Kerndaten


    Google          Branchen-Bücher          Eigene
    Places                                   Webseite


            Gleiche Angaben zu den Kerndaten



              Validität durch Konsistenz
```

Abb. 13.27 Konsistenz der Daten

Umgebungshinweise, eine Karte, Öffnungszeiten oder weitere Standort-Spezifika. Zusätzlich können Unternehmen für die lokalen Webseiten die semantische Auszeichnung mittels Markup (zum Beispiel Schema.org: http://schema.org/Organization) nutzen, beispielsweise für die Adresse. Im Linkmarketing sollte hier der Schwerpunkt besonders auf qualitative Webseiten aus der betreffenden Region beziehungsweise mit regionalem Fokus gelegt werden. Trotz der Optimierung auf Branche und Ort sind diese als harte Verlinkungen zu vermeiden.

Validität
Google ist wichtig, dass die Unternehmenseinträge valide und damit für den User verlässlich sind. Ein Signal für Validität und Qualität stellt das Beanspruchen und Bestätigen vorhandener Places-Profile dar. Dies zeigt Google die Existenz des Unternehmens sowie die Aktualität der Daten. Das Profil wird auf diese Weise vertrauenswürdig. Sollten für einen Unternehmensstandort mehrere Places-Einträge bestehen, so sind diese alle zu beanspruchen. Mehrere Places-Einträge können durch unterschiedliche Unternehmensbezeichnungen oder Abweichungen in den Adress- und Kontaktdaten auftreten. Hier sollten Unternehmen diese Daten korrigieren, sodass Google erkennen kann, dass es identische Standorte sind, und alle Einträge zu einem zusammenfasst. Um Duplikate zu vermeiden, sollten Seitenbetreiber, falls bereits ein Profil besteht, dieses beanspruchen und kein neues anlegen.

Auch die Konsistenz der Daten signalisiert den Suchmaschinen die Validität der Angaben (vgl. Abb. 13.27). Dies bezieht sich besonders auf die Kontaktangaben, die sowohl beim Places-Profil als auch auf anderen Webseiten wie Branchenportalen oder auf der eigenen Ortswebseite vollständig und übereinstimmend sein sollten.

Auch die Erwähnung der und der Verweis auf die Firma von dritten Seiten wie Bewertungs- und Branchenportalen sowie lokalen Suchmaschinen bestätigen Googles Daten.

Backlinks von diesen Seiten auf die eigene Webseite signalisieren zudem diese Relevanz. Dabei ist auf durchgehend gleiche Daten zu achten, sei es bei Kleinanzeigen, Zeitungen, Handels- und Industriekammer-Einträgen oder Online-Kleinanzeigen.

Nutzerrelevanz

Die Relevanz für die Suchanfrage bezieht sich zum einen auf die Relevanz für lokale Suchen. Hier muss Google in der Lage sein, den Geschäftstyp als lokal bezogenes Unternehmen zu bewerten und in die passende Region einzuordnen. Im Content sollten daher Orts- und Branchenbezeichnungen aufgenommen werden.

Als Signal für die Nutzerrelevanz gelten auch Bewertungen. Hier berücksichtigt Google sowohl die Bewertungen auf der eigenen Plattform als auch die von anderen Portalen. Aus diesem Grund sollten Unternehmen ihre Kunden dazu anregen, Bewertungen zu verfassen. Wichtig ist, dass diese im Idealfall eine bestimmte Länge haben (mindestens 200 bis 300 Zeichen) und inhaltlich einen Bezug zum Unternehmen, dessen Leistungen oder Produkten aufweisen.

13.3.3.3   Videos

13.3.3.3.1   Erscheinungsform

Google blendet Videos als Ergebnisse der Videosuche von http://www.google.com/videohp innerhalb der Webseitensuche als eigenständige Ergebnisse ein, teils als Block, häufig auch als einzelne Ergebnisse inmitten der Webseiten-Listings. OneBoxen oder eine wie bei den Bildern gebündelte Darstellung sind derzeit nicht anzutreffen. Enthält die Suchanfrage den Medien-Begriff, zum Beispiel „Video Apfelkuchen", so dominieren Videos die erste Seite. Zudem lassen sich grundsätzlich drei Typen von Video-Umsetzungen unterscheiden:

- Videos auf der Plattform von YouTube
- Videos von weiteren Videoportalen
- Videos der eigenen Webseite

13.3.3.3.2   Bedeutung

In der unter 1.3.2 gelisteten Studie von SISTRIX aus dem Jahr 2010 gehören die Video- gemeinsam mit den Bilder-Einblendungen zu den häufigsten Integrationen. Laut der in diesem Abschnitt ebenfalls angeführten Universal-Search-Studie 2013 von Searchmetrics blendet Google bei der Hälfte der untersuchten Keywords Video-Ergebnisse ein. 50 % dieser Einblendungen stammen laut Studie von der Google-eigenen Plattform YouTube, deren Videos durchschnittlich zwei Positionen vor den Wettbewerbern ranken.

Ob und wie viele Videos Google in der Universal-Search-Integration berücksichtigt, hängt von der Intention des Suchenden ab. Videos kommen häufig bei multimedialen Branchen wie Film, TV, Musik oder Games vor. Auch für Online-Medien wie Maga- zine oder Nachrichten-Portale eignen sich Videos. Darüber hinaus erscheinen die Ein-

Abb. 13.28 Video-Ergebnisse

blendungen auch im Umfeld von Tutorials, Anleitungen, Tests oder Erklärungen, wie in Abb. 13.28 zu sehen ist.

Je nach Anwendungsfall ist es sinnvoll, das Video auf der eigenen Webseite oder bei einem Video-Hoster einzubinden (vgl. Abb. 13.29). Die Wahl der geeigneten Video-Integration hängt davon ab, welche Ziele das Unternehmen verfolgt: Ist es Aufmerksamkeit für das Video und dessen Inhalt? Oder liegt das Ziel in der Steigerung der Sichtbarkeit für die eigene Webseite?

Bei der Einbindung des Videos auf der eigenen Webseite gelangt der Traffic von der Suchmaschine direkt zur Zielseite. Videos eignen sich auch als multimediale Elemente sehr gut im Rahmen einer Content-Marketing-Strategie und können Mehrwerte aus Nutzersicht schaffen. Die eingehenden Clip-Links kommen der eigenen Seite zugute. Durch den direkten Zugriff auf die Webseite bieten sich auch mehr Chancen der Video-Optimierung, die über die Beschreibung und den Titel hinausgehen. Dafür gestaltet sich der Wettbewerb mit größeren, etablierten Anbietern von Videos, allen voran YouTube, als schwieriger. Auch der Nutzerkreis, der bereits über die Webseite selbst angesprochen werden kann, erweist sich abhängig von der eigenen Markenbekanntheit unter Umständen als kleiner.

Video-Plattformen profitieren als etablierte Internetseiten zumeist von ihrer Bekanntheit und dem ihnen entgegengebrachten Vertrauen, was sich auf das Klickverhalten in den SERPs auswirken kann. Video-Plattformen werden von Nutzern besucht, die ein Grundinteresse für Videoinhalte haben. Über diese Plattformen können viele Nutzer an-

Abb. 13.29 Vergleich der Video-Einbindung

Art der Video-Einbindung Eigenschaft	Dritte Anbieter, insb. YouTube	Eigene Webseite
Nutzerkreis (Traffic-Potentia)	●	○ bis ◔
Wahrnehmung als für Videos etablierte Webseiten	●	○ bis ●
Traffic-Anteil auf der eigenen Webseite	◔	●
Crawling: Geringer Aufwand bei der Indexierung	◕	◑
Crawling: Beeinflussbarkeit der Onpage-Inhalte	◕	●
Nutzen von Offpage-Maßnahmen für die eigene Seite	○	●

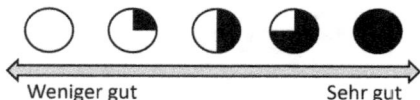

Weniger gut ⟷ Sehr gut

gesprochen werden, sodass die Aufmerksamkeit für und die Reichweite der Inhalte größer ist. Mit dem dortigen Traffic lässt sich zum Beispiel auch die Markenbekanntheit steigern. Video-Plattformen eignen sich damit besonders als Marketinginstrument. Die Herausforderung besteht hier darin, den Traffic von der Plattform zur eigenen Webseite zu leiten. Gelingt dies nicht, kommt es zu Traffic-Verlusten für die eigene Webseite. Auch die Verlinkung ansprechender Videoinhalte geht auf das Konto der Plattformen und zählt nicht als eingehender Link für die eigene Webseite. Abhängig von den Inhalten der Clips sind auch Sperrungen zum Beispiel durch die GEMA und andere Rechtsvertreter zu berücksichtigen. Dies führt bei YouTube dazu, dass eine Vielzahl an Videos beispielsweise in Deutschland nicht abrufbar ist. Dabei nimmt YouTube als die zweitgrößte Suchmaschine weltweit (vgl. https://www.youtube.com/yt/playbook/de/metadata.html) eine wichtige Position ein, wenn es darum geht, Reichweite zu generieren.

Diese beiden Vorgehensweisen lassen sich auch kombinieren. So können Videos sowohl auf der eigenen Webseite als auch auf einer Video-Plattform eingebunden sein. In diesem Fall kommt es auf die zeitliche Taktung an, um sicherzustellen, dass Google zum Beispiel das Video auf der eigenen Webseite als Original betrachtet und entsprechend anzeigt. Derweil kann sich das Video über YouTube viral weiter verbreiten. Ist die eigene Seite zu schwach für das Ranking, lassen sich noch einzelne erweiterte Einblendungen durch die Berücksichtigung des YouTube-Videos erzielen.

13.3.3.3.3 Umsetzung und Optimierung

Die einzelnen Optimierungsmaßnahmen richten sich teils nach dem Typ der Umsetzung, teils sind sie davon unabhängig. Mit der Plattform-Strategie lässt sich in der Umsetzung

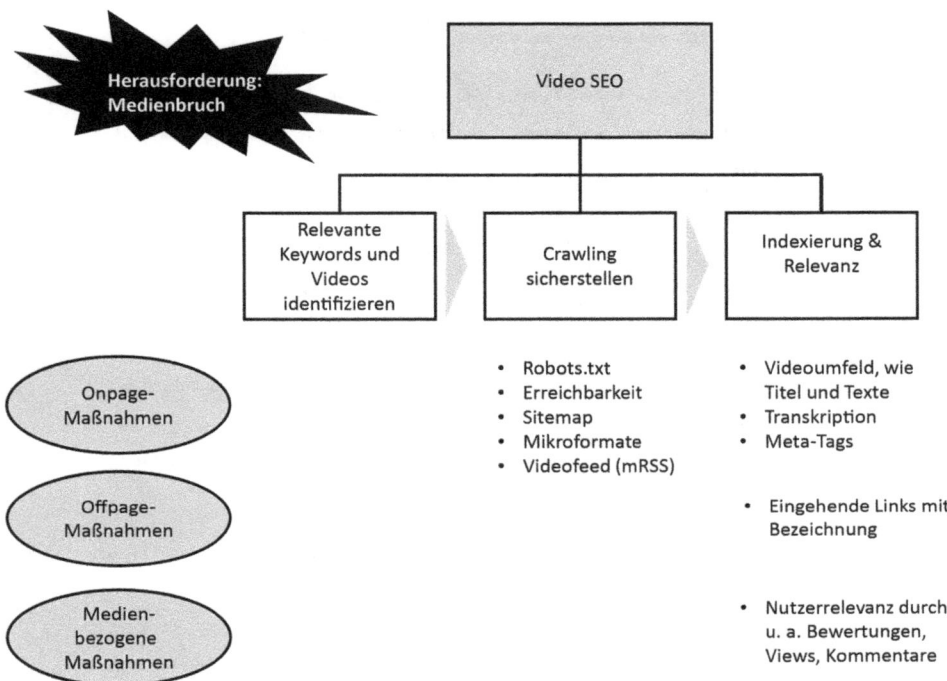

Abb. 13.30 Video SEO

die Einbindung des Videos auf der eigenen Webseite, auf fremden Video-Plattformen oder auf beiden Kanälen unterscheiden (vgl. Abb. 13.30).

Fremde Plattformen erweisen sich in der Umsetzung zumeist als unkomplizierter. Hier kann es jedoch zu Restriktionen bei der Größe oder Länge des Videos kommen. Nutzer, die die Videos auf die Plattform hochladen, können Kommentar- und Einbetten-Funktionalitäten einstellen. Bei der Nutzung eigener Webseiten sollte pro Video eine spezifische Seite erstellt werden. Für das Video eignet sich ein universelles Format (Theora, Web-M, H.264), das über eine HTML5-Lösung ausgegeben werden kann. Auch möglich ist die Flashplayer-Einbindung basierend auf Dateien wie AVI, WMV oder Quicktime.

Das Ziel der Optimierung der Videos liegt darin, dass Google der Inhalt des Videos vermittelt und der Suchmaschine somit die Relevanz für die Suchanfrage signalisiert wird. Dazu muss sowohl die Indexierung sichergestellt als auch der Content entsprechend aufbereitet werden. Wie bei den Bildern stellt auch bei den Videos der Medienbruch eine Herausforderung dar. Durch den Ton und akustische sowie visuelle Interpretationen könnten Suchmaschinen bereits prinzipiell Rückschlüsse auf die Inhalte der Videos ziehen. Doch steht diese Entwicklung bislang noch am Anfang, so dass die Suchmaschinen gegenwärtig überwiegend noch auf die Aufbereitung der Inhalte zum Beispiel im Rahmen der Suchmaschinenoptimierung angewiesen sind.

```
<urlset xmlns="http://www.sitemaps.org/schemas/sitemap/0.9"
       xmlns:video="http://www.google.com/schemas/sitemap-video/1.1">
  <url>

    <loc>http://www.example.com/videos/some_video_landing_page.html</loc>
    <video:video>
      <video:thumbnail_loc>http://www.example.com/thumbs/123.jpg</video:thumbnail_loc>
      <video:title>Steaks grillen im Sommer</video:title>
      <video:description>Jens zeigt euch, wie Steaks jedes
        Mal gelingen</video:description>
      <video:content_loc>http://www.example.com/video123.flv</video:content_loc>
      <video:player_loc allow_embed="yes" autoplay="ap=1">
        http://www.example.com/videoplayer.swf?video=123</video:player_loc>
      <video:duration>600</video:duration>
      <video:expiration_date>2009-11-05T19:20:30+08:00</video:expiration_date>
      <video:rating>4.2</video:rating>

      <video:view_count>12345</video:view_count>

      <video:publication_date>2007-11-05T19:20:30+08:00</video:publication_date>
      <video:family_friendly>Ja</video:family_friendly>

      <video:restriction relationship="allow">IE GB US CA</video:restriction>
      <video:gallery_loc title="Kochvideos">http://kochen.example.com</video:gallery_loc>

      <video:price currency="EUR">1,99</video:price>

      <video:requires_subscription>yes</video:requires_subscription>
      <video:uploader info="http://www.example.com/users/grillymcgrillerson">GrillyMcGrillerson

        </video:uploader>

      <video:live>no</video:live>

    </video:video>
  </url>

</urlset>
```

Abb. 13.31 Video-Sitemap (in Anlehnung an https://support.google.com/webmasters/answer/80472)

Das Crawling betrifft insbesondere den Video-Content auf eigenen Webseiten. Das Video sollte durchgehend unter einer eigenen URL erreichbar sein. Dies bedeutet auch, dass wenn ein Video mehrfach verwendet wird, jeder der Einzelclips eine eigene URL besitzen sollte. Bei der Nutzung eines Flashplayers sollte sich ein Hinweis auf die Video-Datei finden. Um das Crawling zu erleichtern, sollten Webseitenbetreiber eine Video-Sitemap erstellen (vgl. Abb. 13.31). Diese weist die Suchmaschinen auf die Videoinhalte hin.

Die XML-Sitemap sollte mindestens diese optimierten Elemente enthalten: Title, Beschreibung, URL der Wiedergabeseite, URL der Miniaturansicht sowie die Player-URL. Auch wenn die Sitemap etwas komplexer ist, sollte sie genutzt werden, um Google wichtige Informationen zu übermitteln. Google benennt unter https://support.google.com/webmasters/answer/80472 alle aktuell relevanten Felder, einige listet auch Tab. 13.1 auf. Hier gibt es sowohl obligatorische als auch optionale Auszeichnungselemente. Je vollständiger die Video-Sitemap ausgefüllt ist, desto besser sind die Ranking-Chancen.

Zusätzlich kann das Video auf der Seite mittels Markup ausgezeichnet sein. Damit erkennt Google das Videoelement und kann die semantisch bezeichneten Elemente (zum Beispiel http://www.schema.org/VideoObject) zur Einordnung nutzen. Unterstützt werden kann die Verteilung der Videos auch durch passende Video-Feeds. Google unterstützt hierbei die Nutzung von mRSS, einem RSS-Modul mit spezifischen Medien-Auszeichnungen.

Tab. 13.1 Auszug der Elemente aus einer Video-Sitemap

Elemente in der Sitemap	Funktion
<loc>	URL der Wiedergabeseite des Videos
<video:content_loc>	URL des Videos
<video:thumbnail_loc>	URL des Vorschaubildes
<video:title>	Titel des Videos
<video:description>	Beschreibung des Videos
<video:player_loc>	Speicherort des Videoplayers
<video:duration>	Länge des Videos in Sekunden
<video:publication_date>	Veröffentlichungsdatum des Videos im W3 C-Datumsformat YYYY-MM-DDThh:mm:ss
<video:tag>	Einzelnes Tag zur Verschlagwortung des Videos Es sind beliebig viele <video:tag> möglich
<video:category>	Kategorie, die das Video am ehesten beschreibt

Tab. 13.2 Beispiele der Beschreibung von Videos

Gutes Beispiel	Lustiges Katzenvideo von schielender Katze
Schlechtes Beispiel mit Keyword-Aneinanderreihung	Video Lustig Katze Katzenvideo Schielen Humor Comedy Katzen Lachen Katzen

Teilweise laden die in der Webseite eingebundenen Videos auch ohne Aktivierung bereits relevante Inhalte. Diese bremsen die Webseitenladegeschwindigkeit. Eine Möglichkeit, dies zu verhindern, ist die Einbindung eines Platzhalterbildes. Erst bei Klick auf dieses Bild werden dann gemeinsam mit dem Videostart relevante Hintergrunddateien geladen. Auf eigenen Webseiten können für die Usability verschiedene Dateiformate angeboten werden, allerdings sollte eines dieser Formate bevorzugt an Google übermittelt werden.

Relevanz: Inhalt des Videos

Ähnlich wie bei den Bildern muss Google auch bei den Videos den Inhalt des Clips erkennen. Dabei zählt vor allem der Textinhalt, der sich auf der Webseite des Videos und in Videonähe befindet. Der Inhalt eines Videos lässt sich sowohl bei auf eigenen Seiten gehosteten als auch bei auf Portalen hochgeladenen Videos vermitteln. Die inhaltliche Basis der Optimierung stellt das relevante Keyword-Set dar, das auch die Bezeichnung „Video" umfassen sollte. Hier sollte Keyword-Stuffing vermieden werden (vgl. Tab. 13.2).

Im Titel lässt sich bis 60 Zeichen das Video treffend bezeichnen, beispielsweise durch die Beschreibung und Kategorisierung des Inhalts, ohne dabei weder zu generisch noch zu spezifisch zu sein. Passende Schlagwörter als Tags geben ebenfalls Hinweise auf den Inhalt. Sie können das Video beschreiben und erlebbar machen sowie Kategorien, Segmente oder Adjektive enthalten. Verzichtet werden sollte an dieser Stelle auf Füllwörter. Zumeist ist hier eine maximale Zeichen- oder Tag-Anzahl vorgegeben.

Bei eigenen Webseiten sollte auf jeder Seite nur ein Video eingebunden und diese Seite für den Videoinhalt optimiert sein. Dazu gehören neben der Beschreibung auch Textelemente wie Titel, Meta-Description und Headline. Google berücksichtigt Beschreibungen von bis zu 5000 Zeichen, sodass Webseitenbetreiber weiterführende Informationen zum Clip geben können. Hier ist auch Raum für eine komplette oder teilweise Transkription des Videos. Das Transkript enthält den Inhalt des Videos in textlicher Form. Damit vermittelt es indexierbaren sowie relevanten Content direkt an den Crawler, zum Beispiel bei der Verschriftlichung von Interviews. Dieses Vorgehen eignet sich jedoch nur bedingt für Video-Upload-Plattformen. Teils erlauben die Plattformen nur eine geringere Zeichenanzahl in der Beschreibung. Auch der Titel oder die Stichwörter können bei externen Plattformen begrenzt sein.

Passende externe sowie interne Backlinks signalisieren sowohl auf eigenen Webseiten als auch auf bei Plattformen eingebundenen Videos deren Relevanz und zeigen Suchmaschinen den Inhalt der Videos auf. Auch die Ordnerstruktur und der Dateiname sollten passend zum Videoinhalt gewählt werden.

Relevanz für den Nutzer
Zusätzlich berücksichtigt Google die Nutzerrelevanz. Hierzu gehören Signale für die Beliebtheit des Clips, etwa Statistiken wie die Anzahl an Video-Aufrufen und die durchschnittlichen Bewertungen. Diese werden von einigen Video-Plattform-Betreibern wie zum Beispiel YouTube automatisch erfasst. Die Anzahl an Kommentaren, Shares und Einbettungen gilt ebenfalls als Kriterium für die Nutzerrelevanz. Die Video-Lösung sollte deshalb entsprechende Optionen zur Verfügung stellen und aktiv anbieten. Mit dem Vorschaubild, welches im Dateiformat JPG oder PNG vorliegen sollte, wecken die Clips Aufmerksamkeit und regen zum Klicken an. Bei eigenen Webseiten lässt sich dieses Bild selbst erstellen. Bei YouTube hingegen muss der Nutzer aus den Vorschlägen des Anbieters ein passendes Vorschaubild wählen.

13.3.3.4   News

13.3.3.4.1   Erscheinungsform
Mit der News OneBox integriert Google aktuelle Nachrichtenmeldungen von http://news.google.com in die Universal Search. Bei relevanten News-Suchanfragen, die anzeigende Wörter und Bestandteile wie „Nachrichten" oder „News" enthalten oder auf aktuelle Ereignisse Bezug nehmen, blendet Google auch größere News-Integrationen ein, bei denen

Abb. 13.32 Ergebnisse von Google News in der Universal Search

mehrere News-Ergebnisse gelistet sind. Lokale Nachrichtensuchen wie „Berlin Neukölln" zeigen News-Einblendungen bezogen auf den Ort.

Die Einblendung umfasst dabei aktuell Textlinks auf Artikel sowie die teilweise Verlinkung von Multimedia-Elementen, insbesondere Bildern. Das Bild ist unabhängig von den verlinkten Text-Artikeln (vgl. Abb. 13.32).

13.3.3.4.2 Bedeutung

Die Bedeutung dieser Integration hängt wesentlich von dem Geschäftstyp und der Branche der Webseite beziehungsweise des Webseitenbetreibers ab. Vor allem für Nachrichten- und Medienportale ist dieser Kanal von Relevanz. In Branchen mit geringem Nachrichten-Bezug bietet diese Erweiterung als Optimierungsnische Potenziale. Allerdings besteht hinsichtlich der Einblendung in den erweiterten Ergebnissen die Herausforderung, dass die News-Integration keine ausreichende Relevanz für Google aufweist und die Suchmaschine diese nicht einblendet. Bei lediglich 8 % der 2013 von Searchmetrics untersuchten Keywords blendet Google die News-Integration ein (vgl. Abschn. 13.3.2).

Im Gegensatz zu anderen Universal-Search-Einblendungen ist dieser Typ für die einzelne Unterseite der „unbeständigste": Da bei Nachrichten vor allem aktuelle Ergebnisse zählen, haben die einzelnen angezeigten Nachrichtenmeldungen nur eine kurze Vorhaltezeit auf der Suchergebnisseite. Dies kann von Vorteil sein, da die Meldungen schnell hoch ranken können – allerdings bleibt dieses Ranking nicht lange bestehen und wird von neueren, aktuelleren Meldungen abgelöst. Für Unternehmen erschließen sich hier Synergien zur PR-Arbeit.

Zu welchen Begriffen Google die News-Integration einblendet, hängt auch vom aktuellen Kontext der Suchanfrage ab. Mit den Daten zum durchschnittlichen Suchvolumen,

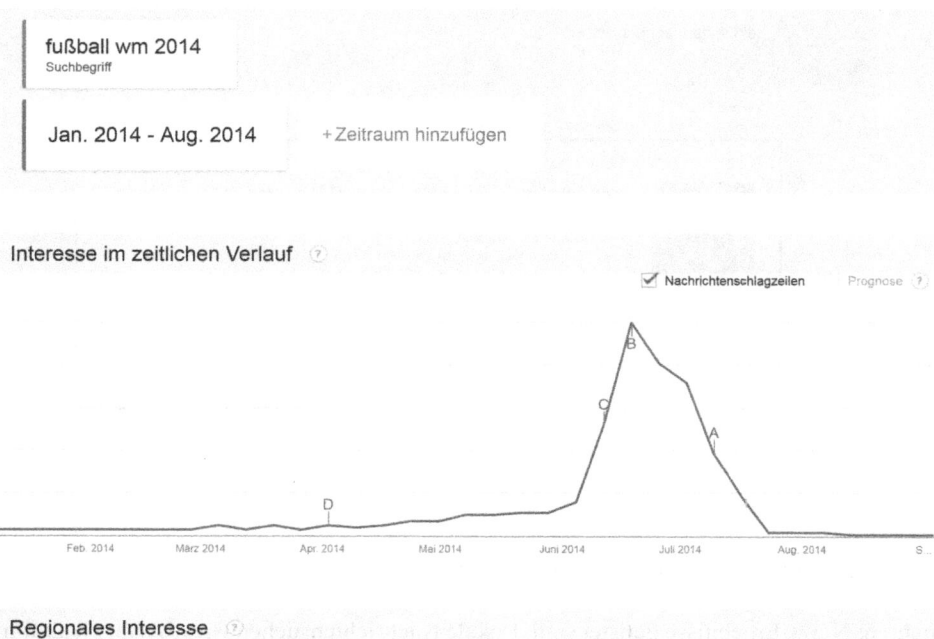

Abb. 13.33 Google Trends zur Fußball WM 2014

die Google zur Verfügung stehen, kann die Suchmaschine sprunghafte Anstiege in der
Suchmenge feststellen, die auch auf eine Aktualität des Themas verweisen. Dies zeigt sich
auch deutlich in Google Trends (http://trends.google.com). Dort können Seitenbetreiber
die Suchanfragen im Zeitverlauf ablesen und Spitzen mit hohem Suchaufkommen identifizieren. Dies ist auch in der Abb. 13.33 zur WM 2014 zu sehen. Kann Google zudem feststellen, dass viele Nachrichten zu diesem Thema erscheinen und ausreichend Nachrichten
von unterschiedlichen Domains vorliegen, blendet die Suchmaschine hierzu relevante
Meldungen ein.

13.3.3.4.3   Umsetzung und Optimierung

Bei der Suchmaschinenoptimierung für Nachrichten ist auf der einen Seite die Optimierung der Webseite zur Gewährleistung der schnellen Entdeckung von thematisch relevanten Artikeln durch die Suchmaschine wichtig. Auf der anderen Seite steht der Publisher im
Fokus, der gegenüber Google seine Zuverlässigkeit in der Berichterstattung und hinsichtlich der Korrektheit der Nachrichtenmeldungen beweisen muss. Die einzelnen Schritte
hierzu stellt auch die Abb. 13.34 dar.

Die initiale Maßnahme im Bereich der Optimierung für Google News besteht deshalb darin, dass Webseitenbetreiber ihre Webseite bei Google News aufnehmen lassen.
Erst nach dieser Aufnahme listet Google News die eigenen Artikel. Dazu müssen Unternehmen einen Aufnahmeantrag bei Google News stellen. Es handelt sich hierbei um ein

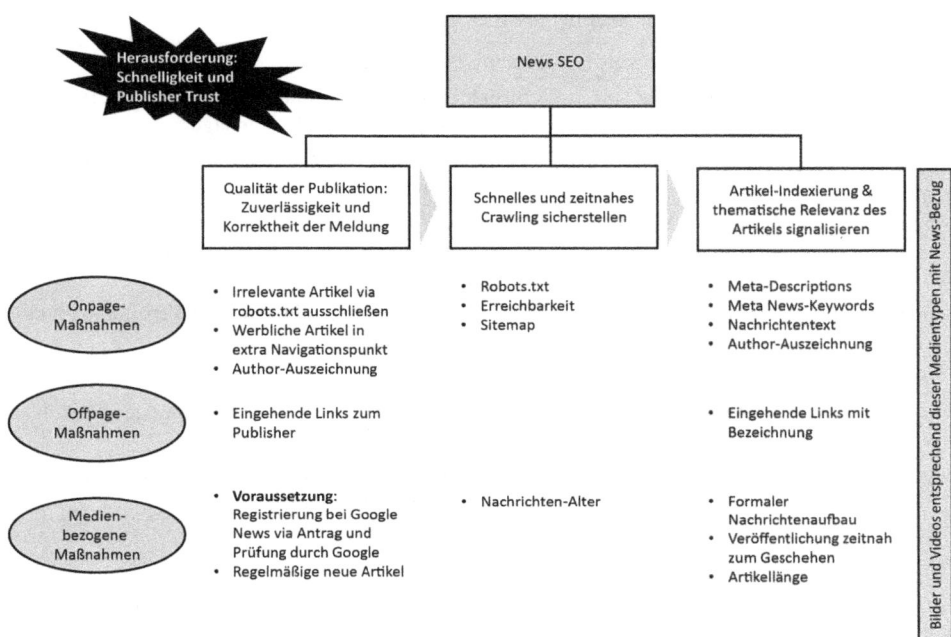

Abb. 13.34 News SEO

Formular, das News-Webseitenbetreiber ausfüllen und an Google senden müssen. Dort wird die Aufnahme entsprechend geprüft (mehr dazu: https://support.google.com/news/publisher/answer/40787). Hier ist die Anzahl der Redakteure (mindestens drei) sowie der vorhandenen Artikel relevant. Mit der Einführung des Leistungsschutzrechts müssen Unternehmen ab dem Sommer 2013 zudem eine Bestätigungserklärung zur Nutzung der Inhalte bei Google abgeben. Andernfalls schließt Google die Seiten aus den Google News aus. Die Aktivierung von Google News ist nicht für Webseiten möglich, die der Präsentation der eigenen Leistung oder des eigenen Unternehmens dienen. Das bedeutet, dass Google zum Beispiel PR-Meldungen oder unternehmensbezogene Nachrichten auf der eigenen Unternehmenswebseite nicht als Nachrichten wertet.

Hinzu kommen Signale für die Autorität und das Vertrauen der Publikation. Dies ist vor allem bezogen auf das Themengebiet, für das der Publisher einen Beitrag veröffentlicht. Ein Signal hierfür sind beispielsweise eingehende Links von anderen relevanten Webseiten, insbesondere anderen Nachrichtenportalen. Auch die Artikel-Historie der Seite gibt hierüber Aufschluss. Dabei empfiehlt sich die regelmäßige Veröffentlichung von Artikeln. Relevant ist zudem die Suchmaschinenoptimierung der Webseite. Auch interne Verlinkungen sollten genutzt werden und relevante Keywords beinhalten.

In seinen Vorgaben für die Anmeldung zu Google News gibt Google ebenfalls Hinweise zur Optimierung von Google News. Danach sind Übersichtsseiten der Redakteure mit Kontaktinformationen vorteilhaft, die die Zuverlässigkeit und Validität der Artikel des Publishers bestätigen. Dies wird unterstützt durch die Anbindung der

Tab. 13.3 Liste der spezifischen Nachrichten-Elemente der News-Sitemap

Element	Notwendigkeit	Wirkung/Bedeutung
<publication>	Notwendig	Publisher bzw. Medium, in dem die Nachricht erscheint, inkl. der Tags <name> und <language>
<access>	(Notwendig)	Falls der Zugriff nicht öffentlich ist, ist Beschreibung der Zugangsmöglichkeit notwendig, sonst weglassen
<genres>	Teils notwendig	Falls Genres relevant sind, ist deren Auszeichnung verpflichtend, wie für PR-Meldungen, Blogposts oder Satire
<publication_date>	Notwendig	Angabe des vollständigen Datums der Veröffentlichung des Artikels im W3C-Format
<title>	Notwendig	Titel des Artikels laut Webseite
<keywords>	Empfohlen	Thematische Keywords zur Beschreibung des Artikel- inhalts, getrennt durch Komma
<stock_tickers>	Optional	Primär für Wirtschaftsartikel gegebene Möglichkeit, Börsenkursticker einzubinden

Google-Plus-Autorenprofile. Die Autoren lassen sich auch über das Author Tag kennzeichnen. Mit der Nennung des Autors kann Google später dessen Autorität für das Artikel-Ranking berücksichtigen.

In Google News sollen Publisher nur einmalige Beiträge veröffentlichen, die sich an den journalistischen Qualitätsstandards orientieren. So sollten werbliche Advertorials oder aggregierte Nachrichten nicht über die Sitemap eingereicht, sondern mittels robots. txt für den Crawler ausgeschlossen werden. Idealerweise sind die eigenen journalistischen Nachrichtenartikel über entsprechende Ordner von fremden oder werblichen Texten abgegrenzt. Bei zu vielen eingereichten Advertorials behält sich Google vor, die einzelnen Kategorien oder die gesamte Webseite für Google News zu sperren, da hier die inhaltlichen Standards verletzt werden.

Die Vertrauenswürdigkeit der Publikation und deren Bekanntheit wirken sich über die Zuverlässigkeit und Korrektheit auch auf das Artikel-Ranking aus.

Nach Aufnahme als Publisher in Google News gilt es sicherzustellen, dass Google die einzelnen Artikel auffindet und indexiert. Alle News sollten mithilfe einer News-Sitemap an Google übermittelt werden. Diese enthält spezifische Elemente zur Auszeichnung der Nachrichten, unter anderem die in Tab. 13.3 dargestellten (vgl. https://support.google.com/news/publisher/answer/74288). Die Nachrichten darin sollten nicht älter als zwei Tage alt sein. Eine Sitemap darf nicht auf mehr als 1000 URLs verweisen. Dafür können Webseitenbetreiber bis zu 50.000 Sitemaps erstellen, die sie mit einer Sitemap-Indexdatei verwalten. Es empfiehlt sich, die Sitemap zu aktualisieren, sobald neue Artikel eingestellt wurden. So hat Google stets die aktuellsten Artikel zur Auswahl und die eigene Plattform kann sich zeitlich von denen der anderen Wettbewerber abgrenzen. Diese Sitemap kann auch durch einen RSS-Feed unterstützt werden. Für die Indexierung ist insbesondere die zeitliche Nähe relevant, da die News-Artikel nur sehr kurzlebig sind.

Die Artikel-URLs sollten dauerhaft gleich bleiben, auch bei Updates der Artikel. Sie müssen zudem neben dem Datum noch drei weitere Zeichen umfassen. Sie sollten ausschließlich in HTML vorliegen, andere Formate indexiert Google News nicht. Bei Bildern sollten die üblichen Formate wie .JPG, .PNG oder .GIF verwendet werden. Google News indexiert Videos nur von YouTube.

Nach der Indexierung muss Google die Relevanz der Artikel für die Suchanfrage erkennen. Die Relevanz des Artikels bewertet Google anhand der Signale, die zum Nachrichteninhalt gesetzt werden, anhand des Publishers sowie anhand der Empfehlungen, die der Artikel von anderen relevanten Webseiten erhält.

Dazu müssen Seitenbetreiber die Keywords an den relevanten Content-Stellen einbinden. Dies betrifft den Titel der Meldung in der Überschrift ebenso wie die Meldung selbst, zudem den Seiten-Title und zusätzliche Meta-Tags. Mit der Verwendung der Phrasen „News" oder „Nachrichten" zum Beispiel in der URL, im Title oder im Fließtext kann Google den Medientyp eindeutiger einordnen. Da ein Interesse weckender, kreativer Titel nicht immer die für SEO relevanten Keywords enthält, bietet Google das Meta-Tag <news_keywords> an. Damit können Publisher für den Crawler bis zu zehn beschreibende Keywords zu ihrem Artikel zugänglich zu machen.

```
<meta name="news_keywords" content="Fußball-WM, Weltmeisterschaft 2014,
Herrenfußball, Brasilien">
```

Die Nachricht selbst sollte wie ein Artikel aufgebaut sein, mit der Nennung von Datum und Ort zu Beginn des Artikels. Diese beiden Angaben können in HTML strukturiert werden. Der Zeitpunkt der Veröffentlichung gilt ebenfalls als Rankingkriterium bei Google News. Deshalb sollte die Meldung zeitnah zum Ereignis veröffentlicht werden.

Multimedia-Inhalte sollten als solche für Google News optimiert werden. Dabei zählt zunächst die Optimierung des Medientyps. Wollen Webseitenbetreiber also Bilder stärken, so müssen sie die Bilder für die Bildersuche optimieren. Das Bild sollte nah beim relevanten Content, insbesondere dem Titel des Artikels, stehen. Mit der Beschriftung, dem Alt-Attribut und passenden Ordner- sowie Bilderbezeichnungen kann Google den Inhalt des Bildes deuten und für die Einblendung bewerten. Wichtig ist, dass das Bild mindestens 60×60 Pixel groß ist. Google skaliert es dann für die Universal-Search-Einblendung entsprechend. Diese Bilder sollten ebenfalls der News-Sitemap hinzugefügt und mit den bilderspezifischen Tags versehen werden. Die Einbindung von Videos für Google News ist nur mit YouTube möglich, da der Crawler nur Videos dort berücksichtigt. Hier muss zunächst ein Kanal erstellt und für Google News freigegeben werden.

Auch die Nutzerrelevanz ist entscheidend. So zählt am Ende auch, dass mit der guten Google-Platzierung mehr Traffic auf die Webseite gelangt. Auch die Formulierung interessanter Überschriften kann zu mehr Klicks führen. In der Vorschau greift Google neben den ersten Wörtern häufig auch relevante Textbausteine auf, in denen das gesuchte Keyword vorkommt. Formulieren Webseiten Meta-Descriptions, so zeigt Google auch diese an und spezifische Klickreize können darin untergebracht werden, wie „Teil des Teasers … jetzt lesen".

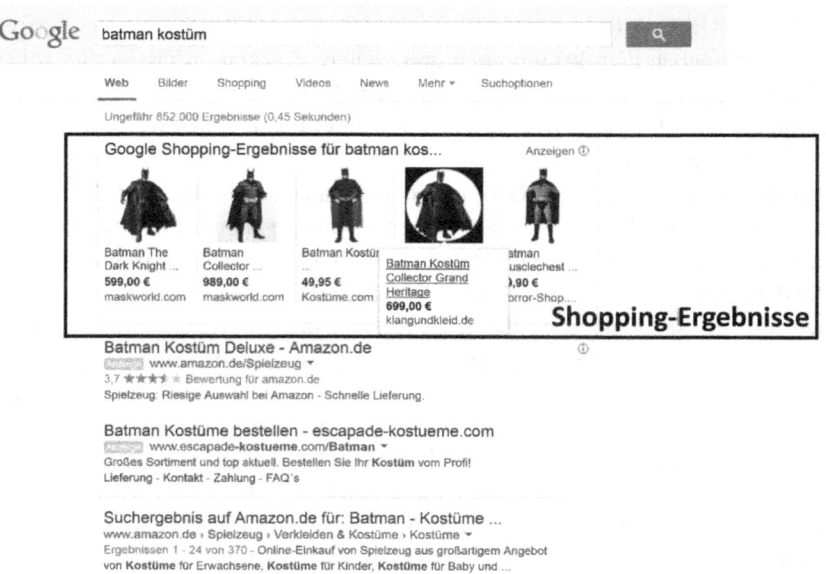

Abb. 13.35 Google Shopping-Ergebnisse

13.3.3.5   Shopping

13.3.3.5.1   Erscheinungsform
Google Shopping ist die Preissuchmaschine für physische Produkte. In den Integratio-
nen blendet Google relevante Ergebnisse von http://www.google.com/shopping ein.
Seit dem 11. Juni 2013 ist dieser Service in Deutschland kostenpflichtig, in den USA
seit Oktober 2012. Die Listung in der Preissuchmaschine verknüpft Google mit seinem
Werbeprogramm AdWords, bei dem sogenannte **Produkt-Listen-Anzeigen** (PLAs) be-
ziehungsweise Google Shopping-Anzeigen geschaltet werden müssen. Diese Produkt-
Listen-Anzeigen beruhen auf dem Preismodell Pay-per-Click (PPC), bei dem Shops jedes
Mal bezahlen müssen, wenn ein Nutzer auf ihren Eintrag klickt. Diese Kosten entstehen
unabhängig davon, ob ein Nutzer danach auch etwas kauft. Google Shopping fällt damit
sowohl in den Bereich der Universal Search als auch der bezahlten Ergebnisse.
   Die Art und Weise der Integrationen variiert hier. Als werbliche Einblendung stehen
sie immer vor den organischen Ergebnissen, entweder vor oder nach den Top-3-Anzeigen
in der linken Spalte oder an oberer Stelle vor den Anzeigen in der rechten Spalte (vgl.
Abb. 13.35). Je nach Einbindung zeigt Google zwischen einem bis zu acht Produkten auf
diese Weise. Die Integration fällt wie die Bilder und Videos durch Bilder als sichtbares
Medium auf.

13.3.3.5.2   Bedeutung
Google Shopping ist grundsätzlich für alle Unternehmen relevant, die physische
Produkte vertreiben. Jedoch ist für einzelne Produktkategorien die Rentabilität der

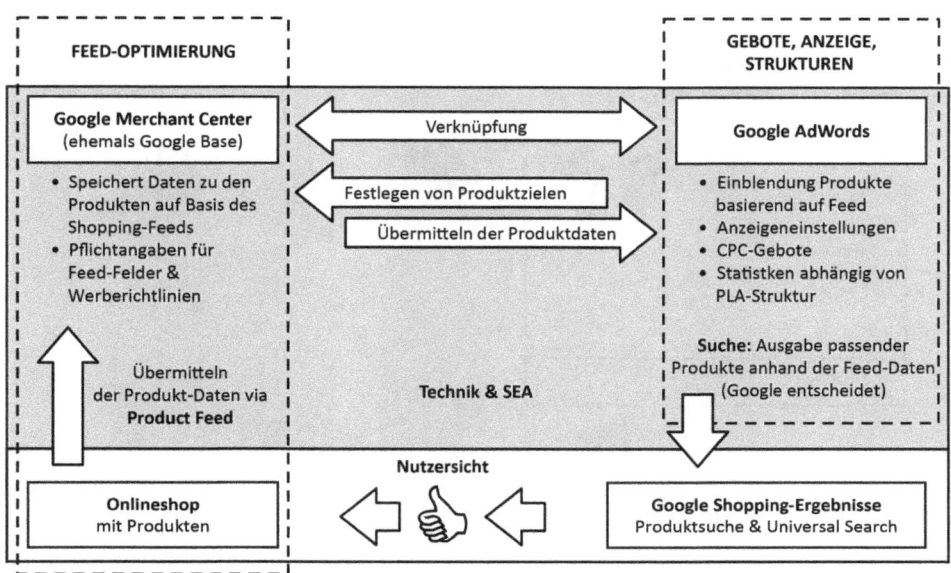

Abb. 13.36 Funktionsweise der Google Shopping-Einblendung

Produkteinblendungen zu prüfen. Unter Umständen liegen die Klickpreise über dem Be-
trag, den Shop-Betreiber mit den Produkten tatsächlich einnehmen. Initial kann der Aufwand erhöht sein, da eventuell ein neues Konto bei dem Anzeigenprogramm AdWords
angelegt und befüllt werden muss. Auch nachträgliche Optimierungen finden nicht in
Google Shopping, sondern entweder via AdWords oder anhand des Shopping-Feeds statt.
Falls Unternehmen bereits SEA mit Google AdWords betreiben, können sie die PLAs dort
einfach integrieren und inhouse oder mithilfe ihrer aktuellen Agentur umsetzen. Andernfalls müssen sie dafür die Kompetenz aufbauen oder extern nachfragen.

Wer für Google Shopping optimiert, sollte bei der Entscheidung für oder gegen PLAs
auch klären, ob die Listung ausschließlich in der vertikalen Suchmaschine auf Google
Shopping relevant ist, ohne auf der Suchergebnisseite in den erweiterten Ergebnissen zu
erscheinen. Denn in diesem Fall sind ebenfalls Anzeigenschaltungen notwendig, die sich
jedoch mit geringeren Klickpreisen realisieren lassen. Laut der Universal-Search-Studie
von Searchmetrics (vgl. 1.3.2) ist der Anteil der Einblendungen von Google Shopping im
Verlauf des Jahres 2013 auf zuletzt 6 % im Dezember gestiegen.

13.3.3.5.3   Umsetzung und Optimierung

Google Shopping beruht sowohl auf der Einblendung von Produktdaten aus dem Product
Feed als auch auf der Gebotssteuerung und Anzeigenformulierung bei AdWords.

In die Umsetzung der Google Shopping-Anzeigen sind damit drei Oberflächen invol-
viert, wie in Abb. 13.36 abgebildet. Zunächst besteht der Shop als Datenquelle. Im Google
Merchant Center (ehemals Google Base) importieren Shops die Daten zu den Produkten.

Abb. 13.37 Produktanzeigen mit Daten aus dem Product Feed und AdWords

Bei Google AdWords werden letztlich die Anzeigen erstellt, die sich auf die Produkte in Google Merchant beziehen. Diese sogenannten Produktziele lösen bei den Shopping-Anzeigen die sonst typischen SEA-Keywords ab und machen den Feed damit zum Gegenstand inhaltlicher Optimierungen.

Im sichtbaren Teil macht der Produktdatenfeed den größten Anteil aus. Er steuert Bilder, Überschriften, Preis, Versand und nach dem Klick auf die Anzeigen auch alle weiteren Angaben wie unter anderem Produktbeschreibung und Hersteller. Nur der vergleichsweise kurze Anzeigentext kommt von AdWords. Er erscheint abhängig von der Einblendung: Bei vielen Produkten ist er nur beim Mouseover über dem Produkt sichtbar (wie in Abb. 13.37 zu sehen), bei einigen wenigen wird er auch gemeinsam mit den weiteren Elementen gezeigt.

Die Basis von Google Shopping stellt der Product Feed dar. Dieser Feed enthält die Daten zu allen Produkten in einer .xml- oder .txt-Datei. In dem Feed gibt es Shopping-Pflichtelemente sowie ergänzende Tags. Ist der Feed nicht vollständig, lehnt Google die fehlerhaften Produkte bei Google Shopping ab. Um die Produktanzeigen einzublenden, bewertet Google die inhaltliche Relevanz ausschließlich mit den Daten aus dem Product Feed. Nur anhand der Feed-Texte wie Überschriften, Kategorien, Marken oder Beschreibungen entscheidet Google, ob das Produkt für die Suchanfrage überhaupt beachtet wird. Damit bestimmen die Produktziele, welche Produkte eingeblendet werden, und ersetzen so die für AdWords Suchanzeigen typischen Keywords. Die Schwierigkeit besteht darin, dass Google frei entscheidet, welches Produkt für welche Anfrage relevant ist und die

Google Shopping-Ergebnisse für seagate wireless p...   Anzeigen ⓘ

121,00 €
Seagate Wireless Plus
eBay
+ 5,99 € Versand

199,33 €
Seagate Wireless Plus notebooksbill...
+ 4,99 € Versand

232,36 €
Seagate 2TB Wireless Plus notebooksbill...
+ 4,99 € Versand

159,90 €
Seagate Wireless Plus
Cyberport
+ 2,99 € Versand

155,54 €
1000gb Seagate ...
eBay
Versand gratis

170,18 €
Seagate Wireless Plus
eBay
Versand gratis

164,96 €
Seagate Tragbare ...
eBay
Versand gratis

154,00 €
Seagate Tragbare ...
Pixmania.de
+ 4,99 € Versand

Positiv auffällig (andere Präsentation, hohe Bildqualität)

Negativ auffällig (andere Präsentation, jedoch mit schlechter Bildqualität)

Abb. 13.38 Google Shopping-Ergebnisse

Optimierung auf ein einzelnes Keyword nicht immer eindeutig möglich ist, insbesondere bei Longtail-Keywords oder Nischenprodukten.

Die Optimierung setzt damit an erster Stelle an dem Feed an. Dieser sollte möglichst vollständig mit exakten, zur Webseite passenden, aktuellen Daten ausgefüllt sein. Bei Änderungen am Shop sollten Seitenbetreiber auch den Feed aktualisieren. Dies betrifft auch Produkte, die nicht mehr im Shop verfügbar sind. Ein zentrales Element der Anzeige sind die Titel, für die die Seitenbetreiber passende Keywords und Formulierungen wählen sollten. Zu vermeiden sind interne Produktnummern, Sonderzeichen oder teils zu generische Formulieren. Für die Titel gut geeignete Elemente sind vor allem Markennamen, Produktbezeichnungen und Attribute, zum Beispiel „Adidas Jacke schwarz" oder „Esprit Kleid in Grün".

Die Bilder als grafisches Element sind das primäre visuelle Element der Anzeige und sorgen für die stärkste Aufmerksamkeit. Für Shopping-Anzeigen sind sie deshalb von hoher Bedeutung. Shop-Betreiber sollten hier vor allem auf individuelle Bilder achten, die sich von denen der anderen Werbetreibenden abheben. Werden Hersteller-Bilder genutzt, können diese durch Ausschnitte oder Zusätze abgewandelt werden. Bilder, die auffallen und anders sind, eine gute Qualität haben und damit Interesse wecken, können mehr Klicks erzielen. Abbildung 13.38 zeigt die Shopping-Ergebnisse für die Suche nach „Seagate Wireless Plus". Am deutlichsten fallen die Bilder von cyberport.de und eBay auf. Dabei sind die Bilder von cyberport.de von hoher, das Bild von eBay.de hingegen von eher geringer Qualität. Das Bild der Frontalansicht kommt viermal vor und hebt sich dadurch weniger ab. Die Bilder skaliert Google automatisch auf eine passende Größe für die Product Listing Ads herunter.

Auch weitere Textelemente sollten Shop-Betreiber passend wählen. Bei den selbst festzulegenden Kategorien können sie mit Kategorie-Verläufen (Bekleidung > Hosen > Damenhosen) arbeiten und damit weitere relevante Keywords einbinden. Die Beschreibungen sollten ebenfalls relevante Keywords enthalten und dabei die Leser ansprechen. Damit ähnelt es der Content-Erstellung für optimierte Webseiten.

Nachdem der Feed erstellt und für Shopping optimiert wurde, muss der Seitenbetreiber diesen im nächsten Schritt an Google übermitteln. Hier stellt das Google Merchant Center (http://www.google.com/merchants/) die Plattform zur Verwaltung der Daten zu den angebotenen Produkten dar. Entweder lässt sich der Feed manuell oder aber automatisch hochladen. Einzelne Shop-Softwarelösungen bieten passende Erweiterungen an, die das Hochladen regelmäßig automatisch vornehmen. Der Feed ist nach dem Hochladen für 30 Tage gültig. Er sollte jedoch in Abhängigkeit der Häufigkeit von Sortimentsänderungen regelmäßig aktualisiert werden. Dies kann auch mehrfach täglich sein. Wichtig ist, den Feed regelmäßig auf Fehler und abgelehnte Produkte hin zu überprüfen. Die Arbeit mit einem Testdatenfeed kann hier wertvolle Hinweise liefern.

Als Nächstes ist ein Account bei AdWords notwendig, der mit dem Merchant Center verknüpft wird. In diesem AdWords Account lassen sich danach Kampagnen und Anzeigengruppen erstellen, die auf die Produkte ausgerichtet sind. Google bietet mit dem Kampagnentyp „Shopping" die Möglichkeit, extra Kampagnen für PLAs zu erstellen. In diesen Kampagnen können Advertiser ausschließlich Produkt-Listen-Anzeigen schalten. Dieser Kampagnentyp ist sinnvoll, denn im Gegensatz zu anderen AdWords-Such-Anzeigen führen die Keywords zu keiner Einblendung. Was die Einblendung auslöst, sind die Produkte. Damit Google die passenden Produkte berücksichtigt, müssen in den Kampagneneinstellungen die Händler-ID und das Absatzland ausgewählt werden. Im nächsten Schritt können dann bei den Anzeigengruppen durch die Produktgruppen die Produktziele definiert werden, wie in Abb. 13.39 zu sehen. Diese Produktziele bündeln Produkte auf Basis ihrer Feed-Attribute.

Mögliche Produktziele stellen Kategorien, Marken, Artikel-IDs, Zustand, Produkttypen und benutzerdefinierte Labels (auch bezeichnet als Custom Labels) dar. Von den Custom Labels können Advertiser im Product Feed bis zu fünf vergeben und im Anschluss in AdWords die Produkte danach filtern. So lassen sich Sortimentsgruppen nach Saison, Preis, zeitlich limitierten Aktionen, Sales, Zielgruppen und Ähnlichem abgrenzen. So existieren mit diesen Filtern verschiedene Optionen des AdWords Konto- und Kampagnenaufbaus. Zwei mögliche Optionen unterscheiden sich hinsichtlich der Ausdifferenzierung, wie auch in Abb. 13.40 dargestellt:

(1) Zum einen können alle Produkte ausgewählt werden. Hierzu wird einfach die Auswahl aller Produkte aktiviert, das heißt, es findet keine Ausdifferenzierung statt.
(2) Zum anderen können Shop-Betreiber die Produkte hierarchisch miteinander kombinieren und somit die Hierarchie weiter ausdifferenzieren. Dazu aktivieren sie zum Beispiel zuerst eine Marke „X", innerhalb derer dann die Kategorie „Y" und wählen im Nachhinein die Artikel-ID als kleinste Ebene in der untersten Hierarchie, um die Werbeleistung und -ergebnisse aller Produkte transparent in AdWords zu sehen. In diesem Beispiel sind die Artikel-IDs „Z1" und „Z2" gelistet. Weitere Artikel laufen automatisch in die Gruppe der anderen Artikel-IDs, falls diese eingeschlossen und

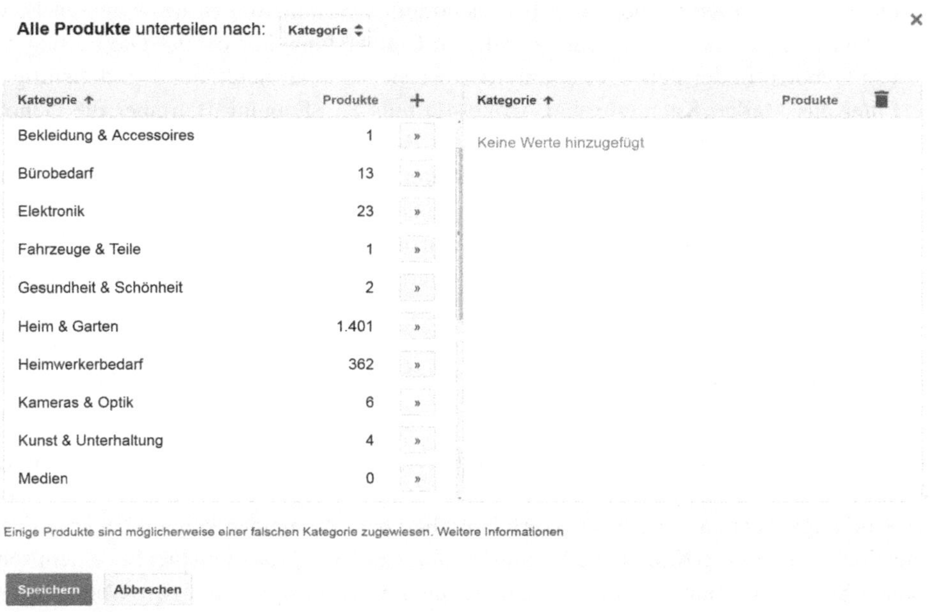

Alle Produkte unterteilen nach: Kategorie
Kategorie
Produkte
Kategorie
Produkte
Bekleidung & Accessoires 1
Bürobedarf 13
Elektronik 23
Fahrzeuge & Teile 1
Gesundheit & Schönheit 2
Heim & Garten 1.401
Heimwerkerbedarf 362
Kameras & Optik 6
Kunst & Unterhaltung 4
Medien 0
Keine Werte hinzugefügt
Einige Produkte sind möglicherweise einer falschen Kategorie zugewiesen. Weitere Informationen
Speichern
Abbrechen

Abb. 13.39 Auswahl von Feed-Attributen

Alle Produkte
1. Ebene: Alle Produkte
Marke X
1. Ebene: Marke
Kategorie / Produkttyp X
2. Ebene: Kategorie/ Produkttyp
Artikel-ID X
Artikel-ID X
3. Ebene: Artikel-ID
Alle anderen Artikel-ID
einschließen
ausschließen
Alle anderen Kategorien / Produkttypen
einschließen
ausschließen
2. Ebene: Kategorie/ Produkttyp
Alle anderen Marken
einschließen
ausschließen
1. Ebene: Marke
Alle Produkte
Produktauswahl

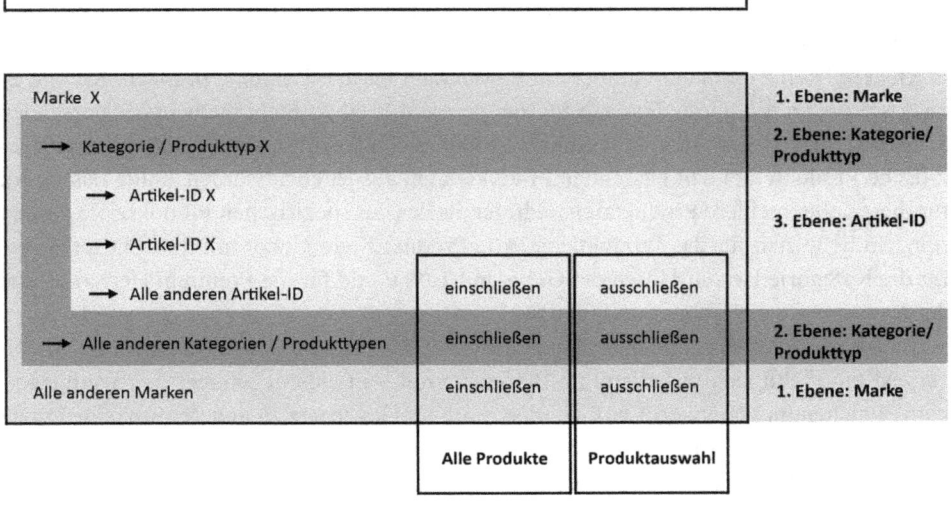

Abb. 13.40 Möglichkeiten der Ausdifferenzierung

nicht ausgeschlossen sind. Auch bei nachträglichem Hinzufügen der weiteren Filter ordnet Google die Leistung (unter anderem Conversions) korrekt zu. Die Festlegung von Geboten findet stets auf der untersten Ebene statt, das heißt, bei dem dreistufigen Filter aus Marke, Kategorie und Artikel-ID müssen Shopping-Betreiber die Gebote auf Ebene der Artikel-ID festlegen. Mit der Betrachtung der ID lassen sich die Werbeergebnisse für einzelne Produkte transparent nachvollziehen. Neben der Auswahl einzelner Elemente bietet AdWords dann die Option, für weitere Produkte, die nicht in den speziellen Filter fallen, weitere Filter anzulegen und für die Reste-Bündelung zu entscheiden, ob diese aktiviert oder deaktiviert werden soll, was zum Einschluss oder Ausschluss der jeweiligen Produkte in der Anzeigengruppe führt. Damit lässt sich zum Beispiel eine Kampagne für eine Marke anlegen, in der mehrere Anzeigengruppen mit entsprechenden Kategorien der Marke zu finden sind – andere Marken und Kategorien sind dort ausgeschlossen.

Bei dem Aufbau des Accounts bietet AdWords verschiedene Möglichkeiten. Die Wahl der Struktur sollte auf strategischen Überlegungen, der Produktanzahl, der Bedeutung einzelner Produktgruppen und der Budgetverteilung beruhen. Zum einen können Unternehmen eine einzige Shopping-Kampagne für alle Produkte anlegen, zum Beispiel bei einem sehr kleinen Sortiment. Zum anderen können sie mehrere Kampagnen auf den Weg bringen, die zum Beispiel auf Marken, einzelne Labels oder Kategorien eingehen. So kann es für ein Bekleidungsgeschäft sinnvoll sein, nach Geschlecht und nach Sortimentstyp zu sortieren, aber auch Produktmarken können relevant sein. Mit der Einstellung von Prioritäten in den Shopping-Kampagnen kann ein Artikel auch in mehreren Kampagnen beworben werden. So lässt sich zum Beispiel eine absatzorientierte Ausverkauf-Kampagne mit hoher Priorität festlegen, die Standard-Kampagne mit mittlerer Priorität und aktuell wenig relevante Saison-Kampagnen mit geringer Priorität. In diesem Fall bevorzugt Google das Produkt für die Ausverkauf-Kampagne.

Generell sollte ein Konto immer ein Produktziel für alle Produkte besitzen. Kommt es zu Änderungen am Shop, die dazu führen, dass das Produkt nicht mehr in der passenden Kategorie ausgegeben wird, fängt dieses Produktziel alle Anfragen ab. Damit jedoch spezifische Produkte bei den passenden Produktzielen ausgegeben werden, sollte das Gebot für dieses allgemeinere Produktziel niedriger als das der spezifischen Produktziele gesetzt sein. So ließe sich für das Produktziel „Alle Produkte" ein Gebot mit 50 Cent festlegen, für die Kategorie Herren-Hosen ein Gebot mit 1,00 € und für die Premium Herren-Hosen der Luxusmarke ein Gebot mit 2,00 €.

Innerhalb AdWords kann ein Anzeigentext mit 45 Zeichen gewählt werden. Im Anzeigentext empfiehlt sich vor allem die Betonung von Vorteilen gegenüber den Wettbewerbern. Tauchen hier Keywords auf, werden diese im Gegensatz zu anderen Anzeigentypen nicht fett hervorgehoben. Zum Teil blendet Google diese Texte auch nur bei Mouseover über dem entsprechenden Produkt ein.

Mit Verkäuferbewertungen berücksichtigt Google auch die Nutzererfahrung mit dem Shop. Diese Bewertungen stammen sowohl von Google selbst als auch von anderen

Bewertungsportalen. Unternehmen sollten ihre Kunden dazu anregen, Shop-Bewertungen zu verfassen. Meistens müssen mindestens 30 Bewertungen aus den letzten zwölf Monaten vorliegen, die mindestens einen Durchschnitt von 3,5 der maximal fünf möglichen Sterne haben.

Alle gebotsbezogenen Einstellungen wie CPC-Gebote für die Produktziele und Anzeigengruppen ebenso wie die Festlegung des Tagesbudgets finden bei AdWords statt. Google bestimmt die Anzeigenposition auf Basis des Anzeigenrangs, der sich aus der Relevanz und dem Klickpreis-Gebot ergibt. Das Gebot ist eine Möglichkeit, kurzfristig die Position anzupassen, sowohl während Google noch die Relevanz evaluiert als auch um die Performance in einer höheren Position zu testen. Da die Shopping-Einblendungen langfristig zu Gewinn führen sollen, ist die Wahl passender Gebote wichtig, um den tatsächlichen Klickpreis innerhalb des rentablen Rahmens zu halten. Dabei hilft die Performance-Übersicht in Google AdWords.

Während die Keywords zu keiner PLA -Einblendung führen, sind negative Keywords sehr wichtig. Damit lassen sich einzelne Keywords in der Suchanfrage ausschließen, wie zum Beispiel „gebraucht" bei einem Shop mit Neuwaren. Da Google die PLAs frei auf Basis der Feed-Daten einblendet, sollten sich Marketer den Suchanfragebericht bei AdWords ansehen sowie Recherchen für negative Keywords durchführen, um irrelevante Einblendungen zu vermeiden. Der Suchanfragebericht zeigt, was die Nutzer bei Google gesucht haben, als sie auf die Anzeige geklickt haben.

Für die Optimierungen ist es wichtig, dass das SEA- und das SEO-Team zusammenarbeiten, denn die Maßnahmen betreffen sowohl den Feed als auch die Anzeigentexte und Gebote.

13.3.4   Monitoring der Universal-Search-Integrationen

Nicht alle SEO-Tools bieten auch Informationen zu den Universal-Search-Einblendungen. Dabei ist es von großem Vorteil, Daten zur Performance dieser Kanäle zu besitzen.

Mögliche Fragestellungen sind:

- Wie viele Nutzer kamen über die Universal-Search-Integration?
- Wie steht meine Webseite im Vergleich zur Konkurrenzseite da?

Je nach Anforderung lassen sich zwei Typen von Tools zum Monitoring unterscheiden. Interne Tools basieren auf den verwendeten Webtracking-Lösungen und zeigen nur die Leistungswerte für die eigene Website an, diese dafür jedoch genauer als externe Tools. Externe Tools auf der anderen Seite, analysieren, welche Webseiten auf der Suchergebnisseite innerhalb der Integrationen erscheinen. Damit können Webseitenbetreiber Wettbewerbsanalysen durchführen und ihr ungefähres Traffic-Potenzial abschätzen.

13.3.4.1   Webtracking

Mit Webanalyse-Tools lässt sich nachvollziehen, ob der Traffic von der Suchergebnisseite oder von den vertikalen Suchmaschinen stammt. Durch zusätzliche Analysen ist eine Auswertung möglich, ob der Traffic der Suchergebnisseite mithilfe der Universal-Search-Integration gewonnen wurde. Dies funktioniert, da der Verweis-Link bei der Suche teilweise Parameter und Parameter-Bestandteile aufweist, die einen Hinweis auf das bei Google geklickte Element liefern.

Bei der Suche nach Schuhen ist der Link aus der Bilder-OneBox wie folgt aufgebaut:

```
http://www.google.de/imgres?imgurl=https://images.otto.de/asset/mmo/formatz
/andrea-conti-sandaletten-silber-
7553977.jpg&imgrefurl=https://www.otto.de/p/andrea-conti-sandaletten-
340372185/&h=960&w=960&tbnid=VmlJq2U41L2vRM:&zoom=1&tbnh=90&tbnw=90&us
g=__X4TLz-8jGbS19LYdzQ7d4d4BWW0=&docid=j3wsfFqkUz2rmM&sa
=X&ei=5zekU_TlPIyB7Qax_YCQBA&sqi=2&ved=0CH8Q9QEwCQ&dur=2853
```

Der Verweis der Bilder-Suchergebnisse hingegen ist leicht modifiziert:

```
http://www.google.de/imgres?imgurl=https%3A%2F%2Fimages.otto.de%2Fasset%2Fm
mo%2Fformatz%2Fandrea-conti-sandaletten-silber-
7553977.jpg&imgrefurl=https%3A%2F%2Fwww.otto.de%2Fp%2Fandrea-conti-
sandaletten-340372185%2F&h=960&w=960&tbnid=VmlJq2U41L2vRM%3A&zoom=1&docid=
j3wsfFqkUz2rmM&ei=sDikU_O8BOiAywOvvoDAAQ&tbm=isch&iact=rc&uact=3&dur=985&pa
ge=1&start=0&ndsp=55&ved=0CCMQrQMwAQ
```

Dass es sich dabei um ein Bildergebnis handelt, zeigt die URL in beiden Fällen durch die Auszeichnung „imgres". Bei dem Ergebnis der Universal-Search-Integration hingegen erscheint der VED-Parameter.

```
ved=0CH8Q9QEwCQ
```

In diesem kommen nutzerspezifische Werte vor, jedoch auch in dem Universal-Search-Beispiel fett hervorgehobene Reihen, die einen Hinweis auf das Klickelement geben. Hier stehen verschiedene Reihen für spezielle Ergebnistypen. Diese sind in der Tab. 13.4 aufgelistet. Damit zeigt der VED-Parameter deutlich, dass es sich um ein Bild aus der Image OneBox handelt, das angeklickt wurde.

Im Webtracking-System kann darauf basierend der Traffic gefiltert werden. Dies schließt am Beispiel von Google Analytics die folgenden Schritte ein: Erstellen eines Filters, der den Verweis nach diesen Elementen ausliest. Im Anschluss kann abhängig von der Variable die Quelle umbenannt werden. Abbildung 13.41 zeigt die entsprechenden Einstellungen.

Tab. 13.4 Übersicht über die VED-Parameter-Elemente. (Quelle: http://moz.com/blog/decoding-google-referral-string-or-how-i-survived-secure-search; http://www.serp-eye.com/ga-google-sitelinks-tracking/)

Element enthalten im VED-Paramater	Code
QFj	Organic Search
QqQIw	News OneBox (Textlink)
QpwI	News OneBox (Bildlink)
Q9QEw	Image OneBox
Qtwlw	Video OneBox (Textlink)
QuAlw	Video OneBox (Bildlink)
QjB	Organic Search – Sitelink
BEPwd	Knowledge Graph Image (leading)
BEP4d	Knowledge Graph Image (non-leading)
QjBAw	Google Sitelinks (Groß)
Q0gIo	Google Sitelinks (klein)

In der Auswertung erscheint dann der Google Traffic in der Quellen-Ansicht weiter unterteilt. Anstelle der im Beispiel der Abb. 13.42 aufgeführten Elemente, die beschreiben, auf welches Element der User geklickt hat, um die Webseite zu erreichen, wie „Google Organic Search", „Google Bilder OneBox" und „Google Sitelink Groß" würde ohne diese Filtereinstellung nur „Google" als allgemeine Quelle erscheinen.

13.3.4.2 Externe Tools

Von den externen Tools eignen sich nur einige für das Monitoring und die Auswertung, denn nicht alle betrachten die Universal-Search-Integrationen. Bereits im Rahmen der Studie zu den Universal-Search-Integrationen erwähnt wurde Searchmetrics. Das Tool bietet in einem eigenen Bereich eine Übersicht zu den Integrationen mit ihren Verteilungen an. Als Metrik verwendet Searchmetrics die SEO Visibility. Diese definiert Searchmetrics wie folgt:

> Die SEO Visibility zeigt die Sichtbarkeit der eingegebenen Domain in der organischen Suche. Sie setzt sich aus dem Suchvolumen und den Positionen der für diese Eingabe rankenden Keywords zusammen. Jede Position wird dabei individuell nach einem von Searchmetrics ermittelten Faktor gewichtet. Ebenso beeinflusst die SEO Visibility die Tatsache, ob es sich bei den rankenden Keywords um Navigational- oder Informational-Keywords handelt. […] Die SEO Visibility zeigt den Trend und den historischen Verlauf der Sichtbarkeit einer Domain in Suchmaschinen auf. (Quelle: http://suite.searchmetrics.com/de/research/misc/faq)

Searchmetrics zeigt zum einen den Verlauf der einzelnen Erweiterungen, wie in Abb. 13.43 und 13.44 am Beispiel von Zalando.de und Spiegel.de zu sehen. Zum anderen ist auch die Verteilung der Integrationen dargestellt, wie Abb. 13.45 und 13.46 zu entnehmen ist.

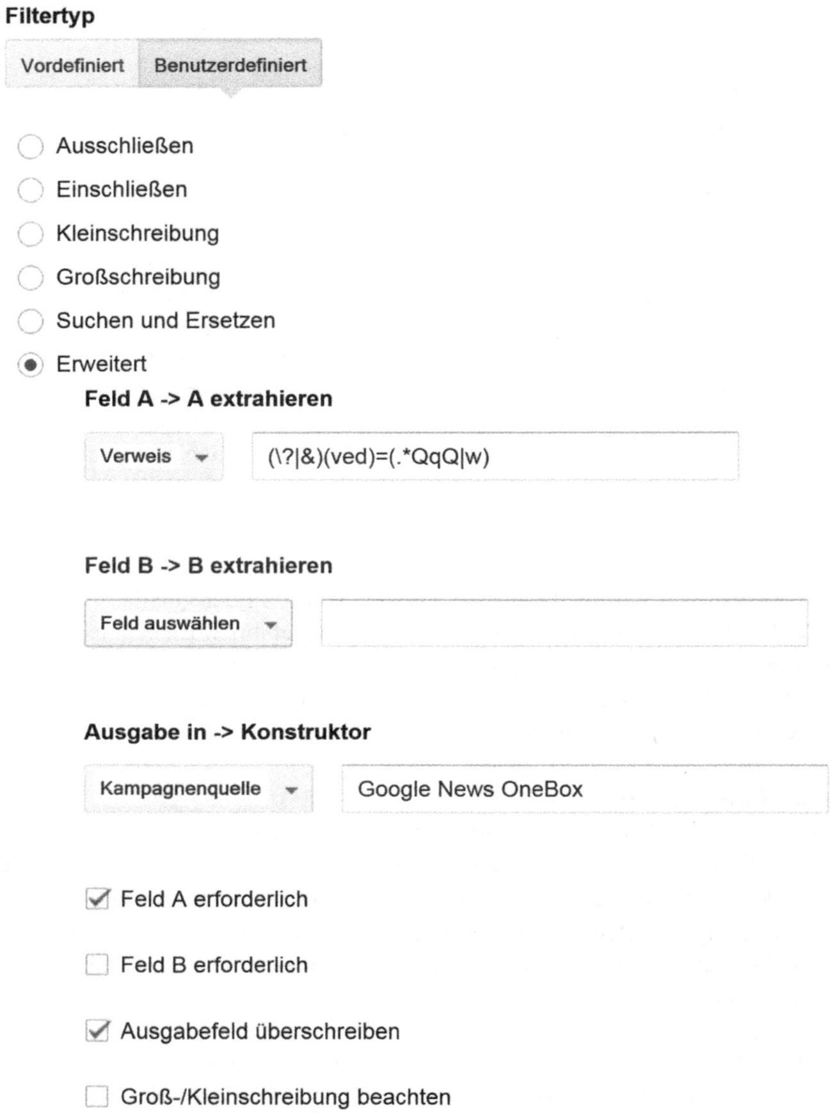

Filtertyp

| Vordefiniert | Benutzerdefiniert |

○ Ausschließen

○ Einschließen

○ Kleinschreibung

○ Großschreibung

○ Suchen und Ersetzen

◉ Erweitert

Feld A -> A extrahieren

| Verweis ▾ | (\?|&)(ved)=(.*QqQ|w) |

Feld B -> B extrahieren

| Feld auswählen ▾ | |

Ausgabe in -> Konstruktor

| Kampagnenquelle ▾ | Google News OneBox |

☑ Feld A erforderlich

☐ Feld B erforderlich

☑ Ausgabefeld überschreiben

☐ Groß-/Kleinschreibung beachten

Abb. 13.41 Einstellen des Analytics Filters zur Ausgabe der Traffic-Quelle

Damit lassen sich der Verlauf, der Wettbewerb sowie die Relevanz der Integrationen ableiten, sowohl für die eigene Plattform als auch für andere Webseiten. Auf diese Weise kann das Tool auch die Entscheidungsfindung unterstützen, für welche Integrationen sich eine Optimierung am ehesten lohnen kann.

Auch SISTRIX bietet eine Übersicht über die Universal-Search-Integrationen an. Ebenso wie Searchmetrics stellt das Tool die Entwicklung im Zeitverlauf (vgl. Abb. 13.47

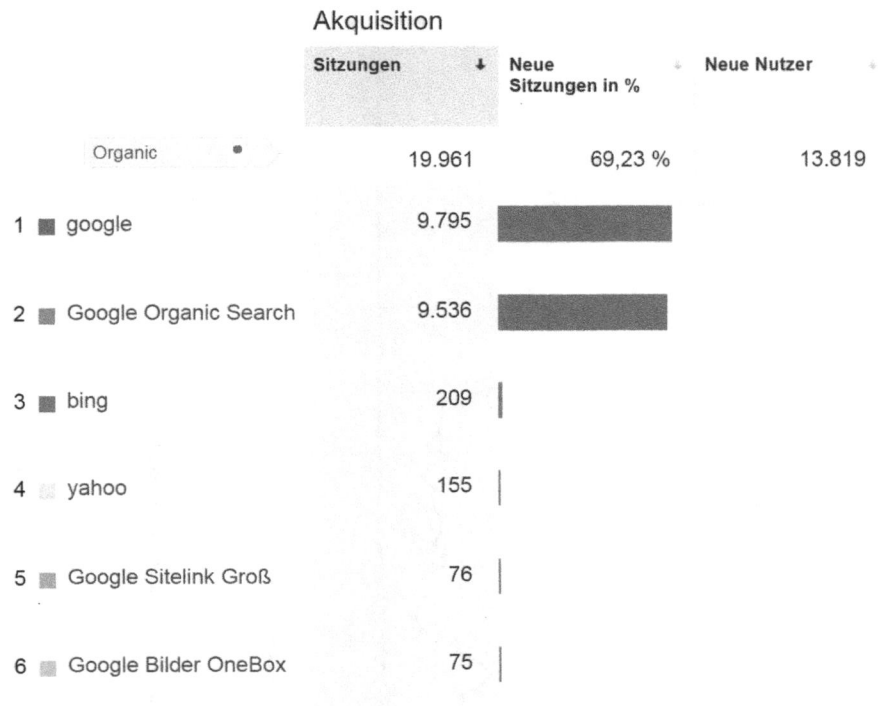

Abb. 13.42   Verfeinerte Ausgabe der Google Traffic-Quellen

und 13.48) sowie die Gewichtungen dar (vgl. Abb. 13.49 und 13.50). Dabei arbeitet auch SISTRIX mit einer eigenen berechneten Sichtbarkeitsmetrik (vgl. http://www.sistrix.de/ frag-sistrix/was-ist-der-sistrix-sichtbarkeitsindex/).

13.3.5   Chancen und Herausforderungen der Universal-Search-Integrationen

Nach dem Überblick über die Integrationen und ihre Bedeutung gilt es, die Chancen und Herausforderungen dieser Form der erweiterten Ergebnisse abzuschätzen.

13.3.5.1   Chancen

Mit erweiterten Resultaten schaffen Suchmaschinen Aufmerksamkeit für ihre Nischensuchmaschinen. Für auf diese Nischen spezialisierte Unternehmen stellen diese Einblendungen eine Chance dar, abseits der vertikalen Suchen zusätzlichen Traffic und Aufmerksamkeit zu gewinnen. Sie erhalten damit die Chance, auch ihren vertikalen, multimedialen und branchenspezifischen Content mit guten Rankings zu positionieren.

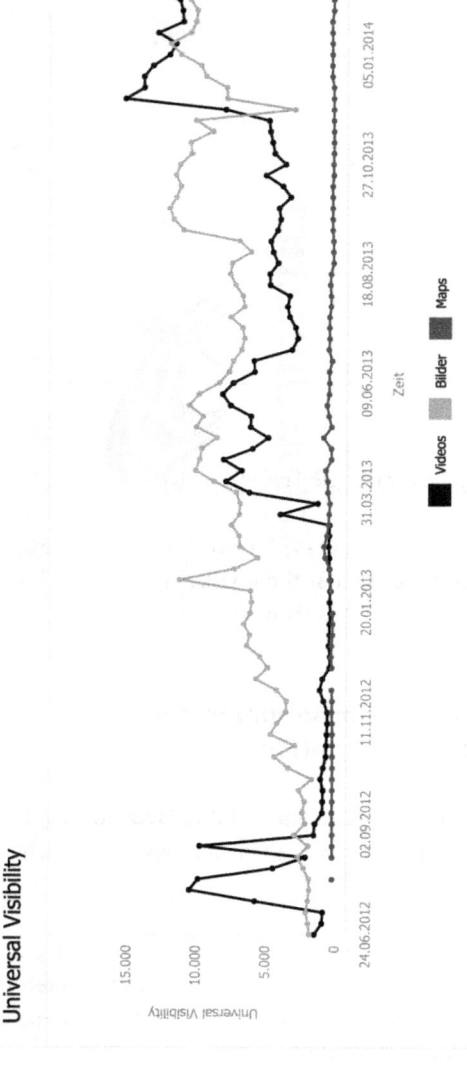

Abb. 13.43 Universal-Search-Sichtbarkeitsverlauf Zalando. (Quelle: http://www.searchmetrics.com)

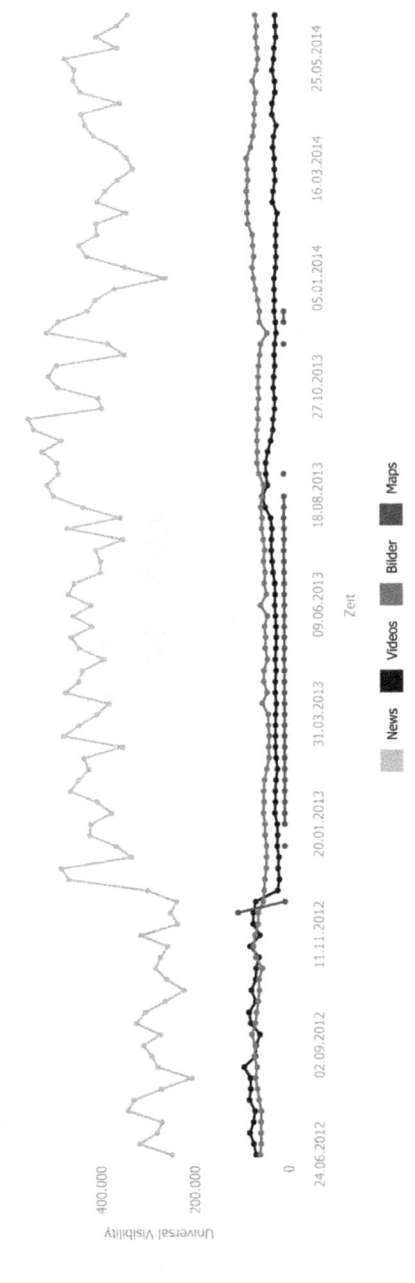

Abb. 13.44 Universal-Search-Sichtbarkeitsverlauf Spiegel.de. (Quelle: http://www.searchmetrics.com)

Universal Integrationen

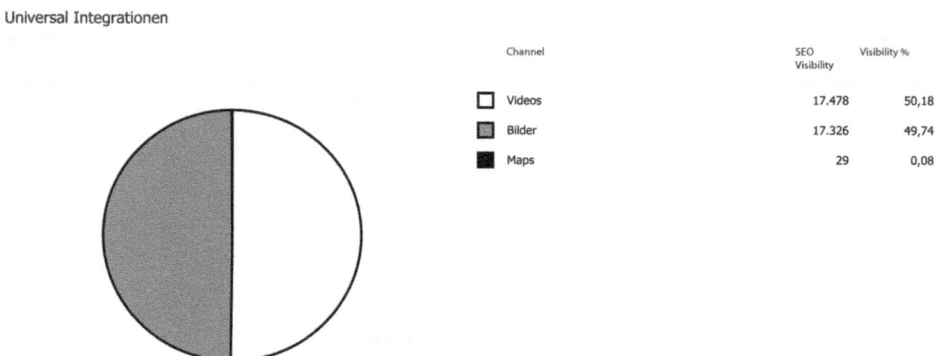

Channel	SEO Visibility	Visibility %
☐ Videos	17.478	50,18
▨ Bilder	17.326	49,74
■ Maps	29	0,08

Abb. 13.45 Universal-Search-Verteilung Zalando. (Quelle: http://www.searchmetrics.com)

Universal Integrationen

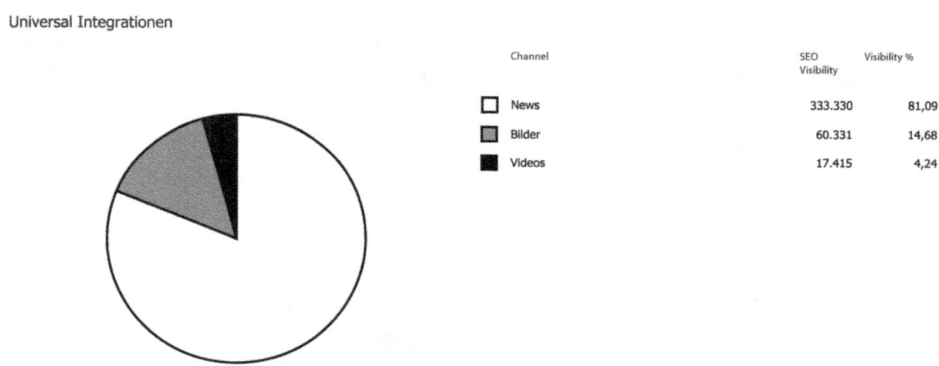

Channel	SEO Visibility	Visibility %
☐ News	333.330	81,09
▨ Bilder	60.331	14,68
■ Videos	17.415	4,24

Abb. 13.46 Universal-Search-Verteilung Spiegel.de. (Quelle: http://www.searchmetrics.com)

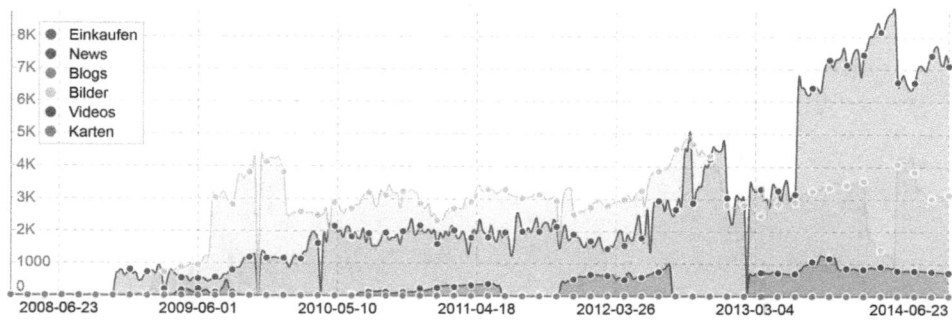

Abb. 13.47 Universal-Search-Sichtbarkeitsverlauf von Spiegel.de. (Quelle: http://www.sistrix.de)

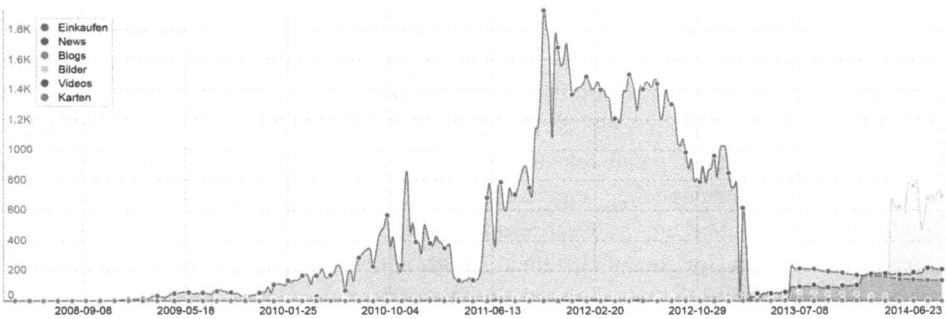

Abb. 13.48 SISTRIX Universal-Search-Sichtbarkeitsverlauf von Zalando.de. (Quelle: http://www.sistrix.de)

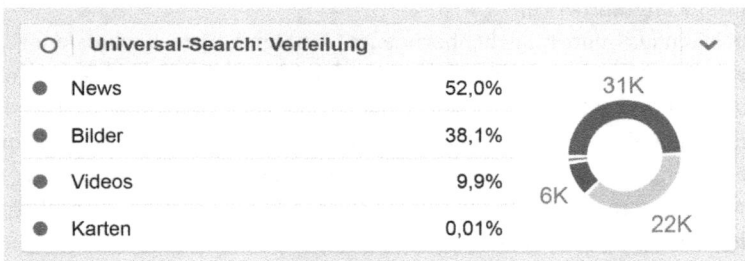

Abb. 13.49 Universal-Search-Verteilung bei Spiegel.de. (Quelle: http://www.sistrix.de)

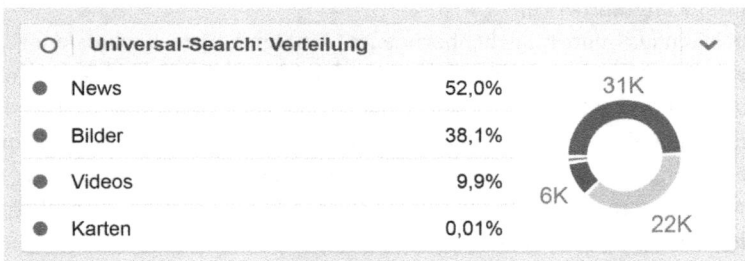

Abb. 13.50 Universal-Search-Verteilung bei Zalando. (Quelle: http://www.sistrix.de)

Weitere Potenziale ergeben sich aus den Mehrfachlistings, der Nähe der eingeblendeten Integrationen zur Leistung, der veränderten Konkurrenzsituation sowie der Aufmerksamkeit, die einzelne OneBoxen erhalten.

Besitzen Unternehmen sowohl Webseiten als auch Medientypen in der benannten Form, können sie sowohl Listings in den organischen Webseitenergebnissen als auch in den Universal-Search-Integrationen erhalten. Diese Mehrfachlistings steigern die

Webseiten-Präsenz in den SERPs. Zum einen ermöglicht dies weitere Klicks. Zum anderen signalisiert dieses Mehrfachlisting dem Nutzer die Relevanz für die Webseite und kann neben Klicks auch positiv auf das Branding wirken.

Leistungs- und branchenbezogene Nischensuchmaschinen ermöglichen Unternehmen abhängig vom Geschäftstyp eine relevante Platzierung ihrer Leistung. Für lokale Geschäfte können dies Branchenbucheinträge sein, für eCommerce-Unternehmen die Shopping-Ergebnisse oder für Verlage die Buchresultate. Mit der Einblendung relevanter Erweiterungen befindet sich Google mit einzelnen Integrationen näher an der Ziel-Conversion als mit den regulären Webseitenergebnissen. Dies betrifft unter anderem angebotene Produkte in den Google Shopping-Anzeigen. Bei der Einblendung legt Google auch Wert darauf, nicht nur die Nutzerintention, sondern auch die Nutzungssituation anhand des Endgeräts zu berücksichtigen. Beispielsweise blendet es bei mobilen, auf spezielle Orte bezogenen Suchanfragen mehr lokale Ergebnisse ein. Damit wird der Nutzer auch gezielt im Kontext der Suchanfrage angesprochen.

Bei den leistungs- und branchenbezogenen Einblendungen konkurrieren Webseiten überwiegend innerhalb des eigenen Segments. Dies begrenzt die Menge an Wettbewerbern, die bei den Webseitenergebnissen erheblich höher ausfallen kann. News-Anbieter stehen so innerhalb der News-Integration nur mit anderen Nachrichten-Portalen im Wettbewerb. Je ferner die Integration von der eigenen Branche ist, umso geringer stellt sich hier der brancheninterne Wettbewerb dar. In diesem Fall ist allerdings zu prüfen, ob Google diese Nischenergebnisse überhaupt einblendet.

Für universale Medientypen, die sich für eine Vielzahl von Branchen eignen, wie Bilder oder Videos, können die erweiterten Resultate ebenfalls von Vorteil sein. Zum einen sind sie besonders relevant für spezialisierte Webseiten wie Video-Portale und Bilder-Aggregatoren. Hier eignen sich auch angrenzende, ähnliche Integrationen. So benutzen einige User die Bildersuche zum Shopping oder zur Suche nach Immobilien. Zum anderen bieten diese Medien Potenziale, da einzelne Branchen diese nicht stark fokussieren. Hier lassen sich bereits mit überschaubarem Aufwand hohe Platzierungen erreichen. Sie stellen damit besonders für hart umkämpfte Webseitenplatzierungen eine nutzbare Nische dar.

Mit der Integration von Bild- und Video-Vorschauen oder Icons für einzelne Integrationen heben sich die Erweiterungen sichtbar von den Webseitenresultaten ab. Durch die Rich Snippets sowie die Verknüpfung mit Autorenprofilen sind die vertikalen Integrationen nicht mehr die einzigen grafisch hervorgehobenen Elemente in den SERPs. Generell haben Blickstudien gezeigt, dass sich bei Suchergebnisseiten mit erweiterten Resultaten das Blickmuster verändert: Die grafischen Elemente sowohl in der Ergebnisliste als auch im rechten Bereich ziehen Blicke an. Zudem richtet sich die Aufmerksamkeit nicht mehr nur starr auf die ersten Positionen, vielmehr blicken die Nutzer auch zu dahinterliegenden Resultaten, die an die erweiterten Ergebnisse angrenzen.

13.3.5.2   Herausforderungen

Herausforderungen bestehen sowohl für Unternehmen, die sich gegen die Optimierung für Universal Search entscheiden, als auch für solche, die für die Integrationen gezielt Optimierungsmaßnahmen ergreifen.

Zwar hängt die Art und Weise der Integrationen vom Typ der Suchanfrage ab, doch generell zeigt sich, dass Google bei dem Großteil der Suchen erweiterte Ergebnisse einblendet. Bereits jetzt dominieren bei einigen Suchanfragen die Integrationen den sichtbaren Bereich, zum Beispiel bei lokalen Suchen. Abhängig von weiteren Anpassungen der Ergebnisseite sowohl bei den natürlichen als auch bei den bezahlten Resultaten drohen die natürlichen Webseitenergebnisse zunehmend aus dem above-the-fold-Bereich verdrängt zu werden und damit der Verlust der allgemeinen Sichtbarkeit sowie das Absinken der Klickrate durch niedrigere Positionen.

Selbst wenn die Webseitenergebnisse sichtbar eingeblendet sind, schaffen die erweiterten Ergebnisse ein „unruhiges" Bild verschiedener Ausgabeformate. Hier stellt sich für Webseitenbetreiber die Frage, wie diese dazwischen auffallen wollen oder ob der Vorteil gerade darin liegt, nicht aufzufallen.

Mit der Ausgabe der Ergebnisse relevanter Nischensuchmaschinen im Rahmen der Universal Search erhalten Nutzer bereits relevante Resultate, ohne diese spezialisierten Suchmaschinen zum Beispiel für eine Bildersuche extra aufrufen zu müssen. Damit kannibalisieren die Universal-Search-Integrationen – trotz der Aufmerksamkeit, die sie für die Nischensuchmaschinen schaffen – gleichzeitig deren Traffic. Dies bedeutet, dass bei mittleren vertikalen Platzierungen, zum Beispiel eines Bildes, die nicht in den SERPs ausgespielt werden, mögliche Impressionen und die Besucherzahl abnehmen, da der User seine Suchanfrage nach einem Bild bereits auf der Suchergebnisseite beantwortet sieht.

Für Webseiten, deren Leistungsspektrum sich mit dem der vertikalen Suchmaschinen Googles überschneidet, stellen die Integrationen eine Wettbewerbsverschärfung dar. Erhalten die Nutzer bereits ihre Antwort in den Suchergebnissen, entfällt die Notwendigkeit, eine weitere Website aufzurufen, die ähnliche Leistungen anbietet. So bietet Google Shopping beispielsweise auch Preislistings an zentraler Stelle, sodass Nutzer für den Preisvergleich nicht mehr auf externe Portale zugreifen müssen. Ebenso konkurrieren die Local-Einblendungen mit externen Branchenbucheinträgen jenseits des regulären Wettbewerbs an prominenter Stelle um die Aufmerksamkeit der Nutzer. Google gerät mit seinen immer neuen vertikalen Suchmaschinen und deren stark sichtbarer Einbindung in die SERPs zunehmend in die Kritik und rückt damit in den Fokus der Wettbewerbshüter und Verbraucherschützer. Die Fokussierung einzelner Dienste zeigt sich auch in den einzelnen Medienrankings – so waren laut Searchmetrics im Jahr 2013 50 % aller Video-Integrationen von YouTube (vgl. Abschn. 13.3.2).

Mit der Fokussierung der erweiterten Ergebnisse ergibt sich generell zusätzlicher Aufwand in der Optimierung für die einzelnen Medienformen und Leistungstypen. Bei einzelnen Integrationen ist zudem Vorsicht geboten, da nicht absehbar ist, wie Google auf lange Sicht mit diesen verfährt. So wurde seit dem Launch der Google Produktsuche 2002 Google Shopping und dessen Vorläufer für Unternehmen kostenlos in die Suchmaschine eingebunden. Webseitenbetreiber brauchten Google nur ihren Feed zur Verfügung zu stellen. Doch seit Herbst 2012 folgte schrittweise die Umstellung auf ein kostenpflichtiges Modell. Unternehmen, die bereits viel Traffic über diesen Kanal erhielten, müssen seither entweder auf diesen verzichten oder entsprechend dafür bezahlen. Durch die Mikroformate, mit denen Suchmaschinen Webseiten-Daten auslesen und neu aggregieren können, fällt es Google zunehmend leichter, neue vertikale Suchen zu schaffen. Diese könnte das Unternehmen auf lange Sicht ebenfalls kostenpflichtig umsetzen, wie beispielsweise die Suche nach Veranstaltungen.

Mit der Änderung von Algorithmen und der Art und Weise der Einblendung ist generell auch die Herausforderung gegeben, dass die Universal-Search-Integrationen schlechter positionierte bis gar keine Einblendungen erfahren. Generell kann zwar auf Basis der Suchanfrage darauf geschlossen werden, ob und wann ungefähr eine vertikale Einblendung stattfindet. Eine Garantie gibt es dafür jedoch nicht. Dahingegen erscheinen Webseitenergebnisse immer. Somit besteht eine Herausforderung in der ausschließlichen Fokussierung auf diesen Bereich.

13.4 Direkte Antworten: Answer Box, Knowledge Graph und Carousel

13.4.1 Was sind Googles Antwort-Formate?

Neben der Integration von vertikalen Suchergebnissen tauchen als erweiterte Ergebnisse direkte Antworten und weiterführende Informationen bei Google auf (vgl. Abb. 13.51). Für Suchmaschinen, die Antworten in Form von Webseiten- oder Medien-Resultaten bieten, ist der Schritt, die Antworten selbst zu geben, wenig überraschend. Mit den „Antwort-Ergebnissen" zielen sie auf informationale Anfragen. Dabei unterscheiden sich die „Antwort-Integrationen", abhängig von der Aufbereitung, der Einbindung und der Komplexität der Anfrage sowie dem Ausmaß an zusätzlichen Informationen. Ihnen gemeinsam ist die Unabhängigkeit von den organischen Ergebnissen.

Google hat Zugriff auf viele Informationen aus Webseiten, von Datenlieferanten und Partner-Portalen, aus ähnlichen Suchen und Klickketten, aus dem Klickverhalten abhängig von Suchbegriffen als Hinweise auf die Nutzerintention sowie auf die Begriffe selbst und die Informationen der vertikalen Suchergebnisse. Aus diesen zur Verfügung stehenden Daten kann Google schöpfen und muss im ersten Schritt eine Strukturierungsleistung erbringen, die die verschiedenen Informationen nach der Aggregation strukturiert und benutzerfreundlich bündelt.

Das Ergebnis ist die Ausgabe von vier wesentlichen Typen von Antwort-Resultaten:

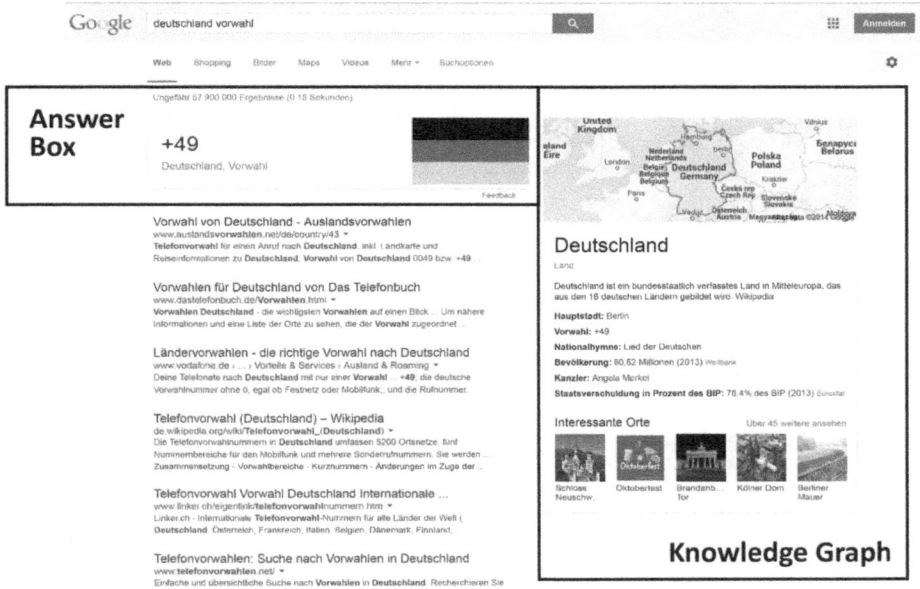

Abb. 13.51 Answerbox

- Kurze, in der Regel eindeutige Antworten auf konkrete Fragestellungen
- Informationen zu gesuchten Begriffen mit verschiedenen gebündelten/angereicherten Daten
- Listen, unter anderem Related Searches
- Tools und Interaktionsmedien in den SERPs

Die kurzen und eindeutigen Antworten erscheinen in der Regel innerhalb der Answer Box. Die aufbereiteten Informationen zeigt Google in dem Knowledge Graph an. Listen sind teilweise aufbereitet als Bestandteil des Knowledge Graph, als Nicht-Bild-Liste oder als sogenanntes Knowledge Graph Carousel und sie basieren auf von Google logisch abgeleiteten Listen oder ähnlichen Suchen. Tools und Interaktionsmedien betreffen klassische Elemente wie die Wetter-Ausgabe oder den Taschenrechner. Teilweise gibt es Überschneidungen bei den Tools und Interaktionsmedien mit der Answer Box, zum Beispiel bei der Listung von Spielergebnissen als klare Antwort mit der erweiterten Option, bisherige Spielverläufe, zukünftige Spielzeiten oder Gruppenwertungen einzublenden. Eine Übersicht zeigt Abb. 13.52, die einige der möglichen Ausprägungsformen mit auflistet.

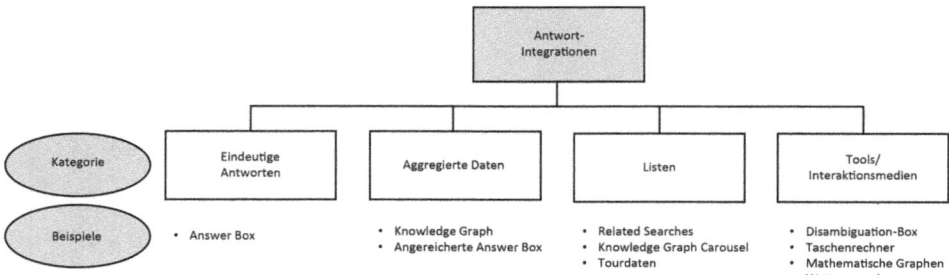

Abb. 13.52 Typen der Antwort-Integration

13.4.2   Erscheinungsformen

13.4.2.1   Answer Box

13.4.2.1.1   Erscheinungsformen

Die **Answer Box** gibt direkt in den Suchergebnissen konkrete, eindeutige Antworten. Sie hat ihre charakteristische Position oberhalb der organischen Ergebnisse in der Hauptspalte. Zu unterscheiden sind hier komplexe Answer Boxen, die viele Informationen bündeln und Interaktionen ermöglichen, wie die bezeichneten Sportergebnisse. Sie bieten in übersichtlicher Form vorstrukturierte Daten, die dabei doch weiterhin auf einen speziellen Aspekt bezogen Antworten liefern.

Eine andere Form sind die einfachen Answer Boxen (vgl. Abb. 13.53). Sie geben auf eine Frage eine klare, in der Regel kurze Antwort, ohne bezeichnete Drittquellen dafür zu nutzen. Mitunter öffnet sich bei ihnen unter einem Aufklappmenü der Knowledge Graph mit weiteren Informationen. Dies stellt auch Abb. 13.54 dar: Google zeigt bei der Suche nach dem Autor der Dreigroschenoper nach dem Aufklappen der weiteren Informationen den Knowledge Graph von Bertolt Brecht an.

Eine weitere Darstellung ist die Verwendung von Webdefinitionen, wie in Abb. 13.55 gezeigt. Hier greift Google auf Quellen im Internet zurück und macht diese über eine Verlinkung zu den Webseiten verfügbar. In Deutschland dominiert Wikipedia. Die Art der Einblendung kann sich mit Blick über den deutschen Markt hinaus noch weiterentwickeln. So zeigt Google derzeit in den amerikanischen Suchen auch Antworten von anderen Seiten, mitunter auch mehreren unterschiedlichen, innerhalb einer Answer Box. In diesen weiterentwickelten Webergebnis-Answer Boxen erscheinen die Ergebnisse in der normalen Suchergebnis-Formatierung und bieten aus Googles Sicht sinnvolle Informationen zur Suchanfrage. Dabei handelt es sich um tendenziell komplexe Suchanfragen, die die Beantwortung mit Hintergrunderläuterungen sinnvoll erscheinen lässt.

13.4.2.1.2   Bedeutung

Im ersten Schritt stellen die Answer Boxen eine Konkurrenz zu den eigenen Webseiten-Listings dar, denn der User muss keine Webseite mehr besuchen, um die Antwort zu erhalten. Im Falle der informational gehaltenen Antworten mit Verweis zur Quelle bie-

Abb. 13.53 Einfache Answer Box

tet die Answer Box eine Chance für die Suchmaschinenoptimierung. Dies betrifft jedoch nur hochwertigen, gut aufbereiteten und informationalen Content, der zu dem Thema der Suchanfrage vorhanden ist. Wirkung und Umfang dieser Einblendungen hängen jedoch in starkem Maße von weiteren Entwicklungen ab.

Für eine kleine Gruppe an Webseiten bietet die Einblendung hochwertiger Answer Boxen mit Links zu ihren Webseiten ein hohes Potenzial für die Sichtbarkeit, allerdings mit der Gefahr des Verlusts von organischem Traffic, wenn der Webseitenbesuch damit überflüssig wird. Beispielsweise zeigte bei der Fußball WM 2014 die komplexe Answer Box Spielstände, Gruppenstände und Spielzeiten – mit einem Verweis zur FIFA-Webseite, die der User jedoch für diese Informationen nicht mehr aufrufen musste. Diese Integration erfolgte jedoch auf Wunsch und in Kooperation mit der FIFA.

13.4.2.2 Knowledge Graph

13.4.2.2.1 Erscheinungsformen
Der sogenannte **Knowledge Graph** als Antwort-Format mit verschiedenen aggregierten Inhalten hat seine Position üblicherweise auf der rechten Seite. In einigen Fällen wird er als Ergänzung mit der Answer Box verknüpft und erscheint unterhalb dieser. Er beinhaltet verschiedene Elemente, die Google je nach Informationsgegenstand einblendet, unter anderem folgende, üblicherweise in dieser Reihenfolge:

(1) Bilder
(2) Titel/Bezeichnung
(3) Klassifikation
(4) Erläuterung als Fließtext von Webseiten
(5) Daten in Absatzform
(6) Listen: Themenabhängig oder Related Searches

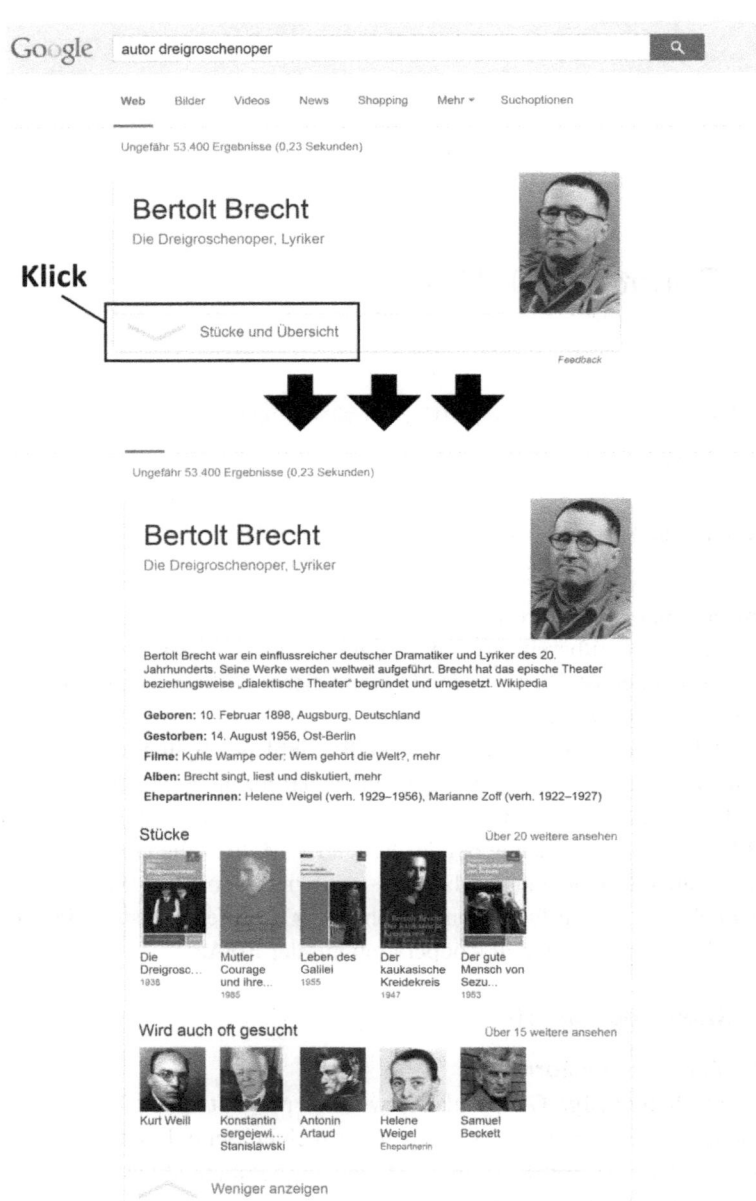

Abb. 13.54 Answer Box mit Ausklapp-Option

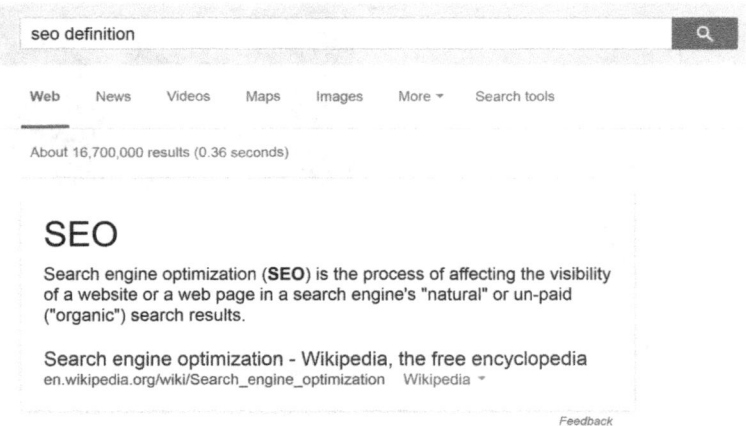

Abb. 13.55 Answer Box als Webdefinition

Hierbei kann Google jederzeit weitere Daten anreichern, sodass der aktuelle Status nur einen Grundrahmen skizzieren kann. Dies bedeutet, dass Google abhängig vom Ergebnistyp den Knowledge Graph weiter anreichert. Dies betrifft zum Beispiel Ratings von Filmen, bei Sportlern deren letzte Spielleistungen oder Textauflistungen zu Songs oder Tourdaten bei Musikkünstlern. Zeigt Google die Bilder innerhalb des Knowledge Graph an, so ersetzt dieses die Bilder-OneBox in den organischen Webseitenresultaten in der linken Haupt-Ergebnisspalte. Der Großteil der Links innerhalb des Knowledge Graph sind interne Verweise zu Google. Jedoch gibt es auch einige wenige externe Links. Diese finden sich in den Bilderergebnissen, über die Erläuterungen als Quelle oder bei speziellen Daten, wie zum Beispiel Bewertungen von etablierten Portalen. Im Beispiel der Abb. 13.56 kommen bei der Suche nach dem Film „Thor" von 2011 die Bewertungen von IMDb und Filmstarts.de hinzu. Neben der Liste mit den auch häufig gesuchten Filmen als Related Searches zeigt der Knowledge Graph noch eine spezifische Liste mit der Besetzung mit an. Wird in dieser Liste zum Beispiel auf den Schauspieler Anthony Hopkins geklickt, öffnet sich das Knowledge Graph Carousel.

13.4.2.2.2 Bedeutung
Die Besonderheit des Knowledge Graph besteht in dem Angebot vieler zusätzlicher Informationen, die sich um das Informationsobjekt drehen. Damit beantwortet Google keine spezielle Frage, sondern schafft Antworten in einem breiten Rahmen ohne Hindernisse. Der Nutzer kann auf Google stöbern, von einem Schauspieler zu einem Film zu einem Soundtrack-Komponisten klicken und sich Beziehungen und Geschwister anschauen. Eher selten wird eine neue Suchanfrage nötig, wenn Google die Daten selbst nicht verknüpft. Damit platziert sich Google zwischen dem User und den externen Webseiten mit dem für

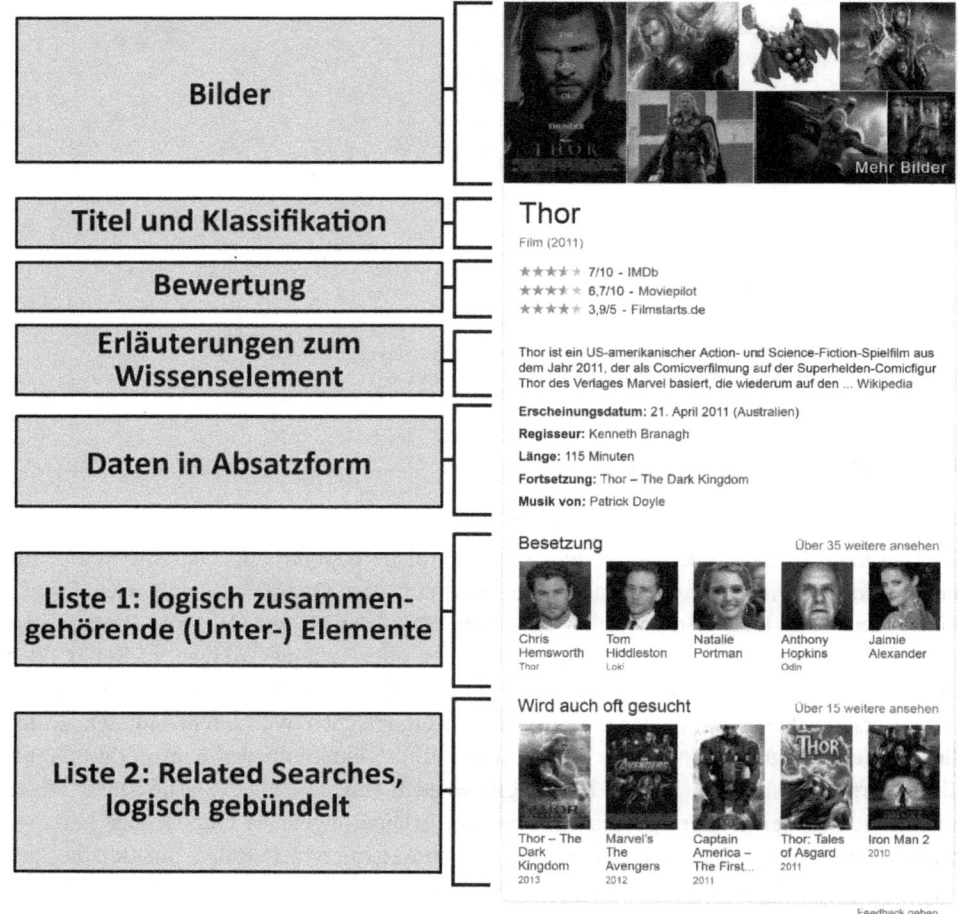

Abb. 13.56 Knowledge Graph-Anatomie

Google positiven Nebeneffekt, dass sich die Verweildauer auf der Suchmaschine weiter erhöht. Erst wenn die angebotenen Informationen nicht mehr ausreichen, ist der Klick auf ein Webseitenergebnis aus Usersicht sinnvoll oder nötig.

Damit ist der Knowledge Graph eine Konkurrenz. Nur dann, wenn Google auch innerhalb des Knowledge Graph auf externe Daten verweist, bietet dieser Potenziale für Webseitenbetreiber. Zum einen sind dort platzierte Links von den organischen Webseiten-Listings abgegrenzt. Zum anderen vermittelt die Listung in dem von den normalen Ergebnissen räumlich getrennten Knowledge Graph Vertrauen und fachliche Autorität.

13.4.2.3   Knowledge Graph Carousel und Listen

13.4.2.3.1   Erscheinungsformen
Listen verwendet Google sowohl innerhalb des Knowledge Graph als auch über den Er-
gebnissen. Diese Listen oberhalb des eigentlichen Ergebnisbereichs dienen sowohl zur
Verdeutlichung von Aufzählungen für längere Listen als auch als Elemente, die die Navi-
gation zwischen den Ergebnissen von Google steuern, und stehen im Vordergrund dieses
Abschnitts.

Es lassen sich inhaltlich zwei Typen von Listen abgrenzen: 1) Logische Listen leitet
Google von dem Informationsobjekt ab. Ihnen steht ein Listing-Titel voran, zum Beispiel Werke, Alben, Filme, interessante Orte. 2) Related Searches bildet die Suchmaschine
ebenfalls basierend auf dem Suchgegenstand. Sie sind durch die Phrase „wird auch oft
gesucht" markiert. Google aggregiert diese ähnlichen Suchen bereits logisch und bietet je
nach Fall auch mehrere Listen an, wenn die Bündelung zu mehreren Typen führt. Andernfalls fokussiert die Suchmaschine eine Listenvariante.

Eine weitere Abgrenzung von Listen ist nach ihrer Bilddominanz möglich. Es existieren bilderdominierte Listen in vielen Bereichen, insbesondere solchen, die sich auf Personen beziehungsweise Gegenstände und grafische Medien (Filme, Bilder) beziehungsweise solche mit grafischer Manifestation (Bücher, Musikalben) beziehen. Für diese zeigt
Google stets auch ein Bildelement pro Listeneinheit an. Andere Listenformate haben
keine bildliche Darstellung. Hierzu zählen unter anderem Songs oder Konzertdaten. In
diesem Fall arbeitet Google mit Textlisten. Die Verwendung von Bildern beeinflusst das
Darstellungsformat dieser Listen.

Das eine Format ist das sogenannte **Knowledge Graph Carousel** im Format des Search
Carousel, das sich auf informationale Inhalte und Listen bezieht. Dieses blendet Google
ein, wenn die Suchanfragen einen Bezug zu Listen haben, wie zum Beispiel Fußballspieler
einer Mannschaft. Klickt ein User innerhalb des Knowledge Graph in ein Listenelement
oder auf die Anzeige weiterer Listen, zeigt Google in der Regel auch das Carousel an. Dies
stellt die Abb. 13.57 dar. Nachdem in dem Knowledge Graph zu „Thor" bei der Besetzung
auf „Anthony Hopkins" geklickt wurde, öffnet sich ein Knowledge Graph Carousel für
die Besetzung von Thor. Bei einem Klick auf ein Carousel-Element bleibt der User innerhalb des Search Carousel und kann sich durch alle Listenpunkte durchrecherchieren.
Das Knowledge Graph Carousel bleibt erhalten, während sich die anderen Elemente auf
der Webseite, wie zum Beispiel die Suchergebnisse und der Knowledge Graph, auf das
angeklickte Element beziehen. In diesem Format hat die Suchmaschine die Option, viele
Listenpunkte horizontal blätterbar einzublenden. Das Search Carousel erscheint sowohl
für logische Listen als auch für Related Searches, zum Beispiel für Filme, die auch oft im
Zusammenhang mit „Thor" gesucht wurden.

Daneben kommen Listen vor, die zwar auch prominent über den Ergebnissen angezeigt werden, jedoch keinen Bilderbezug haben. Sie öffnen sich ebenso wie beim Carousel eigenständig bei listenbasierten Anfragen oder nach einem Klick in die Knowledge-
Graph-Liste. Überwiegend handelt es sich hierbei um logische Listen wie Veranstaltungen
oder Top-Titel eines Künstlers (vgl. Abb. 13.58).

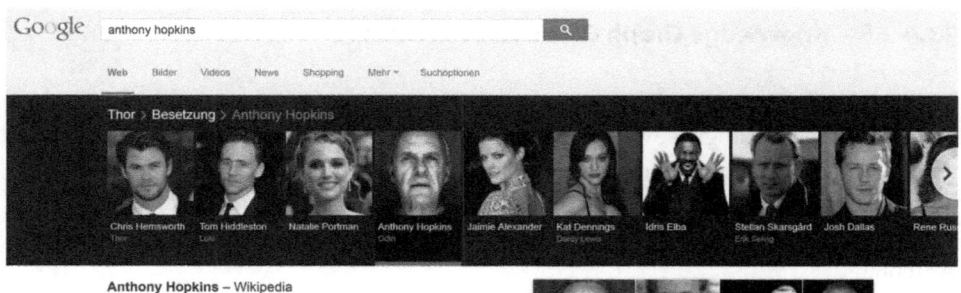

Abb. 13.57 Knowledge Graph Carousel

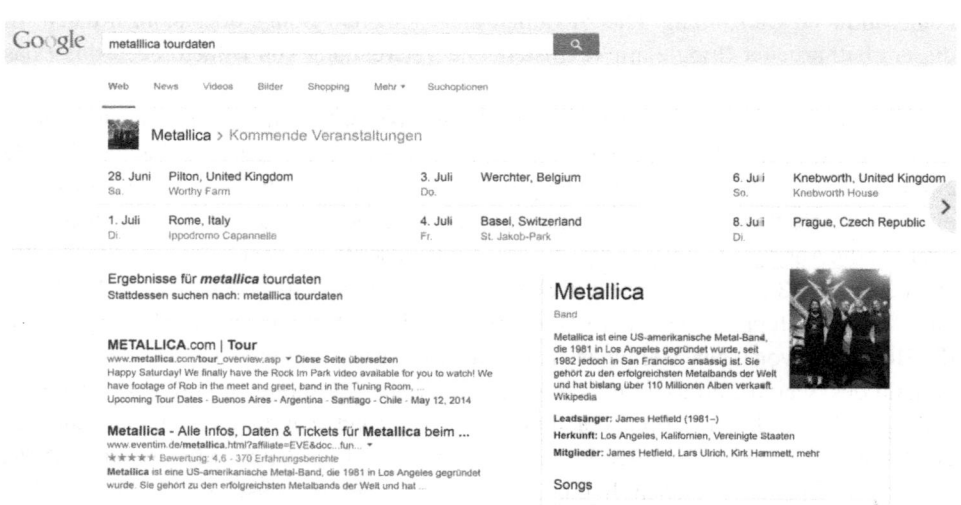

Abb. 13.58 -metallica-tourdaten.jpg

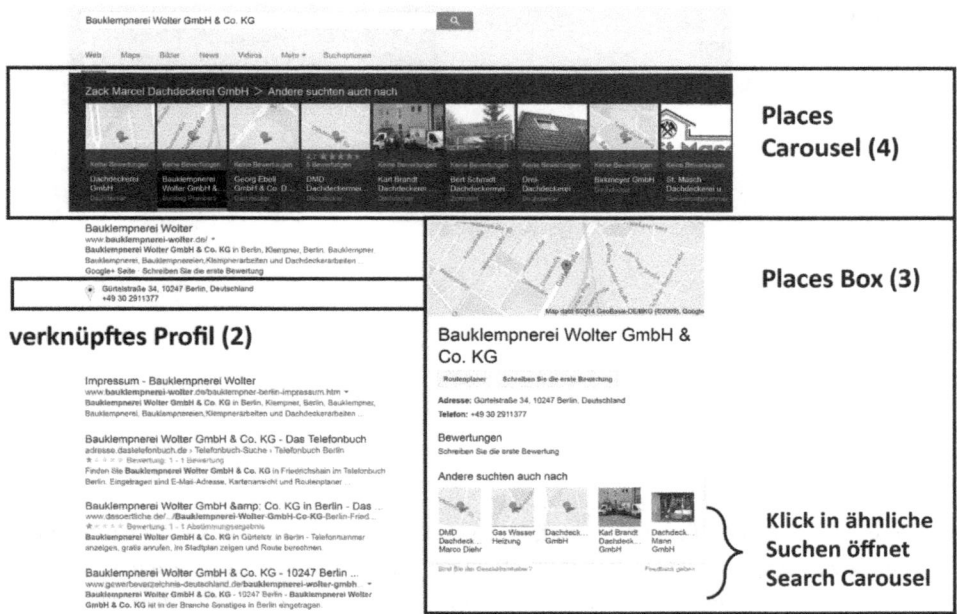

Abb. 13.59 Ergebnissen im Places Carousel

13.4.2.3.2 Bedeutung

Für die Suchmaschinenoptimierung haben die informationsbasierten Listen keine starke Auswirkung, da sie derzeit ausschließlich interne Google-Verweise besitzen. Für Webseitenbetreiber bedeutet dies, dass diese Listen für Google ein Element sind, um die Nutzer weiterhin auf der Webseite zu halten oder solchen Anfragen zuvorzukommen, die sich auf zum Beispiel weitere Filme einer Schauspielerin beziehen. Mitunter kann diese Einblendung jedoch auch helfen, um eine zunächst allgemein gehaltene Frage zu spezifizieren und im Anschluss noch relevantere Webseitenergebnisse einzublenden.

Ursprünglich eingeführt für informationale Anfragen hält das Knowledge Graph Carousel über die Darstellungsweise des Search Carousel auch Einzug in andere Suchbereiche. So findet sich das Search Carousel auch bei Google Places, bei dem teilweise Related Searches zu lokalen Ergebnissen im Places Carousel angezeigt werden (vgl. Abb. 13.59). Durch den Fokus auf die Bilder im Carousel ergeben sich damit weitere Optimierungsmaßnahmen für die entsprechenden Webseitenbetreiber.

13.4.2.4 Weitere Antwort-Integrationen

Neben diesen häufig anzutreffenden Formaten bedient Google andere Suchanfragen mit weiteren Antwortmitteln. Als Tool bietet die Suchmaschine einen Taschenrechner an. Für mathematische Berechnungen zeigt sie Grafiken, auch für komplexere Funktionen (vgl. Abb. 13.60). Die sogenannte „Disambiguation Box" erscheint, wenn eine Suchanfrage sich auf verschiedene Elemente beziehen kann. Hier listet Google zu einer Suchanfrage

Abb. 13.60 Grafik für
mathematische Funktionen

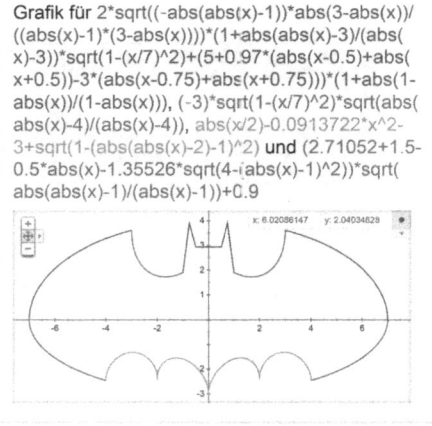

Grafik für 2*sqrt((-abs(abs(x)-1))*abs(3-abs(x))/
((abs(x)-1)*(3-abs(x))))*(1+abs(abs(x)-3)/(abs(
x)-3))*sqrt(1-(x/7)^2)+(5+0.97*(abs(x-0.5)+abs(
x+0.5))-3*(abs(x-0.75)+abs(x+0.75)))*(1+abs(1-
abs(x))/(1-abs(x))), (-3)*sqrt(1-(x/7)^2)*sqrt(abs(
abs(x)-4)/(abs(x)-4)), abs(x/2)-0.0913722*x^2-
3+sqrt(1-(abs(abs(x)-2)-1)^2) und (2.71052+1.5-
0.5*abs(x)-1.35526*sqrt(4-(abs(x)-1)^2))*sqrt(
abs(abs(x)-1)/(abs(x)-1))+0.9

Weitere Informationen

verschiedene mögliche Ergebnisse auf, sodass sich der User für eines entscheiden kann und damit genauere Suchresultate erhält – je nach Suchanfrage mit zusätzlichen Informationen aus dem Knowledge Graph. So gibt Google zum Beispiel bei der Suche nach Bananen sowohl einmal Informationen zur Pflanze aus, zeigt jedoch nach Klick auf „Ergebnisse für Bananen (Obst)" auch Ergebnisse für die Suchanfrage „Lebensmittel Banane" an.

13.4.3 Chancen und Herausforderungen der direkten Antwort-Formate

Die Chancen für die Antwort-Elemente für die Suchmaschinenoptimierung sind aus Perspektive von Webseitenbetreibern derzeit vergleichsweise gering. Langfristig kann sich durch Kooperationen und die Weiterentwicklung der Formate jedoch ein weiterer Nutzen ergeben, wenn Google Daten dritter Webseiten aggregiert und auf diese letztlich auch verweist. Vor allem für informationale Inhalte sollten Webseitenbetreiber die Entwicklung dieser Integrationen aufmerksam verfolgen.

Durch das Stöbern auf Google können Webseitenbetreiber jedoch Potenziale für informationale Seiten identifizieren, die sie zusätzlich für ihre Nutzer anbieten und die logischen Verknüpfungen auch als Inspiration für ihre Informationsstruktur verwenden.

Mit der starken Verwendung von Bildern können Webseitenbetreiber ihre Bilder an vielen Positionen einbringen. Allerdings bedeutet dies im Fall der Listen-Darstellungen nicht zwangsläufig, dass der User tatsächlich auf dieses klickt, sondern dass die Chance dafür am Ende größer sein kann.

Die größte Herausforderung der Antwort-Ergebnisse besteht in der Verdrängung von informational aufgestellten Webseiten, da Google bereits die gewünschten Informationen bereitstellt. Derzeit bezieht sich das vor allem auf leicht verfügbare Basisinformationen. Deshalb kann eine Strategie das Erstellen anspruchsvoller Inhalte sein, um abseits der einfachen Daten von Google genug weiterführenden Content mit Mehrwert für den Nutzer zu bieten.

13.5 Erweiterung der organischen Ergebnisse

Als dritte große Gruppe der erweiterten Suchergebnisse sind die organischen Treffer zu verstehen, die Google um zusätzliche Informationen ergänzt. Damit besteht das Snippet nicht nur aus dem Titel, der Ziel-URL und der Description; es ist teilweise erweitert durch Informationen aus der Auszeichnung mit Mikroformaten/Mikrodaten und erscheint somit als Rich Snippet. So blendet Google beispielsweise Veranstaltungsdaten, Rezept-Informationen, Bewertungen oder Autoren-Informationen ein. Das Snippet ist so bereits vor dem Klick angereichert und bietet dem User bereits in den SERPs spezielle Informationen. Eine andere Erweiterung der organischen Ergebnisse besteht in den Sitelinks, die Google vor allem bei navigationalen Anfragen anzeigt. Hier existieren zum einen einfache Sitelinks, die nur den Linktext beinhalten, als auch erweiterte Sitelinks mit einer zwei Zeilen umfassenden Description.

Anders als bei den informationsgeprägten Antworten dienen diese Elemente nicht dazu, durch Informationen die Nutzungsdauer auf Google zu erhöhen oder alle Informationen zu bieten. Vielmehr fungieren sie als Anreizelemente für den Klick auf die Webseite. Da auf diese Elemente bereits an anderer Stelle detailliert eingegangen wird, finden sie keine weitere Beachtung in diesem Abschnitt.

13.6 Fazit

Im gesamtstrategischen Kontext bietet die Universal-Search-Optimierung zunächst Potenziale, um die Kernkompetenzen der Webseite hinsichtlich der Medientypen und des Leistungsspektrums zu evaluieren und zu priorisieren. Aufwand und Nutzen der Optimierung für die Nischensuchmaschinen und einzelne Integrationen sollten immer zueinander in Relation gesetzt werden. Insbesondere die Branche, das Geschäftsmodell, die Wettbewerbssituation innerhalb der Integrationen und die Nutzerintention der starken Keywords beeinflussen die Wahl der Integration. So sollte für die Haupt-Keywords überprüft werden, welche Einblendungen erfolgen. In jedem Fall sollten die Universal-Search-Integrationen als Kanal gesehen werden, um weitere potenzielle Nutzer anzusprechen und zu gewinnen, die abhängig von der Integration näher an der erwünschten Handlung sind und den Marketing- sowie Unternehmenszielen entsprechen. Trotz der gestiegenen Komplexität und der Verschärfung in den Suchergebnissen bieten sich damit noch zahlreiche Möglichkeiten der Nutzeransprache.

Internationales und multilinguales SEO

14

Zusammenfassung

Die zunehmende Internationalisierung von Unternehmen und ihren Webseiten stellt die Suchmaschinenoptimierung vor neue Herausforderungen. Soll die Webseite nicht nur im eigenen Land, sondern auch in weiteren Ländern in verschiedenen Sprachen gute Rankings in den Suchergebnissen erzielen so ist die Planung und Umsetzung einer Internationalisierungsstrategie unabdingbar. Webseiten, die beispielsweise in Deutschland sehr gute Rankings erzielen, haben zwar eventuell durch ihre vorhandene Markenbekanntheit bei der Internationalisierung einen Vorteil, allerdings müssen spezielle Onpage- und Offpage-Faktoren beachtet werden, möchte man seine Seiten für verschiedene Länder und Sprachen optimieren.

Bevor im Detail auf die Onpage- und Offpage-Faktoren bei der Internationalisierung von Webseiten eingegangen wird, sollen zunächst die verschiedenen Fälle von internationaler und multilingualer Suchmaschinenoptimierung zusammengefasst werden, vgl. Abb. 14.1.

Man differenziert bei der Typisierung von internationaler und multilingualer Suchmaschinenoptimierung zwischen der Anzahl an Ländern, in denen eine Webseite optimiert werden soll, und der Anzahl an Sprachen, in denen die Webseite über die Suchergebnisse gefunden werden soll. Optimiert man **eine** Seite für **ein** Land in **einer** Sprache, so handelt es sich um die „reguläre" Suchmaschinenoptimierung, bei der Internationalisierungsstrategien per Definition keine Anwendung finden.

Wie Abb. 14.2 zu entnehmen ist, unterscheiden wir bei internationaler und multilingualer Suchmaschinenoptimierung drei Fälle.

Multilinguale Suchmaschinenoptimierung, die jedoch nicht international erfolgt, liegt dann vor, wenn in einem Zielland zwei oder mehr Sprachen gesprochen werden. Beispiele hierfür sind Kanada (Englisch und Französisch) sowie die Schweiz (Deutsch, Französisch und Italienisch). In diesen Ländern macht die Zahl der Einwohner, welche

Abb. 14.1 Schema von multilingualer SEO

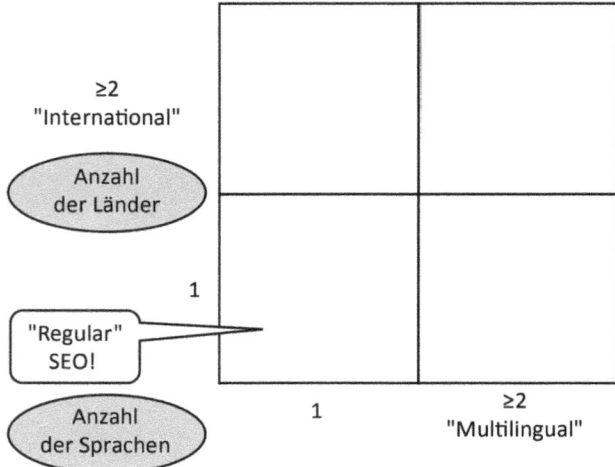

Abb. 14.2 Beispiele Multilingualer SEO

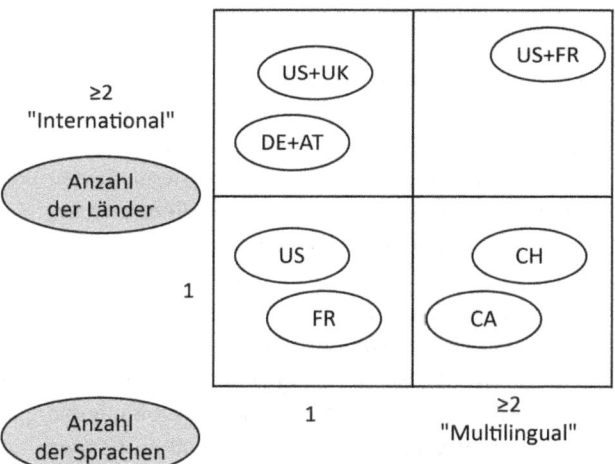

die jeweilige Sprache sprechen, je einen relevanten Anteil aus; aufgrund dessen sollten Unternehmen hier sicherstellen, dass alle Bevölkerungsteile die Webseite in ihrer Sprache auffinden können.

Von einer **internationalen Suchmaschinenoptimierung**, nicht jedoch von einer mul-tilingualen, spricht man dann, wenn ein Webangebot in einer Sprache verfügbar ist, die jedoch in mehreren Ländern gesprochen wird. Beispiele hierfür sind Englisch (England und Amerika) oder Deutsch (Deutschland und Österreich).

Von einer **international-multilingualen SEO-Strategie** ist die Rede, wenn ein Weban-gebot in zwei oder mehr Ländern verfügbar ist, in denen jeweils pro Land (hauptsächlich)

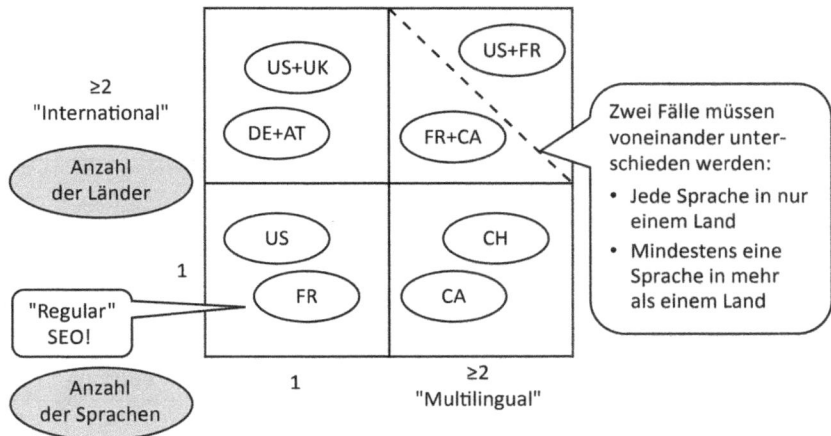

Abb. 14.3 Extremfälle von Multilingualer SEO

eine Sprache gesprochen wird. Im vorliegenden Beispiel wird ein Webangebot für den amerikanischen und den französischen Markt optimiert.

Wie Abb. 14.3 zeigt, kann die international-multilinguale SEO-Strategie nochmals in zwei Fälle unterschieden werden. Einerseits kann jede Sprache nur in genau einem Land gesprochen werden (zum Beispiel dann, wenn ein Webangebot in den USA und in Frankreich optimiert werden soll). Andererseits kann mindestens eine Sprache in mehr als einem Land gesprochen werden (zum Beispiel bei der Optimierung in Frankreich und Kanada – in Frankreich wird flächendeckend Französisch gesprochen, während in Kanada nur ein Teil der Bevölkerung Französisch und ein anderer Englisch spricht).

Bei der Wahl der Zielländer einer Internationalisierungsstrategie sollte beachtet werden, dass Google nicht in allen Ländern die mit Abstand führende Suchmaschine ist. In Europa hat Google mit einem Marktanteil von ca. 95 % das Monopol im Bereich der Suchmaschinen für sich besetzt. In einigen Ländern ist Googles Machtposition allerdings nicht so eindeutig. So hat das Unternehmen in den USA zum Beispiel „nur" einen Marktanteil von ca. 66 %. Die zweite wichtige Suchmaschine hier ist Bing, mit einem Marktanteil von immerhin ca. 18 % (Stand Juni 2014). Es gibt allerdings auch Länder, in denen die Suchmaschine Google nur einen sehr geringen bis gar keinen Anteil am gesamten Marktvolumen ausmacht. Dies trifft zum Beispiel auf Russland und China zu, in denen Yandex und Baidu marktführend sind.

Aus diesem Grund sollte der Internationalisierung von Webseiten eine Analyse der Marktanteile, die die verschiedenen Suchmaschinen in einem Land halten, vorausgehen; so kann entschieden werden, ob eine Webseite nur für Google oder auch für andere Suchmaschinen optimiert werden sollte, da die Rankingkriterien zum Teil stark voneinander abweichen.

Neben der Unterscheidung in multilinguale und internationale Strategien sowie der Analyse der Marktanteile von Suchmaschinen in den Zielländern sollte auch die Ausrichtung

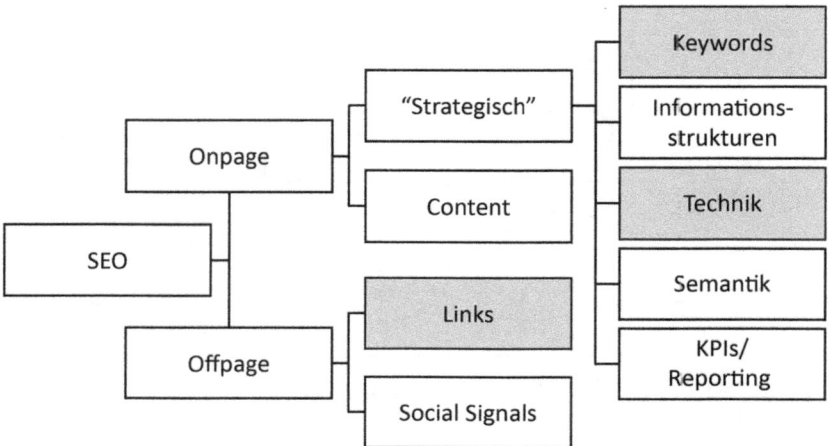

Abb. 14.4 Aufgabenbereiche internationale SEO

des Unternehmens bei der Internationalisierung in die Strategiefindung einbezogen werden. Grob unterscheidet man hierbei zwischen Webseiten, die Informationen bereitstellen beziehungsweise die Unternehmensmarke in den Suchergebnissen präsent platzieren möchten, und Webseiten, die direkte Transaktionen – seien es Leads oder Sales – zum Ziel haben. Letztere sollten vor allem ein umfassendes Spektrum themenrelevanter Suchbegriffe abdecken, um somit möglichst viel Traffic mit potenziellen Kunden für die Webseite zu generieren. Der Fokus liegt hierbei vor allem auf transaktionalen und informationalen Suchbegriffen. Webseiten, die vorrangig Informationen bereitstellen und die Marke präsentieren, richten erfahrungsgemäß ihr Augenmerk stärker auf navigationale und informationale Suchbegriffe. Im Verlauf dieses Kapitels wird noch deutlich werden, warum die Einordnung der Webseite in diese beiden verschiedenen Typen sinnvoll ist.

Es stellt sich also heraus, dass es nicht „die eine" Internationalisierungsstrategie in der Suchmaschinenoptimierung gibt. Vielmehr müssen zu Beginn der Internationalisierung einer Webseite der Status erfasst und die Ziele der Internationalisierung definiert werden, um daraufhin die für das Unternehmen richtigen Entscheidungen treffen zu können.

Abbildung 14.4 gibt nochmals die Aufgabenbereiche der Suchmaschinenoptimierung wieder.

Die größten Unterschiede zwischen der „klassischen" Suchmaschinenoptimierung für ein Land mit einer Sprache und der internationalen Suchmaschinenoptimierung liegen erfahrungsgemäß in der Keyword-Strategie, der technischen Umsetzung sowie der Offpage-Optimierung. Daher soll diesen Punkten im Folgenden jeweils ein Abschnitt gewidmet werden. Natürlich hat die Internationalisierung auch Auswirkungen auf Semantik und Content-Erstellung, doch die Unterschiede sind hier naheliegend beziehungsweise ergeben sich aus der Keyword-Strategie; aufgrund dessen sollen diese Bereiche hier nicht näher erläutert und relevante Überschneidungen im Rahmen der Keyword-Strategie erwähnt werden.

14.1 Onpage-Faktoren bei der internationalen und multilingualen Suchmaschinenoptimierung

Bei den für die internationale und multilinguale Suchmaschinenoptimierung relevanten Onpage-Faktoren unterscheiden wir in Keyword-Strategie sowie technische und inhaltliche Faktoren. An dieser Stelle sei besonders hervorgehoben, dass bei Internationalisierungsstrategien die einzelnen Faktoren aufeinander einwirken. Wie so häufig in der Suchmaschinenoptimierung reicht es also nicht aus, an nur einem der möglichen Hebel anzusetzen und dementsprechend Erfolge zu erzielen. Vielmehr müssen sämtliche Faktoren bei einer Strategie bedacht und die für das Unternehmen effizienteste Lösung ausgewählt werden. Wir konzentrieren uns bei den Onpage-Faktoren ausschließlich auf solche Faktoren, die **ausschließlich bei der Internationalisierung** von Webseiten eine entscheidende Rolle spielen. Die Übertragung des technischen Set-Ups, also Seitenaufbau, Indexierungsmanagement etc., ist erfahrungsgemäß für die meisten Unternehmen relativ leicht zu realisieren. Daher liegt die Konzentration auf Aufgaben, die weniger einfach umsetzbar sind beziehungsweise häufig Fragen aufwerfen.

14.1.1 Keyword-Strategie

Die Keyword-Strategie bedarf bei der Internationalisierung einer Webseite für jede internationale Seite eines eigenständigen Konzepts. Bereits in Kap. 5 wurde erläutert, dass diese eine Grundvoraussetzung für viele weitere Optimierungsmaßnahmen ist. Dies ist auch bei der Internationalisierung einer Webseite der Fall – durch die Strategie muss sichergestellt sein, dass die Webseite für alle relevanten Keywords des Ziellandes (und der Zielsprache) gefunden wird. Daher ist es notwendig, für jede internationale Version eine eigene Keyword-Strategie auszuarbeiten, die das individuelle Suchverhalten pro Zielland und -sprache berücksichtigt.

14.1.1.1 Regiospezifisches Suchverhalten

Das individuelle Suchverhalten nach Produkten und Dienstleistungen kann in verschiedenen Ländern stark voneinander abweichen. In wärmeren Ländern wie Spanien oder Italien ist der Bedarf an „Winterstiefeln" aufgrund der klimatischen Gegebenheiten zum Beispiel deutlich geringer als in Deutschland oder den skandinavischen Ländern. Tabelle 14.1 verdeutlicht diesen Sachverhalt.

Die Unterschiede in der länderspezifischen Nachfrage gilt es bei der Priorisierung der Themenbereiche einer Webseite zu beachten. Bei der Content-Erstellung und dem Offpage-Marketing sollten für jedes Land individuelle Vorgaben und Priorisierungen erarbeitet werden, um sicherzustellen, dass in jedem Zielland der Fokus auf den relevantesten Themenbereichen liegt.

Tab. 14.1 Multilinguale SEO am Beispiel „Winterstiefel"

Suchbegriff „Winterstiefel"	Land	Durchschnittliches monatliches lokales Suchvolumen	Prozentualer Anteil gemessen an Einwohnerzahl (%)
botas de invierno	Spanien	590	0,0012
stivali invernali	Italien	720	0,0011
winterstiefel	Deutschland	12.100	0,015
vinterkängor	Schweden	1300	0,014
talvikengät	Finnland	3600	0,066
vinterstøvler	Dänemark	6600	0,12

14.1.1.2   Schreibweisen und Wortbedeutungen

Eine individuelle Keyword-Strategie ist dabei nicht nur für Webseiten mit unterschiedlichen Sprachen sinnvoll, sondern auch für solche, die die gleiche Sprache verwenden, aber ein anderes Zielland ansprechen sollen, wie zum Beispiel Deutsch mit dem Zielland Deutschland, Österreich und Schweiz oder Französisch mit dem Zielland Frankreich, Belgien und Kanada. Eine individuelle Keyword-Strategie ist vor allem dann sinnvoll, wenn sich Vokabular und/oder Grammatik der Sprache in den Zielländern deutlich voneinander unterscheiden. Nur so kann gewährleistet sein, dass die Inhalte der Webseite auf den Sprachgebrauch des jeweiligen Landes abgestimmt sind und für häufig verwendete Suchbegriffe gefunden werden können. Des Weiteren kann sich ein sprachlich auf das Zielland angepasster Text positiv auf das Nutzerverhalten (Verweildauer auf der Seite, Seitenaufrufe pro Besuch) auswirken, wenn dem User Inhalte zur Verfügung gestellt werden, die dem Sprachgebrauch entsprechen, mit dem er sich wohlfühlt.

Eine Besonderheit des Schweizer Hochdeutschs ist es zum Beispiel, dass kein Eszett (*ß*) verwendet wird, sondern alle Wörter mit einem Doppel-S (*ss*) geschrieben werden. Dies ist bei der Optimierung von deutschen Inhalten für die Schweiz unbedingt zu beachten, da das *ß* weder in der Schule gelehrt wird noch auf Schweizer Tastaturen vorhanden ist.

Neben der in Deutschland und der Schweiz teils unterschiedlichen Bezeichnung ein und desselben Gegenstands gibt es in der Schweiz im Vergleich zum bundesdeutschen Hochdeutsch bisweilen auch für ein Wort zwei unterschiedliche Bedeutungen. Des Weiteren werden in der Schweiz für einige Wörter unterschiedliche grammatikalische Beugungen verwendet, wie in Tab. 14.2 beispielhaft aufgeführt:

Suchen in der Schweiz zum Beispiel monatlich nur durchschnittlich 720 Personen nach „Friseur", wird der im Schweizer Hochdeutsch übliche Begriff „Coiffeur" über zehn Mal so oft verwendet. Diesen Suchbegriff geben nämlich monatlich durchschnittlich 8100 Personen bei google.ch in den Suchschlitz ein.

Ein ebenso deutlicher Unterschied lässt sich bei den Begriffen in Tab. 14.3 erkennen:

Beide Suchbegriffe beschreiben den gleichen Gegenstand, nämlich ein Fahrzeug mit zwei Rädern, welches durch Muskelkraft bewegt wird.

Tab. 14.2 Sprachliche Unterschiede Deutschland vs. Schweiz

Unterschied	Bundesdeutsches Hochdeutsch	Schweizer Hochdeutsch
Gleiche Bedeutung, anderes Wort	Fahrkarte, Eintrittskarte	Billett
	Fahrrad	Velo
	Friseur	Coiffeur
	Auto-, Motorrad- oder Fahrradreifen	Pneu
Gleiches Wort, andere Bedeutung	Estrich	Unterlagsboden
	Dachboden	Estrich
	Paprika	Peperoni
	Peperoni	Peperoncini
Unterschiedliche Grammatik	parken	parkieren
	grillen	grillieren
	Parks	Pärke

Tab. 14.3 Unterschiedliche Suchvolumina Deutschland vs. Schweiz

Suchbegriff	Monatliches Such-volumen in DE	Monatliches Such-volumen in CH
Fahrrad	135.000	2900
Velo	2900	5400

Würde man sich bei der Optimierung einer Webseite mit dem Zielland Deutschland aufgrund des wesentlich höheren monatlichen Suchvolumens bei der inhaltlichen Optimierung auf den Suchbegriff „Fahrrad" konzentrieren und den Begriff „Velo" aufgrund des anscheinend eher geringen Sprachgebrauchs vernachlässigen, würde man sich bei der Optimierung einer Webseite für die Schweiz anders entscheiden. Zwar scheint auch in der Schweiz der Begriff „Fahrrad" geläufig zu sein, nach „Velo" wird allerdings monatlich fast doppelt so oft gesucht. Um mit der Schweizer Webseite bei google.ch für „Velo" gute Rankings erzielen zu können, ist es daher nicht sinnvoll, den gleichen Inhalt – ob identisch oder umgeschrieben – wie für die deutsche Webseite zu verwenden; vielmehr sollte möglichst ein eigener Text für die Schweizer Webseite verfasst werden, der inhaltlich sowohl den Suchbegriff „Velo" als auch „Fahrrad" abdeckt.

Um für jedes Zielland eine individuelle Keyword-Strategie unter Berücksichtigung des länderspezifischen Sprachgebrauchs und Suchverhaltens anfertigen zu können, kann der Google AdWords Keyword Planer zur Hilfe genommen werden. Bei der Recherche nach relevanten Suchbegriffen kann die geografische Ausrichtung der Recherche neben dem Zielland auch auf eine Sprache begrenzt werden. Dadurch ist es zum Beispiel möglich, sich das monatliche Suchvolumen sowie weitere relevante Keyword-Ideen von deutschen Suchbegriffen in der Schweiz anzeigen zu lassen, wie in Abb. 14.5 gezeigt.

Abb. 14.5 Google
Adwords. (Quelle: https://
adwords.google.com)

14.1.1.3 Wettbewerbsanalyse

Auch sollte in der internationalen Keyword-Strategie bedacht werden, dass der Wettbewerb eines Angebots beziehungsweise einer Dienstleistung in der Regel in den verschiedenen Zielländern sehr unterschiedlich ist. Dies ist insbesondere dann zu berücksichtigen, wenn der Wettbewerb als optionaler Filter in der Keyword-Priorisierung eine wichtige Rolle spielt. Ist der Online-Markt zum Beispiel für Textilien in den mitteleuropäischen Ländern aufgrund von Unternehmen wie Zalando, C&A und H&M bereits prominent besetzt, ist vor allem in den osteuropäischen Ländern der Wettbewerb noch nicht so hoch beziehungsweise gibt es in diesen Ländern andere Konkurrenten, die unterschiedliche Ziele verfolgen.

Die unterschiedliche Wettbewerbssituation sowie die verschiedenen Marketing-Strategien der Wettbewerber sollten auch bei der Internationalisierung von Webseiten bedacht werden. Vor allem bei der Zuteilung des Marketing-Budgets ist darauf zu achten, dass Länder, in denen ein starker Wettbewerb herrscht, deutlich mehr Ressourcen zur Verfügung gestellt bekommen als Länder mit niedrigem Wettbewerb, sofern die Zielvorgabe in der Suchmaschinenoptimierung in den Ländern ähnlich ist.

Auch sollte bei der Erarbeitung einer internationalen Keyword-Strategie bedacht werden, dass in einigen Ländern aufgrund der Erwartungshaltung des Suchenden das Suchvolumen nicht nur in der jeweiligen Muttersprache, sondern auch in Englisch entsprechend hoch ist. Beispiele für diese Länder sind Griechenland oder die Türkei, in denen der Online-Markt noch nicht so fortgeschritten ist wie in den USA und die Suchenden somit oft bereits mit der Vermutung suchen, auf Englisch ausführlichere Inhalte vorzufinden.

14.1.2 Technische Umsetzung

Neben der Keyword-Strategie stellt die technische Umsetzung einer Internationalisierungsstrategie besondere Anforderungen an die Suchmaschinenoptimierung. Wie bereits erwähnt, konzentrieren wir uns im Folgenden auf die Fragestellungen, die bei der Internationalisierung einer Webseite relevant sind – insbesondere **Domainstrategie, Geo-Targeting sowie Verknüpfung von internationalen Webseiten**.

Bei der Domainstrategie stellt sich die Frage, ob das Webangebot in jedem Land für jede Sprache auf einer eigenen Top Level Domain verfügbar sein sollte, ob die internationalen Inhalte auf Subdomains liegen sollten oder in welchen Anwendungsfällen Verzeichnisse die beste Wahl bei der Internationalisierungsstrategie sind. Im Rahmen des Geo-Targetings stellen wir sicher, dass Suchmaschinen erkennen, für welches Zielland und für welche Zielsprache eine Webseite hauptsächlich relevant ist. Internationale Webseiten lassen sich des Weiteren mittels des „hreflang-Tags" verknüpfen. Wie dieses in der Praxis eingesetzt wird, wird im Rahmen der „Verknüpfung internationaler Webseiten" erläutert.

14.1.2.1 Top Level Domains, Subdomains oder Subfolder

Die technische Umsetzung der Internationalisierung von Inhalten kann auf drei verschiedene Arten erfolgen: durch länderspezifische ccTLDs (Country Code TLDs, also beispielsweise.de für Deutschland und.fr für Frankreich), Subdomains oder Subfolder.

1. Die internationalen Inhalte werden auf länderspezifischen Top Level Domains zur Verfügung gestellt, zum Beispiel
   - example.de (für das Zielland Deutschland)
   - example.fr (für das Zielland Frankreich)
   - example.co.uk (für das Zielland Großbritannien)
2. Die internationalen Inhalte werden auf Subdomains zur Verfügung gestellt. Alle internationalen Inhalte liegen auf einer Subdomain einer generischen Root-Domain, zum Beispiel von example.com:
   - de.example.com (für das Zielland Deutschland)
   - fr.example.com (für das Zielland Frankreich)
   - uk.example.com (für das Zielland Großbritannien)
3. Die internationalen Inhalte werden in Subfoldern oder auch Verzeichnissen zur Verfügung gestellt. Alle internationalen Inhalte liegen in einem Subfolder einer generischen Root-Domain, zum Beispiel von example.com
   - example.com/de/ (für das Zielland Deutschland)
   - example.com/fr/ (für das Zielland Frankreich)
   - example.com/uk/ (für das Zielland Großbritannien)

Die drei technischen Umsetzungsarten weisen verschiedene Vor- und Nachteile auf, die in Tab. 14.4 dargestellt werden sollen:

In Abb. 14.6 werden die bereits oben beschriebenen Anwendungsfälle von internationalem und multilingualem SEO in Zusammenhang mit den empfehlenswerten „Best Practice"-Lösungen bei der Domainstrategie gebracht. Die „Best Practice"-Lösungen gelten insbesondere dann, **wenn das Marketing landes- und nicht sprachspezifisch aufgestellt ist**. Erfahrungsgemäß lassen sich durch die empfohlenen Anwendungsfälle die langfristig größten Erfolge im internationalen SEO erzielen.

Bei multilingualer Suchmaschinenoptimierung ist die Nutzung von Subdomains empfehlenswert. Für das für das Unternehmen wichtigste Zielland werden die Inhalte auf der

Tab. 14.4 Die drei Möglichkeiten der Internationalisierung von Inhalten

Kriterium	TLD	Subdomain	Verzeichnis
Linkprofil	Jedes Land hat ein eigenes länderspezifisches Linkprofil	Profitiert nur bedingt von Root-Domain. Eigenes (länderspezifisches) Linkprofil	Profitiert von Root-Domain, Linkmix, keine länderspezifischen Signale
Risiko bei Abstrafung	Domainweit betroffen, aber nur für jeweils ein Land	Autark von Root und anderen Subdomains	Domainweit über alle Länderverzeichnisse betroffen
Linkaufbau	Für jedes Land/ Domain einzeln	Für jede Subdomain zusätzlicher Aufwand	Links auf die Startseite und gezielte länderspezifische Links in die Verzeichnisse
Direct-Type in/ Branding-Signale	Ja, dadurch gute Signale	Wahrscheinlich nicht	Wahrscheinlich nicht
Administrativer Aufwand	Mittel	Gering	Gering

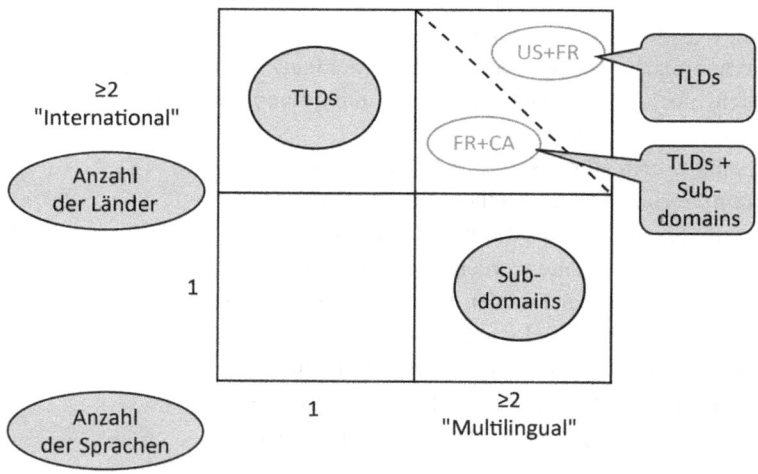

Abb. 14.6 Best Practice: Multilinguale SEO

Root-Domain publiziert. Für die weiteren Länder, in denen dieselbe Sprache gesprochen wird, sind die Inhalte auf Subdomains abrufbar. Somit erkennt der Nutzer bereits in den Suchergebnissen, dass die jeweilige Subdomain auf sein Land ausgerichtet ist. Häufig verlinken Internetnutzer die Root-Domain einer Webseite. Wird von einer österreichischen Domain ein Link auf die deutsche Root-Domain gesetzt, so entfaltet dieser Link seine Stärke ebenfalls.

Bei einer internationalen sowie einer international-multinationalen Internationalisierungsstrategie, bei der jede Sprache in nur einem Land gesprochen wird, sollten meistens

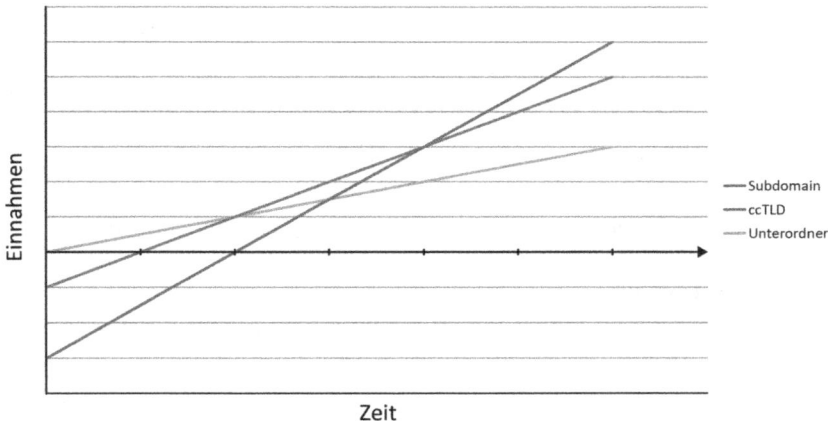

Abb. 14.7 Domainstrategien

Top Level Domains angewandt werden – in jedem Zielland können die Nutzer somit unabhängig voneinander eine jeweils eigene Domain aufrufen. Im Bereich des Linkaufbaus wird durch die Nutzung unabhängiger Top Level Domains gewährleistet, dass die Links auf die „richtige" Sprachversion, also auf das Webangebot des jeweiligen Ziellandes, gesetzt werden. Der direkte Traffic ist bei der Nutzung von jeweils eigenen Domains mit einer hohen Wahrscheinlichkeit höher, als dies bei Subdomains oder Unterverzeichnissen der Fall wäre.

Bei einer international-multinationalen Internationalisierungsstrategie, bei der mindestens eine Sprache in mehreren Ländern gesprochen wird, wird eine Kombination von Top Level Domains und Subdomains empfohlen. Dabei wird für jede Sprache, in der das Unternehmen international aktiv ist, eine eigene Top Level Domain genutzt, bei der die einzelnen Länder mit Subdomains abgebildet werden. Ist also ein Unternehmen in Deutschland, Österreich und Frankreich aktiv, so ist es empfehlenswert, für Deutschland und Österreich eine Top Level Domain zu nutzen (beispielsweise example.de oder example.com) und den weniger relevanten Markt auf einer Subdomain (also zum Beispiel at.example.com) abzubilden. Für Frankreich wird in diesem Fall eine eigene Domain (example.fr) verwendet. Hervorzuheben ist allerdings, dass dies in vielen, nicht aber in allen Fällen die bestmögliche Lösung ist. Das Unternehmen sollte stets eine individuelle Entscheidung treffen, welche Internationalisierungsstrategie bei den gegebenen Bedingungen optimal ist.

Abbildung 14.7 veranschaulicht die Attraktivität der drei Möglichkeiten der Domainstrategie in Abhängigkeit des Zeitraums, in dem die Strategie verfolgt wird.

Da Unterverzeichnisse sowohl den niedrigsten administrativen Aufwand als auch die geringsten Kosten verursachen, sind diese in der kurzfristigen Betrachtungsweise besonders attraktiv. Demgegenüber sind länderspezifische Domains zu Beginn der Optimierungsmaßnahmen mit einem deutlich höheren Aufwand verbunden. Aufgrund der oben beschriebenen Vorteile, die sowohl im Linkmarketing als auch bei der Wahrnehmung der Marke durch Suchmaschinen als eine solche zu erkennen sind, lassen sich im langfristigen

Verlauf die anfangs hohen Aufwände bei der Nutzung von länderspezifischen Domains ausgleichen. Die Nutzung von Subdomains stellt sich somit als angemessener Mittelweg zwischen Unterverzeichnissen und länderspezifischen Domains heraus. Das Unternehmen muss die Entscheidung der Domainstrategie stets individuell treffen. Zu diesem Zweck ist zum Beispiel zu hinterfragen, als wie relevant eine „perfekte" Internationalisierungsstrategie betrachtet wird beziehungsweise inwiefern das Unternehmen bereits zu Beginn die für den langfristigen Erfolg sinnvollen Investitionen tätigen kann und will.

14.1.2.2   Geo-Targeting
Suchmaschinen werten anhand verschiedener Kriterien aus, für welches Zielland eine Webseite hauptsächlich relevant ist. Dazu zählen:

* Länderdomains
* Geo-Targeting durch die Webmaster Tools
* (Serverstandort)

14.1.2.3   Länderdomains
Wie bereits im vorangegangenen Abschnitt erläutert, ist die Verwendung von Länderdomains oder auch Country Code Top Level Domains (ccTLDs) ein wichtiges Signal für Google, um das Zielland einer Webseite zu erkennen.

Die Verwendung von ccTLDs ist jedoch nicht nur aufgrund des besseren geografischen Targetings durch Google, sondern auch aus Nutzer-Sicht sinnvoll. Domains mit einer länderspezifischen Endung werden von Nutzern aus dem Zielland häufig als vertrauensvoller und seriöser wahrgenommen. Dies kann sich beispielsweise positiv auf die Click-Through-Rate auswirken, aber auch die natürliche Verlinkung von externen Quellen begünstigen. Es kann daher von großem Vorteil sein, für jedes Zielland die Länderdomain zu besitzen und zu nutzen. Ist es nicht möglich oder nicht gewünscht, internationale Inhalte auf länderspezifischen Domains anzubieten, können diese auch wie bereits beschrieben auf Subdomains oder in Verzeichnissen abgebildet werden.

Geo-Targeting Einstellungen in den Google Webmaster Tools
Google hat in den Webmaster Tools ein Tool für die geografische Ausrichtung einer Webseite eingeführt, wodurch das hauptsächlich relevante Zielland einer Domain hinterlegt werden kann. Ziel des Geo-Targeting Tools ist es, Google ein eindeutiges Signal für die geografische Ausrichtung einer Webseite zu geben, wenn dies nicht durch die Top Level Domain und/oder den Serverstandort gewährleistet ist. Das Geo-Targeting Tool sollte demnach vor allem in zwei Fällen benutzt werden:

1. Bei der Verwendung von generischen TLDs, die nicht auf ein bestimmtes Land ausgerichtet sind. Dazu gehören zum Beispiel.com,.net,.org oder.biz.
2. Wenn der Serverstandort zum Beispiel aufgrund der Hosting-Kosten nicht in dem relevanten Zielland der Webseite liegt.

Abb. 14.8 Google Webmaster
Tools

Website-Einstellungen

Geografisches Ziel   Die Domain Ihrer Website ist momentan
dem Ziel zugeordnet: Deutschland

Tab. 14.5 Wenn die Inhalte
auf Subdomains liegen

URL	Geografisches Ziel
de.example.com	Deutschland
fr.example.com	Frankreich
it.example.com	Italien
es.example.com	Spanien

Tab. 14.6 Wenn die Inhalte
in Verzeichnissen liegen

URL	Geografisches Ziel
example.com/de/	Deutschland
example.com/fr/	Frankreich
example.com/it/	Italien
example.com/es/	Spanien

Das Geo-Targeting in den Webmaster Tools kann unter den Website-Einstellungen vorgenommen werden, vgl. Abb. 14.8.

Neben der Root-Domain können auch für länderspezifische Subdomains und Verzeichnisse Einstellungen für das geografische Ziel eingerichtet werden. Sind auf einer Webseite zum Beispiel Inhalte für den deutschen, französischen, italienischen und spanischen
Markt enthalten, können die Einstellungen in den Webmaster Tools vorgenommen werden, wie in Tab 14.5 und 14.6:

Wichtig ist zu beachten, dass sich die Einstellungen in dem **Geo-Targeting Tool nur
auf das präferierte Zielland, nicht jedoch auf eine präferierte Sprache beziehen**. Wird
bei der Root-Domain example.com zum Beispiel das geografische Ziel „Vereinigte Staaten" (USA) definiert, wird dadurch verhindert, dass Nutzern aus Kanada, England, Australien oder aus anderen englischsprachigen Ländern bei einer geografisch eingeschränkten
Suchanfrage die Domain in den Suchergebnissen angezeigt wird.

Serverstandort

Lange Zeit galten der Standort des Servers sowie dessen IP-Adresse als wichtiges Signal
für das geografische Targeting einer Domain. Auch Google bestätigte im Jahr 2009, dass
es sich positiv auf die Rankings einer Webseite auswirkt, wenn der Serverstandort mit
dem Land übereinstimmt, in dem Rankings erzielt werden sollen. Webseiten mit einer
deutschen IP-Adresse hatten in google.de demnach einen Vorteil gegenüber Webseiten
mit deutschen Inhalten, deren Server allerdings in einem anderen Land gehostet wurde.

Im Zuge der wachsenden Internationalisierung von Unternehmen und Webseiten – Groupon ist zum Beispiel in 49 Ländern vertreten – ist die Relevanz des Serverstandorts für das Ranking einer Webseite in den letzten Jahren jedoch immer mehr in den Hintergrund getreten. Bei einem großen Netzwerk aus Webseiten verschiedener Länder ist es demnach sowohl aus finanziellen als auch aus logistischen Gründen empfehlenswert, nicht jede Domain auf einem eigenen Server, sondern mehrere Domains gebündelt an einem Standort zu hosten.

14.1.2.4 Verknüpfung von internationalen Webseiten

Um den Suchmaschinenbot auf zusammengehörige Domains mit internationalen Inhalten hinzuweisen, hat Google das HTML Tag rel = "alternate" hreflang = "x" eingeführt. Es gibt dem Bot das Signal, dass eine Webseite in verschiedenen Sprachversionen verfügbar ist und es sich um den inhaltlich gleichen Content – nur in einer anderen Sprache beziehungsweise mit einem anderen geografischen Targeting – handelt.

Das hreflang-Attribut wird im Head-Bereich jeder Unterseite einer Domain integriert und muss mit folgender Syntax auf die jeweils äquivalente URL der internationalen Versionen verweisen:

```
<link rel="alternate" hreflang="de" href="http://example.de/" />
```

Ziel des hreflang-Attributs ist es, dass Google seinen Nutzern die URL mit der korrekten Sprache beziehungsweise regionalen Ausrichtung in den Suchergebnissen bereitstellen kann. Sucht ein Nutzer zum Beispiel in der Schweiz nach Informationen oder einem Produkt bei Google, sollen ihm durch die Nutzung des hreflang-Attributs priorisiert Ergebnisse von Schweizer Domains oder Subdomains angezeigt werden.

Dies ist zum einen hilfreich, weil Domains, deren TLD mit dem Land des Suchenden übereinstimmt, als vertrauenswürdiger und relevanter wahrgenommen werden und in den Suchergebnissen somit eine bessere CTR aufweisen können. Zum anderen versucht Google, durch die Wirkungsweise des hreflang-Attributs die Relevanz der Suchergebnisse für den Nutzer zu erhöhen. Eine CH-Domain mit länderspezifischen Informationen oder aber auch Preisangaben in Schweizer Währung ist für einen Nutzer aus der Schweiz zum Beispiel deutlich relevanter als eine DE-Domain, auf der die Preise in Euro angezeigt werden und die ihre Produkte gegebenenfalls nicht in die Schweiz ausliefert.

Ist ein Onlineshop also zum Beispiel sowohl auf einer DE-Domain als auch auf einer CH-Domain verfügbar, wird durch die Verknüpfung der beiden Domains mit dem hreflang-Attribut bei einer Suche in google.ch die CH-Domain in den SERPs angezeigt – auch wenn die DE-Domain einen höheren Trust hat.

Das hreflang-Attribut war ursprünglich hauptsächlich für folgende drei Anwendungsfälle gedacht:

- Gleichsprachige Länder
- Multilinguale Webseiten
- Multiregionale Webseiten

Wichtig für die korrekte Verwendung des hreflang-Attributs ist, dass für jede internationale Version einer Webseite nur eine Sprache verwendet wird und die Inhalte über eine
eigene URL erreichbar sind. Dabei ist es irrelevant, ob die internationalen Versionen auf
eigenen TLDs, auf Subdomains oder in Verzeichnissen bereitgestellt werden.

Gleichsprachige Länder
Die Verknüpfung von Domains mit der gleichen Sprache (zum Beispiel Deutschland, Österreich, Schweiz) mit dem hreflang-Attribut signalisiert Google die Zusammengehörigkeit der Domains und sorgt dafür, dass Nutzern aus den verschiedenen Zielländern die
für sie passende Domain in den Suchergebnissen angezeigt wird. Dazu muss im Head-
Bereich der drei Domains folgender Code eingebunden werden:

```
<link rel="alternate" hreflang="de-DE" href="http://example.de/" />
<link rel="alternate" hreflang="de-AT" href="http://example.at/" />
<link rel="alternate" hreflang="de-CH" href="http://example.ch/" />
```

Im Code müssen die Sprache des Contents (im Beispiel: de), das Zielland der Domain (im
Beispiel: DE, AT, CH) sowie die URLs der Länderdomains angegeben werden. Außerdem
sollte eine Seite auch immer per hreflang-Attribut auf sich selbst verweisen. Die drei oben
gezeigten Code-Beispiele müssen demnach gleichermaßen auf der DE-, der CH- und der
AT-Domain eingebunden werden.

Um das hreflang-Attribut korrekt zu nutzen, muss jede Unterseite einer Domain auf die
äquivalente Unterseite der anderen Länderdomain verweisen. Sollte eine Unterseite zum
Beispiel nur auf der DE-Domain existieren, nicht aber auf der AT-/CH-Domain, entfällt
das hreflang-Attribut, vgl. Abb. 14.9.

Ziel der Integration des hreflang-Attributs bei Domains mit der gleichen Zielsprache
ist zum einen, dem Nutzer in den Suchergebnissen die für ihn relevanteste Domain anzuzeigen – nämlich die, in deren Land er sich befindet. Zum anderen sollen Kannibalisierungen von Keyword-Rankings in den Suchergebnissen verhindert werden. Google versteht
durch das hreflang-Attribut, welche Domain für welchen lokalen Suchmaschinenindex
relevant ist, und misst ihr eine höhere Wertigkeit bei den Rankings zu, auch wenn eine
andere Domain durch Signale wie Alter, Anzahl externer Verlinkungen etc. eigentlich eine
höhere Relevanz hätte.

Ergänzend zu dem oben beschriebenen Anwendungsfall des hreflang-Attributs würden
wir aus Erfahrung jedoch empfehlen, alle internationalen Versionen einer Webseite miteinander zu verknüpfen, auch wenn deren Inhalte nicht in der gleichen Sprache verfasst
wurden.

Zum einen hat dies einen administrativen Grund: Aus technischer Sicht ist es in der
Regel einfacher und weniger fehleranfällig, alle Länderdomains per hreflang-Attribut miteinander zu verknüpfen und die Verknüpfung nicht bestimmten Regeln zu unterwerfen.

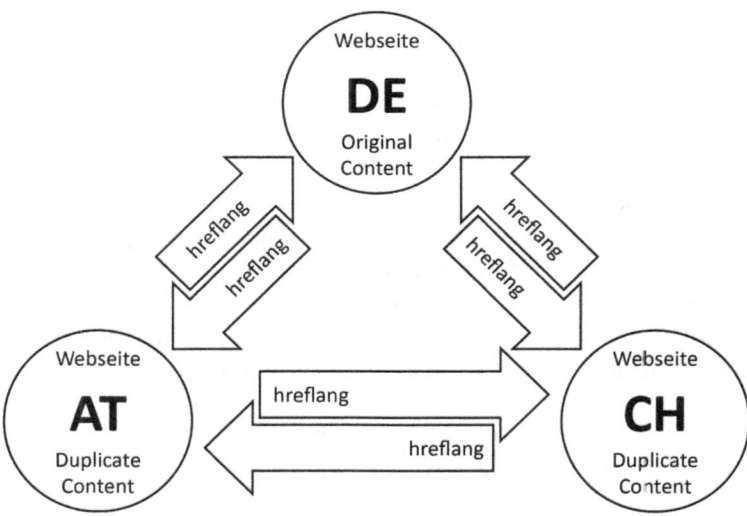

Abb. 14.9 Verweise per hreflang-Attribut

Zum anderen ist davon auszugehen, dass das hreflang-Attribut (zukünftig) von Google als Link interpretiert wird, der zu einem bestimmten Teil die Power von einer Domain auf eine andere überträgt, auf die per hreflang-Attribut verwiesen wird.

Aus diesem Grund sollte der oben beispielhaft gezeigte Code um folgende Zeilen ergänzt werden, wenn wir zum Beispiel davon ausgehen, dass die Inhalte der Webseiten ebenfalls auf Französisch, Spanisch und Italienisch zur Verfügung stehen:

```
<link rel="alternate" hreflang="de-DE" href="http://example.de/" />
<link rel="alternate" hreflang="de-AT" href="http://example.at/" />
<link rel="alternate" hreflang="de-CH" href="http://example.ch/" />
<link rel="alternate" hreflang="fr-FR" href="http://example.fr/" />
<link rel="alternate" hreflang="es-ES" href="http://example.es/" />
<link rel="alternate" hreflang="it-IT" href="http://example.it/" />
```

Multiregionale Webseiten

Auf multiregionalen Webseiten werden Inhalte in einer Sprache bereitgestellt, die in verschiedenen Regionen beziehungsweise Ländern gesprochen wird. Diese Inhalte werden nicht wie im ersten Anwendungsfall beschrieben auf unterschiedlichen TLDs dargestellt, sondern auf regionalen beziehungsweise länderspezifischen Subdomains oder in Verzeichnissen.

Die Domain example.com kann auf Subdomains oder in Verzeichnissen zum Beispiel Inhalte für englischsprachige Nutzer aus Großbritannien, den USA, Australien oder Kanada zur Verfügung stellen:

- en-uk.example.com/ oder example.com/en-uk/: Für Nutzer aus UK
- en-us.example.com/ oder example.com/en-us/: Für Nutzer aus den USA
- en-au.example.com/ oder example.com/en-au/: Für Nutzer aus Australien
- en-ca.example.com/ oder example.com/en-ca/: Für Nutzer aus Kanada

Durch die Verknüpfung der Subdomains oder Verzeichnisse mit dem hreflang-Attribut können Suchmaschinen anhand der Browsereinstellungen des Nutzers in den Suchergebnissen die Inhalte mit dessen korrekter regionaler Ausrichtung ausspielen.

Einbindungsbeispiel des hreflang-Attributs bei unterschiedlichen Sprachen auf einer Subdomain:

```
<link rel="alternate" hreflang="en-UK" href="http://en-uk.example.com/" />
<link rel="alternate" hreflang="en-US" href="http://en-us.example.com/" />
<link rel="alternate" hreflang="en-AU" href="http://en-au.example.com/" />
<link rel="alternate" hreflang="en-CA" href="http://en-ca.example.com/" />
```

Einbindungsbeispiel des hreflang-Attributs bei unterschiedlichen Sprachen in einem Verzeichnis:

```
<link rel="alternate" hreflang="en-UK" href="http://example.com/en-uk/" />
<link rel="alternate" hreflang="en-US" href="http://example.com/en-us/" />
<link rel="alternate" hreflang="en-AU" href="http://example.com/en-au/" />
<link rel="alternate" hreflang="en-CA" href="http://example.com/en-ca/" />
```

Multilinguale Webseiten
Unter multilingualen Webseiten sind solche Webseiten zu verstehen, deren Content in mehr als einer Sprache vorhanden ist, wie dies etwa bei kanadischen Webseiten der Fall, die ihre Inhalte in einer englischen und einer französischen Version zur Verfügung stellen. Bei multilingualen Webseiten wird üblicherweise eine länderspezifische TLD-Domain (im Fall von Kanada:.ca) verwendet und die verschiedenen Sprachversionen werden entweder als Subdomain oder als Verzeichnis bereitgestellt. Werden die Subdomains beziehungsweise Verzeichnisse mit dem hreflang-Attribut miteinander verknüpft, ist es Suchmaschinen anhand der Browsereinstellungen möglich, Nutzern die Inhalte mit der korrekten Sprache anzuzeigen.

Einbindungsbeispiel des hreflang-Attributs bei unterschiedlichen Sprachen auf einer Subdomain:

```
<link rel="alternate" hreflang="en-CA" href="http://en.example.ca/" />
<link rel="alternate" hreflang="fr-CA" href="http://fr.example.ca/" />
```

Einbindungsbeispiel des hreflang-Attributs bei unterschiedlichen Sprachen in einem Verzeichnis:

```
<link rel="alternate" hreflang="en-CA" href="http://example.ca/en/" />
<link rel="alternate" hreflang="fr-CA" href="http://example.ca/fr/" />
```

Seit April 2013 kann im Head-Bereich einer Seite durch das hreflang-Attribut eine Default-Seite hinterlegt werden. Die Angabe des x-default hreflang-Attributs bietet sich vor allem bei multiregionalen und multilingualen Webseiten an, um Nutzer abfangen zu können, die aufgrund ihrer Browsereinstellungen nicht oder nicht eindeutig einer sprachlichen Region oder Sprachversion der Webseite zugeordnet werden können. Idealerweise sollte diesen Nutzern durch das x-default hreflang-Attribut eine Seite zur Verfügung gestellt werden, von der aus sie eigenständig die Möglichkeit haben, ihre gewünschte Sprache beziehungsweise Region auszuwählen.

Einbindungsbeispiel des x-default hreflang-Attributs bei unterschiedlichen Sprachen auf einer Subdomain:

```
<link rel="alternate" hreflang="en-UK" href="http://en-uk.example.com/" />
<link rel="alternate" hreflang="en-US" href="http://en-us.example.com/" />
<link rel="alternate" hreflang="en-AU" href="http://en-au.example.com/" />
<link rel="alternate" hreflang="en-CA" href="http://en-ca.example.com/" />
<link rel="alternate" hreflang="x-default" href="http://example.com/" />
```

Einbindungsbeispiel des x-default hreflang-Attributs bei unterschiedlichen Sprachen auf einer Subdomain:

```
<link rel="alternate" hreflang="en-CA" href="http://en.example.ca/" />
<link rel="alternate" hreflang="fr-CA" href="http://fr.example.ca/" />
<link rel="alternate" hreflang="x-default" href="http://example.ca/" />
```

14.2   Offpage

Neben der Keyword-Strategie und der Onpage-Optimierung ist die Offpage-Optimierung der dritte wichtige Pfeiler bei der Internationalisierung von Webseiten. Durch sie wird sichergestellt, dass eine Webseite neben der verwendeten Sprache und den technischen Einstellungen weitere wichtige Signale für ihr GEO-Targeting an Suchmaschinen sendet.

Wichtige Signale der Offpage-Optimierung bei der Internationalisierung von Webseiten sind folgende:

- Verlinkungen von Webseiten mit der gleichen Sprache
- Verlinkungen von Domains mit der gleichen CountryCode Top Level Domain
- (Verlinkungen von Domains mit dem gleichen Serverstandort)

Das wichtigste Signal bei der Offpage-Optimierung internationaler Webseiten ist die Sprache der verlinkenden Webseiten. Bei der Generierung von Verlinkungen für beispielsweise eine Webseite, deren hauptsächlich verwendete Sprache Französisch ist, sollte darauf geachtet werden, dass die hauptsächlich verwendete Sprache der verlinkenden Domains ebenfalls Französisch ist. Dies werten Suchmaschinen als starkes Signal für die Relevanz der Verlinkung, da davon auszugehen ist, dass diese einen Mehrwert für die Nutzer der linkgebenden Webseite bietet, indem sie zum Beispiel weiterführende Informationen enthält. Anders würde es sich verhalten, wenn beispielsweise von einer Domain, bei der die hauptsächlich verwendete Sprache Russisch, Japanisch oder auch Englisch ist, auf eine französische Domain verlinkt würde. Denn es ist anzunehmen, dass nur ein geringer Anteil der russischen, japanischen oder englischen Bevölkerung Französisch sprechen kann – somit ist es für Suchmaschinen fragwürdig, welchen Mehrwert eine Verlinkung zu einer solchen Webseite für den Nutzer bringt, wenn dieser die Inhalte der Webseite aufgrund von Sprachbarrieren nicht verstehen kann. Eine Verlinkung von einer Webseite, deren hauptsächlich verwendete Sprache eine andere als die der verlinkten Webseite ist, ist daher aus Suchmaschinen-Sicht nur in den seltensten Fällen sinnvoll.

Neben der hauptsächlich verwendeten Sprache ist auch die Übereinstimmung der Top Level Domain der verlinkenden mit der verlinkten Webseite ein wichtiges Signal für das Geo-Targeting einer Webseite und kann außerdem einen positiven Einfluss auf das Ranking haben. Wie bereits im letzten Absatz beschrieben, wird es von Suchmaschinen positiv gewertet, wenn eine französischsprachige Webseite hauptsächlich von Webseiten verlinkt wird, die ebenfalls hauptsächlich französische Inhalte bereitstellen. Diese müssen jedoch nicht unbedingt auf Webseiten mit einer französischen TLD (.fr) liegen, sondern können sich zum Beispiel auch auf einer kanadischen Webseite (.ca) oder in einem französischen Verzeichnis einer belgischen Webseite (.be/fr/) befinden. Da Suchmaschinen davon ausgehen, dass Inhalte für Nutzer besonders relevant sind, wenn sie auf einer Webseite aus dem Zielland des Nutzers angeboten werden, wird Verlinkungen von Webseiten mit der gleichen CountryCode Top Level Domain (ccTLD) ein höherer Wert beigemessen als Verlinkungen von Webseiten mit der ccTLD eines anderen Landes. Wird zum Beispiel in einem französischsprachigen Forum mit der ccTLD.fr auf ein Produkt eines Onlineshops verlinkt, wird eine Verlinkung zu einem Onlineshop, der ebenfalls auf einer FR-Domain liegt, als relevanter erachtet als eine Verlinkung zu einem Onlineshop auf einer CA-Domain – auch wenn es sich um das identische Produkt handelt. Dies liegt zum einen in der Annahme begründet, dass die Inhalte des Onlineshops der FR-Domain besser auf den Sprachgebrauch in Frankreich angepasst sind und die Nutzerführung dadurch besser ist. Zum anderen kann es sein, dass der Onlineshop der CA-Domain nicht nach Frankreich ausliefert und der Link somit für den Nutzer an Mehrwert verliert. Daher gilt es bei der Offpage-Optimierung von internationalen Webseiten darauf zu achten, dass die verlinkenden Domains zu einem Großteil mit der verwendeten Sprache der verlinkten Domain übereinstimmen und möglichst auch noch die gleiche ccTLD aufweisen. Es ist jedoch zu bedenken, dass in einigen Ländern aufgrund der zum Teil erheblichen Unterschiede bei den Kosten des Hostings von Domains statt ccTLDs hauptsächlich generische.com-Domains verwendet werden. Dies betrifft zum Beispiel Länder wie die Türkei, wo anstelle von com.tr-Domains hauptsächlich.com- oder.net-Domains verwendet werden, da.tr-Domains schwerer zu bekommen sind und höhere Kosten verursachen.

Wie bereits im Kapitel „Geo-Targeting" beschrieben, hat der Serverstandort einer Webseite einen immer geringeren Einfluss auf die Bewertung durch Suchmaschinen. Daher kann dieser Punkt auch bei der Offpage-Optimierung von internationalen Webseiten vernachlässigt werden. Bei der Generierung von Backlinks für eine französische Webseite ist es daher nicht mehr relevant, darauf zu achten, dass der Server der verlinkenden Domains ebenfalls in Frankreich steht. Ein Mix aus Domains mit unterschiedlichen Serverstandorten ist in Ordnung und sendet keine schlechten Signale an Suchmaschinen, solange die Sprache der verlinkenden Webseiten Französisch ist und die Domains möglichst eine französische Top Level Domain haben.

Außerdem sollten bei einer internationalen Offpage-Strategie die besonderen Gegebenheiten einzelner Länder beachtet werden, was wir am Beispiel der Niederlande aufzeigen möchten. In den Niederlanden gibt es mit den sogenannten „Startpaginas" einen sehr länderspezifischen Seitentyp. Diese Seiten erzielen in den Suchergebnissen sehr gute Rankings und werden von den Nutzern als Navigationselement verwendet. Sie dienen also als Einstiegspunkt zu einem sehr spezifischen Themenbereich, für den sich der jeweilige Nutzer interessiert. In den Niederlanden gibt es verschiedene Anbieter dieser „Startpaginas". Da dieser Seitentyp sowohl Traffic liefert als auch zu einem natürlichen Linkmix in den Niederlanden gehört, sollten Unternehmen, die in die Niederlande expandieren, diesen Seitentyp bei ihrer Optimierungsstrategie nicht außer Acht lassen.

Exkurs: Internationale Offpage-Strategie bei nur einem Unternehmensstandort
Wenn internationale Webseiten ohne Firmensitz in den jeweiligen Ländern betrieben werden sollen und das gesamte Marketing nur aus einem Land heraus gesteuert wird, gilt es vor allem bei der Offpage-Optimierung einige strategische Punkte zu beachten. Wichtig ist dabei die „Make or buy"-Entscheidung, also die Entscheidung, ob das Offpage-Marketing der verschiedenen Länder intern, zum Beispiel durch Country Manager, abgebildet werden soll oder mit einer beziehungsweise mehreren externen Agenturen.

Der Vorteil von Country Managern für alle Länder, die abgebildet werden sollen, ist, dass das Wissen innerhalb des eigenen Unternehmens aufgebaut wird, dort auch weitergetragen werden kann und nicht von externen Beratern in die Firma gebracht wird. Dadurch können auf lange Sicht Kosten eingespart werden. Wird das Offpage-Marketing für mehrere Länder von einer zentralen Stelle aus betrieben, sollten beim Outreach allerdings die unterschiedlichen Zeitzonen, in denen die Länder liegen, bedacht werden. Wird zum Beispiel von Deutschland aus in den USA oder in asiatischen Ländern Outreach betrieben, ist es wichtig, dass die E-Mails an Kooperationspartner dann versendet werden, wenn diese auch am Rechner sitzen und arbeiten. E-Mails, die mitten in der Nacht bei den Kooperationspartnern eintreffen, können unglaubwürdig wirken und Zweifel an der Seriosität der Anfrage aufwerfen.

Der Vorteil der Abbildung des Offpage-Marketings durch eine beziehungsweise mehrere externe Agenturen liegt in der Skalierbarkeit. Mithilfe einer oder mehrerer Agenturen ist es in der Regel möglich, innerhalb kurzer Zeit viel zu erreichen, ohne die eigenen Mitarbeiter erst lange ausbilden zu müssen. Des Weiteren haben Agenturen oftmals bereits ein Netzwerk mit möglichen Kooperationspartnern aufgebaut oder verfügen über exklusive Partnerschaften, an die ohne Kontakte nur schwer heranzukommen ist. So kann ein Unternehmen auch in dieser Hinsicht beim Offpage-Marketing von einer Zusammenarbeit mit externen Agenturen profitieren.

SEO und SEA – Synergien sinnvoll nutzen 15

Zusammenfassung

Dieses Kapitel beschäftigt sich mit den Synergien, die sich aus der Optimierung der organischen Suchergebnisse und der Schaltung von Suchmaschinenwerbung ergeben. Zunächst stellt es Gemeinsamkeiten und Unterschiede von SEO und SEA dar: das sichtbare Element des Snippets bzw. der Anzeige, spezifische Mittel der Optimierung, den Zeithorizont der Optimierungsmaßnahmen sowie deren Wirkung und die Kosten der beiden Bereiche.

Ist die Bereitschaft für eine Zusammenarbeit von SEO und SEA gegeben, dann kann SEO von Daten und Testing-Ergebnissen aus dem SEA Kanal profitieren. Wenn beide Bereiche gut aufgestellt sind, ergeben sich verschiedene Positionsstrategien, die zumeist auf einer Anpassung der SEA-Gebote beruhen. Zu unterscheiden sind 1) die Platzierung von organischen sowie bezahlten Ergebnissen in Top-Positionen, 2) ein Ergebnis in einer Top-Position, das andere in einer mittleren bis niedrigen Position und 3) die Deaktivierung der SEA Anzeigen bei Erreichen der gewünschten SEO-Position.

15.1 SEA versus SEO

Im Abschn. 1.2.1 wurde die Suchmaschinenwerbung (Search Engine Advertising, SEA) kurz vorgestellt. Sie basiert genauso wie SEO auf den Eingaben in einer Suchmaschine. Damit sind für beide Kanäle Keywords von entscheidender Bedeutung. Mit der Wahlq verschiedener Matchtypes können Online Marketer bestimmen, wie genau die Suchanfrage zu dem im SEA eingebuchten Keyword passen muss. Während bei SEO die Matchtypes eine untergeordnete Rolle spielen, sind sie für SEA von großer Bedeutung, denn Google zeigt die Anzeigen nur dann, wenn das gebuchte Keyword die Suchanfrage abdeckt (vgl. Abb. 15.1).

© Springer Fachmedien Wiesbaden 2015   513
A. Alpar et al., *SEO – Strategie, Taktik und Technik*, DOI 10.1007/978-3-658-02235-8_15

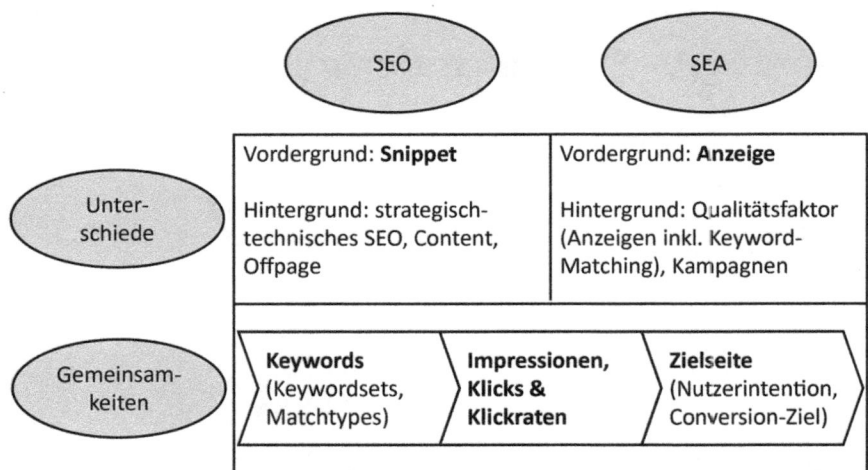

Abb. 15.1 SEO versus SEA

So gibt es verschiedene Strategien für die Einbuchung einzelner Matchtypes. Google unterscheidet vier Matchtypes: Bei dem exakten Matchtype muss die Suchanfrage genau oder zumindest weitgehend (Plural, Rechtschreibfehler) dem Keyword entsprechen, damit es zu einer Einblendung kommt. Bei Keywords in Form einer Wortgruppe (phrase) müssen diese wörtlich in der Suchanfrage vorkommen, wobei davor oder dahinter weitere Wörter stehen können. Bei modifiziert weitgehenden Keywords (auch als modified broad bezeichnet) können Suchanfragen den geänderten Begriff oder sehr ähnliche Varianten, jedoch keine Synonyme, in beliebiger Reihenfolge enthalten. Mit dem Matchtype *weitgehend* berücksichtigt Google auch Rechtschreibfehler, Synonyme, verwandte Suchanfragen und andere relevante Varianten.

Dabei bilden verschiedene Keyword-Sets die Ausgangsbasis. Im SEO sind es vor allem Short- und Midtail-Keywords, auf die Werbetreibende optimieren. Longtail-Kombinationen werden automatisch aus dem bestehenden Content abgedeckt. Neben den Möglichkeiten, die Indexierung zu steuern, entscheidet Google ebenfalls eigenständig über die relevanten Inhalte. Im SEA entscheidet die Matchtype-Strategie darüber, wie detailliert die Keyword-Recherche und -Analyse ausfallen und wie genau Werbetreibende im nächsten Schritt die Keywords einbuchen müssen.

Sowohl im SEO als auch im SEA entscheiden visuelle Reize und Textelemente über den Klick. So stehen im SEO die Optimierung der Snippets sowie die Erweiterung zu Rich Snippets im Vordergrund. Bei Google AdWords hingegen sind die Anzeigen mit ihren Erweiterungen entscheidend. Gemeinsame klickbezogene Erfolgsgrößen sind die Summe der Impressionen, die Summe der Klicks und die daraus gebildeten Klickraten. Diese sollten Marketer im nächsten Schritt ins Verhältnis zu den Conversion-Zielen, wie Sales oder Leads, setzen.

Abb. 15.2 Zeithorizont
von SEO und SEA

Relevante Größen für SEO zur Optimierung stellen die technische Struktur, der Content und Backlinks dar. Strukturierungsleistungen finden bezogen auf die Seitenhierarchie statt. Bei AdWords dominiert der Account mit Kampagnen und Anzeigengruppen die Informationsstruktur. Entscheidender Parameter für die Optimierung ist der Qualitätsfaktor, der Werte wie Klickraten, Anzeigen-Keyword-Matching oder die Zielseitenerfahrung berücksichtigt. Ein Sonderfall besteht in den dynamischen Suchanzeigen bei Google AdWords, die Google nach Angabe eines Verzeichnisses automatisch erstellt. Hier entscheidet die Aufbereitung der Zielseite über die von Google als relevant erachteten Begriffe.

Einer der größten Unterschiede zwischen SEO- und SEA-Maßnahmen ist der zeitliche Rahmen, wie in Abb. 15.2 dargestellt. Im SEO ist der Zeithorizont eher mittel- bis langfristig anzusetzen. Dies bedeutet, dass der Start mit guten organischen Listings erst mit Vorlauf möglich ist. Fortlaufende Optimierungen benötigen Zeit, bevor Google diese für das Ranking berücksichtigt. Insgesamt zählt ein natürliches Wachstum. Aufgrund von Googles Eigenwilligkeiten beim Ausgeben von zum Beispiel Titels und dem Zeitraum bis zur Aktualisierung von zum Beispiel Descriptions lässt sich der Kanal nur bedingt für kurzfristige Promotions oder Aktionen nutzen. Demgegenüber steht die Suchmaschinenwerbung mit ihrem kurzfristigen Zeithorizont. Hier vergehen zwischen der Einbuchung von Keywords und der Einblendung der Anzeige maximal wenige Minuten. Damit lassen sich auch bei einem neuen Projekt sofort bezahlte Listings erzielen. Auch Änderungen an den Botschaften der Anzeige sind so innerhalb kürzester Zeit online. Aufgrund dieser zeitlichen Unterschiede existieren verschiedene Strategien für SEA und SEO im Zeitverlauf. Weiterhin eignet sich SEA auch besonders für kurzfristige Maßnahmen, wie saisonale Kommunikation zu Feiertagen oder Jahreszeiten, Promotions, differenzierte Kommunikation zum Beispiel mit einem Countdown oder für Testings.

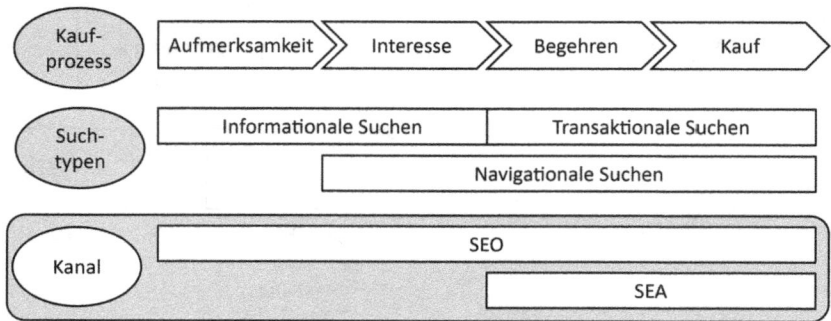

Abb. 15.3 Erfolgsgrößen von SEO und SEA

Bei SEO steht zumeist eher ein ganzheitlicher Ansatz im Vordergrund, der je nach Unternehmensausrichtung auch performancegetrieben sein kann. Neben der Performance durch Transaktionen/Conversions stellt auch die Erhöhung der Sichtbarkeit durch Branding-Maßnahmen, zum Beispiel informativen Content, eine wichtige Zielgröße dar. Auch das Auffinden der Webseite sowie die Botschaften bei navigationalen Anfragen sind entscheidende Ziele im SEO. SEA-Maßnahmen hingegen sind überwiegend transaktional geprägt (vgl. Abb. 15.3). Ihre Erfolgsgröße sind primär die Transaktionen/Conversions. In einzelnen Fällen ist auch das Branding mittels strategisch relevanter Keywords wichtig. Nur selten sind navigationale Anfragen von Bedeutung (vor allem als Verteidigungsstrategie gegenüber aggressiven Wettbewerbern). SEA ist damit klassischerweise weniger ganzheitlich aufgestellt als SEO.

Der nächste große Unterschied liegt in der verschiedenen Kostenstruktur der beiden Kanäle. So verursacht SEO zu Beginn höhere initiale Kosten, die sich aus der Strategiebildung, der technischen Optimierung und dem initialen Content ergeben. Im Anschluss fallen als Service-Kosten Aufwände für die Offpage-Optimierung und Content-Erstellung an. Interaktionskosten für Klicks oder Ähnliches fallen nicht an. Bei SEA sind die initialen Kosten von mittlerer Höhe, abhängig vom Aufwand des Setups beziehungsweise der Restrukturierung und der Komplexität des Accounts. Service-Kosten fallen für die fortlaufende Optimierung an und abhängig vom Geschäftsmodell für die Erweiterung des Accounts. Den größten Anteil der Ausgaben machen die Interaktionskosten als Klickkosten aus. Das fortlaufende Media-Budget für AdWords nimmt zumeist im Online-Marketing-Mix einen großen Part ein. Abhängig von der Umsetzung kommen noch Kosten für Personal beziehungsweise die Agentur sowie Tools hinzu (vgl. Abb. 15.4).

Ausgehend von einem gleichbleibendem SEO-Budget sinken mit der Zunahme der Klicks in der Regel die Kosten pro Conversion im SEO. Anders sieht es im SEA aus. Wenn hier die Keywords mit geringen Kosten pro Conversion erschlossen sind und darüber hinaus weiterer Traffic gewonnen werden soll, dann ist dies nur über höhere Kosten pro Conversion möglich. Damit nehmen im SEA auf lange Sicht durch die Interaktionskosten die Kosten pro Conversion mit steigenden Klickzahlen zu.

Abb. 15.4 Kostenarten von
SEO und SEA

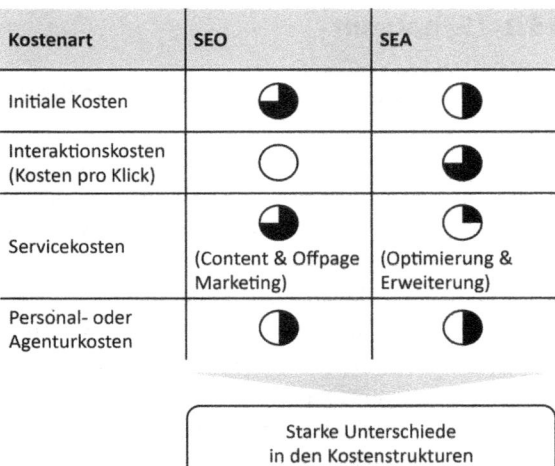

Abb. 15.5 Herausforderungen in SEO und SEA

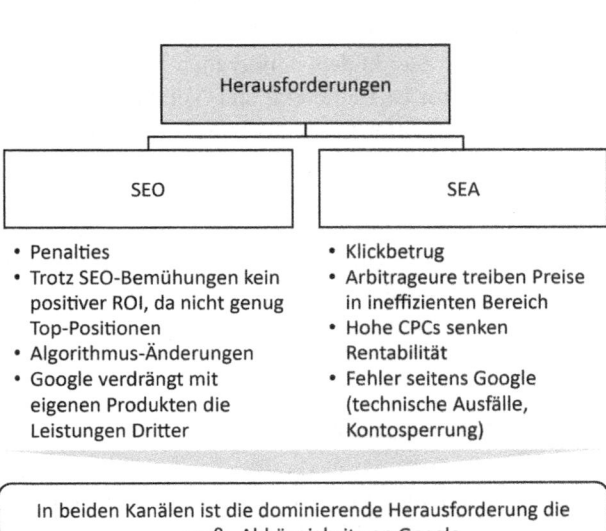

In beiden Kanäle existieren unterschiedliche Herausforderungen, auf die sich Webseitenbetreiber vorbereiten sollten. Für die Suchmaschinenoptimierung treten fortlaufend Algorithmus-Änderungen auf, die sich positiv wie negativ auf den organischen Traffic auswirken können. Für SEA liegen Risiken in dem Anstieg der CPCs. So senken hohe CPCs die Rentabilität und führen dazu, dass ein Verzicht auf einzelne Keywords sinnvoller ist. Zusätzlich sind als externe Größen der Klickbetrug sowie das Auftreten von Fehlern bei AdWords zu nennen, wodurch Verluste bei jedem Verkauf entstehen. Mögliche Fehler im SEA können zudem in der Aussetzung der Anzeigeneinblendung bestehen, sei es temporär oder dauerhaft (Kontosperrung) (vgl. Abb. 15.5).

15.2   Synergien

15.2.1   Bereitschaft zur Zusammenarbeit

Um die Synergien zu nutzen, ist zunächst eine offene Unternehmenskultur nötig, sodass beide Bereiche die Bereitschaft ausbilden können, miteinander zu arbeiten. In der Praxis gibt es viele Fälle von Unternehmen, die entweder nur SEO oder nur SEA fokussieren und bei denen Konflikte zwischen den Abteilungen die Zusammenarbeit behindern. In den zumeist getrennten Budgets und Zeiteinheiten liegen selten Planungen für die gemeinsame Nutzung und Erschließung von Synergien vor. Im Gegenteil: Umkämpfte Budgets der Online-Marketing-Kanäle können die Zusammenarbeit erschweren.

Wie die Zusammenarbeit aussehen kann, wird von der Umsetzung bestimmt. Hier sind zu unterscheiden: die Umsetzung inhouse oder extern, innerhalb eines Teams/einer Agentur oder in getrennten Teams mit oder ohne Koordinationsstelle. Dies wirkt sich auf die Kommunikation, den Austausch und mögliche Transferleistungen aus.

Deshalb ist der erste Schritt das Erschließen von Räumen zur Zusammenarbeit. Die Aufgabe besteht hier in dem Aufbrechen von Barrieren und dem Ermöglichen von Kommunikation. Dazu ist zuallererst eine Verankerung im Unternehmen sinnvoll. Dies kann über eine Koordinationsstelle als Stabsstelle, Projektmanager oder einen Search-Verantwortlichen (Bereichsleiter SEA und SEO oder Online-Marketing) geschehen. Hilfreich sind regelmäßige Meetings als Transfer-Termine, in die die Unternehmen auch externe Dienstleister der beiden Kanäle einbeziehen sollten. Externe Dienstleister sollten zusätzlich auch über aktuelle bestehende SEA-SEO-Prozesse informiert werden. Die Häufigkeit der Meetings können Webseitenbetreiber abhängig von Budget und zeitlichem Umfang der Maßnahmen festlegen.

15.2.2   Daten nutzen

Die große Stärke dieser beiden Suchmaschinenmarketing-Kanäle liegt in der Messbarkeit der Daten, wie in Abb. 15.6 dargestellt. Dies wird im Folgenden am Beispiel der Google-Lösungen verdeutlicht. Beide Kanäle übermitteln Leistungsdaten an Analytics.

Zusätzlich bietet Google an, sowohl Google AdWords als auch die Google Webmaster Tools (GWT) mit Analytics zu verknüpfen. So laufen die Daten beider Plattformen in ein zentrales System. Zusätzliche Transparenz zwischen den Kanälen bietet die Option, die Google Webmaster Tools mit Google AdWords zu verbinden. So lassen sich im nächsten Schritt Daten der organischen Performance in AdWords abrufen und mit den bezahlten Maßnahmen vergleichen. AdWords bietet mit dem Tracking der Performance bis auf Keyword-Ebene eine höhere Transparenz als die GWT oder Analytics. In Analytics herrscht für organische und zunehmend auch für die bezahlten Ergebnisse die (not provided) Problematik. Dies bedeutet, dass aus diesen Kanälen keine Keyword-Leistungsdaten an Analytics übermittelt werden. Das hat zur Folge, dass die im System übermittelten

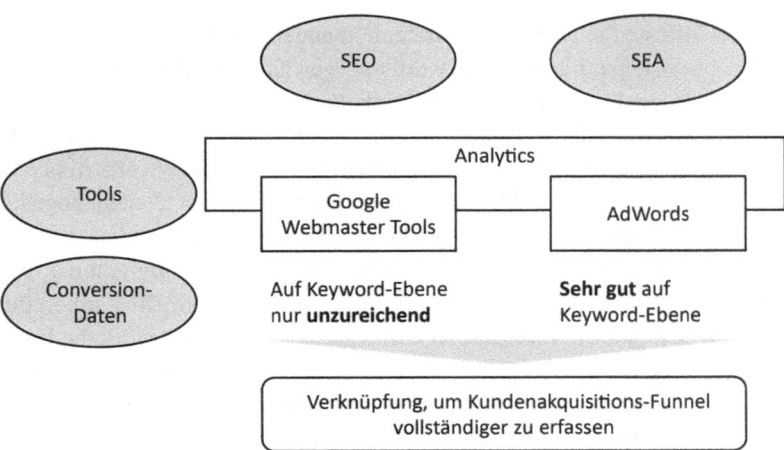

Abb. 15.6 Datenutzung in SEO und SEA

Conversion-Performance-Werte nicht auf ein Keyword zurückgeführt werden können. Die GWT-Anbindung zeigt nur die Performance bis zum Klick auf die Webseite, jedoch keine Conversion-Daten. Dies erschwert die genaue Leistungsbeurteilung der SEO-Keywords. AdWords hingegen zeigt die Performance-Daten weiterhin transparent an. Mit der Verknüpfung der Leistungsdaten in einer Plattform können Webseitenbetreiber Klickketten identifizieren und daraus abgeleitet die Customer Journey mit relevanten Touchpoints konstruieren. Dies ist sowohl auf Ebene des Kanals als auch auf feingliedrigeren Stufen möglich.

Um im nächsten Schritt bereichsübergreifend mit den Daten zu arbeiten, sollten Webseitenbetreiber alle Daten zentral bündeln. Hier sollten nun die einzelnen Bereiche auch ihre Anforderungen an die Daten definieren, denn das Ziel der Datenanalyse ist die Ableitung von Bewertungen und Maßnahmen. Wichtig ist zu analysieren, wer wann welche Daten wozu braucht. Dazu sollten Webseitenbesitzer auch die Hol- und Bringschuld klären.

Da Keywords sowohl im SEO als auch im SEA die Brücke zu den Nutzern schlagen und Gegenstand der Maßnahmen sind, können Marketer die Daten aus beiden Bereichen nutzbringend miteinander kombinieren.

15.2.3 Keyword-Strategien

Keyword-Strategien bilden im SEO sowie im SEA die Grundlagen aller Aktivitäten. Mittels Keyword-Analysen müssen alle relevanten Keywords identifiziert werden. Mit diesen werden die Seitenarchitektur sowie die AdWords-Kontostruktur definiert. Grundsätzlich sollten die wichtigsten Keywords von beiden Kanälen abgedeckt werden. Jedoch unterscheiden sich die Keyword-Sets oft im Detailgrad. Die größte Überschneidung gibt es dabei im Short- und im Midtail.

Im SEA beeinflusst die Matchtype-Strategie maßgeblich die Tiefe der Keyword-Analyse. Werden überwiegend exakte Keywords ausgewählt, so erhöht dies zu Beginn die Komplexität und den Detailgrad des AdWords-Kontos. Dies hat zur Folge, dass viele longtailige Keywords ermittelt werden müssen. Ergebnis ist, dass man sehr individuelle Anzeigentexte für die exakten Keywords erstellen kann. SEO-Keyword-Analysen sparen Longtail-Kombinationen oft aus, die meist „natürlich" durch den Content abgedeckt sind. Durch die Überschneidungen im Short- und Midtail eignen sich SEO-Keyword-Analysen als Grundlage für SEA-Keyword-Analysen. Diese müssen abhängig von der Matchtype-Strategie noch um relevante Longtail-Keywords ergänzt werden. Die Aufbereitung einer Keyword-Analyse ist im SEA wesentlich umfangreicher, da gleichzeitig die Kampagnen- und Anzeigengruppenstruktur definiert, Keywords zugeordnet und Anzeigentexte erstellt werden müssen. Ein weiterer Unterschied ist, dass Advertiser ausschließende Keywords ermitteln müssen, wenn sie auf weitgehende und Wortgruppen-Keywords zurückgreifen und Streuverluste minimieren möchten. Allerdings stehen Advertisern auch hilfreiche Tools zur Verfügung, mit denen sie den Prozess von der Keyword-Recherche zur Anzeigenerstellung automatisiert umsetzen lassen können. Um neue Keywords und Trends zu identifizieren, sollten Online Marketer das Potenzial von AdWords nutzen. Mithilfe der Einbuchung von weitgehenden oder Wortgruppen-Keywords können Suchtrends aufgefangen und für bestehende oder neue Keyword-Sets im SEO genutzt werden. Dieser Transfer ist nicht nur vom SEA zum SEO möglich – so können auch im SEO im Fokus stehende Keywords im SEA getestet werden.

15.2.4   Webseitenoptimierung im SEO mithilfe von SEA

Erfolgreiche AdWords-Kampagnen leben von kontinuierlichen Optimierungen und Tests, um möglichst hohe Klickraten erzielen zu können. Dabei spielt der Anzeigentext eine sehr wichtige Rolle. Erkenntnisse aus den SEA-Anzeigentests können für die Snippet-Optimierung im SEO angewandt werden. In der organischen Suche sind Title und Description neben der eigentlichen Position der maßgebliche Einflussfaktor der Klickrate. Mittels SEA kann die Ansprache der Nutzer auf der Webseite durch Learnings von Klickraten und Conversion Rates angepasst werden. Das größte Potenzial steckt im A/B-Testing. Speziell bei trafficstarken Keywords können im SEA zwei unterschiedliche Landing Pages getestet werden, die sich beispielsweise in der Anordnung der Conversion-Elemente unterscheiden. Diese werden jeweils gleich ausgeliefert, nach einem bestimmten Zeitraum wird der Test abgeschlossen und erste Ergebnisse können ausgewertet werden. Der Vorteil beim A/B-Testing im SEA besteht in der Nutzung von Landing Pages, die nicht im Google-Index sind und somit keinen Einfluss auf den organischen Traffic haben. Diese Methode ist nahezu für jeden Webseitenbetreiber relevant, der kaum über organischen Traffic verfügt und auf den SEA-Traffic angewiesen ist (speziell bei neuen Projekten). Nach dem Testing im SEA können die Learnings auch für die nicht-bezahlten Ergebnisseiten geprüft werden.

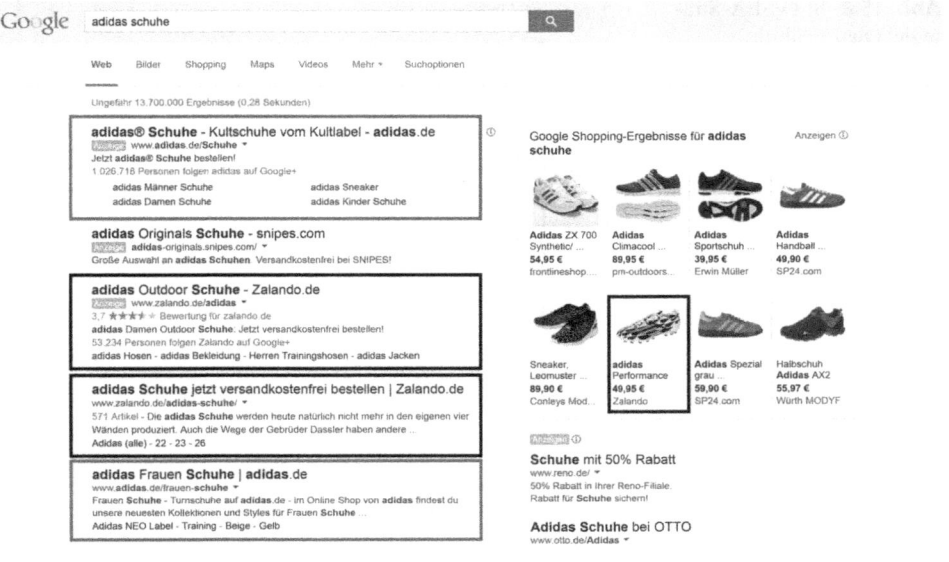

Abb. 15.7 Multilistings

15.3 Multilisting-Strategien

15.3.1 Definition Multilisting

Bei nahezu jedem transaktionalen Keyword haben Werbetreibende die Möglichkeit, den Suchenden über eine Multilisting-Strategie in den SERPs mehrfach anzusprechen. Neben den textbasierten AdWords-Anzeigen und den organischen Suchergebnissen gewinnt Google Shopping im E-Commerce-Bereich an Bedeutung, was sich insbesondere durch die immer prominenteren Platzierungen einzelner Produkte in den SERPs widerspiegelt. Speziell für etablierte Seiten, die bereits über gute organische Platzierungen und ausreichendes Marketing-Budget verfügen, sorgt eine Multilisting-Strategie für eine hohe Markenbildung und Sichtbarkeit. Auch kleinere Nischenseiten haben so die Möglichkeit, eine hohe Aufmerksamkeit in den SERPs zu erreichen. Durch diese höhere Präsenz steigt der Anteil an Suchen, die für Unternehmen mit einer höheren Wahrscheinlichkeit zu Sales führen können (vgl. Abb. 15.7).

15.3.2 Strategische Basis

Multilistings treten dann auf, wenn Unternehmen sowohl im bezahlten als auch im organischen Bereich mit ihren Webseiten vertreten sind. Im Allgemeinen schaffen Multilistings mehr Präsenz, Vertrauen und Kommunikationsfläche. Wie stark beziehungsweise

Abb. 15.8 SEO/SEA-Strategie: Dual Visibility

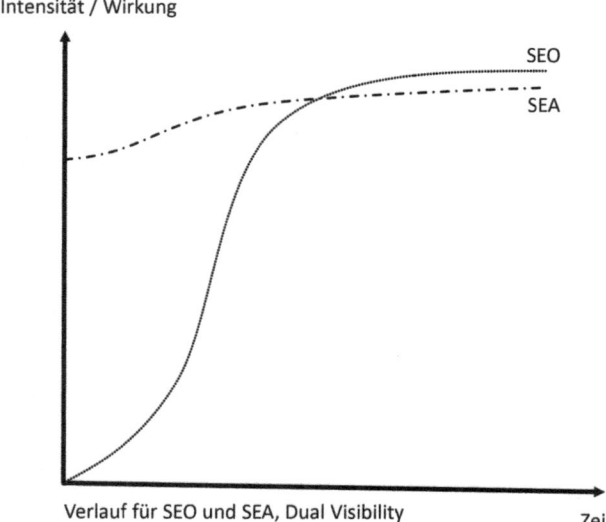

Verlauf für SEO und SEA, Dual Visibility

aggressiv Multilistings umgesetzt werden, hängt von verschiedenen Faktoren ab. Je nach Strategie können sie sehr budgetintensiv sein, insbesondere dann, wenn der Fokus stark auf den Short- und Midtail gerichtet wird.

Grundsätzlich setzt die Entscheidung für eine Strategie der Positionierungen von SEO und SEA erst an dem Punkt an, an dem die Unternehmen gute SEO-Positionen erzielen. Ist dies erreicht, findet zumeist eine Veränderung der Position im SEA statt. Dabei ist ein Zurückstellen der SEA-Anzeigen nicht immer sinnvoll, wenn dadurch Conversions entgehen, deren Kosten noch im Rahmen der angepeilten Kosten-Umsatz-Relation liegen. Im Folgenden werden drei wesentliche Strategien vorgestellt, die je nach Unternehmenssituation umgesetzt werden können.

1. Dual Visibility: Top-Positionen im SEA und SEO
   Die kostenintensivste und aggressivste Variante ist die Dual-Visibility-Strategie. Dabei verfolgen Unternehmen das Ziel, in beiden Kanälen möglichst weit vorne platziert zu sein. Die Performance der Kanäle, speziell im SEA, ist dabei zunächst zweitrangig (vgl. Abb. 15.8).
2. One Up, One Down/Up and Down: Reduzieren des Budgets bei Erfolg in einem Kanal führt zur Streuung der Resultate auf der Ergebnisseite
   Bei Erfolg in dem einen wird das Budget in dem anderen Kanal reduziert, um die möglichst beste Performance erzielen zu können. Im Regelfall wird bei Top-Positionen im SEO das Budget im SEA reduziert, was eine Auswirkung auf die Anzeigen-Positionen hat, und die Nutzer klicken zunächst auf die organischen Ergebnisse. Sehr wichtig ist hierbei, die Auswirkung der Reduktion der Maßnahmen auf die Performance zu prüfen (vgl. Abb. 15.9).

Abb. 15.9 SEO/SEA-
Strategie: One Up, One
Down

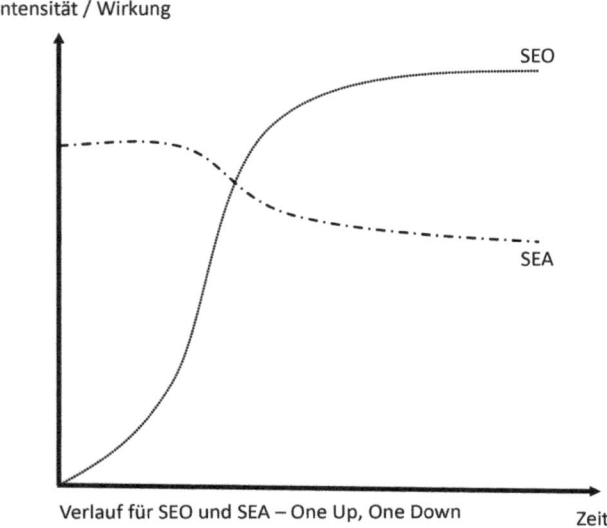

Verlauf für SEO und SEA – One Up, One Down

Abb. 15.10 SEO/
SEA-Strategie:
Rückzugsstrategie

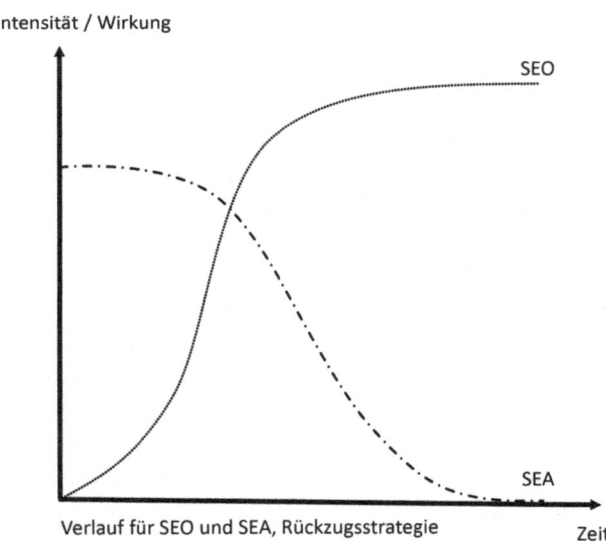

Verlauf für SEO und SEA, Rückzugsstrategie

3. Rückzugsstrategie/Pull Back: Rückzug aus einem Kanal bei Erfolg im anderen Kanal
   Die Rückzugsstrategie kommt ähnlich wie die One Up-, One Down-Strategie zum Ein-
   satz, nur radikaler. Hier wird das Budget von einem Kanal komplett heruntergefahren.
   Im Regelfall betrifft dies auch den SEA-Kanal (vgl. Abb. 15.10).

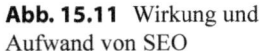

Abb. 15.11 Wirkung und
Aufwand von SEO

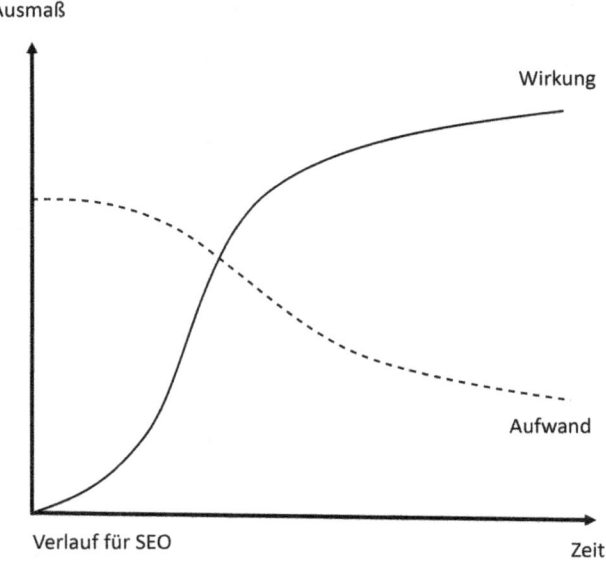

15.3.3   Strategien im Zeitverlauf

Die in Abschnitt 15.3.2 vorgestellten Strategien können erst nach einer gewissen Zeit beziehungsweise Unternehmensphase umgesetzt werden. Stehen Unternehmen am Anfang ihrer Aktivitäten, wird es insbesondere im SEO dauern, bis man relevante Ergebnisse erzielt hat und Top-Positionen vorweisen kann. Die SEO-Maßnahmenintensität ist zu Beginn höher, da – vor allem technische – Grundlagen umgesetzt werden müssen, um langfristig eine Basis für gute Ergebnisse zu schaffen. Auch ist die inhaltliche Optimierung zu Beginn aufwendiger. Die Wirkung dieser Maßnahmen entfaltet sich erst zu einem späteren Zeitpunkt und nimmt während der kontinuierlichen Offpage- und Onpage-Maßnahmen stetig zu, wie in Abb. 15.11 dargestellt.

Im SEA setzt die Wirkung gleich ein, nachdem die ersten Anzeigen freigeschaltet wurden. Nach dem SEA-Setup finden kontinuierliche Optimierungen statt, wobei diese nicht denselben starken Wirkungseffekt wie im SEO haben werden (vgl. Abb. 15.12 und 15.13).

Sind insgesamt gute Positionen im SEO vorhanden – unterstützt durch hohe Anzeigenpositionen im SEA –, können erste Multilisting-Tests umgesetzt werden. Im Regelfall wird dabei das SEA-Budget reduziert (One Up, One Down), indem die Gebote von short- und midtailigen Keywords angepasst werden, die nicht rentabel sind, aber einen hohen Anteil am Umsatz haben. Durch die schlechteren Anzeigenpositionen wird nun der Großteil des Traffics auf die organische Suche fallen. Insgesamt wird diese Maßnahme zu einem Traffic-Verlust führen. Jedoch muss hierbei genau untersucht werden, ob die Kostenreduzierung den Umsatzverlust kompensiert, der in den meisten Fällen entstehen

Abb. 15.12 Wirkung und
Aufwand von SEA

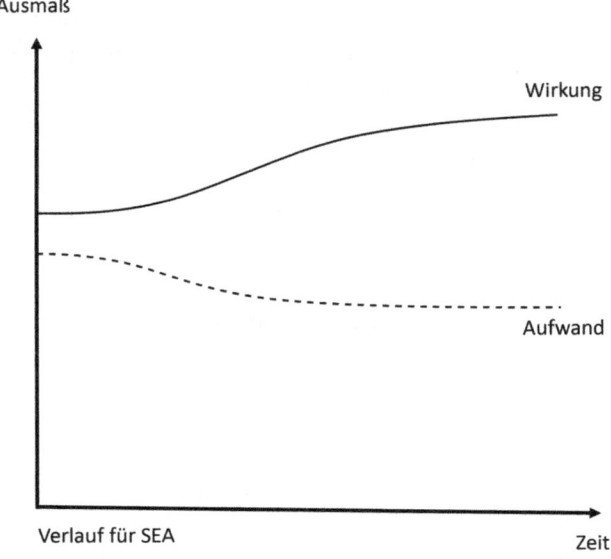

Abb. 15.13 Wirkung von
SEO und SEA im Vergleich

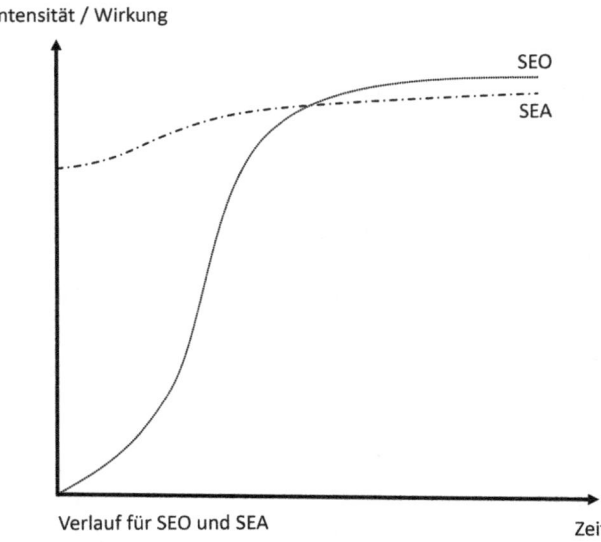

wird. Kommt man zu einem positiven Ergebnis, muss man abwägen, ob für bestimmte
Keywords/Bereiche eine Rückzugsstrategie Sinn machen würde, um noch mehr Budget
einsparen zu können. Dabei ist entscheidend, dass bedingt durch die laufenden SEA-Aus-
gaben beide Kanäle unterschiedliche Kosten-Umsatz-Relationen aufweisen können.

Ansonsten kommt die Rückzugsstrategie dann zum Einsatz, wenn Unternehmen
entweder Liquiditätsprobleme haben und der SEA-Kanal nicht performant genug ist

oder der strategische Fokus des Unternehmens anders gelegt wird, beispielsweise auf Offline-Aktivitäten. Generell gilt für die Multilisting-Strategien, dass im Vorfeld nie pauschale Aussagen zur Auswirkung auf die Performance gemacht werden können. Tests geben letztendlich Aufschluss darüber, welche Strategien von Erfolg gekrönt sein werden.

15.3.4 Strategien nach Budget

Steht nur ein geringes Marketing-Budget zur Verfügung, ist es meist schwierig, kurz- und mittelfristig gute Ergebnisse im Short- und Midtail zu erzielen. Alternative Strategien sind daher notwendig, um langfristig im Markt bestehen zu können. Im SEA sollte der Fokus daher auf longtailigen, von einer Kaufabsicht geprägten, transaktionalen Keywords im Suchnetzwerk liegen, da diese einen stärkeren Bezug zur Conversion aufweisen und somit weniger Streuverluste auftreten.

Die Klickpreise sind im Regelfall günstiger als im Short- und Midtail-Bereich und longtailige Keywords ermöglichen auch eine weite Einbuchung von weitgehenden oder Wortgruppen-Keywords, um eine möglichst große Reichweite generieren zu können. Selbst mit geringeren Budgets sollten keine Budgetobergrenzen im SEA definiert werden. Wenn ein ordentliches Tracking integriert und genügend Daten gesammelt wurden, dann sollten rentable Keywords keiner Budgetlimitierung unterliegen. Andererseits sollten Keywords, die über einen langen Zeitraum keine Erfolge erzielt haben, pausiert werden. Je nach Suchvolumina der Keywords kann der Zeitraum, in dem solche Entscheidungen getroffen werden, stark variieren. Mithilfe von Retargeting können Besucher, die bereits auf der eigenen Webseite waren, mit Keywords aus dem Short- und Midtail-Bereich erneut abgeholt werden. Dies ist bei der Kalkulation der Kosten pro Conversion zu berücksichtigen, da es sich um einen doppelt gewonnenen Nutzer handelt, der bereits zuvor über andere Maßnahmen angesprochen wurde.

E-Commerce-Unternehmen sollten auf die Einbindung von Google Shopping nicht verzichten. Auch hier sollten im Zeitverlauf nur die Produkte beworben werden, die entsprechend gut für Umsatz und Gewinn sorgen. Die Investitionskosten im SEO sind zu Beginn sehr hoch. Daher ist bei kleineren Marketing-Budgets ein langfristiger Projektplan notwendig, um die verfügbaren Ressourcen optimal einsetzen zu können.

Steht ein hohes Marketing-Budget zur Verfügung, kann im SEA ein Teil des Budgets vor allem zu Branding-Zwecken verwendet werden, wobei die Anzahl der Conversions nur eine untergeordnete Rolle spielt. Dabei werden von Unternehmen oft kompetitive Keywords im Shorttail-Bereich eingebucht. Dies stärkt einerseits die Markenposition, andererseits sichert es relevanten Umsatz – oft eine ausschlaggebende Größe, gerade in Großunternehmen oder Konzernen. Neben einer möglichst breiten Abdeckung aller relevanten Keywords sollte auch ein größerer Teil des Budgets in das Display-Netzwerk investiert werden. Auch hier steht die Marke wieder im Vordergrund. Mit den gesammelten Daten hat man dann wiederum sehr gute Retargeting-Optionen. Generell gilt auch bei hohen Marketing-Budgets die Regel, dass es bei rentablen Keywords keine

Budgetlimitierung gibt. Unternehmen schieben sich aber oft selber einen falschen Riegel vor, da das zu Jahresende oder -beginn festgesetzte Marketing-Budget nicht angepasst oder verschoben werden darf.

Im SEO sollte möglichst von Beginn an ein Inhouse-Team aufgebaut werden, sodass Skalierungen von Anfang an möglich sind. Dabei sollten auch Agenturen beratend oder operativ unterstützen. Der Aufbau einer eigenen Redaktion ist essenziell, um möglichst schnell alle Bereiche mit einzigartigen Inhalten füllen zu können. Content-Marketing-Strategien können parallel entwickelt und später über mehrere Kanäle geseedet werden.

Für kleinere Unternehmen macht vor allem eine Longtail-Strategie Sinn, da bei nicht so stark umkämpften Keywords die Klickpreise und die Konkurrenz in der organischen Suche geringer sind.

15.3.5 Strategien nach Customer Journey

Im SEO können Unternehmen den Customer-Journey-Prozess in allen Phasen begleiten. Das heißt, sie begleiten den User von dem Moment, an dem seine Aufmerksamkeit geweckt wurde, bis hin zum Abschluss der Conversion zum Beispiel durch einen Kauf. SEA hingegen wird von den meisten Unternehmen erst eingesetzt, wenn die Nutzer den Wunsch haben, ihren Bedarf zu decken, das heißt in den Phasen des Begehrens und des Kaufs. Abseits dieser klassischen Strategien sind jedoch auch andere Wege möglich.

Entlang der Customer Journey bestehen verschiedene Kontaktpunkte und Anforderungen – vom Informationsbedarf zu Beginn bis hin zum Transaktionsabschluss am Ende. Eine Abweichung vom klassischen Pfad ist teils sinnvoll. Bereits während der Informationsphase können beide Bereiche voneinander profitieren. Speziell im SEO macht es Sinn, informationale Keywords im Rahmen einer Keyword-Analyse zu definieren. Informative Keywords haben viele interessante Eigenschaften: Sie verfügen oft über hohe Suchvolumina, sind in der Regel aufgrund des geringeren Wettbewerbs günstiger und oft genügt es, informationale Keywords über relevante Inhalte auf der Webseite abzudecken, um gute Positionen in der organischen Suche zu erreichen. Außerdem sorgt ein hoher Anteil an informationalen Inhalten dafür, dass die Besucherzeiten im Schnitt ansteigen und somit positive Signale an Google gesendet werden. Diese Keywords beziehungsweise Inhalte können beispielsweise über Themenwelten rund um Produkte oder Dienstleistungen abgedeckt werden. So schaffen es auch kleinere Unternehmen, in ihren Bereichen eine Autorität zu werden. Für die Inhalte müssen Ressourcen geschaffen werden, was je nach Umfang kostenintensiv sein kann. Oft ist es eine Frage der Unternehmensphase, wann eine Fokussierung auf informationale Keywords Sinn macht, zumal die Conversion-Raten im Regelfall viel geringer als im transaktionalen Bereich sind. Im Fokus steht hierbei die Stärkung der Marke und der Autorität in den jeweiligen Bereichen, das heißt, dass die Webseite in ihrem Bereich als vertrauenswürdige und verlässliche Quelle gilt. Sind erste Themenwelten, Magazine oder News geschaffen, kann mithilfe von SEA der Seeding-Prozess beschleunigt werden, indem informationale

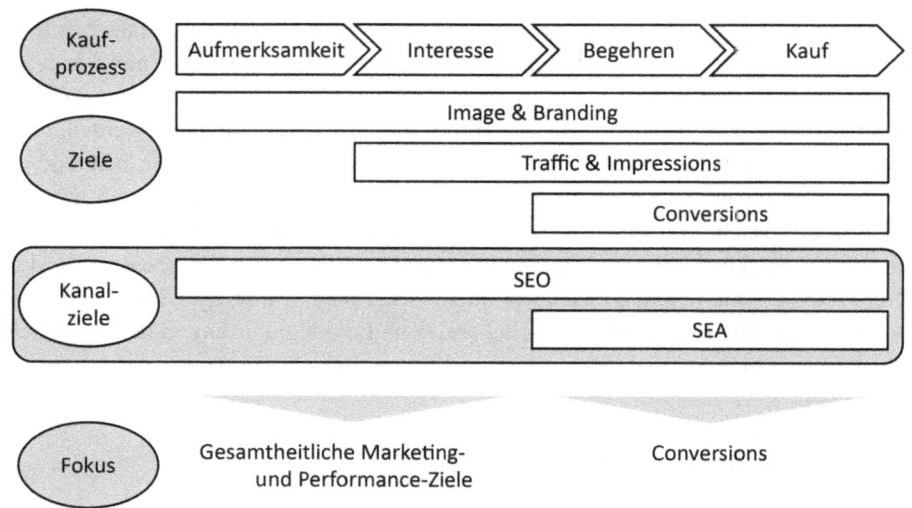

Abb. 15.14 Strategien in Abhängigkeit von der Customer Journey

Keywords eingebucht werden. Informative Keywords sind wie oben beschrieben aufgrund des geringeren Wettbewerbs kostengünstiger und können zusätzlich relevanten Traffic generieren (vgl. Abb. 15.14).

Mit verschiedenen Retargeting-Optionen besteht dann die Möglichkeit, die Zielgruppe mit einem eher transaktionalen Fokus erneut abzuholen, wenn man ermitteln kann, dass die Besucher über die informationalen Keywords auch zu konkreten Produkten oder Dienstleistungen navigiert sind.

15.4   Fazit

Die Zusammenarbeit von SEA und SEO stärkt beide Bereiche und es gibt zahlreiche Synergieeffekte. Dafür müssen Unternehmen die Bereitschaft haben und Strukturen schaffen, in denen Kommunikation, Datentransfer und Maßnahmen umgesetzt werden können. Keywords stellen die Basis beider Maßnahmen dar und Daten lassen sich somit aufbereiten, austauschen und anreichern. Multilisting-Strategien vor dem Hintergrund von Lern- und Transferprozessen stellen die Stärke bei der Verbindung beider Kanäle dar. Die Wahl und Abstimmung der Kanäle hängt wie dargestellt vom gegebenen Budget, vom Zeithorizont, vom Wettbewerb und von den Marketing-Zielen ab.

Zusammenfassung

Grundsätzlich ist festzustellen, dass der Markt für SEO kontinuierlich wächst und mit einem Rückgang dieses Trends auch in den kommenden Jahren nicht zu rechnen ist; denn das Internet kommt ohne Suche nicht aus – und wo gesucht wird, da wird es immer die Bemühung geben, besser gefunden zu werden als andere. Es gibt sicher einzelne Spieler, die aus dem Markt scheiden werden, da sie eine Generation von Methoden und Taktiken repräsentieren, die nicht dauerhaft adäquat sind und in ihrer Form nicht nachhaltig die Entwicklungen von Suchmaschinen berücksichtigen. Strukturell sehen die Autoren des Buches die Weiterentwicklung im SEO-Bereich grob aus verschiedenen Richtungen kommen, die in diesem Kapitel erläutert werden.

16.1 Zukünftige Entwicklung des SEO-Marktes

Bis heute gibt es noch immer **viele große und mittelständische Unternehmen, die sich noch nie SEO zunutze gemacht haben.** Der Grund hierfür mag sicherlich in der Komplexität des Kanals im Vergleich zu anderen Marketingkanälen liegen. Allerdings sind andere Kanäle, die man als „nahbarer" und nachvollziehbarer als SEO einordnen könnte, inzwischen so kompetitiv, dass die Renditen pro gewonnenen Kunden erodieren. Daher halten die Unternehmen Ausschau nach komplementären „attraktiveren" Kundengewinnungsmöglichkeiten – und so rückt SEO trotz seiner Komplexität in der Umsetzung immer mehr ins Zentrum der Bemühungen.

Ein zweiter Wachstumsimpuls kommt von den Unternehmen, die zahlenmäßig den größten Teil aller existierenden Unternehmen darstellen, den **kleinen lokalen Unternehmen**. Einige sind schon sehr Internet-gewandt und schaffen es über diesen Kanal, überdurchschnittliche Ergebnisse zu erzielen. Die meisten dieser kleinen lokalen Unternehmen

© Springer Fachmedien Wiesbaden 2015
A. Alpar et al., *SEO – Strategie, Taktik und Technik*, DOI 10.1007/978-3-658-02235-8_16

haben allerdings noch großes Nachholpotenzial, insbesondere wenn es um lokale Suche geht. Auch dies stellt kumuliert einen sehr großen Wachstumssektor dar, der allerdings andere Typen von SEO-Tools, Agenturen und Beratern erfordert als der zuvor genannte; denn hier liegen die Herausforderungen und Schwächen in anderen Bereichen, zum Beispiel in der Umsetzung der eigentlich relativ simplen Aufgaben.

Der dritte Winkel, der Wachstum für SEO verspricht, ist die **Optimierung in den Suchen jenseits von Google**. Darin bündeln sich ganz unterschiedliche, noch kleine Spezialdisziplinen, die aber zusehends nachgefragt werden und an Relevanz gewinnen. Das prominenteste Beispiel ist die App Store Optimierung (ASO) für die App Stores von Apple, Google Play und Windows 8. Weitere Beispiele für SEO jenseits von Google sind Optimierungen innerhalb der Suche von Facebook, Amazon, Yelp, YouTube oder eBay. Auf jedem dieser Portale werden täglich Millionen von Suchanfragen ausgeführt und nicht jedes der dort gelisteten Elemente ist gleich populär und wird gleich häufig gefunden. Es gibt immer Verlage oder Videoproduzenten, die wünschen, dass ihre Bücher bei Amazon beziehungsweise ihre Videos auf YouTube besser gefunden werden, oder Restaurants, die bei Yelp leichter entdeckt werden möchten.

Die Entwicklungen und Möglichkeiten gerade im **technischen SEO** waren in den letzten beiden Jahren enorm. Nun gilt es zum einen, den Überblick zu behalten, und zum anderen, aus dem Bouquet von Optionen die jeweils richtigen für jedes Unternehmen und jeden Anwendungsfall zu finden. Dafür werden in den Unternehmen und/oder beratungsseitig viele Ressourcen benötigt. Beispielhafte Bereiche, die in das Feld der technischen Suchmaschinenoptimierung fallen, sind die technische Vorbereitung von SEO für mobile Seiten, Ladezeitoptimierung, Indexierungs- und Crawling-Management bei komplexen Webanwendungen, Konfigurationen und Konzeptionen für SEO in verschiedenen Regionen oder Sprachen, Kennzeichnung und gute Aufarbeitung strukturierter Daten etc. Die Möglichkeiten werden immer vielfältiger und der Bedarf an Wegweisern und Filtern, die beim Treffen der richtigen Entscheidungen helfen, steigt konstant.

Hat der geneigte Leser dieses Buch bis zu diesem Punkt weitestgehend verfolgt, kann er sich aufgrund der zuvor erläuterten drei Einflussfaktoren sicher sein, dass dies eine gute Investition in die eigene Karriere war.

16.2   Zukünftige Entwicklung der Suche im Internet

Um zum Ende des Buches noch ein wenig über die direkte Suchmaschinenoptimierung hinauszugehen, wurden die vier wichtigsten Trends zusammengestellt, die nach Meinung der Autoren in den nächsten zwei bis fünf Jahren wichtigen Einfluss auf das breite Suchverhalten der Nutzer haben werden. Selbstverständlich ergeben sich aus jeder großen Veränderung des Suchverhaltens auch Chancen und Risiken für das SEO, denen man sich sicherlich stellen wird. Wer Interesse an und Erfolg bei der Suchmaschinenoptimierung hat, ist es gewohnt, sich auf kontinuierlich verändernde Umstände einzulassen. Bei der Beschreibung der Trends wird auch auffallen, dass diese miteinander verbunden sind und einander beeinflussen, was die Entwicklung nur umso spannender macht. Bei dem Versuch, in die Zukunft zu blicken, wird der Fokus auf Google gerichtet, da dieses Unternehmen aktuell am radikalsten Innovationen vorantreibt.

16.2.1   Suche jenseits von Keywords

Das Suchen mit Keywords oder Stichworten wurde seit der Einführung der Suchmaschinen von der breiten Bevölkerung erst in den letzten etwa zehn Jahren gelernt. Keyword-basierte Suche wird auch nirgendwo strukturiert unterrichtet. Die meisten Menschen eignen sich diese Suche durch Üben und Ausprobieren an und erreichen damit einen überschaubaren Kenntnisstand. Wer Menschen beobachtet, wie sie zum ersten Mal mit einer Suchmaschine konfrontiert werden, wird nicht selten feststellen, dass diese statt Suchwörtern eine komplette Frage in die Suchmaschine eingeben. In der Regel (und das sieht man bei SEO gerade bei der Erarbeitung von Keyword-Strategien) haben Suchende eine Frage, die sie von der Suchmaschine beantwortet haben möchten, und die Keywords sind das Vehikel der Kommunikation. In diesem Zusammenhang gibt es eine Entwicklung, die unter dem englischen Modewort **Natural Speech Search** zusammengefasst wird und eine Gegenrichtung zu Keywords als Kommunikationsmedium darstellt. Unter diesem Begriff subsummieren sich bei genauerem Hinsehen zwei Entwicklungen: Zum einen geht es darum, statt mit Keywords mit ganzen Sätzen zu suchen – wie in der Konversation mit einem Menschen, dem man eine Frage stellt. Google nutzt für diese Art der Suche aus genau diesem Grund auch den Begriff **Conversational Search**. Googles Produkte, deren Entwicklung diese Richtung einschlägt, sind bisher nur auf Englisch verfügbar. Bei Einführung der neuen Produkte Mitte 2013 (http://insidesearch.blogspot.com.es/2013/05/a-multi-screen-and-conversational.html) wurde vorgeführt, wie man beispielsweise nach „Wie alt ist Angela Merkel?" anstelle von „Alter Angela Merkel" oder „Geburtsdatum Angela Merkel" suchen kann. Ebenfalls kann man Folgefragen wie „Wie heißt ihr Mann?" stellen und bekommt eine entsprechende Antwort, da der Algorithmus versteht, dass sich „ihr" auf „Angela Merkel" bezieht. Ähnliche Entwicklungen sind auch bei Facebook (wenn man es auf Englisch nutzt und für Facebook Graph Search freigeschaltet ist) zu beobachten, welches dem User vorschlägt, nach „Musik, die mir gefallen könnte" zu suchen, vgl. Abb. 16.1. Diese Suchphrase würde man einer Keyword-Logik folgend sicherlich in keinen Suchschlitz eingeben.

Der zweite Aspekt, der sich hinter Natural Speech Search verbirgt, ist die Eingabe von **Suchen über Spracheingabe** anstelle der Eingabe der Keywords über eine Tastatur. Der Anteil des Traffics im Internet, der von mobilen Endgeräten wie Smartphones stammt, wird immer größer und die Tastaturen von Smartphones sind nicht auf die Eingabe von viel Text ausgelegt. Außerdem gibt es den Trend von internetfähigen Endgeräten, die gar keine Tastatur haben, wie intelligente Uhren, Armbänder oder Googles „Brille" Glass. Hier sind Sprachkommandos absolut notwendig, um überhaupt die Vielfalt an Funktionen effizient einsetzen zu können. Die Kombination der beiden Trends – also das Suchen mit

Abb. 16.1 Natural Speach-
Suche auf Facebook

Abb. 16.2 Bildersuche bei
Google

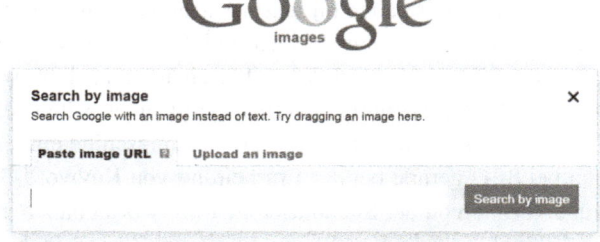

ausformulierten Fragen anstelle von Keywords und deren Eingabe mit Sprache statt mit
der Tastatur – macht die Kommunikation und Verbindung zur Suchmaschine in gewisser
Weise menschlicher und nahbarer für weitere potenzielle Nutzergruppen und eine noch in-
tensivere Nutzung, was eines von Googles Kerninteressen darstellt; denn jede Suche bietet
die Möglichkeit, Werbeflächen über Google AdWords zum Höchstpreis zu versteigern.
Wenn man durch die beschriebene Technologie beispielsweise während der Autofahrt mit
Google Glass neue Suchen im Internet anstellen kann, ohne die Hände vom Steuer zu
nehmen, bietet dies für Google letztendlich mehr Umsatzpotenzial.

Ein weiteres junges Suchprodukt, das in den Bereich der Suche jenseits von Keywords
fällt, ist die **Suche mit Bildern** anstelle von Keywords. Angenommen, man hat das Foto
einer Blume oder eines Hundes vor sich und möchte wissen, um welche Blumenart beziehungsweise welche Hunderasse es sich handelt. Auch bei diesen Suchen kann die Antwort
im Internet gefunden werden, jedoch nicht mit der Eingabe von Keywords. Daher hat
Google vor einigen Jahren das Suchen mit Bildern möglich gemacht. Man findet den Zugang dazu, wenn man auf https://images.google.com rechts im Suchschlitz das Fotoappa-
rat-Symbol anklickt. Dann wird der Suchschlitz überblendet wie in Abb. 16.2 dargestellt.

Google stellt drei Wege für die „Bild-Eingabe" bei der Suche bereit: Entweder wird
eine URL angegeben, unter der das Bild zu finden ist. Als zweite Standardoption kann ein
Bild vom eigenen Computer aus hochgeladen werden, um die Suche auszulösen. Darüber
hinaus gibt es für Intensivnutzer dieser Funktion Ergänzungen für den Browser (siehe
https://support.google.com/websearch/answer/1325808), mit denen man jedes Bild in jeder Webseite nur noch anklicken muss, um dann mit einem weiteren Klick die Suche mit
diesem Bild als Basis auszulösen. Als Antwort auf die Suche mit einem Bild liefert Google
ähnliche Bilder. Um auf das Ausgangsbeispiel zurückzukommen, kann also das Bild einer

Blume in die Suche eingegeben werden; als Ergebnis werden ähnliche Blumen sowie die Dateinamen der Blumen beziehungsweise die Webseiten, in die diese Bilder eingebunden sind, angezeigt. Auf diese Weise findet man den Namen der Pflanze sehr schnell heraus. Gerade diese Anwendung kann man sich gut in Kombination mit Google Glass und der sprachlichen Eingabe in Form einer Konversation vorstellen, bei der ein bestimmter Gegenstand anvisiert und dann nachgefragt wird, um welchen Gegenstand es sich handelt.

16.2.2   Entitäten verstehen und direkte Antworten liefern

Historisch gesehen war für Suchmaschinen jede Suche gleich – eine Aneinanderreihung von Zeichen (in der Informatik „String" genannt), anhand derer in den Datenbanken nach Antworten gesucht wurde, ohne Verständnis für den Inhalt der Suche. Google, Bing, Facebook und sicherlich auch andere Unternehmen sind seit mehreren Jahren dabei, große Datenbanken zu „Dingen", Objekten – sogenannten eleganten **Entitäten** – aufzubauen. Dabei ist jeder Ort, jedes Gericht, jeder Film oder jede berühmte Person eine Entität. Dazu werden zu jeder Entität Fakten – darunter Beziehungen zu anderen Entitäten – erfasst. Bei erstmaliger Veröffentlichung des Knowledge Graph von Google äußerte dieses, 500 Mio. verschiedene Entitäten unterscheiden zu können und 3,5 Mrd. Fakten zu diesen erfasst zu haben, also zum Beispiel die Schauspieler eines Films, die Zutaten eines Rezepts oder das Alter einer Person. In diesem Zusammenhang rief Google die passende Parole „Things, not Strings" aus. Im Falle von Google stammt der Grundstock der Daten aus der übernommenen Internetdatenbank Freebase (www.freebase.com). Google übernahm außerdem das Unternehmen Zagat, welches Informationen über Restaurants sammelt, und einen der weltweit führenden Anbieter für Reiseliteratur, Fromms. Sicherlich sind das nicht die einzigen und letzten Datenquellen, die integriert werden, um Googles Entitäten-Datenbank um weitere Entitäten zu ergänzen und durch weitere Fakten zu den erfassten Entitäten zu verbessern. Immer dort, wo große Mengen von Daten standardisiert erfasst oder gekauft werden können, wird Google seinen Wirkungsgrad erweitern. Eine weitere Quelle, die die Entitäten- und Fakten-Datenbanken von Google verbessert, sind diejenigen Informationen, die Webseiteninhaber innerhalb ihrer Webseiten strukturiert über **Schema.org** kennzeichnen. Webseiteninhaber tun dies, um aktuell durch diese Kennzeichnung eine bevorzugte und hervorgehobene Darstellung in den Suchergebnissen erreichen zu können. Die Kehrseite ist, dass Google mit diesen kostenlos und freiwillig bereitgestellten Daten die eigenen Datenbanken verbessern und irgendwann gegebenenfalls weitere und nächste Geschäftsmodelle erodieren kann.

   Diese Entitäten sollen in Zukunft die Basis dafür sein, dass Suchmaschinen die **Absicht hinter einer Suche** („search intent") verstehen. In 2012 wurde der Knowledge Graph eingeführt, der auf diesen Informationen beruht (siehe http://googleblog.blogspot.com/2012/08/ building-search-engine-of-future-one.html, http://googleblog.blogspot.com/2012/05/intro- ducing-knowledge-graph-things-not.html und http://insidesearch.blogspot.com/2013/09/ fifteen-years-onand-were-just-getting.html). Mit dieser Grundlage kann Google nun lernen und verstehen, bei welcher Art Suche welche Entität oder welches dazugehörige Faktum eine gute direkte Antwort auf die Suche darstellen könnte, ohne dass der Nutzer aus zehn Ergebnissen aus der Websuche auswählen und dort selbst nach der Antwort seiner Suche Ausschau halten muss. Aktuell ist dies insbesondere bei informationalen Suchen zu beobachten. Wie im Kap. 5 über Keyword-Strategien dargelegt, ist dies ein Bereich, in dem typischerweise kein Werbetreibender AdWords-Anzeigen schaltet. Google verzichtet also mit der Einblendung der Ergebnisse nicht auf Werbeeinnahmen. Das Unternehmen entscheidet sich stattdessen „nur" dazu, die Suchenden nicht mehr zu Webseiten weiterzuleiten, welche Informationen bereitstellen (und sich selbst über Werbung finanzieren), sondern versucht, die Informationen selbst und direkt in der Darstellung der Suchergebnisse anzubieten. Für diejenigen Arten von Webseiten, deren Geschäftsmodell reichweitenorientiert und werbefinanziert ist, hat dies selbstverständlich tiefgreifende strategische Auswirkungen.

16.2.3   Passives Suchen

Wie bereits beschrieben, ist die Zunahme von Internetsuchen eines der Kernanliegen von Google; denn je mehr Suchen es gibt, desto eher können Werbeflächen meistbietend versteigert werden. Zwar wächst weltweit aktuell die Zahl der Internetsuchen noch recht gut, aber in saturierten und reifen Märkten und Ländern zeigt sich, dass trotz des durch Smartphones bedingten Schubes an Suchen die Sättigung nur noch wenige Jahre entfernt ist. Das Suchen, wie wir es kennen, kann als „aktiv" bezeichnet werden, da der Nutzer sich bewusst und initiativ dafür entscheidet, etwas ausfindig machen zu wollen. Es handelt sich also um eine Nachfrage-bedingte Suche (Information Pull). Google möchte dies um ein passives Suchen – also im Prinzip ein aktives Anbieten von Informationen, nach denen der Suchende vielleicht ohnehin gesucht hätte (Information Push) – ergänzen. In der öffentlichen Kommunikation von Google wird diese Art von Suchen als „vorausahnend oder antizipierend" bezeichnet. Die Idee dahinter ist, dass Google von sich aus aktiv Informationen liefert in der Vermutung, dass der Nutzer nach diesen suchen könnte. Man kann sich leicht ausrechnen, dass dies genau die oben formulierten Ziele erfüllt, nämlich ein Mehr an Suchen und damit mehr potenzielle Werbefläche. Die Einführung dieses Dienstes manifestiert sich in Google Now (siehe http://www.google.com/landing/now/), welches in Mobiltelefonen auf Android-Basis mittlerweile standardisiert integriert ist und in Apples Mobiltelefonen über eine App geladen werden kann. Um die Anwendung zu nutzen, braucht man selbstverständlich einen Google-Account (der auch gleichzeitig ein Google-Plus-Account ist). Zum Zeitpunkt des Schreibens dieses Buches gibt es rund 40 verschiedene Arten von Informationen, welche Google im „push"-Modus aktiv dem Nutzer liefert, ohne dass dieser es verlangt oder gewünscht hätte. Um die volle Bandbreite dieser Funktionen erleben zu können, muss der Nutzer im Idealfall auch GMail und die Kalenderfunktionen von Google nutzen. Folgend sind einige Beispielanwendungen zu lesen.

- Google Now versucht, über die GPS-Funktionalitäten der Mobiltelefone regelmäßige Reiserouten des Nutzers kennenzulernen. Dann werden auf Basis von Fahrplänen öffentlicher Verkehrsmittel oder Staumeldungen im Straßenverkehr Informationen darüber ausgegeben, wie lange der Weg zur Arbeit dauern wird, ohne dass der Nutzer wie bei einem Navigationsgerät eingeben muss, von wo nach wo er in welcher Form reisen wird.
- Wenn Google Now im GMail-Account eine E-Mail entdeckt, in der ein Flug gebucht wurde, wird automatisch ein Boardingpass generiert und live aktuelle mögliche Verspätungsdaten angezeigt. Außerdem werden Empfehlungen ausgesprochen, zu welcher Zeit man die Anreise zum Flughafen beginnen sollte.
- Geburtstage von Freunden werden angezeigt, wenn man mit diesen über Google+ verknüpft ist.
- Sportergebnisse der Mannschaften, für die man sich interessiert, werden ebenso wie kommende Spiele angezeigt, ohne Eingabe darüber, wofür man sich interessiert.
- Es gibt Hinweise auf besonders wichtige Nachrichten, die selbstverständlich erst einmal zu Google News und dann gegebenenfalls zu einer Nachrichtenwebsite verweisen.
- Es gibt Hinweise auf neue Bücher, Spiele, Filme, Musikalben etc. im Google Play Store, falls man ein Smartphone auf Android-Basis besitzt.
- Veranstaltungen aus dem eigenen oder dem Kalender von Freunden oder einfach aus der Umgebung werden angezeigt und vorgeschlagen

Es mag eine sehr deutsche oder europäische Perspektive sein, aber diese Art tiefen Eindringens und vermeintlichen Verstehens der eigenen Gewohnheiten durch einen sehr technokratisch geführten amerikanischen Konzern löst nicht bei jeder Person Wohlbehagen aus – zumal hier nicht nur Gutmenschentum und das Erleichtern des Lebens im Vordergrund stehen, sondern schon bei den aktuellen Beispielen klare kommerzielle Intentionen sichtbar sind.

Die bisherigen Ansätze von Google Now beschränken sich noch auf das Smartphone, welches man nicht permanent in der Hand hat. Man sollte in Gedanken an die Zukunft jedoch nicht an dieser Stelle verharren, denn die nächsten Schritte sind leicht zu vermuten. Dazu muss man das bisher schon Existierende erkennen, den Trend weiter extrapolieren und mit der vielleicht permanent aufgesetzten Google-Glass-Brille kombinieren.

In eine ähnliche Richtung gehen auch aktuelle Patente und Stoßrichtungen von Google im Personentransportbereich. Zum einen wird an einem selbstfahrenden Auto gearbeitet und zum anderen Werbetechnologien speziell für Taxifahrten entwickelt, die sogar so weit gehen, dass der Werbetreibende gegebenenfalls die Taxirechnung dafür zahlt, dass die Werbung konsumiert wurde (vgl. Abb. 16.3 http://googleblog.blogspot.com/2014/05/just-press-go-designing-self-driving.html und https://www.google.com/patents/US8630897).

Abb. 16.3 Ausschnitt von
Google Now

16.2.4 Personalisierung und Individualisierung von Suche

Bevor in diesen Aspekt der sich verändernden Suche eingetaucht wird, müssen erst zwei grundlegende Sachverhalte aus Bereichen jenseits der Suche erläutert werden.

In der Psychologie gibt es bei der Beschreibung und Analyse der Mediennutzung von Menschen das Konstrukt der kognitiven Dissonanz. Es beschreibt die Unterschiedlichkeit zwischen aufgenommenen Informationen oder Meinungen und dem eigenen Wertekanon des Menschen, der diese aufnimmt. Wenn man also etwas liest, was dem eigenen Wertekanon entspricht, gibt es in diesem Augenblick eine geringe kognitive Dissonanz. Ist man zum Beispiel aufgrund irgendeiner Situation gezwungen, etwas zu lesen, was der eigenen Meinung völlig widerspricht, weist dieser Moment eine hohe kognitive Dissonanz auf. Eine geringe kognitive Dissonanz gibt dem Mediennutzer ein gutes Gefühl, denn er fühlt sich in seiner Meinung bestätigt und „im Recht". Eine hohe kognitive Dissonanz bei der Mediennutzung verursacht ein Unwohlsein. Entsprechend suchen Menschen bei der Mediennutzung unbewusst nach der **Minimierung der kognitiven Dissonanz**. Betrachtet man die Suche im Internet vor diesem Hintergrund, so erkennt man deren Unvollkommenheit gegenüber anderen Formen der Mediennutzung. Eine politisch konservativ orientierte und eine sozialistisch orientierte Person bekommen bei einer Suche mit der Suchmaschine zu einem politischen Thema exakt die gleichen Ergebnisse angezeigt, was dem Bedürfnis der Minimierung der kognitiven Dissonanz nicht zuträglich ist.

Die zweite Komponente, die benötigt wird, um die gesamte Tragweite dieser Trends aufzuzeigen, ist ein Verständnis dafür, welche Daten im **Social Graph** erhoben werden. Der Social Graph ist die Basis, auf der soziale Netzwerke funktionieren. Er erfasst erstmals in maschinenverständlicher Form Informationen über Menschen und deren Beziehungen untereinander. Facebook ist sicherlich der Vorreiter in diesem Bereich und die hier vorliegende Datenqualität sucht ihresgleichen. Das Unternehmen kann beispielsweise sehr gut beantworten, wer wen wie gut kennt, das heißt, wie intensiv deren Beziehung ist. Wenn sich zwei Personen auf Facebook als Freunde hinzugefügt haben, aber nicht miteinander interagieren, so hat diese Beziehung eine andere Qualität als bei zwei anderen Personen, die bei fast jeder Facebook-Aktivität des anderen ein Like oder einen Kommentar abgeben. Google hat mit Google+ selbstverständlich noch nicht die Datenqualität in der Erfassung des Socical Graph wie Facebook, aber man forciert deren Erhebung mit allen zur Verfügung stehenden Mitteln. Jedes neue Smartphone oder Tablet auf Android-Basis nutzt einen Google-Plus-Account und basiert damit immer darauf. Genauso wurden GMail- und YouTube-Nutzerkonten auf Google-Plus-Konten zusammengeführt. Wenn sich also zwei Personen regelmäßig über GMail E-Mails schreiben, kann Google daraus zu Recht interpretieren, dass es zwischen diesen Personen eine intensive Beziehung gibt, auch wenn sie sich nicht bei Google+ vernetzt haben. Hat eine Person bei Google+ ihre Telefonnummer hinterlassen und verifiziert und der Nutzer eines Android-Mobiltelefons ruft diese Nummer an, so ist sofort klar, dass es hier eine Beziehung zwischen zwei Google Plus Accounts gibt, auch wenn der Nutzer des Android-Telefons vielleicht nie aktiv Google+ als Social Network genutzt hat. Der Sinn von Google+ ist weniger der, ein neues, alternatives Social Network zu werden. Vielmehr stellt es für Google eine Datenschicht dar, auf der alle personenbezogenen Daten aggregiert werden. Der Anfang davon sind die Daten aus dem Social Graph, die beschreiben, wer wen wie gut kennt beziehungsweise wie intensiv eine Beziehung ist. Und für die menschlichen Beziehungen gilt genau das Gleiche wie für die Mediennutzung: Bei den meisten eigenen sozialen Kontakten wird man dort eine intensive Beziehung führen, wo der Wertekanon sich stark überlappt. Google und andere Suchmaschinen sind es gewohnt, Informationen über Webseiten und die Beziehungen, also Links (was man den **Web-Graphen** nennen könnte), zwischen diesen, zu nutzen, um die bestmöglichen Ergebnisse zu liefern. In einem vorangegangenen Abschnitt dieses Kapitel wurde erklärt, wie dies um den **Wissens-Graphen** (Knowledge Graph) über Dinge sowie die Eigenschaften und Beziehungen zwischen diesen ergänzt wird. Der Social Graph ist in ebendieser Form die nächste fehlende Schicht. Das Interessante am Social Graph ist

538 16 Die Zukunft von SEO und Suche im Internet

aber nicht nur, dass er die Beziehungen der Personen darin erfassbar macht, sondern auch, dass die Brücke geschlagen werden kann zum Wissens- und Web-Graphen; denn es wird ersichtlich, welche Person sich für welche Webseiten und welche „Dinge" interessiert.

Wenn man das vorher Geschriebene nun zu kombinieren beginnt, lässt sich die Ratio schnell erfassen, wie und warum die Personalisierung und Individualisierung von Suche und Suchergebnissen passieren wird. Zum einen kann das Pendant des Facebook-Like-Buttons, der **Google „+1"-Button, eine Art der Empfehlung** sein, ebenso wie ein Link eine Empfehlung von Webseite zu Webseite ist – mit dem Unterschied, dass der +1-Button eine Empfehlung von Mensch zu Webseite ist. Dadurch gewinnt der Offpage-Bereich eine weitere, ganz anders funktionierende Facette jenseits des Linkmarketings hinzu. Es stellt eine ganz andere Form der Herausforderung dar, einige Webseiteninhaber zu einem Link zu bewegen, als sehr viele Endkonsumenten zu einem „+1" zu bewegen. Die Frage ist aber, ob Google überhaupt diese explizierten Empfehlungen durch die Betätigung eines „+1" auf der als gut befundenen Webseite braucht. Google ist es möglich, durch den eigenen Browser Google Chrome, der einen Marktanteil von etwa einem Drittel in Deutschland hat, einen großen und damit repräsentativen Anteil sämtlichen Nutzerverhaltens im Netz zu erfassen und zu analysieren. Darüber hinaus haben sehr viele der größten Webseiten Google Analytics als Webtracking-Software eingebunden und die Google Toolbar ist ein immer noch gern eingesetztes Werkzeug in einigen Browsern anderer Hersteller. Die **regelmäßige Nutzung einer Webseite kann ebenfalls als eine Empfehlung** dieser Webseite durch den Nutzer, der sie oft besucht, interpretiert werden.

Folgend soll das bisher Dargestellte anhand eines Praxisbeispiels präzisiert werden, um die Tragweite der Veränderungen besser erfassen zu können. Wir gehen von den Personen A und B aus, von denen Google wie oben beschrieben weiß, dass sie eine intensive Beziehung und aufgrund dessen sicherlich auch einen ähnlichen Wertekanon haben. Gehen wir weiter davon aus, dass Person B eine bestimmte Webseite regelmäßig besucht, so kann dies als eine Art Empfehlung verstanden werden. Wenn nun Person A bei der Suchmaschine ein Thema recherchiert, macht es aus Sicht des Suchmaschinen-Algorithmus, der auf den Social Graph zugreifen kann, Sinn, die Webseite, die Person B regelmäßig besucht, deutlich bevorzugt zu listen (zusätzlich zu den anderen in diesem Buch aufgeführten Rankingkriterien). Denn die Wahrscheinlichkeit, dass Person A diese Webseite gut findet, ist aufgrund der intensiven Beziehung zu Person B sehr groß. Was also letzten Endes erreicht wird, ist eine Minimierung der kognitiven Dissonanz für die Suchenden. Und dadurch wird im Wesentlichen das Kernprodukt „Suche" von Google aus Perspektive des Suchenden „besser".